无机与分析化学

（第二版）

► 和玲　梁军艳　主编

中国教育出版传媒集团
高等教育出版社·北京

内容提要

本书是与西安交通大学和玲教授主讲的国家精品在线开放课程（获评时间 2018 年）“无机与分析化学”配套使用的 iCourse 教材。全书在突出化学基础理论完整性的前提下，有机地整合了无机化学与分析化学教学内容，并体现化学学科的前沿与交叉。全书按照化学反应基本原理、物质结构、化学平衡与化学分析、仪器分析四个模块进行内容组织，首先介绍化学反应基本规律、物质结构理论基础等方面的基本知识，然后介绍无机化学四大平衡及与之对应的四大滴定分析方法，并对几种较为常用的仪器分析方法做了简要概述。

本书可作为高等院校化学、化工、环境、材料等专业的教材，也可供社会学习者学习“无机与分析化学”课程时参考。

图书在版编目（CIP）数据

无机与分析化学 / 和玲，梁军艳主编. -- 2版. -- 北京 ：高等教育出版社，2023.8（2024.3重印）
ISBN 978-7-04-060658-4

Ⅰ. ①无… Ⅱ. ①和… ②梁… Ⅲ. ①无机化学-高等学校-教材②分析化学-高等学校-教材 Ⅳ. ①O6

中国国家版本馆CIP数据核字(2023)第106385号

WUJI YU FENXI HUAXUE

策划编辑 郭新华　　责任编辑 郭新华　　封面设计 张雨微　　版式设计 于 婕
责任绘图 李沛蓉　　责任校对 刘娟娟　　责任印制 存 怡

出版发行 高等教育出版社
社　　址 北京市西城区德外大街 4 号
邮政编码 100120
印　　刷 保定市中画美凯印刷有限公司
开　　本 787 mm × 1092 mm　1/16
印　　张 26.5
插　　页 1
字　　数 660 千字
购书热线 010-58581118
咨询电话 400-810-0598
网　　址 http://www.hep.edu.cn
　　　　 http://www.hep.com.cn
网上订购 http://www.hepmall.com.cn
　　　　 http://www.hepmall.com
　　　　 http://www.hepmall.cn
版　　次 2017 年 9 月第 1 版
　　　　 2023 年 8 月第 2 版
印　　次 2024 年 3 月第 2 次印刷
定　　价 54.00 元

物 料 号　60658-00

第二版前言

距《无机与分析化学》iCourse 教材第一版出版至今已经有六个年头。在这期间，国内外教学形势和学生学习模式均发生了巨大的变化，最初尝试的以“慕课”为代表的大规模在线开放课程与纸质教材一体化设计对促进教学质量的提升起到了重要作用。

在过去六年的使用过程中，这本新形态的 iCourse 教材与在线开放课程互相结合（分别在中国大学 MOOC、学堂在线、好大学在线三大平台上线运营），极大地丰富了学习途径与方式，扩充了适用专业。iCourse 教材增加与章节有关的发明者、科技史料、科技进展等；增加视频教学内容；增加扫码完成知识学习及答疑解惑功能；MOOC 模块化分类教学的课程设计与课堂重要知识点的分解和阶段总结，有利于学生理解及课后巩固。同时，采用传统课堂 +MOOC 碎片化自学 +SPOC 讨论教学的多种教学模式，突破“千人一面”的学习模式，建立以学生为中心的教学模式，激发学生自主学习的兴趣和热情，提高学生分析解决问题能力、语言表达能力、人际沟通能力、团队协作精神、创新思维能力等综合能力。在这本 iCourse 教材的支持下，“无机与分析化学”于 2018 年被评为“国家精品在线开放课程”。

本次修订正是延续这种新模式，进一步完善某些章节，重新录制部分章节的视频，使得第二版教材更加适合广大读者使用。本次修订主要针对化学分析部分。第一，将第一版的“化学分析篇”修改为“化学平衡与化学分析篇”，主要内容上突出了无机化学四大平衡的内容。第二，将第一版的定量分析基础与滴定分析概述两章合并为一章，视频内容由（2+3）个变成（3+2）个，突出了定量分析基础的内容。第三，在第一版的基础上，重新录制了 19 个视频。

这样，本教材共计 14 章，为教材准备了共计 82 讲、96 个微教学视频。分为 4 个模块，其中包括：

“绪论”共计 1 章 1 个视频；

“化学反应基本原理篇”共计 3 章：化学热力学基础、化学动力学基础、化学平衡，共 15 讲 18 个视频；

“物质结构篇”共计 3 章：原子结构、分子结构、固体结构，共 22 讲 24 个视频；

“化学平衡与化学分析篇”共计 5 章：定量分析基础与滴定分析概述、酸碱平衡与酸碱滴定法、沉淀溶解平衡与沉淀滴定法、氧化还原平衡与氧化还原滴定法、配位解离平衡与配位滴定法，共 35 讲 43 个视频；

“仪器分析篇”共计 2 章：分光光度法、现代仪器分析方法简介，共 10 讲 10 个视频。

修订后的教材仍然采用双色印刷，使文字图形更加生动形象，宽阔的留白纸质教材与 MOOC 教学资源紧密结合的方式（请参考第一版前言），使得纸质教材内容具有更强的感染力。

本教材由和玲、梁军艳主编。其中第 1—8 章、第 13—14 章及附录由和玲编写，第 9 章、第 11 章由梁军艳编写，第 10 章由李银环编写，第 12 章由杨晓龙编写。全书由和玲统一定稿。

衷心感谢西北大学高胜利教授审定本教材并提出宝贵意见。

衷心感谢高等教育出版社郭新华、鲍浩波编辑的精心策划和指导。

衷心感谢中国大学 MOOC 平台及“爱课程”网提供的多样化教学平台。

编　者

2023 年 1 月

第一版前言

“无机与分析化学”是将无机化学与分析化学有机结合的一门课程，是高等院校化学、化工、环境、材料、生物、地学、建筑、能源等专业的化学基础课程。

近年来，随着教学模式的多样化，教学形势发生了巨大的变化，尤其是大规模在线开放课程的兴起，对“无机与分析化学”这门课程的教学内容和形式提出了新的要求。丰富的在线课程资源使学习者的学习不再受教学内容、教学进程和教学环境等因素的限制，教学视频、在线测试与学习研讨互动等方面的设置，极大地激发了学习者的学习热情和主动性。正是在这种形势下，经过编者的努力，完成了这本与中国大学 MOOC“无机与分析化学”（以下简称“无机与分析化学 MOOC”）同步的《无机与分析化学》教材。

受西安交通大学本科在线课程建设项目的支持，“无机与分析化学 MOOC”在长达一年多的在线课程建设中，运用现代教育技术手段，深化和拓展教学内容，建设丰富的辅助教学与学习资源，全书优化整合成 83 讲、96 个微视频教学内容。纸质教材与“无机与分析化学 MOOC”的微视频依照从易到难、循序渐进的原则安排教学内容，将无机化学与分析化学部分有机地结合。全书除绪论外共分为四个模块：

化学反应基本原理篇：化学热力学基础、化学动力学基础和化学平衡，共 15 讲 18 个视频；

物质结构篇：原子结构、分子结构和固体结构，共 22 讲 24 个视频；

化学分析篇：定量分析基础、滴定分析概述、酸碱平衡与酸碱滴定法、沉淀溶解平衡与沉淀滴定法、氧化还原平衡与氧化还原滴定法、配位解离平衡与配位滴定法，共 35 讲 43 个视频；

仪器分析篇：分光光度法、现代仪器分析方法简介，共 10 讲 10 个视频。

另外，为“无机与分析化学 MOOC”的微视频配备了教学课件、随堂测验和讨论题，并对每个教学单元配备单元测验题和英文课外拓展资料等资源。在每个模块结束后设有一个教学视频，用于模块总结和习题解析。同时，为解决“无机与分析化学 MOOC”开课周期与高校课程开设周期不对应的问题，我们在“爱课程”网在线课程中心开设了“无机与分析化学 MOOC”的同步 SPOC 课程，教师和学生可以随时随地访问本课程，为高校探索线上线下相结合的混合教学模式提供了途径。

纸质教材将教材内容与“无机与分析化学 MOOC”的教学资源紧密相连，极大地延伸了读者的学习空间，可以对课程学习进行补充，实现教学特色与在线开放课程优质资源的有机融合，有效地提高了教学效率和教学质量。为便于检索教学视频与教材章节的对应关系，每段视频标注有相应的编号，如“微视频 10-4-2：缓冲溶液”，表明其为第 10 章酸碱平衡与酸碱滴定法中的第 4 讲第 2 个微视频。

同时，在每章介绍完无机基础内容后，进一步介绍与其相应的分析方法、原理和应用，这样可节省教学时间。对教材的必修内容部分不仅提到概念，同时还给出解释并举例说明。每个章节之后给出与学生生活和研究有关的最新科技研究和应用研究，启发学生将所学知识应用到实际研究中。全书配备思考题和习题，且思考题与习题分开编排，加深学生对知识的进一步理解；在习题的选择上，按照教学大纲配备，难度适中，仅有少量难度较高的题目。

浙江大学贾之慎教授审定了本教材，提出了宝贵的意见，在此深表感谢。

本教材由和玲、李银环编写。其中，第 1—7 章、第 14—15 章及附录由和玲编写，第 8—13 章由李银环编写。

全书由和玲统一定稿。在线开放课程的教学资源建设由和玲、李银环、梁军艳、杨晓龙、吴宥伸等组成的团队完成。

最后，感谢高等教育出版社郭新华、鲍浩波编辑，在他们的精心策划和指导下，使本教材呈现出时代特色。感谢“爱课程”网及中国大学 MOOC 平台提供的展示教学多样化的平台。

限于编者水平，书中定会有不足之处或错误，敬请专家、学者、读者批评指正。

编　者

2017 年 5 月

目录

物质结构篇

化学平衡与化学分析篇

仪器分析篇

第 1 章
绪论
Introduction

化学是从原子、分子水平上研究物质的组成、结构、性质、变化规律及其应用的科学。化学作为“中心科学”的地位越来越受到人们的重视，由此促进了化学科学的迅速发展。其主要表现为化学研究的深度和广度不断扩大、新的物质结构层次和研究领域不断被开拓出来。化学的研究对象的层次也扩展为原子、分子、分子片、结构单元、超分子、高分子、生物分子、纳米分子和纳米聚集体、原子和分子的宏观聚集体、复杂分子体系及其组装体等十多个层次。在长期的科学发展中，化学学科与其他自然科学之间互相影响、互相渗透，不但推动了化学研究和化学理论的发展，也促进和推动了其他自然科学学科如物理学、生物学、天文学、地质学、材料科学等的发展。因此，化学从多个方面对人类社会发展做出了贡献，从人类的衣食住行到高科技发展的各个领域，到处留下了化学研究的足迹。特别是人类社会面临着资源、能源、材料、环境等众多问题的挑战，这就给化学的进步提供了广阔的天地，在发展新材料、新能源与可再生能源科学技术、生命科学技术、信息科学技术及有益于环境的高新技术时，化学工作者都将发挥十分重要的作用。

1.1 化学的分支

依据化学发展的特征，可将化学的进程分为古代化学（17 世纪以前）、近代化学（从 17 世纪中叶到 19 世纪末）和现代化学（19 世纪末开始）。近代化学进展主要表现在元素概念的提出、燃烧是氧化过程的理论、原子学说、元素周期律、有机化学、无机化学、分析化学、物理化学的分化等。而现代化学从揭示原子内部结构和微观粒子运动规律及分子结构的本质开始，化学家对物质的认识和研究，从宏观向微观深入，尤其是在以下几个方面：①20 世纪以来，化学家已用实验打开原子大门，用量子理论探讨原子内的电子排布、能量变化等。②随着 20 世纪 60 年代电子计算机被大规模地引进化学领域，分析测定从定性和半定量化向高度定量化深入。③对物质的研究从静态向动态伸展，如从热力学定律出发，通过状态函数的变化，从始态及终态情况推断反应变化中一些可能的情况，摆脱了间接研究推理，而采用直接的方法去了解或描述动态情况，特别是激光技术、同位素技术、分子束技术在现代化学中的大规模应用，使化学家已经能够了解皮秒内粒子运动、反应中化学键的断裂及能量交换等情况。④由描述向推理或设计深化。近代化学几乎全凭经验，主要通过实验来了解和阐述物质。虽然也有一些理论如溶液理论、结构理论等可以指示研究方向，但总体来说近代化学基本上是描述性的，化学中的四大学科（无机化学、有机化学、分析化学、物理化学）彼此存在很大的独立性。然而现代化学已打破传统的界限，化学不仅自身各学科相互渗透，而且与数学、物理学、生物学、医学等学科相互交融和渗透。特别是近年来量子化学的发展已渗透到各学科，使化学摆脱历史传统，达到了可以预测和推理，然后用实验来验证或合成的阶段。⑤向研究分子群深入。近代化学对化学的研究通常只停留在一个或几个分子间的作用，对多分子的反应无能为力。而研究生物体内的化学反应，即研究多个分子甚至一大群分子间的反应或分子群关系，已成为现代化学的一个特点。例如，一个活细胞内往往需要几十种酶作催化剂，同时催化许多化学反应。总之，现代化学的特点决定现代化学的发展方向。

随着化学研究的深入发展，自 19 世纪 30 年代，按照化学研究对象、方法及目的的不同，现代化学被划分为：无机化学（inorganic chemistry）、分析化学（analytical chemistry）、有机化学（organic chemistry）、物理化学（physical chemistry）和高分子化学（polymers chemistry）5 个二级学科，构成化学的主要分支。

1. 无机化学

无机化学是研究无机物质（一般指除了碳以外的化学元素及化合物）的组成、结构、性质变化、制备及相关理论和应用的科学。现代无机化学主要涉及元素化学、配位化学、同位素化学、无机固体化学、无机分离化学、无机合成化学、生物无机化学、金属无机化学等。

2. 分析化学

分析化学是研究并确定物质的化学组成、测量各组成的含量、表征物质的化学结构、形态、能态并在时空范畴跟踪其变化的各种分析方法及其相关理论的一门科学。分析化学是形成最早的一个化学分支。欧洲化学学会联合会（FECS，Federation of European Chemical Societies）对分析化学的定义为：分析化学是一门发展并运用各种方法、仪器及策略以在时空的维度里获得有关物质组成与性质信息的一门科学。现代分析化学吸取了当代科学技术的最新成就（包括化学、物理学、数学、电子学、生物学等），利用物质的一切可以利用的性质，研究新的检测原理，开发新的仪器设备，建立表征测量的新方法和新技术，最大限度地从时间和空间的领域里获取物质的结构信息和质量信息。分析化学按照分析方法分为化学分析和仪器分析；按分析要求分为成分分析、定量分析和结构分析；按分析对象分为无机分析和有机分析；按分析样品量多少，可分为常量分析、半微量分析、微量分析和衡量分析。

3. 有机化学

有机化学是碳化合物或碳氢化合物及其衍生物的化学，是研究有机物的结构性质、合成及其有关理论的科学。有机化学的重要分支有：元素有机化学、天然有机化学、有机固体化学、有机合成化学、有机光化学、物理有机化学、生物有机化学、立体化学、理论有机化学、有机分析化学。

4. 物理化学

物理化学由化学热力学、化学动力学和结构化学（物质结构）三部分组成。化学热力学研究化学反应中能量的转化及化学反应的方向和限度。化学动力学研究化学反应进行的速度及化学反应中的机理。而结构化学则是以量子力学为基础，研究原子、分子、晶体内部的结构及物质性质的关系。物理化学的重要分支学科有：化学热力学、化学动力学、结构化学、胶体与界面化学、催化化学、量子化学、热化学、磁化学、光化学、电化学、高能化学、计算化学、晶体化学。

5. 高分子化学

高分子化学是以高分子化合物为研究对象的科学，包括高分子化合物的合成方法、反应机理、反应热力学、反应动力学、高分子化合物改性、高分子化合物材料的加工成型及高分子化合物的应用。高分子化学的重要分支有：无机高分子化学、天然高分子化学、功能高分子、高分子合成化学、高分子物理化学、高分子光化学等。

1.2 无机化学与分析化学的发展趋势

1.2.1 无机化学的发展趋势

无机化学与其他学科之间的相互交叉和渗透，扩展了无机化学的研究领域。现代无机化学具有三大特点：①从宏观到微观。现代无机化学进入到物质内部层次的研究阶段，即进入了微观水平的研究阶段。②从定性描述向定量化方向发展。现代结构无机化学普遍应用线性代数、群论、矢量分析、拓扑学、数学物理等现代的数学理论和方法，并应用计算机进行科学计算，使无机化合物和性质的研究达到了精确定量的水平。③既分化又综合，出现许多边缘学科。现代无机化学一方面是加速分化，另一方面又是个分支学科之间相互综合和相互渗透，形成了许多新型的边缘学科，如有机金属化合物化学、生物无机化学、无机固体化学等。高等无机化学的研究内容不仅涉及相关的基础理论，而且与反映当今世界无机化学及相关学科的发展趋势和动态的研究紧密相关。

现代无机化学的发展特点是各学科纵横交叉解决实际问题，即化学学科的自身继续发展和相关学科融合发展相结合、化学学科内部的传统分支继续发展和作为整体发展相结合、研究科学基本问题与解决实际问题相结合。无机化学与其他学科交叉发展的结果，产生了诸多新兴领域，如过渡元素配合物、原子簇状化合物、金属有机化合物、超分子化学、固体化学等。

在无机化学的基础研究和应用研究领域，越来越多的科学家更多地注重无机材料的合成和组装方法，更加关注结构与性质的相互关系，更力求发展新的合成方法及路线，揭示新的反应机理，注重运用分子设计和晶体工程的思想，深化新物质合成及聚集状态的研究，关注无机材料的组装与复合，突出功能性无机物质的结构与性能关系，以及新材料的应用基础研究。通过与物理学的交叉，运用物理学的基础理论和表征技术，发展和强化无机物质及其材料与器件的性质研究；无机化学与生命科学的交叉要突出无机物生物效应的化学基础，深化金属生物大分子、无机仿生过程及分子以上层次生物无机化学研究。

因此，无机化学发展的动向和趋势主要体现在现代无机合成、配位化学、原子簇化学、固体无机化学、稀土化学、生物无机化学、核化学和放射化学、非金属无机化学、富勒烯化学、金属有机化合物等方面。

1.2.2 分析化学的发展趋势

分析化学的发展经历了三次巨大变革。第一次是随着分析化学基础理论，特别是物理化学基本概念（如溶液理论）的发展，使分析化学从一种技术演变成为一门科学。第二次变革是由于物理学和电子学的发展，改变了经典的以化学分析为主的局面，使仪器分析获得蓬勃发展。目前，分析化学正处在第三次变革时期，生命科学、环境科学、新材料科学发展的要求，生物学、信息科学、计算机技术的引入，使分析化学进入了一个崭新的境界。

第三次变革的基本特点主要体现在：①从采用的手段看，现代分析化学在综合光、电、热、声和磁等现象的基础上进一步采用数学、计算机科学及生物学等学科新成就对物质进行纵深分析的科学；②从解决的任务看，现代分析化学已发展成为获取形形色色物质尽可能全面的信息，进一步认识自然、改造自然的科学。现代分析化学的任务已不只限于测定物质的组成及含量，而是要对物质的形态（氧化-还原态、结晶态等）、空间结构、微区、薄层及化学和生物活性等做出瞬时追踪、无损和在线监测等分析及过程控制。随着计算机科学及仪器自动化的飞速发展，分析化学家和其他学科的科学家相结合，逐步成为生产和科学研究中实际问题的解决者。

分析化学发展非常迅速，不但在化学学科的其他分支方面，而且在生物学、植物学、环境科学、材料科学、高分子材料科学、医学、药学、海洋科学、地质学、农业科学、食品科学等方面都起着重要的作用。如相对原子质量的准确测定、工农业生产的发展、生态环境的保护、生命过程的控制等都离不开分析化学。19 世纪鉴定物质的组成和含量的技术建立了化学分析方法的基础。20 世纪以来分析化学的主要变革如表 1-1 所示。现代分析化学学科的发展趋势及特点主要体现在提高灵敏度、解决复杂体系的分离问题及提高分析方法的选择性、扩展时空多维信息、微型化及微环境的表征与测定、形态和状态分析及表征、生物大分子及生物活性物质的表征与测定、非破坏性检测及遥控、自动化与智能化等方面。

表 1-1　20 世纪以来分析化学的主要变革

时期	1900—1940 年	1940—1970 年	1970 年至今
特点	经典分析——化学分析为主	近代分析——仪器分析为主	现代分析——化学计量学为主
理论	热力学、溶液四大平衡	热力学、化学动力学	热力学、化学动力学、物理动力学
仪器	分析天平	光度计、极谱仪、电位计、色谱计	自动化分析仪、联用技术
分析对象	无机物	有机物和无机物	有机物、无机物、生物及药物制品

现代分析化学学科的发展趋势和特点可以归纳为以下几个方面:

提高灵敏度:这是各种分析方法长期以来所追求的目标。当代许多新的技术引入分析化学,都与提高分析方法的灵敏度有关。

复杂体系的分离及提高分析方法的选择性:复杂体系的分离和测定已成为分析化学家所面临的艰巨任务。由液相色谱、气相色谱、超临界流体色谱和毛细管电泳等所组成的色谱学是现代分离、分析的主要组成部分并获得了很快的发展。在提高方法选择性方面,各种选择性试剂、萃取剂、离子交换剂、吸附剂、表面活性剂、各种传感器的接着剂、各种选择检测技术和化学计量学方法等是当前研究工作的重要课题。

扩展时空多维信息:现代分析化学的发展已不再局限于将待测组分分离出来进行表征和测量,而是成为一门为物质提供尽可能多的化学信息的科学。如现代核磁共振波谱、红外光谱、质谱等的发展,可提供有机物分子的精细结构、空间排列构型及瞬态变化等信息,为人们对化学反应历程及生命过程的认识展现前景。化学计量学的发展,更为处理和解析各种化学信息提供了重要基础。

微型化及微环境的表征与测定:微型化及微环境分析是现代分析化学认识自然从宏观到微观的延伸。电子学、光学和工程学向微型化发展、人们对生物功能的了解,促进了分析化学深入微观世界的进程。微区分析、表面分析在材料科学、催化剂、生物学、物理学和理论化学研究中占有重要的位置。此外,对于电极表面修饰行为和表征过程的研究,各种分离科学理论、联用技术、超微电极和光谱电化学等的应用,为揭示反应机理、开发新体系、进行分子设计等开辟了新的途径。

形态、状态分析及表征:在环境科学中,同一元素的不同价态和所生成的不同有机化合物分子的不同形态都可能存在毒性上的极大差异。在材料科学中物质的晶态、结合态更是影响材料性能的重要因素。

生物大分子及生物活性物质的表征与测定:生物大分子的结构分析研究在目前占据重要的位置。一方面生命科学及生物工程的发展向分析化学提出了新的挑战。另一方面,仿生过程的模拟又成为现代分析化学取之不尽的源泉。分析手段不但在生命体和有机组织的整体水平上,而且在分子和细胞水平上来认识和研究生命过程中某些大分子及生物活性物质的化学和生物本质方面,已日益显示出十分重要的作用。

非破坏性检测及遥测:这是分析方法的又一重要外延。当今的许多物理和物理化学分析方法都已发展为非破坏性检测。这对于生产流程控制、自动分析及难于取样的诸如生命过程等的分析是极其重要的。

自动化及智能化:微电子工业、大规模集成电路、微处理器和微型计算机的发展,使分析化学和其他科学与技术一样进入了自动化和智能化的阶段。分析化学机器人和现代分析仪器作为"硬件",化学计量学和各种计算机程序作为"软件",其对分析化学所带来的影响将会是十分深远的。

1.2.3 "无机与分析化学"课程的任务和内容

"无机与分析化学"是化学、化工、生物、材料、能源、环境、食品等专业的基础课程,主要涉及化学反应基本原理、物质结构、化学分析、仪器分析等内容。化学反应基本原理将会回答化学反应的效应、化学反应进行的方向、化学平衡、化学反应的速率大小等问题。物质结构部分是从本质出发找到相应的规律,从电子在原子中的运动状态来认识原子的结构、认知原子形成分子的基本规律。在新物质的产生、新反应的设计、新原理的应用等方面,帮助人们掌握物质结构的基本规律。分析化学(化学分析、仪器分析)用来确定待分析物的组成与含量,获取研究对象的组成、每个组分的含量、物质的化学结构等相关信息。

"无机与分析化学"也是为后续课程的学习和解决科研中与化学基本理论有关的问题打好基础的一门重要课程。通过化学反应基本规律和物质结构理论的学习,使学生了解当代化学学科的概貌,能运用化学的理论、方法、观点审视人们关注的环境、能源、材料、生命和健康等社会热点问题,了解化学对人类社会的作用和贡献。对工科专业,着重点是把化学理论、方法与工程技术的观点结合起来,用化学的观点分析工程技术中的化学问题。

通过"无机与分析化学"课程的学习,掌握化学科学的基本内容及化学变化的基本规律,学会从化学反应产生的能量、反应的方向、反应的速率、反应进行的程度等方面来分析化学反应的条件,从而优化化学反应的条件;学会用原子分子结构的观点解释元素及其化合物的性质;正确处理各类化学平衡(酸碱平衡、沉淀溶解平衡、氧化还原平衡、配位解离平衡)的移动及平衡之间的转换;学会用定量分析的方法来测定物质的量,从而解决生产、科研中的实际问题;了解常用分析仪器的原理并掌握其使用的方法,为进一步学习各门有关的专业课程打下基础。

化学视野——化学的20世纪回顾与21世纪展望

1. 化学的20世纪回顾

诺贝尔化学奖是诺贝尔奖的奖项之一,由瑞典皇家科学院从1901年开始负责颁发。诺贝尔化学奖描绘了20世纪化学及各分支学科发展的美丽图景,包括了化学的所有分支领域的突破。学科交叉性很强,有许多非化学家获得化学奖,同时也有许多化学家获得其他奖项。化学奖覆盖了从理论化学到生物化学,以及应用化学等基础化学科学的各分支领域。研究成果或者重大发现通常是在授奖之前 10~20 年做出的。其中,有机化学领域 32 项,物理化学领域 26 项,无机化学领域 14 项,生物化学领域 11 项,分析化学领域 6 项,高分子化学领域 4 项。突出的贡献体现在以下五个方面:

(1) 放射性和铀裂变

1903 年,Pierre Curie(法国)与他的夫人 Marie Curie(法国)获得诺贝尔物理学奖(打开了原子物理学的大门);

1908 年,Ernest Rutherford(英国)获得诺贝尔化学奖(元素嬗变和放射性物质的化学研究);

1911 年,Marie Curie(法国)获得诺贝尔化学奖(发现钋、镭);

1935 年,Frederic Joliot(法国)与他的夫人 Irene Joliot-Curie(法国)获得诺贝尔化学奖(发现人工放射元素);

1938 年,Enrico Fermi(意大利)获得诺贝尔物理学奖(创造新元素);

1944 年,Otto Hahn(德国)获得诺贝尔化学奖(发现重核裂变)。

(2) 化学键和现代量子化学理论

1954 年,Linus Pauling(美国)获得诺贝尔化学奖(化学键本质研究和利用化学键理论阐明物质结构);

1966 年,Robert S. Mulliken(美国)获得诺贝尔化学奖(用量子力学创立了化学结构的分子轨道理论,阐明了分子的共价键本质和电子结构);

1981 年,Kenichi Fukui(日本)与 Roald Hoffmann(美国)获得诺贝尔化学奖(1952 年提出前线轨道理论,分子轨道对称守恒原理);

1998 年,Walter Kohn(美国)与 John A. Pople(英国)获得诺贝尔化学奖(量子化学领域)。

(3) 创造新分子新结构——合成化学

1912 年,Victor Grignard(法国)与 Paul Sabatier(法国)获得诺贝尔化学奖(发明格氏试剂从而开创了有机金属在各种官能团反应的新领域);

1928 年,Adolf Windaus(德国)获得诺贝尔化学奖(研究胆固醇的组成及其与维生素的关系);

1937 年,Walter Norman Haworth(英国)与 Paul Karrer(瑞士)获得诺贝尔化学奖(研究维生素 C、类胡萝卜素、核黄素、维生素 B_2);

1947 年,Sir Robert Robinson(英国)获得诺贝尔化学奖(合成生物碱类分子);

1950 年,Otto Diels(德国)与 Kurt Alder(德国)获得诺贝尔化学奖(1928 年发现 Diels-Alder 双烯合成反应);

1955 年,Vincent du Vigneaud(美国)获得诺贝尔化学奖(合成多肽类分子和激素)。

(4) 高分子科学和材料

1963 年,Karl Ziegler(德国)与 Giulio Natta(意大利)获得诺贝尔化学奖(Ziegler-Natta 催化剂用于有机金属催化烯烃定向聚合,实现了乙烯的常压聚合和丙烯的定向有规聚合);

1973 年,Ernst Otto Fischer(德国)与 Geoffrey Wilkinson(英国)获得诺贝尔化学奖(茂金属化合物对金属有机化学和配位化学的贡献);

1979 年,Herbert C. Brown(美国)与 Georg Wittig(德国)获得诺贝尔化学奖(分别发展了硼有机化合物和

Wittig 反应)；

1984 年，Bruce Merrifield(美国)获得诺贝尔化学奖(发明固相多肽合成法)；

1990 年，Elias James Corey(美国)获得诺贝尔化学奖(提出了“逆合成分析法”促进了有机合成化学的快速发展)。

(5) 化学动力学与分子反应动态学

1956 年，Nikolay Nikolaevich Semenov(苏联)与 Sir Cyril Norman Hinshelwood(美国)获得诺贝尔化学奖(研究气相反应化学动力学)；

1967 年，Manfred Eigen(德国)、Ronald George Wreyford Norrish(英国)及 Ceorge Porter(英国)获得诺贝尔化学奖(研究极其快速的化学反应)；

1986 年，Dudley R. Herschbach(美国)、Yuan T. Lee(美国)及 John C. Polanyi(德国)获得诺贝尔化学奖(发展交叉分子束技术、红外线化学发光法对微观反应动力学)；

1999 年，Ahmed Zewail(美国)获得诺贝尔化学奖(用激光闪烁照相机拍摄到化学反应中化学键断裂和形成的过程)。

2. 化学的 21 世纪展望——学科交叉与热点研究领域

学科交叉是科技创新的主要源泉，是科学时代不可替代的研究范式。世界科技强国多年来持续对重点学科领域的前沿交叉与融合发展进行前瞻布局。目前我国的教育部、科学技术部和国家自然科学基金委员会等部门均在对传统学科分类模式进行改革，大力推动学科交叉融合。

化学是一门在原子、分子水平上研究物质的组成、结构、性质、转化及其应用的基础学科，更是一门自然科学，它能够筑就学科交叉融合的“立交桥”。2017 年诺贝尔化学奖颁发给物理学家，奖励他们发明冷冻电镜帮助了生物学家解析高分辨率的生物大分子结构；2022 年诺贝尔化学奖则用于表彰“点击化学和生物正交化学”的发展。因此，诺贝尔化学奖集结了“理化生”三科，有时被称为“理科综合奖”，说明化学学科与其他学科交叉发展是必须的也是必然的。21 世纪化学学科交叉领域前沿热点主要有：

化生医药　21 世纪以来的诺贝尔化学奖，一半授予了与生物、医学问题相关的研究。例如，2022 年“点击化学和生物正交化学”，2020 年“开发基因组编辑方法”，2018 年“酶的定向进化”，2015 年“DNA 修复的机械研究”，2012 年“G 蛋白偶联受体的研究”，2009 年“对核糖体的结构和功能的研究”，2008 年“绿色荧光蛋白 GFP 的发现和开发”，2006 年“对真核转录分子基础的研究”，2004 年“发现泛素介导的蛋白质降解”，2003 年“关于细胞膜中通道的发现”。由此可见，化学可以为生命科学和医学的研究提供新思路和新策略。例如，创造新的反应技术和分子工具；创建新的分子干预，转变生物学功能；发现新的靶标，研制新的药物，发展新的临床诊断策略。青霉素、青蒿素和抗肿瘤药物顺铂也是得益于化学的贡献而得以问世。未来，生物医药领域的化学药物、抗体药物、细胞药物、基因药物、疫苗都迫切需要与化学学科深度交叉融合而得以实现。

绿色化学　绿色化学倡导用化学的原理减少或停止对人类健康、社区安全、生态环境有害的原料、催化剂、溶剂、试剂、产物、副产物等的使用与产生。绿色化学主体思想是采用无毒无害的原料、原子经济性好的反应、绿色催化剂和溶剂，通过高效的反应过程生产环境友好的产品，并且经济合理。21 世纪以来，已创建了 *Green Chemistry*，*Clean*，*ChemSusChem*，*Green Chemistry-Reviews and Letters*，*Green and Sustainable Chemistry*，*ACS Sustainable Chemistry & Engineering*，*Current Opinion in Green and Sustainable Chemistry* 等期刊用于发表绿色化学方面的成果。

碳达峰和碳中和简称“双碳”，我国力争实现的“双碳”目标面临着巨大挑战。绿色化学由此发展了一个重要分支“绿色碳科学”。绿色碳科学的关键是研究和优化碳资源加工、能源利用、碳固定、碳循环整个过程中含碳化合物的转化规律和相关工业过程，实现碳资源高效利用和二氧化碳排放最小化。例如，研发可将生物质和 CO_2 转化制备成为化学品、高品质燃料和材料，以及研发利用废弃碳资源（废弃塑料、有机垃圾等）的新方法、新途径和新技术。

能源化学　能源化学是利用化学的理论和方法研究能源获取、储存、转换以及传输过程的规律，探索能源新技术实现途径的一门新兴学科。本学科涉及的主要研究领域包括①能源电化学；②能源催化化学；③能源气体的存储与分离；④能源理论化学。其中，能源电化学以各类储能器件如锂/钠/钾离子电池、锂/钠-硫/硒电池、超级电容器、碱金属电池、铅酸电池，以及新型能源燃料电池等器件中的关键材料（包括正负极材料、电解液、隔膜等）为研究对象，开展电化学储能体系中关键科学问题的研究，实现多学科交叉融合，开发能够解决动力与储能器件发展瓶颈问题的创新技术，以满足便携式电子器件、新能源汽车和智能电网等领域对先进电化学储能的需求；能源催化化学主要研究内容涵盖电解水中的析氢反应（HER）、析氧反应（OER），燃料电池中重要的半反应氧还原反应（ORR），以及电催化二氧化碳还原反应等。目标在于设计并制备出对特定反应具有高活性、高选择性和长寿命的电催化剂，同时涉及材料结构设计策略与构效关系分析，以及功能性催化剂的设计与应用，为电催化化学提供新催化剂、新反应途径、新思路；能源气体的存储与分离主要涉及新型高效储气材料与高效气体分离材料的设计、制备及新技术研究，各类多孔材料（如 MOFs、COFs、多孔硅、气凝胶等）的合理设计和精准合成是该领域的关键；能源理论化学主要开展能源化学及其关键材料的理论基础研究，以及电化学储能、电催化、储气等体系的模拟，获得材料和体系的作用机理、性能衰减机理等，形成理论研究与应用开发相结合的鲜明特色，为下一代高效能源材料与体系的筛选提供有力的理论指导依据。同时，注重发展基础计算方法并提出新概念与新理论。

化学反应基本原理篇

第 2 章
化学热力学基础
The Foundation of Chemical Thermodynamics

学习要求：

1. 掌握状态函数、热力学标准态、焓、熵和 Gibbs 函数等基本概念；

2. 掌握化学反应热效应的概念、计算方法、Hess 定律与应用；

3. 掌握化学反应的熵变和 Gibbs 函数变的计算；

4. 掌握 Gibbs 函数判据及应用条件，会用 Gibbs 函数变判断化学反应进行的方向及估算反应自发进行的温度范围。

热力学(thermodynamics)是研究热和其他形式能量之间相互转换规律的一门科学。利用热力学的方法和原理研究化学现象(反应)及与化学有关的物理现象，就形成了化学热力学(chemical thermodynamics)，亦称为热化学(thermochemistry)。热力学的研究对象为宏观系统，即大量微观粒子组成的集合体，其研究方法的特点是只关注系统宏观性质的变化，不考虑物质的微观结构。热力学的主要基础是热力学第一定律和热力学第二定律。热力学第一定律是能量守恒和转化定律，恩格斯将它誉为 19 世纪自然科学中具有决定意义的三大发现之一。热力学第二定律是关于在有限空间和时间内，一切和热运动有关的物理、化学过程具有不可逆性的经验总结。因此，化学热力学以研究物理和化学过程中热效应规律为主，利用热力学第一定律解决化学变化中的热效应问题，利用热力学第二定律解决化学变化中的方向和限度问题，从而研究化学反应的有关现象及规律性。这些规律在探索新能源、有效利用能源、解决能量储存与转化问题等方面具有理论指导意义。本章在介绍热力学基本概念、热力学第一定律和第二定律的基础上，重点介绍化学反应热效应、Hess 定律、化学反应熵变、Gibbs 函数变及化学反应方向的判断。

2.1 热力学基本概念

2.1.1 系统和环境

热力学将研究对象的物体或一部分空间人为地从其余部分中划分出来,将这些研究对象称为体系或系统(system),将系统以外并与之相关的其余部分统称为环境(surroundings)。热力学中研究的系统可以很大,如地球上的江河湖泊;系统也可以很小,如烧杯中的物质。系统与环境之间可以有实际的界面,也可以没有实际的界面。不能以有无界面来划分系统与环境,环境必须是与系统有相互影响的有限部分。如一钢瓶氧气,若研究其中全部气体时有界面(气体与钢瓶内壁)。若研究其中部分气体时,只有想象的界面(气体与气体之间)。需要注意的是:系统与环境并无本质上的差别,是根据研究需要而人为划分的,它们不是由系统的某种物质决定的,因而并不是固定不变的,但一经确定,在研究中就不许随意变更系统与环境的范围。所以,系统的划分是人为决定的,选择系统时应该强调研究重点,以方便解决问题。

例如,若研究金属锌和硫酸铜的氧化还原反应:

$$Zn(s)+CuSO_4(aq) = Cu(s)+ZnSO_4(aq)$$

烧杯中包含金属锌的溶液可当作系统,液面上的空气、烧杯及其外部空间是环境。这种情况下,系统和环境的界限是真实存在的。若研究一个装有盐酸的烧杯中放入锌粒的反应:

$$Zn(s)+2HCl(aq) = ZnCl_2(aq)+H_2(g)$$

锌粒、盐酸及产物氯化锌溶液和氢气是系统,液面上的空气、烧杯及其外部空间是环境。这种情况下,系统中的氢气和环境中的空气并不存在可见的真实界面。

系统和环境之间相互关联,存在物质交换和能量交换,根据物质交换和能量交换的不同情况,将系统分为以下三种类型:

(1) 敞开系统(open system)。系统与环境之间既有物质交换,又有能量交换,见图 2-1(a)。例如,未加盖的玻璃瓶里的热水是敞开系统。

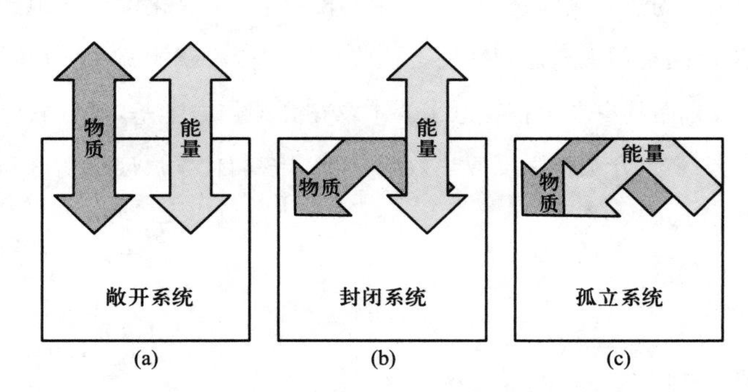

图 2-1 敞开系统、封闭系统和孤立系统示意图

（2）封闭系统（closed system）。系统和环境之间没有物质交换，只有能量交换，见图 2-1（b）。例如，加盖的玻璃瓶里的热水是封闭系统。

（3）孤立系统（isolated system）。系统和环境之间既没有物质交换，又没有能量交换，见图 2-1（c）。例如，加盖的绝热瓶里的热水就是孤立系统。

严格说来，绝对的孤立系统是不存在的，因为没有绝对不传热的物质，也没有完全能消除电场、磁场等影响的物质。因此，孤立系统是一种理想系统。在某些情况下，系统与环境之间的相互作用极小，可以将系统近似看成孤立系统。例如，在钢瓶中瞬间完成的化学反应，由于反应瞬间完成，来不及与环境交换能量，这时就可以将反应系统近似看成孤立系统。也可将研究的系统与有关的环境一起作为一个扩大的系统，这个扩大的系统也可以视为孤立系统。在热力学中，若不特别指明，所提到的系统都是封闭系统。

2.1.2 状态和状态函数

一个系统的状态（state）就是系统一切性质的总和。由于热力学的研究对象为宏观系统，这些宏观性质包括温度、压力、体积、密度、黏度和电导率等。这些物理量有了确定的值，系统就处在一定的状态。即系统所有的性质一定时，系统的状态一定。其中任何一种性质发生变化，系统的状态就会改变，即系统的性质是系统状态的单值函数，因此，将这些决定系统状态的物理量称为状态函数（state function）。

当系统与环境不再发生相互作用，所有宏观性质都保持不变时，系统就处于热力学平衡态（thermodynamical equilibrium state）。当系统达到热力学平衡态时，应同时满足以下几个条件：

（1）系统处于热平衡（thermal equilibrium），即系统各部分温度相同。

（2）系统处于力平衡（mechanical equilibrium），即系统各部分之间没有不平衡的力存在。

（3）系统处于相平衡（phase equilibrium），如果系统不止一相时，物质在各相之间的分布要达到平衡，即宏观上没有任何一种物质从一相迁移到另一相。

（4）系统处于化学平衡（chemical equilibrium），系统内任何化学反应都已达到平衡状态，系统的组成不随时间而改变。

系统处于热力学平衡态时，所有的性质都具有一定的数值，热力学通常用这些宏观性质来描述系统的状态，如用压力、体积和温度来描述气体的状态。这些描述系统状态的宏观性质被称为状态函数。

系统的宏观性质之间是相互关联的，描述系统状态时，不需要罗列所有宏观性质的数值。例如，对于理想气体，可通过状态方程 $pV_m=RT$ 将 p、V_m、T 联系起来，三个变量中只有两个是独立的。这种联系系统状态函数之间的定量关系式称为状态方程（equation of state）。因此，状态函数的特点体现在：状态一定时，状态函数也一定。当系统的状态发生变化时，状态函数的变化值只与始态、终态有关，而与变化途径无关。

2.1.3 过程和途径

系统状态发生的任何变化称为热力学过程，简称为过程(process)。完成一个过程所经历的具体路线、步骤称为途径(path)。一个过程可以经过不同的途径来完成。如图 2-2 所示，1 mol 理想气体等温下从 $A(p_1,V_1)$ 沿曲线变化到 $B(p_2,V_2)$。这个从始态 A 到终态 B 的等温变化过程也可以通过其他两个途径完成，途径 1：从 A 出发等容变化到 C，再从 C 等压变至 B；途径 2：从 A 出发等压变化到 D，再从 D 等容变至 B。

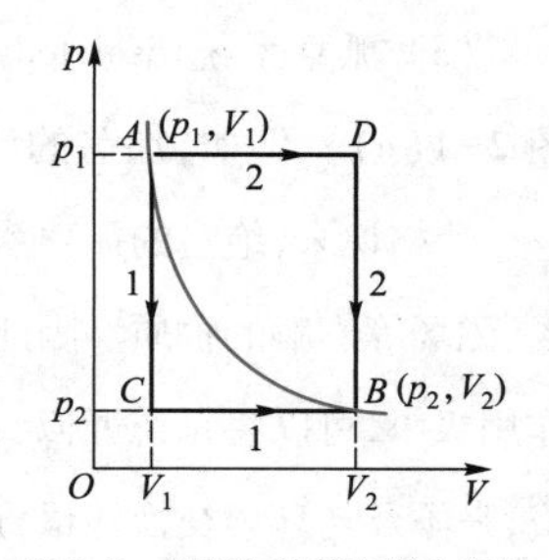

图 2-2 理想气体状态发生变化的不同途径

常见的热力学过程包括以下几种：

(1) 等温过程(isothermal process)。始态、终态温度相等，并且过程中始终保持这个温度。当环境的温度保持不变，系统发生了变化，其终态温度 T_2 和始态温度 T_1 相同，且等于环境的温度 T_e，即 $T_2=T_1=T_e=$定值。

(2) 等压过程(isobaric process)。始态与终态压力相同，且在整个变化过程中保持这个压力。当环境的压力保持不变，系统发生了变化，结果其终态压力 p_2 和始态压力 p_1 相同，且等于环境的压力 p_e，即 $p_2=p_1=p_e=$定值。如在敞口密闭容器中进行的反应，系统始终承受相同的大气压，可以看作等压过程。

(3) 等容过程(isochoric process)。系统始态体积 V_1 与终态体积 V_2 相同，且在整个变化过程中保持这个体积。在密闭容器中进行的反应，可以看作等容过程。

(4) 循环过程(cyclic process)。系统由始态出发，经过一系列变化又回到原来的状态，即终态和始态相同，这种变化过程称为循环过程。根据状态函数的特征，循环过程所有状态函数的变值均为“零”。

(5) 绝热过程(adiabatic process)。从始态到终态的整个变化过程中，系统与环境间没有热交换。

实际上，化学反应的途径是很复杂的，但是根据上述状态函数的性质，抛开具体的途径，从始态和终态就可以直接计算状态函数的改变量。热力学方法之所以简便，就是基于这个原理。

2.1.4 热与功

同步资源

热(heat)是系统和环境因温度不同而传递的能量，用符号 Q 表示，单位为 J 或 kJ。热力学规定：当系统温度低于环境温度时，系统吸收热量，$Q>0$；当系统温度高于环境温度，系统放出热量，$Q<0$。热量发生在具体的变化过程中，和具体的变化途径有关，因此，热不是状态函数，当系统的终态和始态确定之后，热量的数值可以随着变化途径的不同而不同。根据变化类型给予特定名称的热量有：溶解热、熔化热、蒸发热、混合热和反应热等。

功(work)是除热以外，以其他形式传递的能量，功的符号为 W，单位为 J。当环境对系统做功时，$W>0$；当系统对环境做功时，$W<0$。功和热一样与变化途径有关。在化学热力学中，功分为体积功和非体积功。体积功又称为膨胀功，是指在一定的环境压力下，系统的体积发生变化时和环境交换的能量。如图 2-3 所示，带活塞的汽缸中装有某种气体，活塞的内面积为 A，假设活塞无质量，且移动时与汽缸壁无摩擦力，若气体在抵抗一定的环境压力 p_e 下发生膨胀，使活塞移动的距离为 l。根据功的定义

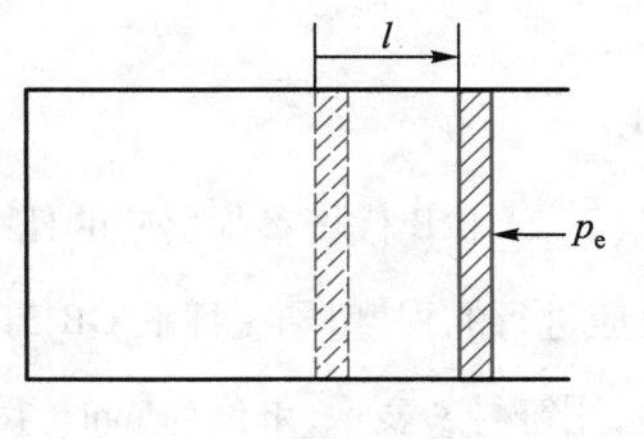

图 2-3　体积功示意图

$$W=F_e \cdot l=p_eA \cdot l=p_e(V_2-V_1)=p_e\Delta V$$

式中，F_e 为环境作用在活塞上的力，$F_e=p_eA$；V_1 和 V_2 分别是膨胀前和膨胀后气体的体积。考虑功的符号规定，则体积功的计算公式为

$$W=-p_e\Delta V \tag{2-1}$$

即如果气体抵抗外压膨胀，$\Delta V>0$，系统对环境做功，$W<0$；如果在外压作用下压缩，$\Delta V<0$，环境对系统做功，$W>0$。

除体积功外，其他形式的功统称为非体积功，如电功、表面功等。

2.1.5　热力学能

系统是大量微观粒子的集合体，这些微观粒子处于不断的运动和相互作用中。因此，微观粒子具有微观动能和微观势能。微观动能包括分子运动的平动能、转动能、振动能、电子运动能和核运动能等。微观势能包括分子间的相互作用能，以及电子与核之间相互作用能等。将系统内部一切微观能量的总和称为系统的热力学能（thermodynamic energy），也称为内能（internal energy），通常用符号 U 表示，单位为 J 或 kJ。

热力学能是系统本身的性质，当系统的状态一定时，热力学能像系统其他的宏观性质一样，具有确定的数值。当系统内部组成和某些条件确定后，系统内部能量总和就有了确定的值。当系统的状态发生变化时，如分子间作用力加强或减弱、化学键的形成或断裂等，系统的内能就随之改变。因此，热力学能是状态函数。但是，热力学能的绝对值无法确定，实际运用中只需确定热力学能的改变值（ΔU）。当系统状态发生改变时，系统和环境之间有热和功的交换，据此可以确定系统内能的变化值。当系统发生变化时，热力学能的变量 ΔU 与变化的途径无关，只取决于系统的始态和终态。

2.1.6　化学反应计量式和反应进度

若一个化学反应方程式表示为

$$a\mathrm{A}+b\mathrm{B} = c\mathrm{C}+d\mathrm{D}$$

其中的 a、b、c、d 分别为化学反应方程式的计量数（stoichiometric coefficient）。化学反应方程式中，这些计量数全部取正值。一般情况下以反应方程式最简形式表示。

按照热力学终态减去始态的形式，上式也可表示为

$$0=cC+dD-aA-bB$$

即
$$0=\sum_{B}\nu_B B \tag{2-2}$$

式(2-2)中 B 代表参加反应的任一物质。ν_B 是物质 B 在方程式中的化学计量数。为了表示化学反应进行的程度，国家标准 GB 3102. 8—93 规定了化学反应进度(extent of chemical reaction)的概念，用符号 ξ 表示，单位为 mol。反应进度 ξ 定义为

$$\xi=\frac{\Delta n_B}{\nu_B} \tag{2-3}$$

$$\xi \xlongequal{\text{def}} \frac{n_B(\xi)-n_B(0)}{\nu_B}=\frac{\Delta n_B}{\nu_B} \tag{2-4}$$

当 $\Delta n_B=\nu_B$mol 时，$\xi=1$ mol。此时化学反应按计量方程式进行了 1 mol 的反应。所以反应进度必须与反应的计量方程式相对应。为了使反应进度为正值，规定对反应物 ν_B 取负值，对产物 ν_B 取正值。

对于相同物质参加的化学反应，如果其计量方程式采用不同的写法，进行 1 mol 反应代表的含义则不同。如

$$H_2(g)+\frac{1}{2}O_2(g)=\!=\!=H_2O(g)$$

1 mol 反应表示消耗 1 mol H_2 和 0. 5 mol O_2，生成 1 mol H_2O。若写成下列形式：

$$2H_2(g)+O_2(g)=\!=\!=2H_2O(g)$$

1 mol 反应则表示消耗 2 mol H_2 和 1 mol O_2，生成 2 mol H_2O。

2.2 热力学第一定律

热力学第一定律(the first law of thermodynamics)即能量守恒与转化定律。自然界的一切物质都具有能量，能量有各种不同形式，能够从一种形式转化为另一种形式，在转化过程中，能量的总量不变。它表示封闭系统从始态变化到终态时，系统的热力学能与过程中热和功的关系。能量守恒与转化定律是人类长期经验的总结，同时也受到实践的检验，其正确性毋庸置疑。

系统的总能量包括整体动能、整体势能和热力学能，热力学研究的系统是宏观静止的，所以在状态变化过程中，系统的整体动能和整体势能均保持不变，发生变化的只有热力学能。设某一封闭系统发生了一个变化过程，既从环境吸收了热 Q、又得到了功 W，系统的热力学能从始态的 U_1 变化到终态的 U_2，根据能量守恒与转化定律

$$U_2=U_1+(Q+W) \quad 或 \quad \Delta U=Q+W \tag{2-5}$$

如果系统仅发生微小的变化，习惯将式(2-5)表达为

$$dU=\delta Q+\delta W \tag{2-6}$$

式(2-5)或式(2-6)为热力学第一定律的数学表达式。它表明:封闭系统在状态变化过程中,系统热力学能的变化量等于系统与环境之间传递的热和功的总和。

例如,某一封闭系统发生了变化过程,环境对系统做了 160 J 的功,同时向环境放出的热为 100 J,即 $W=160\ \text{J}$,$Q=-100\ \text{J}$,则系统的热力学能变为

$$\Delta U=Q+W=160\ \text{J}-100\ \text{J}=60\ \text{J}$$

实际上,最受关注的是热力学第一定律在化学反应中的应用,即用热力学第一定律研究化学反应的热效应。

2.3 化学反应的热效应

2.3.1 等容反应热

等容反应热也称恒容反应热,是封闭系统在不做非体积功、等容过程条件下与环境之间传递的热,用符号“Q_V”表示。因为等容过程 $\Delta V=V_2-V_1=0$,且系统和环境之间不做非体积功,所以 $W=0$,根据热力学第一定律,该过程系统的热力学能变 ΔU 为

$$\Delta U=Q_V \tag{2-7}$$

式(2-7)表示,封闭系统在非体积功为零的等容过程中,系统吸收的热等于系统热力学能的增加。该式表达了另一个重要信息:热不是状态函数,热与途径有关。但是由于等容反应热等于系统的热力学能变,热力学能是状态函数,它的变化值只取决于始态和终态,与途径无关。因此,在特殊条件下的等容反应热与途径无关,其数量仅取决于始态和终态。

2.3.2 等压反应热与焓

等压反应热也称恒压反应热,是封闭系统在不做非体积功、等压过程条件下与环境之间传递的热,用符号 Q_p 表示。因为等压过程中,$p_2=p_1=p_e=$定值,且系统和环境之间不做非体积功,根据热力学第一定律,该过程的 Q_p 为

$$Q_p=\Delta U-W=\Delta U+p_e\Delta V=(U_2-U_1)+p_e(V_2-V_1)$$

因为 $p_2=p_1=p_e=$定值,经过等量代换

$$Q_p=(U_2+p_eV_2)-(U_1+p_eV_1)=(U_2+p_2V_2)-(U_1+p_1V_1)$$

定义

$$H\equiv U+pV \tag{2-8}$$

$$Q_p=H_2-H_1=\Delta H \tag{2-9}$$

H 称为焓(enthalpy),从定义式可知它是由三个状态函数 U、p、V 的代数组合,因此焓也是状态函数,单位为 J 或 kJ。但是,焓与热力学能不同,焓没有明确的物理意义,焓的绝对值无法确定,定义焓是出于实用目的。这样处理会使问题变得简单,由于大多数化学反应是在等压且无非体积功的条件下进行,其热效应等于反应的焓变(ΔH),因此解决化学反应的热效应问题可以通过计算焓变来完成。

在不做非体积功的条件下，当产物温度和反应物的温度相同时，化学反应过程中系统吸收或放出热量称为化学反应热效应。大多数化学反应是在等压条件下进行的，通常情况下如果不做特别说明，都是指等压热效应。式(2-9)表示封闭系统在非体积功为零的等压过程中，系统吸收的热等于系统焓的增加。该式同样表达一个重要信息：由于焓是状态函数，在特殊条件下的等压反应热与途径无关，其数量仅取决于始态和终态。由于热力学能的绝对值无法确定，所以焓的绝对值也无法确定。虽然无法得知两者的绝对值，但是在无非体积功的等容和等压过程中，可通过系统和环境传递的热量衡量两者的变化值。

2.3.3 标准状态与热化学方程式

1. 标准状态

实际上，对于研究的化学反应，最为关心的是化学反应中焓的变化值及其大小的比较。为了方便比较，需要规定一个相对的标准状态，这个标准就是热力学标准状态，简称为标准态，用符号"$\ominus$"表示。热力学标准态(standard state)规定如下：

(1) 气体的标准态是温度 T，标准压力为 $p^{\ominus}=100$ kPa，具有理想气体性质的纯气体；

(2) 液体和固体的标准态是温度 T，标准压力 $p^{\ominus}$(外压)下的纯液体或纯固体；

(3) 溶液中溶剂的标准态是标准压力下的纯液体，溶质的标准态依据浓度不同单位规定为：物质的量浓度 $c^{\ominus}=1\ \text{mol}\cdot\text{L}^{-1}$ 或者质量摩尔浓度 $b^{\ominus}=1\ \text{mol}\cdot\text{kg}^{-1}$，具有无限稀释溶液特性时溶质的假想状态。如果是理想溶液的话，是指溶液浓度为 $1\ \text{mol}\cdot\text{L}^{-1}$ 时的状态。

在标准态的规定中只规定了压力 $p^{\ominus}$，并没有规定标准态的温度，即每一个温度都有一个标准态，在具体规定标准态时应指明温度。对于标准态的热力学函数在不同温度下有不同的数值。热力学中的标准态若不特别指明，一般温度是指 298.15 K。

2. 热化学方程式

表示化学反应及其热效应关系的化学反应方程式称为热化学方程式。书写热化学方程式应注意以下几点问题：

(1) 大多数化学反应是在无非体积功的等压条件下进行，热效应 $Q_p=\Delta H$，即该条件下的热效应为化学反应的焓变。因此，热化学方程式中，热效应用 $\Delta_r H$ 表示。

(2) 化学反应热效应和反应进度有关，热化学方程式给出的均为摩尔反应热效应，摩尔反应热效应是指在一定条件下，完成 $\xi=1$ mol 反应时，系统吸收或放出的热量，用符号 $\Delta_r H_m$ 表示，根据定义，$\Delta_r H_m=\Delta_r H/\xi$，摩尔反应热效应也称作摩尔反应焓变。由于 ξ 和计量方程式的写法有关，$\Delta_r H_m$ 和计量方程式的写法也有关。

(3) 等压反应热效应即化学反应系统终态和始态焓的差值，和反应前后系统的状态有关。因此，书写热化学方程式时，应注明反应物和产物的聚集状态。通常以"g"表示气态，"l"表示液态，"s"表示固态，"aq"表示水溶液。若固态物质有不同晶型，还需注明晶型，如 C(石墨)、

C(金刚石)等。

(4) 反应热效应也与反应条件密切相关,书写热化学方程式应注明温度和压力。如果没有特别注明,通常是指温度为 298.15 K,压力为 100 kPa。

(5) 当反应物和产物都处于标准态时,化学反应的摩尔焓变称为标准摩尔焓变,用符号 $\Delta_r H_m^\ominus$ 表示,单位为 $kJ \cdot mol^{-1}$。标准摩尔焓变既与物态有关,又与反应条件有关。

热化学方程式由两部分组成,包括配平的反应方程式和摩尔反应焓变,如果反应物和产物都处在标准态,即为标准摩尔焓变。例如

$$H_2(g)+\frac{1}{2}O_2(g)=\!=\!=H_2O(l) \quad \Delta_r H_m^\ominus=-285.8\ kJ \cdot mol^{-1}$$

即在 298.15 K、$p^\ominus$ 下,1 mol 氢气和 0.5 mol 氧气完全反应,生成 1 mol 液态水时,放出 285.8 kJ 的热。

但是,如果在 298.15 K、$p^\ominus$ 下发生如下反应,1 mol 氢气和 0.5 mol 氧气完全反应,生成 1 mol 气态水时,则放出 241.8 kJ 的热。

$$H_2(g)+\frac{1}{2}O_2(g)=\!=\!=H_2O(g) \quad \Delta_r H_m^\ominus=-241.8\ kJ \cdot mol^{-1}$$

2.3.4 标准摩尔生成焓

化学反应的标准摩尔焓变 $\Delta_r H_m^\ominus$ 是反应进度为 1 mol 时,产物与反应物的焓的变化量,即

MOOC
同步资源

$$\Delta_r H_m^\ominus = \sum_B \nu_B H_m(B,相态,T) \tag{2-10}$$

H_m 是物质 B 的摩尔焓。若已知反应物和产物焓的绝对值 H_m,计算化学反应的标准摩尔焓变 $\Delta_r H_m^\ominus$ 将非常容易。但是,由于焓的绝对值无法确定,故不能用式(2-10)计算化学反应的摩尔焓变。那么,如何计算化学反应的标准摩尔焓变?热力学采取规定共同比较基准的方法解决了这一问题,可以由标准摩尔生成焓计算反应热效应。

物质 B 的标准摩尔生成焓(standard molar enthalpy of formation)定义为:温度 T、标准压力下,由最稳定单质生成 1 mol 物质 B 的标准摩尔焓变,用符号 $\Delta_f H_m^\ominus(B,相态,T)$ 表示,单位为 $J \cdot mol^{-1}$ 或 $kJ \cdot mol^{-1}$。需要特别注意:

(1)"最稳定单质"不是指所有的物质,氢气、氧气、氮气和氯气等双原子分子都是它们的最稳定单质,液态的 Br_2 和 Hg 及其他的固态物质也是它们的稳定单质。但是,那些具有多种同素异形体的物质中,如石墨、金刚石、无定形碳等,最稳定的是石墨。所以,石墨是碳的最稳定单质。但是,也有个别例外情况,如磷的最稳定单质选择的是白磷,实际上白磷不如红磷和黑磷稳定。

(2) 由最稳定单质生成物质 B 的计量方程中物质 B 的计量数只能是"1"。

(3) 根据物质标准摩尔生成焓的定义可知,最稳定单质在任何温度下的标准摩尔生成焓均为"零"。

例如,液体水的 $\Delta_f H_m^{\ominus}$ 就是氢气和氧气在标准压力下生成 1 mol 水的标准摩尔焓变:

$$H_2(g)+\frac{1}{2}O_2(g)═══H_2O(l) \quad \Delta_r H_m^{\ominus}=-285.8\ kJ\cdot mol^{-1}$$

所以,$\Delta_f H_m^{\ominus}(H_2O,l,298.15\ K)=-285.8\ kJ\cdot mol^{-1}$。

又如,$C(s)+O_2(g)═══CO_2(g) \quad \Delta_r H_m^{\ominus}=-393.51\ kJ\cdot mol^{-1}$

所以,$\Delta_f H_m^{\ominus}(CO_2,g,298.15\ K)=-393.51\ kJ\cdot mol^{-1}$

对于水溶液中进行的反应,常涉及水合离子的标准摩尔生成焓。水合离子的标准摩尔生成焓是指:在温度 T 及标准状态下,由参考态单质生成 1 mol 溶于大量水(无限稀溶液)的水合离子 B(aq)的标准摩尔焓变。用符号 $\Delta_f H_m^{\ominus}(B,aq,T)$ 表示,单位为 $kJ\cdot mol^{-1}$,并规定水合氢离子的标准摩尔生成焓为零:$\Delta_f H_m^{\ominus}(H^+,aq,298.15\ K)=0\ kJ\cdot mol^{-1}$。

标准摩尔生成焓是计算化学反应标准摩尔焓变的基础数据,本书附录 2 列出了部分化合物在 298.15 K 时的标准摩尔生成焓。

2.3.5 标准摩尔燃烧焓

物质 B 的标准摩尔燃烧焓(standard molar enthalpy of combustion)定义为:温度 T、标准压力下,1 mol 物质 B 完全燃烧时的标准摩尔焓变,用符号 $\Delta_c H_m^{\ominus}$(B,相态,T)表示,单位是 $J\cdot mol^{-1}$ 或 $kJ\cdot mol^{-1}$。

为了避免混乱,对燃烧产物有明确的规定,完全燃烧是指物质中的 C 燃烧为 $CO_2(g)$,H 燃烧为 $H_2O(l)$,N 燃烧为 $N_2(g)$,S 生成 $SO_2(g)$ 等。按此规定,$H_2O(l)$、$CO_2(g)$、$N_2(g)$ 的标准摩尔燃烧焓为零。

$$CH_3OH(l)+\frac{3}{2}O_2(g)═══CO_2(g)+2H_2O(l) \quad \Delta_c H_m^{\ominus}(CH_3OH,l,298.15\ K)=-726.51\ kJ\cdot mol^{-1}$$

根据 B 物质的标准摩尔燃烧焓定义可知:

$$\Delta_c H_m^{\ominus}(H_2O,l,T)=0 \quad \Delta_c H_m^{\ominus}(CO_2,g,T)=0$$

2.3.6 化学反应的标准摩尔焓变

依据反应物和产物的标准摩尔生成焓计算反应 $aA+bB═══cC+dD$ 的标准摩尔焓变 $\Delta_r H_m^{\ominus}$。为解决问题,设计以下两个过程的反应(①+②;③),由最稳定单质生成 a mol A 和 b mol B(如①所示),再由 a mol A 和 b mol B 生成 c mol C 和 d mol D(如②所示);根据物质不灭定律,由相同种类和数量的最稳定单质直接生成 c mol C 和 d mol D(如③所示)。

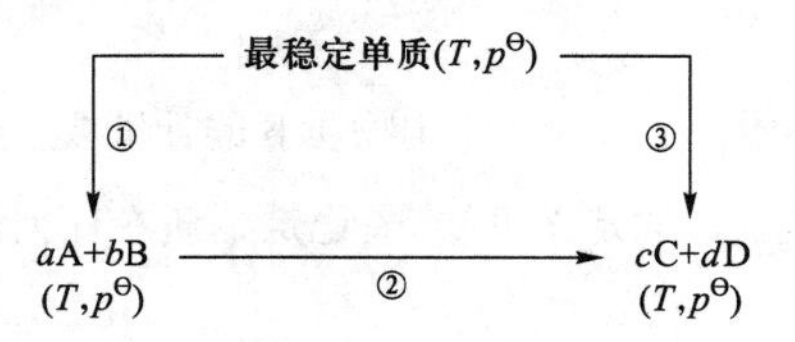

根据状态函数的特点及标准摩尔生成焓的定义,反应

$$aA+bB \xlongequal{} cC+dD$$

的标准摩尔焓变为

$$\Delta_r H_m^\ominus(T)=c\Delta_f H_m^\ominus(C,T)+d\Delta_f H_m^\ominus(D,T)-a\Delta_f H_m^\ominus(A,T)-b\Delta_f H_m^\ominus(B,T)$$

即

$$\Delta_r H_m^\ominus = \sum_B \nu_B \Delta_f H_m^\ominus(B,\text{相态},T) \tag{2-11}$$

式(2-11)表明,在一定温度下,化学反应的标准摩尔焓变 $\Delta_r H_m^\ominus$ 等于产物和反应物与在同样温度下标准摩尔生成焓 $\Delta_f H_m^\ominus$ 和其计量数的乘积之和。取和时注意:产物的计量数为正数,反应物的计量数为负数。或者说,在一定温度下,化学反应的标准摩尔焓变 $\Delta_r H_m^\ominus$ 等于产物在同样温度下标准摩尔生成焓 $\Delta_f H_m^\ominus$ 之和与反应物在同样温度下标准摩尔生成焓 $\Delta_f H_m^\ominus$ 之和的差值。

例 2-1 试求反应

$$Fe_2O_3(s)+3CO(g) \xlongequal{} 2Fe(s)+3CO_2(g)$$

在 298.15 K 时的标准摩尔焓变。

解:由附录查找相关物质的标准摩尔生成焓后列式计算。

$$Fe_2O_3(s)+3CO(g) \xlongequal{} 2Fe(s)+3CO_2(g)$$

$\Delta_f H_m^\ominus/(kJ\cdot mol^{-1})$ -824.2 -110.53 -413.80

$$\begin{aligned}\Delta_r H_m^\ominus &= 3\Delta_f H_m^\ominus(CO_2,g)+2\Delta_f H_m^\ominus(Fe,s)-\Delta_f H_m^\ominus(Fe_2O_3,s)-3\Delta_f H_m^\ominus(CO,g)\\ &=3\times(-413.80\ kJ\cdot mol^{-1})-(-824.2\ kJ\cdot mol^{-1})-3\times(-110.53\ kJ\cdot mol^{-1})\\ &=-85.61\ kJ\cdot mol^{-1}\end{aligned}$$

当然,也可以由标准摩尔燃烧焓 $\Delta_c H_m^\ominus$ 计算反应热效应 $\Delta_r H_m^\ominus$。

若已知反应 $aA+bB \xlongequal{} cC+dD$ 的反应物和产物的标准摩尔燃烧焓,反应的标准摩尔焓变为

$$\begin{aligned}\Delta_r H_m^\ominus(T)&=a\Delta_c H_m^\ominus(A,T)+b\Delta_c H_m^\ominus(B,T)-c\Delta_c H_m^\ominus(C,T)-d\Delta_c H_m^\ominus(D,T)\\ &=-\sum_B \nu_B \Delta_c H_m^\ominus(B,T)\end{aligned} \tag{2-12}$$

式(2-12)表明,在一定温度下,化学反应的标准摩尔焓变等于产物与反应物在同样温度下标准摩尔燃烧焓与其计量数的乘积的差值。

例 2-2 试用标准摩尔燃烧焓数据,计算下列反应在 298.15 K 下的标准摩尔焓变:

$$3C_2H_2(g) \xlongequal{} C_6H_6(l)$$

解:298.15 K 反应中各物质的标准摩尔燃烧焓为

$$3C_2H_2(g) \xlongequal{} C_6H_6(l)$$

$\Delta_c H_m^\ominus/(kJ\cdot mol^{-1})$ -1 299.6 -3 267.5

所以

$$\begin{aligned}\Delta_r H_m^\ominus &= 3\Delta_c H_m^\ominus(C_2H_2,g)-\Delta_c H_m^\ominus(C_6H_6,l)\\ &=3\times(-1\,299.6\ kJ\cdot mol^{-1})-(-3\,267.5\ kJ\cdot mol^{-1})\\ &=-631.3\ kJ\cdot mol^{-1}\end{aligned}$$

2.4 Hess 定律

1840 年，瑞士籍俄国化学家赫斯(Hess)在实验基础上提出：化学反应无论一步完成，还是分几步完成，该反应的热效应是相同的。也就是说，化学反应热效应和反应途径无关，只取决于反应的始态和终态。其实，这是因为 H 是状态函数，它们的变量与途径无关。

例如，金属钠和氯气反应生成氯化钠，如果反应一步完成，其摩尔反应热效应为

$$Na(s)+\frac{1}{2}Cl_2(g)=\!=\!=NaCl(s) \qquad \Delta_r H^{\ominus}_{m,1}=-411.0\ kJ\cdot mol^{-1}$$

如果反应按以下两步进行：

$$(1)\ \frac{1}{2}H_2(g)+\frac{1}{2}Cl_2=\!=\!=HCl(g) \qquad \Delta_r H^{\ominus}_{m,2}=-92.3\ kJ\cdot mol^{-1}$$

$$(2)\ Na(s)+HCl(g)=\!=\!=NaCl(s)+\frac{1}{2}H_2(g) \qquad \Delta_r H^{\ominus}_{m,3}=-318.7\ kJ\cdot mol^{-1}$$

以上两式相加总的变化为

$$Na(s)+\frac{1}{2}Cl_2(g)=\!=\!=NaCl(s)$$

$\Delta_r H^{\ominus}_{m,1}=\Delta_r H^{\ominus}_{m,2}+\Delta_r H^{\ominus}_{m,3}$，可见两步反应的总热效应和一步完成的相同。

根据 Hess 定律，将已知反应通过特定的代数组合得到未知反应，未知反应的热效应就可通过已知反应热效应的特定代数组合求出。如果某一反应的热效应无法通过实验测定，则可设计不同途径，通过测定其他反应的热效应，最终求出该反应的热效应。例如，反应

$$(1)\ C(石墨)+\frac{1}{2}O_2(g)=\!=\!=CO(g)$$

在进行过程中，C(石墨)和 $O_2(g)$ 还可反应生成 $CO_2(g)$，由于无法控制该反应只生成 CO(g)，该反应的热效应无法通过实验测定。然而，通过量热实验可以测定以下两个反应的热效应：

$$(2)\ CO(g)+\frac{1}{2}O_2(g)=\!=\!=CO_2(g)$$

$$(3)\ C(石墨)+O_2(g)=\!=\!=CO_2(g)$$

从以上三个计量方程可知，反应(1)= 反应(3)-反应(2)，测出反应(2)和反应(3)在某温度下的等压热效应后，反应(3)的热效应减去反应(2)的热效应即反应(1)在同温度下的热效应。

例 2-3 已知下列反应在 298.15 K 时的标准摩尔焓变：

$$(1)\ C(石墨)+O_2(g)=\!=\!=CO_2(g) \qquad \Delta_r H^{\ominus}_m=-393.5\ kJ\cdot mol^{-1}$$

$$(2)\ H_2(g)+\frac{1}{2}O_2(g)=\!=\!=H_2O(l) \qquad \Delta_r H^{\ominus}_m=-285.8\ kJ\cdot mol^{-1}$$

$$(3)\ C_3H_8(g)+5O_2(g)=\!=\!=3CO_2(g)+4H_2O(l) \qquad \Delta_r H^{\ominus}_m=-2\,220.1\ kJ\cdot mol^{-1}$$

试求未知反应 $3C(石墨)+4H_2(g)=\!=\!=C_3H_8(g)$ 的标准摩尔焓变。

解：因 3×(反应 1)+4×(反应 2)-(反应 3)= 未知反应。所以，对于未知反应

$$
\begin{aligned}
\Delta_r H_m^\ominus &= 3\Delta_r H_m^\ominus(1)+4\Delta_r H_m^\ominus(2)-\Delta_r H_m^\ominus(3) \\
&= 3\times(-393.5)\ \text{kJ}\cdot\text{mol}^{-1}+4\times(-285.8)\ \text{kJ}\cdot\text{mol}^{-1}-(-2\,220.1)\ \text{kJ}\cdot\text{mol}^{-1} \\
&= -103.6\ \text{kJ}\cdot\text{mol}^{-1}
\end{aligned}
$$

2.5 自发变化与熵

根据热力学第一定律，在热量传递的过程中孤立系统的总能量是守恒的。但是，如果要讨论孤立系统中两个互相接触的物体温度不同时发生的热量传递过程，热量传递方向是什么？如何判断传递过程中的最大限度？要解决这些问题就有赖于热力学第二定律和热力学第三定律。

2.5.1 自发变化的共同特征

自然界中任何宏观自动进行的变化过程都具有一定的方向性。有些过程能够自发进行，称为自发过程(spontaneous process)，是指在一定条件下，没有任何外力干扰就能自动进行的过程。例如，水会自动从高处流向低处，直到水位相等。反之，水绝对不可能"自动"从低水位流向高水位，除非借助外力对系统做功，如使用水泵；又如，温度不同的两个物体接触，热会自动从高温物体传向低温物体，直到两物体温度相同。反之，热绝对不会自发地从低温物体传到高温物体。如果一定要热从低温物体传到高温物体，也必须依赖外力对系统做功，如使用制冷机。在一定温度下将 Zn 投入 $CuSO_4$ 溶液中，Zn 可以自动将 Cu^{2+} 还原成 Cu，而 Zn 变成 Zn^{2+}。同样条件下的逆过程，即将 Cu 投入 $ZnSO_4$ 溶液中，Cu 将 Zn^{2+} 还原成 Zn，而 Cu 变成 Cu^{2+}，是绝对不可能自动发生的。如果一定要 Cu 将 Zn^{2+} 还原成 Zn，必须对系统做电功，将 Cu 和 $CuSO_4$ 溶液作为正极、Zn 和 $ZnSO_4$ 溶液作为负极，通过电解完成 $Cu+Zn^{2+} \longrightarrow Cu^{2+}+Zn$ 这一反应。类似的例子还有很多，如流体总是自发地从高浓度区域向低浓度区域扩散，电流总是自动从高电势流向低电势，等等。

为什么这些过程都能自发进行？它们的共同特征是什么？通过对自发过程实例进行分析，发现自发过程的基本特征如下：

(1) 自发过程具有一定的方向性，其逆过程不能自动发生，即它的逆过程是非自发过程。若要逆过程发生，必须借助环境对系统做功。需要注意的是，自发过程和非自发过程都是可以发生的，但非自发过程的发生必须借助一定的外部力量。如在水泵作用下，水也可以从低处流向高处。

(2) 自发过程在适当的条件下可以对外做功。例如，从高处流下来的水可以推动水轮机做机械功；自发反应 $Zn+Cu^{2+} \longrightarrow Cu+Zn^{2+}$ 可设计成原电池对外做电功。

(3) 自发过程具有一定的限度，其最大限度是平衡状态。例如，水位差 $\Delta h=0$ 时，水就停止流动。两个不同温度的物体之间传导热量，温差越来越小，直到 $\Delta T=0$，热传导也会停止。当变化过程到达一定限度时，系统在该条件下实际已经达到热力学平衡状态。

影响自发过程的因素有两个：一个是能量，另一个是混乱度。任何自发过程都倾向于降低系统能量，增加系统混乱度。

2.5.2 混乱度与熵

系统的状态是由温度、压力等宏观性质来描述的。从宏观上看，系统的温度、压力等宏观性质确定后，系统的状态也就确定了。但从微观上看，分子有平动、转动、振动及电子的运动等，各种运动有自己的能量和相应的能级，因此分子可以处于不同的运动状态，所以从微观上看，系统的状态瞬息万变。系统内每个分子的运动状态确定后，系统的一个宏观状态就确定了。也就是说系统的一个宏观状态，对应了许多不同的微观状态。微观状态数越多，系统的混乱度越大。这个混乱度用熵（entropy）来表示。熵是系统混乱程度的量度，用符号 S 表示，单位为 $J \cdot K^{-1}$ 或 $kJ \cdot K^{-1}$。

奥地利数学家和物理学家玻尔兹曼（Boltzmann）在统计力学的基础上提出了熵和微观状态数的关系

$$S=k_B \ln \Omega \tag{2-13}$$

式（2-13）中的 Ω 代表每种宏观状态对应的微观状态数，也称作热力学概率（probability of thermodynamics）；k_B 代表 Boltzmann 常量，其值为 $1.380\,658 \times 10^{-23}\ J \cdot K^{-1}$。

熵与内能一样具有明确的物理意义，它是系统混乱程度或无序程度的量度。熵是状态函数，当系统的状态发生变化，系统的熵也随之变化，熵的变化值也只与系统的始终态有关，而与变化的具体途径无关。系统的混乱度越大，熵值就越大。因此，熵值和系统物质的量成正比。

下面通过几个例子说明什么是系统的混乱度及混乱度与熵的关系。

水在不同的温度，可呈现固、液、气三种状态。在 101.325 kPa、0℃或以下温度时，水处于固态，此时分子的排列非常有序，虽然水分子也可运动，但每一个水分子只能在固有的位置附近振动，是相对有序的状态。温度升高，冰融化成液态水，液态的水分子没有固定的位置，可在一定的范围内自由运动，具有相对较大的运动空间，和固态相比是一个相对混乱的状态。温度再升高，液态水又可蒸发为气态水，气态的水分子自由运动的距离和空间更大，表现得就更混乱。因此，一定量的水在三种状态下熵的大小顺序为：$S_{水蒸气}>S_{水}>S_{冰}$。

再举一个例子。在一个密闭的长方体容器中装有气体，假想中间有一个隔板将其分为左右两个小盒子。若容器中只有四个不同的分子，分别用 1、2、3、4 标注。这四种分子在容器中可随机分布，则产生如图 2-4 所示的五种分布类型。

图 2-4 中按从上到下的顺序有：①四个分子全部集中在左边的盒子中，这种类型只有 1 种分布方式。②其中的三个分子处在左边的盒子，另一个处在右边的盒子，该类型有 4 种分布方式。③两两平均分布在左右不同的盒子中，这种类型分布方式最多，共有 6 种。④其中的三个分子处在右边的盒子，另一个分子处在左边的盒子，同②一样有 4 种分布方式。⑤四个分子全部集中在右边的盒子中，同①一样有 1 种分布方式。

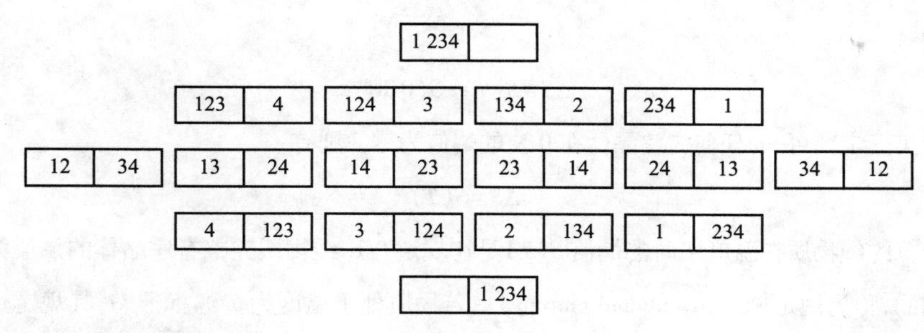

图 2-4　分子分布示意图

系统中分子的分布方式决定了系统的微观状态，以上每种具体的分布方式对应了系统的一种微观状态，每种分布类型决定了系统的宏观状态。根据分子在容器中的分布类型，共有五种不同的宏观状态，每种宏观状态可出现的微观状态数是不同的，其中分子越集中微观状态数越少，也就是分布的花样越少，如①和⑤，微观状态数为 1，显然这种集中分布的类型对应的混乱度最低，也就是说这种集中分布的宏观状态对应的熵值最小。相反，分子分布得越分散，分布的花样越多，系统的混乱度越大，宏观状态对应的熵值也越大，如第③种均匀分布的情况，其微观状态数最多，即花样最多，混乱度最大，熵也最大。显然，系统的熵值和系统的微观状态数成正比。

从四个分子在容器中的分布方式看，系统应存在 16 种微观状态，由于分子无规则运动，在两个盒子的分布是随机的，每一种微观状态出现的概率都是 1/16。但是，分布类型对应的宏观状态出现的概率是不同的，其中均匀分布的概率最大，为 6/16。也就是说，混乱度最大的宏观状态出现的概率最大。热力学研究的结果表明：孤立系统的熵永不减小，即孤立系统自发地向熵值增大的方向也就是混乱度增大的方向进行，其限度是该条件所允许的最大熵值。例如，有一个密闭绝热容器，假设中间用隔板隔开，一边放置 1 mol 的理想气体，另一边抽成真空。现将隔板抽开，则气体很快会自动充满整个容器。其自发变化的方向是向着混乱度增大，也就是熵值增大的方向进行。

2.5.3　热力学第三定律和标准熵

一定量纯物质的熵是温度和压力的函数，在压力一定时，温度越低，摩尔熵值越小。水从气态经液态到固态，混乱度依次减小，熵也依次减小。人们在研究低温下凝聚系统的化学反应时发现，随着温度的降低，等温化学反应的熵变也随之降低。1906 年，德国物理学家能斯特（Nernst）得出一个普遍规则：

$$\lim_{T\to 0\ \mathrm{K}} \Delta_r S_m(T) = 0$$

1912 年，德国物理学家普朗克（Planck）进一步假定，后来经过其他学者补充修正，认为：纯物质完整有序晶体在 0 K 的熵值为零，即

$$\lim_{T\to 0\ \mathrm{K}} S(T) = 0 \tag{2-14}$$

所谓纯物质完整有序晶体即晶体中的原子或分子只有一种排列方式，$\Omega=1, S=0$。任何纯物质完整有序晶体在 0 K 的熵值为“零”，这就是热力学第三定律（the third law of thermodynamics）。

有了热力学第三定律，就能测量任何纯物质在温度 T 时熵的绝对值。某物质从 0 K 至温度 T

的熵变为

$$\Delta S = S(T) - S(0\ \text{K})$$

由热力学第三定律可知,任何完整晶体在 0 K 的熵值为零。则有

$$\Delta S = S(T) \tag{2-15}$$

由上式计算的纯物质在温度 T 时的熵值 $S(T)$ 是在规定 0 K 纯物质完整有序晶体的熵值为零的基础上得到的,称为规定熵(conventional entropy)。若物质处于温度为 T 的标准态,其规定熵称为该温度下的标准熵。热力学标准态下,1 mol 某物质的规定熵称为标准摩尔熵(standard molar entropy),用符号 $S_m^{\ominus}(T)$ 表示,单位为 $J \cdot mol^{-1} \cdot K^{-1}$。本书附录 2 列出了部分物质在 298.15 K 时的标准摩尔熵数据。

通过对熵的定义和对物质标准摩尔熵的分析可得出如下规律:

(1) 温度升高,系统的混乱度增加,熵值增大;压力增大,微粒被限制在较小体积内运动,熵值减小(压力对液体和固体的熵值影响较小)。

(2) 对同一种物质的不同聚集态,其熵值有如下规律:$S^{\ominus}(B,g,T) > S^{\ominus}(B,l,T) > S^{\ominus}(B,s,T)$。

(3) 相同状态下,分子结构相似的物质,随相对分子质量的增大,熵值增大。例如:

$S^{\ominus}(HF,g,298.15\ K) = 173.9\ J \cdot mol^{-1} \cdot K^{-1}$, $S^{\ominus}(HCl,g,298.15\ K) = 186.9\ J \cdot mol^{-1} \cdot K^{-1}$

$S^{\ominus}(HBr,g,298.15\ K) = 198.7\ J \cdot mol^{-1} \cdot K^{-1}$, $S^{\ominus}(HI,g,298.15\ K) = 206.6\ J \cdot mol^{-1} \cdot K^{-1}$

当物质的相对分子质量相近时,结构复杂的分子其熵值大于结构简单的分子。例如:

$$S^{\ominus}(CH_3CH_2OH,g,298.15\ K) = 282.7\ J \cdot mol^{-1} \cdot K^{-1}$$

$$S^{\ominus}(CH_3OCH_3,g,298.15\ K) = 266.4\ J \cdot mol^{-1} \cdot K^{-1}$$

当分子结构相似且相对分子质量相近时,熵值相近。例如:

$S^{\ominus}(CO,g,298.15\ K) = 197.7\ J \cdot mol^{-1} \cdot K^{-1}$, $S^{\ominus}(N_2,g,298.15\ K) = 191.6\ J \cdot mol^{-1} \cdot K^{-1}$

2.5.4 热力学第二定律和化学反应熵变

自然界进行的自发过程都存在方向和限度问题,人们通过长期生产实践和科学实验总结出了关于这一问题的规律——热力学第二定律。不同于热力学第一定律,该定律有许多表述方法,各种表述方法都是等效的,这里只介绍最常见的克劳修斯(Clausius)表述法和开尔文(Kelvin)表述法。

克劳修斯表述:"不可能把热从低温物体传到高温物体而不产生其他影响。"也就是说热不能自动从低温物体传到高温物体,如果一定要使热量从低温物体传到高温物体,环境必须对系统做功,如使用制冷机,结果环境付出了"失去功而得到热"的代价。

开尔文表述:"不可能从单一热源吸取热量使之完全转变为功而不产生其他影响"。在人们的生产实践中,人们曾经幻想制造出一种机器,可以从单一热源吸热而对外不断做功,并将这种机器称为第二类永动机。实践证明这种机器是不可能制成的,开尔文的表述等同于第二类永动机是不

可能造成的。

以上两种表述都可称为热力学第二定律，它是在研究热、功转换的基础上提出来的经验规律。基于这种经验规律，热力学第二定律推导出一个重要的熵判据。可以将所研究的系统与相关的环境一起组成一个大的孤立系统，因此有

$$\Delta S_{孤立}=\Delta S_{系统}+\Delta S_{环境}\geqslant 0\begin{pmatrix}>0,自发\\=0,平衡\end{pmatrix} \tag{2-16}$$

本节讨论的环境是指非常大的恒温热源，如空气、海洋、大的恒温槽等，它们与系统交换热量时温度可以保持不变，且热量的变化视为可逆的。因此，$Q_{环境}=-Q_{系统}$，所以

$$\Delta S_{环境}=\frac{Q_{环}}{T_{环}}=-\frac{\Delta H}{T_{环}} \tag{2-17}$$

化学反应在标准状态下进行 1 mol 反应进度的熵变定义为标准摩尔熵变，用符号 $\Delta_r S_m^{\ominus}$ 表示，单位为 $J\cdot mol^{-1}\cdot K^{-1}$ 或 $kJ\cdot mol^{-1}\cdot K^{-1}$。因为熵变 ΔS 是系统发生变化后，终态的熵值减去始态的熵值。如果知道产物和反应物的标准摩尔熵，计算化学反应的标准摩尔熵变就非常简单。例如，已知反应：

$$a\mathrm{A}+b\mathrm{B}\!=\!=\!=c\mathrm{C}+d\mathrm{D}$$

如果反应进度为 1 mol，则

$$\Delta_r S_m^{\ominus}(298.15\ \mathrm{K})=cS_m^{\ominus}(\mathrm{C},298.15\ \mathrm{K})+dS_m^{\ominus}(\mathrm{D},298.15\ \mathrm{K})-aS_m^{\ominus}(\mathrm{A},298.15\ \mathrm{K})-bS_m^{\ominus}(\mathrm{B},298.15\ \mathrm{K})$$

即
$$\Delta_r S_m^{\ominus}(298.15\ \mathrm{K})=\sum_{\mathrm{B}}\nu_{\mathrm{B}}S_m^{\ominus}(\mathrm{B},相态,298.15\ \mathrm{K}) \tag{2-18}$$

例 2-4　已知 $N_2(g)$、$H_2(g)$、$NH_3(g)$ 在 298.15 K 时的标准摩尔熵分别为：191.50 $J\cdot mol^{-1}\cdot K^{-1}$、130.57 $J\cdot mol^{-1}\cdot K^{-1}$、192.34 $J\cdot mol^{-1}\cdot K^{-1}$。试求下列反应在 298.15 K 和标准状态下进行的摩尔熵变。

$$2NH_3(g)\!=\!=\!=N_2(g)+3H_2(g)$$

解：依据上面的反应计量方程：

$$\begin{aligned}\Delta_r S_m^{\ominus}&=S_m^{\ominus}(N_2,g)+3S_m^{\ominus}(H_2,g)-2S_m^{\ominus}(NH_3,g)\\&=(191.50+3\times130.57-2\times192.34)\ J\cdot mol^{-1}\cdot K^{-1}\\&=198.53\ J\cdot mol^{-1}\cdot K^{-1}\end{aligned}$$

上面的计算结果表明，在 298.15 K 及标准状态下，该反应的熵变大于零。那么能否用熵变判断该反应自发进行的方向呢？答案是否定的，因为熵判据只能用于孤立系统，上面的反应是封闭系统。因此，对于封闭系统判断化学反应方向需寻找其他的判据。

2.6　Gibbs 函数

2.6.1　Gibbs 函数与化学反应方向判据

在寻找化学反应判据时人们首先发现以下事实，大多数自发反应都是放热的。例如，常温常

压下自发进行的下列反应：

$$2Fe(s)+\frac{3}{2}O_2(g)=\!=\!=Fe_2O_3(s) \qquad \Delta_r H_m^\ominus=-824.3\ kJ\cdot mol^{-1}$$

$$OH^-(aq)+H^+(aq)=\!=\!=H_2O(l) \qquad \Delta_r H_m^\ominus=-57.0\ kJ\cdot mol^{-1}$$

$$Zn(s)+CuSO_4(aq)=\!=\!=ZnSO_4(aq)+Cu(s) \qquad \Delta_r H_m^\ominus=-216.8\ kJ\cdot mol^{-1}$$

于是在 1878 年，法国化学家 Berthelot 和丹麦化学家 Thomsen 就曾提出：化学反应自发地向着释放热量的方向进行。也就是说可用系统的焓变判断反应的方向，当一个化学反应的焓变 $\Delta H<0$ 时，该反应能自发进行。但是，后来又发现有些吸热反应也能自发进行。例如：

$$H_2CO_3(aq)=\!=\!=H_2O(l)+CO_2(g) \qquad \Delta_r H_m^\ominus=19.3\ kJ\cdot mol^{-1}$$

$$N_2O_3(g)=\!=\!=NO_2(g)+NO(g) \qquad \Delta_r H_m^\ominus=40.5\ kJ\cdot mol^{-1}$$

仔细观察上面两个反应，不难发现它们是向着混乱度增加的方向进行，即熵值增大的方向进行。综上所述，系统除了倾向于取得最低能量状态以外，还倾向于取得最大混乱度。

为了解决封闭系统自发变化的方向和限度问题，根据热力学第二定律

$$\Delta S_{系}+\Delta S_{环}=\Delta S_{系}-\frac{\Delta H_{系}}{T_{环}}\geqslant 0\begin{pmatrix}>0,\text{自发}\\=0,\text{平衡}\end{pmatrix} \tag{2-19}$$

式(2-19)两边同乘以 $T_{环}$，且 $T_1=T_2=T_{环}=$常数

$$T_{环}\Delta S_{系}-\Delta H_{环}=T_{环}(S_2-S_1)-(H_2-H_1)\geqslant 0\begin{pmatrix}>0,\text{自发}\\=0,\text{平衡}\end{pmatrix} \tag{2-20}$$

式(2-20)中的 H、T、S 都是状态函数，它们的组合也应为状态函数，令

$$G\xlongequal{\text{def}}H-TS$$

G 称为 Gibbs 函数(Gibbs function)，也称 Gibbs 自由能(Gibbs free energy)，是由美国理论物理学家吉布斯(Gibbs)最先提出来的。G 也是状态函数，其单位与 H 相同，为 J 或 kJ。恒温下，当系统的状态发生变化时，Gibbs 函数随之发生变化，有

$$\Delta G=\Delta H-T\Delta S \tag{2-21}$$

通过 Gibbs 函数的定义式可知，Gibbs 函数与焓一样是一个不可测定的物理量，也没有具体的物理意义。但是，如果系统发生了等温、等压下的可逆过程(系统经过某一过程，由始态变化到终态，当系统沿原途径逆向从终态又回到始态时，环境也恢复到原状态，这样的过程就称之为可逆过程。通常情况下，可逆过程为无限缓慢过程，在过程进行的每一瞬间，系统都接近于平衡状态)，其变值 ΔG 等于该过程的非体积功 W'，即

$$\Delta G=W'$$

因此可将 Gibbs 函数理解为系统的“功函”，代表系统做非体积功的能力，第 11 章电化学会涉及相关的内容。如果将一个自发反应设计成原电池，在可逆放电过程中所做的电功等于该反应 Gibbs 函数的变值。

在定义 Gibbs 函数的同时，热力学第二定律得到了一个非常重要的判据，即 Gibbs 函数判据，该判据指出：封闭系统在等温、等压、不做非体积功的条件下，自发地向着 Gibbs 函数减少的方向进行，直到减至该情况所允许的最小值，达到平衡状态为止。即

$\Delta G<0$　　过程可自发进行

$\Delta G=0$　　过程达到平衡状态

$\Delta G>0$　　过程不能自发进行，其逆过程可自发进行

大多数化学反应是在封闭系统中完成，并且反应的条件为等温、等压、只做体积功，因此，化学热力学为解决化学反应方向和限度问题提供了一个方便实用的方法——Gibbs 函数判据。在判断化学反应方向时发挥着非常重要的作用。根据等温方程，Gibbs 函数判据可变为

$\Delta H-T\Delta S<0$　　过程可自发进行

$\Delta H-T\Delta S=0$　　过程达到平衡状态

$\Delta H-T\Delta S>0$　　过程不能自发进行，其逆过程可自发进行

从上面的判据可看出，对于任何一个具体的化学反应，反应的焓变和熵变都有以下四种不同情况（四种类型）：

（1）$\Delta H<0$、$\Delta S>0$，即放热熵增反应。这种反应在任何温度下都可自发进行。因为 $\Delta H<0$、$\Delta S>0$，热力学温度 T 恒为正值，$\Delta H-T\Delta S$ 或 ΔG 在任何温度下都小于零。

（2）$\Delta H>0$、$\Delta S<0$，即吸热熵减反应。这种反应在任何温度下都不能自发进行。因为基于这种情况，$\Delta H-T\Delta S$ 或 ΔG 在任何温度下都大于零。

（3）$\Delta H>0$、$\Delta S>0$，即吸热熵增反应。这种反应在高温下可自发进行。因为，低温下 $\Delta H-T\Delta S$ 或 ΔG 为正值，高温下 $\Delta H-T\Delta S$ 或 ΔG 可以转变为负值。

（4）$\Delta H<0$、$\Delta S<0$，即放热熵减反应。这种反应在低温下可自发进行。因为，高温下 $\Delta H-T\Delta S$ 或 ΔG 为正值，低温下 $\Delta H-T\Delta S$ 或 ΔG 可以转变为负值。

从上面的讨论可知，不同类型反应正向自发进行时对温度的要求不同，其温度条件总结归纳至表 2-1，其中第（3）类和第（4）类的反应存在转变温度的问题。

表 2-1　不同类型反应正向自发进行和温度的关系

反应类型	ΔH	ΔS	ΔG	正向反应与温度关系
放热熵增	-	+	任何温度均为负值	任何温度下可自发进行
吸热熵减	+	-	任何温度均为正值	任何温度下不可自发进行
吸热熵增	+	+	温度升高可由正值变负值	高温下可自发进行
放热熵减	-	-	温度升高可由负值变正值	低温下可自发进行

ΔH 的正、负由等压反应过程中的热效应决定，ΔS 的正、负取决于反应系统混乱度的变化，Gibbs 函数判据将影响化学反应自发变化的两种因素——能量和混乱度相互关联起来，从而解决了判断化学反应方向和限度的问题。

2.6.2 标准摩尔生成 Gibbs 函数

对于任一化学反应,同样有

$$\Delta_r G_m^{\ominus}(298.15\ \mathrm{K}) = \sum \nu_B \Delta_f G_m^{\ominus}(\mathrm{B},\text{相态},298.15\ \mathrm{K}) \tag{2-22}$$

大多数化学反应的条件符合 Gibbs 函数判据的要求,可以应用 Gibbs 函数判据解决其变化的方向和限度问题,化学反应的 Gibbs 函数变 ΔG 为产物的 Gibbs 函数值减去反应物的 Gibbs 函数值。如果能够测定物质的 Gibbs 函数绝对数值,计算 Gibbs 函数变 ΔG 将非常容易。但是,Gibbs 函数是一个不可测定的物理量。为了解决这个问题,热力学仍然采用规定共同比较基准的方法,求出始态与终态 Gibbs 函数的变值。与计算焓变的方法相同,定义了物质的标准摩尔生成 Gibbs 函数。

物质 B 的标准摩尔生成 Gibbs 函数(standard molar Gibbs function of formation)定义为:温度 T、标准压力下,由稳定单质生成 1 mol 物质 B 的标准摩尔 Gibbs 函数变,用符号 $\Delta_f G_m^{\ominus}(\mathrm{B},\text{相态},T)$ 表示,单位是 $\mathrm{kJ\cdot mol^{-1}}$。根据化合物标准摩尔生成 Gibbs 函数的定义可知,稳定单质在任何温度下的标准摩尔生成 Gibbs 函数为"零"。部分物质在 298.15 K 时的标准摩尔生成 Gibbs 函数在书后附录 2 可查。

温度一定时,化学反应在标准状态下完成 1 mol 反应进度,即按照反应计量式完成由反应物到产物的转化,该过程相应的 Gibbs 函数变化值被称为化学反应的标准摩尔 Gibbs 函数变,用符号 $\Delta_r G_m^{\ominus}$ 表示。计算化学反应的 $\Delta_r G_m^{\ominus}$ 有下列两种方法:

1. 由标准摩尔生成 Gibbs 函数计算

例如,反应

$$a\mathrm{A}+b\mathrm{B} \xlongequal{} c\mathrm{C}+d\mathrm{D}$$

在标准状态下进行,且已知反应物和产物 A、B、C、D 的标准摩尔生成 Gibbs 函数,则该反应的 $\Delta_r G_m^{\ominus}$ 为

$$\Delta_r G_m^{\ominus}(T)=c\Delta_f G_m^{\ominus}(\mathrm{C},T)+d\Delta_f G_m^{\ominus}(\mathrm{D},T)-a\Delta_f G_m^{\ominus}(\mathrm{A},T)-b\Delta_f G_m^{\ominus}(\mathrm{B},T)=\sum_B \nu_B \Delta_f G_m^{\ominus}(\mathrm{B},T)$$

由于在手册上一般只能查出 298.15 K 下的数据(附录 2),所以这种方法只能计算出 298.15 K 下反应的标准摩尔 Gibbs 函数变。

例 2-5 试根据各物质的标准摩尔生成 Gibbs 函数 $\Delta_f G_m^{\ominus}$,计算下列反应在 298.15 K 下的 $\Delta_r G_m^{\ominus}$:

$$\mathrm{H_2(g)+Cl_2(g) \xlongequal{} 2HCl(g)}$$

解:由附录 2 查出相关反应物和产物的 $\Delta_f G_m^{\ominus}$ 数值,注意反应式中物质的状态。计算时注意各物质前的计量数。

	$\mathrm{H_2(g)}$ +	$\mathrm{Cl_2(g)}$ ══	$\mathrm{2HCl(g)}$
$\Delta_f G_m^{\ominus}/(\mathrm{kJ\cdot mol^{-1}})$	0	0	−95.30

$$\Delta_r G_m^{\ominus} = 2\Delta_f G_m^{\ominus}(HCl,g) - \Delta_f G_m^{\ominus}(H_2,g) - \Delta_f G_m^{\ominus}(Cl_2,g)$$

$$= 2\times(-95.30)\ kJ\cdot mol^{-1} - 0 = -190.6\ kJ\cdot mol^{-1}$$

计算结果表明，该反应在 298.15 K、标准状态下可自发进行。

2. 由等温方程式计算

根据等温方程式 $\Delta G = \Delta H - T\Delta S$，用前面学习的方法计算出 $\Delta_r H_m^{\ominus}$ 和 $\Delta_r S_m^{\ominus}$，代入等温方程式中，就可计算出 $\Delta_r G_m^{\ominus}$。在假定 $\Delta_r H_m^{\ominus}$ 和 $\Delta_r S_m^{\ominus}$ 不随温度变化的前提下，利用等温方程式还可以求出其他温度下的标准摩尔 Gibbs 函数变。

例 2-6 试根据各物质的标准摩尔生成焓 $\Delta_f H_m^{\ominus}$ 和标准摩尔熵 $S_m^{\ominus}$，计算下列反应在 298.15 K 和 373.15 K 下的 $\Delta_r G_m^{\ominus}$。

$$C_2H_4(g) + H_2O(g) \xlongequal{\quad} C_2H_5OH(g)$$

解：由附录 4 查出相关反应物和产物在 298.15 K 时的标准摩尔生成焓和标准摩尔熵：

	$C_2H_4(g)$	$H_2O(g)$	$C_2H_5OH(g)$
$\Delta_f H_m^{\ominus}/(kJ\cdot mol^{-1})$	52.28	-241.83	-235.31
$S_m^{\ominus}/(J\cdot mol^{-1}\cdot K^{-1})$	219.45	188.72	282.00

所以 298.15 K 下的热力学函数变为

$$\Delta_r H_m^{\ominus} = \Delta_f H_m^{\ominus}(C_2H_5OH,g) - \Delta_f H_m^{\ominus}(C_2H_4,g) - \Delta_f H_m^{\ominus}(H_2O,g)$$

$$= -235.31\ kJ\cdot mol^{-1} - 52.28\ kJ\cdot mol^{-1} - (-241.83\ kJ\cdot mol^{-1}) = -45.76\ kJ\cdot mol^{-1}$$

$$\Delta_r S_m^{\ominus} = S_m^{\ominus}(C_2H_5OH,g) - S_m^{\ominus}(C_2H_4,g) - S_m^{\ominus}(H_2O,g)$$

$$= 282.00\ J\cdot mol^{-1}\cdot K^{-1} - 219.45\ J\cdot mol^{-1}\cdot K^{-1} - 188.72\ J\cdot mol^{-1}\cdot K^{-1} = -126.17\ J\cdot mol^{-1}\cdot K^{-1}$$

$$\Delta_r G_m^{\ominus} = \Delta_r H_m^{\ominus} - T\Delta_r S_m^{\ominus}$$

$$= -45.76\ kJ\cdot mol^{-1} - 298.15\ kJ\cdot mol^{-1}\times(-126.17\div 1\,000)\ kJ\cdot mol^{-1} = -8.16\ kJ\cdot mol^{-1}$$

若在讨论的温度范围内 $\Delta_r H_m^{\ominus}$ 和 $\Delta_r S_m^{\ominus}$ 不随温度变化，则 373.15 K 下的 $\Delta_r G_m^{\ominus}$ 为

$$\Delta_r G_m^{\ominus} = \Delta_r H_m^{\ominus} - T\Delta_r S_m^{\ominus}$$

$$= -45.76\ kJ\cdot mol^{-1} - 373.15\ kJ\cdot mol^{-1}\times(-126.17\div 1\,000)\ kJ\cdot mol^{-1} = -1.32\ kJ\cdot mol^{-1}$$

由计算结果可以看出，乙烯和水反应生成乙醇属于放热熵减反应，298.15 K 和 373.15 K 下 $\Delta_r G_m^{\ominus}$ 均为负值，标准状态下都能自发进行。但是，在低温(298.15 K)下，自发进行的倾向更大。

2.6.3 Gibbs 函数判据的应用

1. 判断化学反应进行的方向和限度

根据 Gibbs 函数判据，在一定条件下，当一个化学反应的 ΔG 小于"零"时，反应可以自发进行：

即　$\sum G$(生成物) < $\sum G$(反应物)，反应自发向生成物方向进行

直到化学反应的 ΔG 等于"零"，反应达到该条件下的最大限度——化学反应的平衡状态：

即　$\sum G$(生成物) = $\sum G$(反应物)，反应在该条件下的平衡状态

所以，判断化学反应进行的方向和限度，首先应该计算化学反应的 ΔG。但是，必须指出的是 2.6.2 节介绍的两种方法，只能计算出标准状态下，也就是反应物和产物都处于标准状态时，反应的 Gibbs 函数变 $\Delta_r G_m^\ominus$，因此，应用这两种方法只能判断在标准状态下反应进行的方向和限度。化学反应在大多数情况下，并不满足这个条件，也就是说反应物和产物处在任意状态而非标准状态，任意状态下反应 Gibbs 函数变的计算公式及相关讨论将在第 4 章介绍。

例 2-7　已知 Ag_2O 在 298.15 K 下的标准摩尔生成 Gibbs 函数为 $-11.2\ kJ\cdot mol^{-1}$，试判断在标准状态下银片能否被氧化。

解：银片被氧化的化学反应方程式为

$$2Ag(s)+1/2O_2(g) = Ag_2O(s)$$

单质 Ag(s) 和 $O_2(g)$ 的标准摩尔生成 Gibbs 函数为“零”，所以

$$\Delta_r G_m^\ominus = \Delta_f G_m^\ominus(Ag_2O,s) = -11.2\ kJ\cdot mol^{-1}$$

$\Delta_r G_m^\ominus<0$，在标准状态下，银片能被氧化。但这并不能说银片在空气中就能被氧化，因为，在空气中氧气的分压不等于标准压力 100 kPa，若要判断银片在空气中能否被氧化，需要计算反应在非标准状态下的 Gibbs 函数变 $\Delta_r G_m$。

2. 估算反应的转变温度

对于前面讨论的放热熵减和吸热熵增两种反应类型，存在转变温度的问题，可以利用等温方程式讨论这两种类型反应的温度条件。根据等温方程

$$\Delta_r G_m^\ominus = \Delta_r H_m^\ominus - T\Delta_r S_m^\ominus$$

若反应在一定温度范围内，$\Delta_r H_m^\ominus$ 和 $\Delta_r S_m^\ominus$ 随温度变化很小，可看作常数，则反应在标准状态下能进行时，需满足下列条件：

$$\Delta_r G_m^\ominus<0 \quad 即 \quad \Delta_r H_m^\ominus - T\Delta_r S_m^\ominus<0$$

若反应是吸热熵增类型，$\Delta_r H_m^\ominus>0$，$\Delta_r S_m^\ominus>0$，则

$$T>\frac{\Delta_r H_m^\ominus}{\Delta_r S_m^\ominus}$$

若反应是放热熵减类型，$\Delta_r H_m^\ominus<0$，$\Delta_r S_m^\ominus<0$，则

$$T<\frac{\Delta_r H_m^\ominus}{\Delta_r S_m^\ominus}$$

由上面的方法所求的温度即为反应的转变温度，即

$$T_{转}=\frac{\Delta_r H_m^\ominus}{\Delta_r S_m^\ominus}$$

例 2-8　(1) 通过计算说明标准状态下 $CaCO_3$ 分解反应在 298.15 K 下能否自发进行。(2) 如果该反应改变温度后可以自发进行，试讨论 $CaCO_3$ 分解反应的温度条件。

解：(1) 首先查附录 2 得到 $CaCO_3$ 分解反应相关物质在 298.15 K 下的热力学数据。

$$CaCO_3(s) \rightleftharpoons CaO(s) + CO_2(g)$$

	$CaCO_3(s)$	$CaO(s)$	$CO_2(g)$
$\Delta_f G_m^{\ominus}/(kJ \cdot mol^{-1})$	-1 128.8	-604.1	-394.36
$\Delta_f H_m^{\ominus}/(kJ \cdot mol^{-1})$	-1 206.9	-635.1	-413.80
$S_m^{\ominus}/(J \cdot mol^{-1} \cdot K^{-1})$	92.9	39.75	213.74

在 298.15 K 可用两种方法计算 $CaCO_3$ 分解反应的标准摩尔 Gibbs 函数变,这里用第一种方法,则

$$\begin{aligned}\Delta_r G_m^{\ominus} &= \Delta_f G_m^{\ominus}(CaO,s) + \Delta_f G_m^{\ominus}(CO_2,g) - \Delta_f G_m^{\ominus}(CaCO_3,s) \\ &= -604.1\ kJ \cdot mol^{-1} + (-394.36\ kJ \cdot mol^{-1}) - (-1\ 128.8\ kJ \cdot mol^{-1}) \\ &= 130.34\ kJ \cdot mol^{-1} > 0\end{aligned}$$

计算结果说明,在 298.15 K、标准状态下 $CaCO_3$ 分解反应不能自发进行。

(2) 要讨论该反应的温度条件,首先计算出该反应的 $\Delta_r H_m^{\ominus}$ 和 $\Delta_r S_m^{\ominus}$。

$$\begin{aligned}\Delta_r H_m^{\ominus} &= \Delta_f H_m^{\ominus}(CaO,s) + \Delta_f H_m^{\ominus}(CO_2,g) - \Delta_f H_m^{\ominus}(CaCO_3,s) \\ &= -635.1\ kJ \cdot mol^{-1} + (-413.80\ kJ \cdot mol^{-1}) - (-1\ 206.9\ kJ \cdot mol^{-1}) = 140\ kJ \cdot mol^{-1}\end{aligned}$$

$$\begin{aligned}\Delta_r S_m^{\ominus} &= S_m^{\ominus}(CaO,s) + S_m^{\ominus}(CO_2,g) - S_m^{\ominus}(CaCO_3,s) \\ &= 39.75\ J \cdot mol^{-1} \cdot K^{-1} + 213.74\ J \cdot mol^{-1} \cdot K^{-1} - 92.9\ J \cdot mol^{-1} \cdot K^{-1} \\ &= 160.59\ J \cdot mol^{-1} \cdot K^{-1}\end{aligned}$$

由计算可知,该反应为吸热熵增反应,根据等温方程,在较高温度时 Gibbs 函数变可为负值,因此反应在高温下能自发进行。根据 Gibbs 函数判据,如果反应自发进行,则 $\Delta_r G_m^{\ominus} < 0$,即

$$\Delta_r H_m^{\ominus}(298.15\ K) - T\Delta_r S_m^{\ominus}(298.15\ K) < 0$$

$$T > \frac{\Delta_r H_m^{\ominus}(298.15\ K)}{\Delta_r S_m^{\ominus}(298.15\ K)} = \frac{140 \times 10^3\ J \cdot mol^{-1}}{160.59\ J \cdot mol^{-1} \cdot K^{-1}} = 871.79\ K$$

通过计算说明,标准状态下,温度至少到达 1 110 K 以上,$CaCO_3$ 才能自发分解。

3. 寻找耦合反应——变非自发反应为自发反应的方法

若系统中可以发生两个化学反应,一个反应的产物是另一个反应的反应物之一,则这两个反应是耦合的,并将它们称为耦合反应(coupling reaction)。利用耦合反应可以使不能进行的反应通过其他的途径得以进行。例如:

反应(1) $Cu + 2H^+(aq) \rightleftharpoons Cu^{2+}(aq) + H_2(g)$ $\Delta_r G_m^{\ominus}(1) = 66\ kJ \cdot mol^{-1}$

反应(2) $H_2(g) + \frac{1}{2}O_2(g) \rightleftharpoons H_2O(l)$ $\Delta_r G_m^{\ominus}(2) = -237\ kJ \cdot mol^{-1}$

反应(1)和反应(2)通过 $H_2(g)$ 联系耦合起来,是耦合反应。根据 Gibbs 函数判据,反应(1)不能自发进行,所以铜和稀硫酸不能反应,但是其耦合反应,即反应(2)具有很大的反应倾向。将反应(1)和反应(2)相加,可以得到下列反应,即反应(3):

反应(3) $Cu + 2H^+(aq) + \frac{1}{2}O_2(g) \rightleftharpoons Cu^{2+}(aq) + H_2O(l)$ $\Delta_r G_m^{\ominus}(3) = ?$

根据状态函数的性质,$\Delta_r G_m^{\ominus}(3) = \Delta_r G_m^{\ominus}(1) + \Delta_r G_m^{\ominus}(2) = -171\ kJ \cdot mol^{-1}$。可见,第三个反应的 $\Delta_r G_m^{\ominus} < 0$,

反应可以自发进行。实际上铜在有充足氧存在的条件下可以溶于稀硫酸，生成 Cu^{2+}。

以上例子说明耦合反应可以帮助设计新的合成路线，使原先不能进行的反应，通过耦合到另一个 $\Delta_r G_m^\ominus$ 很负的反应中，得到需要的产物。工业上也经常使用这种方法寻找新的生产路线。例如，用廉价的 TiO_2 矿石和氯气反应制备 $TiCl_4(l)$，在 298.15 K 下，该反应的 $\Delta_r G_m^\ominus$ 为 $161.94\ kJ \cdot mol^{-1}$，不能自发进行：

$$TiO_2(s)+2Cl_2(g)\!=\!=\!=TiCl_4(l)+O_2(g) \quad \Delta_r G_m^\ominus(1)=161.94\ kJ\cdot mol^{-1}$$

但是，其下列耦合反应的 $\Delta_r G_m^\ominus$ 具有很大负值：

$$C(s)+O_2(g)\!=\!=\!=CO_2(g) \quad \Delta_r G_m^\ominus(2)=-394.38\ kJ\cdot mol^{-1}$$

两个反应耦合相加后可得下列反应：

$$TiO_2(s)+2Cl_2(g)+C(s)\!=\!=\!=TiCl_4(l)+CO_2(g)$$

该反应的 $\Delta_r G_m^\ominus(3)=\Delta_r G_m^\ominus(1)+\Delta_r G_m^\ominus(2)=-232.44\ kJ\cdot mol^{-1}$，是一个很大的负值，反应进行的倾向很大。因此，在 TiO_2 矿石和氯气的反应系统中再加入碳，就可使两者反应而得到 $TiCl_4(l)$。

从上述两个化学反应实例可知，寻找设计耦合反应的主要热力学依据是：Gibbs 函数是状态函数，其变值与反应途径没有关系，仅仅取决于反应的始态和终态，像反应焓变一样具有加合性。在一定条件下，当反应(1)的标准摩尔 Gibbs 函数变 $\Delta_r G_m^\ominus(1)>0$ 时，根据 Gibbs 函数判据，即该反应不能自发进行，我们可以让它耦合一个与之有某种联系的反应(2)，反应(2)的 $\Delta_r G_m^\ominus(2)$ 具有很大的负值，反应(1)和反应(2)合并在一起成为一个总反应(3)，反应(3)的 $\Delta_r G_m^\ominus(3)=\Delta_r G_m^\ominus(1)+\Delta_r G_m^\ominus(2)<0$，则根据 Gibbs 函数判据，这个总反应可以自发进行，也就是说反应(1)在反应(2)的带动下得以进行。

但是，必须指出的是，这里讨论的耦合反应并不能代表真实的反应机理，而且为了方便，在讨论的时候经常用 $\Delta_r G_m^\ominus$ 代替 $\Delta_r G_m$ 来判断反应进行的方向。

同步资源

化学视野——Gibbs 相律

吉布斯(Gibbs)1839 年 2 月 11 日生于美国康涅狄格州纽黑文城。他在热力学平衡与稳定性方面做了大量的研究工作并取得丰硕的成果，于 1873—1878 年连续发表了 3 篇热力学论文，奠定了热力学理论体系的基础。1873 年吉布斯发表了“流体的热力学的图解方法”和“用曲面描述物质的热力学性质的几何方法”两篇论文。第三篇论文“论多相物质的平衡”是其最重要的成果。在这篇论文中，吉布斯提出了许多重要的热力学概念，至今仍被广泛使用。他认为熵(S)也是最基本的热力学概念，是同热力学能(U)、体积(V)、压力(p)、温度(T)一样的热力学状态函数，将热力学第一定律和第二定律结合起来，他得到了热力学基本方程。1902 年吉布斯出版了同热力学合理基础有特殊联系而发展起来的关于统计力学的经典教科书《统计力学的基本原理》。在书中，他提出了系综理论，导出了相密度守恒原理，实现了统计物理学从分子运动论到统计力学的重大飞跃。他被誉为富兰克林以后美国最伟大的科学家，是世界科学史上的重要人物之一。

作为物理化学的重要基石之一，相律解决了化学反应系统平衡方面的众多问题。吉布斯完成了相律的推导,Gibbs 相律说明了在特定相态下,系统的自由度跟其他变量的关系。

Gibbs 相律是相图的基本原理,它指出:

$$F=C-P+n$$

F 为自由度;

C 为系统的组元数(例如:化合物的数目);

P 为在该点的相态数目;

n 为外界因素,多数取 $n=2$,代表压力和温度两个变量的数目;对于熔点极高的固体,蒸气压的影响非常小,可取 $n=1$。

以水为例子,只有一种化合物,$C=1$。在三相点,$P=3$。$F=1-3+2=0$,所以温度和压力都固定。当两种态处于平衡,$P=2$,对应一个特定压力,便恰好有一个熔点,即有一个自由度。Gibbs 相律的预言正确:$F=1-2+2=1$。

Gibbs 相律广泛适用于多相平衡系统。若两相平衡时,压力不相等,则 Gibbs 相律不适用。如渗透平衡。

思考题

2-1　状态函数的特征有哪些?

2-2　为什么热化学方程式中的热效应可以用焓变表示?

2-3　物质的标准摩尔生成焓与化学反应的标准摩尔焓变的区别是什么?

2-4　判断下列说法是否正确:

(1) 标准摩尔生成焓就是在温度 T、压力 $p^{\ominus}$ 下进行生成反应的焓变;

(2) 某化学反应进行后,系统的温度升高,那么此过程的 ΔH 一定大于零;

(3) 化合物的标准摩尔生成焓即 1 mol 化合物在标准状态下焓的绝对值。

(4) $H_2(g)$ 的标准摩尔燃烧焓等于 $H_2O(l)$ 的标准摩尔生成焓。

(5) $\Delta U=Q+W$,U 是状态函数,所以 $Q+W$ 与途径无关。

2-5　什么是自发过程的特征?非自发过程是否一定不能发生?

2-6　能否用附录表中反应物和产物的标准摩尔生成 Gibbs 函数计算一个反应在 600 K 时的 $\Delta_r G_m^{\ominus}$?

2-7　化学反应的 $\Delta_r G_m^{\ominus}$ 和 $\Delta_r G_m$ 有何区别?什么情况下可用 $\Delta_r G_m^{\ominus}$ 判断反应进行的方向?

2-8　下列过程哪些是熵增过程?简述理由。

(1) 水结成冰;

(2) 干冰蒸发过程;

(3) 从海水中提取纯水和盐;

(4) $2NH_4NO_3(s) = 2N_2(g) + 4H_2O(g) + O_2(g)$

(5) $AgNO_3(aq) + NaCl(aq) = AgCl(s) + NaNO_3(aq)$

2-9　关于 Gibbs 函数,下列说法是否正确?

(1) $O_3(g)$ 的标准摩尔生成 Gibbs 函数为零;

(2) 所有的化学反应都是向着 Gibbs 函数减少的方向进行。

习题

2-1　计算下列反应在 298.15 K 的标准摩尔焓变，所需数据可从附录中查找。

(1) $4NH_3(g)+5O_2(g) = 4NO(g)+6H_2O(g)$

(2) $H_2(g)+O_2(g) = H_2O_2(l)$

(3) $3NO_2(g)+H_2O(l) = 2HNO_3(l)+NO(g)$ [$\Delta_f H_m^\ominus(HNO_3, l) = -174.1\ kJ \cdot mol^{-1}$]

(4) $Fe_2O_3(s)+3C$(石墨) $= 2Fe(s)+3CO(g)$

(5) $C_2H_5OH(l)+3O_2(g) = 2CO_2(g)+3H_2O(l)$

(6) $3C_2H_2(g) = C_6H_6(l)$

2-2　在 298.15 K、$p^\ominus$ 时，环丙烷、石墨及氢的 $\Delta_c H_m^\ominus$ 分别为 $-2\ 092.\ kJ \cdot mol^{-1}$、$-393.5\ kJ \cdot mol^{-1}$ 及 $-285.84\ kJ \cdot mol^{-1}$，若已知丙烯(g)的 $\Delta_f H_m^\ominus = 20.5\ kJ \cdot mol^{-1}$，试求：

(1) 环丙烷的 $\Delta_f H_m^\ominus$；

(2) 环丙烷异构化变为丙烯的 $\Delta_r H_m^\ominus$。

2-3　$B_2H_6(g)$ 按下式进行燃烧反应：$B_2H_6(g)+3O_2(g) = B_2O_3(s)+3H_2O(g)$。25℃时，此反应的 $\Delta_r H_m^\ominus = -2\ 020\ kJ \cdot mol^{-1}$，已知 $H_2O(g)$ 和 $B_2O_3(s)$ 在 25℃时的 $\Delta_f H_m^\ominus$ 分别为 $-241.82\ kJ \cdot mol^{-1}$ 和 $-1\ 264\ kJ \cdot mol^{-1}$。试求 25℃时 $B_2H_6(g)$ 的 $\Delta_f H_m^\ominus$。

2-4　用 $\Delta_f H_m^\ominus$ 数据计算下列反应的 $\Delta_r H_m^\ominus$：

(1) $4Na(s)+O_2(g) = 2Na_2O(s)$

(2) $2Na(s)+2H_2O(l) = H_2(g)+2NaOH(aq)$

(3) $2Na(s)+CO_2(g) = Na_2O(s)+CO(g)$

根据计算结果说明，金属钠着火时，为何不能用水或二氧化碳灭火剂？

2-5　已知 600℃时下列反应的标准摩尔焓变为

(1) $3Fe_2O_3(s)+CO(g) = 2Fe_3O_4(s)+CO_2(g)$　$\Delta_r H_{m,1}^\ominus = -6.3\ kJ \cdot mol^{-1}$

(2) $Fe_3O_4(s)+CO(g) = 3FeO(s)+CO_2(g)$　$\Delta_r H_{m,2}^\ominus = 22.6\ kJ \cdot mol^{-1}$

(3) $FeO(s)+CO(g) = Fe(s)+CO_2(g)$　$\Delta_r H_{m,3}^\ominus = -13.9\ kJ \cdot mol^{-1}$

试求同温度时反应 $Fe_2O_3(s)+3CO(g) = 2Fe(s)+3CO_2(g)$ 的标准摩尔焓变。

2-6　已知一定温度时，下列反应的标准摩尔焓变为

(1) $CO(g)+H_2O(g) = CO_2(g)+H_2(g)$　$\Delta_r H_{m,1}^\ominus = -40.8\ kJ \cdot mol^{-1}$

(2) C(石墨) $+H_2O(g) = CO(g)+H_2(g)$　$\Delta_r H_{m,2}^\ominus = 131.3\ kJ \cdot mol^{-1}$

(3) $CO(g)+3H_2(g) = CH_4(g)+H_2O(g)$　$\Delta_r H_{m,3}^\ominus = -206.1\ kJ \cdot mol^{-1}$

试计算反应 2C(石墨) $+2H_2O(g) = CH_4(g)+CO_2(g)$ 的标准摩尔焓变。

2-7　请根据下列已知数据计算 CuO(s) 的标准摩尔生成焓。

$$Cu_2O(s)+\frac{1}{2}O_2(g) = 2CuO(s) \quad \Delta_r H_m^\ominus(298.15\ K) = -113.4\ kJ \cdot mol^{-1}$$

$$CuO(s)+Cu(s) = Cu_2O(s) \quad \Delta_r H_m^\ominus(298.15\ K) = -16.3\ kJ \cdot mol^{-1}$$

2-8　在附录中查找所需物质的标准摩尔熵，计算下列反应的标准摩尔熵变。

(1) $2SO_2(g)+O_2(g) = 2SO_3(g)$

(2) $NH_4Cl(s) = NH_3(g)+HCl(g)$

(3) $CaCO_3(s)$ ══ $CaO(s)+CO_2(g)$

(4) $SiO_2(s)+2H_2(g)$ ══ $Si(s)+2H_2O(g)$

2-9 利用标准摩尔生成 Gibbs 函数，求下列反应在 25℃下的标准摩尔 Gibbs 函数变 $\Delta_r G_m^\ominus$。

(1) $H_2(g)+Br_2(g)$ ══ $2HBr(g)$

(2) $2CO(g)$ ══ $C(s)+CO_2(g)$

(3) $CuSO_4(s)+5H_2O(g)$ ══ $CuSO_4 \cdot 5H_2O(s)$

2-10 试利用下列已知反应的标准摩尔 Gibbs 函数变，求出 HCl(g) 的标准摩尔生成 Gibbs 函数 $\Delta_f G_m^\ominus(HCl,g)$。

(1) $2H_2(g)+O_2(g)$ ══ $2H_2O(l)$ $\Delta_r G_{m,1}^\ominus=-474.36\ kJ \cdot mol^{-1}$

(2) $H_2O(l)$ ══ $H_2O(g)$ $\Delta_r G_{m,2}^\ominus=8.59\ kJ \cdot mol^{-1}$

(3) $2H_2O(g)+2Cl_2(g)$ ══ $4HCl(g)+O_2(g)$ $\Delta_r G_{m,3}^\ominus=75.98\ kJ \cdot mol^{-1}$

2-11 尿素的生成可用下列反应方程式表示：

$$CO_2(g)+2NH_3(g) ══ (NH_2)_2CO(s)+H_2O(l)$$

试用 298.15 K 时的热力学数据讨论在该温度和标准状态下反应能否自发进行。在标准状态下，最高温度为多少时，反应不能自发进行？已知尿素的 $\Delta_f G_m^\ominus$、$\Delta_f H_m^\ominus$ 和 $S_m^\ominus$ 在 298.15 K 时的数据分别为 $-196.7\ kJ \cdot mol^{-1}$、$-332.9\ kJ \cdot mol^{-1}$ 和 $104.6\ J \cdot mol^{-1} \cdot K^{-1}$，其他所需热力学数据可在附录中查找。

2-12 已知反应 $C_6H_6(g)+C_2H_2(g)$ ══ $C_6H_5C_2H_3(g)$ 在 300 K 时 $\Delta_r G_m^\ominus(300\ K)=-124.85\ kJ \cdot mol^{-1}$，400 K 时 $\Delta_r G_m^\ominus(400\ K)=-112.36\ kJ \cdot mol^{-1}$。计算该反应的 $\Delta_r H_m^\ominus$ 和 $\Delta_r S_m^\ominus$，并判断该反应进行的温度条件（假设该反应的 $\Delta_r H_m^\ominus$ 和 $\Delta_r S_m^\ominus$ 不随温度变化）。

2-13 已知 298.15 K 时下列各物质的相关热力学数据：

	NO(g)	$NO_2(g)$	$N_2O_3(g)$
$\Delta_f H_m^\ominus/(kJ \cdot mol^{-1})$	90.25	33.18	83.72
$S_m^\ominus/(J \cdot mol^{-1} \cdot K^{-1})$	210.76	240.06	312.28

试求 298.15 K 反应 $N_2O_3(g)$ ══ $NO(g)+NO_2(g)$ 的标准摩尔 Gibbs 函数变。

2-14 合成氨的化学反应计量方程式为：$N_2(g)+3H_2(g)$ ══ $2NH_3(g)$。假定反应中各物质均处于标准状态，试根据附录数据计算：

(1) 298.15 K 时该反应的标准摩尔 Gibbs 函数变；

(2) 该反应自发进行的温度条件。

2-15 反应 $CO(g)+NO(g)$ ══ $CO_2(g)+\frac{1}{2}N_2(g)$ 可用于汽车尾气的无害化处理。在附录中查找所需的热力学数据，计算该反应的标准摩尔焓变、标准摩尔熵变和标准摩尔 Gibbs 函数变，并探讨利用该反应净化汽车尾气中 NO 和 CO 的可能性。

第3章 化学动力学基础

The Foundation of Chemical Kinetics

学习要求：

1. 了解反应速率的概念及其实验测定方法，了解碰撞理论和过渡态理论的基本要点；
2. 理解基元反应、反应级数等概念，掌握质量作用定律及使用条件；
3. 掌握浓度对反应速率的影响，理解半衰期与初始浓度的关系；
4. 掌握温度影响反应速率的阿伦尼乌斯方程，并正确认识温度对反应速率的影响；
5. 了解催化剂、催化作用和催化作用原理。

在用化学热力学解决了化学反应热效应、反应进行的方向和限度之后，另外一个值得关注的问题就是化学反应进行的速率，与化学反应速率相关的内容统称为化学动力学。与化学热力学相比较，化学动力学的研究和发展较迟缓。尽管人们在19世纪就已经从大量的实验结果总结出浓度和温度对反应速率的影响，但是，有关反应速率理论的研究始于20世纪初。随着量子化学和分子反应动态学的发展及许多新的检测技术的出现，化学动力学研究才逐步深入到了分子水平。众所周知，在同样的条件下不同化学反应的速率千差万别，有些反应可以快至猛烈地燃烧或爆炸，有些反应则进行得慢至数万年时间（如某些放射性元素的衰变）。实际上，反应速率与生产成本、生产效益、生产安全等密切相关。有时候为了节约时间和提高效率，希望反应进行得越快越好，而对于塑料老化、金属腐蚀、食物腐烂等则希望反应进行得越慢越好。因此，有必要学习化学动力学基础知识，认识和掌握化学反应速率相关理论及影响因素。本章主要讨论不同反应速率的概念及其实验测定方法、化学反应速率的表示方法、化学反应速率的碰撞理论、质量作用定律与反应级数、浓度（压力）和温度对反应速率的影响等内容。

3.1 化学反应速率的概念

3.1.1 平均速率与瞬时速率

速率总是与时间相联系的，通常是指某物理量随时间的变化率。化学反应速率是指在一定条件下，单位时间内反应物或产物的物质的量之变化。可以通过实验测定反应物或产物浓度的变化，从而确定化学反应速率。通常用平均速率和瞬时速率表示。

1. **平均速率**(average rate)

以双氧水分解反应为例：

$$H_2O_2(aq) \longrightarrow H_2O(l)+\frac{1}{2}O_2(g)$$

收集分解产物 O_2 并准确地测定其体积，然后根据生成的 O_2 的体积计算消耗的双氧水的物质的量浓度变化，最后换算出双氧水的分解速率。也可通过氧化还原滴定法测定某一时刻混合物中 H_2O_2 的浓度。表 3-1 是相关的实验数据。

表 3-1　H_2O_2 的分解速率实验数据

t/s	$c(H_2O_2)/(mol\cdot L^{-1})$	$r/(mol\cdot L^{-1}\cdot s^{-1})$
0	2.32	0
400	1.72	15×10^{-4}
800	1.30	10.5×10^{-4}
1 200	0.98	8.0×10^{-4}
1 600	0.73	6.3×10^{-4}
2 000	0.54	4.8×10^{-4}
2 400	0.39	3.8×10^{-4}
2 800	0.28	2.8×10^{-4}

化学反应的平均速率是指在某一时间间隔内反应物浓度的减小或生成物浓度的增大。例如，从表 3-1 中可以查出：

$$t_1=0\ s\quad c_1(H_2O_2)=2.32\ mol\cdot L^{-1}$$

$$t_2=800\ s\quad c_2(H_2O_2)=1.30\ mol\cdot L^{-1}$$

则平均速率 $\bar{r}$ 为

$$\bar{r}=-\frac{\Delta c(H_2O_2)}{\Delta t}=-\frac{c_2(H_2O_2)-c_1(H_2O_2)}{t_2-t_1}$$

$$=\frac{-(1.30-2.32)\ mol\cdot L^{-1}}{(800-0)\ s}$$

$$=12.75\times10^{-4}\ mol\cdot L^{-1}\cdot s^{-1}$$

2. 瞬时速率(instantaneous rate)

实际上,对大多数化学反应来说,反应开始后各物种的浓度每时每刻都在变化着,化学反应速率也随时间不断改变,平均反应速率并不能确切地反映速率的这种变化。所以要用瞬时速率来确切地表明化学反应在某一时刻的速率。

化学反应的瞬时速率是指某一时刻反应的真实速率,它等于时间间隔 $\Delta t \to 0$ 时的平均速率的极限值。

$$r=\lim_{\Delta t \to 0}\bar{r} \tag{3-1}$$

通常可用作图法来求得瞬时速率。以浓度 c 为纵坐标,以时间 t 为横坐标,作 $c-t$ 曲线。过曲线上某点作切线,根据切线的斜率就可求出该点横坐标 t 时的瞬时速率。

例 3-1 H_2O_2 的分解反应实验数据见表 3-1,用作图法计算反应时间 t=1 800 s 的瞬时速率。

解:根据表 3-1 中给出的实验数据,画出 $c(H_2O_2)-t$ 关系图(见图 3-1)。通过 A 点(t=1 800 s)画切线,求出 A 点的切线斜率,进而求出 A 点的瞬时速率。

$$A\text{ 点的斜率}=\frac{0-1.57}{3\,100-0}=-5.06\times10^{-4}$$

A 点的瞬时速率 $r=5.06\times10^{-4}\ \mathrm{mol\cdot L^{-1}\cdot s^{-1}}$。与表 3-1 中的数据对比,该数据处于 $4.8\times10^{-4}\sim8.0\times10^{-4}\ \mathrm{mol\cdot L^{-1}\cdot s^{-1}}$ 是合理的。

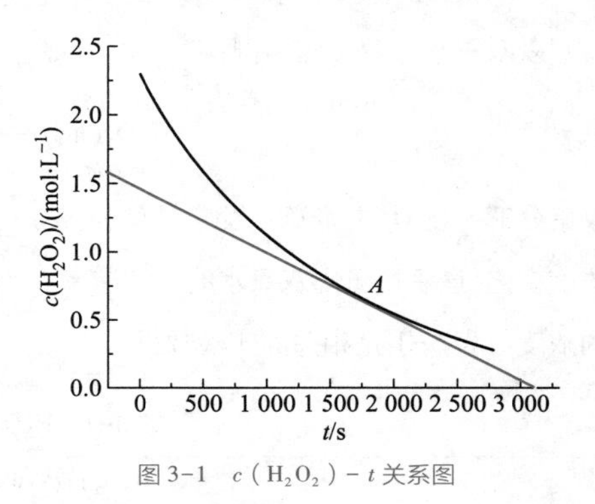

图 3-1 $c(H_2O_2)-t$ 关系图

3.1.2 等容反应速率

在化学反应中,反应物和产物的物质的量的变化关系受化学反应计量式中计量数的制约。以反应物或产物的物质的量的变化表示的速率数值上可能会不统一。反应速率的具体数值还与所选的物种有关。但是,反应进度 ξ 与参与反应的物种无关,因此可以用反应进度来定义反应速率,使反应速率的数值统一起来。

一定温度下,反应 $a\mathrm{A}+b\mathrm{B}=\!=\!=d\mathrm{D}+e\mathrm{E}$ 在等容条件下进行时,可以记为

$$0=\sum \nu_\mathrm{B}\mathrm{B}$$

用反应方程式中的任意一种物质 B 来表示的反应进度为

$$\xi=\frac{\Delta n_\mathrm{B}}{\nu_\mathrm{B}}=\frac{n_\mathrm{B}-n_\mathrm{B,0}}{\nu_\mathrm{B}}$$

以单位时间、单位体积内的反应进度来表示的反应速率为

$$r=\frac{\mathrm{d}\xi}{V\cdot \mathrm{d}t}=\frac{\mathrm{d}n_\mathrm{B}}{V\cdot\nu_\mathrm{B}\cdot\mathrm{d}t}=\frac{\mathrm{d}c_\mathrm{B}}{\nu_\mathrm{B}\cdot\mathrm{d}t} \tag{3-2}$$

式(3-2)反应速率 r 的 SI 单位是 $\mathrm{mol\cdot m^{-3}\cdot s^{-1}}$。这样表示时,反应速率与方程式中选用哪一种物质无关。

用反应进度定义平均反应速率为

$$\bar{r}=\frac{\Delta\xi}{V\Delta t}=\frac{1}{\nu_B}\frac{\Delta c_B}{\Delta t} \tag{3-3}$$

用反应进度定义瞬时反应速率为

$$r=\frac{d\xi}{Vdt}=\frac{1}{\nu_B}\frac{dc_B}{dt} \tag{3-4}$$

式(3-3)和式(3-4)中的 ν_B 为反应物或生成物的计量数,反应物为正,生成物为负。r 与使用哪一个物种表示反应速率无关。

除了上述的反应速率表示方法外,对于一个具体的化学反应而言,反应速率还可以用其他方法表示。如对于刚性密闭容器内的等温反应 $2KClO_3(s) = 2KCl(s)+3O_2(g)$,设最初容器内有空气,其中氮气的分压力为 $p(N_2)$。在一定温度下 $p(N_2)$ 为常数。若将反应过程中容器内氧气的分压力用 $p(O_2)$ 表示,则反应过程中容器内的总压力 p 为

$$p=p(O_2)+p(N_2) \quad p(O_2)=p-p(N_2)$$

$$\frac{dp}{dt}=\frac{dp(O_2)}{dt}$$

又 $$p(O_2)=\frac{n(O_2)RT}{V}=c(O_2)RT$$

故 $$\frac{dp}{dt}=\frac{dp(O_2)}{dt}=RT\frac{dc(O_2)}{dt}$$

由此可见,在等温等容条件下 dp/dt 与 $dc(O_2)/dt$ 成正比,故能用 $dc(O_2)/dt$ 表示该反应的反应速率,也就能用 dp/dt 表示该反应的反应速率。用 dp/dt 表示反应速率时,其 SI 单位是 $Pa \cdot s^{-1}$。

3.2 化学反应速率理论

怎样从分子的角度去解释不同化学反应的速率差异,是化学动力学研究的课题。下面讨论反应速率的碰撞理论和过渡态理论。实践表明:对于许多反应,由过渡态理论得到的结果明显优于碰撞理论。

3.2.1 碰撞理论

德国科学家 Trautz 和英国科学家 Lewis 根据气体动理学理论分别提出化学反应动力学的分子碰撞理论,主要适用于气相双分子反应。碰撞理论认为:碰撞是分子间发生反应的必要条件,反应速率与分子间的碰撞频率有关。以 $A+B \longrightarrow C$ 的气相反应为例,碰撞理论的基本要点如下:

1. A 分子与 B 分子碰撞是发生反应的前提条件

A 分子和 B 分子要发生反应,首先必须相互碰撞。一定条件下,单位体积、单位时间内 A 分子

和 B 分子碰撞的次数 Z_{AB}越多，发生反应的机会就越多，反应速率才有可能越快。所以，碰撞频率与反应物浓度有关，反应物的浓度越大，碰撞频率越高。气体动理学理论的理论计算表明，单位时间内分子的碰撞次数（碰撞频率）很大。如 500℃时 HI(g)的分解反应，若 HI(g)的起始浓度为 $1\times10^{-3}\ mol\cdot L^{-1}$，每秒钟每升体积内分子间的碰撞可达 3.5×10^{28}次。碰撞频率如此之高，如果每次碰撞都导致反应的发生，反应就会瞬间完成。实际上，在无数次的碰撞中，大多数碰撞并没有导致反应的发生，只有少数分子在碰撞时发生了反应。这种能够发生反应的碰撞称为有效碰撞。

2. 有效碰撞分数和活化能

能够发生有效碰撞的分子称为活化分子（activating molecular）。在一定条件下，即使是同一种气体，其中各分子的能量也不尽相同。由于分子彼此间不断发生碰撞、不断交换能量，结果使同一个分子在不同时刻的能量也不尽相同，故相撞分子对的能量也有高低之分。活化分子与普通分子的区别在于它们具有较高的能量，只有具有较高能量的分子在碰撞时才能打破原有的化学键，发生化学反应，形成新的分子。

图 3-2 为气体分子运动的能量分布示意图。图中的横坐标为能量，纵坐标 $\Delta N/(N\Delta E)$ 表示具有能量 $E\sim(E+\Delta E)$ 范围内单位能量区间的分子百分数。气体分子的平均能量为 E_m 位于曲线极大值右侧附近的位置上。活化分子的最低能量为 E_0，活化分子的平均能量为 E_m^*。阴影部分的面积表示能量 $E\geqslant E_0$ 的分子百分数，即活化分子百分数。图中阴影面积越大，活化分子百分数越大，反应越快。

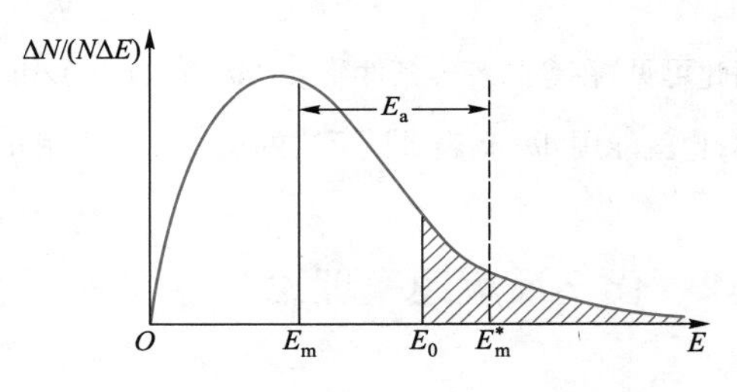

图 3-2　气体分子的能量分布图

普通分子要成为活化分子所需要的能量称为活化能，用 E_a 表示，$E_a=E_m^*-E_m$。对于一个给定的反应，E_a 是常数，其值与温度无关。这就是说，相撞分子的能量可能高于或低于 E_a。在一定温度下，反应的活化能越大，活化分子百分数越少，反应速率越小；反应的活化能越小，活化分子百分数越多，反应速率越大。

3. 有效碰撞与方位

实际上，碰撞理论对化学反应 A+B $\longrightarrow$ C 中是否一定包含化学键改组并无强制要求，重要的是发生相互作用的 A 和 B 必须相撞，而且碰撞的位置要适当。由于反应物分子由原子组成，分子有一定的几何构型，分子内原子的排列有一定的方位。如果分子碰撞时的几何方位不适宜，即使碰撞的分子有足够的能量，反应也不能发生；只有几何方位适宜的有效碰撞才可能导致反应的发生。例如，O_3 与 NO 的反应：

$$O_3(g)+NO(g)\longrightarrow NO_2(g)+O_2(g)$$

图 3-3(a)(b)(c)显示的是无效碰撞,图 3-3(d)(e)(f)显示的是 O_3 中的 O 与 NO 中的 N 迎头相碰的有效反应。

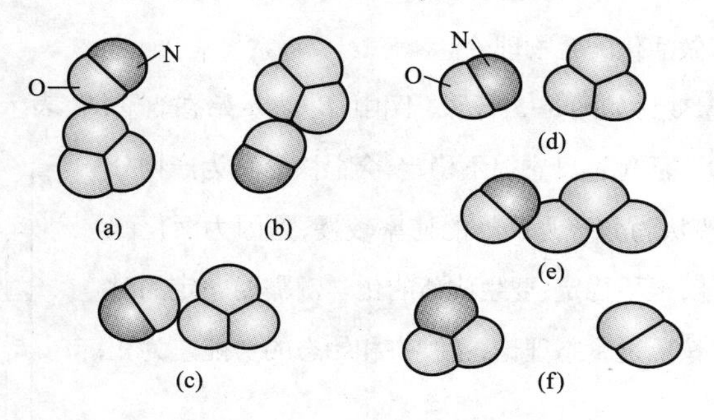

图 3-3　化学反应的方位因素

因此,根据碰撞理论,反应物分子必须有足够的能量并以适宜的方位相互碰撞,才能发生反应。碰撞理论比较直观,在简单反应中较为成功。但对于涉及结构复杂的分子反应,这个理论有它的局限性。这是由于碰撞理论简单地将参加反应的分子看成没有内部结构和内部运动的刚性球,根据碰撞理论无法确定化学反应的活化能。

3.2.2　过渡态理论

20 世纪 30 年代,美国化学家亨利·艾林(Henry D. Eyring,图 3-4)等在量子力学和统计力学的基础上提出了反应速率的过渡态理论(transition state theory)。又称活化配合物理论。

图 3-4　亨利·艾林

过渡态理论认为,化学反应不是只通过简单的碰撞就生成产物,而是要经过一个过渡态。当具有足够动能的反应物以一定空间取向相互接近发生碰撞时,分子所具有的动能转化为分子间相互作用的势能,引起分子和原子内部结构的变化。使原来以化学键结合的原子间的距离变长,部分“旧键”削弱;同时在某些原子间距离变短,“新键”开始形成,形成了势能较高的很不稳定的活化配合物(activated complex)。

如对于气体分子参加的反应 $NO_2+CO \xlongequal{} CO_2+NO$,其反应过程如下:

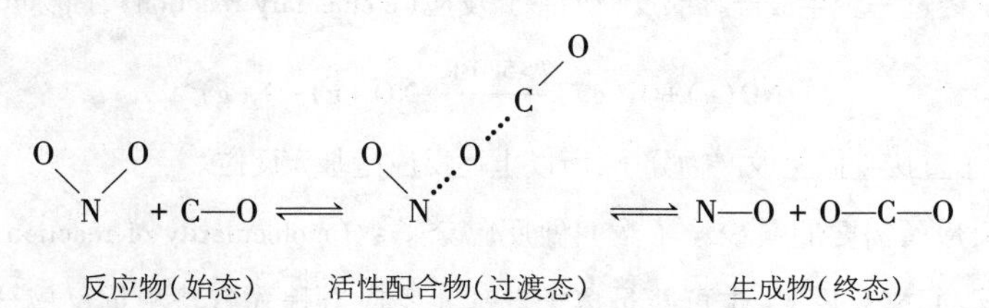

随着 NO_2 与 CO 逐渐靠近(始态),它们的动能会逐渐变为势能,N—O 键会有所拉长、有所削弱。当 NO_2 与 CO 进一步靠近时,会到达 O 与 C 似乎成键、N 与 O 似乎断键的状态,形成 N···O···C

的过渡态，此时系统的势能是反应过程中最高的状态。由于过渡态的势能最高，故其活性最大、稳定性最差。由于过渡态的结构和稳定性与配合物（详见第12章）相似，所以过渡态亦称为活化配合物，过渡态理论也叫做活化配合物理论。

此反应过程的能量变化如图3-5所示。图中，E_1 表示始态能量，E_2 表示终态能量，E_{ac}（图中蓝色线）表示过渡态能量。活化过渡态很不稳定，会很快分解为产物分子或反应物分子。一般认为分解为产物的速率较慢，是因为活化配合物具有足够高的势能，很不稳定，要生成新的化学键需要一定的时间，故后续反应较慢。按照过渡态理论，过渡态和始态的势能差为正反应的活化能 $E_{a(正)}$：

$$E_{a(正)}=E_{ac}-E_1 \tag{3-5}$$

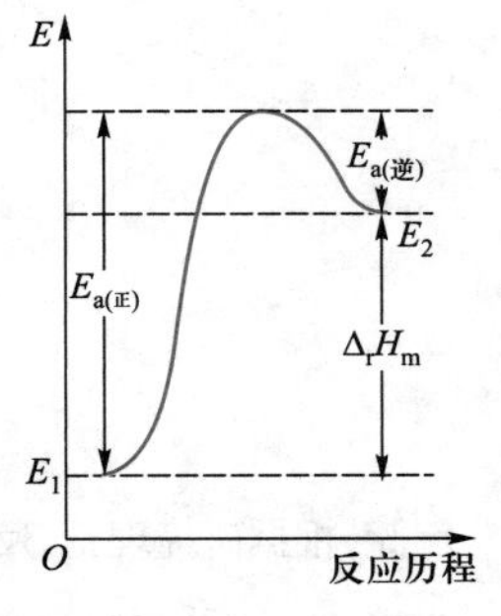

图3-5　活化配合物示意图

由于正、逆反应有相同的活化配合物，同样，过渡态与终态（逆反应的始态）的势能差为逆反应的活化能 $E_{a(逆)}$：

$$E_{a(逆)}=E_{ac}-E_2 \tag{3-6}$$

系统的终态与始态的能量之差等于化学反应的标准摩尔焓变，则有

$$\Delta_r H_m^{\ominus}=E_2-E_1=E_{a(正)}-E_{a(逆)} \tag{3-7}$$

如果 $E_{a(正)}<E_{a(逆)}$，则 $\Delta_r H_m<0$，为放热反应；如果 $E_{a(正)}>E_{a(逆)}$，则 $\Delta_r H_m>0$，为吸热反应。

过渡态理论根据这些假设，并运用统计热力学知识，从分子的内部结构出发，考虑了分子的平动运动、转动运动、振动运动等各种运动形态，以及过渡态的原子配置情况，在讨论分子反应速率时要优于碰撞理论。由于过渡态理论要用到统计热力学基础知识，故此处仅作简单介绍。

3.3　浓度对反应速率的影响

3.3.1　基元反应与复杂反应

同步资源

1. 基元反应

由反应物只经过一步生成产物的反应叫基元反应（elementary reaction），简称元反应。如反应

$$NO(g)+O_3(g)\xrightarrow{T>500\ K}NO_2(g)+O_2(g)$$

其中，反应物分子直接碰撞生成产物分子，所以上述反应是基元反应。

发生基元反应所需要的最少粒子数叫做反应分子数（molecularity of reaction）。此处所说的粒子可能是分子，可能是原子，也可能是离子。基元反应方程式就是根据反应分子数书写出来的。所以，任何基元反应的反应方程式只有一种写法，不能对基元反应中各物质的计量数随意扩大或缩小相同的倍数。反应分子数就是基元反应方程式中各反应物粒子数的总和。如基元反应

$aA+bB \longrightarrow P$ 的反应分子数为$(a+b)$。

按照反应分子数的多少，可将基元反应分为单分子反应、双分子反应和三分子反应。其中大多数反应都是单分子反应或双分子反应。目前已发现的气相三分子反应屈指可数，还没有发现四分子反应。主要是因为：第一，气体分子碰撞的时间非常短暂，约为 10^{-8} s，三分子反应就意味着三个分子必须在大约 10^{-8} s 内同时碰撞，这种碰撞的概率非常小。第二，除单原子分子外，一般的分子都不是球对称的。发生反应的三个分子不仅要在极短的时间内同时发生碰撞，而且碰撞时彼此都还要有合适的取向才有可能发生反应。可是，三个分子在极短的碰撞时间内发生碰撞并且都具有合适取向的概率就更小了。第三，除了满足前两个条件外，三个分子还必须具有足够的能量才有可能越过反应物与产物之间的能量障碍发生反应。由于同时满足这三个条件的可能性太小，所以三分子反应非常少，四分子反应几乎是不可能的。

在化学动力学中，书写反应方程式时常不用等号而用箭头。原因是化学动力学所讨论的问题通常都与反应速率有关，而且，不仅正向反应涉及反应速率，逆向反应也涉及反应速率。另一方面，虽然原则上任何基元反应既可以正向进行，也可以逆向进行，但是有些反应的逆向反应趋势很小或逆向反应很慢，这时可近似认为该反应是正向单方向进行的。所以在化学动力学部分，对单向反应就用单向箭头，对可逆反应就用可逆箭头。在这种情况下，所谈及的反应速率和反应速率常数都是针对箭头所指方向而言的。但是要特别注意，书写反应方程式时，即使使用单向箭头，方程式也要配平。

2. 复杂反应

与简单反应相对应，整个反应过程包含两个或两个以上基元反应步骤的反应就是复杂反应。复杂反应也叫复合反应。将一个反应中所包含的按先后次序排列的基元反应的集合叫做该反应的反应机理（reaction mechanism）或反应历程。如叔丁醇在酸催化作用下（说明：H^+ 作为催化剂，在反应前后不变）的脱水反应是复杂反应：

$$(CH_3)_3COH \xrightarrow{H^+} (CH_3)_2C{=}CH_2+H_2O$$

这个反应实际上分三步进行，即

(1) $(CH_3)_3COH+H^+ \longrightarrow (CH_3)_3COH_2^+$（中间产物）

(2) $(CH_3)_3COH_2^+$（中间产物）$\longrightarrow (CH_3)_3C^+$（中间产物）$+H_2O$

(3) $(CH_3)_3C^+$（中间产物）$\longrightarrow (CH_3)_2C{=}CH_2+H^+$

3.3.2 质量作用定律

对于基元反应，其反应速率与反应物浓度的反应分子数为指数的幂乘积成正比，这就是质量作用定律（law of mass action）。如基元反应

$$aA+bB+cC+\cdots \longrightarrow P$$

根据质量作用定律,其反应速率可以表示为

$$r=kc_A^a c_B^b c_C^c \cdots \tag{3-8}$$

式(3-8)是质量作用定律的数学表达式。将反应速率与各物质浓度之间的关系式叫做反应速率方程(reaction rate equation),故式(3-8)就是基元反应的反应速率方程。对于一个给定的基元反应,式(3-8)中的 k 在一定温度下有唯一确定的值,k 称为反应速率常数(reaction rate constant)。由式(3-8)可见,反应速率常数在数值上等于各反应物的浓度均为单位浓度时的反应速率。a、b、c…分别是参与该基元反应的反应物 A、B、C…的反应分子数。a、b、c…的加和就是该基元反应的反应分子数。由于基元反应方程式的写法是唯一的,故对于一个给定的基元反应,式(3-8)中的 a、b、c…分别有唯一确定的值。

但是,对于复杂反应,不能根据反应方程式直接写出质量作用定律。如反应是复杂反应

$$aA+bB+cC+\cdots \longrightarrow P$$

其反应速率方程为

$$r=kc_A^{\alpha} c_B^{\beta} c_C^{\gamma} \cdots \tag{3-9}$$

虽然式(3-9)在形式上与质量作用定律的数学式相似,但是二者之间有着本质的区别:

(1) 此处 k 是该复杂反应的反应速率常数,这一点与质量作用定律中的 k 相同。

(2) 此处的 c_A、c_B、c_C… 分别是反应混合物中 A 物质、B 物质、C 物质…的浓度。这些物质可能是反应物,也可能是产物,还有可能是其他物质如催化剂等。这一点与质量作用定律是截然不同的。

(3) 此处的 α、β、γ…分别是该反应对于 A 物质、B 物质、C 物质…的反应级数。与质量作用定律中的反应分子数不同,反应级数 α、β、γ…可能是整数也可能是分数,可能是正数也可能是负数,还有可能是零。

(4) 此处的 α、β、γ…的加和称为该反应的总级数,用 n 表示,即 $n=\alpha+\beta+\gamma+\cdots$。对于基元反应,反应的总级数就等于反应分子数。

例如,对于反应 $COCl_2 \longrightarrow CO+Cl_2$

$$r=kc(COCl_2)\cdot[c(Cl_2)]^{1/2} \quad n=1.5$$

又如,对于反应 $ClO^-+I^- \longrightarrow IO^-+Cl^-$

$$r=kc(ClO^-)\cdot c(I^-)\cdot[c(OH^-)]^{-1} \quad n=1$$

总之,对于基元反应,化学反应速率方程中的指数与计量数一致,即反应级数等于计量数,且等于反应的分子数。对于非基元反应,反应级数不一定等于化学反应方程中该物种的化学反应式中的计量数,即 $\alpha \neq a$,$\beta \neq b$。通常遇到的化学反应多数为非基元反应。一些常见反应的反应级数见表 3-2。一级反应、二级反应和三级反应较为常见,四级及四级以上的反应不存在,但存在零级反应和分数级反应。如果是零级反应,反应速率是一常数,与反应物浓度无关。

表 3-2　一些常见反应的反应级数

化学反应计量式	反应速率方程	反应级数	化学计量数
$2HI(g) \xrightarrow{Au} H_2(g)+I_2(g)$	$r=k$	0	2
$2H_2O_2(aq) \longrightarrow 2H_2O(l)+O_2(g)$	$r=kc(H_2O_2)$	1	2
$SO_2Cl_2(g) \longrightarrow SO_2(g)+Cl_2(g)$	$r=kc(SO_2Cl_2)$	1	1
$CH_3CHO(g) \longrightarrow CH_4(g)+CO(g)$	$r=k[c(CH_3CHO)]^{3/2}$	3/2	1
$CO(g)+Cl_2(g) \longrightarrow COCl_2(g)$	$r=kc(CO)[c(Cl_2)]^{3/2}$	1+3/2	1+1
$NO_2(g)+CO(g) \xrightarrow{>500\ K} NO(g)+CO_2(g)$	$r=kc(NO_2)c(CO)$	1+1	1+1
$NO_2(g)+CO(g) \xrightarrow{<500\ K} NO(g)+CO_2(g)$	$r=k[c(NO_2)]^2$	2	1+1
$H_2(g)+I_2(g) \longrightarrow 2HI(g)$	$r=kc(H_2)c(I_2)$	1+1	1+1
$2NO(g)+2H_2(g) \longrightarrow N_2(g)+2H_2O(g)$	$r=k[c(NO)]^2c(H_2)$	2+1	2+2
$S_2O_8^{2-}(aq)+3I^-(aq) \longrightarrow 2SO_4^{2-}(aq)+I_3^-(aq)$	$r=kc(S_2O_8^{2-})c(I^-)$	1+1	1+3

3.3.3　由实验确定反应速率方程

反应速率方程中的两个参数是反应级数和反应速率常数,确定反应速率方程就是确定反应级数和反应速率常数这两个参数。一般通过实验来确定反应速率方程中物种浓度的指数,即反应级数。反应级数确定之后,反应速率常数 k 就很容易确定。所以,反应速率方程的确定主要是确定反应级数。最简单的确定反应速率方程的方法是初始速率法,具体方法如下。

在一定条件下,反应开始的瞬时速率为初始速率。由于反应刚刚开始,逆反应和其他副反应的干扰小,能较真实地反映出反应物浓度对反应速率的影响。实验过程中,首先将反应物按不同组成配制成一系列混合物。对某一系列不同组成的混合物来说,先只改变一种反应物 A 的浓度,保持其他反应物浓度不改变。在一定温度下,记录在很短时间间隔内 A 浓度的变化,确定 A 的瞬时速率。若能得到至少两个不同 c_A 条件下(其他反应物浓度不变)的瞬时速率,就可确定反应物 A 的反应级数。同样的方法,可以确定其他反应物的反应级数。这种由反应物初始浓度的变化确定反应速率和速率方程的方法,称为初始速率法。

例 3-2　在 1 073 K 时,发生反应:$2NO(g)+2H_2(g) \longrightarrow N_2(g)+2H_2O(g)$,其实验数据如下。试用初始速率法所得到的实验数据,确定该反应的反应速率方程。

实验编号	$c(H_2)/(mol \cdot L^{-1})$	$c(NO)/(mol \cdot L^{-1})$	$r/(mol \cdot L^{-1} \cdot s^{-1})$
1	0.006 0	0.001 0	7.9×10^{-7}
2	0.006 0	0.002 0	3.2×10^{-6}
3	0.006 0	0.004 0	1.3×10^{-5}
4	0.003 0	0.004 0	6.4×10^{-6}
5	0.001 5	0.004 0	3.2×10^{-6}

解：在容积不变的反应器内，配制一系列不同组成的 NO 与 H_2 的混合物。先保持 $c(H_2)$ 不变，改变 $c(NO)$，在适当的时间间隔内，通过测定压力的变化，推算出各物种浓度的改变，并确定反应速率。然后再保持 $c(NO)$ 不变，改变 $c(H_2)$，进而确定相应条件下的反应速率。

由实验数据可以看出，当 $c(H_2)$ 不变时，$c(NO)$ 增大至 2 倍，r 增大至 4 倍，这说明 $r\propto[c(NO)]^2$。当 $c(NO)$ 不变时，$c(H_2)$ 减少一半，r 也减少一半，即 $r\propto c(H_2)$。因此，该反应的反应速率方程为

$$r=k[c(NO)]^2c(H_2)$$

该反应对 NO 是二级反应，对 H_2 是一级反应，总的反应级数为 3。因此，可以得出这样的结论：反应物 A 浓度增加 1 倍，反应速率不变，反应对物种 A 为零级反应；反应物 A 浓度增加 1 倍，反应速率增加 1 倍，反应对物种 A 为一级反应；反应物 A 浓度增加 1 倍，反应速率增加至原来的 4 倍，反应对物种 A 为二级反应；反应物 A 浓度增加 1 倍，反应速率增加至原来的 8 倍，反应对物种 A 为三级反应。

将任意一组数据代入上式，可求得反应速率常数。现将第一组数据代入；

$$\begin{aligned}k&=\frac{r}{[c(NO)]^2c(H_2)}\\&=\frac{7.9\times10^{-7}\ mol\cdot L^{-1}\cdot s^{-1}}{(1.0\times10^{-3}mol\cdot L^{-1})^2\times6.0\times10^{-3}\ mol\cdot L^{-1}}\\&=1.3\times10^{2}\ mol^{-2}\cdot L^{2}\cdot s^{-1}\end{aligned}$$

一般情况下，要取多组 k 的平均值作为反应速率方程中的反应速率常数。

3.3.4 浓度对反应速率的影响

1. 零级反应

零级反应是指 $r=kc_A^{\alpha}c_B^{\beta}c_C^{\gamma}\cdots$ 中的 $\alpha=\beta=\gamma=\cdots=0$ 的反应。在一定温度下零级反应的反应速率为常数，其反应速率不会因各物质浓度的变化而变化。零级反应具有如下特点：

(1) c_A-t 呈线性关系。

(2) 该直线的斜率为 $-k_A$。所以由 c_A-t 直线的斜率可得零级反应的反应速率常数。

(3) 半衰期(half-life)是指反应过程中某反应物的量减少一半所需要的时间。半衰期常用 $t_{1/2}$ 表示。将 $c_A=c_{A,0}/2$ 代入式(3-9)，可得零级反应的半衰期：

$$t_{1/2}=\frac{c_{A,0}}{2k_A} \tag{3-10}$$

所以，初始浓度越大，零级反应的半衰期就越长。原因是零级反应的反应速率与反应物浓度无关，故反应物的初始浓度越大，其浓度降低一半需要的时间就越长。

例 3-3　有一个零级反应 A ⟶ P。在一定温度下反应 30 min 后，A 的转化率为 50%。那么在相同温度下继续反应 10 min 后，A 的转化率是多少？

解：一定温度下，零级反应的反应速率为常数，根据式(3-9)其动力学方程可改写为

$$c_{A,0}-c_A=kt$$

依题意　$t=30$ min 时　$c_{A,0}-0.5c_{A,0}=30\ k$

$t=40$ min 时　$c_{A,0}-c_A=40\ k$

两式相除可得　$\dfrac{c_{A,0}-0.5c_{A,0}}{c_{A,0}-c_A}=\dfrac{3}{4}$　即　$\dfrac{c_{A,0}-c_A}{c_{A,0}}=\dfrac{2}{3}=66.7\%$

所以，继续反应 10 min（共计反应 40 min）后 A 的转化率是 66.7%。

到目前为止，已发现的零级反应并不多。零级反应主要是一些表面催化反应，例如：

$$2NH_3(g)\xrightarrow{\text{钨催化剂}}N_2(g)+3H_2(g)$$

由于该反应只能发生在固体催化剂的表面，而催化剂的表面积是有限的，故催化剂表面对其他物质的吸附都有一定限度。当 NH_3 的压力足够大时，NH_3 在钨催化剂表面的吸附就会达到饱和，这时催化剂表面上促使化学反应发生的表面活性中心就被全部占据了，此时就已经最大限度地利用了催化剂的表面，其反应速率达到了最大值。在这种情况下，继续提高或在一定范围内降低 NH_3 的压力（即浓度）时不会改变反应速率，故此时该反应表现为零级反应。只有当 NH_3 的压力较小、催化剂表面吸附未达到饱和时，反应速率才与 NH_3 的压力有关。此时压力越大，表面吸附得越多，反应速率就会越快，这时该分解反应就不是零级反应了。

2. 一级反应

一级反应的反应速率方程可以表示为

$$r=kc_A\text{或}-\frac{dc_A}{dt}=k_Ac_A \tag{3-11}$$

由式（3-11）可见，一级反应的反应速率常数的单位是 s^{-1}。式（3-11）两边同乘以 $-dt$ 并积分可得

$$\ln c_A=\ln c_{A,0}-k_At \tag{3-12}$$

即

$$c_A=c_{A,0}e^{-k_At} \tag{3-13}$$

式（3-12）和式（3-13）均为一级反应的动力学方程。由式（3-13）可见，一级反应具有以下特点：

（1）$\ln c_A-t$ 呈线性关系。

（2）该直线的斜率为 $-k_A$，故由 $\ln c_A-t$ 直线的斜率可得一级反应的反应速率常数。

（3）把 $c_A=c_{A,0}/2$ 代入式（3-13）可得一级反应的半衰期为

$$t_{1/2}=\frac{\ln 2}{k_A} \tag{3-14}$$

由式（3-14）可见：在一定温度下，一级反应的半衰期为常数，其值与反应物的初始浓度无关。因为由一级反应的反应速率方程（3-14）可见，反应物的浓度 c_A 增大或减小几倍，反应速率 r_A 也会增大或减小几倍，所以一级反应的半衰期与反应物的初始浓度无关。放射性物质的放射强度一般都与放射性物质的含量成正比，即放射性衰变一般也都是一级反应，其半衰期也与初始浓度无关。

例 3-4　一级反应 $(CH_3)_3CBr+H_2O\longrightarrow(CH_3)_3COH+HBr$ 可在 90% 的丙酮水溶液中进行。由于反应很慢，在反应过程中可随时取样，用滴定其中 HBr 的方法确定不同时刻反应物 $(CH_3)_3CBr$ 的浓度 c。下表给

出了 25℃下的实验数据。

反应时间/h	0	4.10	8.20	13.5	18.3	26.0	30.8	37.3	43.8
浓度 $c/(mol \cdot L^{-1})$	0.103 9	0.085 9	0.070 1	0.052 9	0.035 3	0.027 0	0.020 7	0.014 2	0.010 1
$\ln c$	−2.265	−2.455	−2.658	−2.940	−3.344	−3.613	−3.878	−4.255	−4.596

(1) 针对反应物$(CH_3)_3CBr$,画出该反应的 $c-t$ 曲线和 $\ln c-t$ 曲线。

(2) 求该反应的反应速率常数和半衰期。

解:(1) 根据表中数据画图。

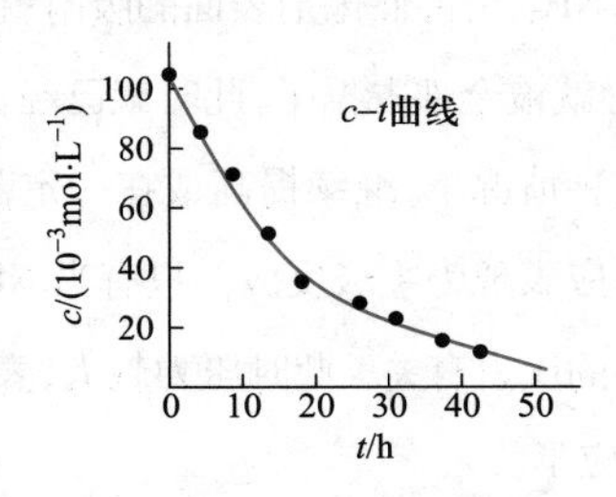

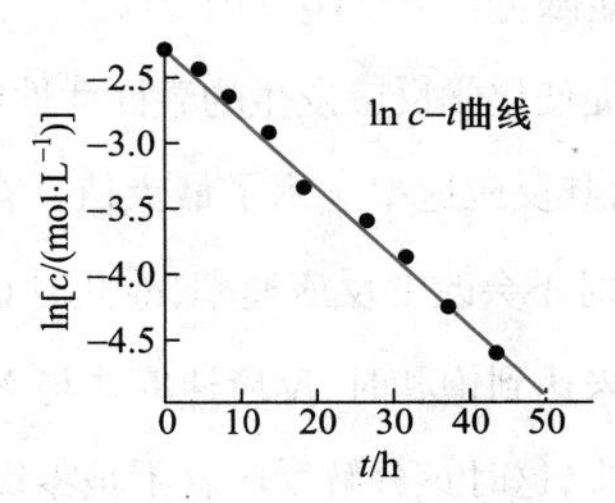

(2) 根据一级反应的动力学方程式(3−12)

$$\ln c = \ln c_0 - kt$$

由 $\ln c-t$ 直线的斜率可知

$$k = 0.053\ 2\ h^{-1}$$

该反应的半衰期为

$$t_{1/2} = \frac{\ln 2}{k} = \frac{\ln 2}{0.053\ 2\ h^{-1}} = 13.0\ h$$

例 3−5 金属钚的同位素能发生 β 放射性衰变。14 d 后其活性可降低 6.85%。

(1) 求放射性衰变反应的反应速率常数和半衰期。

(2) 衰变 90%需要多长时间?

解:(1) 依题意,14 d 后剩余的未衰变同位素含量为

$$100\% - 6.85\% = 93.15\%$$

由于放射性衰变是一级反应,故根据式(3−12)有

$$\ln 93.15 = \ln 100 - k \cdot 14\ d$$

$$k = 5.07 \times 10^{-3}\ d^{-1}$$

将反应速率常数 k 代入式(3−14)可得

$$t_{1/2} = \frac{\ln 2}{5.07 \times 10^{-3}\ d^{-1}} = 136.7\ d$$

(2) 计算衰变 90%所需要的时间。根据式(3−12)有

$$\ln(100-90) = \ln 100 - kt$$

$$t = \frac{1}{k}\ln\frac{100}{100-90} = \frac{1}{5.07 \times 10^{-3}\ d^{-1}}\ln 10 = 454.2\ d$$

3. 二级反应

同样,可以确定二级反应的积分速率方程和半衰期。表 3-3 列出了各级反应的半衰期计算公式。根据积分速率方程的特点,也可以确定反应速率方程:如果 $c(\mathrm{A})$ 对 t 作图为直线就是零级反应;$\ln[c(\mathrm{A})]$ 对 t 作图为直线就是一级反应;$\frac{1}{c(\mathrm{A})}$ 对 t 作图为直线则为物种 A 的二级反应。另外,还可以根据半衰期和反应速率常数确定反应级数。

表 3-3　反应速率方程和反应级数

反应级数	反应速率方程	积分速率方程	对 t 作图为直线	直线斜率	$t_{1/2}$
0	$r=k$	$c_t(\mathrm{A})=-kt+c_0(\mathrm{A})$	$c_t(\mathrm{A})$	$-k$	$\frac{c_0(\mathrm{A})}{2k}$
1	$r=kc(\mathrm{A})$	$\ln[c_t(\mathrm{A})]=-kt+\ln[c_0(\mathrm{A})]$	$\ln[c_t(\mathrm{A})]$	$-k$	$\frac{0.693}{k}$
2	$r=k[c(\mathrm{A})]^2$	$\frac{1}{c_t(\mathrm{A})}=kt+\frac{1}{c_0(\mathrm{A})}$	$1/c_t(\mathrm{A})$	k	$\frac{1}{kc_0(\mathrm{A})}$

3.4　温度对反应速率的影响

3.4.1　范托夫经验规则

同步资源

实际上反应速率通常受温度的影响更为显著,温度的影响集中表现在对反应速率常数的影响。通常,反应速率常数会随温度的升高而逐渐增大。大量实验结果表明,在其他条件恒定不变的情况下,温度每升高 10℃,反应速率会增大 2~4 倍。这就是范托夫经验规则。即使根据此规则保守地估计,也可以看出温度对化学反应速率的影响是非常显著的。例如:

$$\frac{k_{T+100\ \mathrm{K}}}{k_T}\approx 2^{10}\approx 10^3 \quad \frac{k_{T+200\ \mathrm{K}}}{k_T}\approx 2^{20}\approx 10^6$$

要定量探讨温度对反应速率的影响,就需要引入阿伦尼乌斯(Svante August Arrhenius,图 3-6)经验公式。

3.4.2　阿伦尼乌斯经验公式

阿伦尼乌斯经验公式描述了反应速率常数与温度的关系,其具体形式如下:

$$k=k_0 \mathrm{e}^{-E_a/RT} \tag{3-15}$$

其中,k_0 和 E_a 都是只与化学反应本身有关而与其他因素(如温度、压力、浓度等)无关的常数。根据 k_0 所处的位置,将其称为指数前因子,

图 3-6　阿伦尼乌斯

其单位与反应速率常数 k 的单位相同。把 E_a 称作反应的活化能(energy of activation)。$E_a \geqslant 0$，单位是 $J \cdot mol^{-1}$ 或 $kJ \cdot mol^{-1}$。由阿伦尼乌斯经验公式可以看出:在其他条件相同的情况下,反应的活化能越大,反应速率常数就越小,反应就越慢;活化能越小,反应速率常数就越大,反应就越快。

对阿伦尼乌斯经验公式(3-15)两边取对数可得

$$\ln k = \ln k_0 - \frac{E_a}{RT} \tag{3-16}$$

所以在一定温度范围内,$\ln k - 1/T$ 呈线性关系,其斜率为 $-E_a/R$。对同一个反应,可在不同温度下测定多组 (k, T) 数据,然后画出 $\ln k - 1/T$ 直线,由该直线的斜率就可以得到该反应的活化能 E_a。因为没有活化能小于零的反应,而且绝大多数反应的活化能都大于零,所以温度升高时 k 一般都增大。大量实验结果表明,许多反应的活化能都介于 $40 \sim 400\ kJ \cdot mol^{-1}$。所以温度升高时,反应速率常数 k 会迅速增大,反应会迅速加快。

例 3-6　实验测得反应 $C(s) + CO_2(g) \xlongequal{\quad} 2CO(g)$ 的活化能为 $167.4\ kJ \cdot mol^{-1}$。当温度从 750℃上升到 800℃时,反应速率将增大多少倍?

解:由式(3-16)可知

$$\ln k_1 = \ln k_0 - \frac{E_a}{RT_1}$$

$$\ln k_2 = \ln k_0 - \frac{E_a}{RT_2}$$

两式相减可得

$$\ln \frac{k_2}{k_1} = \frac{E_a(T_2 - T_1)}{RT_1 T_2} = \frac{167.4 \times 10^3 (800-750)}{8.314 \times (750+273.2) \times (800+273.2)} = 0.916\ 8$$

$$k_2/k_1 = 2.5$$

即反应速率将增大 2.5 倍。

例 3-7　实验测得反应 $2NOCl(g) \xlongequal{\quad} 2NO(g) + Cl_2(g)$ 在 300 K 和 400 K 下的反应速率常数分别为 $2.8 \times 10^{-5}\ mol^{-1} \cdot L \cdot s^{-1}$ 和 $7.0 \times 10^{-1}\ mol^{-1} \cdot L \cdot s^{-1}$。求该反应的活化能。

解:由式(3-16)可知

$$\ln k_1 = \ln k_0 - \frac{E_a}{RT_1}$$

$$\ln k_2 = \ln k_0 - \frac{E_a}{RT_2}$$

两式相减可得

$$\ln \frac{k_2}{k_1} = \frac{E_a(T_2 - T_1)}{RT_1 T_2} \quad \text{即}\ E_a = \frac{RT_1 T_2}{T_2 - T_1} \ln \frac{k_2}{k_1}$$

$$E_a = \frac{8.314\ J \cdot K^{-1} \cdot mol^{-1} \times 300\ K \times 400\ K}{400\ K - 300\ K} \ln \frac{7.0 \times 10^{-1}}{2.8 \times 10^{-5}}$$

$$= 101.03 \times 10^3\ J \cdot mol^{-1}$$

3.5 催化剂与催化作用

能改变化学反应速率的物质通称为催化剂(catalyst)。催化剂在反应过程中其化学性质不变,通常分为加快反应速率的正催化剂和减缓反应进行的负催化剂。此处主要讨论能加速化学反应的催化剂(即正催化剂)。例如:

$$2KClO_3 \xrightarrow{MnO_2} 2KCl+3O_2 \quad (MnO_2\text{为催化剂})$$

上述反应中的 MnO_2 催化剂是用来加快反应速率。通常所指的催化剂都是指能加速化学反应的物质,有必要详细区分时才将这种催化剂叫做正催化剂。使用催化剂时正向反应速率增大多少倍,逆向反应速率也增大相应的倍数。换句话说,催化剂对正向反应和逆向反应都具有催化作用。而且,催化剂具有选择性,对某些反应具有催化作用的催化剂,对另外一个反应不一定具有催化作用。

催化作用的本质在于催化剂能改变反应机理,从而降低反应的活化能。如图 3-7 所示,假设简单反应 $A+B \longrightarrow AB$ 的活化能为 E_a,反应过程中反应物分子组的能量变化情况如图中的实线所示。如果向该反应系统中加入催化剂 C,其反应机理有可能变为

$$A+C \underset{k_{-1}}{\overset{k_1}{\rightleftharpoons}} AC$$

$$AC+B \xrightarrow{k_2} AB+C$$

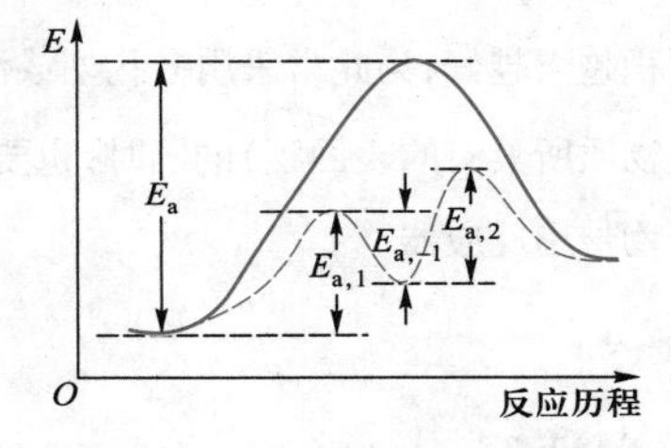

图 3-7 反应途径与活化能

其中的 AC 为中间产物。当第一步反应达到平衡时,其正向、逆向反应速率相等,所以该催化反应从反应物到产物需要越过的能垒总高度为

$$E_a' = E_{a,1} + E_{a,2} - E_{a,-1}$$

E_a' 称为该反应的表观活化能(apparent activation energy)。结合图 3-7 可以明显看出,加入催化剂后该反应的表观活化能 E_a' 小于不用催化剂时该反应的活化能 E_a。

如果第二步反应很快,其反应速率远大于第一步反应的逆反应速率,则中间产物 AC 刚一生成就会由于马上发生第二步反应而消失,结果使得中间产物 AC 在反应过程中的浓度一定很小,其浓度随时间的变化率更小,故可近似认为此变化率为零,即认为这种高活性中间产物的生成速率与消失速率大致相等,因此总反应速率等于第一步正向反应的反应速率。与此同时,由于总反应的反应速率常数等于第一步正向反应的反应速率常数,故总反应的表观活化能就等于第一步正向反应的活化能,即

$$E_a' = E_{a,1}$$

催化作用分为均相催化(homogeneous catalysis)与多相催化(heterogeneous catalysis)。均相催化也叫做单相催化,是反应物和催化剂处在同一相中。例如,在水溶液中碘离子对 H_2O_2 分解反应的催化作用就属于均相催化:

$$2H_2O_2 \xrightarrow{I^-} 2H_2O+O_2$$

又如，酸对乙醇脱水生成乙醚的催化作用也属于均相催化：

$$2C_2H_5OH \xrightarrow{H^+} C_2H_5OC_2H_5+H_2O$$

在均相催化反应中，由于催化剂与反应物能以分子或离子的形式均匀分散，结果可最大限度增加反应物和催化剂接触的机会，可使催化剂的催化活性得到最大限度的发挥。但反应结束后，要将催化剂从反应混合物中分离出来往往比较困难。

与均相催化相对应，非均相催化是指反应物和催化剂处在不同相中。在这种情况下，催化反应只能发生在相界面上。非均相催化也叫做多相催化。非均相催化的催化效率较低，但是反应结束后催化剂容易分离。如在硝酸生产过程中，用金属铂作为催化剂使 NH_3 被氧化为 NO：

$$4NH_3+5O_2 \xrightarrow{\text{Pt 网}} 4NO+6H_2O$$

又如，在硫酸生产过程中，用固体五氧化二钒作为催化剂使 SO_2 被氧化为 SO_3：

$$2SO_2+O_2 \xrightarrow{V_2O_5} 2SO_3$$

在多相催化反应中，常用到固体催化剂。这时，固体表面是反应的场所，所以固体催化剂的表面积越大越好，为此常采用多孔型或海绵状的固体催化剂。在增大固体催化剂的比表面（单位质量物质所具有的表面积）的同时，也要注意固体催化剂的机械强度，否则催化剂易粉碎并且容易被产物带出反应器。

化学视野——燃烧反应与爆炸反应

燃烧是一种同时伴有放热和发光效应的激烈的化学反应。放热、发光、生成新物质（如木料燃烧后生成二氧化碳和水并剩下炭和灰）是燃烧现象的三个特征。燃烧是指燃料与氧化剂发生强烈化学反应，并伴有发光发热的现象。燃烧不单纯是化学反应，而是反应、流动、传热和传质并存、相互作用的综合现象。

燃烧反应涉及的化学反应是氧化反应，其中氧气是最常见的氧化剂，但氧化剂并不限于氧气，氧化并不限于同氧的化合。完整的燃烧反应中，反应物和氧化剂（如氧气、氟气）反应，其生成物为燃料的各元素氧化反应后的产物。例如：

$$CH_4+2O_2 \longrightarrow CO_2+2H_2O$$

$$CH_2S+6F_2 \longrightarrow CF_4+2HF+SF_6$$

$$2H_2+O_2 \longrightarrow 2H_2O(g)$$

然而在真实情况下不可能达到完整的燃烧反应。当燃烧反应达到化学平衡时，会产生多种主要和次要产物，如燃烧碳时会产生一氧化碳和煤烟。此外，在大气中发生燃烧反应时，因为大气中含有78%的氮气，所以会产生各式各样的氮氧化物。

发生燃烧必须具备三个基本条件：①要有可燃物，如木材、天然气、石油等；②要有助燃物质，如氧气、氯酸钾等氧化剂；③要有一定温度，所以能引起可燃物质燃烧的热能（点火源）可燃物、氧化剂和点火源就被称为燃烧三要素，当这三个要素同时具备并相互作用时就会发生燃烧。

各类燃烧反应中烃放出的热量最多，脂肪酸与之接近，糖类则要低得多。不过，糖类释放能量的速率较快，这就是运动员进食糖果以求能量快速爆发的原因。

$$CH_3(CH_2)_{14}COOH(s)+23O_2(g)=\!=\!=16CO_2(g)+16H_2O(l) \quad \Delta_r H_m^{\ominus}=-9\ 977\ kJ\cdot mol^{-1}$$

$$CH_3(CH_2)_{10}COOH(l)+17O_2(g)=\!=\!=12CO_2(g)+12H_2O(l) \quad \Delta_r H_m^{\ominus}=-7\ 377\ kJ\cdot mol^{-1}$$

$$C_{12}H_{24}(l)+18O_2(g)=\!=\!=12CO_2(g)+12H_2O(l) \quad \Delta_r H_m^{\ominus}=-7\ 926\ kJ\cdot mol^{-1}$$

$$C_{12}H_{22}O_{11}(s)+12O_2(g)=\!=\!=12CO_2(g)+11H_2O(l) \quad \Delta_r H_m^{\ominus}=-5\ 640\ kJ\cdot mol^{-1}$$

爆炸反应(explosive reaction)是指反应速率达到无限大的反应。引起爆炸的反应大致分为两类：第一类为支链爆炸(branched chain explosion)，由于存在支化反应，即一个自由基的反应产生许多个自由基，如 H_2+O_2 的反应，消耗一个 H 又产生 3 个 H，如原子核反应中一个中子产生 3 个新中子一样，H 的数目将以指数形式增加，引起爆炸；第二类为热爆炸(thermal explosion)，一个放热反应，散热速率远低于反应放热的速率，反应热使体系温度升高，又引起反应速率(按指数加快)及放热速率增加，这样放热—升温—加速反应—升温……直至爆炸发生。热爆炸不涉及新的反应机理，发生热爆炸是因为反应放出的热量不能足够快速地从反应混合物移开。随着反应混合物温度的升高，反应的反应速率常数不受约束地增大。典型的爆炸反应是反应速率越来越快而且无法中途停止的自持燃烧反应。

研究两类爆炸反应的动力学规律对于控制和利用爆炸反应是十分有意义的。以 H_2 和 O_2 生成水的反应为例，反应如果有控制地进行，产生的能量和推力就足以将航天器送上轨道。

原子弹爆炸的原理分析：原子弹用的燃料是铀或钚，将两块或几块较小的铀的同位素铀-235 放进弹头里，周围用黄色炸药包围，只要先引爆炸药，强迫几块较小的铀燃料合并成一块大的，使铀达到可与中子进行链式核反应的程度，就能够引起核爆炸。为了使爆炸来得更猛烈，原子弹里都有可以释放中子的中子源。原子弹装的核燃料为铀-235 或钚-239，分别称为铀弹和钚弹。如果用铀-235，它占所装核燃料总数的 90% 以上，其他是同位素铀-238 等。一般来说，一枚原子弹用铀-235 的量只有十几千克至几十千克。美国投掷在广岛原子弹装铀-235 的质量为 15 kg。1 g 铀裂变能量相当于 2.5 t 标准煤燃烧。

原子弹是由铀-235 为核燃料，铀-235 的原子核在吸收一个外来中子以后能分裂成几个其他元素(也称裂变碎片)，同时又放出热量和 2~3 个中子，这就是核裂变能，也就是现在所说的核能。但一个铀原子核产生的热量毕竟是微弱的，如果把裂变反应后产生的新中子利用来引起新的核裂变，裂变反应就可以连续不断地进行下去，同时不断产生热量，像链子一样持续不断，也像滚雪球似的越滚越大，这种反应就叫作链式裂变反应。链式裂变反应可以产生巨大的能量，如果无数的中子同时开始链式裂变反应，那就会产生更大的能量。原子弹爆炸原理就是典型的原子核链式裂变反应过程。

铀原子核的链式裂变反应可以用反应式表示为

铀-235 +中子 1 ⟶ 钡-137+氪-97+中子 1+中子 1+热量

思考题

3-1　分别描述基元反应、反应分子数、质量作用定律、零级反应、反应级数、活化能等概念。

3-2　解释催化剂加快化学反应速率的原因。

3-3　反应物的初始浓度与零级反应和一级反应的半衰期有什么关系？

3-4　温度如何影响化学反应速率？

3-5　温度对反应速率的影响与反应的活化能有什么关系？

3-6　为什么反应物的初始浓度越大，零级反应的半衰期越长，而一级反应的半衰期却不变？

3-7　催化剂为什么能提高反应速率？

3-8　为什么催化剂对正向反应和逆向反应都有催化作用？

第 3 章　习题答案

习题

3-1　在某温度下的碱性溶液中发生反应 $ClO^-(aq)+I^-(aq) \xrightarrow{OH^-} IO^-(aq)+Cl^-(aq)$，测得有关实验数据见下表：

$c(OH^-)/(mol \cdot L^{-1})$	$c(I^-)/(mol \cdot L^{-1})$	$c(ClO^-)/(mol \cdot L^{-1})$	$r/(mol \cdot L^{-1} \cdot s^{-1})$
1.00	0.002	0.004	4.8×10^{-4}
1.00	0.004	0.002	4.9×10^{-4}
1.00	0.002	0.002	2.4×10^{-4}
0.50	0.002	0.002	4.6×10^{-4}
0.25	0.002	0.002	9.4×10^{-4}

（1）确定各物种的反应级数及总反应级数；

（2）计算反应的反应速率常数并写出反应速率方程；

（3）当 $c(OH^-)=1.00\ mol \cdot L^{-1}$，$c(I^-)=0.005\ mol \cdot L^{-1}$，$c(ClO^-)=0.005\ mol \cdot L^{-1}$时，该温度下的反应速率为多少？

3-2　蔗糖催化水解是一级反应，在 298.15 K 的反应速率常数为 $k=5.7\times10^{-5}$，若反应活化能为 120 $kJ \cdot mol^{-1}$，要使反应速率为 298.15 K 的 10 倍，反应温度应为多少？

3-3　已知反应 A⟶B 的活化能 $E_a=275\ kJ \cdot mol^{-1}$，$k_0=1.0\times10^{15}\ s^{-1}$。该反应为几级反应？计算该反应在 100℃时的反应速率常数。

3-4　在 298 K 时，反应 $2H_2O_2(aq) \longrightarrow 2H_2O(aq)+O_2(g)$ 的活化能为 $E_a=71\ kJ \cdot mol^{-1}$，加入酶催化剂后，活化能降为 $E_a=8.4\ kJ \cdot mol^{-1}$。计算在酶催化剂作用下，$H_2O_2$ 的分解速率为原来的多少倍？

3-5　今在一古墓木质样品中测得 ^{14}C 的含量是原来的 65.5%，通过计算说明此古墓距今多少年？已知 ^{14}C 的半衰期为 5 730 a（a 代表年），元素放射性衰变是一级反应。

3-6　N_2O_5 气相分解反应时的活化能为 103.3 $kJ \cdot mol^{-1}$，在 65℃时的反应速率常数为 0.292 min^{-1}，求 80℃时反应的反应速率常数及半衰期。

3-7　某反应在不同温度下的反应速率常数为

T/K	773	873	973	1 073
k/s^{-1}	0.048	2.3	49	590

用作图法求该反应的活化能。

3-8　一定温度下，基元反应 A+2B⟶3C 的反应速率常数为 k。

（1）该反应的反应分子数是多少？

（2）该反应是几级反应？

（3）请用不同物质给出该反应的反应速率方程。

3-9　一定条件下，反应 $2NO(g)+Cl_2(g) \xlongequal{} 2NOCl(g)$ 遵守质量作用定律。

（1）写出该反应的反应速率方程。

（2）该反应速率常数的单位是什么？

（3）如果其他条件不变，只是突然压缩使反应混合物系统的体积变为 $V_2=V_1/3$，则压缩后的反应速率 r_2 将是压缩前反应速率 r_1 的几倍？

3-10　一定温度下反应 $R \longrightarrow P$ 的半衰期为 15 min，而且半衰期与 R 的初始浓度无关。

（1）该反应是几级反应？

（2）反应 1 h 后反应物 R 的转化率是多少？

第 4 章

化学平衡

Chemical Equilibrium

学习要求：

1. 了解化学平衡的基本特征，掌握标准平衡常数的表达式；
2. 掌握标准平衡常数和化学反应标准摩尔 Gibbs 函数变的关系；
3. 掌握化学反应等温方程，学会利用标准平衡常数判断化学反应进行的方向；
4. 了解反应物的平衡转化率，掌握化学反应达到平衡状态时平衡组成的求算方法；
5. 掌握温度、压力、浓度和惰性气体对化学反应平衡移动的影响。

化学热力学指出，在一定条件下，有些化学反应能自发进行（$\Delta_r G_m<0$），有些化学反应不能自发进行（$\Delta_r G_m>0$）。对于同一个反应，可以通过改变温度、压力、浓度等条件，使它的 $\Delta_r G_m>0$ 变成 $\Delta_r G_m<0$，使其从不能自发进行变成能自发进行。化学动力学指出，当正、逆反应速率相等时，化学反应到达平衡状态（chemical equilibrium state）。在科学研究和工业生产中，人们不仅关心反应方向问题，同时也很关心有关反应最大产率或反应物平衡转化率的问题，最大产率问题从热力学角度看就是化学平衡问题。化学平衡（chemical equilibrium）是反应进行过程中能够达到的最大限度，只要外界条件不变，反应物和产物的浓度就不会随着时间而变化。本章重点介绍化学平衡的特征、标准平衡常数的表述、Gibbs 函数变与标准平衡常数的关系、平衡组成的计算，以及温度和压力对平衡移动的影响。

4.1 标准平衡常数

4.1.1 可逆反应

等温等压且不做非体积功的条件下，化学反应自发地向着 Gibbs 函数减少的方向进行，当减少至反应条件所允许的最小值时，反应就达到该条件下所允许的最大限度——化学平衡状态。当反应条件不变时，这个状态也不会发生改变。

然而，不同的化学反应所允许进行的限度不同，有极少数的化学反应几乎能进行到彻底完全，如下式所给出的氯酸钾分解制备氧气的反应，其逆反应进行的倾向很小，实际可以认为这些反应是不可逆的，并将它们称为不可逆反应。

$$2KClO_3(s) \xrightarrow{MnO_2} 2KCl(s) + 3O_2(g)$$

但是，大多数化学反应在同一外界条件下可以同时向正、逆两个方向进行，不可能在某一方向进行到彻底完全。例如，在一个密闭的容器中，充入氮气和氢气，在一定温度下，经过若干长时间，可以得到氮气、氢气和氨气的混合气体，说明自动发生了下列反应：

$$N_2(g) + 3H_2(g) \longrightarrow 2NH_3(g)$$

在另一容器中，只充入氨气，在同样反应条件下，经过若干长时间，同样可得到三者的混合气体。说明氨气可自动分解生成氮气和氢气：

$$2NH_3(g) \longrightarrow N_2(g) + 3H_2(g)$$

这类在同一条件下可以同时向正、逆两个相反方向进行的化学反应称为可逆反应(reversible reaction)。如果在计量方程中要强调其可逆性的话，用两个方向相反的箭号"$\rightleftharpoons$"代替等号"$=\!=\!=$"。上述反应可表示为

$$N_2(g) + 3H_2(g) \rightleftharpoons 2NH_3(g)$$

4.1.2 化学平衡及特征

在上述合成氨的反应中，随着反应的进行，氮气和氢气的浓度越来越小，从动力学角度看正向反应的速率越来越慢。另一方面，随着产物氨的浓度越来越大，逆向反应的速率也会越来越快。最终导致正、逆反应速率相等，化学反应就达到了平衡状态。化学平衡具有以下特征：

(1) 达到化学平衡的途径是双向的。化学反应无论从正向出发，还是从逆向出发都可达到化学平衡状态。达到平衡状态时，反应物和产物的数量保持不变，系统的 Gibbs 函数保持不变，即此时反应的 $\Delta_r G_m = 0$。

(2) 化学平衡是动态平衡。当反应达到平衡状态时，反应物和产物的浓度不再发生变化，从宏观角度看系统静止不变，系统内不再进行化学变化。但事实上正、逆反应并没有终止，只不过朝两个方向进行的速率相等而已，结果正向有多少分子的氨生成，逆向也就会有多少氨分子分解。这种情况可通过 $CaCO_3$ 可逆分解实验证实。将 $CaCO_3$ 固体放入密闭容器中加热到一定温度时，$CaCO_3$ 可以分解生成 CaO 固体和 CO_2 气体，经过一段时间反应达到平衡状态。对应的可逆反应为

$$CaCO_3(s) \rightleftharpoons CaO(s) + CO_2(g)$$

在另一个密闭容器中充入相同温度和压力的 CO_2，与第一个密闭容器不同的是这里加入了用放射性同位素 ^{14}C 标记的 CO_2。将两个密闭容器连通，由于系统中 CO_2 的温度和压力保持不变，连通后依然保持原有的平衡状态。经过一段时间，将容器中的固体取出，发现 $CaCO_3$ 显示 ^{14}C 特有的放射性，说明有放射性同位素 ^{14}C 标记的 $^{14}CO_2$ 与 CaO 反应生成了 $Ca^{14}CO_3$。而这段时间容器中 CO_2 的压力保持不变，说明有同样数量的 $CaCO_3$ 也在发生分解反应。实验结果表明，化学平衡是

正、逆两个方向反应速率相等的动态平衡。

（3）化学平衡是相对的、有条件的平衡。例如，当 $CaCO_3$ 的热分解反应达到平衡状态时，在密闭容器中人为地增加二氧化碳气体，由于二氧化碳的浓度增加，逆反应速率也随之变大，破坏了原有的平衡状态，使反应向着逆向移动，直到在新条件下又建立起新的化学平衡。同样，如果改变温度也会造成平衡的移动，然后在新温度下反应重新达到平衡状态。

（4）一定温度下到达平衡时，生成物浓度的幂乘积与反应物浓度的幂乘积之比为常数，且这个常数与达到平衡的途径无关。

4.1.3　标准平衡常数

大量实验结果证明，在一定温度下当化学反应达到平衡状态时，生成物浓度的幂乘积与反应物浓度的幂乘积之比是一个常数（各物质以化学计量数为幂）。例如，合成 HI 的反应 $H_2(g)+I_2(g) \rightleftharpoons 2HI(g)$ 在 425.4℃下反应时，获得如表 4-1 所示的实验数据：

表 4-1　合成 HI 在不同起始分压下的实验数据

实验编号	各物质起始分压/kPa			各物质平衡分压/kPa			$K=\dfrac{[p_{平衡}(HI)]^2}{[p_{平衡}(H_2)]\cdot[p_{平衡}(I_2)]}$
	$p(I_2)$	$p(H_2)$	$p(HI)$	$p(I_2)$	$p(H_2)$	$p(HI)$	
1	90.15	80.47	0	23.52	13.81	133.33	54.73
2	0	0	36.31	3.88	3.88	28.57	54.22
3	91.71	60.75	0	36.93	5.97	109.56	54.44
4	91.71	60.75	20.49	38.55	7.65	126.89	54.60

从表 4-1 可知，在序号为 1、3 的实验中，反应从正向开始，但反应物（氢气和碘蒸气）的起始浓度不同；在序号为 2 的实验中，反应从逆向开始；在序号为 4 的实验中，反应从正向开始，但开始时系统中就存在产物 HI。但是，无论反应从正向进行，还是逆向进行，也无论反应物起始浓度如何变化，只要反应在同一温度下进行，到达平衡时，$[p(HI)]^2$ 和 $p(H_2)\cdot p(I_2)$ 的比值基本保持为常数。将生成物浓度的幂乘积与反应物浓度的幂乘积之比称为平衡常数（equilibrium constant），用 K 表示。K 代表了一个可逆反应进行的最大限度。

平衡常数除了用浓度表示外，还可以用分压、摩尔分数、物质的量来表示。但是，这样的表述会造成不同的反应对应的平衡常数的单位不统一，而且同一个反应用浓度表示和用压力表示反应物和产物的浓度时产生的平衡常数也可能不同，给实际比较反应进行程度带来困扰。因此，已经不再使用浓度平衡常数 K_c 或压力平衡常数 K_p，而是规定使用与热力学标准态对应的标准平衡常数（standard equilibrium constant），用 $K^{\ominus}$ 表示，通常简称为平衡常数。

国家标准 GB 3102.8—93 中给出了标准平衡常数的定义：在标准平衡常数 $K^{\ominus}$ 的表达式中，如果是气体物种，使用平衡时的相对分压力（平衡分压力与标准压力的比值），即各物种的平衡分压力除以 $p^{\ominus}$；如果是溶液，使用平衡时的相对浓度（平衡浓度与标准浓度的比值），即各物种的平衡浓度除以标准浓度 $c^{\ominus}$；如果是纯固体、纯液体或溶液中的溶剂，则相应物理量不出现在标准平衡常数的表达式中。标准平衡常数是量纲一的量。

如果是多相化学反应

$$aA(g)+bB(s)+cC(aq) \rightleftharpoons dD(aq)+eE(l)+fF(g)$$

温度 T 时，该标准平衡常数表达式为

$$K^{\ominus}=\frac{[p(F)/p^{\ominus}]^{f}\cdot[c(D)/c^{\ominus}]^{d}}{[p(A)/p^{\ominus}]^{a}\cdot[c(C)/c^{\ominus}]^{c}} \tag{4-1}$$

即在一定温度下反应达到平衡时，$[p(F)/p^{\ominus}]^{f}\cdot[c(D)/c^{\ominus}]^{d}$ 与 $[p(A)/p^{\ominus}]^{a}\cdot[c(C)/c^{\ominus}]^{c}$ 的比值为常数。在一定温度下 $K^{\ominus}$ 为定值，与起始浓度和反应起始方向没有关系。

需要说明的是，标准平衡常数的表达式必须与化学计量式相对应，以不同的化学计量式表示时，标准平衡常数的表达式及数值是不同的。例如，HI 的分解反应

$$2HI(g) \rightleftharpoons H_2(g)+I_2(g)$$

$$K_1^{\ominus}=\frac{[p(H_2)/p^{\ominus}]\cdot[p(I_2)/p^{\ominus}]}{[p(HI)/p^{\ominus}]^2}$$

若写为下列形式

$$HI(g) \rightleftharpoons \frac{1}{2}H_2(g)+\frac{1}{2}I_2(g)$$

则

$$K_2^{\ominus}=\frac{[p(H_2)/p^{\ominus}]^{\frac{1}{2}}\cdot[p(I_2)/p^{\ominus}]^{\frac{1}{2}}}{p(HI)/p^{\ominus}}$$

若写为下列形式

$$\frac{1}{2}H_2(g)+\frac{1}{2}I_2(g) \rightleftharpoons HI(g)$$

则

$$K_3^{\ominus}=\frac{p(HI)/p^{\ominus}}{[p(H_2)/p^{\ominus}]^{\frac{1}{2}}[p(I_2)/p^{\ominus}]^{\frac{1}{2}}}$$

显然，$(K_1^{\ominus})^{\frac{1}{2}}=K_2^{\ominus}=(K_3^{\ominus})^{-1}$。

因此，可将平衡常数的表述总结如下：

（1）若可逆反应(3)=可逆反应(1)+可逆反应(2)，则 $K_3^{\ominus}=K_1^{\ominus}\cdot K_2^{\ominus}$。

（2）同理，若可逆反应(3)=可逆反应(1)-可逆反应(2)，则 $K_3^{\ominus}=\frac{K_1^{\ominus}}{K_2^{\ominus}}$。

（3）如果可逆反应(2)=$n\times$可逆反应(1)，则 $K_2^{\ominus}=(K_1^{\ominus})^n$。

（4）可逆反应可以正向进行，也可以逆向进行。由于 Gibbs 函数是状态函数，$\Delta_r G_m^{\ominus}$(正)$=-\Delta_r G_m^{\ominus}$(逆)。所以，$K^{\ominus}(正)=\frac{1}{K^{\ominus}(逆)}$。

（5）平衡常数是温度的单值函数。只要温度不变，平衡常数是定值。

例 4-1 298.15 K 时，已知下列两个可逆反应的标准平衡常数：

(1) $2N_2(g)+O_2(g) \rightleftharpoons 2N_2O(g) \quad K_1^{\ominus}=4.8\times10^{-37}$

(2) $N_2(g)+2O_2(g) \rightleftharpoons 2\ NO_2(g)$　$K_2^{\ominus}=8.8\times10^{-19}$

求相同温度下,下列反应的标准平衡常数。

(3) $2N_2O(g)+3O_2(g) \rightleftharpoons 4\ NO_2(g)$　$K_3^{\ominus}=?$

解:仔细观察三个反应计量方程的关系可发现:反应(3)= 2×反应(2)-反应(1),所以

$$K_3^{\ominus}=\frac{(K_2^{\ominus})^2}{K_1^{\ominus}}=\frac{(8.8\times10^{-19})^2}{4.8\times10^{-37}}=1.6$$

4.1.4 标准平衡常数的测定

平衡常数可以由实验测定或计算给出,如通过实验测定出系统达到平衡状态时各物质的浓度或压力,就可以计算出标准平衡常数。因此,实验中直接测定的物理量是浓度或压力。根据参与反应各物质的情况,可以采用以下两种方法。

(1) 物理方法:许多物理性质和浓度存在一定关系,如吸光度、折射率、电导率、压力或体积等。通过测定反应系统的这些物理性质,可以确定组分在平衡状态时的浓度。由于用这些方法测定系统的组成时一般不会扰乱系统的平衡状态,所以物理方法是常用的一种方法。

(2) 化学方法:通过化学分析的方法测定平衡系统各物质的浓度,如酸碱滴定、氧化还原滴定、配位滴定等。这种方法要在系统中加入化学试剂,一般会破坏化学平衡状态。因此,用化学方法测定浓度时,一定要保证系统静止在平衡状态。可采取突然降温、移出催化剂和加入大量溶剂的方法,究竟用哪种方法要根据系统的具体情况决定。

测定标准平衡常数时应注意:测定浓度时反应一定要达到平衡状态。如果系统未达到平衡,会带来很大的实验误差。如何判断系统已经达到平衡状态?可以通过以下几个方法判断:①若系统已经达到平衡状态,在外界条件不变的前提下,各组分的浓度不随时间而改变。②可从正、逆两个方向开始测定平衡常数,若所测数值相同,说明已经达到平衡状态。③设计不同的初始浓度,若测定的标准平衡常数数值相同,说明已经达到平衡状态。

例 4-2　在 $T=903$ K、$p=101.3$ kPa 条件下,将 1 mol SO_2 和 1 mol O_2 的混合气体通过装有金属铂丝的玻璃管中,控制气流速度使反应达到平衡状态。然后将混合气体急速冷却,并将其通入氢氧化钾水溶液中吸收 SO_2 和 SO_3。最后测出剩下 O_2 的体积在 101.3 kPa 和 273.15 K 下为 13.78 L。试求 903 K 时下述反应的 $K^{\ominus}$。

$$SO_2(g)+\frac{1}{2}O_2(g) \rightleftharpoons SO_3(g)$$

解:达到平衡状态时

$$n(O_2)=\frac{pV}{RT}=\frac{(101.3\times10^3\ \text{Pa})\times(13.78\times10^{-3}\ \text{m}^3)}{(8.314\ \text{J}\cdot\text{mol}^{-1}\cdot\text{K}^{-1})\times273.15\ \text{K}}=0.61\ \text{mol}$$

由计量方程可知　$n(SO_2)=1-2[1-n(O_2)]=0.22$ mol

$$n(SO_3)=2[1-n(O_2)]=0.78\ \text{mol}$$

平衡时系统的总物质的量 $n=1.61$ mol。

根据 Dalton 分压定律(混合气体中某一组分的分压等于它的摩尔分数与总压的乘积)有

$$p(O_2)=\frac{n(O_2)}{n}p_{总}=\frac{0.61\ \text{mol}}{1.61\ \text{mol}}\times 101.3\ \text{kPa}=38.38\ \text{kPa}$$

同理可得

$$p(SO_2)=13.84\ \text{kPa}\quad p(SO_3)=49.08\ \text{kPa}$$

$$K^{\ominus}=\frac{p(SO_3)/p^{\ominus}}{p(SO_2)/p^{\ominus}\,[p(O_2)/p^{\ominus}]^{\frac{1}{2}}}$$

$$=\frac{49.08\ \text{kPa}/100\ \text{kPa}}{13.84\ \text{kPa}/100\ \text{kPa}\,[38.38\ \text{kPa}/100\ \text{kPa}]^{\frac{1}{2}}}=5.72$$

4.2 $K^{\ominus}$ 与 Gibbs 函数变的关系

化学反应在一定的外界条件下,为什么宏观上可以向某一个方向进行?为什么经过一段时间会达到平衡状态?以合成氨的反应为例进行分析。合成氨反应如果正向进行,根据 Gibbs 函数判据,说明反应物系统氮气和氢气的 Gibbs 函数值大于产物氨的 Gibbs 函数值,反应自发向 Gibbs 函数减少的方向——合成氨的方向变化。但是,随着反应的进行,氮气和氢气的数量越来越少,它们对应的 Gibbs 函数数值也越来越小,而产物氨气的数量越来越多,其对应的 Gibbs 函数数值也越来越大,最终的结果是反应物的 Gibbs 函数值等于产物的 Gibbs 函数值,从而反应达到化学平衡状态。如果反应逆向进行,也存在与上述相同的情况。

通过计算得到反应在标准状态下进行时反应的摩尔 Gibbs 函数变 $\Delta_r G_m^{\ominus}$,并用其判断反应进行的方向。但是,实际过程中大部分化学反应是在非标准状态下进行,不能应用 $\Delta_r G_m^{\ominus}$ 判断反应方向。如何计算非标准状态下化学反应的摩尔 Gibbs 函数变?详细的推导过程可以参见物理化学教科书。这里直接给出其计算公式:

$$\Delta_r G_m(T)=\Delta_r G_m^{\ominus}(T)+RT\ln J \tag{4-2}$$

式(4-2)称为化学反应的等温方程式(reaction isotherm)。其中,$\Delta_r G_m^{\ominus}(T)$ 是反应在温度 T 时的标准摩尔 Gibbs 函数变,J 为化学反应商。对下列反应,J 的表达式为

$$a\text{A}(g)+b\text{B}(aq)+c\text{C}(l)\rightleftharpoons x\text{X}(aq)+y\text{Y}(g)+z\text{Z}(s)$$

$$J=\frac{[p(\text{Y})/p^{\ominus}]^{y}\,[c(\text{X})/c^{\ominus}]^{x}}{[p(\text{A})/p^{\ominus}]^{a}\,[c(\text{B})/c^{\ominus}]^{b}} \tag{4-3}$$

式(4-3)中 $p(\text{Y})$、$p(\text{A})$ 分别为混合气体中 Y 和 A 的分压,$c(\text{X})$、$c(\text{B})$ 为水溶液中 X 和 B 的浓度,$c^{\ominus}=1\ \text{mol}\cdot\text{L}^{-1}$,$p^{\ominus}=100\ \text{kPa}$。在 J 的表达式中各物质均以各自的标准态为参考态,如果某物质是气体,一般情况下浓度用分压力表示,并要除以 $p^{\ominus}$。如果某物质是水溶液中的溶质,浓度常用物质的量浓度 c 表示,并且要除以 $c^{\ominus}$。因此,J 也是量纲一的量。从式(4-3)可见,如果反应式中出现纯固态物质和纯液态物质,它们不出现在反应商的表达式中。

当化学反应处在任意状态,即反应物和产物处在任意状态时,应该以 $\Delta_r G_m$ 为标准判断反应的

方向和限度。当反应达到平衡状态时 $\Delta_r G_m(T)=0$,即

$$\Delta_r G_m(T)=\Delta_r G_m^{\ominus}(T)+RT\ln J=0$$

$$\Delta_r G_m^{\ominus}(T)=-RT\ln J$$

虽然 $K^{\ominus}$ 和 J 的表达式具有相同形式,但 $K^{\ominus}$ 表达式中,反应系统各物质的浓度一定是反应达到平衡状态时的浓度,J 表达式中各物质的浓度是在任意非平衡状态下的浓度。不难看出,平衡状态时,当 J 是化学反应达到平衡状态时的反应商时,在一定温度下反应的 J 也为定值,此时,J 就是标准平衡常数 $K^{\ominus}$,即 $K^{\ominus}=J$,所以

$$\Delta_r G_m^{\ominus}(T)=-RT\ln K^{\ominus} \tag{4-4}$$

若已知反应体系中反应物和产物的浓度,代入式(4-3)可得到化学反应商 J。若再已知化学反应的标准摩尔 Gibbs 函数变 $\Delta_r G_m^{\ominus}$,代入式(4-4)和式(4-2)就可以计算出化学反应在任意状态下的 Gibbs 函数变 $\Delta_r G_m$。

例 4-3　若空气中氧气的分压为 $0.21p^{\ominus}$,试问常温下银在空气中能否被氧化?

解:银被氧化的反应为

$$2Ag(s)+1/2\ O_2(g) \rightleftharpoons Ag_2O(s)$$

在第 2 章例题 2-7 中,已经计算出该反应的标准摩尔 Gibbs 函数变 $\Delta_r G_m^{\ominus}=-11.2\ kJ\cdot mol^{-1}$,据已知条件和反应的计量方程,该反应的化学反应商为

$$J=\frac{1}{[p(O_2)/p^{\ominus}]^{\frac{1}{2}}}=\frac{1}{(0.21p^{\ominus}/p^{\ominus})^{\frac{1}{2}}}=2.17$$

根据式(4-4)和式(4-2)有

$$\Delta_r G_m(T)=\Delta_r G_m^{\ominus}(T)+RT\ln J$$

$$\Delta_r G_m(298.15\ K)=-11.2\ kJ\cdot mol^{-1}+(8.314\times298.15\times10^{-3}\times\ln 2.17)\ kJ\cdot mol^{-1}$$

$$=-9.3\ kJ\cdot mol^{-1}$$

通过计算可知,298.15 K 下银在空气中被氧化的摩尔反应 Gibbs 函数变 $\Delta_r G_m<0$,所以可以被氧化,但反应的趋势不大,生成的 $Ag_2O(s)$ 覆盖在 Ag 表面,可以阻止 Ag 的进一步氧化。

4.3　标准平衡常数的应用

同步资源

4.3.1　判断化学反应进行的程度

利用标准平衡常数可以判断化学反应进行的程度、方向等。标准平衡常数等于化学反应达到平衡状态时的反应商,如果反应进行的程度越大,平衡时生成的产物就越多,则平衡常数就越大。反之,平衡常数就越小。

一般情况下,298.15 K 时,如果 $K^{\ominus}>10^7$,即 $\Delta_r G_m^{\ominus}<-40\ kJ\cdot mol^{-1}$,正向进行的程度非常大,实际可在正方向进行彻底,可以看作不可逆反应。如果 $K^{\ominus}<9.8\times10^{-8}$,即 $\Delta_r G_m^{\ominus}>40\ kJ\cdot mol^{-1}$,正向进

行的程度非常小,实际可在逆方向进行彻底,也可看作不可逆反应。当 $10^3>K^\ominus>10^{-3}$时,反应物部分转化为产物,系统中反应物和产物都具有相对可观的浓度。

可逆反应进行的限度也常用平衡转化率表示。反应物 B 的平衡转化率定义为

$$\alpha_B=\frac{n_{B,0}-n_{B,eq}}{n_{B,0}} \tag{4-5}$$

式(4-5)中,$n_{B,0}$为物质 B 在反应起始时物质的量;$n_{B,eq}$为物质 B 在平衡时物质的量。

应注意的问题是,标准平衡常数和平衡转化率都可表示反应进行的限度,但是标准平衡常数与反应物的起始浓度或分压无关,而某反应物的平衡转化率与该物质的起始浓度和压力有关。通常情况下,反应的标准平衡常数越大,反应物的平衡转化率也越大。

例 4-4　计算例题 4-2 中 SO_2 和 O_2 的平衡转化率。

$$SO_2(g)+\frac{1}{2}O_2(g)\rightleftharpoons SO_3(g)$$

解:根据例题 4-2 所得平衡状态时 SO_2 和 O_2 物质的量及两者反应初始的量:

$$\alpha(SO_2)=\frac{n_0(SO_2)-n_{eq}(SO_2)}{n(SO_2)_0}=\frac{1\ \text{mol}-0.22\ \text{mol}}{1\ \text{mol}}=78\%$$

$$\alpha(O_2)=\frac{n_0(O_2)-n_{eq}(O_2)}{n(O_2)_0}=\frac{1\ \text{mol}-0.61\ \text{mol}}{1\ \text{mol}}=39\%$$

在同样反应条件下,增加 O_2 的初始浓度,可提高 SO_2 的平衡转化率,同时降低 O_2 的平衡转化率,但是该反应的标准平衡常数是不变的。

4.3.2　判断化学反应进行的方向

等温、等压下的化学反应,其反应方向可用 $\Delta_r G_m$ 判断,由于 $\Delta_r G_m(T)=\Delta_r G_m^\ominus(T)+RT\ln J$,$\Delta_r G_m^\ominus(T)=-RT\ln K^\ominus$,则

$$\Delta_r G_m(T)=-RT\ln K^\ominus+RT\ln J=RT\ln\frac{J}{K^\ominus}$$

从上式可知,$K^\ominus$ 与 J 的相对大小可以影响 $\Delta_r G_m$ 的正、负号。因此,根据 Gibbs 函数判据,可以得到以下重要结论:

$K^\ominus>J$ 时,$\Delta_r G_m<0$,反应可正向进行;

$J>K^\ominus$ 时,$\Delta_r G_m>0$,反应可逆向进行;

$K^\ominus=J$ 时,$\Delta_r G_m=0$,反应处于平衡状态。

例 4-5　已知某温度下,反应

$$Pb^{2+}(aq)+Sn(s)\rightleftharpoons Pb(s)+Sn^{2+}(aq)$$

的标准平衡常数 $K^\ominus=3.01$,判断下列两种情况反应进行的方向。

(1) Pb^{2+}和 Sn^{2+}的浓度均为 0.2 $mol\cdot L^{-1}$;

(2) Pb^{2+}和 Sn^{2+}的浓度为 0.2 $mol\cdot L^{-1}$和 2 $mol\cdot L^{-1}$。

解：(1) 首先计算反应商 J：

$$J=\frac{c(Sn^{2+})/c^{\ominus}}{c(Pb^{2+})/c^{\ominus}}=\frac{0.2\ mol\cdot L^{-1}/1\ mol\cdot L^{-1}}{0.2\ mol\cdot L^{-1}/1\ mol\cdot L^{-1}}=1.0$$

计算结果表明，$J<K^{\ominus}$，所以在该浓度条件下，反应正向进行。

(2) Pb^{2+}和Sn^{2+}的浓度为 0.2 mol · L⁻¹和 2 mol · L⁻¹时，同理可得 $J=10>K^{\ominus}$，反应可逆向进行。

例 4-6　已知反应

$$2SO_2(g)+O_2(g)\rightleftharpoons 2SO_3(g)$$

在 1 000 K 时，$K^{\ominus}=3.45$，试判断下列条件下反应进行的方向。

(1) $p(SO_3)=100$ kPa，$p(SO_2)=200$ kPa，$p(O_2)=200$ kPa；

(2) $p(SO_3)=300$ kPa，$p(SO_2)=100$ kPa，$p(O_2)=100$ kPa。

解：(1) $J=\dfrac{[p(SO_3)/p^{\ominus}]^2}{[p(SO_2)/p^{\ominus}]^2[p(O_2)/p^{\ominus}]}=\dfrac{(100/100)^2}{(200/100)^2(200/100)}=0.125$

$J<K^{\ominus}$，反应正向自发进行。

(2) $J=\dfrac{(300/100)^2}{(100/100)^2(100/100)}=9$

$J>K^{\ominus}$，反应逆向自发进行。

4.3.3　计算平衡系统的组成

如果已知化学反应的标准平衡常数，结合其他条件，通过计算可以得到反应达到平衡状态时反应系统各物质的浓度，进而可以求出反应物的平衡转化率，或者该条件下的最大产量。

例 4-7　已知可逆反应

$$FeO(s)+CO(g)\rightleftharpoons Fe(s)+CO_2(g)$$

在 1 000℃的标准平衡常数 $K^{\ominus}=0.5$。如果在装有 3 000 kPa CO 的密闭容器中再加入足量的 FeO，试求上述反应在该条件下达到平衡状态时 CO 和 CO_2 的分压。

解：设平衡时 CO_2 的分压为 x，则依据计量方程有下列关系：

	$FeO(s)+CO(g)\rightleftharpoons$	$Fe(s)+CO_2(g)$
反应初始压力/kPa	3 000	0
反应平衡压力/kPa	3 000−x	x

根据标准平衡常数的表达式

$$K^{\ominus}=\frac{p_{eq}(CO_2)/p^{\ominus}}{p_{eq}(CO)/p^{\ominus}}$$

则

$$0.5=\frac{x\ \text{kPa}/100\ \text{kPa}}{(3\ 000-x)\ \text{kPa}/100\ \text{kPa}}\quad 解得\quad x=1\ 000\ \text{kPa}$$

$$p_{eq}(CO_2)=1\ 000\ \text{kPa}\quad p_{eq}(CO)=3\ 000\ \text{kPa}-1\ 000\ \text{kPa}=2\ 000\ \text{kPa}$$

所以，上述反应达到平衡状态时 CO 和 CO_2 的分压分别为 2 000 kPa 和 1 000 kPa。

4.4 化学平衡的移动

等温等压且不做非体积功时,封闭系统的化学反应总是向 Gibbs 函数减少的方向自发进行,一直进行到反应条件下所允许的最小值,化学反应就达到平衡状态。但是当反应条件发生变化时,平衡状态就会被破坏,反应又会向某一方向进行,重新达到新条件下的平衡状态。这种因反应条件的改变,化学反应从一个平衡状态向另一个平衡状态转化的过程,称为化学平衡的移动。化学平衡移动服从勒夏特列原理(Le Chatelier's principle):如果对平衡系统施加外力,平衡将沿着减小此外力的方向移动。能够使化学平衡发生移动的因素有浓度、压力和温度等。

4.4.1 浓度对化学平衡的影响

增加反应物浓度或减少产物浓度时,平衡向正反应方向移动;增加产物浓度或减少反应物浓度时,平衡向逆反应方向移动。

根据等温方程

$$\Delta_r G_m(T) = -RT\ln K^\ominus + RT\ln J = RT\ln \frac{J}{K^\ominus}$$

在一定温度和压力下,$\Delta_r G_m$ 由反应商 J 和平衡常数 $K^\ominus$ 决定,所以化学平衡移动的方向就由反应商 J 和平衡常数 $K^\ominus$ 决定。由于 $K^\ominus$ 仅仅是温度的函数,浓度的改变并不能改变标准平衡常数的大小,但是浓度的改变可使反应商 J 的大小发生改变。在平衡状态时,$J = K^\ominus$,当增加反应物浓度或减少产物浓度时,会使 $J<K^\ominus$,即 $\Delta_r G_m<0$,因此平衡向正反应方向移动。当增加产物浓度或减少反应物浓度时,会使 $J>K^\ominus$,即 $\Delta_r G_m>0$,因此平衡向逆反应方向移动。无论向哪个方向移动,最后都会重新达到新的平衡状态。

4.4.2 压力对化学平衡的影响

对于固、液相反应,如果压力变化不大,平衡受压力的影响可以忽略。这里主要讨论气相反应或者有气相参与的反应。如果是反应系统组分气体的分压发生改变,对平衡移动的影响和浓度的影响完全相同,这里仅涉及系统的总压发生变化时对平衡的影响。

根据 Le Chatelier 原理,系统总压增加时,平衡向分子数减少的方向移动;系统总压降低时,平衡向着分子数增加的方向进行。对于反应物和产物分子数相同的反应,化学平衡不受总压的影响。以下列理想气体反应为例进行详细讨论,对于反应

$$a\text{A(g)} + b\text{B(g)} \rightleftharpoons c\text{C(g)} + d\text{D(g)}$$

$$K^\ominus = \frac{[p(\text{C})/p^\ominus]^c\,[p(\text{D})/p^\ominus]^d}{[p(\text{A})/p^\ominus]^a\,[p(\text{B})/p^\ominus]^b}$$

由 Dalton 分压定律可得 A、B、C、D 的分压分别为

$$p_A = x(A)p \quad p_B = x(B)p \quad p_C = x(C)p \quad p_D = x(D)p$$

上面几个式子中 $x(A)$、$x(B)$、$x(C)$、$x(D)$分别代表平衡系统中 A、B、C、D 的摩尔分数;p 代表系统的总压。

$$K^{\ominus} = \frac{[x(C)]^c [x(D)]^d}{[x(A)]^a [x(B)]^b} \cdot \left(\frac{p}{p^{\ominus}}\right)^{(c+d)-(a+b)}$$

令

$$K_x = \frac{[x(C)]^c [x(D)]^d}{[x(A)]^a [x(B)]^b}$$

$$K^{\ominus} = K_x \left(\frac{p}{p^{\ominus}}\right)^{(c+d)-(a+b)}$$

定温下 $K^{\ominus}$ 保持常量,总压 p 增大时,若 $c+d>a+b$,K_x将减小,即平衡向逆反应方向移动;若 $c+d<a+b$,K_x将增大,即平衡向正反应方向移动;总压 p 减小时,若 $c+d>a+b$,K_x将增大,即平衡向正反应方向移动;若$c+d<a+b$,K_x将减小,即平衡向逆反应方向移动。这与根据 Le Chatelier 平衡移动原理判断的结果是一致的。

例 4-8 某温度下,反应 $N_2O_4(g) \rightleftharpoons 2NO_2(g)$ 的标准平衡常数 $K^{\ominus} = 1.0$,试计算压力为100 kPa时 N_2O_4 的平衡转化率。若压力增大 10 倍,N_2O_4 的平衡转化率为多少?

解:设 N_2O_4 初始物质的量为 1 mol,平衡转化率为 α,则

$$N_2O_4(g) \rightleftharpoons 2NO_2(g)$$

平衡时物质的量/mol　　　$1-\alpha$　　　2α　　　$n_{总} = (1+\alpha)$ mol

$$K^{\ominus} = \frac{\left(\frac{2\alpha}{1+\alpha} \cdot \frac{p}{p^{\ominus}}\right)^2}{\frac{1-\alpha}{1+\alpha} \cdot \frac{p}{p^{\ominus}}} = \frac{4\alpha^2}{1-\alpha^2} \cdot \frac{p}{p^{\ominus}}$$

当 $p = 100$ kPa 时,解得 $\alpha = 44.7\%$;当压力增大 10 倍,即 $p = 1\,000$ kPa 时,解得 $\alpha = 15.6\%$。所以压力增大,平衡向着逆反应方向移动。

4.4.3　惰性气体对化学平衡的影响

惰性气体是指气体反应系统中不参与化学反应的气体。若反应系统在等温等压下引入惰性气体,也可造成平衡的移动。例如,在下列可逆反应中加入物质的量为 n_0的某惰性气体 X:

$$aA(g) + bB(g) \rightleftharpoons cC(g) + dD(g) \qquad \leftarrow n_0 X$$

$$K^{\ominus} = \frac{[p(C)/p^{\ominus}]^c [p(D)/p^{\ominus}]^d}{[p(A)/p^{\ominus}]^a [p(B)/p^{\ominus}]^b}$$

$$p(A) = \frac{n(A)}{n_0 + \sum_B n_B} p \quad p(B) = \frac{n(B)}{n_0 + \sum_B n_B} p \quad p(C) = \frac{n(C)}{n_0 + \sum_B n_B} p \quad p(D) = \frac{n(D)}{n_0 + \sum_B n_B} p$$

上面四个式子中,$n(A)$、$n(B)$、$n(C)$和 $n(D)$分别表示反应物和产物 A、B、C、D 达到化学平衡状态时物质的量;$\sum_B n_B$ 代表反应系统 A、B、C、D 四种物质的总物质的量;p 代表反应系统的总压。

$$K^{\ominus}=\frac{[n(\mathrm{C})]^{c}[n(\mathrm{D})]^{d}}{[n(\mathrm{A})]^{a}[n(\mathrm{B})]^{b}}\left\{\frac{p}{p^{\ominus}(n_0+\sum_{\mathrm{B}}n_{\mathrm{B}})}\right\}^{(c+d)-(a+b)}$$

令

$$K_n=\frac{[n(\mathrm{C})]^{c}[n(\mathrm{D})]^{d}}{[n(\mathrm{A})]^{a}[n(\mathrm{B})]^{b}}$$

$$K^{\ominus}=K_n\left\{\frac{p}{p^{\ominus}(n_0+\sum_{\mathrm{B}}n_{\mathrm{B}})}\right\}^{(c+d)-(a+b)}$$

由于在保持温度和压力不变的前提下加入惰性气体，因此，p 和 $K^{\ominus}$ 均为定值。加入惰性气体唯一改变的是系统的总物质的量，系统的总物质的量由原来的 $\sum_{\mathrm{B}}n_{\mathrm{B}}$ 变为 $(n_0+\sum_{\mathrm{B}}n_{\mathrm{B}})$。根据上面的等式，为保持 $K^{\ominus}$ 为常量，若 $c+d>a+b$，加入惰性气体，总物质的量增大时，$\left\{\frac{p}{p^{\ominus}(n_0+\sum_{\mathrm{B}}n_{\mathrm{B}})}\right\}^{(c+d)-(a+b)}$ 项应减小，K_n 将增大，即平衡向着正反应方向移动；若 $c+d<a+b$，加入惰性气体，总物质的量增大时，$\left\{\frac{p}{p^{\ominus}(n_0+\sum_{\mathrm{B}}n_{\mathrm{B}})}\right\}^{(c+d)-(a+b)}$ 项应增大，K_n 将减小，即平衡向着逆反应方向移动。若 $c+d=a+b$，加入惰性气体对平衡无影响。

例如，合成氨反应：

$$\mathrm{N_2(g)+3H_2(g)\rightleftharpoons 2NH_3(g)}$$

依据其计量方程，该反应的 $c+d<a+b$，加入惰性气体会使平衡向逆反应方向移动，不利于合成氨的反应。在合成氨生产中原料气体是循环使用的，当 $N_2(g)$ 和 $H_2(g)$ 不断反应时，未参与反应的惰性气体氩和甲烷会越来越多，影响了反应物的转化率。因此，生产过程中要定期排放一部分旧的原料气体，减少惰性气体的含量，以提高反应物的平衡转化率。

若反应达到平衡状态时，在等温等容下引入惰性气体，系统的总压增大，该情况下反应物和产物的分压不变，反应商 J 也不会发生改变，J 依然等于 $K^{\ominus}$。所以，这种情况下平衡不会移动。

4.4.4 温度对化学平衡的影响

标准平衡常数 $K^{\ominus}$ 是温度的函数，当温度发生变化时，$K^{\ominus}$ 的大小会发生改变，因此使平衡发生移动。每个化学平衡都涉及正、逆一对反应，其中一个是放热反应，另一个则是吸热反应。依据平衡移动原理：温度升高平衡向着吸热反应方向移动；温度降低平衡向着放热反应方向移动。

MOOC 同步资源

联立公式 $\Delta_r G_m^{\ominus}=-RT\ln K^{\ominus}$、$\Delta_r G_m^{\ominus}=\Delta_r H_m^{\ominus}-T\Delta_r S_m^{\ominus}$，可得

$$\ln K^{\ominus}=-\frac{\Delta_r H_m^{\ominus}}{RT}+\frac{\Delta_r S_m^{\ominus}}{R}$$

若在 T_1 和 T_2 温度区间内，$\Delta_r H_m^{\ominus}$ 和 $\Delta_r S_m^{\ominus}$ 变化不大，可将其看作常数。则

$$\ln K^{\ominus}(T_1)=-\frac{\Delta_r H_m^{\ominus}}{RT_1}+\frac{\Delta_r S_m^{\ominus}}{R}$$

$$\ln K^{\ominus}(T_2)=-\frac{\Delta_r H_m^{\ominus}}{RT_2}+\frac{\Delta_r S_m^{\ominus}}{R}$$

两式相减可得

$$\ln \frac{K^{\ominus}(T_2)}{K^{\ominus}(T_1)} = -\frac{\Delta_r H_m^{\ominus}}{R}\left(\frac{1}{T_2}-\frac{1}{T_1}\right) \tag{4-6}$$

由式(4-6)可知,如果正反应是吸热反应,即 $\Delta_r H_m^{\ominus}>0$,升高温度 $T_2>T_1$,则 $K^{\ominus}(T_2)>K^{\ominus}(T_1)$,反应向正方向移动;如果正反应是放热反应,即 $\Delta_r H_m^{\ominus}<0$,升高温度 $T_2>T_1$,则 $K^{\ominus}(T_2)<K^{\ominus}(T_1)$,反应向逆方向移动。

若已知化学反应的热效应和 $K^{\ominus}(T_1)$,利用上式可以求出 $K^{\ominus}(T_2)$。

例 4-9 已知反应 $BeSO_4(s) \rightleftharpoons BeO(s)+SO_3(g)$ 在高温 600 K 时的 $K^{\ominus}=1.70\times10^{-8}$,$\Delta_r H_m^{\ominus}=175.3\ kJ\cdot mol^{-1}$,且假定该反应的 $\Delta_r H_m^{\ominus}$ 和 $\Delta_r S_m^{\ominus}$ 不随温度变化。计算 400 K 时该反应的标准平衡常数。

解:依据式(4-6):

$$\ln \frac{K^{\ominus}(T_2)}{K^{\ominus}(T_1)} = -\frac{\Delta_r H_m^{\ominus}}{R}\left(\frac{1}{T_2}-\frac{1}{T_1}\right)$$

$$\ln \frac{1.7\times10^{-8}}{K^{\ominus}(400\ K)} = -\frac{175.3\times10^{3}\ J\cdot mol^{-1}}{8.314\ J\cdot mol^{-1}\cdot K^{-1}}\left(\frac{1}{600\ K}-\frac{1}{400\ K}\right)$$

解得

$$K^{\ominus}(400\ K)=4.27\times10^{-16}$$

计算结果表明,降低温度,该吸热反应的 $K^{\ominus}$ 减小,即反应向逆方向移动。

例 4-10 已知反应 $C(g) \rightleftharpoons A(g)+B(g)$ 的 $\Delta_r H_m^{\ominus}=421\ kJ\cdot mol^{-1}$,在 25℃ 的 $K_1^{\ominus}=5\times10^{2}$,计算反应在 50℃ 的 $K_2^{\ominus}$。

解:根据式(4-6):

$$\lg \frac{K_2^{\ominus}}{K_1^{\ominus}} = -\frac{\Delta_r H_m^{\ominus}}{2.303R}\left(\frac{1}{T_2}-\frac{1}{T_1}\right)$$

代入数据:

$$\lg \frac{K_2^{\ominus}}{5\times10^{2}} = -\frac{421\times1\ 000}{2.303\times8.314}\left(\frac{1}{323.15}-\frac{1}{298.15}\right)$$

$$K_2^{\ominus}=2.5\times10^{8}$$

催化剂不影响化学平衡,如反应

$$aA+bB \rightleftharpoons dD+eE$$

在一定温度下,不论有无催化剂,反应中各物质的标准态都是确定的。所以在一定温度下,不论有没有催化剂,反应的 $\Delta_r G_m^{\ominus}$ 有唯一确定的数值,从而使反应的标准平衡常数 $K^{\ominus}$ 有唯一确定的值。所以催化剂的加入与否,只会影响化学反应到达平衡所需要的时间,而不会影响化学平衡组成。

化学视野——多尺度复杂化学系统模型

多尺度复杂化学系统模型的出现无疑是化学界的革命,翻开了化学史的“新篇章”。通过该模型,科学家实现了用计算机监控微小而瞬间的化学变化,从而能将催化等过程最优化。例如,在模拟药物如何到达体内靶蛋白的实验中，计算机可直接对与药物相互作用的靶蛋白原子执行量子理论计算，精确分析出药物发生作用的全过程。以前，对化学反应的每个步骤进行追踪几乎是不可能完成的任务。而在卡普拉斯等三位科学家研发出的多尺度复杂化学系统模型的辅助下，化学家们让计算机“做帮手”来揭示化学过程。例如，在模拟药物如何同身体内的目标蛋白耦合时，计算机会对目标蛋白中与药物相互作用的原子执行量子理论计算，而使用要求不那么高的经典物理学来模拟其余的大蛋白，从而精确掌握药物发生作用的全过程。

2013 年诺贝尔化学奖授予马丁・卡普拉斯(Martin Karplus)、迈克尔・莱维特(Michael Levitt)和亚利耶・瓦谢尔(Arieh Warshel)，奖励他们在“发展多尺度复杂化学系统模型”方面所做的贡献。他们通过编出计算机程序来模拟复杂的化学反应，很大程度上推进了化学研究。计算机程序可以对化学反应详细描述并进行复杂预测，计算机成为化学实验室中不可或缺的实验手段之一。

卡普拉斯、莱维特和瓦谢尔研究的开创性在于，他们让经典物理学与迥然不同的量子物理学在化学研究中“并肩作战”。以前，化学家必须二选其一。依靠建模型的经典物理学方法的优势在于计算简单且能为大分子建模，但其无法模拟化学反应。而如果化学家选择使用量子物理学计算化学反应过程，巨大的计算量使得其只能应付小分子。为此，在 20 世纪 70 年代，这三位科学家设计出这种多尺度模型，让传统的化学实验走上了信息化的快车道。现在，对化学家来说，计算机是同试管一样重要的工具，计算机对真实生命的模拟已为化学领域大部分研究成果的取得立下了“汗马功劳”。通过模拟，化学家能更快获得比传统实验更精准的预测结果。多尺度模型的意义在于其具有普遍性，可用来研究各种各样的化学过程，从生命分子到工业化学过程等。科学家们还可以以此优化太阳能电池、机动车的燃料，甚至药品等。

诞生过程：

20 世纪 70 年代，正在美国哈佛大学的卡普拉斯便已经针对基于量子物理原理的化学模拟方法开展了深入研究，而在以色列魏茨曼科学研究所的莱维特和瓦谢尔创建了强大的基于经典物理原理的计算机模拟程序。他们的程序可以模拟几乎所有类型的分子，甚至那些结构巨大的生物分子。

1970 年，在以色列完成博士研究之后来到美国的瓦谢尔加入卡普拉斯的实验室。正是从这时开始，这两组科学家开始将各自的模拟方法相互借鉴融合，共同发展更强大的模拟方法。这种方法对化学过程中不同的电子采取不同的处理方式。当对自由电子进行处理时采用量子物理原理，而对其他电子与原子核则采取更加基于经典物理的方案。在对视网膜的模拟研究过程中他们达到了预期目标。1972 年，他们公布了这项最新的方法，这是世界上首次实现这两种方法的结合。但这种方法是有局限性的，它要求分子必须是镜面对称的。随后两年时间，他们继续尝试改进这项模拟方法，这次选中的目标是酶。酶操控着生命体内的几乎全部化学反应，酶之间的相互作用让生命成为可能，要想理解生命就必须理解酶。在对酶的研究中，研究组进一步完善了他们的模拟方法。到 1976 年，研究组终于实现了目标，发表了第一份酶反应的计算机模型。这项成果是革命性的，因其终于实现了对所有分子的适用性。

思考题

4-1　判断下列说法是否正确：

(1) 因 $K^\ominus$ 仅是温度的函数，所以压力变化不会改变 $K^\ominus$ 的值，因而也不会使平衡移动；

(2) 标准平衡常数是化学反应处在标准状态时得到的常数；

(3) 在温度不变的条件下,压缩某气相反应系统的体积,平衡必定发生移动;

(4) 标准平衡常数的大小改变时,平衡一定发生移动;平衡发生移动时,标准平衡常数的大小一定发生改变。

4-2 如果升高温度,下列反应平衡如何移动?

(1) $NO(g) \rightleftharpoons \frac{1}{2}N_2(g)+\frac{1}{2}O_2(g) \quad \Delta_r H_m^\ominus=-90.2\ kJ \cdot mol^{-1}$

(2) $SO_3(g) \rightleftharpoons SO_2(g)+\frac{1}{2}O_2(g) \quad \Delta_r H_m^\ominus=98.9\ kJ \cdot mol^{-1}$

4-3 设在一定温度下,有一定量的 $PCl_5(g)$ 在压力为 100 kPa、体积为 1 L 的容器中达平衡时,PCl_5 的解离度为 50%,试判断在下列情况下,PCl_5 的解离度是增大还是减小?

(1) 升高反应温度;

(2) 降低气体的总压,直到体积增加到原来的 2 倍;

(3) 保持气体总压不变,通入氮气使体积增加到 2 L;

(4) 保持气体总压不变,通入氯气使体积增加到 2 L;

(5) 保持气体总体积不变,通入氮气使压力增加到 200 kPa;

(6) 保持气体总体积不变,通入氯气使压力增加一倍;

(7) 加入催化剂。

4-4 反应 $2NaCl(s) \rightleftharpoons 2Na(s)+Cl_2(g)$ 在一定温度下已达到平衡状态,$\Delta_r H_m^\ominus>0$。判断下列条件发生改变时平衡移动的方向。

(1) 加入金属钠;

(2) 移出氯气;

(3) 在温度不变时,增加系统的压力;

(4) 在温度不变时,增大系统的体积;

(5) 降低系统的反应温度。

4-5 总压变化时(其他条件保持不变),下列化学平衡将正向移动、逆向移动还是不移动?

(1) $H_2(g)+Br_2(g) \rightleftharpoons 2HBr(g)$

(2) $2H_2O(g)+2SO_2(g) \rightleftharpoons 2H_2S(g)+3O_2(g)$

(3) $2SO_2(g)+O_2(g) \rightleftharpoons 2SO_3(g)$

(4) $2CO(g) \rightleftharpoons C(s)+CO_2(g)$

(5) $CaSO_4(s)+2H_2O(g) \rightleftharpoons CaSO_4 \cdot 2H_2O(s)$

4-6 对于下列反应:

$$A(s) \rightleftharpoons B(s)+2C(g)+\frac{1}{2}D(g) \quad \Delta_r H_m^\ominus=0$$

(1) 如果温度升高,$K^\ominus$ 变大、变小、还是不变?

(2) 在 298 K,混合物体积保持不变,温度升高至 400 K。反应达到平衡状态时,D(g) 的物质的量是增加、减少还是不变?

习题

第4章　习题答案

4-1　写出下列反应的标准平衡常数表达式：

(1) $H_2(g)+\frac{1}{2}O_2(g) \rightleftharpoons H_2O(g)$

(2) $2H_2(g)+O_2(g) \rightleftharpoons 2H_2O(g)$

(3) $CO_2(g)+4H_2(g) \rightleftharpoons CH_4(g)+2H_2O(g)$

(4) $3Fe(s)+4H_2O(g) \rightleftharpoons Fe_3O_4(s)+4H_2(g)$

(5) $C_2H_5OH(l)+3O_2(g) \rightleftharpoons 2CO_2(g)+3H_2O(l)$

(6) $CaCO_3(s) \rightleftharpoons CaO(s)+CO_2(g)$

(7) $Sn^{2+}(aq)+2Fe^{3+}(aq) \rightleftharpoons Sn^{4+}(aq)+2Fe^{2+}(aq)$

(8) $2MnO_4^-(aq)+16H^+(aq)+5C_2O_4^{2-}(aq) \rightleftharpoons 10CO_2(g)+8H_2O(l)+2Mn^{2+}(aq)$

4-2　根据附录中的热力学数据，试判断反应

$$2SO_2(g)+O_2(g) \rightleftharpoons 2SO_3(g)$$

(1) 在 298 K、$p(SO_2)=100$ kPa、$p(O_2)=100$ kPa、$p(SO_3)=100$ kPa 时，反应进行的方向；

(2) 在 298 K、$p(SO_2)=20$ kPa、$p(O_2)=10$ kPa、$p(SO_3)=200$ kPa 时，反应进行的方向。

4-3　在一个抽空的容器中引入 Cl_2 和 SO_2，若它们之间没有发生反应，则在 375.3 K 时的分压分别为 47.836 kPa 和 44.786 kPa。将容器温度保持在 375.3 K，经一定时间后压力变为一常数，且等于 86.096 kPa。求下列反应的 $K^\ominus(375.3\ K)$。

$$SO_2Cl_2(g) \rightleftharpoons SO_2(g)+Cl_2(g)$$

4-4　某温度时，向密闭容器中引入压力相同的 CO(g) 和 $H_2O(g)$，并发生了下列反应：

$$CO(g)+H_2O(g) \rightleftharpoons CO_2(g)+H_2(g)$$

当反应达到平衡状态时，$p(CO)=10$ kPa，$p(H_2O)=10$ kPa，$p(CO_2)=30$ kPa，$p(H_2)=30$ kPa。试计算：

(1) 该温度时反应的标准平衡常数；

(2) 反应开始前 CO(g) 和 $H_2O(g)$ 的分压力；

(3) CO 的平衡转化率。

4-5　在 425.4℃时，反应 $H_2(g)+I_2(g) \rightleftharpoons 2HI(g)$ 的标准平衡常数为 54.6。试计算：

(1) 425.4℃时，反应 $\frac{1}{2}H_2(g)+\frac{1}{2}I_2(g) \rightleftharpoons HI(g)$ 的标准平衡常数；

(2) 425.4℃时，反应 $2HI(g) \rightleftharpoons H_2(g)+I_2(g)$ 的标准平衡常数。

4-6　利用附录中的热力学数据，计算反应 $H_2(g)+\frac{1}{2}O_2(g) \rightleftharpoons H_2O(l)$ 在 298.15 K 时的标准摩尔 Gibbs 函数变 $\Delta_r G_m^\ominus$ 和标准平衡常数 $K^\ominus$。

4-7　反应 $C(s)+CO_2(g) \rightleftharpoons 2CO(g)$ 在 1 773 K 的 $K^\ominus=2.1\times10^3$，1 273 K 的 $K^\ominus=1.6\times10^2$，试计算：

(1) 该反应是放热反应还是吸热反应，计算该反应的 $\Delta_r H_m^\ominus$；

(2) 计算 1 773 K 的 $\Delta_r G_m^\ominus$，并说明反应进行的方向；

(3) 计算该反应的 $\Delta_r S_m^\ominus$。

4-8　已知 1 000 K 时，反应 $2SO_2(g)+O_2(g) \rightleftharpoons 2SO_3(g)$ 的标准平衡常数 $K^\ominus=3.5$。同温度时，有包含 SO_2、O_2 和 SO_3 的混合气体（均可视为理想气体），三者的分压按前面的顺序分别为 80 kPa、60 kPa 和 140 kPa，

请计算:

(1) 同温度时该反应的 $\Delta_r G_m^\ominus$;

(2) 该反应的化学反应商 J,并判断反应进行的方向。

4-9 将一定量的 $PCl_5(g)$ 置入真空瓶中,发生下列分解反应达到化学平衡:

$$PCl_5(g) \rightleftharpoons Cl_2(g) + PCl_3(g)$$

假设 $PCl_5(g)$ 的解离度为 α,气体总压为 p,试证明:

$$K^\ominus = \frac{\alpha^2 p}{(1-\alpha^2) p^\ominus}$$

4-10 已知下列 298.15 K 时的热力学数据:

	$NiSO_4 \cdot 6H_2O(s)$	$NiSO_4(s)$	$H_2O(g)$
$\Delta_f G_m^\ominus/(kJ \cdot mol^{-1})$	-2 221.7	-773.6	-228.6

请计算 $NiSO_4 \cdot 6H_2O(s)$ 的风化反应 $NiSO_4 \cdot 6H_2O(s) \rightleftharpoons NiSO_4(s) + 6H_2O(g)$ 在 298.15 K 时的标准平衡常数。 空气中水蒸气的分压达到多大时,才能阻止上述反应正向进行?

4-11 在 398.15 K 时,碳酸氢钠的热分解反应为

$$2NaHCO_3(s) \rightleftharpoons Na_2CO_3(s) + CO_2(g) + H_2O(g)$$

已知 $K^\ominus = 0.25$,试计算该温度下 $CO_2(g)$ 和 $H_2O(g)$ 的平衡分压。

4-12 在 1 000 K 时,已知反应 $CO(g) + H_2O(g) \rightleftharpoons CO_2(g) + H_2(g)$,$K^\ominus = 1.39$。 若反应开始时,加入等物质的量的 $CO(g)$ 和 $H_2O(g)$,达到平衡时 $CO(g)$ 的转化率为多少?

4-13 $KClO_3$ 受热时按下式分解:

$$2KClO_3(s) \rightleftharpoons 2KCl(s) + 3O_2(g)$$

已知 298 K 时 $KClO_3(s)$ 和 $KCl(s)$ 的标准摩尔生成 Gibbs 函数分别为 $-289.91\ kJ \cdot mol^{-1}$ 和 $-408.33\ kJ \cdot mol^{-1}$。求该温度时 $KClO_3(s)$ 分解反应的标准平衡常数和 $KClO_3(s)$ 的分解压(分解压是纯凝聚态物质分解达到平衡时气体产物的总压力)。

4-14 已知反应 $Ag_2CO_3(s) \rightleftharpoons Ag_2O(s) + CO_2(g)$ 在 100℃ 时的标准平衡常数为 9.51×10^{-3}。 若在 100℃ 的烘箱中放入 $Ag_2CO_3(s)$ 干燥,通过计算说明 $Ag_2CO_3(s)$ 能否发生分解。 假设该烘箱空气的压力为 101.325 kPa,CO_2 体积分数为 0.03%。

4-15 已知合成氨反应

$$N_2(g) + 3H_2(g) \rightleftharpoons 2NH_3(g)$$

在 300 K 时,$K^\ominus = 5.9 \times 10^5$,$\Delta_r H_m^\ominus = -92.2\ kJ \cdot mol^{-1}$,假定 $\Delta_r H_m^\ominus$ 和 $\Delta_r S_m^\ominus$ 在 300~600 K 的温度范围内变化不大,计算该反应在 600 K 时的标准平衡常数。

4-16 将固态 HgO 放入真空容器中,可发生下列分解反应:

$$2HgO(s) \rightleftharpoons 2Hg(g) + O_2(g)$$

450℃ 达到平衡时容器内的总压为 108 kPa,420℃ 达到平衡时容器内的总压为 60 kPa。 试求:

(1) 两个温度下,产物 $Hg(g)$ 和 $O_2(g)$ 的平衡分压为多少?

(2) 两个温度下的标准平衡常数各为多少? 该反应是吸热反应还是放热反应?

物质结构篇

第 5 章
原子结构
Atomic Structure

学习要求：

1. 理解量子化、波粒二象性、原子轨道、波函数等基本概念；

2. 了解描述单电子运动的波动方程与原子结构和电子云之间的关系；

3. 掌握如何用三个量子数 n、l、m 描述原子轨道及用四个量子数 n、l、m、m_s 描述电子运动状态；

4. 能够写出 1—4 周期元素的电子结构式；会用电子结构式确定元素所在周期、族、区及价电子构型；

5. 掌握原子结构与元素周期律的关系。

原子(atom)是物质发生化学反应的最小粒子，用来描述物质的微观构成。物质发生化学反应时，原子核外电子运动状态的差异导致新物质的产生。元素是具有相同核电荷数的同一类原子的总称，众多元素的原子组成了成千上万种具有不同性质的物质。要研究物质的性质、化学反应及性质与物质结构之间的关系，必须研究原子的内部结构。原子结构的研究可以回答诸如原子由哪些粒子组成、这些粒子在原子内部的排布方式及粒子之间的结合力等问题。

在讨论原子结构之前，首先简要回顾一下原子结构的发展简史。18—19 世纪，人们先后发现了质量守恒定律、定组成定律和倍比定律。化学家们试图找出形成这些质量关系的内在原因。其中，英国的中学教师道尔顿(Dalton)创立了原子学说，其基本要点包括：①一切物质都是由不可见的、不可分割的原子组成，原子不能自生自灭；②同种类的原子在质量、形状和性质上完全相同，不同种类的原子则不同；③每一种物质都是由自己的原子组成，单质由简单原子组成，化合物由复杂原子组成。这一理论推动了 19 世纪化学的迅速发展。但物理学家汤姆森(Thomson)于 1897 年发现了电子，并测定了电子的质荷比(m/z)，否定了原子不可再分的概念。汤姆森因此获得了 1906 年诺贝尔物理学奖。后期放射性的发现，又进一步揭示了原子结构的复杂性，人们对原子的认识发生了一次飞跃。1911 年，美国物理学家卢瑟福(Rutherford)进行了 α 粒子散射实验。用一束平行的 α 射线撞击金属箔，观察 α 粒子的行踪。发现 α 粒子穿过金箔后，大多数粒子仍继续向前，没有改变方向；少数 α 粒子改变它原来的途径而发生偏转，但偏转的角度不大；仅有极少数（约万分之一）偏转的角度很大，甚至被反弹回去。这一实验结果说明了原子中带正电荷的原子核只是一个体积极小、质量大的核，核外电子受到核的作用在核周围的空间运动。因此，卢瑟福创立了关于原子结构的“太阳-行星模型”，其要点是：①原子是由电子和带正电荷的原子核组成。原子核很小，约占原子体积的十万分之一。电子在原子核外很大的空间里，像行星绕着太阳那样沿着一定的轨道绕核运动；②电子的质量很小，原子的大部分质量集中在核上；③原子核的正电荷数等于核外电子数，因此整个原子显电中性。根据当时的物理学概念，带电荷粒子在力场中运动时总要产生电磁辐射并逐渐失去能量，运动着的电子轨道会越来越小，最终将与原子核相撞并导致原子毁灭。由于原子不会毁灭，而且事实上，原子的发射光谱是不连续的线状光谱，说明卢瑟福理论与电子运动规律不符。那么，如何描述核外电子的运动规律？因为氢原子是所有原子中最简单的一个，本章就从氢原子的发射光谱实验为突破口重点介绍：氢原子光谱与玻尔原子轨道模型、粒子的波粒二象性及波动方程、氢原子结构和核外电子的运动状态、多电子原子核外的电子运动状态、原子结构与元素周期律等原子结构的基础知识。

5.1 氢原子光谱与玻尔原子轨道模型

5.1.1 氢原子光谱

MOOC 同步资源

白光（也称为复合光）经过分光器（如棱镜）后可分解为红、橙、黄、绿、青、蓝、紫等波长的光，形成光谱，这种光谱叫连续光谱。当气体原子或离子受激发后产生不同波长的光辐射，经过棱镜分光得到彼此间隔的线状光谱，为不连续光谱。

氢原子光谱是最简单的原子光谱，它的获得方法如下：在真空管中含少量 $H_2(g)$，经过高压放电，氢原子受激发，发出的光经过三棱镜后得到四条谱线的氢原子光谱，即红、青、蓝紫、紫色的不连续的线状光谱，分别用 H_α、H_β、H_γ、H_δ 表示，如图 5-1。氢原子光谱的特点表现在：①光谱为不连续的线状光谱；②各谱线的波长有一定的规律。

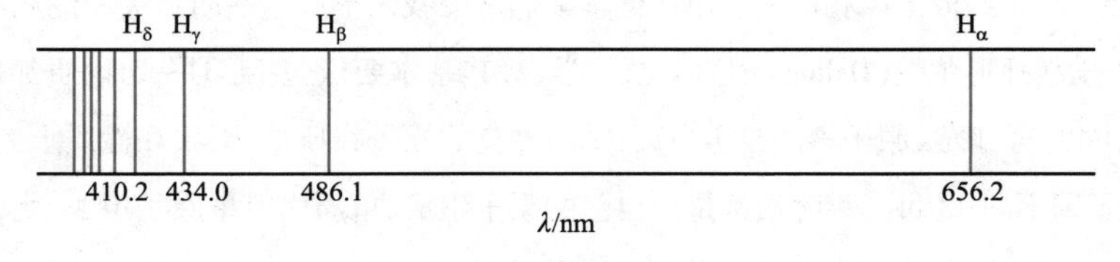

图 5-1 氢原子发射光谱

1885 年，巴耳末（Balmer）对氢原子光谱谱线的规律进行了分析，发现谱线的波长符合下列关系式：

$$\lambda = \frac{364.6n^2}{n^2-4}\ \text{nm} \tag{5-1}$$

$n=3,4,5,6$ 时的谱线频率分别对应的是 $H_α$、$H_β$、$H_γ$、$H_δ$ 四条谱线，说明了氢原子结构具有明显的规律性，但 n 所代表的具体含义在这个公式中并不清楚。

5.1.2　玻尔原子轨道模型

1900 年，普朗克（Plank）提出了表示光的能量（E）与频率（ν）关系的方程，即普朗克方程：

$$E=h\nu \tag{5-2}$$

式（5-2）中的 h 称做普朗克常量（Planck constant），其值为 $6.626\times10^{-34}\ J\cdot s$。普朗克认为，物体只能按 $h\nu$ 的整数倍（如 $1h\nu$、$2h\nu$、$3h\nu$ 等）一份一份地吸收或释出光能，即吸收或放出的能量是量子化的。

1887 年，赫兹（Hertz）发现了光电效应（photoelectric effect）。即当光线照射在金属表面时，某些金属（特别是 Cs 和 Rb、K、Na、Li 等碱金属）受光照射后发射电子（又称光电子）的现象。光电效应发生的原因是金属表面的电子吸收外界的光子，克服金属的束缚而逸出金属表面。如带电荷小锌球在紫外线照射下会失去负电荷带上正电荷。不同的金属发生光电效应的最小光频率是不同的。这一发现对认识光的本质具有极其重要的意义，对发展量子理论起到了根本性的作用。1902 年，德国著名物理学家勒纳（Lenard）也对其进行了研究，指出光电效应是金属中的电子吸收了入射光的能量而从表面逸出的现象，但无法根据当时的理论加以详细解释。1905 年，爱因斯坦（Einstein）提出了光子假设，成功地解释了光电效应，将能量量子化的概念扩展到光本身。爱因斯坦"因为对理论物理学所作的贡献，特别是因发现了光电效应定律"获得了 1921 年诺贝尔物理学奖。

根据普朗克的量子论、爱因斯坦的光子学说及卢瑟福的有核原子模型，卢瑟福的学生、丹麦物理学家玻尔（Bohr）于 1913 年提出了氢原子结构的量子力学模型。玻尔模型的要点如下。

（1）原子中的电子只能在若干固定轨道上绕核运动。固定轨道的角动量 L 只能等于 $h/(2\pi)$ 的整数倍：

$$L=mvr=n\frac{h}{2\pi} \tag{5-3}$$

式（5-3）中，m 和 v 分别代表电子的质量和速度；r 为轨道半径；h 为普朗克常量；n 称作量子数（quantum number），取 1，2，3 等正整数。根据假定条件，计算得到 $n=1$ 时允许轨道的半径为 52.9 pm，称此为著名的玻尔半径，通常用 a_0 表示。

（2）在一定轨道上运动的电子具有一定的能量，称之为定态（stationary state）。n 值为 1 的定态称为基态（ground state），基态是能量最低即最稳定的状态。$n\geqslant2$ 的其余定态都是激发态（excited states），各激发态的能量随 n 值增大而增高。

（3）只有当电子从较高能态（E_2）向较低能态（E_1）跃迁时，原子才能以光子的形式放出能量（即定态轨道上运动的电子不放出能量）。光子能量的大小决定于跃迁所涉及的两条轨道间的能量差：

$$\Delta E = E_2 - E_1 = h\nu \tag{5-4}$$

玻尔理论能够满意地解释实验观察到的氢原子光谱。放电管中的基态氢原子的电子受到激发后，随吸收的能量不同而处于各个不同的激发态，由高能态跳回低能态（包括基态和能量较低的激发态）时，则发射出波数满足式（5-5）的光。

$$\sigma = R_{\infty}\left(\frac{1}{n_1^2} - \frac{1}{n_2^2}\right)\mathrm{cm}^{-1} \tag{5-5}$$

式中 σ 为波数，定义为波长的倒数，单位常用 cm^{-1}；R_{∞} 为里德伯（Rydberg）常量，实验确定为 $1.097\ 37\times10^5\ \mathrm{cm}^{-1}$；$n_2$ 大于 n_1，二者都是正整数，各线系 n 的允许取值见表 5-1。

表 5-1　式（5-5）中 n 的允许取值

线系	n_1	n_2	线系	n_1	n_2
莱曼系	1	2，3，4，…	布莱克特系	4	5，6，7，…
巴耳末系	2	3，4，5，…	芬德系	5	6，7，8，…
帕邢系	3	4，5，6，…			

对应表 5-1 的不同谱系的示意图见图 5-2。莱曼系谱线相应于 n 值为 2~7 的各激发态向基态（$n=1$）的跃迁，巴耳末系谱线相应于 n 值为 3~7 的各激发态向 n 值为 2 的激发态的跃迁，等等。玻尔理论计算的谱线频率与实验观察到的频率完全一致，而且可以导出巴耳末经验式。玻尔因提出这一氢原子模型而获得 1922 年诺贝尔物理学奖。

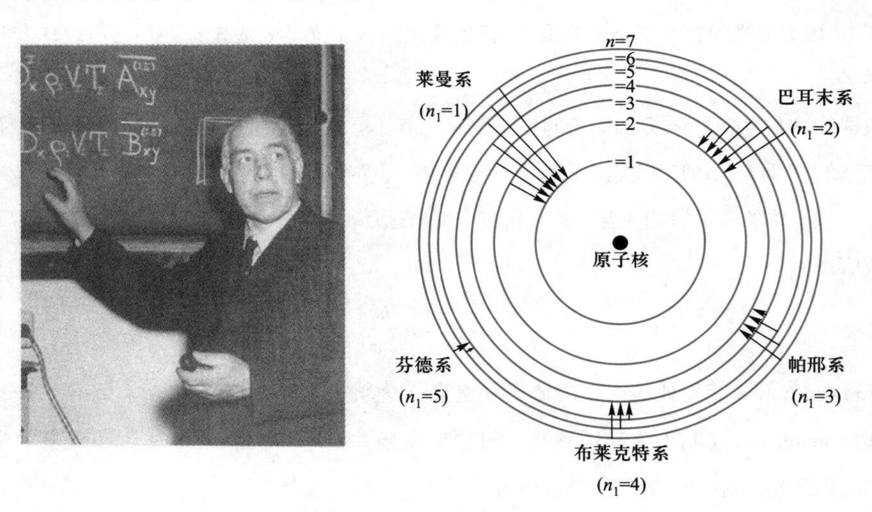

图 5-2　玻尔及他的原子结构模型

但此模型本身也显示出它的局限性。尽管它满意地解释了单电子体系（氢原子和 He^+、Li^{2+} 等类氢离子）的光谱，但对多电子体系来说（哪怕是只有 2 个电子的 He 原子），计算值与实验结果存在很大出入。而且，精密光谱仪得到的谱图显示，上述氢原子谱线中的某些谱线是由多条精细谱线组成的。这一事实直接否定了玻尔模型的固定轨道概念。

5.2 粒子的波粒二象性及波动方程

5.2.1 粒子的波粒二象性

MOOC 同步资源

20世纪初，人们通过对光的研究，发现光具有波粒二象性："所谓光的波动性，是指光能发生衍射和干涉等波的现象。所谓光的粒子性，是指光的性质可以用动量来描述。"

图 5-3 德布罗意

1924年，年轻的法国物理学家德布罗意(de Broglie，图 5-3)预言："若光具有波粒二象性，则所有微观粒子在某些情况下也能呈现波动性。"即微观粒子有时显示出波动性(此时粒子性不显著)，有时显示出粒子性(此时波动性不显著)，这种在不同条件下分别表现出波动和粒子的性质称为波粒二象性。这样，具有质量为 m、运动速度为 v 的微观粒子，相应的波长可由下式算出：

$$\lambda=\frac{h}{mv} \tag{5-6}$$

电子衍射实验证明了德布罗意科学预言的准确性。

实验结果表明：电子不仅是一种有一定质量高速运动的带电荷粒子，而且能呈现波动的特性。既然电子是具有波粒二象性的微观粒子，能否像经典力学中确定宏观物体运动状态的物理量"位置"和"速度"描述其运动状态呢？

图 5-4 海森伯

1927年，德国物理学家海森伯(Heisenberg，图 5-4)提出了电子运动的不确定原理，简称不确定原理(uncertainty principle)。海森伯认为："由于微观粒子具有波粒二象性，所以不可能同时精确地测出它的运动速度和空间位置。"

$$\Delta x\cdot\Delta p\geqslant\frac{h}{4\pi} \tag{5-7}$$

式中的 Δx 为粒子位置的不确定量；Δp 为粒子动量的不确定量。海森伯也因此贡献于1932年获得诺贝尔物理学奖。

式(5-7)表明：对于任何一个微观粒子，测定其位置的误差与测定其动量的误差之积为一个常数 $h/4\pi$(即原子中核外电子的运动不可能同时准确测出其位置和动量)。很显然，当位置的不确定量 Δx 下降时，动量的不确定量 Δp 增加；当位置的不确定量 Δx 增加时，动量的不确定量 Δp 下降。

例 5-1 微观粒子如电子，$m=9.11\times10^{-31}$ kg，半径 $r=10^{-18}$ m，则 Δx 至少要达到 10^{-19} m 才相对准确，则其速度的不确定量为多少？对于 $m=10$ g 的子弹，它的位置可精确到 $\Delta x=0.01$ cm，则其速度不确定量为多少？

解：对电子而言

$$\Delta v \geqslant \frac{h}{4\pi m\Delta x} = \frac{6.626\times10^{-34}}{4\times3.14\times9.11\times10^{-31}\times10^{-19}}\ \mathrm{m\cdot s^{-1}} = 5.79\times10^{14}\ \mathrm{m\cdot s^{-1}}$$

对子弹而言

$$\Delta v \geqslant \frac{h}{4\pi m\Delta x} = \frac{6.626\times10^{-34}}{4\times3.14\times10\times10^{-3}\times0.01\times10^{-2}}\ \mathrm{m\cdot s^{-1}} = 5.28\times10^{-29}\ \mathrm{m\cdot s^{-1}}$$

计算结果说明，对电子的误差如此之大，不能忽视！对子弹几乎没有误差，所以对宏观物质，不确定原理无意义。

既然对微观粒子的运动状态不确定，那么如何描述其运动状态呢？某电子的位置虽然不确定，但可以知道它在某空间附近出现机会的多少，即概率的大小可以确定，因而可以用统计学的方法和观点，考察其运动行为。

同步资源

5.2.2 粒子的波动方程——Schrödinger 方程

1926 年，奥地利物理学家薛定谔（Schrödinger，图 5-5）提出了描述核外电子等微观粒子运动状态的波动方程，是迄今最成功的原子结构模型，被称为薛定谔方程。该方程是一个二阶偏微分方程，求其解不但能够预言氢的发射光谱（包括玻尔模型无法解释的谱线），而且也适用于多电子原子，从而更合理地说明核外电子的排布方式。波动力学模型本身不属于本课程介绍的范围，这里只介绍与化学相关的某些重要结论。

图 5-5　薛定谔

1. 薛定谔方程和波函数

微观粒子运动的波动方程（即薛定谔方程）如下式所示：

$$\frac{\partial^2\psi}{\partial x^2}+\frac{\partial^2\psi}{\partial y^2}+\frac{\partial^2\psi}{\partial z^2}=-\frac{8\pi^2 m}{h^2}(E-V)\psi \tag{5-8}$$

式（5-8）中的 h 为普朗克常量；m 为粒子的质量；E 为体系的总能量（动能与势能之和）；V 代表势能；x,y,z 是粒子的空间坐标；ψ 为描写特定粒子运动状态的波函数。不难看出，式（5-8）中既包含着体现粒子性的物理量（m），也包含着体现波动性的物理量（ψ）。所谓求解薛定谔方程，就是求得描述粒子运动状态的波函数 ψ 及与该状态相对应的能量 E。

解二阶偏微分方程得到的解是一组多变量函数，即求解得到的 ψ 不是具体数值，而是包括三个变量（x,y,z）的函数式 $\psi(x,y,z)$。因为波函数是描述核外电子运动状态的数学函数式（ψ），原子轨道是描述原子中一个电子的可能空间运动状态。那么波函数也就是原子轨道的同义词，原子轨道就是薛定谔方程的合理解。

2. 描述电子运动状态的四个量子数

为了得到有意义的合理解，描述电子运动状态的波函数时自然而然地需要引入三个只能按一定规则取值的常数项(n,l,m)。这三个常数项分别是主量子数(principal quantum number)、角量子数(angular momentum quantum number)和磁量子数(magnetic quantum number)。有时,将这三个量子数统称为轨道量子数,用来描述原子轨道的状态。描述电子运动状态引入的第四个量子数叫自旋量子数(spin quantum number),它描述电子绕自身轴的旋转而与轨道无关。

(1) 主量子数(n)

主量子数 n 表示原子中电子出现概率最大的区域离核的远近,也是决定电子能级的主要量子数。一个 n 值也表示一个电子层。n 只能取 1,2,3 等正整数,迄今已知的最大值为 7。n 值越大,电子层离核距离越远,轨道能量越高。与各 n 值对应的电子层符号如下:

n	1	2	3	4	5	6	7
电子层符号	K	L	M	N	O	P	Q

(2) 角量子数(l)

角量子数也称轨道角动量量子数(l),是决定轨道角动量的量子数。l 的取值受制于 n 值,只能取 0 至包括($n-1$)在内的正整数(表 5-2)。在多电子原子中,l 与 n 一起决定电子亚层的能量,一个 l 对应于一个亚层,即每一个 l 值决定电子层中的一个亚层(subshell 或 sublevel),l 值越小,亚层能量越低。因此,原子中电子的能级是由 n 和 l 两个量子数共同决定的。

表 5-2　角量子数(l)的允许取值

n	l			
1	0			
2	0	1		
3	0	1	2	
4	0	1	2	3
(亚层符号	s	p	d	f)

电子层中亚层的数目随 n 值增大而增多。例如,n=1,2,3,4 的电子层分别有 1 个,2 个,3 个和 4 个亚层。像电子层可用符号表示一样,亚层也有自己的符号,l=0,1,2,3 的亚层分别称 s 亚层、p 亚层、d 亚层、f 亚层。同一层中各亚层的能级稍有差别,并按 s、p、d、f 的顺序增高。每一个 l 值代表一种电子云(见 5.3.2)或原子轨道的形状。

(3) 磁量子数(m)

磁量子数(m)是用来描述原子轨道或电子云在空间的取向。同一亚层(l 值相同)随 m 值不同的几条轨道对原子核的取向不同,m 值也不同。m 的允许取值为 $+l$ 到 $-l$ 之间的正、负整数和 0(表 5-3)。如 l=1 时 m 的允许取值为+1、0 和-1;三个取值意味着 p 亚层有三种取向,即三条原子轨道。根据同样的推论,s、d、f 亚层的轨道数分别为 1、5、7。在无外加磁场的情况下,以及 n 和 l 值相同的条件下,m 值不同的轨道具有相同的能级,这种能级相同的轨道互为等价轨道(equivalent orbital)。

表 5-3　磁量子数（m）的允许取值和亚层轨道数

l	m	亚层轨道数	l	m	亚层轨道数
0（s）	0	1	2（d）	+2　+1　0　−1　−2	5
1（p）	+1　0　−1	3	3（f）	+3　+2　+1　0　−1　−2　−3	7

例 5-2　当轨道量子数 $n=4, l=2, m=0$ 时，原子轨道对应名称是什么？

解：原子轨道是由 n, l, m 三个量子数决定的。与 $l=2$ 对应的轨道是 d 轨道。因为 $n=4$，该轨道的名称应该是 4d。磁量子数 $m=0$ 在轨道名称中得不到反映，但根据迄今学过的知识，$m=0$ 表示该 4d 轨道是不同伸展方向的 5 条 4d 轨道之一。

所以，$\psi_{n,l,m}$ 表示的是单电子波函数，又称原子轨道波函数。如：

$n=1, l=0, m=0$，对应的原子轨道是 $\psi_{1,0,0}=\psi_{1s}$，即 1s 轨道；

$n=2, l=0, m=0$，对应的原子轨道是 $\psi_{2,0,0}=\psi_{2s}$，即 2s 轨道；

$n=2, l=1, m=0$，对应的原子轨道是 $\psi_{2,1,0}=\psi_{2p_z}$，即 $2p_z$ 轨道；

$n=3, l=2, m=0$，对应的原子轨道是 $\psi_{3,2,0}=\psi_{3d_{z^2}}$，即 $3d_{z^2}$ 轨道。

（4）自旋量子数（m_s）

原子光谱实验发现，强磁场存在时光谱图上的每条谱线均由两条十分靠近的谱线组成，人们将其归因于原子中电子绕自身轴的旋转，即电子的自旋。自旋运动使电子具有类似于微磁体的行为。描述电子运动状态引入的第四个量子数叫自旋量子数（spin quantum number），它描述电子绕自身轴的旋转而与轨道无关。m_s 的允许取值为（+1/2）和（−1/2），表示两种相反方向的自旋电子，分别用↑和↓表示。在成对电子中，自旋方向相反的两个电子产生的反向磁场相互抵消，因而不显示磁性。

3. 坐标变换

由于原子核具有球形对称的库仑场，用球形坐标代替直角坐标（笛卡尔坐标）（图 5-6），对应的函数式为 $\psi(r,\theta,\phi)$。球形坐标(r,θ,φ)与直角坐标系的关系如下：

$r=\sqrt{x^2+y^2+z^2}$

$x=r\sin\theta\cos\phi$

$y=r\sin\theta\sin\phi$

$z=r\cos\theta$

$\theta: 0\sim 2\pi$

$\phi: 0\sim \pi$

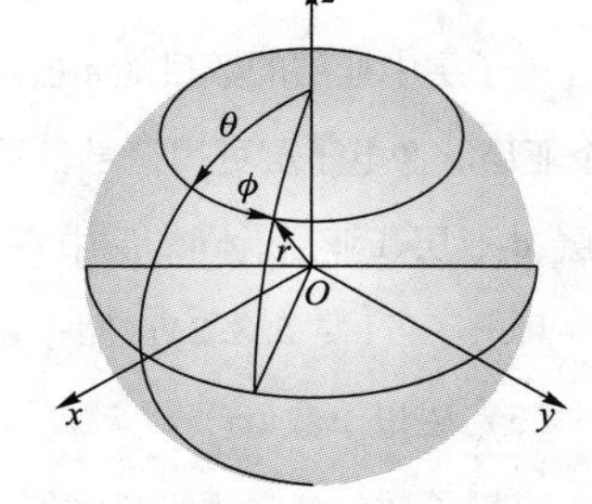

图 5-6　两种坐标之间的关系

经过坐标变换及分离和量子数的限制之后，表示电子运动状态的波动方程变换为

$$\psi_{n,l,m}(r,\theta,\phi)=R_{n,l}(r)\cdot Y_{l,m}(\theta,\phi) \tag{5-9}$$

式（5-9）中，$R(r)$ 仅与电子离核的距离 r 有关，称为径向部分。$Y(\theta,\phi)$ 与角度有关，称为角度部分。

5.3 氢原子结构和核外电子的运动状态

5.3.1 氢原子基态波函数与轨道能量

氢原子的基态是 $n=1,l=0,m=0$ 所描述的 $\psi(1s)$ 状态。其波动方程为

MOOC 同步资源

$$\psi_{1s}=2\sqrt{\frac{1}{a_0^3}}\cdot e^{-r/a_0}\cdot\sqrt{\frac{1}{4\pi}} \tag{5-10}$$

解薛定谔方程，可以得到电子在各轨道中运动的能量公式：

$$E_{1s}=-\frac{Z^2}{n^2}(2.179\times10^{-18})\ \text{J} \tag{5-11}$$

式(5-11)中，Z 为核电荷数；n 为轨道主量子数。氢原子基态时，$Z=1,n=1$，按照式(5-11)原子轨道能量为 2.179×10^{-18} J。

可见，在量子力学中是用波函数和其对应的能量来描述微观粒子的运动状态。

$\psi(1s)$ 轨道的径向部分 $R(r)$ 及角度部分 $Y(\theta,\phi)$ 分别为

$$R(r)=2\sqrt{\frac{1}{a_0^3}}e^{-r/a_0}\quad Y(\theta,\phi)=\sqrt{\frac{1}{4\pi}} \tag{5-12}$$

式(5-12)中，$a_0=52.9$ pm，即玻尔半径。

5.3.2 电子云图

在讨论大多数化学问题时，经常使用波函数的空间图像而不是波函数本身。建立轨道波函数的形象化概念，对理解原子间的相互作用(即化学键的形成)和分子的空间结构至关重要。

为了直观、形象地表示电子在核外空间概率密度的分布情况，量子力学引入了电子云的概念。既然经典物理学中光的强度与振幅的平方成正比，波动力学中的 ψ^2 即是粒子波的强度。粒子波的强度又与粒子在空间某点单位体积内出现的概率(即概率密度)相联系，因此，ψ^2 也就是概率密度，将概率密度的分布图称为"电子云"图像。如果能够设计一个理想的实验方法，对氢原子中的一个电子在核外的运动情况进行多次重复观察，并记录电子在核外空间每一瞬间出现的位置，统计其结果，所得到的空间图像，其形状就好像在原子核外笼罩着一团电子形成的云雾，形象地称其为电子云。所以 ψ^2 描述的是原子核外电子出现的概率密度。电子云即电子在核外空间出现概率密度分布的形象化描述，是 ψ^2 的具体图像。

用统计学的方法可以判断电子在核外空间某一区域内出现机会的多少，数学上称这种机会的百分数为概率。概率密度是核外空间某处单位体积内电子出现的概率：

概率＝体积×概率密度

图 5-7 给出 1s 轨道的几种图示。图 5-7(a)表示 ψ^2 随电子距离核远近的变化情况，电子距核

越近，概率密度 ψ^2 越大。原子核处于中心位置，周围用小点的密集程度表示在平面上的电子概率。小点越密集，表示概率密度越大。图 5-7(b)和(c)是三维空间的电子云等密度图和界面图，界面图的大小应将电子概率的 90%包括进去(不可能将电子概率 100%包括进去)，是表示电子云图形最常用的一种方法。

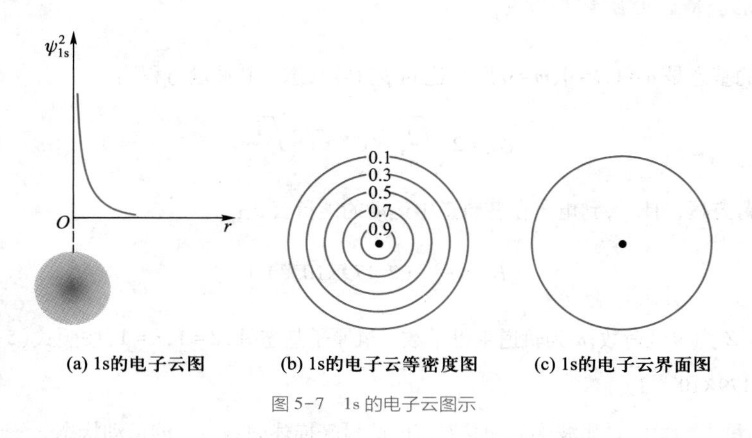

图 5-7　1s 的电子云图示

5.3.3　氢原子的激发态波函数与角度分布图

氢原子的激发态是 $n\geqslant 2$ 的轨道。$n=2$ 时的波函数对应了四种组合，如表 5-4 所示，分别对应了 ψ_{2s}、ψ_{2p_x}、ψ_{2p_y}、ψ_{2p_z} 轨道。图 5-8 给出 2s 轨道的两种表示方法。原子核附近($r=0$)电子概率最高，在离核某个距离处下降到零。概率为零的点称为节点，通过节点后概率又开始增大，在离核更远的某个距离升至第二个最大值，然后又逐渐减小。图 5-8 的高密度小点出现在两个区域。一个区域离核较近，另一个区域离核较远，其间存在一个概率为零的球壳。

表 5-4　氢原子 $n=2$ 时的波函数

量子数取值	轨道名称	波函数
$n=2, l=0, m=0$	ψ_{2s}	$\psi_{2s}=\sqrt{\dfrac{1}{8a_0^3}}\cdot(2-r/a_0)\,e^{-r/2a_0}\cdot\sqrt{\dfrac{1}{4\pi}}$
$n=2, l=1, m=0$	ψ_{2p_z}	$\psi_{2p_z}=\sqrt{\dfrac{1}{24a_0^3}}\cdot(r/a_0)\,e^{-r/2a_0}\cdot\sqrt{\dfrac{3}{4\pi}}\cdot\cos\theta$
$n=2, l=1, m=1$	ψ_{2p_x}	$\psi_{2p_x}=\sqrt{\dfrac{1}{24a_0^3}}\cdot(r/a_0)\,e^{-r/2a_0}\cdot\sqrt{\dfrac{3}{4\pi}}\cdot\sin\theta\cdot\cos\theta$
$n=2, l=1, m=-1$	ψ_{2p_y}	$\psi_{2p_y}=\sqrt{\dfrac{1}{24a_0^3}}\cdot(r/a_0)\,e^{-r/2a_0}\cdot\sqrt{\dfrac{3}{4\pi}}\cdot\sin\theta\cdot\sin\phi$

这里以 $2p_z$ 为例分析 2p 轨道的角度分布图。选取不同的 θ 值，求出对应的角度部分 Y 值，如表 5-5 所示。然后以 θ 对 Y 作图，得到 $2p_z$ 的角度分布图，2p 轨道的角度分布图为哑铃形(图 5-9)。对 p 轨道而言，电子概率为零的区域是个平面，称为节面，节面数为 $n-1$ 个。用同样的方法可以获得 p_x 和 p_y 轨道的图形。p_x 轨道的节面是 yz 平面，p_y 轨道和 p_z 轨道的节面分别是 xz 平面和 xy 平面，见图 5-10。

表 5-5　不同 θ 角度的 Y 值

θ	$\cos\theta$	Y_{2p}	θ	$\cos\theta$	Y_{2p}
0°	1	A	90°	0	0
30°	0. 866	0. 866A	120°	-0. 5	-0. 5A
60°	0. 5	0. 5A	180°	-1	-1A

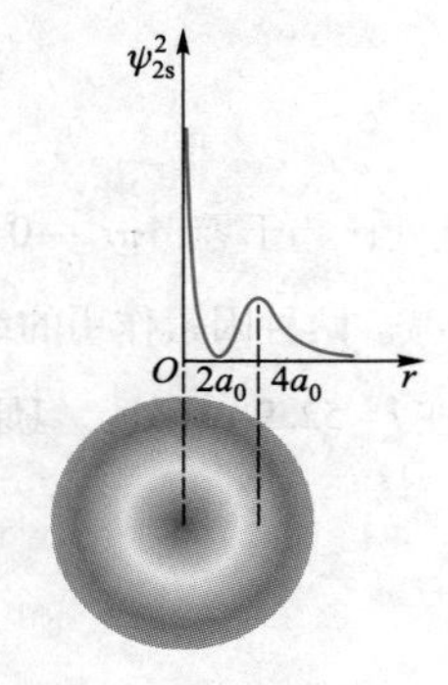

图 5-8　2s 轨道的两种表示方法

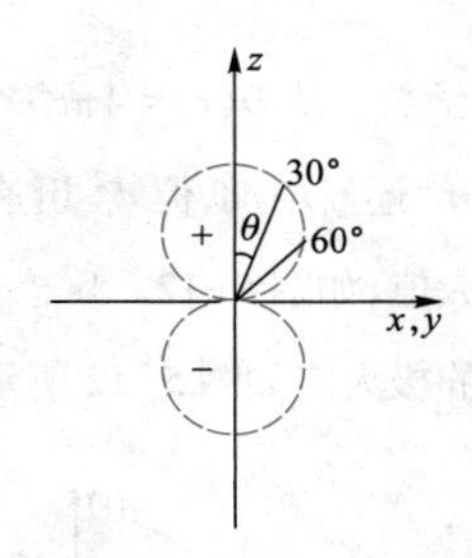

图 5-9　$2p_z$ 轨道的角度分布

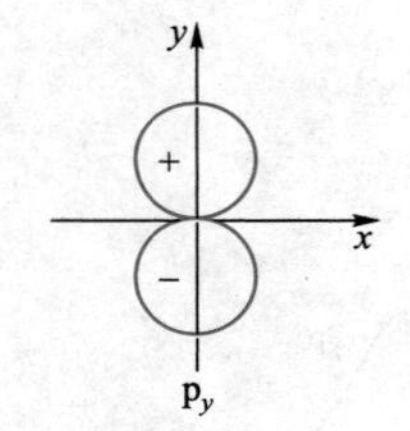

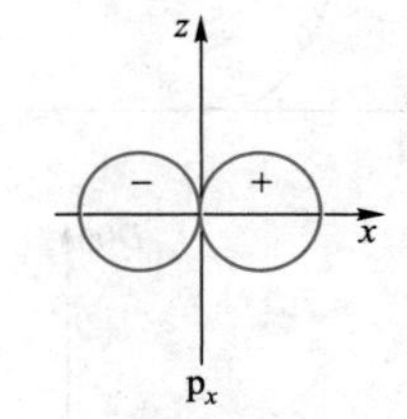

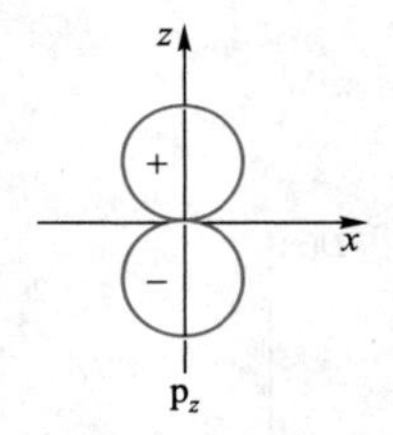

图 5-10　p 轨道的角度分布图

5 条 d 轨道的角度部分图像见图 5-11，它们比 s 轨道和 p 轨道的形状都复杂。其中一条（d_{z^2}）与沿 z 轴的 p 轨道相似，只是腰部沿 xy 坐标平面多了一个救生圈状的区域。另外 4 条各有四个波瓣，$d_{x^2-y^2}$ 轨道的波瓣沿 x 轴和 y 轴取向，d_{xy}、d_{yz} 和 d_{xz} 轨道的波瓣则取向于 xy、yz、xz 平面上相关坐标夹角的中线。

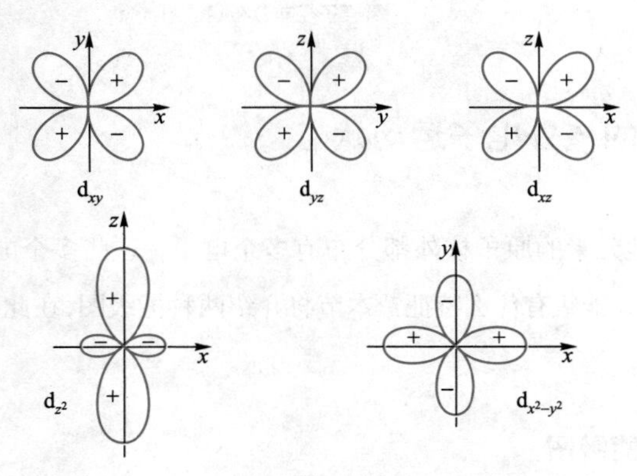

图 5-11　d 轨道的角度分布图

5.3.4 径向分布函数 $D(r)$

如果要描述电子在空间某范围内出现的概率,可用径向分布函数来描述。因为

$$概率=体积×概率密度=\psi^2 d\tau$$

其中,$d\tau$ 为空间微体积。对于 1s 球体来说,$d\tau=4\pi r^2 dr$,所以

$$概率=\psi^2 \cdot 4\pi r^2 dr$$

令

$$D(r)=4\pi r^2\psi^2$$

$D(r)$为径向分布函数。从 $D(r)=4\pi r^2\psi^2$ 可以看出,在离核近处,r 趋于零,$4\pi r^2\to 0$,$D(r)\to 0$;但是随着 r 增加时,$4\pi r^2$ 逐渐增加,但 ψ^2 迅速衰减,所以,$D(r)$衰减。两种因素作用的结果是,$D(r)$在离核某处有一极大值,如图 5-12。1s 态的 $D(r)$最大值出现在 $r=52.9$ pm 处。氢原子部分激发态的径向分布函数的极大值如图 5-12 所示。

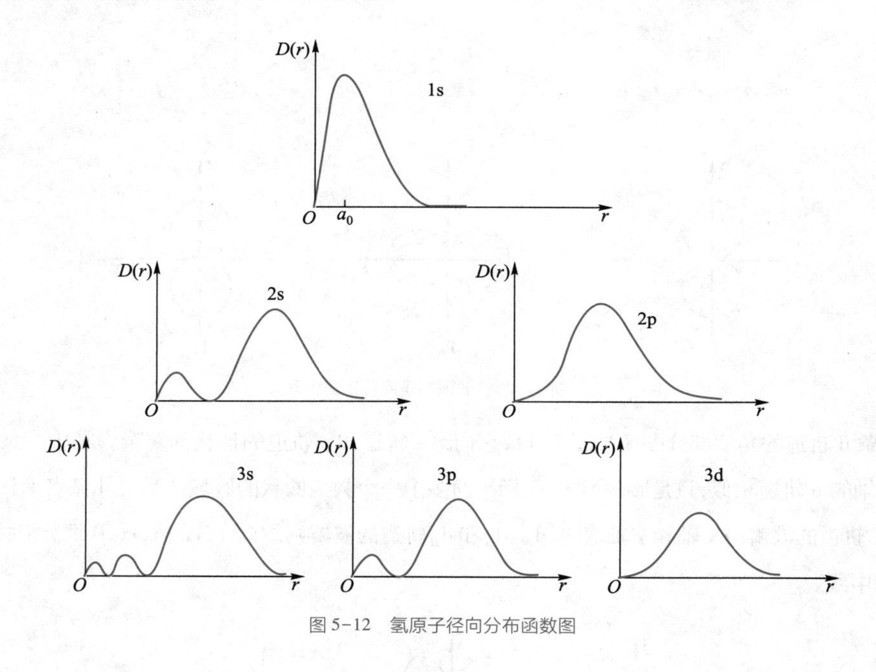

图 5-12 氢原子径向分布函数图

5.4 多电子原子的核外电子运动状态

MOOC 同步资源

除了氢原子外,其他元素的原子核外都分布有多个电子。这些多个电子在原子核外如何排布?多电子的能量顺序即能级有什么特征?本节将介绍两种能级图,在此基础上,介绍多电子原子的核外电子排布规律。

5.4.1 Pauling 近似能级图

1939 年,鲍林(Pauling,图 5-13)从大量光谱实验数据出发,通过理论计算得出多电子原子中

轨道能量的高低顺序，即能级（energy levels），见图 5-14。图中箭头所指表示轨道能量升高的方向。一个小圆圈代表一个轨道（同一水平线上的圆圈为等价轨道）。鲍林将能量接近的能级归为一组，并用方框归组。这样的能级组共七个，从能量最低的一组算起分别叫第一能级组、第二能级组等。各能级组均以 s 轨道开始并以 p 轨道结束（第一能级组例外），七个能级组对应于元素周期表中的七个周期。Pauling 近似能级图的特点如下：

图 5-13　鲍林

（1）n 值越大，轨道能级越高。n 值相同时，轨道的能级由 l 值决定。l 值越大，能级越高。如：

$$E(4s)<E(4p)<E(4d)<E(4f)$$

n 值相同而轨道能级不同的现象叫能级分裂。如 3p 轨道归入第三能级组，而 3d 轨道归入第四能级组。

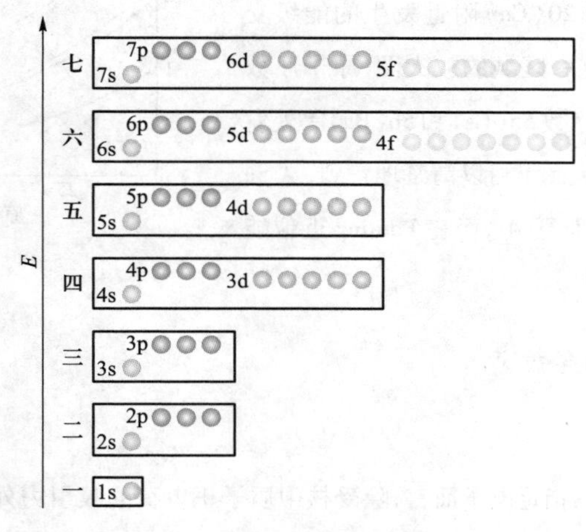

图 5-14　Pauling 近似能级图

（2）n 和 l 都不同时出现能级交错现象，即主量子数小的能级可能高于主量子数大的能级。能级交错现象出现于第四能级组开始的各能级组中，如：

$$E(4s)<E(3d)\quad E(6s)<E(4f)<E(5d)$$

Pauling 近似能级图只适用于多电子原子。氢原子的轨道能级只决定于 n 值。n 值相同的轨道其能量都相同，或者说不发生能级分裂。Pauling 的能级图能够解释为什么 K、Ca 的外层电子是首先填充在 4s 而非 3d，也可以解释为什么会有镧系和锕系元素，以及为什么过渡元素不在第三周期而是在第四周期后出现。但是，Pauling 近似能级图给出的只是同一原子中轨道能级的顺序，不能反映出能级与原子序数的关系。

我国科学家徐光宪按照（n+0.7l）的大小对能级高低进行近似排序，计算结果与 Pauling 近似能级图顺序极为一致。如：

第四能级组	4s<3d<4p	第六能级组	6s<4f<5d<6p
$n+0.7l$	4.0　4.4　4.7	$n+0.7l$	6.0　6.1　6.4　6.7

5.4.2　Cotton 能级图

科顿(Cotton)能级图的表示方法如图 5-15。图中横坐标为原子序数，纵坐标为轨道能量。原子轨道的能量随原子序数的增大而降低。而且，随着原子序数的增大，原子轨道产生能级交错现象。由图可见：

(1) 原子序数为 1(即氢原子)时，轨道能量只与 n 值有关，其他原子的轨道能级均发生分裂。

(2) 同名轨道的能量随原子序数的增加而下降。

原子序数 19(K)和 20(Ca)附近发生的能级交错，图上方的方框内是这一区域的放大图，原子序数 37(Rb)和 38(Sr)、原子序数 55(Cs)和 56(Ba)等处发生了同样的现象。从放大图上可以清楚地看到，从 Sc 开始的 3d 轨道的能量又低于 4s，而在 Pauling 近似能级图上反映不出这种状况。

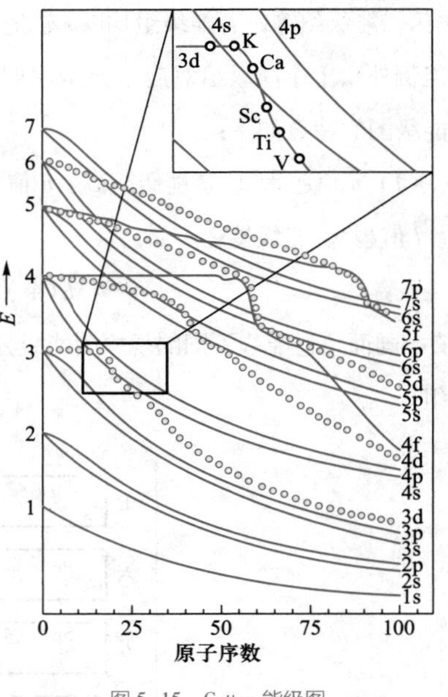

图 5-15　Cotton 能级图

5.4.3　屏蔽效应和钻穿效应

1. 屏蔽效应

对多电子原子中任一指定电子而言，除受核中质子正电荷的吸引力外，还受到除自身以外的其他电子的排斥力。这种排斥作用抵消或削弱了质子正电荷对指定电子的吸引力，或者说屏蔽了质子所带的部分正电荷，这种影响叫作屏蔽效应(shielding effect，图 5-16)。

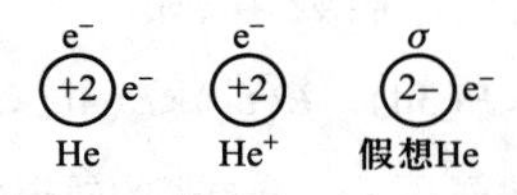

图 5-16　屏蔽效应示意图

由于屏蔽效应的影响，电子实际感受到的质子正电荷数不是 Z，而是减去了被屏蔽的部分 σ 之后($Z-1$ 个电子对它的屏蔽)的有效核电荷(effective nuclear charge) Z^* 。

$$Z^* = Z-\sigma$$

σ 称作屏蔽参数(shielding parameters)，表示屏蔽作用的大小，是一个经验参数，可用 Slater 经验规则计算。通常认为，外层电子对内层指定电子的屏蔽可忽略不计($\sigma=0$)，指定电子只受处于内层和处于同层的其他电子的屏蔽。如果被指定的电子是最外层电子，处于内层和处于同层的其他电子的屏蔽作用按下述顺序增大：

$$\sigma(\text{同处于 } n \text{ 层的电子}) < \sigma(\text{处于 } n-1 \text{ 层的电子}) < \sigma(\text{处于 } n-2 \text{ 层的电子})$$

σ 越大，有效核电荷数 Z^* 越小，电子能量越高，如式（5-13）所示。

$$E = \frac{-2.179\times10^{-18}(Z-\sigma)^2}{n^2}\ \text{J} \tag{5-13}$$

$*$ Slater 规则

1930 年，Slater 提出了一套计算屏蔽常数的经验规律。要计算有效核电荷，必须知道屏蔽参数 σ 的值，其规则如下：

（1）先将原子中电子分成如下的轨道组：

(1s)(2s2p)(3s3p)(3d)(4s4p)(4d)(4f)(5s5p)(5d)…，其余类推；

（2）位于所考虑电子的上述顺序右侧任何轨道组中的电子，其对左侧电子的 $\sigma=0$；

（3）同一轨道组中，每个其他电子对所考虑的那个电子的 $\sigma=0.35$，第一组中 $\sigma=0.30$；

（4）若考虑的电子位于 ns 或 np 组时，位于 $(n-1)$ 层的每个电子的 $\sigma=0.85$，更内层 $\sigma=1.00$；

（5）若考虑的电子位于 nd 或 nf 组时，位于顺序左侧任何组中的每个电子的 $\sigma=1.00$。

根据有效核电荷数算出的原子轨道能量就能很好地解释能级交错现象，现以钾为例说明。由于能级交错，钾原子的电子结构是 $1s^22s^22p^63s^23p^64s^1$，而不是 $1s^22s^22p^63s^23p^63d^1$。因为计算结果是 $E_{4s}=-7.70\times10^{-19}$ J，$E_{3d}=-2.42\times10^{-19}$ J。如果从有效核电荷数计算电子的能量，也能说明问题。尽管利用 Slater 规则计算电子的能量虽然不是十分精确，但比较简便，也能说明一些问题。

2. 钻穿效应

实际上，指定电子被其他电子屏蔽的程度，还依赖于该电子离核的距离。电子距核越近，意味着“钻”得越“深”，即意味着受到其他电子的屏蔽越小，化学上称为钻穿效应（penetration）。以 $n=3$ 的轨道中的电子为例（见图 5-17），3s 电子比 3p 电子离核近，而 3p 电子又比 3d 电子离核近。所以，3s 电子受到的屏蔽最小，而 3d 电子受到的屏蔽则最大：

$$E(3s, l=0) < E(3p, l=1) < E(3d, l=2)$$

这就解释了产生能级分裂的原因。n 相同时，l 越小的电子，钻穿效应越明显：

$$E_{ns} < E_{np} < E_{nd} < E_{nf}$$

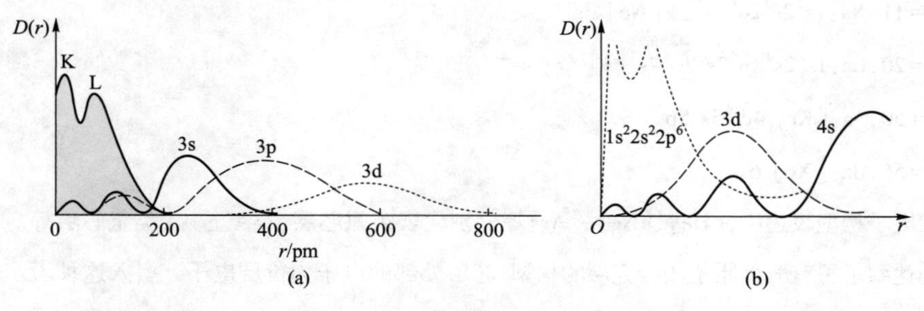

图 5-17　3s、3p 和 3d 轨道电子云的径向分布图（a）及 3d 和 4s 对原子芯的钻穿（b）

对于 3d 和 4s 两个轨道而言,其电子云的径向分布图如图 5-17 所示。因为 4s 电子“钻”得比 3d 电子“深”,感受到的 Z^* 的吸引较 3d 电子大,因而比 4s 电子的能级低。

5.4.4 基态原子的核外电子排布

对于多电子原子来说,原子核外的电子排布服从三个基本原则:

(1) 能量最低原理(the lowest-energy principle)。电子总是优先占据能量最低的轨道,当占满能量较低的轨道后才能进入能量较高的轨道。根据 Pauling 近似能级图,电子填入轨道时遵循下列次序:

1s 2s 2p 3s 3p 4s 3d 4p 5s 4d 5p 6s 4f 5d 6p 7s 5f 6d 7p

(2) 泡利不相容原理(Pauli exclusion principle)。泡利不相容原理有几种描述方法,分别是:同一原子中不可能存在运动状态完全相同的电子;在同一原子中不可能存在四个量子数完全相同的电子;每一条轨道上最多容纳自旋方向相反的两个电子。如一原子中电子 A 和电子 B 的三个量子数 n, l, m 已相同,m_s 就必须不同,分别为 +1/2 和 −1/2。因此,各层电子数最大容量是主量子数平方的两倍(即 $2n^2$)。

(3) 洪德规则(Hund rule):电子分布到等价轨道时,总是尽可能以自旋状态相同的方式分占轨道。如 C:$1s^2 2s^2 2p^2$,2p 轨道中的 2 个电子按图 5-18 列出的方式(a)而不是方式(b)排布。

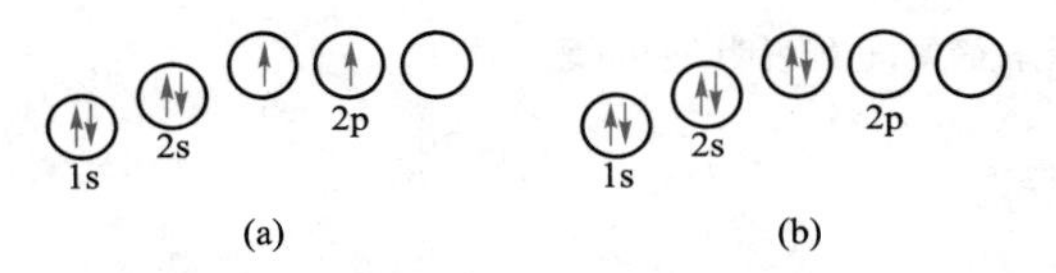

图 5-18 电子排布方式

但是,洪德规则也有例外,当亚层轨道处于半满和全满状态时相对稳定。例如,Cr($Z=24$)原子的外层电子构型为 $3d^5 4s^1$ 而不是 $3d^4 4s^2$,因前一种构型 $3d^5$ 轨道处于半充满状态而相对稳定一些。属于这种情况的例子还有 Mo(4d 半满)、Cu(3d 全满)、Ag(4d 全满)、Au(5d 全满)等原子。显然,s、p、d 和 f 亚层中未成对电子的最大数目为 1、3、5 和 7,即等于相应的轨道数。

按照多电子原子的电子填充三条原则,可写出基态原子的电子构型(electronic configuration),如表 5-6 所示。电子构型是指将原子中全部电子填入轨道而得出的序列,下面给出几个实例分析:

$Z=11$,Na:$1s^2 2s^2 2p^6 3s^1$ 或 [Ne] $3s^1$

$Z=20$,Ca:$1s^2 2s^2 2p^6 3s^2 3p^6 4s^2$ 或 [Ar] $4s^2$

$Z=50$,Sn:[Kr] $4d^{10} 5s^2 5p^2$

$Z=56$,Ba:[Xe] $6s^2$

在电子构型表述中,[He]、[Ne]、[Ar]等分别代表类氦芯层、类氖芯层、类氩芯层等。表示内部结构达到了稀有气体原子闭合壳层的构型,芯层外部的电子为价层电子。引入这种表示方法是为了避免电子构型式过长,以使电子构型式更简洁。

表 5-6　基态原子的电子构型

原子序数	元素符号	电子构型	原子序数	元素符号	电子构型
1	H	$1s^{1}$	57	La	[Xe] $5d^{1}6s^{2}$
2	He	$1s^{2}$	58	Ce	[Xe] $4f^{1}5d^{1}6s^{2}$
3	Li	[He] $2s^{1}$	59	Pr	[Xe] $4f^{3}6s^{2}$
4	Be	[He] $2s^{2}$	60	Nd	[Xe] $4f^{4}6s^{2}$
5	B	[He] $2s^{2}2p^{1}$	61	Pm	[Xe] $4f^{5}6s^{2}$
6	C	[He] $2s^{2}2p^{2}$	62	Sm	[Xe] $4f^{6}6s^{2}$
7	N	[He] $2s^{2}2p^{3}$	63	Eu	[Xe] $4f^{7}6s^{2}$
8	O	[He] $2s^{2}2p^{4}$	64	Gd	[Xe] $4f^{7}5d^{1}6s^{2}$
9	F	[He] $2s^{2}2p^{5}$	65	Tb	[Xe] $4f^{9}6s^{2}$
10	Ne	[He] $2s^{2}2p^{6}$	66	Dy	[Xe] $4f^{10}6s^{2}$
11	Na	[Ne] $3s^{1}$	67	Ho	[Xe] $4f^{11}6s^{2}$
12	Mg	[Ne] $3s^{2}$	68	Er	[Xe] $4f^{12}6s^{2}$
13	Al	[Ne] $3s^{2}3p^{1}$	69	Tm	[Xe] $4f^{13}6s^{2}$
14	Si	[Ne] $3s^{2}3p^{2}$	70	Yb	[Xe] $4f^{14}6s^{2}$
15	P	[Ne] $3s^{2}3p^{3}$	71	Lu	[Xe] $4f^{14}5d^{1}6s^{2}$
16	S	[Ne] $3s^{2}3p^{4}$	72	Hf	[Xe] $4f^{14}5d^{2}6s^{2}$
17	Cl	[Ne] $3s^{2}3p^{5}$	73	Ta	[Xe] $4f^{14}5d^{3}6s^{2}$
18	Ar	[Ne] $3s^{2}3p^{6}$	74	W	[Xe] $4f^{14}5d^{4}6s^{2}$
19	K	[Ar] $4s^{1}$	75	Re	[Xe] $4f^{14}5d^{5}6s^{2}$
20	Ca	[Ar] $4s^{2}$	76	Os	[Xe] $4f^{14}5d^{6}6s^{2}$
21	Sc	[Ar] $3d^{1}4s^{2}$	77	Ir	[Xe] $4f^{14}5d^{7}6s^{2}$
22	Ti	[Ar] $3d^{2}4s^{2}$	78	Pt	[Xe] $4f^{14}5d^{9}6s^{2}$
23	V	[Ar] $3d^{3}4s^{2}$	79	Au	[Xe] $4f^{14}5d^{10}6s^{1}$
24	Cr	[Ar] $3d^{5}4s^{1}$	80	Hg	[Xe] $4f^{14}5d^{10}6s^{2}$
25	Mn	[Ar] $3d^{5}4s^{2}$	81	Tl	[Xe] $4f^{14}5d^{10}6s^{2}6p^{1}$
26	Fe	[Ar] $3d^{6}4s^{2}$	82	Pb	[Xe] $4f^{14}5d^{10}6s^{2}6p^{2}$
27	Co	[Ar] $3d^{7}4s^{2}$	83	Bi	[Xe] $4f^{14}5d^{10}6s^{2}6p^{3}$
28	Ni	[Ar] $3d^{8}4s^{2}$	84	Po	[Xe] $4f^{14}5d^{10}6s^{2}6p^{4}$
29	Cu	[Ar] $3d^{10}4s^{1}$	85	At	[Xe] $4f^{14}5d^{10}6s^{2}6p^{5}$
30	Zn	[Ar] $3d^{10}4s^{2}$	86	Rn	[Xe] $4f^{14}5d^{10}6s^{2}6p^{6}$
31	Ga	[Ar] $3d^{10}4s^{2}4p^{1}$	87	Fr	[Rn] $7s^{1}$
32	Ge	[Ar] $3d^{10}4s^{2}4p^{2}$	88	Ra	[Rn] $7s^{2}$
33	As	[Ar] $3d^{10}4s^{2}4p^{3}$	89	Ac	[Rn] $6d^{1}7s^{2}$
34	Se	[Ar] $3d^{10}4s^{2}4p^{4}$	90	Th	[Rn] $6d^{2}7s^{2}$
35	Br	[Ar] $3d^{10}4s^{2}4p^{5}$	91	Pa	[Rn] $5f^{2}6d^{1}7s^{2}$
36	Kr	[Ar] $3d^{10}4s^{2}4p^{6}$	92	U	[Rn] $5f^{3}6d^{1}7s^{2}$
37	Rb	[Kr] $5s^{1}$	93	Np	[Rn] $5f^{4}6d^{1}7s^{2}$
38	Sr	[Kr] $5s^{2}$	94	Pu	[Rn] $5f^{6}7s^{2}$
39	Y	[Kr] $4d^{1}5s^{2}$	95	Am	[Rn] $5f^{7}7s^{2}$
40	Zr	[Kr] $4d^{2}5s^{2}$	96	Cm	[Rn] $5f^{7}6d^{1}7s^{2}$
41	Nb	[Kr] $4d^{4}5s^{1}$	97	Bk	[Rn] $5f^{9}7s^{2}$
42	Mo	[Kr] $4d^{5}5s^{1}$	98	Cf	[Rn] $5f^{10}7s^{2}$
43	Tc	[Kr] $4d^{5}5s^{2}$	99	Es	[Rn] $5f^{11}7s^{2}$
44	Ru	[Kr] $4d^{7}5s^{1}$	100	Fm	[Rn] $5f^{12}7s^{2}$
45	Rh	[Kr] $4d^{8}5s^{1}$	101	Md	[Rn] $5f^{13}7s^{2}$
46	Pd	[Kr] $4d^{10}$	102	No	[Rn] $5f^{14}7s^{2}$
47	Ag	[Kr] $4d^{10}5s^{1}$	103	Lr	[Rn] $5f^{14}6d^{1}7s^{2}$
48	Cd	[Kr] $4d^{10}5s^{2}$	104	Rf	[Rn] $5f^{14}6d^{2}7s^{2}$
49	In	[Kr] $4d^{10}5s^{2}5p^{1}$	105	Db	[Rn] $5f^{14}6d^{3}7s^{2}$
50	Sn	[Kr] $4d^{10}5s^{2}5p^{2}$	106	Sg	[Rn] $5f^{14}6d^{4}7s^{2}$
51	Sb	[Kr] $4d^{10}5s^{2}5p^{3}$	107	Bh	[Rn] $5f^{14}6d^{5}7s^{2}$
52	Te	[Kr] $4d^{10}5s^{2}5p^{4}$	108	Hs	[Rn] $5f^{14}6d^{6}7s^{2}$
53	I	[Kr] $4d^{10}5s^{2}5p^{5}$	109	Mt	[Rn] $5f^{14}6d^{7}7s^{2}$
54	Xe	[Kr] $4d^{10}5s^{2}5p^{6}$	110	Ds	[Rn] $5f^{14}6d^{8}7s^{2}$
55	Cs	[Xe] $6s^{1}$	111	Rg	[Rn] $5f^{14}6d^{9}7s^{2}$
56	Ba	[Xe] $6s^{2}$	112	Cn	[Rn] $5f^{14}6d^{10}7s^{2}$

5.5 原子结构与元素周期律

5.5.1 元素周期表

MOOC 同步资源

元素周期表的建立和元素周期律的发现，标志着化学真正成了一门科学，在化学史上具有里程碑的意义，它不但完善丰富了化学知识理论，指导人们有规律地认识物质世界，还为自然辩证法的创立提供了有力的科学证据。化学元素周期律及周期表的研究和应用一直是学者们关注的问题。长期以来，元素的起源、反物质的存在，以及人们对基本粒子的研究、先进手段的应用，都在影响着人们对原子结构的深入认识。

人们在研究物质的性质时，发现元素呈现种种物理性质上的周期性。例如，随着元素原子序数的递增，原子体积呈现明显的周期性，在化学性质方面，元素的化合价、电负性、金属和非金属的活泼性、氧化物和氢氧化物酸碱性的变迁、金属性和非金属性的变迁也都具有明显的周期规律。在同一周期中，这些性质都发生逐渐的变化，到了下一周期，又重复上一周期同族元素的性质。于是，就将这种元素的性质随元素的原子序数（即核电荷数或核外电子数）的增加而呈现周期性变化的规律总结为元素周期律。元素周期表（periodic table of elements）是元素周期律的具体表现形式，它反映了元素之间的内在联系，是对元素的一种自然分类，是学习化学的一种很好的工具。元素性质的周期性与原子结构的周期性有密切关系。

从 1869 年俄罗斯化学家门捷列夫（Mendeleev）研究元素周期律到发表第一张元素周期表至今已过去了 100 多年。其间，中外化学家已发表了数百种不同形式的元素周期表。在前人研究的坚实基础上，1869 年 2 月，门捷列夫发表了第一份元素周期律的图表。同年 3 月 6 日，他因病委托他的朋友、圣彼得堡大学化学教授舒特金（Menshutkin）在俄罗斯化学学会上宣读了题为《元素属性和原子量的关系》的论文，阐述了他关于元素周期律的基本论点：

（1） 按照相对原子质量的大小排列起来的元素，在性质上呈现出明显的周期性。

（2） 相对原子质量的数值决定元素的特性，正像质点的大小决定复杂物质的性质一样。因此，例如 S 和 Te 的化合物、Cl 和 I 的化合物等，既相似，又呈现明显的差别。

（3） 应该预料到还有许多未被发现的元素，例如，会有分别类似铝和硅，相对原子质量介于 65 至 75 之间的两种元素。现在已知元素的某些同类元素可以循着他们相对原子质量的大小将得以发现。

（4） 掌握了某元素的同类元素的相对原子质量之后，可借此修正该元素的相对原子质量。

元素周期律建立的意义在于它不再将自然界的元素看作是彼此孤立、不相依赖的偶然堆积，而是将各种元素看作是有内在联系的统一体，它表明元素性质发展变化的过程是由量变到质变的过程，周期内是逐渐的量变，周期间既不是简单的重复，又不是截然的不同，而是由低级到高级、由简单到复杂的发展过程。因此，从哲学上讲，通过元素周期律和周期表的学习，可以加深对物质世界对立统一规律的认识。元素周期律的建立也使化学研究从只限于对大量个别的零散事实作无规律的罗列中摆脱出来,奠定了现代无机化学的基础。另外,它在自然科学的许多领域,首先是化学、物理学、生物学、地球化学等方面,都是重要的工具。

5.5.2 核外电子排布与元素周期表的关系

1. 各周期元素的数目

元素周期表中的横行称为周期(periods),目前元素周期表中共有七个周期(表5-7)。各周期对应能级组中电子的填入总是始于s轨道和终止于p轨道。各周期中化学元素的个数(2,8,8,18,18,32,32)对应于各能级组中电子的最大容量。第一周期只包含两种元素的周期,称为特短周期,第二周期到第六周期分别含8种、18种和32种元素,称为短周期、长周期和特长周期。

表5-7 各周期元素的数目与对应的轨道能级

周期	特点	能级组	对应的能级	原子轨道数	元素个数
一	特短周期	1	1s	1	2
二	短周期	2	2s2p	4	8
三	短周期	3	3s3p	4	8
四	长周期	4	4s3d4p	9	18
五	长周期	5	5s4d5p	9	18
六	特长周期	6	6s4f5d6p	16	32
七	不完全周期	7	7s5f6d7p	16	应有32

2. 周期和族的划分

元素周期表中的直列(竖列)称为族(group或family),同族元素具有相似的价电子构型,从而导致相似的化学性质。各原子的价电子数与元素的族序数密切相关:

元素周期表中第1、2、13、14、15、16和17列为主族元素,分别用ⅠA、ⅡA、ⅢA、ⅣA、ⅤA、ⅥA、ⅦA表示。

主族元素的族数=最外电子层的电子数

第18列为稀有气体,通常称为零族。

第3~7及11和12列为副族。用ⅢB、ⅣB、ⅤB、ⅥB、ⅦB、ⅠB和ⅡB表示。其中,前5个副族的价电子数=族序数。ⅠB、ⅡB的族数=最外层的s电子数。

第8、9、10列元素称为Ⅷ族,价电子排布$(n-1)d^{6-8}ns^2$。

3. 价电子构型与区的划分

价电子构型相似的元素在元素周期表中分别集中在5个区(blocks),即s区、p区、d区、ds区和f区,见图5-19。各区的价电子构型如表5-8所示。

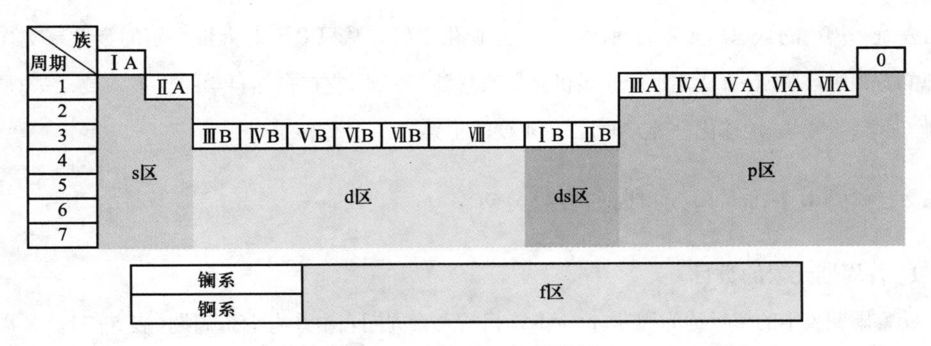

图 5-19　元素周期表中区的划分

表 5-8　各区的价电子构型特征

元素所在区	价电子构型	元素所在区	价电子构型
s 区	$ns^{1\sim2}$	ds 区	$(n-1)\ d^{10}ns^{1\sim2}$
p 区	$ns^2np^{1\sim6}$	f 区	$(n-2)\ f^{1\sim14}\ (n-1)\ d^{0\sim1}ns^2$
d 区	$(n-1)\ d^{1\sim10}ns^{1\sim2}$，（Pd 无 s 电子）		

s 区和 p 区元素合称为主族元素(main group elements)。d 区元素被称为过渡元素(transition elements),是因为最后一个电子不填入最外层而填入次外层的 d 轨道;f 区元素的最后一个电子填在外数第 3 层的 f 轨道,因而称为内过渡元素(inner transition elements),填入 4f 亚层和 5f 亚层的内过渡元素分别又称为镧系元素(lanthanide 或 lanthanoid)和锕系元素(actinide 或 actinoid)。

5.5.3　原子结构与元素性质的周期性

元素周期律(periodic law of elements)是指元素的物理和化学性质随着原子序数的增加而出现的周期性变化规律,有时也称为元素周期系(periodic system of elements)。元素性质的周期性变化归因于原子结构的周期性。由于元素性质取决于原子核外电子的排布,而电子是周期性地重复着类似的排列,因此,元素性质就出现了周期性的变化规律。

元素具有周期性的性质有很多,如单质的晶体结构、原子半径、离子半径、原子体积、密度、沸点、汽化热、熔点、熔化热、电离势、电负性、电子亲和能、氧化数、标准氧化势、膨胀系数、压缩率、硬度、延展性、离子水合热、发射光谱、磁性、导热性、电阻、离子的淌度、折射率、同型化合物的生成热等。常将这些性质称为原子参数(atomic parameters),是指用以表达原子特征的参数。需要注意的是:

第一,原子参数影响甚至决定着元素的性质,经常用这类数据解释或预言单质和化合物的性质。原子参数可以分为两类:一类是和自由原子的性质相关的,如原子的电离能、电子亲和能等,与别的原子无关,数值单一,准确度高;另一类是指化合物中表征原子性质的,如原子半径、电负性等,即与该原子所处的环境有关。

第二,由于同一原子在不同的化学环境或由于测定或计算方法的不同,同一参数的大小会有一定差别,文献中会有几套不同的数据。这时,一定要注意所用数据的自洽性。

第三，通常注意的是一些常用的元素性质数据对元素的原子序数作图明显呈现的单向性、周期性的规律（常常是从上到下、从左到右），它们自然会有助于更加深刻地认识元素周期律、使用元素周期表；但是，元素周期表中的另类规律性，例如，元素周期表中区域性的规律，元素性质与上下、左右元素的相关性、第二周期性等，却鲜有人将其归于一起进行研究报道。

下面将介绍几种重要的元素性质周期性。

1. 原子半径

所有的原子半径都是在结合状态下测定的。两个 Cl 原子以共价键结合成共价 Cl_2 分子，测得的半径称为共价半径（covalent radius）。共价半径定义为以共价单键结合的两个相同原子的核间距的一半[图 5-20(a)]。金属原子结合为金属晶体，金属半径（metallic radius）则定义为金属晶体中两个相接触的金属原子的核间距的一半[图 5-20(b)]。

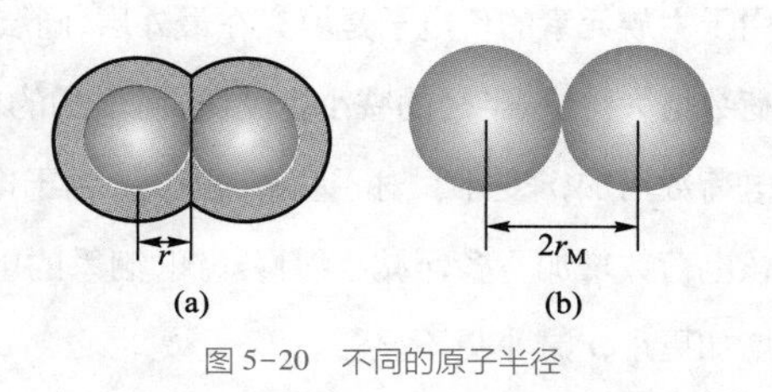

图 5-20　不同的原子半径

表 5-9 给出元素周期表中一些元素的原子半径，其中，金属原子采用金属半径，非金属原子采用共价单键半径。表中看不到稀有气体的原子半径数据，是因为它们很难形成双原子共价化合物。图 5-21 为原子半径随原子序数的周期性变化曲线。

表 5-9　原 子 半 径　　　　单位：pm

Li	Be											B	C	N	O	F
157	112											88	77	74	66	64
Na	Mg											Al	Si	P	S	Cl
191	160											143	118	110	104	99
K	Ca	Sc	Ti	V	Cr	Mn	Fe	Co	Ni	Cu	Zn	Ga	Ge	As	Se	Br
235	197	164	147	135	129	137	126	125	125	128	137	153	122	121	104	114
Rb	Sr	Y	Zr	Nb	Mo	Tc	Ru	Rh	Pd	Ag	Cd	In	Sn	Sb	Te	I
250	215	182	160	147	140	135	134	134	137	144	152	167	158	141	137	133
Cs	Ba	Lu	Hf	Ta	W	Re	Os	Ir	Pt	Au	Hg	Tl	Pb	Bi		
272	224	172	159	147	141	137	135	136	139	144	155	171	175	182		

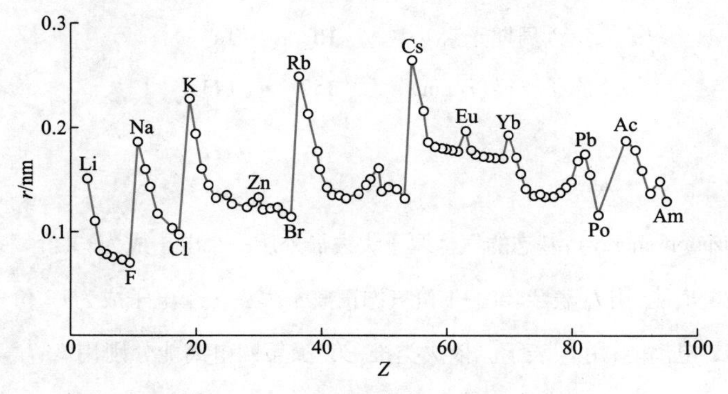

图 5-21　原子半径随原子序数的周期性变化曲线

原子半径变化的主要趋势如下：

（1）同周期元素原子半径自左向右呈现逐渐减小的趋势。但主族元素、过渡元素和内过渡元素减小的快慢不同。主族元素减小最快。如第三周期自 Na 至 Cl 的 7 种原子，减小总幅度 92 pm，以平均 15.3 pm 的速度减小。过渡元素原子半径减小较慢。如第四周期元素自 Sc 至 Zn 的 10 种原子减小总幅度 27 pm，以平均 3.0 pm 的速度减小。内过渡元素减小最慢。从 La（183 pm）到 Lu（172 pm）减小总幅度 11 pm，以平均不到 1 pm 的速度减小。

出现上述现象的原因是，同周期元素自左向右处在相同的电子层，r 变化受两个因素的制约：核电荷数增加，核对电子的吸引力增强，r 变小；核外电子数增加，屏蔽效应增强，斥力增强，r 变大；由于主族元素的价电子是填充在最外层，同层电子间的屏蔽作用小，随着质子数的增加，有效核电荷数增大得快，半径的减小也就快，而增加的电子不足以完全屏蔽核电荷，所以从左向右，有效核电荷数增加，r 变小。对于长周期来说，由于电子填入 $(n-1)$ d 层或 $(n-2)$ 层中，屏蔽作用大，有效核电荷数增加不多，r 减小缓慢。镧、锕系的电子填入 $(n-2)$ f 亚层，屏蔽作用更大，有效核电荷数增加更小，r 减小更不显著。

镧系元素原子半径自左至右缓慢减小的现象称为镧系收缩（lanthanide contraction）。镧系收缩强调的重点是缓慢收缩。收缩缓慢仅指相邻原子而言，但 15 个元素收缩的总效果却十分明显。这种总效果将影响了后继元素的性质。

（2）同族元素的原子半径自上而下逐渐增大（极少数例外）。这是因为同族元素自上而下逐次增加一个电子层，电子层数成为决定半径变化趋势的主要因素。元素周期表中第五周期与第六周期同族元素半径相近的现象叫作镧系效应，是镧系收缩造成的结果。镧系效应使第五和第六周期的同族过渡元素性质极为相近，在自然界往往共生在一起，而且相互分离也不易。如下列数据显示，由于镧系收缩的影响，致使 Zr 和 Hf，Ni 和 Ta 的原子半径非常接近。

第四周期元素	Ti	V
原子半径（r/pm）	145	132
第五周期元素	Zr	Ni
原子半径（r/pm）	160	143
第六周期元素	Hf	Ta
原子半径（r/pm）	159	143

2. 电离能

电离能（ionization energy）：基态的气体原子失去最外层一个电子成为+1 价气态离子所需的最小能量称为第一电离能，用 I_1 表示。由+1 价气态正离子失去一个电子成为+2 价气态离子所需的最小能量称为第二电离能，用 I_2 表示。依次类推，第三、第四电离能分别用 I_3、I_4 等表示。它们的数值关系为 $I_1<I_2<I_3<\cdots$。例如：

$$Li(g) - e^- \longrightarrow Li^+(g) \qquad I_1 = 520.2\ kJ \cdot mol^{-1}$$

$$Li^+(g) - e^- \longrightarrow Li^{2+}(g) \qquad I_2 = 7\ 298.1\ kJ \cdot mol^{-1}$$

$$Li^{2+}(g) - e^- \longrightarrow Li^{3+}(g) \qquad I_3 = 11\ 815\ kJ \cdot mol^{-1}$$

这种关系不难理解，因为从正离子电离出电子比从电中性原子电离出电子困难得多，而且离子电荷越高越困难。表 5-10 给出了主族元素的第一电离能，元素周期表中元素的第一电离能随原子序数的周期性变化由图 5-22 看得更清楚一些。

表 5-10　主族元素的第一电离能　　　　单位：eV

H 13.60							He 24.59
Li 5.32	Be 9.32	B 8.30	C 11.26	N 14.53	O 13.62	F 17.42	Ne 21.56
Na 5.14	Mg 7.64	Al 5.98	Si 8.15	P 10.48	S 10.36	Cl 12.97	Ar 15.76
K 4.34	Ca 6.11	Ga 6.00	Ge 7.90	As 9.81	Se 9.75	Br 11.81	Kr 14.00
Rb 4.18	Sr 5.69	In 5.79	Sn 7.34	Sb 8.64	Te 9.01	I 10.45	Xe 12.13
Cs 3.89	Ba 5.21	Tl 6.11	Pb 7.42	Bi 7.29	Po 8.42	At 9.64	Rn 10.74

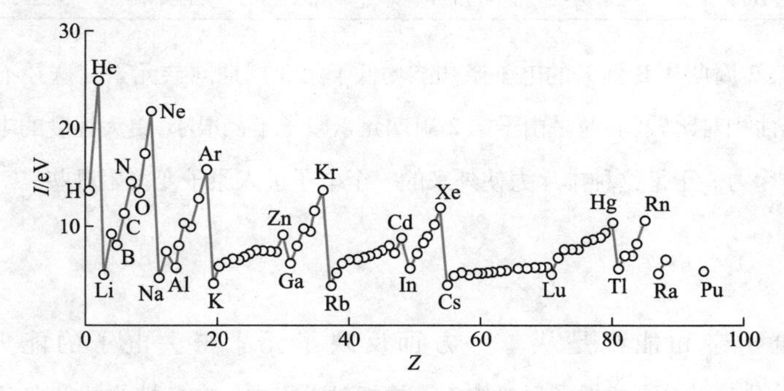

图 5-22　元素周期表中元素的第一电离能随原子序数的周期性变化

电离能变化的周期性：

（1）同周期内电离能变化的总趋势是自左向右逐渐增大，正是这种趋势造成金属活泼性按照同一方向降低。各周期元素的电离能均以碱金属和稀有气体元素为最小和最大。

（2）同族内变化的总趋势是由上向下逐渐减小，这种趋势造成金属活泼性按照同一方向增强。所以，Fr 是所有元素中金属活泼性最强的元素。

（3）图 5-22 中的曲线显示，Be 和 Mg（s 亚层全满），N 和 P（p 亚层半满），Zn、Cd 和 Hg（s 亚层和 d 亚层全满）的电离能高于各自左右的两种元素。电离能曲线的这一特征与全满、半满亚层的相对稳定性有关。

3. 电子亲和能

电子亲和能(electron affinity)是指元素的气态原子得到一个电子形成-1价离子时所放出的能量,常以符号 A 表示。像电离能一样,电子亲和能也有第一、第二……之分。当-1价离子获得电子时,要克服负电荷之间的排斥力,因此要吸收能量。例如:

$$O(g)+e^- \longrightarrow O^-(g) \qquad A_1=-141.0\ kJ\cdot mol^{-1}$$

$$O^-(g)+e^- \longrightarrow O^{2-}(g) \qquad A_2=844.2\ kJ\cdot mol^{-1}$$

表5-11给出了某些主族元素的第一电子亲和能,正值表示吸收能量,负值表示放出能量。电子亲和能的大小表示了原子得电子的难易程度。元素的电子亲和能越大,原子获取电子的能力越强(即非金属性越强)。在元素周期表中,电子亲和能的变化规律与电离能的变化规律基本上相同,电子亲和能负值同一周期从左向右显示增加趋势,同一主族从上到下显示减小趋势。

表5-11 主族元素的第一电子亲和能 单位: $kJ\cdot mol^{-1}$

H							He
-72.7							+48.2
Li	Be	B	C	N	O	F	Ne
-59.6	+48.2	-26.7	-121.9	+6.75	-141.0	-328.0	+115.8
Na	Mg	Al	Si	P	S	Cl	Ar
-52.9	+38.6	-42.5	-133.6	-72.1	-200.4	-349.0	+96.5
K	Ca	Ga	Ge	As	Se	Br	Kr
-48.4	+28.9	-28.9	-115.8	-78.2	-195.0	-324.7	+96.5

但应注意:第2周期从B到F的电子亲和能均低于第3周期同族元素。这并不意味着第2周期元素的非金属性相对比较弱,而是由于第2周期元素原子半径很小,更大程度的电子云密集导致电子间更强的排斥力。正是这种排斥力使外来的一个电子进入原子变得困难些。

4. 电负性

电离能和电子亲和能都是从单一方面反映了元素得失电子的能力。而电负性(electronegativity)则表达分子中原子对成键电子的相对吸引力。电负性的标度有多种,常见的有:Pauling标度(χ_P),Mulliken标度(χ_M),Allred-Rochow标度(χ_{AR}),Allen标度(χ_A)。

表5-12给出了经过后人修改的Pauling电负性。可以看出,电负性随原子序数增大有规律的变化。同一族中元素的电负性由上而下减小,同一周期中元素的电负性由左向右增大。非金属与金属元素电负性的分界值大体为2.0。所有元素中以F的电负性为最大(3.98),元素周期表右上角非金属性强的元素接近或大于3.0。Cs(Fr)是电负性最小的元素,元素周期表左下角金属性强的元素接近或小于1.0。电负性概念主要用来讨论分子中或成键原子间电子密度的分布。

表 5-12　Pauling 电负性 χ_p

H 2.20							He
Li 0.98	Be 1.57	B 2.04	C 2.55	N 3.04	O 3.44	F 3.98	Ne
Na 0.93	Mg 1.31	Al 1.61	Si 1.90	P 2.19	S 2.58	Cl 3.16	Ar
K 0.82	Ca 1.00	Ga 1.81	Ge 2.01	As 2.18	Se 2.55	Br 2.96	Kr 3.0
Rb 0.82	Sr 0.95	In 1.78	Sn 1.96	Sb 2.05	Te 2.10	I 2.66	Xe 2.6
Cs 0.79	Ba 0.89	Tl 2.04	Pb 2.33	Bi 2.02			

化学视野——扫描电子显微镜

MOOC
同步资源

扫描电子显微镜(scanning electron microscope, SEM)通常简称为扫描电镜,是一种新型的电子光学仪器,见图 5-23。数十年来,扫描电镜已广泛用于材料科学(金属材料、非金属材料、纳米材料)、冶金学、生物学、医学、半导体材料与器件、地质勘探、病虫害的防治、灾害鉴定、刑事侦查、宝石鉴定、产品质量鉴定及生产工艺控制等,促进了各有关学科的发展。

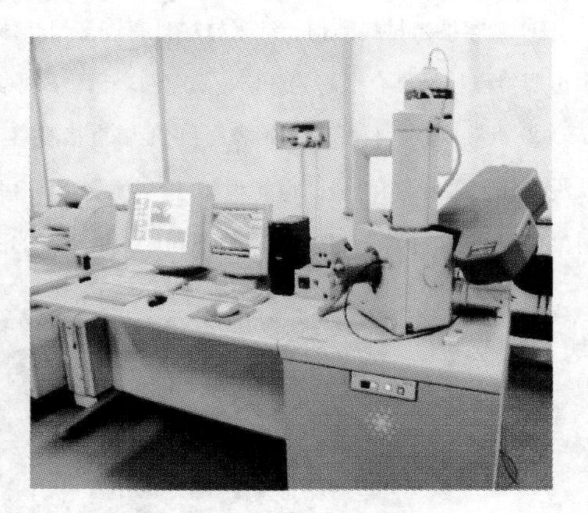

图 5-23　扫描电子显微镜仪器外观

扫描电镜的工作原理:由电子枪发射出来的电子束,经栅极聚焦后,在加速电压作用下,经过 2~3 个电磁透镜所组成的电子光学系统,电子束会聚成一个细的电子束聚焦在样品表面。在末级透镜上边装有扫描线圈,在它的作用下使电子束在样品表面扫描。由于高能电子束与样品物质的交互作用,结果产生了各种信息:二次电子、背反射电子、吸收电子、X 射线、俄歇电子、阴极发光和透射电子等。这些信号被相应的接收器接收,经放大后送到显像管的栅极上,调制显像管的亮度。由于经过扫描线圈上的电流是与显像管相应的亮度一一对应,也就是说,电子束打到样品上一点时,在显像管荧光屏上就出现一个亮点。扫描电镜就是这样采用逐点成像的方法,把样品表面不同的特征,按顺序、成比例地转换为视频信号,完成一帧图像,从而使我们在荧光屏上观察到样品表面的各种特征图像。

扫描电镜的发展历程与本章讨论的原子结构发展历史密切相关。

1923 年,法国科学家 de Broglie 发现微观粒子本身除具有粒子特性以外还具有波动性。电磁波在空间的传播是一个电场与磁场交替转换向前传递的过程。电子在高速运动时,其波长比光波要短得多,于是人们就想到是不是可以用电子束代替光波来实现成像?

1926 年，德国物理学家 Busch 提出了关于电子在磁场中的运动理论。从理论上设想了可利用磁场作为电子透镜，达到使电子束会聚或发散的目的。

1932 年，德国柏林工业大学高压实验室的 Knoll 和 Ruska 研制成功了第 1 台实验室电子显微镜，这是后来透射式电子显微镜(transmission electron microscope，TEM)的雏形，有力地证明了使用电子束和电磁透镜可形成与光学影像相似的电子影像。这为以后电子显微镜的制造研究和性能提高奠定了基础。

1933 年，Ruska 用电镜获得了金箔和纤维的 1 万倍的放大像。至此，电镜的放大率已超过了光镜，但是对显微镜有着决定意义的分辨率，这时还只刚刚达到光镜的水平。

1937 年，柏林工业大学的 Klaus 和 Mill 继承了 Ruska 的工作，拍出了第 1 张细菌和胶体的照片，获得了 25 nm的分辨率，从而使电镜完成了超越光镜性能的这一丰功伟绩。

1939 年，Ruska 在德国 Siemens 公司制成了分辨率优于 10 nm 的第 1 台商品电镜。由于 Ruska 在电子光学和设计第 1 台透射电镜方面的开拓性工作被誉为“20 世纪最重要的发现之一”，而荣获 1986 年诺贝尔物理学奖。

1940 年，英国剑桥大学首次试制成功扫描电镜。

扫描电镜的使用实例：

① 观察纳米材料结构。纳米材料具有许多与晶体、非晶态不同的、独特的物理化学性质。扫描电镜的一个重要特点就是具有很高的分辨率，现已广泛用于观察纳米材料。

② 直接观察大样品的原始表面：它能够直接观察直径 100 mm，高 50 mm，或更大尺寸的样品，对样品的形状没有任何限制，粗糙表面也能观察，这便免除了制备样品的麻烦，而且能真实观察样品本身物质成分不同的衬度(背反射电子像)。图 5-24 是不同放大倍数下的图像。

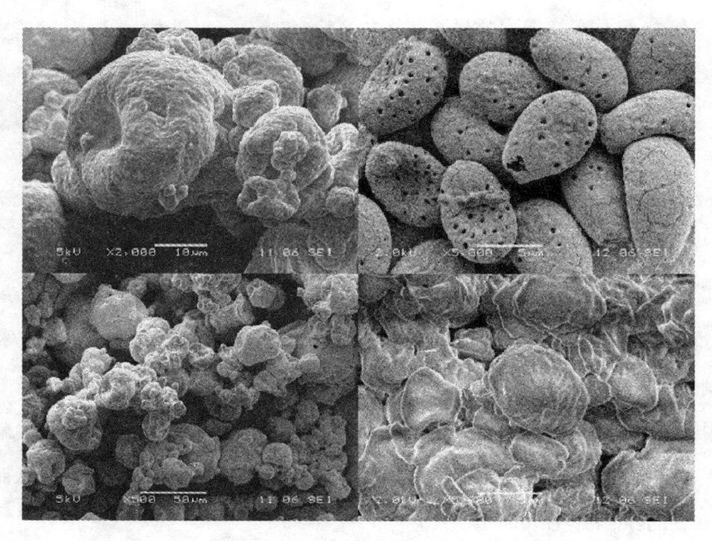

图 5-24　2 000 倍、5 000 倍、500 倍和 100 倍放大倍数下的图像

③ 进行动态观察。在扫描电镜中，成像的信息主要是电子信息，根据近代的电子工业技术水平，即使高速变化的电子信息，也能毫不困难地及时接收、处理和储存，故可进行一些动态过程的观察，如果在样品室内装有加热、冷却、弯曲、拉伸和离子刻蚀等附件，则可以通过电视装置，观察相变、断裂等动态的变化过程。

思考题

5-1　简单说明四个量子数的物理意义及量子化条件。

5-2　下列各组量子数哪些是不合理的，为什么？

(1) $n=2$　$l=1$　$m=0$

(2) $n=2$　$l=2$　$m=-1$

(3) $n=3$　$l=0$　$m=0$

(4) $n=3$　$l=1$　$m=+1$

(5) $n=2$　$l=0$　$m=-1$

(6) $n=2$　$l=3$　$m=+2$

5-3　用原子轨道符号表示下列各组量子数：

(1) $n=2$　$l=1$　$m=-1$

(2) $n=4$　$l=0$　$m=0$

(3) $n=5$　$l=2$　$m=-2$

(4) $n=6$　$l=3$　$m=0$

5-4　在氢原子中，4s 和 3d 哪一种状态能量高？ 在 19 号元素钾中，4s 和 3d 哪一种状态能量高？为什么？

5-5　氮原子中有 7 个电子，试写出每个电子的四个量子数。

5-6　为什么原子的最外层上最多只能有 8 个电子？次外层上最多只能有 18 个电子？（提示：从能级交错上去考虑）

5-7　判断下列说法是否正确？为什么？

(1) s 电子轨道是绕核旋转的一个圆圈，而 p 电子是走 8 字形。

(2) 在 N 电子层中，有 4s、4p、4d、4f 共 4 个原子轨道。 主量子数为 1 时，有自旋相反的两条轨道。

(3) 氢原子中原子轨道能量由主量子数 n 来决定。

(4) 氢原子的核电荷数和有效核电荷数不相等。

5-8　判断下列说法是否正确？

(1) 因为氢原子只有一个电子，所以它只有一条原子轨道。

(2) p 轨道的空间构型为双球形，则每一个球形代表一条原子轨道。

(3) 多电子原子中，电子的能量由主量子数 n 和角量子数 l 决定。

(4) 3 个 p 轨道的能量、形状、大小都相同，不同的是在空间的取向。

(5) 主量子数 n 为 4 时，有 4s、4p、4d、4f 四条轨道。

(6) 主量子数 n 为 4 时，其轨道总数为 16，该电子层电子的最大容量为 32。

5-9　下列 n,l,m 量子数错误的是

(1) 3,2,−2　　(2) 3,0,1　　(3) 3,2,1　　(4) 5,4,−4

5-10　基态 Al 原子最外层电子的四个量子数对应的是

(1) $3,1,+1,+\frac{1}{2}$　　(2) $4,1,0,+\frac{1}{2}$　　(3) $3,2,1,+\frac{1}{2}$　　(4) $3,2,2,+\frac{1}{2}$

5-11　下列说法中错误的是

(1) 只要 n,l 相同，径向波函数 $R(r)$ 就相同。

(2) 波函数的角度分布图形与主量子数无关。

（3）只要 l,m 相同，角度波函数 $Y(\theta,\varphi)$ 就相同。

（4）s 轨道的角度分布波函数 $Ys(\theta,\varphi)$ 也与角度 θ,φ 有关。

5-12　在 $l=3$ 的亚层中，最多能容纳的电子数是

（1）2　　（2）6　　（3）10　　（4）14

5-13　某元素原子的外层电子构型为 $3d^54s^2$，它的原子中未成对电子数为

（1）0　　（2）1　　（3）3　　（4）5

5-14　原子序数为 33 的元素，其原子在 $n=4,l=1,m=0$ 的轨道中的电子数为

（1）1　　（2）2　　（3）3　　（4）4

第 5 章　习题答案

习题

5-1　价电子构型分别满足下列条件的是哪一类或哪一种元素？

（1）具有 2 个 p 电子；

（2）有 2 个 $n=4,l=0$ 的电子和 6 个 $n=3,l=2$ 的电子；

（3）3d 为全满，4s 只有一个电子。

5-2　对多电子原子来说，当主量子数 $n=4$ 时，有几个能级？各能级有几个轨道？最多能容纳几个电子？

5-3　写出原子序数分别为 25、49、79、86 的四种元素原子的电子排布式，并判断它们在元素周期表中的位置。

5-4　选出核外电子排布不正确的粒子。

（1）$Cu^{1+}(Z=29)$　[Ar] $3d^{10}$

（2）$Fe^{3+}(Z=26)$　[Ar] $3d^5$

（3）$Ba(Z=56)$　$1s^22s^22p^63s^23p^64s^23d^{10}4p^65s^24d^{10}5p^66s^2$

（4）$Zr(Z=40)$　[Ar] $4d^25s^2$

5-5　在具有下列价层电子组态的基态原子中，金属性最强的是

（1）$4s^1$　　（2）$3s^23p^5$　　（3）$4s^24p^4$　　（4）$2s^22p^1$

5-6　根据下列各元素的价电子构型，指出它们在元素周期表中所处的周期和族，是主族还是副族？

$3s^1$　　$4s^24p^3$

$3d^24s^2$　　$3d^54s^1$

$3d^{10}4s^1$　　$4s^24p^6$

5-7　完成下列表格：

原子序数	电子排布式	价电子构型	周期	族	元素分区
24					
	$1s^22s^22p^63s^23p^63d^{10}4s^24p^5$				
		$4d^{10}5s^2$			
			六	ⅡA	

5-8　完成下列表格：

价电子构型	元素所在周期	原子序数
$2s^2 2p^4$		
$3d^{10}4s^24p^4$		
$4f^{14}5d^16s^2$		
$3d^74s^2$		
$4f^96s^2$		

5-9　有 A、B、C、D 四种元素，其最外层电子依次为 1、2、2、7；其原子序数按 B、C、D、A 次序增大。已知 A 与 B 的次外层电子数为 8，而 C 与 D 的次外层电子数为 18。试问：

（1）哪些是金属元素？

（2）D 与 A 的简单离子是什么？

（3）哪一元素的氢氧化物的碱性最强？

（4）B 与 D 两元素间能形成何种化合物？写出化学式。

5-10　某一元素的原子序数为 24，回答下列问题：

（1）该元素原子的电子总数是多少？

（2）它的电子排布式是怎样的？

（3）价电子构型是怎样的？

（4）它属第几周期？第几族？主族还是副族？最高氧化物的化学式是什么？

第 6 章 分子结构 *Molecular Structure*

学习要求：

1. 熟悉共价键形成的条件和共价键的本质及基本键型；
2. 掌握杂化轨道理论基本要点，会用杂化轨道理论解释一般分子的空间构型；
3. 掌握价电子对互斥理论预测分子构型的一般方法；
4. 理解分子轨道理论的基本要点，会用分子轨道理论处理第一、第二周期的双原子分子。

分子(molecules)是指由数目确定的原子组成的具有一定稳定性的物种。分子是参与化学反应的基本单元。由两个原子组成的分子如 Cl_2、H_2、气态 Na_2 等被称为双原子分子(diatomic molecules)；由两个以上原子组成的分子如 H_2O、O_3、S_8、C_6H_6 等被称为多原子分子(polyatomic molecules)。原子之间靠化学键(chemical bond)结合成分子，化学键是指分子内部原子之间的强相互作用力。路易斯(Lewis)早在 1916 年提出了经典的共价键理论。他认为分子中原子之间可以通过共享电子对使每一个原子具有稳定的八电子构型，这样构成的分子称为共价分子。原子通过共用电子对而形成的化学键称为共价键(covalent bond)。两原子间共用一对电子的共价键称为共价单键，共用两对、三对电子的分别称为共价双键和共价三键。这种成键规则称为八隅体规则，即每个原子均应具有稳定的稀有气体原子的 8 电子外层电子构型(H 除外)。H_2、Cl_2、N_2 这样的分子中两个原子共用电子对程度相等，这类共价键称为非极性共价键(nonpolar covalent bond)。不同元素对电子的吸引能力不同，从而导致电子对偏向一个键合原子，这类共价键称为极性共价键(polar covalent bond)。

路易斯用元素符号之间的小黑点表示分子中各原子的键合关系，代表一对键电子的一对小黑点亦可用“—”代替。路易斯结构式能够简洁地表达单质和化合物的成键状况。

$$\ddot{\underset{..}{O}}=C=\ddot{\underset{..}{O}} \qquad :N\equiv N:$$

但是，有些分子违背了八隅体规则，如 $[SiF_6]^{2-}$、PCl_5 和 SF_6 中 3 个中心原子的价层电子数大于 8，分别为 12、10 和 12，却能够稳定存在。另外，按照路易斯电子配对理论，不能解释为什么配对后的氧分子具有顺磁性。这说明路易斯理论具有一定的局限性，而且路易斯的价键理论未能解释共价键的本质，也未能解释为什么电子配对能够使两个原子牢固结合？迄今为止，尚无统一的化学键理论能够解释所有物质的外在性质与内部结构之间的依赖关系，而是几种化学键理论并存。本章分别介绍共价键理论、杂化轨道理论、价层电子对互斥理论、分子轨道理论、化学键参数等。

6.1 价键理论

6.1.1 共价键的形成和本质

MOOC 同步资源

1. 共价键的形成

Heitler 和 London 在 1927 年用量子力学处理两个氢原子组成 H_2分子的形成过程中，得到系统能量 E 与两个原子核间的距离 R 之间的关系 $E-R$ 曲线，见图 6-1。

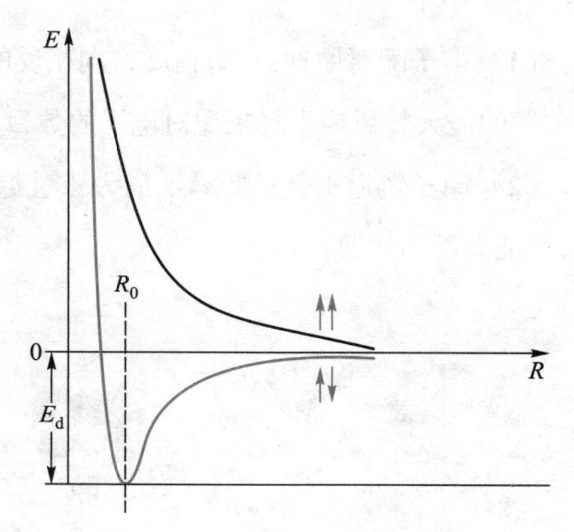

图 6-1 分子形成过程能量随核间距离变化示意图

当两个氢原子相互靠近并彼此接近的过程中，系统能量的变化可表示为两核之间距离的函数（图 6-1）。距离无限大时，两个氢原子之间不存在作用力，系统的势能为 0；随着距离逐渐减小，氢原子之间开始产生吸引力和排斥力。如果两个电子自旋方向相反，随着两核间距离的变小，系统能量逐渐降低。当 $R=R_0$时，曲线上出现能量最低点值（E_d）。当两个核进一步靠近时，系统总能量 E 随距离 R 减小而上升。如果两个电子自旋方向相同，随着两核间距离变小，系统的能量会逐渐升高。

由此可见，电子自旋方向相反的两个电子两核间的平衡距离 R_0（称为核间距或键长）比两个远离的氢原子能量低（降低值 $E_d=458\ kJ\cdot mol^{-1}$），所以，两个氢原子可以稳定地形成 H_2分子。

2. 共价键的本质

价键理论（valence bond theory，简称 VB 理论）认为，当自旋方向相反的两个电子相互靠近时，原子轨道相互重叠，形成稳定的共价键，如图 6-2(a) 中的 A 原子一条 s 轨道与 B 原子一条 s 轨道的重叠。在成键时，未成对价电子自旋方式相反，对称性一致，原子轨道采取最大程度重叠，原子核间电子的概率密度（电子云）增大，对两个原子核产生了吸引，这就是共价键的本质。图 6-2(b) 为电子自旋方向相同的两个电子相互靠近时原子轨道相互排斥。

价键理论以量子力学为基础，继承了 Lewis 共用电子对的概念，揭示了共价键的本质是原子轨道重叠。轨道重叠意味着两核之间的重叠部分具有较大的电子概率密度。因此，共价作用力的实

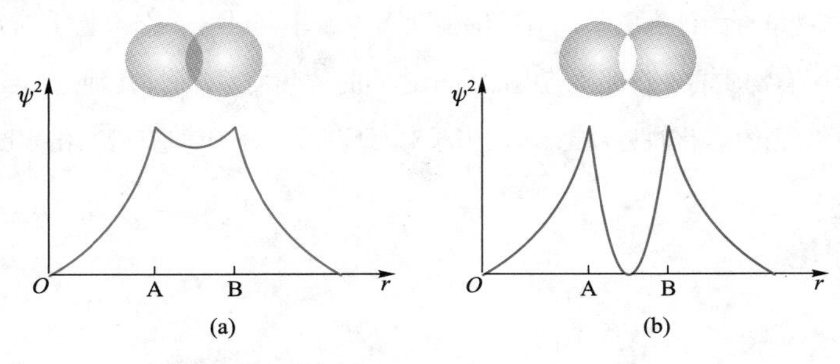

图 6-2 原子轨道相互重叠(a)及排斥示意图(b)

质为核间较大的电子概率密度对两核的吸引力。轨道重叠程度越大,核间的电子概率密度越大,形成的共价键越强,由共价键形成的分子越稳定。

6.1.2 价键理论的基本要点

(1) 电子配对原理:具有自旋方向相反的两个电子可以配对构成共价键。1 个原子能形成共价单键的最大数目等于其未配对电子的数目。

(2) 原子轨道重叠时要满足最大重叠原理:重叠越多,共价键越牢固。如 s 轨道与 p 轨道重叠,可能有下列情况:

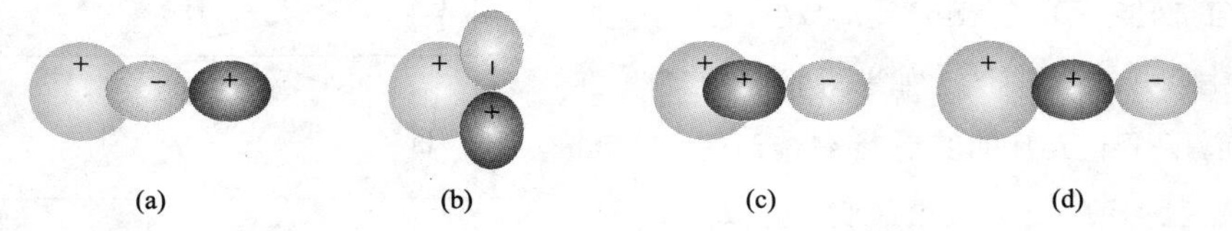

(a)为异号重叠, 是无效重叠;(b)为同号重叠与异号重叠相互抵消, 是无效重叠。 (c)和(d)均为同号重叠, 是有效重叠。 但是, (c)中重叠部分大于(d)中重叠部分, 所以(d)不满足最大重叠条件, (c)才满足最大重叠条件。 也就是说, 沿着两核连线的重叠才满足最大重叠条件。 因此, 当原子轨道对称性匹配(同号重叠)时才发生有效重叠。

从以上讨论可以看出,共价键的特点是具有饱和性和方向性。饱和性是指每种元素的原子能提供用于形成共价键的轨道数目是一定的,所以共价分子中每个原子最大的成键数是一定的。第二周期元素原子的价层只有 4 条轨道,形成共价分子时最多只能有 4 个共价键。第三周期元素原子的价层有 9 条轨道,利用这一事实可以解释某些化合物为什么不服从八隅律。共价键是原子轨道重叠形成的,且原子轨道重叠时要满足最大重叠条件,必须选择一定的方向,因此,共价键具有方向性。形成共价键时,原子轨道总是尽可能沿着电子出现概率最大的方向重叠以尽量降低系统的能量。正是原子轨道在核外空间的取向和轨道重叠方式的要求决定了共价键具有方向性。

图 6-3 是按照价键理论的基本要点分析由 H 原子($1s^1$)、Cl 原子(价电子构型为 $3s^2 3p^2 3p^2 3p^1$)相互作用形成的三种双原子分子。两个 H 原子以各自的 1s 轨道相互重叠使电子自旋配对形成 H_2分子[图 6-3(a)];H 原子的 1s 轨道与 Cl 原子中单电子占据的 3p 轨道重叠形成 HCl 分子[图 6-3(b)];两个 Cl 原子以其各自原子中单电子占据的 3p 轨道重叠形成 Cl_2分子[图 6-3(c)]。

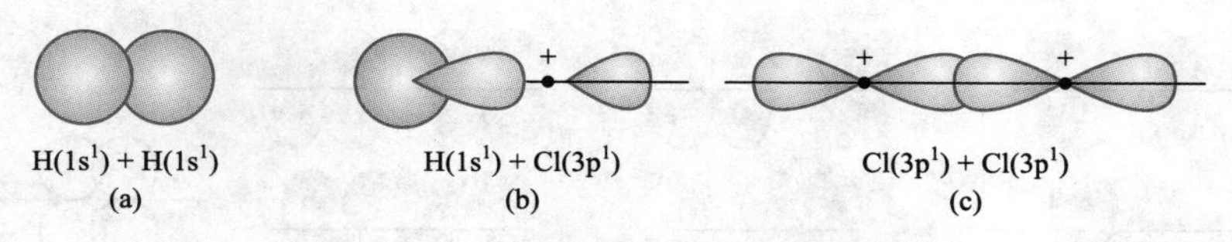

图 6-3 共价键形成方向性示意图

6.1.3 共价键的键型

1. σ 键

原子轨道沿着核间连线方向进行同号重叠而形成的共价键（头碰头）叫 σ 键（σ bond）。电子云在核间连线形成圆柱形对称分布，如图 6-4 中的 s-s、s-p_x 及 p_x-p_x 重叠都能够形成 σ 键。

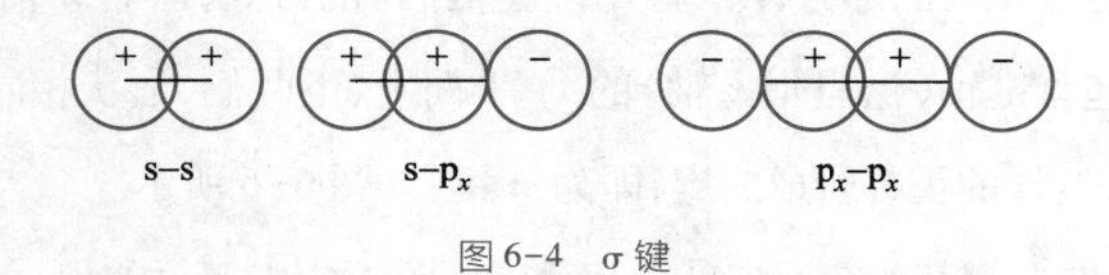

图 6-4 σ 键

s 轨道为球形对称，两条 s 轨道间的重叠没有方向性；p 轨道为哑铃形，图 6-4 中所示的重叠方向是最有利于实现最大程度重叠的方向。三种重叠的共同特点是电子云绕键轴（原子核之间的连线）对称。具有这种特征的共价键叫 σ 键。如图 6-5 所示的 H_2、Cl_2、HCl 中的 σ 键。

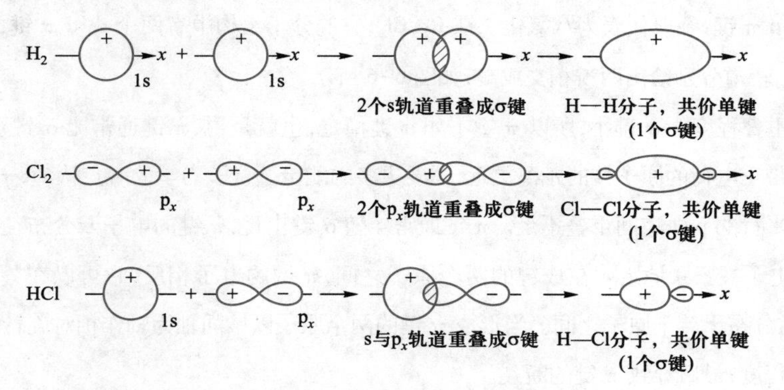

图 6-5 H_2、Cl_2、HCl 中的 σ 键

2. π 键

p-p 轨道重叠形成 σ 键之后，另外两个垂直的 p 轨道会形成垂直于这个 σ 键键轴的 p-p 重叠（p_y-p_y 重叠，p_z-p_z 重叠），这样形成的共价键称为 π 键（π bond），即两个 p 原子轨道在垂直于核间连线并相互平行而进行同号重叠所形成的共价键称为 π 键。π 键的特征是电子云在核间连线（键轴）两侧以"肩并肩"方式重叠，如图 6-6 中的 p_y-p_y 重叠。

形成 π 键的电子叫 π 电子。π 键属于共价键，参与该键的两个原子轨道都至少有两瓣，这两对瓣状轨道分别在原子两侧形成化学键。下面分别讨论双原子之间形成的 p-p π 键、d-p π 键（由 p 轨道与 d 轨道重叠形成的 π 键）、d-d π 键（由 d 轨道与 d 轨道重叠形成的 π 键）。

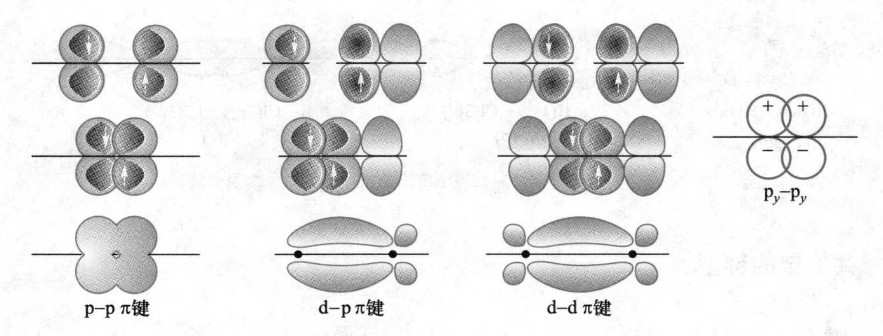

图 6-6　不同的轨道形成 π 键

（1）p-p π 键是最常见的一种，如乙烯、硝酸、二氧化碳、氧气、苯等分子内的 π 键都在此类。例如，p_y 与 p_y 轨道对称性相同的部分，以“肩并肩”（侧面）的方式，沿着 x 轴的方向靠近、重叠，其重叠部分对等地处在包含键轴（这里指 x 轴）的 xy 平面上、下两侧，形状相同而符号相反，亦即对 xy 平面具有反对称性，这样的重叠所成的键，即为 π 键，如图 6-6 所示。

（2）d-p π 键，这种 π 键其实并不少见，如硫酸根、高氯酸根、高锰酸根、重铬酸根等都存在此类 π 键，但最令人注意的是过渡金属羰基配合物的反馈 d-p π 键，如图 6-6 所示。金属羰基化合物的 d-p π 键是过渡金属中有电子对的 d 轨道与一氧化碳 p-p π 键的反键轨道形成的配位 π 键。因为这个反键轨道的形状与 d 轨道形状相似（对称性好）且能量相近，可以接收 d 电子形成 d-p π 键。

（3）d-d π 键，经典代表为八氯化二铼 Re_2Cl_8，它的分子结构中有两个 d-d π 键，由两个铼原子的 d_{xz} 和 d_{yz} 轨道分别给出两瓣相交成键，如图 6-6 所示。

π 键的重叠程度比 σ 键小，所以 π 键不如 σ 键稳定，也就是说，π 键通常比 σ 键弱，因为它的电子云距离带正电荷的原子核的距离更远，需要更多的能量。量子力学的观点认为，π 键的强度弱主要是因为平行的 p 轨道间重叠不足。π 键通常伴随 σ 键出现，π 键的电子云分布在 σ 键的上下方。σ 键的电子被紧紧地定域在成键的两个原子之间，π 键的电子相反，它可以在分子中自由移动，并且常常分布于若干原子之间。当形成 π 键的两个原子以核间轴为轴作相对旋转时，会减少 p 轨道的重叠程度，最后导致 π 键的断裂。

例：N_2 分子，以三对共用电子把两个 N 原子结合在一起。N 原子的外层价电子构型为 $2s^22p^3$，成键时用的是三个 p 轨道的未成对电子，N_2 分子的成键状况如图 6-7。其中，$2p_x$-$2p_x$ 形成 σ 键，$2p_y$-$2p_y$ 和 $2p_z$-$2p_z$ 形成 2 个 π 键，且两个 π 键相互垂直。两个 N 原子的 p 轨道优先以“头对头”

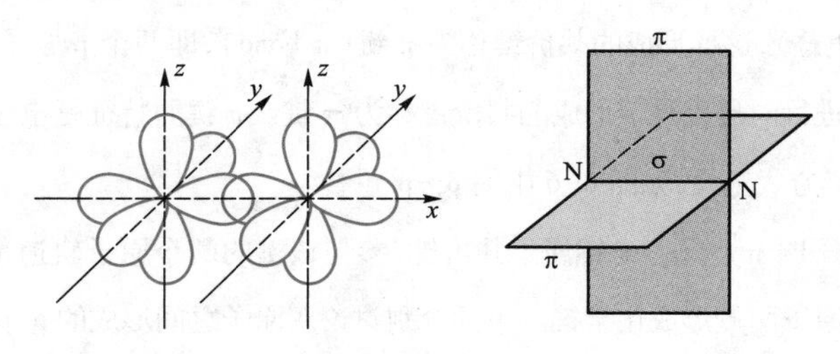

图 6-7　N_2 分子的 σ 键和 π 键

方式重叠形成一个 σ 键，限制其余两对 p 轨道只能“肩并肩”重叠。π 键的重叠程度小于 σ 键，因此，一个 π 键提供的原子间结合力无疑小于一个 σ 键。

一般来说，单键均为 σ 键，因均需沿核间连线重叠才能满足最大重叠条件；双键中有 1 个 σ 键和 1 个 π 键，三键中有 1 个 σ 键和 2 个 π 键。

3. **配位键**

凡共用的一对电子是由一个原子单独提供的共价键叫做配位键，用“→”或“←”表示。配位键形成的条件是提供电子对的原子有孤对电子及接受电子对的原子有空轨道。

如 CO：C 原子的价电子构型为 $2s^22p^2$，O 原子的价电子构型为 $2s^22p^4$。假设 C 原子的 $2p_x$、$2p_y$ 各有一未配对电子，$2p_z$轨道是空的；而 O 原子的 $2p_x$、$2p_y$ 各有一未成对电子，则 $2p_x-2p_x$形成 σ 键，$2p_y-2p_y$形成 π 键，$2p_z-2p_z$形成配位键。故 CO 分子结构为

$$C \overset{\leftarrow}{=} O$$

6.2 杂化轨道理论

价键理论成功地阐明了共价键的本质及特点，但对分子结构中不少的实验事实却无法解释，如简单的 CH_4分子结构。按照价键理论，C 原子只能形成 2 个共价单键（C 原子的外层电子分布为 $2s^22p^2$），且这 2 个键应相互垂直（键角 90°）。但实际上，CH_4中的 C 原子能形成 4 个单键，且 4 个 C—H 单键的键长完全相同，键能相等，4 个 C—H 键之间的夹角相等，都为 109°28′，分子的几何构型为正四面体。为了更好地说明这类问题，Pauling 等人以价键理论为基础，提出了杂化轨道（hybrid orbital）理论。

6.2.1 杂化轨道理论的要点

（1）原子在形成分子时，为了增强成键能力使分子稳定性增加，趋向于将若干个不同类型的能量、形状和方向与原来不同的一组轨道进行重新组合。这种轨道重新组合的过程称为杂化（hybridization），所形成的新轨道称做杂化轨道。只有能量相近的原子轨道才能相互杂化。如主量子数相同的 s 轨道与 p 轨道之间杂化。过渡元素原子的 $(n-1)$d 亚层与 ns、np 亚层轨道能级接近，它们之间也可以发生杂化。

（2）杂化轨道的数目等于参与杂化的原子轨道总数目。也就是说，有 n 条原子轨道杂化，就能形成 n 条杂化轨道。如 sp^3杂化轨道是由 1 条 s 轨道与 3 条 p 轨道杂化形成 4 条杂化轨道。杂化轨道的成键能力大于未杂化的轨道的成键能力。

（3）杂化轨道与其他原子成键时，电子对之间要采取排斥力最小的位置，以使分子系统的能量最低，分子处于最稳定状态。不同类型的杂化方式形成的杂化轨道的空间取向不同。

6.2.2　杂化轨道类型

1. sp 杂化轨道

由 1 条 s 轨道和 1 条 p 轨道组合产生 2 条等同的 sp 杂化轨道，每一条 sp 杂化轨道中含有 1/2 原 s 轨道和 1/2 原 p 轨道的成分。

以 $BeCl_2$为例描述这类分子的形成过程，如图 6-8 所示。$BeCl_2$分子为直线形，键角为 180°。基态 Be 原子中的一个 2s 电子被激发至 2p 轨道，能量和形状都不相同的 1 条 2s 轨道和 1 条 2p 轨道通过杂化形成 2 条能量和形状相同的 sp 杂化轨道。s 轨道与 p 轨道形成 sp 杂化轨道后，“+”号部分增大，“-”号部分减小。sp 杂化轨道与其他原子轨道重叠成键时，重叠得更多，形成的键更稳定。新轨道的电子概率密度在核的一方相对集中(葫芦形)，这种形状更有利于实现最大重叠。由于它们在原子核外空间以 180°取向，两个 Cl 原子各以一条 p 轨道与之重叠形成直线形 $BeCl_2$分子(见图 6-9)。

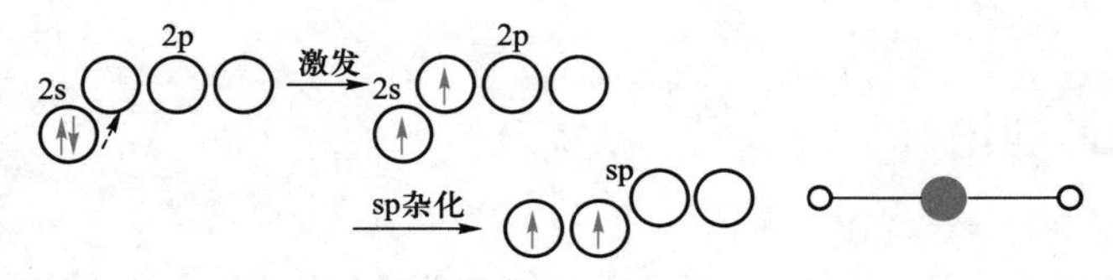

图 6-8　sp 杂化轨道及分子几何构型

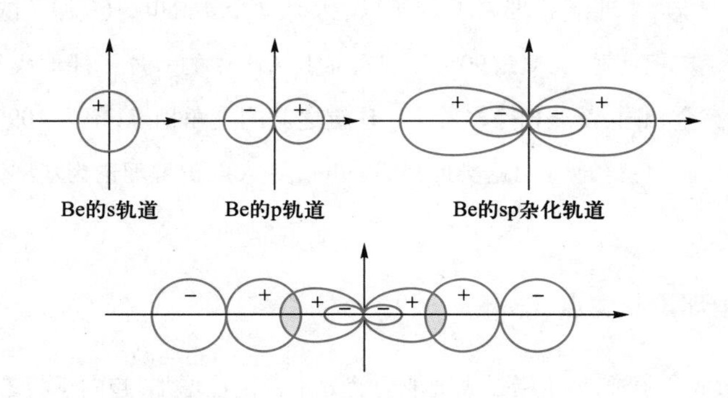

图 6-9　$BeCl_2$分子杂化轨道成键

2. sp^2杂化轨道

由 1 条 s 轨道与 2 条 p 轨道组合产生 3 条等同的 sp^2杂化轨道，每条 sp^2杂化轨道中含有 1/3 s 轨道和 2/3 p 轨道的成分。

以 BCl_3为例分析如下。BCl_3中的 B 原子采取 sp^2杂化。基态 B 原子中的一个 2s 电子被激发至 2p 轨道，1 条 2s 轨道和 2 条 2p 轨道通过杂化形成 3 条能量和形状相同的 sp^2杂化轨道。3 条 sp^2杂化轨道指向平面三角形的 3 个顶点，图 6-10 和图 6-11 给出杂化轨道在核外空间的伸展方向和成键时轨道的重叠状况。BCl_3分子中的 Cl—B—Cl 键角为 120°，BCl_3分子为平面三角形结构。

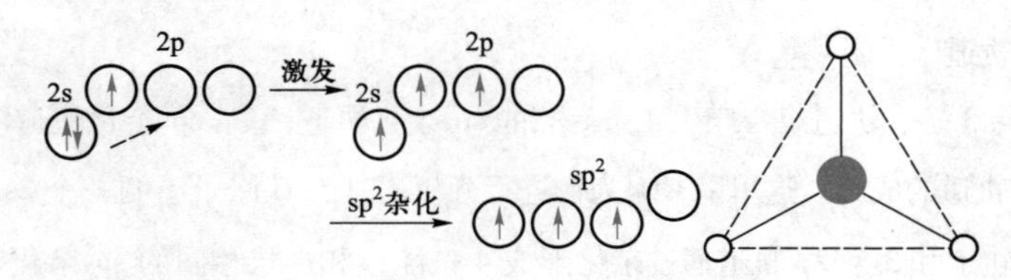

图 6-10　sp^2杂化轨道及分子几何构型

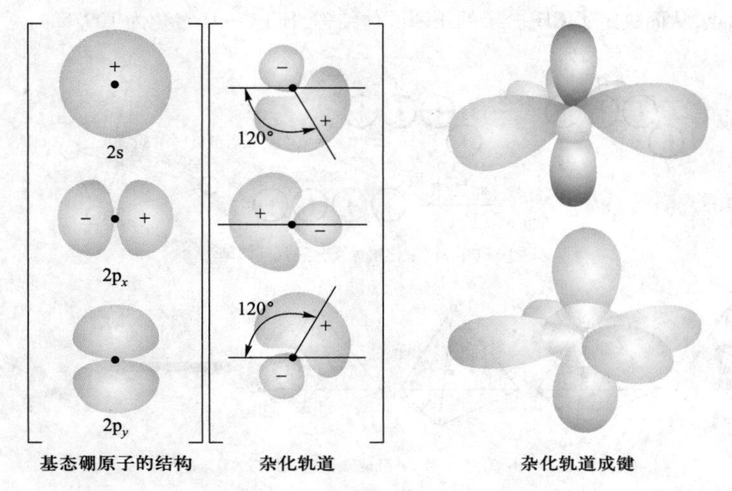

图 6-11　BCl_3分子的 sp^2杂化轨道成键

以 C_2H_4分子为例分析如下。C_2H_4分子中的两个 C 原子分别采取 sp^2杂化。基态 C 原子中的一个 2s 电子被激发至 2p 轨道，1 条 2s 轨道和 2 条 2p 轨道通过杂化形成 3 条能量和形状相同的 sp^2杂化轨道。sp^2杂化轨道指向平面三角形的 3 个顶点，如图 6-12 所示。C_2H_4 分子中的 H—C—H 键角为 120°。C_2H_4分子为平面三角形结构。

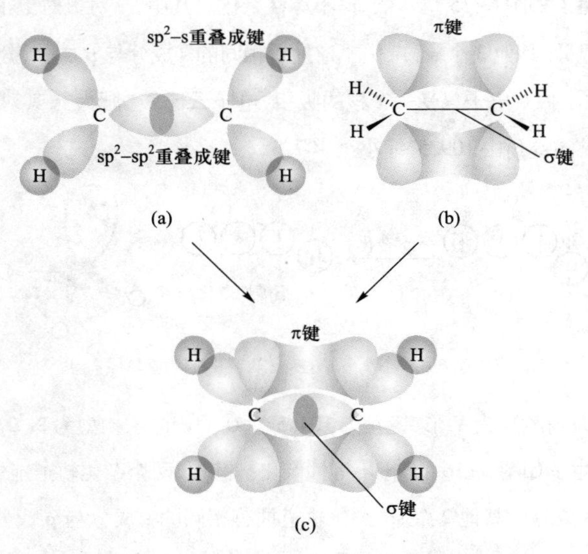

图 6-12　C_2H_4分子的 sp^2杂化轨道成键

3. sp^3杂化轨道

1 条 s 轨道与 3 条 p 轨道组合产生 4 条等同的 sp^3 杂化轨道，每条 sp^3 杂化轨道中含有 1/4 原 s 轨道和 3/4 原 p 轨道的成分。这里以 CH_4 为例进行分析。基态 C 原子中的一个 2s 电子被激发至 2p 轨道，1 条 2s 轨道和 3 条 2p 轨道通过杂化形成 4 条能量和形状相同的 sp^3 杂化轨道。图 6-13 和图 6-14 给出杂化轨道在核外空间的伸展方向和成键时轨道的重叠状况。sp^3 杂化轨道指向正四面体的 4 个顶点，从而决定了 CH_4 分子的正四面体结构（H—C—H 键角为 109. 5°）。

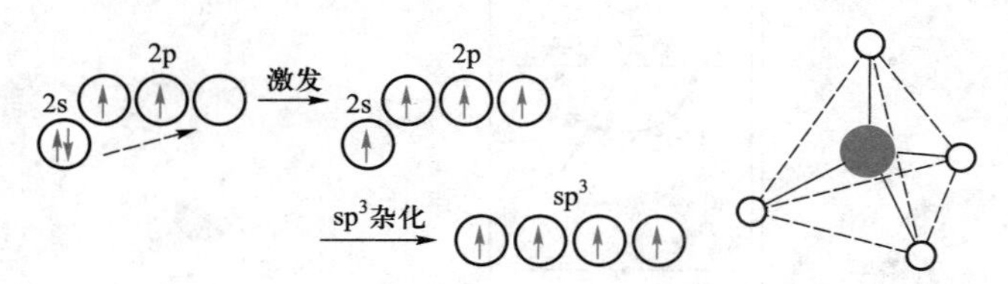

图 6-13　sp^3 杂化轨道及分子几何构型

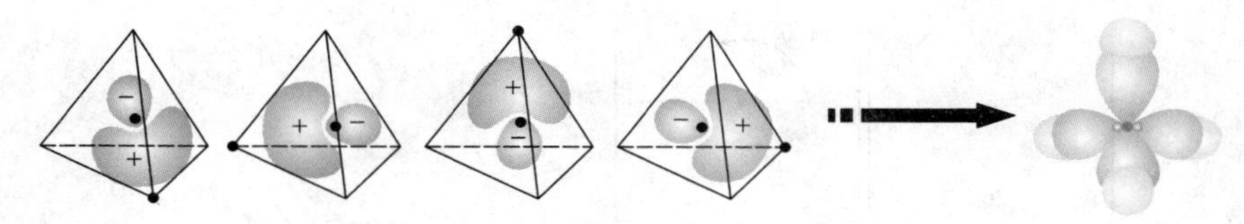

图 6-14　C 的 4 条 sp^3 杂化轨道成键形成 CH_4 分子

与 C 原子相似，N 原子和 O 原子也以其 1 条 2s 轨道与 3 条 2p 轨道杂化形成 4 条 sp^3 杂化轨道。不同的是，N 原子和 O 原子分别比 C 原子多 1 个和 2 个电子，各自形成的 sp^3 杂化轨道分别含有一对和两对孤对电子，这种含有孤对电子的杂化轨道称作不等性杂化轨道。孤对电子的存在使杂化轨道间的夹角略有压缩。

如 NH_3 分子：几何构型为三角锥，键角为 107. 3°。N 的价电子构型为 $2s^22p^3$，与 3 个 H 原子形成 NH_3 时，N 原子发生了如图 6-15 所示的 sp^3 不等性杂化。其中，一对孤对电子占据的杂化轨道能量较低，含更多的 s 成分，其他 3 个 sp^3 杂化轨道拥有相同的 s 成分与 p 成分，分别与 3 个 H 原子形成 σ 键构成 NH_3。由于孤对电子只受一个核的吸引，电子云比较“肥大”，其对键对电子产生较大的斥力，迫使 N—H 键的键角由 109. 5°缩小至 107. 3°。

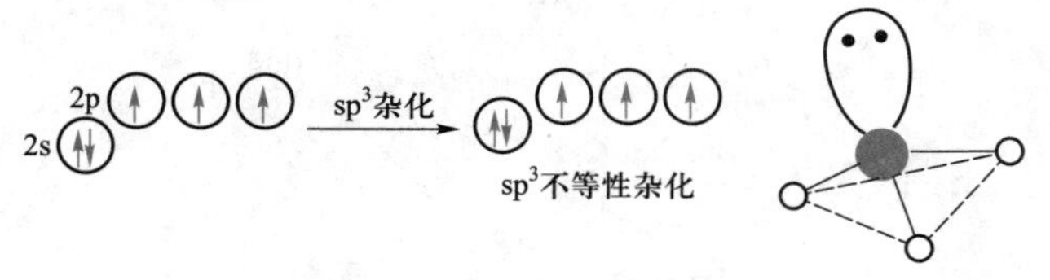

图 6-15　NH_3 分子的杂化轨道及几何构型

又如 H_2O 分子：几何构型为 V 形，键角为 104. 5°。O 的价电子构型为 $2s^22p^4$，与 2 个 H 原子形成 H_2O 时，O 原子发生了如图 6-16 的 sp^3 不等性杂化。其中，两个杂化轨道能量较低，被 2 对孤对电子占据，含更多的 s 成分。其他 2 个 sp^3 杂化轨道拥有相同的 s 成分与 p 成分，分别与 2 个 H 原子形成 σ 键构成 H_2O。2 对孤对电子产生的斥力更大，迫使 O—H 键的键角缩小至 104. 5°。

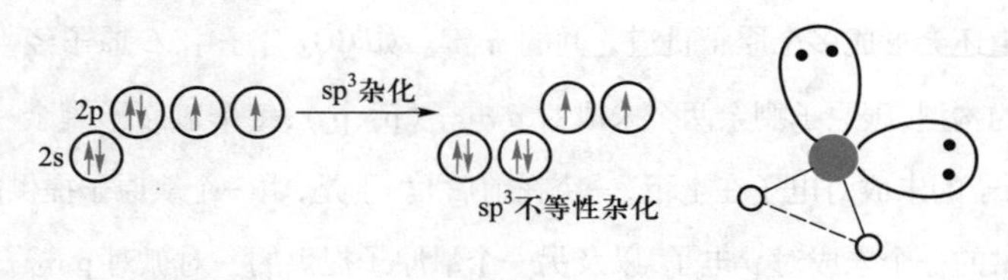

图 6-16 H_2O 分子的杂化轨道及几何构型

4. sp^3d 和 sp^3d^2 杂化轨道

第三周期元素的原子由于 d 轨道能参与成键，所以还能生成由 s 轨道、p 轨道和 d 轨道组合的 sp^3d 杂化轨道和 sp^3d^2 杂化轨道。PCl_5 和 SF_6 分子就是通过 P 原子和 S 原子的这类杂化轨道与 Cl 原子和 F 原子的 p 轨道重叠生成的(图 6-17 及图 6-18)。PCl_5 分子中，P 原子的 5 条 sp^3d 杂化轨道伸向核外空间三角双锥的顶点，而 SF_6 分子中 S 原子的 6 条 sp^3d^2 杂化轨道则伸向核外空间正八面体的顶端。这种空间取向解释了两个分子的几何形状。PCl_5 为三角双锥，SF_6 为正八面体。

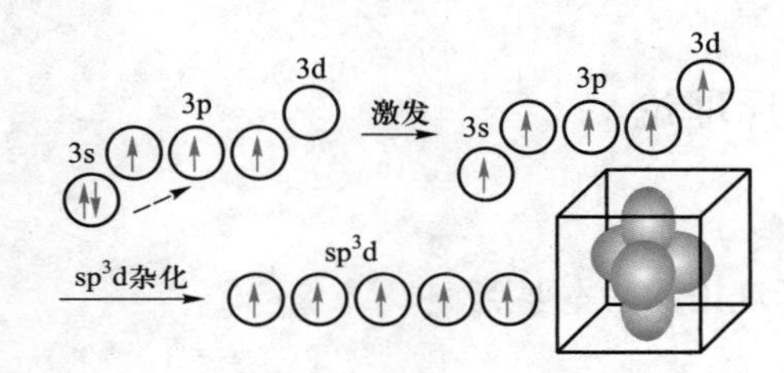

图 6-17 PCl_5 分子中 P 原子的 5 条 sp^3d 杂化轨道及分子几何构型

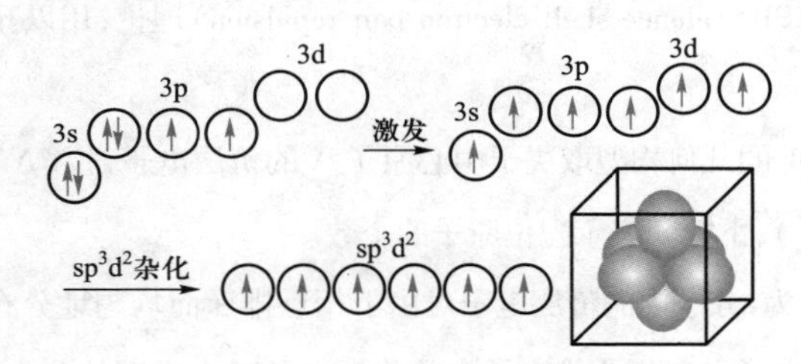

图 6-18 SF_6 分子中 S 原子的 6 条 sp^3d^2 杂化轨道及分子几何构型

值得注意的是，轨道杂化是指不同原子中相关轨道的组合，由此产生的杂化轨道也是原子轨道。杂化只能发生在能级接近的轨道之间。杂化轨道的数目等于参与杂化的原子轨道总数目，其数值等于轨道名称中上标数字之和。各种杂化轨道与分子几何构型如表 6-1。

表 6-1 各种杂化轨道与分子几何构型

杂化轨道	杂化轨道数目	键角	分子几何构型	实例
sp	2	180°	直线形	$BeCl_2$，CO_2
sp^2	3	120°	平面三角形	BF_3，$AlCl_3$
sp^3	4	109.5°	四面体	CH_4，CCl_4
sp^3d	5	90°，120°	三角双锥	PCl_5
sp^3d^2	6	90°	八面体	SF_6，$[SiF_6]^{2-}$

有些杂化轨道还会形成多个原子轨道之间的 π 键。如 CO_2 分子中，C 原子经 sp 杂化与两个 O 原子形成直线形的构型，碳原子剩余两个未成对 p 电子（p_y，p_z），每个氧原子剩余一个未成对 p 电子（其中一个氧原子的未成对电子在上下，一个在前后）。于是，由一个氧原子提供的一个未成对 p 电子与碳原子提供的一个未成对 p 电子，以及另一个氧原子提供的一对孤对 p 电子，形成了一个由三个中心原子提供四个电子形成的离域 π 键，写作 Π_3^4，如图 6-19 所示，也简称为大 Π 键。N_2O 与 CO_2 为等电子体，也有类似的结构。

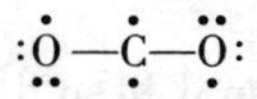

:Ö—Ċ—Ö:

图 6-19　CO_2 分子直线形的构型与离域 π 键

大 Π 键的定义：多个原子上相互平行的 m 个 p 轨道上的 n 个 p 电子连贯重叠在一起构成的键，这些 p 电子在这个整体内运动。通常，参与成键的原子应在一个平面上，而且每个原子都能提供 1 个相互平行的 p 轨道。表示为 Π_m^n，$n<2m$。离域键产生的“离域能”会增加分子的稳定性，影响物质的理化性质。有关内容将在后续的有机化学课程中详细学习。

6.3　价层电子对互斥理论

6.3.1　价层电子对互斥理论的基本要点

1940 年，为了预言多原子分子的几何构型，希德威克（Sidgwich）和鲍威尔（Powell）提出价层电子对互斥理论，简称 VSEPR（valence shell electron pair repulsion）理论，用以预测分子的几何构型。其基本要点如下：

（1）分子或离子 AB_n 的几何构型取决于中心原子 A 的价层电子对数 N。A 为中心原子，B 为配位原子（也叫端位原子），下标 n 表示配位原子的个数。

（2）VSEPR 理论认为，分子中的价层电子对由于相互排斥而均匀地分布在分子中。因此，价层电子对数 N 的数目决定了一个分子或离子中的价层电子对在空间的分布。价层电子对由于静电排斥作用而趋向尽可能彼此远离，使分子尽可能采取对称结构。

n 个 B 原子的理想排布应当采取的是 A 原子周围成键电子对之间排斥力最小的那种方式。N=2、3、4、5、6 时分别排布在以 A 原子为中心的直线形、三角形、正四面体、三角双锥和正八面体顶点上。

（3）在考虑分子的基本形状时，要考虑到孤对电子对键对电子有较大的排斥力，这种排斥力往往使键角∠BAB 压缩。例如，CH_4分子（C 原子上没有孤对电子）具有理想四面体键角 109.5°，NH_3分子 N 原子上的一对孤对电子将∠HNH 键角压缩至 107.3°；H_2O 分子 O 原子上的两对孤对电子则将∠HOH 键角压缩至 104.5°。电子对之间排斥力大小规律为

① 电子对间夹角越小，斥力越大；

② 孤对电子与孤对电子的排斥>孤对电子与键对电子的排斥>键对电子与键对电子的排斥；

③ 三键 > 双键 > 单键。

6.3.2 分子几何构型的预测

分子或离子几何构型的推断步骤如下：

1. 确定中心原子的价层电子对数(N)

$$N=\frac{1}{2}[\text{A 的价层电子数}+\text{B 提供的价层电子数}\pm\text{离子电荷数}(\substack{\text{负}\\\text{正}})] \tag{6-1}$$

一般来说，式(6-1)中 A 的价层电子数 = A 所在的族数，B 的价层电子数与通常讨论的相同，只是 H 和卤素记为 1，氧和硫记为 0。如果所讨论的物种为正离子，应减去离子的电荷数；如果所讨论的物种为负离子，应加上离子的电荷数。极少数情况下分子中仍保留有未成对电子，按上述方法计算出来的 N 为小数时，应在数位上进 1 为整数。

2. 确定价层电子对的排布方式

价层电子对尽可能远离，以使斥力最小。这种情况归纳于表 6-2。

表 6-2　中心原子上不含孤对电子的共价分子的几何构型

分子式	价层电子对数(N)	价层电子对的排布方式	几何构型
AB_2	2	直线形 (180°)	B—A—B
AB_3	3	平面三角形 (120°)	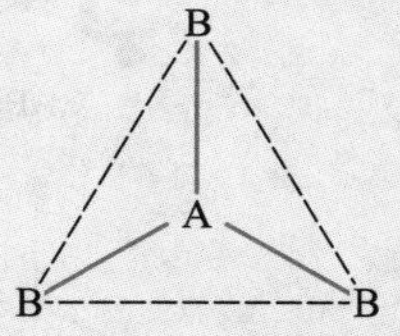
AB_4	4	正四面体 (109.5°)	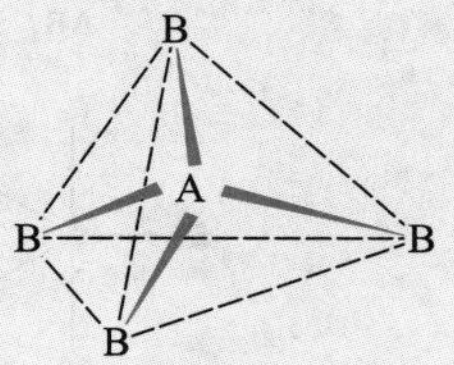
AB_5	5	三角双锥 (180°，120°，90°)	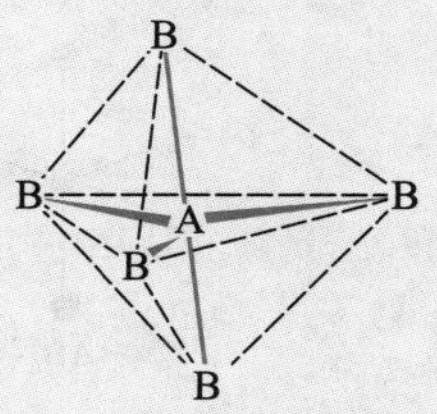

续表

分子式	价层电子对数(N)	价层电子对的排布方式	几何构型
AB_6	6	正八面体 (90°, 180°)	

3. **确定中心原子的孤对电子对数 E,推断分子的几何构型**

价层电子对数 N 包括成键电子对数目和孤对电子数目 E 两项。$E=0$ 时,分子的几何构型与电子对的几何构型相同。$E\neq0$ 时,分子的几何构型不同于电子对的几何构型。

由表 6-2 的几何构型不难推演出中心原子 A 上带有孤对电子时共价分子的基本形状,与图 6-20 对应。图 6-20 中,对 AB_5 型三角双锥分子而言,孤对电子优先代替平面位置上的 B 原子和相关键对电子;对 AB_6 型正八面体分子而言,第二对孤对电子优先代替第一对孤对电子反位的那个 B 原子和相关键对电子。

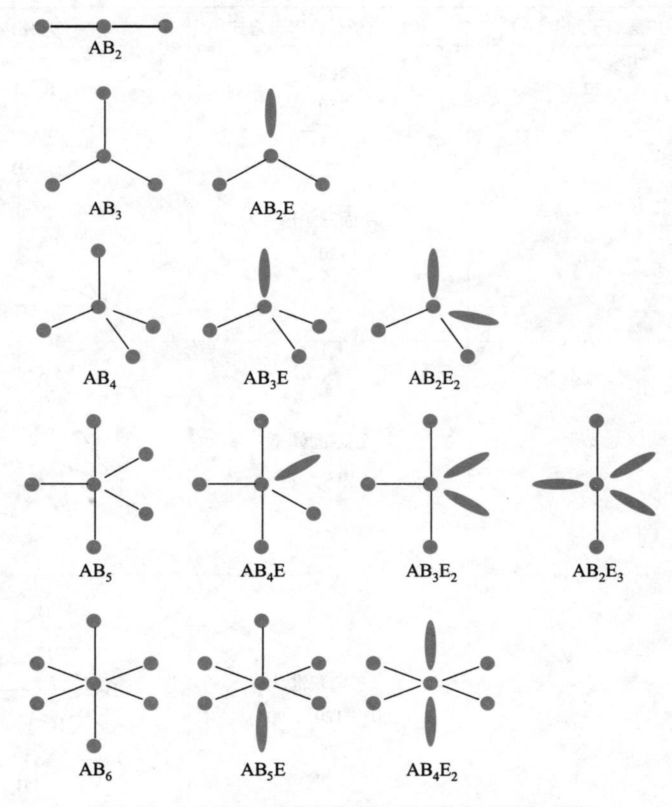

图 6-20　中心原子 A 上带有孤对电子时共价分子的基本形状

例 6-1　判断 OF_2 分子的基本形状。

解：中心原子 O 价层电子数为 6($2s^2 2p^4$)，F 原子的未成对电子数为 1。根据式(6-1)算得中心原子价层电子对的总数和孤对电子对数分别为 4 和 2，价层电子的理想排布方式为正四面体，但考虑到其中包括两对孤对电子，所以 OF_2 分子的几何构型为 V 形。

例 6-2　判断 XeF_4 分子的基本形状。

解：中心原子 Xe 的价层电子数为 8，F 原子的未成对电子数为 1。根据式(6-1)算得中心原子价层电子对的总数和孤对电子对数分别为

(价层电子对总数) = 4+(8-4)/2 = 6

(孤对电子对数) = (8-4)/2 = 2

中心原子价层有 6 对电子。理想排布方式为正八面体，但考虑到其中包括两对孤对电子，所以分子的实际几何形状为平面四边形，相当于图 6-20 中的 AB_4E_2 型分子。

价层电子对互斥理论在预言多原子分子形状方面取得了令人惊奇的成功，但理论本身仍然是路易斯思路的延伸。

6.4　分子轨道理论

价键理论的局限性使它无法解释为什么简单的 O_2 分子具有顺磁性，也不能解释为什么氢分子离子 H_2^+ 能够稳定存在，这些问题都可以用分子轨道理论解释。分子轨道理论(molecular orbital theory)将分子作为一个整体，用波动力学的方法处理分子的形成过程。分子轨道的定义是：具有特定能量的某电子在相互键合的两个或多个原子核附近空间出现概率最大的区域。按照分子轨道概念，运动中的电子不是只局限在自身的核外，而是绕相关成键原子核在更大范围内运动。按照这样的思路，共价键的形成被归因于电子获得更大运动空间而导致能量下降。

6.4.1　分子轨道理论的基本要点

(1) 分子中的电子围绕整个分子运动，其波函数称为分子轨道。分子轨道由原子轨道线性组合而成，组合前后轨道总数不变。若组合得到的分子轨道的能量比组合前的原子轨道能量低，所得分子轨道称做“成键轨道”；反之称做“反键轨道”；若组合得到的分子轨道的能量与组合前的原子轨道能量没有明显差别，所得分子轨道就称做“非键轨道”。如两个氢原子的 1s 轨道组合得到氢分子的两个分子轨道：

$$\psi_1 = \psi_{1s} + \psi_{1s}$$

$$\psi_2 = \psi_{1s} - \psi_{1s}$$

其中，ψ_1 的能量比 ψ_{1s} 的能量低，称其为成键轨道(bonding molecular orbital)，ψ_2 的能量比 ψ_{1s} 的能量高，称其为反键轨道(antibonding molecular orbital)。

(2) 原子轨道有效组成分子轨道时，要遵守三条原则：

① 能量相近原理。能量相近的原子轨道才能组合成分子轨道。例如,HF 中氢的 1s 轨道和氟的 2p 轨道能量相近,能够产生有效组合。

② 最大重叠原理。原子轨道组合成分子轨道时,力求原子轨道的波函数图像最大限度地重叠。如 HF 中氟的 $2p_x$轨道顺着分子中原子核的连线向氢的 1s 轨道"头碰头"地靠拢而达到最大重叠。

③ 对称匹配原理。原子轨道必须具有相同的对称性才能组合成分子轨道。如 HF 分子中氢的 1s 轨道与氟的 $2p_x$轨道是对称匹配的,而与氟的 $2p_y$、$2p_z$是对称不匹配的。

(3) 电子在分子轨道中的填充与电子在原子轨道里的填充一样,要符合能量最低原理、泡利不相容原理和洪德规则。即电子填入分子轨道时服从先占据能量最低的轨道、每条分子轨道最多只能填入 2 个自旋相反的电子、分布到等价分子轨道时总是尽可能分占较多的轨道。

分子中成键轨道电子总数减去反键轨道电子总数再除以 2 得到的数称做键级:

$$键级=\frac{1}{2}(成键轨道电子总数-反键轨道电子总数)$$

键级越大,分子越稳定。键级可以是整数,也可以是分数,只要键级大于零,就可以得到不同稳定程度的分子。

6.4.2 分子轨道能级图

分子轨道中,反键轨道的符号右上方上常添加"*"标记,以与成键轨道区别。非键轨道用 n 表示,大致相当于分子中的原子原有的孤对电子轨道。成键轨道上的电子将核吸引在一起(注意图中成键电子密度主要分布在两核之间),反键轨道上的电子非但不提供这种吸引力(注意图中反键电子密度主要分布在两核外侧),反而使两核相互排斥。下面以同核双原子分子轨道能级图为例进行分析。

当两个 s 原子轨道相互接近时,由两条 s 轨道组合得到能级不同、在空间占据的区域亦不同的两条分子轨道,见图 6-21,其中一条是成键分子轨道,标记为 σ_s,另外一条是反键分子轨道,标记为 σ^*。成键分子轨道能级低于原子轨道能级,而反键分子轨道能级高于原子轨道能级。

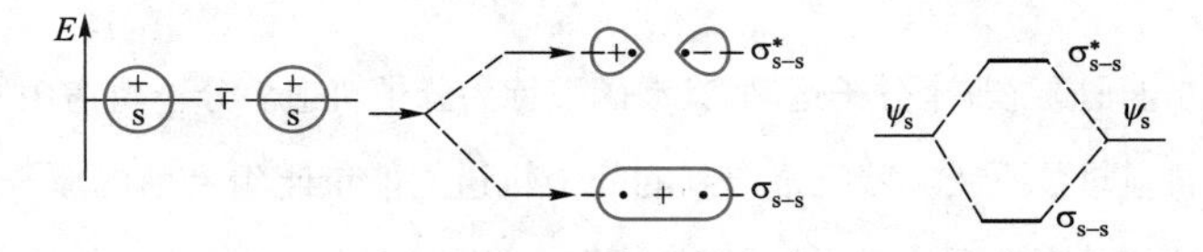

图 6-21 s 原子轨道参与成键形成 σ 分子轨道

例如,由两个 H 原子形成 H_2。当两个 H 原子的 1s 原子轨道相互接近时,两条 1s 轨道组合得到能级不同、在空间占据的区域亦不同的两条分子轨道,见图 6-22。H_2分子的成键轨道和反键轨道分别称 σ_{1s}和 σ^*_{1s}轨道。下标 1s 表示分子轨道由 1s 原子轨道组合而成。两条分子轨道可以排布 4 个电子,H_2分子的 2 个电子优先填

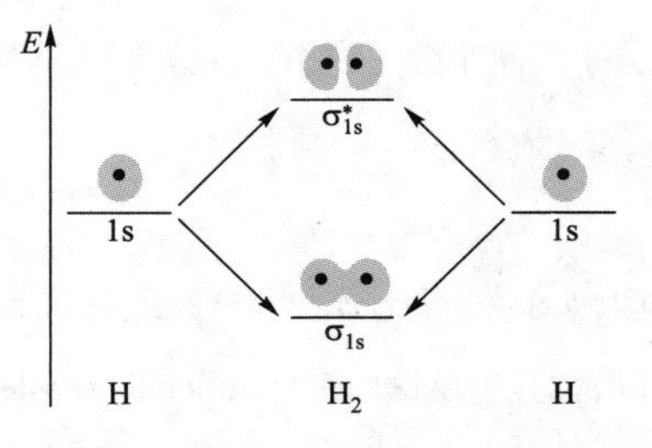

图 6-22 两个 H 原子形成 H_2分子

入 σ_{1s}轨道而让 σ_{1s}^*轨道空置。分子轨道法将 H_2分子的电子排布写为 σ_{1s}^2，上标数字表示轨道中的电子数。H_2分子成键电子数目(2 个)大于反键电子数目(0 个)，键级为 1(见本章 6.5)，H_2分子能够稳定存在。

如果由 p 原子轨道形成分子轨道，可以形成 σ 分子轨道和 π 分子轨道。p-p 轨道组合形成 σ 分子轨道和 π 分子轨道的情形示意于图 6-23。两个原子各自的三条 p 轨道可以组合成 6 条分子轨道，其中 2 条为 σ 轨道(σ 和 σ^* 轨道各 1 条)，4 条为 π 轨道(π 和 π^* 轨道各 2 条)。当 p 原子轨道平行组合形成 π 分子轨道时，电子占据 π 分子轨道形成 π 键。

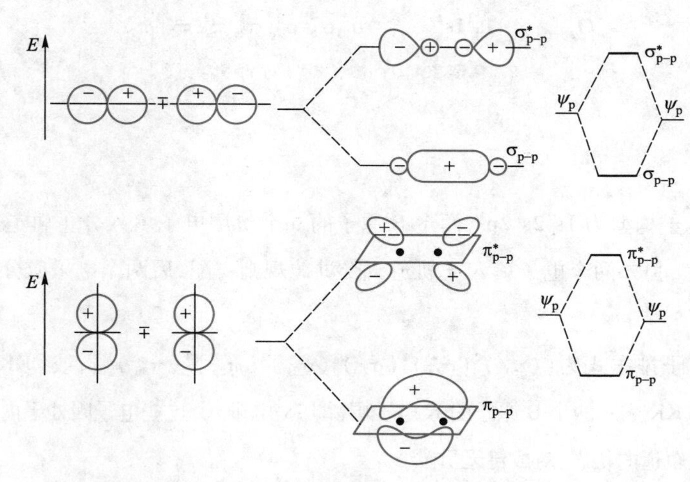

图 6-23　p 原子轨道参与成键形成 σ 轨道和 π 轨道

按照这样的形成方式，第二周期元素的双原子分子形成时，其原子轨道组合产生 8 条分子轨道，这些轨道的相对能级表示于图 6-24。一般预期 σ_{2p}能级低于 π_{2p}，因为 σ 键通常更稳定，见图 6-24(a) 的适合 O_2和 F_2分子的能级图，σ_{2p}能级低于 π_{2p}。但有些分子中的 σ_{2p}能级与 π_{2p}能级十分接近，以致相互颠倒过来，π_{2p}能级低于 σ_{2p}。实验结果表明，第二周期较轻的双原子分子(从 Li_2至 N_2)的 π_{2p}能级低于 σ_{2p}，见图 6-24(b)。

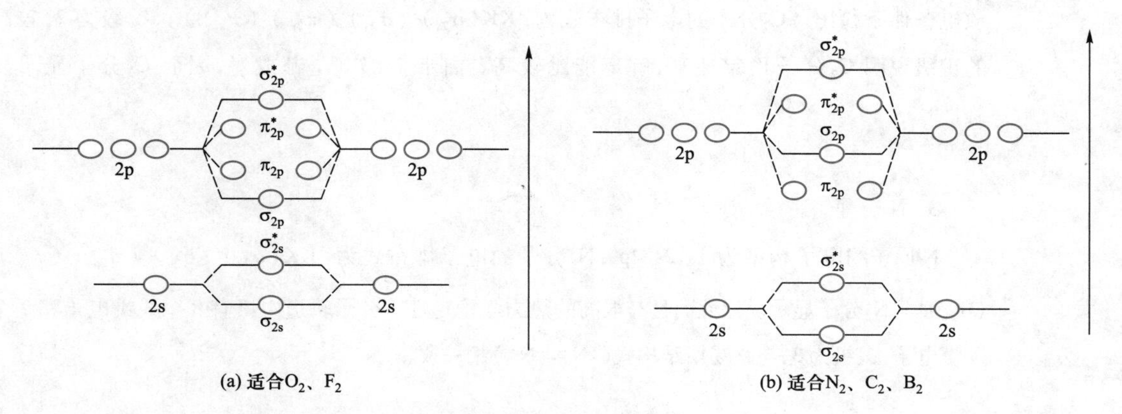

图 6-24　同核双原子分子轨道能级图

6.4.3 分子轨道理论应用举例

MOOC 同步资源

以第二周期的 B_2、C_2、N_2和 O_2双原子分子为例，说明分子轨道理论的应用，见图 6-25。

B_2	$1s^21s^2$	$\sigma_{2s}^2\sigma_{2s}^{*2}\pi_{2p_y}^1\pi_{2p_z}^1$
C_2	$1s^21s^2$	$\sigma_{2s}^2\sigma_{2s}^{*2}\pi_{2p_y}^2\pi_{2p_z}^2$
N_2	$1s^21s^2$	$\sigma_{2s}^2\sigma_{2s}^{*2}\pi_{2p_y}^2\pi_{2p_z}^2\sigma_{2p_x}^2$
O_2	$1s^21s^2$	$\sigma_{2s}^2\sigma_{2s}^{*2}\sigma_{2p_x}^2\pi_{2p_y}^2\pi_{2p_z}^2\pi_{2p_y}^{*1}\pi_{2p_z}^{*1}$

图 6-25 第二周期同核双原子分子轨道能级图

1. B_2分子

B 原子的电子构型为 $1s^22s^22p^1$，两个 B 原子的 6 个价层电子填入分子轨道。4 个电子填入 σ_{2s}和 σ_{2s}^*轨道，另外两个电子填入 π 轨道。受洪德规则支配，后两个电子应分别进入 π_{2p_y}和 π_{2p_z}轨道。

B_2分子的电子排布式为$[(\sigma_{1s})^2(\sigma_{1s}^*)^2(\sigma_{2s})^2(\sigma_{2s}^*)^2(\pi_{2p_y})^1(\pi_{2p_z})^1]$，或$[KK(\sigma_{2s})^2(\sigma_{2s}^*)^2(\pi_{2p_y})^1(\pi_{2p_z})^1]$，KK 表示两个 B 原子的 K 电子层(即 $1s^2$电子)。这些电子因处于内层，重叠很少，基本上保持原子轨道的状态，对成键无贡献。

B_2分子的键级为 1。可以预言，B—B 间存在共价键，B_2分子因有两个单电子应显示顺磁性。实验结果表明两个预言都正确。B_2分子顺磁性也是 π_{2p}能级低于 σ_{2p}的重要证据。如果 σ_{2p}能级低于 π_{2p}，最后两个电子将会成对填入 σ_{2p}，从而使 B_2分子显示反磁性。

2. C_2分子

C 原子的电子构型为 $1s^22s^22p^2$，C_2分子有 8 个价电子填入分子轨道，该分子可在高温或放电条件下检出。C_2分子的电子排布式为$[KK(\sigma_{2s})^2(\sigma_{2s}^*)^2(\pi_{2p_y})^2(\pi_{2p_z})^2]$，键级为 2，较高的键级说明 C_2分子稳定性高，解离能比较高。由于全部电子都成对，因而 C_2分子显示反磁性。

3. N_2分子

N 原子的电子构型为 $1s^22s^22p^3$，N_2分子的电子排布式为$[KK(\sigma_{2s})^2(\sigma_{2s}^*)^2(\pi_{2p_y})^2(\pi_{2p_z})^2(\sigma_{2p})^2]$，$N_2$分子显示反磁性而且有很高的热力学稳定性。分子轨道中填有 8 个成键电子和 2 个反键电子，键级为 3，与路易斯结构式(:N≡N:)相一致。

4. O_2分子

O 原子的电子构型为 $1s^22s^22p^4$，O_2分子中共有 12 个价电子，前 10 个价电子按能级由低到高填至成键轨道 π_{2p}，再向上则是能级相同的 2 条反键轨道 π_{2p}^*，最后 2 个电子应该分别进入其中之一。所以，O_2分子的电子排布式为 $[KK(\sigma_{2s})^2(\sigma_{2s}^*)^2(\sigma_{2p})^2(\pi_{2p_y})^2(\pi_{2p_z})^2(\pi_{2p_y}^*)^1(\pi_{2p_z}^*)^1]$。因为有成单电子，$O_2$分子具有顺磁性。分子轨道理论取得的最大成功之一是解释了 O_2分子顺磁性实验事实。在目前已有的几种化学键理论中，只有分子轨道理论能做到这一点。

分子轨道理论也可以将 O_2图示表示如下：

```
 [···]
:O—O:          :O—O:  (横杠上下各三个小黑点)
 [···]
```

两个原子两侧的 4 个小黑点代表 σ_{2s}^2 和 σ_{2s}^{*2} 上的 4 个非键电子；两个原子间的横杠表示 $\sigma_{2p_x}^2$ 二电子 σ 键；横杠上方和下方各三个小黑点表示两个三电子键，一个对应于 $2p_y$ 原子轨道组合而成的两条分子轨道（$\pi_{2p_y}^2$ 和 $\pi_{2p_y}^{*1}$）上的 3 个电子，另一个则对应于 $2p_z$ 原子轨道组合而成的两条分子轨道（$\pi_{2p_z}^2$ 和 $\pi_{2p_z}^{*1}$）上的 3 个电子。由于这 6 个电子都是 π 轨道上的电子，因而又称三电子 π 键。三电子 π 键的形成合理地解释了 O_2分子所表现的顺磁性。分子轨道理论还能解释 O_2分子和两个氧分子离子（O_2^+、O_2^-）中键的相对解离能和键长。根据电子排布算得 O_2分子的键级为 2（两个三电子 π 键的键级各为 1/2）。在 O_2 的最高占有轨道 $\pi_{2p_z}^*$ 移去或填入一个电子则得 O_2^+ 和 O_2^- 两个氧分子离子的电子构型，它们的键级分别为 2.5 和 1.5。一般说来，键长随键级的增大而减小，键的解离能则随键级的增大而增大。所以，稳定性 $O_2^+ > O_2 > O_2^-$。

6.5 键参数

共价键的性质可以通过称为键参数（bond parameters）的某些物理量来描述，如键级、键能、键长、键角和键矩等。

6.5.1 键级

$$键级=\frac{成键轨道中的电子数-反键轨道中的电子数}{2}$$

例如，H_2、O_2、HF 和 CO 的键级分别为 1、2、1 和 3。与组成分子的原子系统相比，成键轨道中电子数目越多，使分子系统的能量降低得越多，增加了分子的稳定性；反之，反键轨道中电子数目的增多则削弱了分子的稳定性。所以键级越大，分子也越稳定。

上述键级的计算公式仅对简单分子适用，对于复杂分子、分子轨道理论对键级的计算也有相应的方法。

6.5.2 键能

原子间形成的共价键的强度可用键断裂时所需的能量大小来衡量。在双原子分子中，于100 kPa下按下列化学反应计量式使气态分子断裂成气态原子所需要的能量称作键解离能。即

$$A—B(g) \xrightarrow{100\ kPa} A(g)+B(g) \quad D(A—B)$$

例如，在298.15 K时，$D(H—Cl)=432\ kJ \cdot mol^{-1}$，$D(Cl—Cl)=243\ kJ \cdot mol^{-1}$。

在多原子分子中断裂气态分子中的某一个键，形成两个"碎片"时所需的能量称做分子中这个键的解离能。例如：

$$HOCl(g) \longrightarrow H(g)+OCl(g) \quad D(H—OCl)=326\ kJ \cdot mol^{-1}$$

$$HOCl(g) \longrightarrow Cl(g)+OH(g) \quad D(Cl—OH)=251\ kJ \cdot mol^{-1}$$

$$H_2O(g) \longrightarrow H(g)+OH(g) \quad D(H—OH)=499\ kJ \cdot mol^{-1}$$

$$HO(g) \longrightarrow H(g)+O(g) \quad D(O—H)=429\ kJ \cdot mol^{-1}$$

使气态的多原子分子的化学键全部断裂形成此分子的各组成元素的气态原子时所需的能量，称做该分子的原子化能 E_{atm}。例如：

$$HOCl(g) \longrightarrow H(g)+Cl(g)+O(g)$$

$$E_{atm}(HOCl)=D(Cl—OH)+D(O—H)=680\ kJ \cdot mol^{-1}$$

但 $E_{atm}(HOCl)$ 不等于 $D(Cl—OH)$ 与 $D(Cl—OH)$ 之和。同理，

$$H_2O(g) \longrightarrow 2H(g)+O(g)$$

$$E_{atm}(H_2O)=D(H—OH)+D(O—H)=928\ kJ \cdot mol^{-1}$$

此值也不等于 $D(H—OH)$ 的2倍。

至于单质的原子化能则是由参考状态的单质在标准状态下生成气态原子所需要的能量。例如，金属钠在298.15 K时，$E_{atm}=107.32\ kJ \cdot mol^{-1}$。对硫单质而言，其指定单质正交晶体为8个硫原子组成的环形 S_8 分子。已知：

$$S_8(s) \longrightarrow 8S(g); \quad \Delta_r H_m^{\ominus}=2\ 230.44\ kJ \cdot mol^{-1}$$

$$E_{atm}(S)=\frac{1}{8}\times 2\ 230.44\ kJ \cdot mol^{-1}=278.805\ kJ \cdot mol^{-1}$$

同理

$$E_{atm}(H)=\frac{1}{2}\times 436\ kJ \cdot mol^{-1}=218\ kJ \cdot mol^{-1}$$

通常所说的原子化能，往往是原子化焓，两者相差很小。

所谓键能，通常是指在标准状态下气态分子拆开成气态原子时，每种键所需能量的平均值。对双原子分子来说，键能就是键的解离能。例如，298.15 K时，$E(H—H)=D(H—H)=436\ kJ \cdot mol^{-1}$。而对于多原子分子来说，键能和键的解离能是不同的。例如，H_2O 含2个O—H键，每个键的解离能不同，但O—H键的键能应是两个解离能的平均值，或者说是原子化的一半：

$$E(\text{O—H})=\frac{1}{2}\times(4\ 999+429)\ \text{kJ}\cdot\text{mol}^{-1}=464\ \text{kJ}\cdot\text{mol}^{-1}$$

由上所述，键解离能指的是解离分子中某一种特定键所需的能量，而键能指的是某种键的平均能量，键能与原子化能的关系则是气态分子的原子化能等于全部键能之和。

键能是热力学的一部分，在化学反应中键的破坏或形成，都涉及系统热力学能的变化，但若反应中的体积功很小，甚至可忽略时，常用焓变近似地表示热力学能的变化。

在气相中键断开时的标准摩尔焓变称为键焓，以 $\Delta_B H_m^\ominus$ 表示。键焓与键能近似相等，实验测定中最常得到的是键焓数据。例如：

$$\Delta_B H_m^\ominus(\text{H—H})=E(\text{H—H})=436\ \text{kJ}\cdot\text{mol}^{-1}$$

$$\Delta_B H_m^\ominus(\text{C—H})=E(\text{C—H})=D(\text{C—H})=414\ \text{kJ}\cdot\text{mol}^{-1}$$

借助 Hess 定律，利用键能数据可以估算气相反应的标准摩尔焓变。因为化学反应的实质，是反应物中化学键的断裂和生成物中化学键的形成。断开化学键要吸热，形成化学键要放热。通过分析反应过程中化学键的断裂和形成，应用键能的数据，可以估算化学反应的焓变。

例 6-3　利用键能估算氨氧化反应的标准摩尔焓变 $\Delta_r H_m^\ominus$：

$$4NH_3(g)+3O_2(g)=\!=\!=2N_2+6H_2O(g)$$

解：由上述反应方程式可知：

反应过程中断裂的键有 12 个 N—H 键，3 个 $\text{O}\overset{\cdots}{\underset{\cdots}{—}}\text{O}$ 键，形成的键有 2 个 N≡N 键，12 个 O—H 键。有关化学键的键能数据为

$$E(\text{N—H})=389\ \text{kJ}\cdot\text{mol}^{-1},\ E(\text{O}\overset{\cdots}{\underset{\cdots}{—}}\text{O})=498\ \text{kJ}\cdot\text{mol}^{-1}$$

$$E(\text{N}\equiv\text{N})=946\ \text{kJ}\cdot\text{mol}^{-1},\ E(\text{O—H})=464\ \text{kJ}\cdot\text{mol}^{-1}$$

$$\begin{aligned}\Delta_r H_m^\ominus &=[12\times E(\text{N-H})+3\times E(\text{O}\overset{\cdots}{\underset{\cdots}{—}}\text{O})]-[2\times E(\text{N}\equiv\text{N})]+12E(\text{O-H})\\&=[12\times389+3\times498]\ \text{kJ}\cdot\text{mol}^{-1}-[2\times946+12\times464]\ \text{kJ}\cdot\text{mol}^{-1}\\&=-1\ 298\ \text{kJ}\cdot\text{mol}^{-1}\end{aligned}$$

由键能估算反应焓变值有一定实用价值。但是，由于反应物和生成物的状态未必能满足定义键能时的反应条件，所以，由键能求得的反应的焓变值尚不能完全取代精确的热力学计算和反应热的测量。

6.5.3　键长

分子中两个原子核间的平衡距离称为键长。例如，H_2分子中 2 个 H 原子的核间距为 74 pm，所以 H—H 键长就是 74 pm。键长和键能都是共价键的重要性质，可由实验（主要是分子光谱或热化学）测知。表 6-3 列出一些共价键的键长和键能。

表 6-3　一些共价键的键长和键能

共价键	键长/pm	键能 $E/(kJ\cdot mol^{-1})$	共价键	键长/pm	键能 $E/(kJ\cdot mol^{-1})$
H—H	74	436	C—C	154	346
H—F	92	570	C═C	134	602
H—Cl	127	432	C≡C	120	835
H—Br	141	366	N—N	145	159
H—I	161	298	N≡N	110	946
F—F	141	159	C—H	109	414
Cl—Cl	199	243	N—H	101	389
Br—Br	228	193	O—H	96	464
I—I	267	151	S—H	134	368

由表 6-3 中数据可见，H—F，H—Cl，H—Br，H—I 键长依次递增，而键能依次递减；单键、双键及三键的键长依次缩短，键能依次增大，但双键、三键的键长与单键的相比并非两倍、三倍的关系。

6.5.4　键角

键角与键长是反映分子几何构型的重要参数，如 H_2O 分子中 2 个 O—H 键之间的夹角是 104.5°，这就决定了 H_2O 分子是 V 形结构。键长与键角主要是通过实验技术测定，其中最主要的手段是通过 X 射线衍射测定单晶体的结构，同时给出形成单晶体分子的键长和键角的数据。

6.5.5　键矩与部分电荷

键矩的概念类似于力矩，当分子中共用电子对偏向成键两原子的一方时，键具有极性，如在 HCl 中共用电子对偏向电负性较大的 Cl 一方形成极性共价键，其中氢为正端，氯为负端，可用 $\overset{+\delta}{\mathrm{H}}—\overset{-\delta}{\mathrm{Cl}}$ 表示之，键的极性大小可用键矩来衡量，定义为：键矩 $\mu=q\cdot l$。式中，q 为电荷量；l 通常取两个原子的核间距即键长，如 $l(\mathrm{HCl})=127$ pm，μ 的单位为 C·m，键矩是矢量，其方向是从正指向负，其值可由实验测得，如 HCl 键矩经测得 $\mu=3.57\times10^{-30}$ C·m。由此计算出：

$$q=\frac{\mu}{l}=\frac{3.57\times10^{-30}\ \mathrm{C\cdot m}}{127\times10^{-12}\ \mathrm{m}}=28.1\times10^{-21}\ \mathrm{C}$$

相当于 $0.18e$（将 q 值除以 1.602×10^{-19} C 的结果），即 $\delta=0.18e$：

$$\overset{\delta(\mathrm{H})=0.18}{\mathrm{H}}\ —\ \overset{\delta(\mathrm{Cl})=-0.18}{\mathrm{Cl}}$$

也就是说，H—Cl 键具有 18%的离子性。

这里的 δ 通常又称为部分电荷，原子的部分电荷大小与成键原子间的电负性差有关，δ 值可借助电负性分数来计算：

部分电荷 =某原子的价层电子数-孤对电子数-共用电子数 × 电负性分数

如果成键原子分别为 A 和 B，其电负性分别为 χ_A 和 χ_B，则 A 原子的电负性分数为 $\chi_A/(\chi_A+\chi_B)$。

已知H和Cl的电负性分别为2.18和3.16，HCl分子中，H原子和Cl原子的部分电荷计算如下：

$$\delta(\mathrm{H})=1-0-2\times\left(\frac{2.18}{2.18+3.16}\right)=0.18$$

$$\delta(\mathrm{Cl})=7-6-2\times\left(\frac{3.16}{3.16+2.18}\right)=-0.18$$

化学视野——分子自组装与超分子化学

自组装(self-assembly)是指基本结构单元(分子、纳米材料、微米或更大尺度的物质)自发形成有序结构的一种技术。在自组装的过程中，基本结构单元在基于非共价键的相互作用下自发地组织或聚集为一个稳定、具有一定规则几何外观的结构。自组装过程并不是大量原子、离子、分子之间弱作用力的简单叠加，而是若干个体之间同时自发地发生关联并集合在一起形成一个紧密而又有序的整体，是一种整体的复杂的协同作用。

分子自组装利用了分子与分子或分子中某一片段与另一片段之间的分子识别，相互通过非共价键作用形成具有特定排列顺序的分子聚合体。分子自发地通过无数非共价键的弱相互作用力的协同作用是发生自组装的关键。这里的“弱相互作用力”指的是氢键、范德瓦耳斯力、静电力、疏水作用力、π-π 堆积作用、阳离子-π 吸附作用等。非共价键的弱相互作用力维持自组装体系的结构稳定性和完整性。

并不是所有分子都能够发生自组装过程，它的产生需要两个条件：自组装的动力以及导向作用。自组装的动力指分子间的弱相互作用力的协同作用，它为分子自组装提供能量。自组装的导向作用指的是分子在空间的互补性，也就是说要使分子自组装发生就必须在空间的尺寸和方向上达到分子重排要求。

不同于分子化学基于原子之间的共价键，超分子化学基于分子间的相互作用，即两个或两个以上的结构块依靠分子间作用力缔合。以类似于原子结合形成分子的方式结合成超分子。超分子化学是分子水平以上的化学。主要研究两个或两个以上分子通过分子之间的非共价键相互作用生成具有特定功能的分子聚集体的结构。

超分子化学科学家、诺贝尔化学奖获得者Lehn教授在获奖演说中对超分子化学的定义：“Supramolecular chemistry is the chemistry of the intermolecular bond, covering the structures and functions of the entities formed by association of two or more chemical species”。即超分子化学是研究两种以上的化学物种通过分子间力相互作用缔结成为具有特定结构和功能的超分子体系的科学。简言之：超分子化学是研究多个分子通过非共价键作用而形成的功能体系的科学。Lehn在演说“超分子化学——范围与展望、分子、超分子和分子器件”中，更直接地提出了超分子化学的命题，他建议将超分子化学定义为“超出分子的化学”(chemistry beyond the molecule)。

超分子化学已成为当前公认的化学理论与应用技术的前沿课题。超分子与普通分子的区别不在于物种的大小，而在于是否能够把这个物种分裂为至少在原则上能独立存在的分子。大分子自组装、超分子化学和高分子科学的交叉学科是当今化学和材料科学发展的前沿，是孕育先进材料的摇篮。

思考题

6-1　区分下列概念：

(1) 共价键与离子键；　(2) 共价键与配位共价键；　(3) 极性与非极性共价键；

（4）σ 键与 π 键；（5）d^2sp^3杂化与 sp^3d^2杂化；（6）价键理论与分子轨道理论；

（7）成键轨道与反键轨道。

6-2 下列离子中，何者几何构型为 T 形？何者几何构型为平面四边形？

（1）XeF_3^+ （2）NO_3^- （3）SO_3^{2-}

（4）ClO_4^- （5）IF_4^+ （6）ICl_4^-

6-3 F_2的成键作用靠的是哪个轨道的电子？

6-4 实验测得 O_2的键长比 O_2^+的键长长，而 N_2的键长比 N_2^+的键长短；除 N_2以外，其他三个物种均为顺磁性，如何解释上述实验事实？

6-5 用化学键理论解释为什么碱金属是电的良好导体。

6-6 下列判断中正确的是

（1）CO_2为非极性分子，而 SO_2为极性分子

（2）$[Ag(NH_3)_2]^+$配离子中的中心离子 Ag^+采取的是 sp^2杂化方式

（3）HBr 分子比 HI 分子的共价成分多一些

（4）O_2^+不具有顺磁性

6-7 下列分子的偶极矩是否为零？

（1）CCl_4 （2）NH_3 （3）SF_6 （4）$BeCl_2$

6-8 判断下列说法是否正确。

（1）形成 CCl_4时，C 原子采取了 sp^3轨道杂化，所以其结构是正四面体。

（2）sp^3 杂化得到的四个杂化轨道具有相同的能量。

（3）共价双键是由一个 π 键和一个 σ 键构成的。

（4）NH_3和 CH_4的中心原子都是采取 sp^3杂化，所以都是正四面体形。

（5）通常情况下，杂化轨道只能形成 σ 键。

第 6 章 习题答案

习题

6-1 写出下列化合物分子的结构式，并指出其中何者是 σ 键，何者是 π 键，何者是配位键。

（1）膦 PH_3 （2）联氨 N_2H_4(N—N 单键) （3）乙烯 （4）甲醛 （5）甲酸

6-2 根据下列分子或离子的几何构型，试用杂化轨道理论加以说明。

（1）$HgCl_2$(直线形) （2）SiF_4(正四面体) （3）BCl_3(平面三角形)

（4）NF_3(三角锥形，102°) （5）NO_2^-(V 形，115.4°)

6-3 试用价层电子对互斥理论推断下列各分子的几何构型，并用杂化轨道理论加以说明。

（1）$SiCl_4$ （2）CS_2 （3）BBr_3 （4）PF_3 （5）OF_2 （6）SO_2

6-4 试用价层电子对互斥理论判断下列离子的几何构型。

（1）I_3^- （2）ICl_2^+ （3）TlI_4^{3-} （4）CO_3^{2-}

（5）ClO_3^- （6）SiF_5^- （7）PCl_6^-

6-5 利用价层电子对互斥理论排列 NO_2，NO_2^+，NO_2^-中键角∠ONO 的顺序。

6-6 利用价层电子对互斥理论预测下列分子或离子的几何构型：

（1）NO_3^- （2）NF_3 （3）SO_3^{2-} （4）ClO_4^- （5）CS_2

(6) BO_3^{3-} (7) SiF_4 (8) H_2S (9) AsO_3^{3-} (10) ClO_3^-

6-7 下列各对分子或离子中，何者具有相同的几何构型。

(1) SF_4与 CH_4 (2) ClO_2与 H_2O (3) CO_2与 BeH_2

(4) NO_2^+与 NO_2 (5) PCl_4^+与 SO_4^{2-} (6) BrF_5与 $XeOF_4$

6-8 写出 O_2^+、O_2、O_2^-、O_2^{2-}的分子轨道电子排布式，计算其键级，比较其稳定性强弱，并说明其磁性。

6-9 利用分子轨道理论写出下列双原子分子或离子的电子构型，计算其键级，并推测它们的稳定性。

(1) H_2^+ (2) C_2 (3) B_2 (4) Li_2 (5) He_2 (6) He_2^+ (7) Be_2

6-10 下列分子或离子中何者键角最小?

(1) NH_3 (2) PH_4^+ (3) BF_3 (4) H_2O (5) $HgBr_2$

6-11 指出下列分子或离子的几何构型、键角、中心原子的杂化轨道，并估计分子中键的极性。

(1) KrF_2 (2) BF_4^- (3) SO_3 (4) XeF_4 (5) PCl_5 (6) SeF_6

6-12 回答下列问题。

(1) 在 $HgCl_2$、H_2O、NH_3、PH_3分子或离子中，键角最小的是哪一个?

(2) PBr_3、CH_4、BF_3、H_2O、NO_2、SCl_2、CS_2分子中心原子采取 sp^2杂化的是哪些?

(3) SO_4^{2-}的几何构型是什么?

(4) O_2、O_2^{2-}、N_2、CO 分子或离子具有顺磁性的是哪一个?

(5) NH_3、H_2O、$BeCl_2$、BF_3分子构型为平面三角形分子的是哪一个?

6-13 应用价层电子对互斥理论指出下列分子或离子的几何构型。

物种	价层电子对数	成键电子对数	孤对电子对数	几何构型
ClO_4^-				
NO_3^-				
SiF_6^{2-}				
BrF_5				
NF_3				
NO_2^-				
NH_4^+				

第 7 章

固体结构

Solid Structure

学习要求：

1. 了解晶体结构特点与不同类型晶体的特性；
2. 熟悉三种离子晶体的结构特征，理解晶格能对离子化合物熔点、硬度的影响；
3. 熟悉分子晶体和原子晶体的一般特征与组成特点；
4. 了解离子键、金属键、分子间作用力和氢键的基本概念。

固体分为晶体（crystal）、非晶体（non-crystal）和准晶体（quasicrystal）三大类。晶体通常呈现规则的几何形状，其内部原子的排列十分规整严格。如果将晶体中任意一个原子沿某一方向平移一定距离，必能找到一个同样的原子。而玻璃、珍珠、沥青、塑料等非晶体的内部原子排列则是杂乱无章的。非晶体的内部组成是原子无规则的均匀排列，没有一个方向比另一个方向特殊，如同液体内的分子排列一样，不形成空间点阵，故表现为各向同性。准晶体亦称为"准晶"或"拟晶"，是一种介于晶体和非晶体之间的固体结构。准晶体的发现，是 20 世纪 80 年代晶体学研究中的一次突破。其内部排列既不同于晶体，也不同于非晶体。具有与晶体相似的长程有序的原子排列，但是准晶体不具备晶体的平移对称性。不同结构固体的性质不相同。本章从晶体结构理论开始，主要介绍金属晶体与金属键、离子键与离子晶体、共价键与原子晶体、分子晶体与混合晶体、分子间作用力和氢键等基础内容。

7.1 晶体结构与类型

7.1.1 晶体的结构特点

究竟什么样的物质才能算作晶体？首先，除液晶外，晶体一般是固体形态。其次，组成晶体的原子、分子或离子具有规律、周期性的排列，这样的物质就是晶体。但仅从外观上，用肉眼很难区分晶体、非晶体与准晶体。众所周知，食盐是氯化钠的结晶，味精是谷氨酸钠的结晶，冬天窗户玻璃上的冰花和天上飘下的雪花，是水的结晶。牙齿、骨骼也是晶体，日常见到的各种金属及合金制品也属于晶体，就连地上的泥土砂石也都是晶体。由于这些物质内部原子排列的明显差异，导致了晶体与非晶体物理、化学性质的巨大差异。例如，晶体有固定的熔点，当温度高到某一温度便立即熔化，而玻璃及其他非晶体则没有固定的熔点，从软化到熔化有一个较大的温度范围。因此，晶体是由原子或分子在空间按一定规律周期性地重复排列构成的固体物质。一种物质是不是晶体是由其内部结构决定的，而非由外观判断。周期性是晶体结构最基本的特征，其特点主要体现在以下几点：

（1）晶体具有规则的多面体外形；

（2）晶体呈各向异性；

（3）晶体具有固定的熔点。

另外，多数的固态晶体属于多晶体（也叫复晶体），是由单晶体组成的。这种组成方式是无规则的，每个单晶体的取向不同。虽然每个单晶体仍保持原来的特性，但多晶体除有固定的熔点外，其他宏观物理特性都不再存在。这是因为组成多晶体的单晶体仍保持着分子、原子有规则地排列，温度达不到熔解温度时不会破坏其空间点阵，故仍存在熔解温度。而其他方面的宏观性质，则因为多晶体是由大量单晶体无规则排列成的，单晶体各方向上的特性平均后，没有一个方向比另一个方向上更占优势，故成为各向同性。各种金属就属于多晶体，它们没有固定的独特形状，表现为各向同性。

7.1.2　晶格理论

1. 晶胞与晶胞参数

按照晶体的现代点阵理论，构成晶体结构的原子、分子或离子都能抽象为几何学上的点，再用假想的线段将这些代表原子、分子或离子的各点连接起来，得到平面格子。这些没有大小、没有质量、不可分辨的点在空间排布形成的图形称为点阵，以此表示晶体中结构粒子的排布规律。构成点阵的点称为阵点，阵点代表的化学内容称为结构基元。将这二维体系扩展到三维体系，得到的是空间格子，将这种用来描述原子在晶体中排列的空间格子，称为晶格。晶格是一种几何概念。晶格也可以看成点阵上的点所构成的点群集合。晶格使用点和线反映晶体结构的周期性，是从实际晶体中抽象出来的，用以表示晶体结构周期性规律。

对于一个确定的空间点阵，可以按选择的向量将它划分成很多平行六面体，每个平行六面体为一个单位，并以对称性高、体积小、含点阵点少的单位为其正当格子。由于晶体中原子的排列是有规律的，可以从晶格中拿出一个完全能够表达晶格结构的最小单元，这个最小单元就称作晶胞，如图 7-1 所示。晶胞在三维空间有规则地重复排列组成了晶体。晶胞是充分反映晶体对称性的基本结构单位。单晶体内所有的晶胞取向完全一致（如单晶硅、单晶石英）。当然，也有许多取向相同的晶胞组成晶粒，由取向不同的晶粒组成的物体称为多晶体，最常见到的晶体一般是多晶体。

晶胞包含两个要素：一是晶胞的大小和形状，由晶胞参数决定。晶胞参数用图 7-1 中最右侧图示的 a、b、c、α、β、γ 表示。其中，a、b、c 为六面体边长，α、β、γ 分别是 bc、ca、ab 所组成的夹角。晶胞参数确定了晶胞的大小与形状，不同的晶体通常具有不同的晶胞，即晶胞参数是可变的。二是晶胞的内容，由晶胞中粒子的种类、数目和它在晶胞中的相对位置来决定。

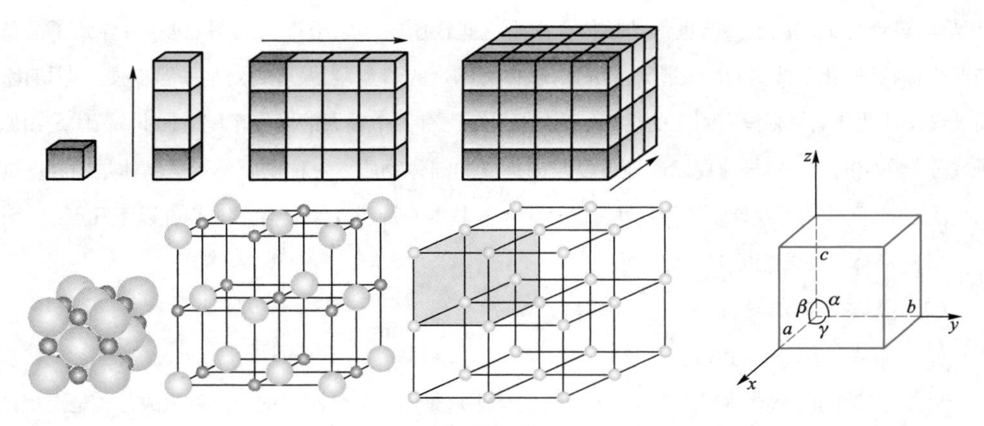

图 7-1　晶胞是表达晶格结构的最小单元

2. 7 种晶系和 14 种空间点阵排列形式

按照晶胞参数的不同，将晶体分成 7 个晶系，如表 7-1 所示，这些晶系具有不同的对称性，详细对称性见图 7-2。按带心型式分类，将七大晶系分为 14 种型式，它们是简单立方、体心立方、面心立方；简单四方、体心四方；简单单斜、*C* 心单斜、简单正交、*C* 心正交、体心正交、面心正交；简单三斜，简单六方，*R* 心六方，见图 7-3。

表 7-1　按照晶胞参数分成的 7 个晶系

晶系	边长	夹角	晶体实例
立方晶系	$a=b=c$	$\alpha=\beta=\gamma=90°$	NaCl
四方晶系	$a=b\neq c$	$\alpha=\beta=\gamma=90°$	SnO_2
正交晶系	$a\neq b\neq c$	$\alpha=\beta=\gamma=90°$	$HgCl_2$
单斜晶系	$a\neq b\neq c$	$\alpha=\gamma=90°, \beta\neq 90°$	$KClO_3$
三斜晶系	$a\neq b\neq c$	$\alpha\neq\beta\neq\gamma\neq 90°$	$CuSO_4\cdot 5H_2O$
三方晶系	$a=b=c$	$\alpha=\beta=\gamma\neq 90°$	Al_2O_3
六方晶系	$a=b\neq c$	$\alpha=\beta=90°, \gamma=120°$	AgI

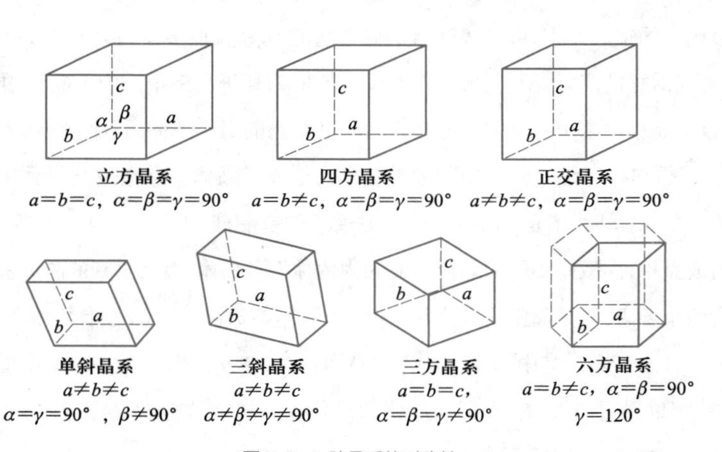

图 7-2　7 种晶系的对称性

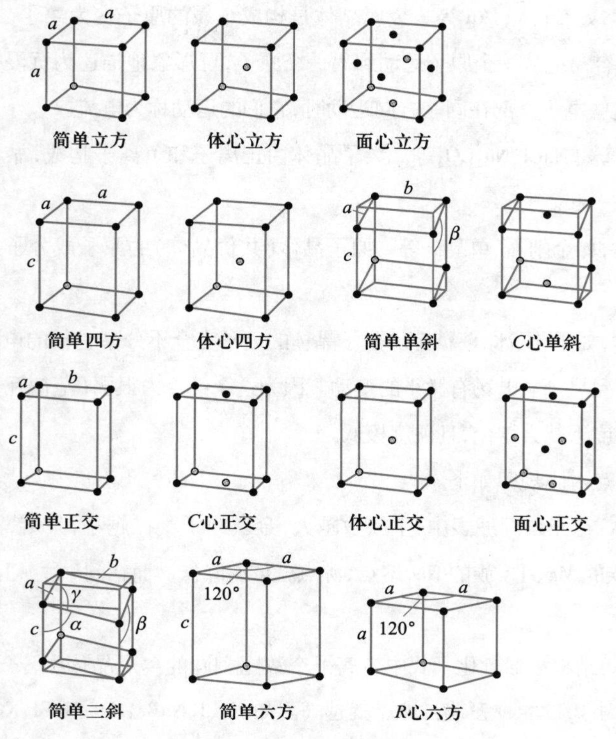

图 7-3　14 种空间点阵排列形式

7.1.3　晶体类型

晶体的一些性质取决于将分子联结成固体的结合力。这些力通常涉及原子或分子的最外层电子(或称价电子)的相互作用。如果结合力强,晶体有较高的熔点。如果结合力稍弱一些,晶体将有较低的熔点,也可能较易弯曲和变形。如果结合力很弱,晶体只能在很低的温度下形成,此时分子可利用的能量不多。

按照晶体质点的结合力,将晶体分为金属晶体、离子晶体、分子晶体和原子晶体。前三者中分别存在的金属键、离子键和分子间作用力,都没有方向性和饱和性,这些作用力都趋向使原子(离子)具有较大的配位数以降低系统的能量。四种主要晶体类型及其特点见表 7-2。

表 7-2　晶体的类型与性质特点

晶体类型	组成粒子	粒子间作用力	物理性质			实例
			熔点、沸点	硬度	熔融导电性	
金属晶体	原子 离子	金属键	高、低	大、小	好	Cr、K
离子晶体	离子	离子键	高	大	好	NaCl
原子晶体	原子	共价键	高	大	差	金刚石、单晶硅
分子晶体	分子	分子间力	低	小	差	干冰

（1）金属晶体，如Cu、Ag、Au等。金属晶体是构成金属的原子变为离子，并被自由的价电子所包围。它们能够容易地从一个原子运动到另一个原子，可形象地描述为沉浸在自由电子的海洋里（金属键）。当这些电子全部在同一方向运动时，它们的运动称为电流。

（2）离子晶体，如NaCl、Na_2CO_3等。离子晶体由正离子和负离子构成，靠不同电荷之间的引力（离子键）结合在一起。

（3）原子晶体，如金刚石、单晶硅等。原子晶体（共价晶体）的原子或分子共享它们的价电子（共价键）。

（4）分子晶体，如干冰、冰、蔗糖等。分子晶体的分子完全不分享它们的电子。它们的结合是由于从分子的一端到另一端电场有微小的变动。因为这个结合力很弱（范德瓦耳斯力和氢键），这些晶体在很低的温度下就会熔化，且硬度极低。

四种晶体熔沸点对比规律如下。

（1）金属晶体：在元素周期表中，主族数越大，金属原子半径越小，其熔、沸点也就越高。如ⅢA族的Al、ⅡA族的Mg、ⅠA族的Na，熔点、沸点就依次降低。而在同一主族中，金属原子半径越小，其熔、沸点越高。

（2）离子晶体：结构相似且化学式中各离子个数比相同的离子晶体中，离子半径越小（或负、正离子半径之和越小），键能越强，熔、沸点就越高。如NaCl、NaBr、NaI；NaCl、KCl、RbCl等的熔、沸点依次降低。离子所带电荷越大，熔点越高。如MgO熔点高于NaCl。

（3）原子晶体：在原子晶体中，成键原子半径越小，键能越大，熔点就越高。如金刚石、金刚砂（碳化硅）、晶体硅的熔、沸点逐渐降低。

（4）分子晶体：在组成结构均相似的分子晶体中，相对分子质量大的分子间作用力越大，熔点越高。如F_2、Cl_2、Br_2、I_2和HCl、HBr、HI等均随相对分子质量增大，熔点、沸点升高。但结构相似的分子晶体，有氢键存在的熔点、沸点较高。

7.2 金属键与金属晶体

金属晶体（metallic crystal）是晶格结点上排列着金属原子-离子所构成的晶体。金属晶体通常具有很高的导电性、导热性、可塑性和机械强度，对光的反射系数大，呈现金属光泽，在酸中可替代氢形成正离子等。金属晶体中的原子-离子按照金属键结合，因此金属晶体的物理性质和结构特点都与金属原子之间主要靠金属键键合相关。

金属单质及一些金属合金都属于金属晶体，如镁、铝、铁和铜等。金属晶体中存在金属离子（或金属原子）和自由电子，金属离子（或金属原子）总是紧密地堆积在一起，金属离子和自由电子之间存在较强烈的金属键，自由电子在整个晶体中自由运动。金属具有共同的特性，如金属有光泽、不透明，是热和电的良导体，具有良好的延展性和机械强度。大多数金属具有较高的熔点和硬度。金属晶体中，金属离子排列越紧密，金属离子的半径越小、离子电荷越高，金属键越强，金属的熔点、沸点越高。如 IA 族金属由上而下，随着金属离子半径的增大，熔点、沸点递减。第三周期金属的熔点、沸点按 Na、Mg、Al 顺序，递增。

金属晶体内原子的排列好似很多等径圆球一层一层地紧密堆积在一起而形成晶体。所谓等径圆球紧密堆积，就是将很多直径相同的圆球堆积起来做到留下的空隙为最小。1883 年，英国学者巴罗发现等径圆球的最紧密堆积只有两种排列方式：一种是立方对称，另一种是六方对称，分别相当于现在知道的金属单质的 A1 型和 A3 型结构。因此很多晶态物质都是原子或离子相当紧密堆积的集合体，很多晶体的结构可以用球体的堆积来讨论。等径圆球密堆积构成了金属晶体的主要结构类型为面心立方密堆积、六方密堆积和体心立方密堆积三种，分别构成了面心立方晶格、密排六方晶格、体心立方晶格。

7.2.1 金属晶体的结构

1. 面心立方密堆积（ABCABC…）

由于金属键没有饱和性和方向性，因此，金属晶格的结构要求金属原子采取紧密堆积的方式。这里以等径圆球最密堆积模型进行说明。取很多直径相同的硬圆球，将它们相互接触排列成一条直线（所有的球心正确地在一条直线上），形成了一个等径圆球密置列。将很多互相平行的等径圆球密置在一个平面上最紧密地相互靠拢（要做到最紧密只能有一个方式，就是每个球与四周其他六个球相接触），就形成了一个等径圆球密置层。它是沿二维空间伸展的等径圆球密堆积唯一的一种排列方式，如图 7-4 所示。取 A、B 两个等径圆球密置层，将 B 层放在 A 层上面。要做最密堆积使空隙最小也只有一种唯一堆积方式，就是将两个密置层平行地错开一点，使 B 层的球的投影位置正落在 A 层中三个球所围成的空隙的中心上，并使两层紧密接触。这时，每一个球将与另一层的三个球相接触，即图 7-4 所示的堆积方式。

在密置双层的基础上进一步了解等径圆球的三维最密堆积就很容易了。将第三个等径圆球

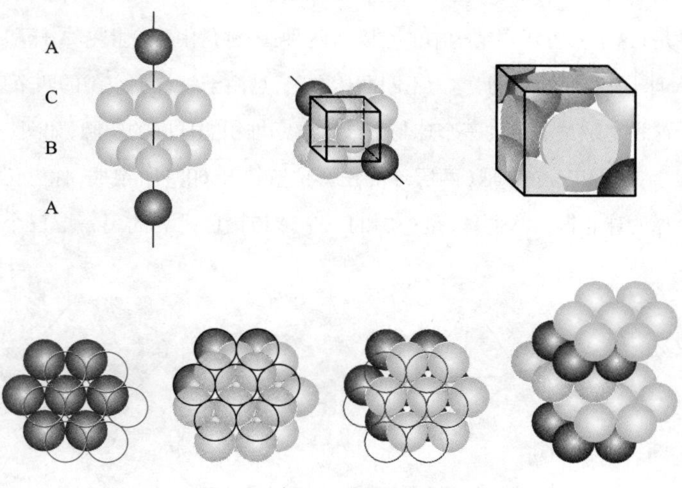

图 7-4 金属原子面心立方密堆积

密置层 C 放在上述密置双层的上面，与 B 层紧密接触，留意将 C 层中的球的投影位置对准前二层组成的正八面体空隙中心，以后第四、五、六，第七、八、九个密置层的投影位置分别依次与 A、B、C 层重合。这样，就得到了 A1 型的密堆积，它可用符号…ABCABC…来表示，由于可从 A1 型密堆积结构中抽出面心立方晶胞来，所以它又称为面心立方最密堆积。面心立方晶格的晶胞是一个立方体（图 7-4），立方体的八个顶角和六个面的中心各有一个原子。具有 A1 型密堆积结构的金属单质有铝、铅、铜、银、金、铂、钯、镍、γ-Fe 等。

2. 六方密堆积（ABAB…）

假如加在密置双层 AB 上的第三、五、七……个密置层的投影位置正好与 A 层重合，第四、六、八……个密置层的投影位置正好与 B 层重合，各层间都紧密接触，则得到 A3 型的密堆积，它可用符号…ABAB…来表示（图 7-5）。由于从其中可抽出六方晶胞，它又称为六方最密堆积。具有 A3 型堆积结构的金属单质有铍、镁、钛、锆、锌、镉、锇等。

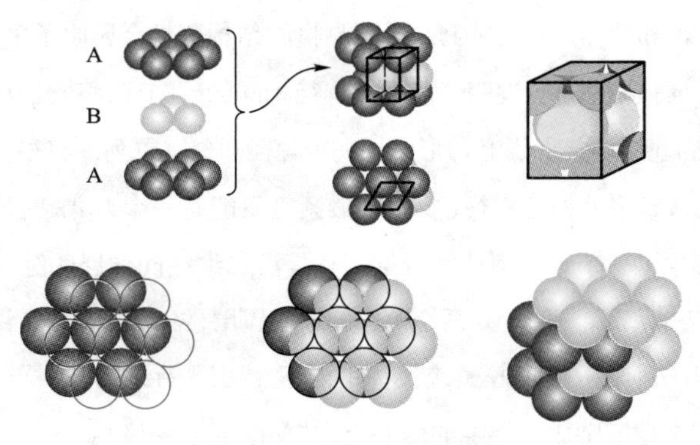

图 7-5　金属原子六方密堆积

六方密堆积晶格的晶胞是一个上下底面为正六边形的六柱体，在六柱体的十二个顶角和上、下底面的中心各有一个原子，六柱体的中间还有三个原子。

值得重视的是，这个密置双层结构中的空隙有两种：一种是由三个相邻 A 球和一个 B 球（或三个 B 球和一个 A 球）所组成的空隙，称为正四面体空隙，是由于将包围空隙的四个球的球心连接起来得正四面体。这种空隙是一层的三个球与上或下层密堆积的球间的空隙，如图 7-6(a) 所示。另一种空隙是由三个 A 球和三个 B 球（两层球的投影位置错开 60°）所组成，称为正八面体空隙，是由于连接这六个球的球心得正八面体，是一层的三个球与错位排列的另一层三个球间的空隙，如

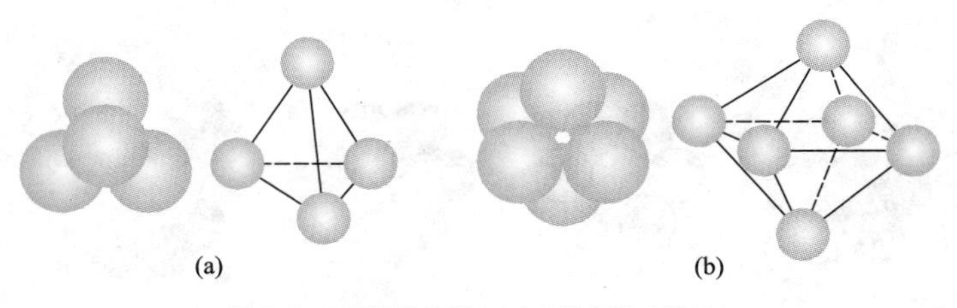

图 7-6　正四面体空隙（a）与正八面体空隙（b）

图 7-6(b)所示。显然八面体空隙比四面体空隙大。

在 A1 型和 A3 型结构的金属单质晶体中,每个金属原子的配位数均为 12,即每个原子是与 12 个原子(同一密置层中六个原子,上、下层中各三个原子)相邻接。这两种堆积方式是在等径圆球密堆积中最紧密的方式,配位数最高,空隙最小(只占总体积的 25.95%)。

3. 体心立方密堆积

除 A1 型和 A3 型外,钠、钾等常见的碱金属和钡、铬、钼、钨、α-Fe 等金属单质都具有 A2 型密堆积。在 A2 型结构中,最小单位是立方体,体心立方晶格的晶胞是一个立方体,立方体的八个顶角和立方体的中心各有一个原子。立方体中心有一个球(代表原子),立方体的每一顶角各有一个球,所以原子的配位数为 8,空隙占总体积的 31.98%。

在金属单质中,上述三种高配位密堆积结构型式占了统治地位。这表明用等径圆球密堆积的理论模型来处理金属单质的结构是正确的。三种密堆积的对比见图 7-7,几种晶体的类型与性质特点见表 7-3。

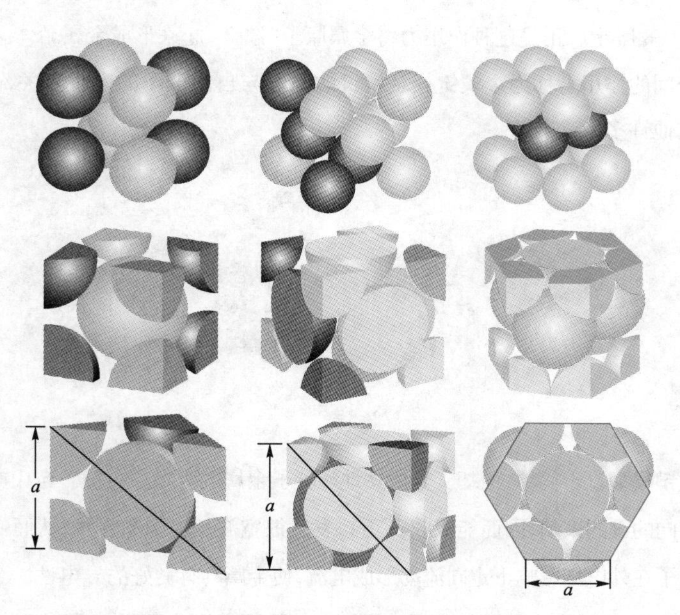

图 7-7 体心立方密堆积、面心立方密堆积、六方密堆积的晶格比较

表 7-3 晶体的类型与性质特点

堆积方式	晶胞类型	空间利用率/%	配位数	实例
面心立方密堆积(A1)	面心立方	74	12	Cu、Ag、Au
六方密堆积(A3)	六方	74	12	Mg、Zn、Ti
体心立方密堆积(A2)	体心立方	68	8 或 14	Na、K、Te
金刚石型堆积(A4)	面心立方	34	4	Zn
简单立方堆积	简单立方	52	6	Po

7.2.2 金属键

金属晶体中金属原子间的结合力称为金属键(metallic bond)。1916年,荷兰理论物理学家洛伦兹(Lorentz)提出金属"自由电子理论",可定性地阐明金属的一些特征性质。这个理论认为,在金属晶体中金属原子失去其价电子成为正离子,正离子如刚性球体排列在晶体中,电离下来的电子可在整个晶体范围内在正离子堆积的空隙中"自由"地运行,称为自由电子。正离子之间固然相互排斥,但可在晶体中自由运行的电子能吸引晶体中所有的正离子,把它们牢牢地"结合"在一起。这就是金属键的自由电子理论模型。金属键目前有两种理论,一个是金属键的电子海模型,另一个是金属键的能带理论。

1. 金属键的电子海模型

电子海(electron sea)模型认为,金属键的形象说法是:"失去电子的金属离子浸在自由电子的海洋中。"金属原子的半径较大,核对价电子的吸引力较弱。这些价电子容易从金属原子上脱落并汇集成所谓的"电子海",脱落下来的电子可以在整个晶体中自由流动,因而被称之为自由电子或离域电子,如图7-8所示。正是这种作用力将金属原子"胶合"起来形成金属晶体。金属中自由电子与金属正离子间的作用力称为金属键。金属键的强弱与自由电子的多少有关,也与离子半径、电子层结构等其他许多因素有关。

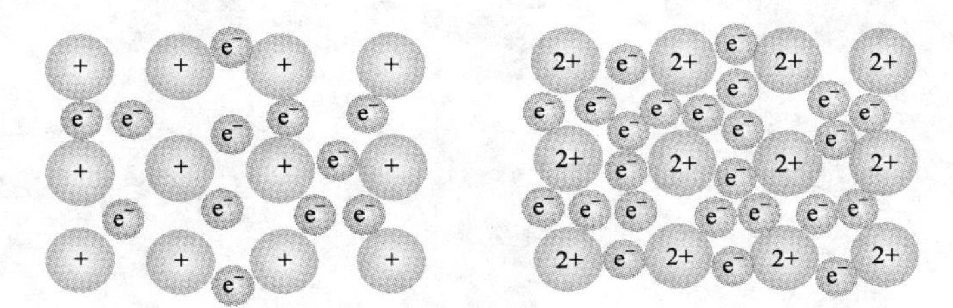

图7-8 电子海模型

尽管这种成键模型过于简单,但却十分成功地解释了金属的大多数特征。自由电子不受某种具有特征能量和方向的键的束缚,因而能吸收并重新发射很宽波长范围的光线,从而使金属不透明且具光泽。自由电子在外电场影响下定向流动形成电流,使金属具有良好的导电性。金属的导热性也与自由电子有关,运动中的自由电子与金属离子通过碰撞而交换能量,进而将能量从一个部位迅速传至另一部位。与离子型和共价型物质不同,外力作用于金属晶体时正离子间发生的滑动不会导致键的断裂,使金属表现出良好的延性和展性,从而便于进行机械加工。金属具有较高的沸点和汽化热,表明金属正离子不那么容易游出"电子海"。一般来说,价电子多的金属的熔点、沸点相对较高,这是由于更多的自由电子增强了金属键。价电子多的金属其硬度和密度通常也较大。

2. 金属键的能带理论

能带理论(energy band theory)应用分子轨道理论研究金属晶体中的结合力。分子轨道理论将金属晶体看作一个巨大分子，结合在一起的无数个金属原子形成无数条分子轨道，电子填充在分子轨道中。

以金属锂为例。两个锂原子的两条 2s 轨道组合成 1 条 σ 成键轨道和 1 条反键 σ 轨道，如图 7-9(a)所示。由于分子轨道数等于参与组合的原子轨道数，3 个、10 个、n 个锂原子就应产生 3 条、10 条、n 条 σ_{2s} 轨道和 σ_{2s}^* 轨道。由于这些轨道处于许多不同的能级，成键轨道间的能量差和反键轨道间的能量差随着原子数的增多都变得越来越小。这些轨道能级实际上变得如此接近，以致可将其看成连续状态[图 7-9(b)]。将这样一组连续状态的分子轨道称为一个能带(energy band)。

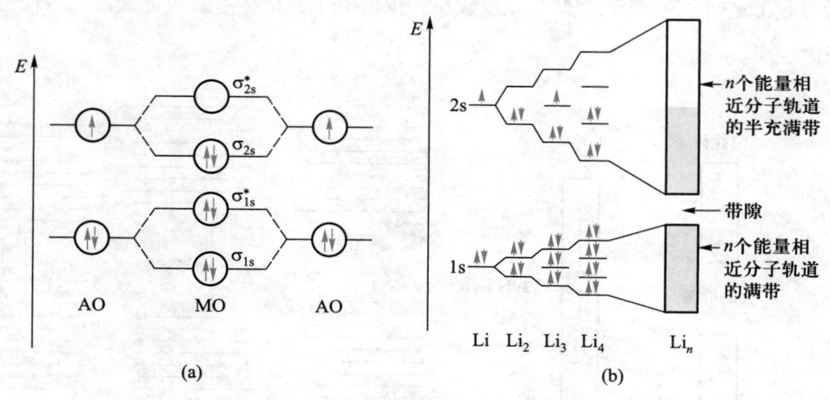

图 7-9　金属锂的能带形成

在 Li 原子的 2s 原子轨道形成的能带中，由于每个锂原子只有 1 个价电子，该能带应处于半满状态，即一半轨道被电子填充。处于半满状态的电子可以自由运动，电子在其中能自由运动的能带叫导带(conduction band)。含有导带的金属具有导电性。

按照能带理论，金属镁似乎应为非导体，因为最高的能带已被每个 Mg 原子提供的 2 个 3s 电子所充满(图 7-10)，而事实上金属镁能够导电。能带理论认为，Mg 原子的 3p 空轨道形成一个空能带，该能带与 3s 能带发生部分重叠，致使 3s 能带上的电子可向 3p 能带移动。所以，金属镁也有导

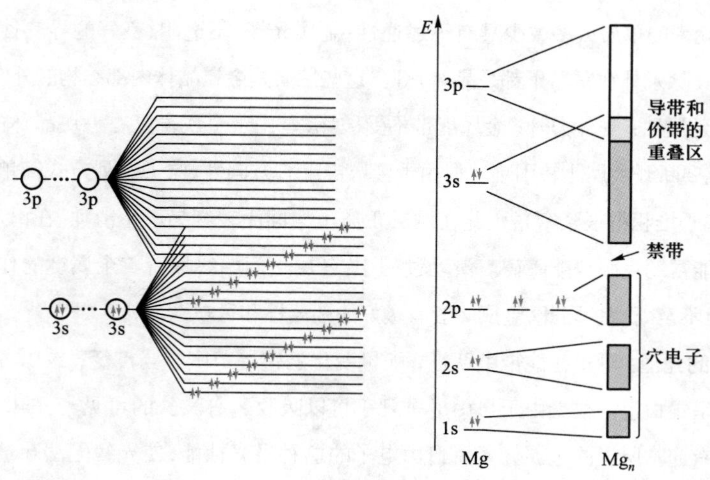

图 7-10　金属镁的能带形成

电性。金属中最高的全充满能带叫价带(valence band),二价金属的价带和导带相重叠。

价带与能带之间的区域称为禁带(forbidden energy gap)。禁带的大小对区分导体、半导体和绝缘体起着十分重要的作用。导体具有半满或全空导带,全空导带与价带紧接,即禁带宽度为零,以便价带电子容易进入,见图 7-11。无论是哪一种情况,外电场作用下电子都会在导带中流动产生电流。绝缘体则不然,其禁带较宽(如金刚石和氮化硼),以致价带电子无法进入导带。对全充满的价带本身而言,外电场中的电子充其量只能互换位置(即双向移动),而不可能产生电流。半导体的价带与导带之间存在禁带,但禁带宽度较小。少量电子甚至在室温也能跃过禁带而进入导带而显示导电性质。

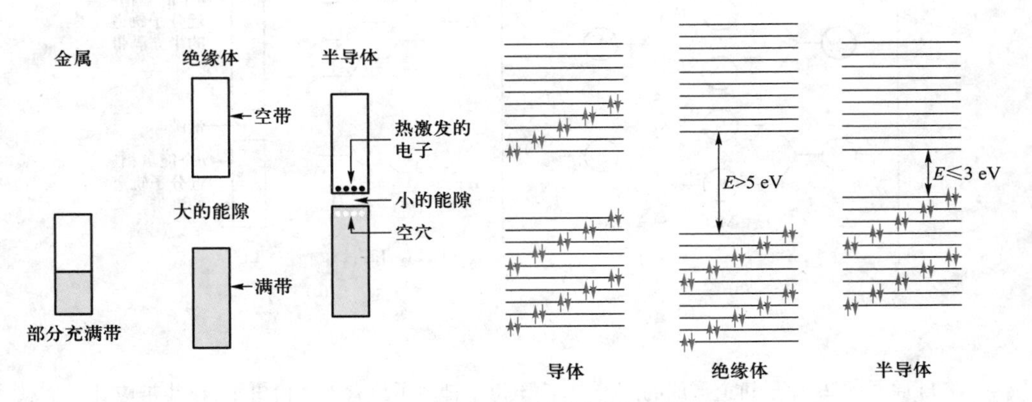

图 7-11 导体、半导体与绝缘体的能带

金属导电能力随温度升高而下降,是因为随着金属离子在其平衡位置附近振动的加剧,增大了流动中的电子与之碰撞的机会。半导体则不同,随湿度升高会有更多电子获得跃过禁带所需的能量而进入导带,其结果是,电导率随温度上升而增大。

3. 金属键理论的应用

一切金属元素的单质或多或少具有下述通性:金属光泽、不透明、良好的导热性与导电性、延展性、熔点较高(除汞外在常温下都是晶体)等。这些性质是金属晶体内部结构的外在表现。

(1) 金属延展性:受外力时,金属能带不受破坏,是由于金属键是在一块晶体的整个范围内起作用的,因此要断开金属比较困难。但由于金属键没有方向性,原子排列方式简单,重复周期短(这是由于正离子堆积得很紧密),因此在两层正离子之间比较容易产生滑动,在滑动过程中自由电子的活动性能帮助克服势能障碍。滑动过程中,各层之间始终保持着金属键的作用,金属固然发生了形变,但不至断裂。因此,金属一般有较好的延展性和可塑性。

(2) 金属的光泽:电子在能带中跃迁,能量变化的覆盖范围相当广泛,放出各种波长的光,故大多数金属呈银白色。或者由于自由电子几乎可以吸收所有波长的可见光,随即又发射出来,因而使金属具有通常所说的金属光泽。自由电子的这种吸光性能,使光线无法穿透金属。因此,金属一般是不透明的,除非是经特殊加工制成的极薄的箔片。

（3）导电的能带:有两种情形，一种是有导带，另一种是满带和空带有部分重叠(如 Be)，也有满带电子跃迁，进入空带中,形成导带,使金属晶体导电。

（4）金属的熔点和硬度：一般来说金属单电子多时，金属键强，熔点高，硬度大。如 W 和 Re,熔点达 3 500 K,而 K 和 Na 单电子少，金属键弱，熔点低，硬度小。

7.3 离子键与离子晶体

7.3.1 离子键

离子晶体指的是内部的离子由离子键互相结合的固态物质。离子晶体中正、负离子或离子基团在空间排列上具有交替相间的结构特征,因此具有一定的几何外形。

离子键理论(ionic bond theory)认为,电离能小的金属原子与电子亲和能大的非金属原子相互靠近时失去或获得电子生成具有稀有气体稳定电子结构的正、负离子,然后通过库仑静电引力生成离子化合物。库仑力与正、负离子的电荷(q^+、q^-)成正比,与正、负离子间距(R)成反比。这种正、负离子间的静电引力称为离子键。

$$f=\frac{q^+ \cdot q^-}{R^2}$$

如 NaCl,金属 Na 的电离能小,非金属 Cl 的电子亲和能大,Na 原子与 Cl 原子相互靠近时,Na 原子失去电子形成稳定电子结构的正离子 Na^+,Cl 原子获得电子生成具有稀有气体稳定电子结构的负离子 Cl^-,然后,Na^+与 Cl^-通过库仑静电引力生成离子化合物。

$$\begin{array}{l} Na(3s^1)-e^- \longrightarrow Na^+(2s^22p^6) \searrow \\ \qquad\qquad\qquad\qquad\qquad\qquad\qquad NaCl \\ Cl(3s^23p^5)+e^- \longrightarrow Cl^-(3s^23p^6) \nearrow \end{array}$$

离子键的特点是既没有方向性,也不具有饱和性。正、负离子周围邻接的异电荷离子数主要取决于正、负离子的相对大小,与各自所带电荷的多少无直接关系。离子晶体整体上具有电中性,这决定了晶体中各类正离子带电荷量总和与负离子带电荷量总和的绝对值相当,并导致晶体中正、负离子的组成比和电价比等结构因素间有重要的制约关系。

因为离子键的强度大,所以离子晶体的硬度高。又因为要使晶体熔化就要破坏离子键,所以要加热到较高温度,故离子晶体具有较高的熔点、沸点。离子晶体在固态时有离子,但不能自由移动,不能导电,溶于水或熔化时离子能自由移动而能导电。因此离子晶体的水溶液或熔融态导电,是通过离子的定向迁移导电,而不是通过电子流动而导电。

7.3.2 离子晶体的结构

不同的离子晶体,离子的排列方式可能不同,形成的晶体类型也不一定相同。离子晶体不存在分子，所以没有分子式。离子晶体通常根据正、负离子的数目比，用化学式表示该物质的组成，如 NaCl 表示氯化钠晶体中 Na^+ 与 Cl^- 个数比为 1 : 1，$CaCl_2$ 表示氯化钙晶体中 Ca^{2+} 与 Cl^- 个数比为 1 : 2。

1. 三种典型的 AB 型离子晶体

NaCl 型结构：NaCl 是正立方体晶体，由于 Cl^- 形成面心立方晶格，Na^+ 占据晶格中的所有八面体空隙。Na^+ 与 Cl^- 相间排列，每个 Na^+ 同时吸引 6 个 Cl^-，每个 Cl^- 同时吸引 6 个 Na^+，所以，配位比为 6 : 6，见图 7-12。自然界有几百种化合物都属于 NaCl 型结构，有氧化物 MgO、CaO、SrO、BaO、CdO、MnO、FeO、CoO、NiO，氮化物 TiN、LaN、ScN、CrN、ZrN，碳化物 TiC、VC、ScC 等；所有的碱金属硫化物和卤化物（CsCl、CsBr、CsI 除外）也都具有这种结构。

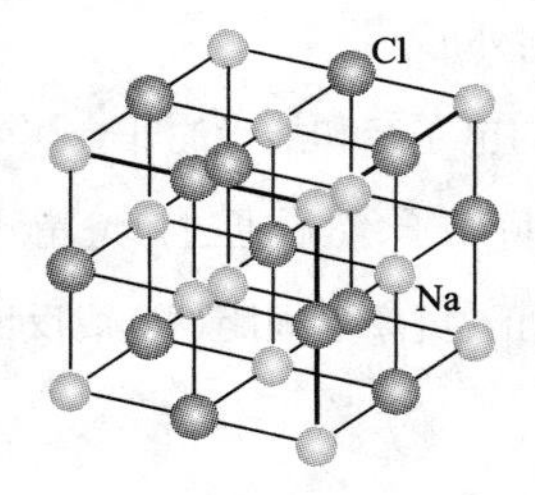

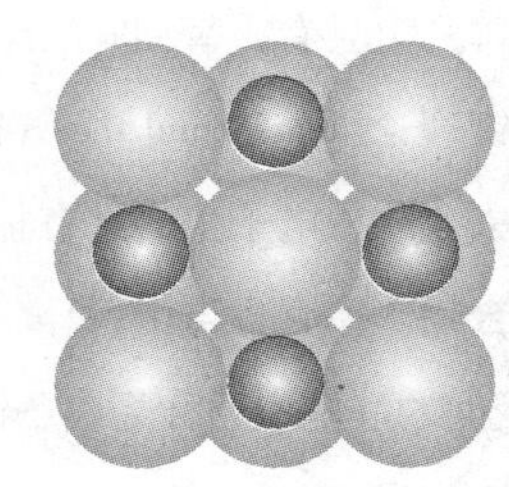

图 7-12　NaCl 型结构

CsCl 型结构：CsCl 型结构是离子晶体结构中最简单的一种，属六方晶系简单立方点阵。Cs^+ 和 Cl^- 半径之比为 0.169 nm/0.181nm = 0.933，Cl^- 构成正六面体，Cs^+ 在其中心排列，Cs^+ 和 Cl^- 的配位数均为 8，多面体共面连接，配位比为 8 : 8，一个晶胞内含 Cs^+ 和 Cl^- 各一个，如图 7-13 所示。CsBr、CsI、TiCl、CaS 都属于 CsCl 型结构。

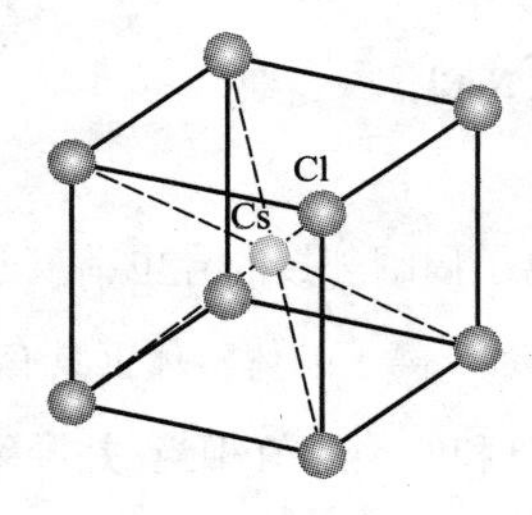

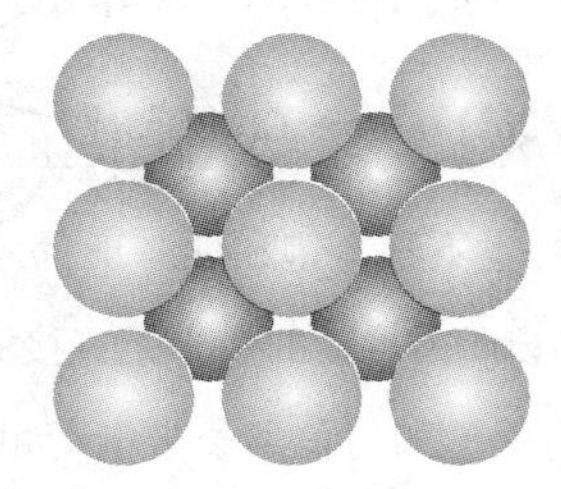
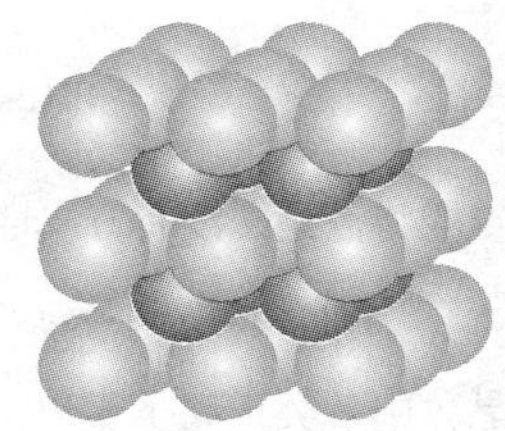

图 7-13　CsCl 型结构

立方 ZnS 型结构：立方 ZnS 结构类型又称闪锌矿型（β-ZnS），属于立方晶系面心立方点阵，如图 7-14 所示。CuCl、CuS、HgS 都属于 ZnS 型结构。

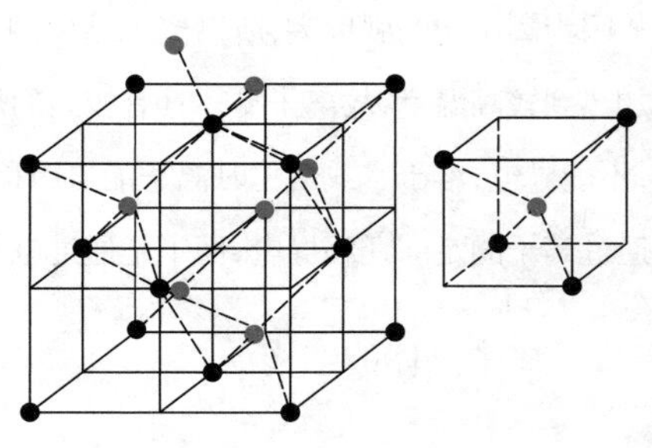

图 7-14　立方 ZnS 型结构

2. 离子半径与配位数

离子晶体的结构类型还取决于晶体中正、负离子的半径比、电荷比和离子键的纯粹程度（简称键性因素）。因为当离子半径大，受相反电荷离子的电场作用变成椭球形，不再维持原来的球形，离子键就向共价键过渡。

不同种类正离子配位多面体间连接规则符合鲍林第四规则：“在含有一种以上正、负离子的离子晶体中，一些电价较高，配位数较低的正离子配位多面体之间，有尽量互不结合的趋势。”或者，符合鲍林第五规则：“在同一晶体中，同种正离子与同种负离子的结合方式应最大限度地趋于一致。”因为在一个均匀的结构中，不同形状的配位多面体很难有效堆积在一起。

形成离子晶体时，只有当正、负离子紧密靠近，晶体才能稳定。而离子的靠近程度与正、负离子的半径比有关。下面以配位数为 6 的晶体为例进行分析。取其中一层横截面，如图 7-15 所示。

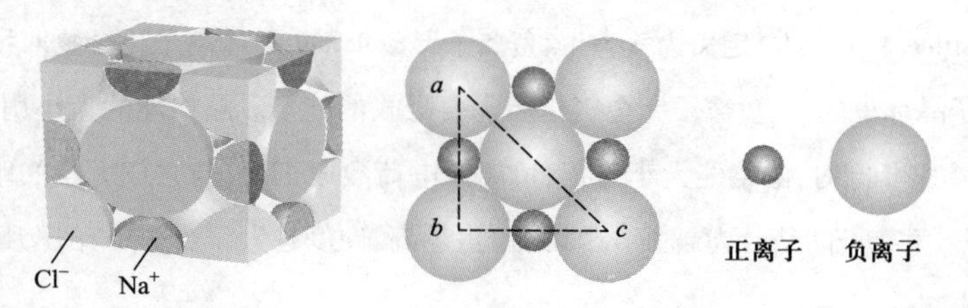

图 7-15　配位数为 6 的晶体中一层横截面

令 $r_-=1$，则有

$$ab=bc=2r_-+2r_+,\ ac=4r_-$$

因为 $\triangle abc$ 为直角三角形，有

$$(4r_-)^2=2(2r_-+2r_+)^2$$

即

$$4^2=2(2+2r_+)^2$$

所以，$r_+=0.414$。

也就是说，当正、负离子半径比 $r_+/r_-=0.414$ 时，正、负离子直接接触，负离子也两两接触。

如果正、负离子半径比 $r_+/r_-<0.414$，就会出现负离子相互接触，而正、负离子接触不良，这种构型的稳定性较差，如图 7-16(a)所示。这种晶体可能会转变成配位数较低的 4∶4 型结构，以保证正负离子相互接触，提高晶体的稳定性。如果正、负离子半径比 $r_+/r_->0.414$，正、负离子紧密接触，而负离子之间相互不接触，如图 7-16(b)所示，这样构型的稳定性较好。如果正、负离子半径比 $r_+/r_->0.732$，正、负离子紧密接触，正离子表面很有可能紧靠更多的负离子，使得正、负离子的配位

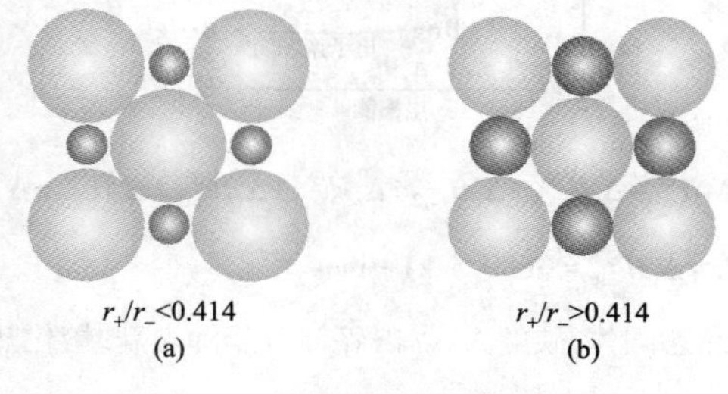

图 7-16　半径比与配位数的关系

数为 8。根据这样的考虑，将离子半径比与配位数的关系总结为表 7-4。

表 7-4　正、负离子半径比与配位数的关系

正、负离子半径比	配位数	构型
0. 225～0. 414	4	立方 ZnS 型
0. 414～0. 732	6	NaCl 型
0. 732～1. 00	8	CsCl 型

7. 3. 3　晶格能

晶格能(lattice energy，U)定义为气态正、负离子形成 1 mol 固体离子化合物时所放出的能量，或将 1 mol 离子晶体里的正、负离子完全气化所需要吸收的能量。晶格能的大小用来度量离子键的强度。晶体类型相同时，晶格能大小与正、负离子电荷数成正比，与它们之间的距离 r_0 成反比。晶格能越大，正、负离子间结合力越强，晶体的熔点越高、硬度越大。表 7-5 给出几种离子型化合物的晶格能和熔点。

表 7-5　某些离子型化合物的晶格能(U)和熔点

化合物	离子的电荷	r_0/ pm	ΔU/(kJ · mol^{-1})	t/℃
NaF	+1，-1	231	923	993
NaCl	+1，-1	282	786	801
NaBr	+1，-1	298	747	747
NaI	+1，-1	323	704	661
MgO	+2，-2	210	3 791	2 852
CaO	+2，-2	240	3 401	2 614
SrO	+2，-2	257	3 223	2 430
BaO	+2，-2	275	3 054	1 918

可以通过 Born-Haber 循环计算晶格能，具体方法如下：

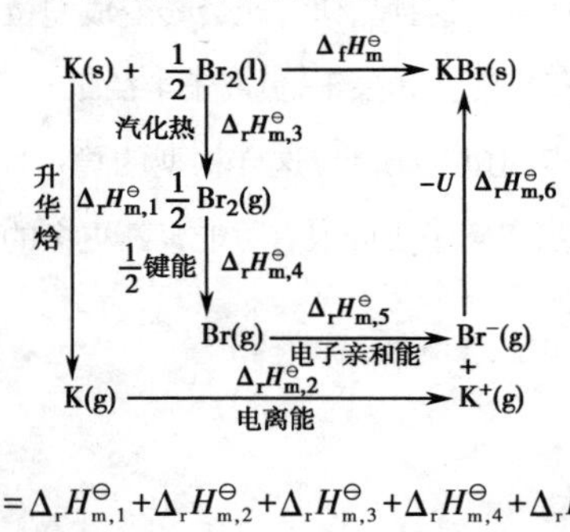

$K(s) + \frac{1}{2}Br_2(l) \xrightarrow{\Delta_f H_m^{\ominus}} KBr(s)$

汽化热 $\Delta_r H_{m,3}^{\ominus}$：$\frac{1}{2}Br_2(l) \rightarrow \frac{1}{2}Br_2(g)$

$\frac{1}{2}$键能 $\Delta_r H_{m,4}^{\ominus}$：$\frac{1}{2}Br_2(g) \rightarrow Br(g)$

电子亲和能 $\Delta_r H_{m,5}^{\ominus}$：$Br(g) \rightarrow Br^-(g)$

升华焓 $\Delta_r H_{m,1}^{\ominus}$：$K(s) \rightarrow K(g)$

电离能 $\Delta_r H_{m,2}^{\ominus}$：$K(g) \rightarrow K^+(g)$

$-U$ $\Delta_r H_{m,6}^{\ominus}$：$Br^-(g) + K^+(g) \rightarrow KBr(s)$

$$\Delta_f H_m^{\ominus} = \Delta_r H_{m,1}^{\ominus} + \Delta_r H_{m,2}^{\ominus} + \Delta_r H_{m,3}^{\ominus} + \Delta_r H_{m,4}^{\ominus} + \Delta_r H_{m,5}^{\ominus} + \Delta_r H_{m,6}^{\ominus}$$

$$U = \Delta_r H_{m,6}^{\ominus} = -689.1\ \text{kJ} \cdot \text{mol}^{-1}$$

离子型化合物通常为晶态固体，硬度大，易击碎，熔点、沸点高，熔化热、汽化热高，熔化状态下能导电，许多(不是所有)化合物易溶于水。这些性质都可由晶格能的大小得到解释。

(1) 高熔点及高硬度:由固态向熔融态的转化需要破坏离子间的强相互作用力(即破坏化学键),因而熔点比较高。破坏晶格能需要较强的外力使金属具有一定的硬度。

(2) 导电性:固态时导电性很差,是由于作为电流载体的正、负离子在静电引力作用下只能在晶格结点附近振动而无法自由移动,熔化状态下导电性急剧上升,则归因于化学键遭到很大程度破坏后而产生的离子流动性。固态和熔化状态下导电性均随温度升高而缓慢上升,则分别与晶体中离子振动的加剧和熔体中离子流动性的提高有关。

(3) 溶解作用:晶体表面的正、负离子具有剩余势场,它们对溶剂水分子偶极的吸引导致表面离子水合,形成的水合离子接着随水分子的热运动离开晶体表面而导致晶体溶解。溶解度的大小不但与表面离子水合作用的强弱有关,在很大程度上也取决于晶格能。

7.3.4 离子极化

同步资源

孤立简单离子的电荷分布是球形对称的,不存在偶极。但当把离子置于电场中,离子的核和电子云就发生相对位移,离子由于变形而出现诱导偶极,这个过程称为离子的极化(图7-17)。

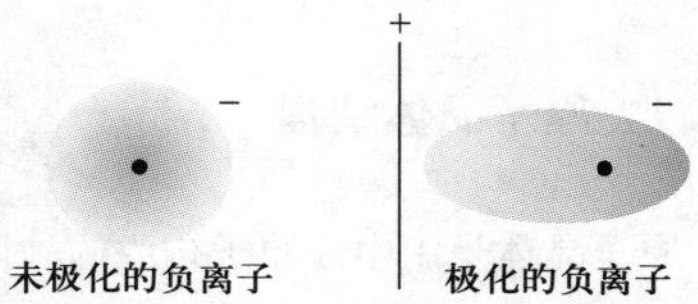

未极化的负离子　　极化的负离子

图7-17　离子的极化

离子极化的强弱决定于以下两个因素。

(1) 离子的极化力。极化力是指离子产生电场强度的大小。电场强度越大,离子极化能力越强。离子的极化力不仅取决于离子半径和离子电荷:离子半径越小、离子电荷数越多,极化力越强,而且还与离子的电子构型有关。在半径和离子电荷数相近时,其顺序是

18 电子构型、18+2 电子构型 > 9~17 电子构型 > 8 电子构型

18 电子构型如 ds 区的元素及 p 区的一些元素形成的离子。18+2 电子构型如 p 区元素形成离子时往往只失去最外层的 p 电子,而将两个 s 电子保留下来,如 Ga^{+}、In^{+}、Tl^{+},Ge^{2+}、Sn^{2+}、Pb^{2+},Sb^{3+}、Bi^{3+}。Tl^{+}、Pb^{2+}和 Bi^{3+}都是非常稳定的正离子。9~17 电子构型如许多过渡元素形成的离子,如 Ti^{3+}、V^{3+}、Cr^{3+}、Mn^{2+}、Fe^{3+}、Co^{2+}、Ni^{2+}、Cu^{2+}、Au^{3+}等。

(2) 离子的变形性。离子的变形性是指离子在电场作用下,电子云发生变形的难易。主要取决于离子半径、离子电荷数及离子构型。离子半径越大,变形性越大。负离子电荷数越高,变形性越大。而正离子电荷数越高,变形性越小。变形性也与电子构型有关,其顺序是

18 电子构型、9~17 电子构型 > 8 电子构型

一般来说,正离子半径小,负离子半径大,所以,正离子极化力大,变形性小;负离子正好相反,变形性大,极化力小。当正、负离子都易变形时,也要考虑负离子对正离子的极化。一旦正离子变形后,产生的诱导偶极会加强正离子对负离子的极化能力,使负离子诱导偶极增大,这种效应称为附加极化作用。

离子极化对晶体结构和化合物性质的影响,主要体现在:离子极化引起化学键型过渡及离子极化对化合物性质的影响。

（1） 熔点：在 NaCl、$MgCl_2$、$AlCl_3$化合物中，极化力的顺序为 Al^{3+} > Mg^{2+} >Na^+，NaCl 为典型的离子化合物，而 $AlCl_3$接近共价化合物，所以，它们的熔点分别为 801℃、714℃和 192℃。

（2） 溶解度：在卤化物中，溶解度按照 AgF、AgCl、AgBr、AgI 依次递减。这是由于 Ag^+的极化力较强，F^-半径小，不易变形，AgF 仍然保持离子化合物的性质，故在水中易溶。随 Cl^-、Br^-、I^-半径依次增大，变形性也随之增大，这三种卤化物的共价性依次增强，溶解度依次降低。

（3） 颜色：一般来说，如果组成化合物的正、负离子都是无色的，该化合物也无色。若其中一个离子有色，则该化合物就呈现该离子的颜色。但是如果有离子极化作用存在，相互极化作用越强，物质颜色越深。如 Ag^+无色，Cl^-、Br^-和 I^-无色，AgI 呈现黄色，这显然与 Ag^+较强的极化作用及 I^-较大的变形性有关。

7.4 共价键与原子晶体

7.4.1 原子晶体结构

原子晶体是由中性原子构成的晶体，是指相邻原子之间通过强烈的共价键结合而形成的空间网状结构的晶体，如金刚石、晶体硅、二氧化硅等。在原子晶体中，原子间以共价键相连，不存在独立的小分子，而只能把整个晶体看成一个大分子。由于原子之间相互结合的共价键非常强，要打断这些键而使晶体熔化必须消耗大量能量，所以原子晶体一般具有较高的熔点，较大的硬度，在通常情况下不导电，不易溶于任何溶剂，化学性质十分稳定，也是热的不良导体。熔化时也不导电，多数原子晶体为绝缘体，有些如硅、锗等是优良的半导体材料。

所以，原子晶体的结构特点如下：

（1） 由原子直接构成晶体，所有原子间只靠共价键连接成一个整体；

（2） 由基本结构单元向空间伸展形成空间网状结构；

（3） 破坏共价键需要较高的能量。

在原子晶体的晶格结点上排列着中性原子，原子间以共价键相结合，如单质硅、金刚石、二氧化硅、碳化硅（金刚砂）和立方氮化硼等。以典型原子晶体二氧化硅为例，每一个硅原子位于正四面体的中心，氧原子位于正四面体的顶点，每一个氧原子和两个硅原子相连。如果这种连接向整个空间延伸，就形成了三维网状结构的巨型“分子”，如图 7-18 所示。金刚石为面心立方晶胞，金刚砂的结构与金刚石相似，只是 C 骨架结构中将与 C 相连的 4 个 C 原子换为 Si，再以 Si 为中心形成顶角为 C 的正四面体，形成 C—Si 交替的空间骨架。

原子晶体熔、沸点的高低与共价键的强弱有关。一般来说，半径越小，形成共价键的键长越短，键能就越大，晶体的熔点、沸点也就越高。例如，金刚石（C—C）>二氧化硅（Si—O）>碳化硅（Si—C）>晶体硅（Si—Si）。原子晶体中共价键的强弱有如下规律：

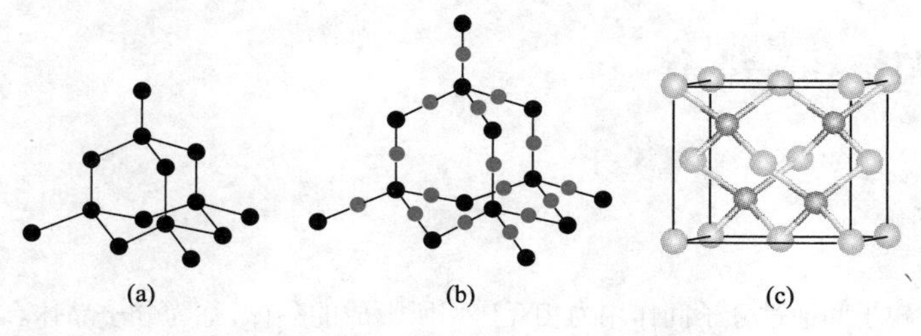

图 7-18　C 或 Si (a)、SiO_2(b)、SiC(c)的结构

(1) 原子间形成共价键,原子轨道发生重叠。原子轨道重叠程度越大,共价键的键能越大,两原子核的平均间距越小,键长越短。

(2) 一般来说,结构相似的分子,其共价键的键长越短,共价键的键能越大,分子越稳定。

(3) 一般情况下,成键电子数越多,键长越短,形成的共价键越牢固,键能越大。在成键电子数相同,键长相近时,键的极性越大,键能越大,形成时释放的能量就越多。

例如,金刚石,是由碳原子构成的原子晶体。由于碳原子半径较小,共价键的强度很大,要破坏 4 个共价键或扭歪键角都需要很大能量,所以金刚石的硬度最大,熔点达 3 570℃,是所有单质中最高的。又如,立方氮化硼的硬度接近于金刚石。

7.4.2　原子晶体特点

原子晶体中不存在分子,而只能把整个晶体看成一个大分子。用化学式表示物质的组成,单质的化学式直接用元素符号表示,两种以上元素组成的原子晶体,按各原子数目的最简比写化学式。常见的原子晶体是元素周期系第ⅣA 族元素的一些单质和某些化合物,如金刚石、硅晶体、SiO_2、SiC 等(碳元素的另一单质石墨不是原子晶体,石墨晶体是层状结构,以一个碳原子为中心,通过共价键连接 3 个碳原子,形成网状六边形,属过渡型晶体)。

原子间不再以紧密的堆积为特征,而是通过具有方向性和饱和性的共价键相连接,特别是通过成键能力很强的杂化轨道重叠成键,使它的键能接近 400 $kJ \cdot mol^{-1}$。原子晶体中配位数比离子晶体少。原子晶体的类型有

(1) 某些金属单质:晶体锗等。

(2) 某些非金属化合物:立方氮化硼晶体等。

(3) 非金属单质:金刚石、晶体硅、晶体硼等。

(4) 化合物:碳化硅、二氧化硅等。

原子晶体在工业上多被用作耐磨、耐熔或耐火材料。金刚石、金刚砂都是极重要的磨料;SiO_2 是应用极广的耐火材料,它的变体如水晶、紫晶、燧石和玛瑙等,是工业上的贵重材料;SiC、立方 BN、SiN 等是性能良好的高温结构材料。

7.5 分子晶体与混合晶体

7.5.1 分子晶体

构成晶体的粒子间通过分子间作用力相互作用所形成的晶体，称为分子晶体。分子晶体中存在的粒子是分子，而这些分子中各原子一般以共价键相结合，分子间以分子间作用力或氢键结合。所采取的是球形或近似球形的分子以密堆积的方式形成晶体。

分子晶体中存在的相互作用力主要是分子间作用力，也叫范德瓦耳斯力。对于某些含有电负性很大的元素的原子和氢原子的分子，分子间还可以通过氢键相互作用(见 7.6 节)。分子晶体一般都是绝缘体，熔融状态下不导电。较典型的分子晶体有非金属氢化物、部分非金属单质、部分非金属氧化物、几乎所有的酸和绝大多数有机物的晶体等。

没有氢键的分子(如 CO_2 等分子晶体)密堆积排列，主要是分子间作用力，以一个分子为中心，每个分子周围有 12 个紧邻的分子存在[图 7-19(a)]。还有一类分子晶体，其结构中不仅存在分子间作用力，同时还存在氢键，如冰。此时，水分子间的主要作用力是氢键，每个水分子周围只有 4 个水分子与之相邻，见图 7-19(b)，称为非密堆积结构。碘分子的晶体见图 7-19(c)。

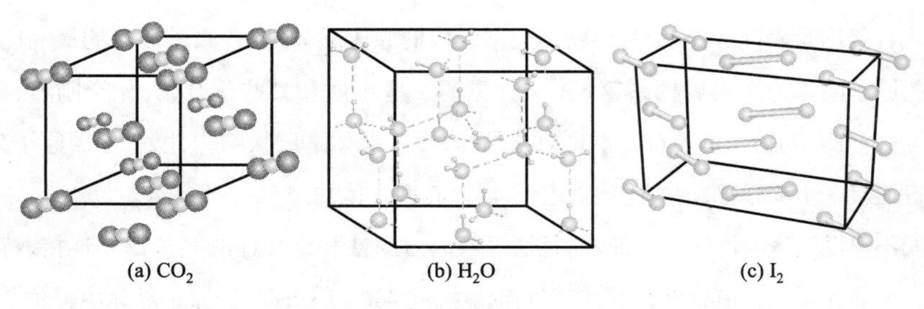

图 7-19 典型分子晶体

分子晶体的结构特征：

(1) 大多数共价化合物所形成的晶体为分子晶体。但并不是所有的分子晶体中都存在共价键，如由单原子构成的稀有气体分子中就不存在化学键。也不是共价化合物都是分子晶体，如二氧化硅等物质属于原子晶体。

(2) 由于构成晶体的粒子是分子，因此分子晶体的化学式可以表示其分子式，即只有分子晶体才存在分子式。

(3) 分子晶体的粒子间以分子间作用力或氢键相结合，因此，分子晶体具有熔点、沸点低，硬度、密度小，较易熔化和挥发等物理性质。

(4) 分子晶体熔点、沸点的高低与分子的结构有关。在同样不存在氢键时，组成与结构相似的分子晶体，随着相对分子质量的增大，分子间作用力增大，分子晶体的熔点、沸点增大。一般而言，分子的极性越大、相对分子质量越大，分子间作用力越强。对于分子中存在氢键的分子晶体，其熔点、沸点一般比没有氢键的分子晶体的熔点、沸点高，存在分子间氢键的分子晶体的熔点、沸点比存在分子内氢键的分子晶体的熔点、沸点高。

(5) 分子晶体的溶解性与溶剂和溶质的极性有关。一般情况下，极性分子易溶于极性溶剂，非极性分子易溶于非极性溶剂，这就是相似相溶原理。

为进一步理解分子晶体，下面给出原子晶体与分子晶体的主要区别：

(1) 构成晶体的粒子种类及粒子间的相互作用不同。构成分子晶体的粒子是分子，粒子间的相互作用是分子间作用力；构成原子晶体的粒子是原子，粒子间的相互作用是共价键。

(2) 物质的物理性质(如熔、沸点或硬度)不同。一般情况下，原子晶体比分子晶体的熔点、沸点高得多，硬度、密度也要大得多。

(3) 导电性不同，分子晶体为非导体，但部分分子晶体溶于水后能导电；原子晶体多数为非导体，但晶体硅、晶体锗是半导体。

(4) 硬度和机械性能不同，原子晶体硬度大，分子晶体硬度小且较脆。

例如，CO_2、SiO_2都属于第ⅣA族的氧化物，但两者的熔点、沸点和硬度等物理性质存在较大的差异，CO_2比SiO_2稳定得多：主要是因为CO_2是分子晶体，SiO_2是原子晶体，所以熔化时CO_2是破坏范德华力而SiO_2是破坏化学键，所以SiO_2熔点、沸点高。而破坏CO_2分子与SiO_2时，都是破坏共价键，而C—O键能>Si—O键能，所以CO_2分子更稳定。

7.5.2 混合晶体——石墨

石墨与金刚石、碳60、碳纳米管等都是碳元素的单质，它们互为同素异形体。石墨是由碳原子构成的另一种原子晶体，是碳质元素结晶矿物，每一层碳原子之间结合较牢，但层与层之间为分子间力，结合较弱，因此容易沿层间滑移。它的结晶骨架为六边形层状结构。每一网层间的距离为335 pm，同一网层中碳原子的间距为142 pm。属六方晶系，具完整的层状解理。解理面以分子键为主，对分子吸引力较弱，故其天然可浮性很好。

在石墨的同一层，C原子采用sp^2杂化轨道形成共价键，每一个C原子以三个共价键与另外三个C原子形成三个σ键，键角为120°。六个C原子在同一个平面上形成了正六边形的环，伸展成片层结构，这里C—C键的键长皆为142 pm，正好属于原子晶体的键长范围，因此对于同一层来说，它是原子晶体(图7-20)。

在同一平面的C原子还各剩下一个2p轨道，垂直于sp^2杂化轨道平面，它们相互重叠，2p电子参与形成了π键，这种包含着很多原子的π键称为大π键。石墨的层与层间距离为340 pm，距离较大，是靠分子间力结合起来，即层与层之间属于分子晶体。

鉴于它的特殊的成键方式，不能单一地认为是单晶体或者是多晶体，石墨晶体既有共价键，又有分子间力，现在普遍认为石墨是一种混合晶体。

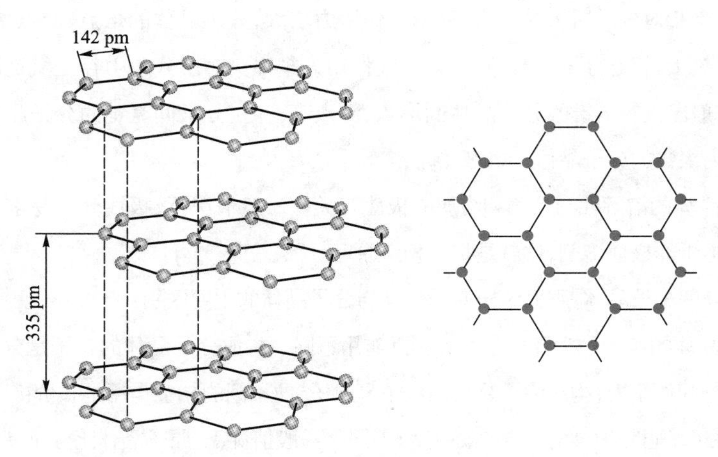

图 7-20　石墨混合晶体结构示意图

石墨由于其特殊结构，而具有如下特殊性质：

（1）耐高温性。石墨的熔点为(3 850±50)℃，沸点为 4 250℃，即使经超高温电弧灼烧，质量的损失也很小，热膨胀系数也很小。石墨强度随温度提高而加强，在 2 000℃时，石墨强度相比常温提高一倍。

（2）导电、导热性。石墨的导电性比一般非金属矿物高一百倍。导热性超过钢、铁、铅等金属材料。导热系数随温度升高而降低，甚至在极高的温度下，石墨成绝热体。石墨能够导电是因为石墨中每个碳原子与其他碳原子只形成 3 个共价键，每个碳原子仍然保留 1 个自由电子来传输电荷。

（3）润滑性。石墨的润滑性能取决于石墨鳞片的大小，鳞片越大，摩擦系数越小，润滑性能越好。石墨晶体呈鳞片状，有大鳞片和细鳞片之分。此类石墨矿石的特点是品位不高，一般含碳量为 2%~3%或 10%~25%，经过多磨多选可得高品位石墨精矿。这类石墨的可浮性、润滑性、可塑性均比其他类型石墨优越，因此它的工业价值最大。

（4）化学稳定性。石墨在常温下有良好的化学稳定性，能耐酸、碱和有机溶剂的腐蚀。

（5）可塑性。石墨的韧性好，可碾成很薄的薄片。

（6）抗热震性。石墨在常温下使用时能经受住温度的剧烈变化而不致破坏，温度突变时，石墨的体积变化不大，不会产生裂纹。

致密结晶状石墨又称块状石墨。此类石墨结晶明显晶体肉眼可见。颗粒直径大于 0.1 mm，比表面积范围集中在 0.1~1 $m^2 \cdot g^{-1}$，晶体排列杂乱无章，呈致密块状构造。这种石墨的特点是品位很高，一般含碳量为 60%~65%，有时达 80%~98%，但其可塑性和滑腻性不如鳞片石墨好。

隐晶质石墨又称微晶石墨或土状石墨，这种石墨的晶体直径一般小于 1 μm，比表面积范围集中在 1~5 $m^2 \cdot g^{-1}$，是微晶石墨的集合体，只有在电子显微镜下才能见到晶形。此类石墨的特点是表面呈土状，缺乏光泽，润滑性比鳞片石墨稍差。品位较高，一般含碳量为 60%~85%，少数高达 90%以上。一般应用于铸造行业比较多。随着石墨提纯技术的提高，土状石墨应用越来越广泛。

7.6 分子间作用力和氢键

7.6.1 分子间作用力

MOOC 同步资源

分子与分子之间,某些较大分子的基团之间,或小分子与大分子内的基团之间,还存在着各种各样的作用力,总称分子间作用力。分子间作用力又称范德瓦耳斯力(van der Waals forces)。由于分子间作用力比化学键弱得多(化学键的键能数量级达 102~103 kJ · mol^{-1},而分子间作用力的能量只达几个到几十个 kJ · mol^{-1}的数量级),所以分子晶体的熔点、沸点往往比较低。

分子间作用力与分子的极性有关。分子的极性不但取决于分子中键的极性,而且取决于分子的几何形状。分子的极性与偶极矩(dipole moment,μ)有关。偶极矩是表示分子中电荷分布状况的物理量,定义为正、负电荷中心间的距离 r 与电荷量 q 的乘积:

$$\mu = q \times r$$

偶极矩是个矢量。正、负电荷的中心重合时分子的偶极矩为零(非极性分子),正、负电荷的中心不重合时分子的偶极矩不为零(极性分子)。

如 H_2O 分子和 NH_3分子的偶极矩之和都不为零,为极性分子,其固有的偶极称为永久偶极(permanent dipole)。非极性分子在极性分子诱导下产生的偶极被称为诱导偶极(induced dipole)。由不断运动的电子和不停振动的原子核在某一瞬间的相对位移造成分子正、负电荷中心分离引起的偶极称为瞬间偶极(instantaneous dipole)。

范德瓦耳斯力主要有三种不同来源的作用力——取向力、诱导力和色散力。

1. 取向力

取向力产生于极性分子之间。极性分子是一种偶极子,两个极性分子相互靠近时,根据同极相斥、异极相吸原理使分子按一定取向排列,导致系统处于一种比较稳定的状态。偶极-偶极作用力(dipole-dipole force)是指极性分子与极性分子的永久偶极间的静电引力[图 7-21(a)]。这种作用力的大小与分子的偶极矩直接相关。取向力只有极性分子与极性分子之间才存在。分子偶极矩越大,取向力也越大。

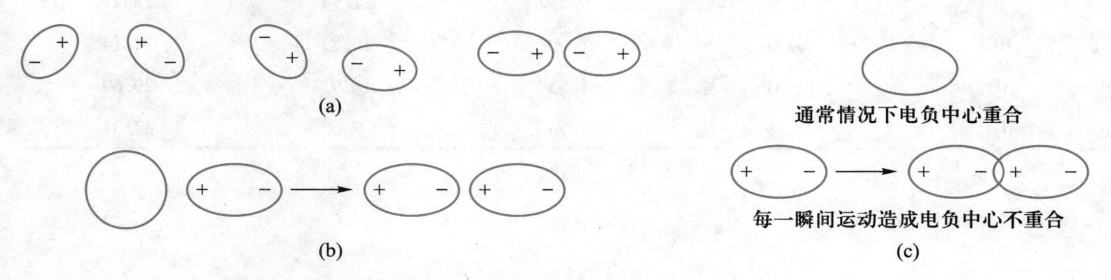

图 7-21 极性分子之间的取向力和极性分子与非极性分子之间的作用力

2. 诱导力

在极性分子的固有偶极诱导下，邻近它的分子会产生诱导偶极，分子间的诱导偶极与固有偶极之间的电性引力称为诱导力[图 7-21(b)]。

诱导偶极矩的大小由固有偶极的偶极矩大小和分子变形性的大小决定。极化率越大，分子越容易变形，在同一固有偶极作用下产生的诱导偶极矩就越大。

3. 色散力

色散力(dispersion force)是分子的瞬间偶极与瞬间诱导偶极之间的作用力[图 7-21(c)]，也叫伦敦力(London force)。通常情况下非极性分子的正电荷中心与负电荷中心重合，但原子核和电子的运动可导致电荷中心瞬间分离，从而产生瞬间偶极。瞬间偶极又使邻近的另一非极性分子产生瞬间诱导偶极，两种偶极处于异极相邻状态。

色散力的大小既依赖于分子的大小，也依赖于分子的形状。如丙烷、正丁烷和正戊烷均为直链化合物，色散力随分子体积的增大而增大，导致沸点按同一顺序升高，分别为-44.5℃、-0.5℃、36℃。

色散力不但普遍存在于各类分子之间，而且除极少数强极性分子(如 HF、H_2O)外，大多数分子间作用力都以色散力为主。

三种作用力中，色散力是主要的，取向力仅在极性大的分子中才占有较大的比例，如表 7-6 所示。分子间作用力比化学键弱，只有几个到几十个 $kJ \cdot mol^{-1}$ 的数量级。分子间作用力是近距离的、没有方向性和饱和性的作用力，作用范围几百皮米。但是，分子间作用力对物质的物理化学性质如熔点、沸点、熔化热、溶解度和黏度等有较大影响，正是靠着这种作用力将气体分子凝聚成液体并进而转化为固体。如卤素 F_2、Cl_2、Br_2、I_2 的溶、沸点随相对分子质量的增大而依次升高，就是因为色散力随相对分子质量的增大而增加。

表 7-6 分子间作用力的分配　　单位：$kJ \cdot mol^{-1}$

分子	取向力	诱导力	色散力	总和
Ar	0.000	0.000	8.5	8.5
CO	0.003	0.008	8.75	8.76
HI	0.025	0.113	25.87	26.00
HBr	0.69	0.502	21.94	23.11
HCl	3.31	1.00	16.83	21.14
NH_3	13.31	1.55	14.95	29.60
H_2O	36.39	1.93	9.00	47.31

7.6.2 氢键

同步资源

氢键(hydrogen bond)是指键合于某一强电负性原子上的 H 原子与一个含孤对电子的电负性

强的原子之间产生的分子间作用力，通常表示为

$$X—H\cdots Y$$

式中的 X—H 为正常的共价键，Y 代表含孤对电子的电负性较大的原子。Y 与 X 可以是同一种原子，也可以是不同种原子。H 原子与电负性大的非金属元素（如 F、O、N、Cl 等）形成共价键时，由于电子对被强烈吸向后者，使本身在一定程度上“裸露”出来。这种情况导致该 H 原子能以静电引力作用与另一共价键中的大电负性原子而形成氢键，成为两个大电负性原子之间的桥原子。

大多数氢键比共价键弱得多，氢键的键能一般在 40 $kJ \cdot mol^{-1}$，和范德瓦耳斯力处于同一数量级，但氢键有两个与范德华力不同的特点，那就是它的饱和性和方向性。氢键的饱和性表示一个 X—H 只能和一个 Y 形成氢键，这是因为氢原子半径比 X、Y 小得多，如果另一个 Y 原子接近它们，则受到 X、Y 原子的排斥力比受氢原子的吸引力大得多，所以 X—H…Y 中的氢原子不可能再形成第二个氢键。氢键的方向性是指 Y 原子与 X—H 形成氢键时，其方向尽可能与 X—H 键轴在同一方向，即 X—H…Y 尽可能保持 180°。因为这样成键可使 X 与 Y 距离最远，两原子的电子云斥力最小，形成稳定的氢键。

氢键分为分子间氢键和分子内氢键两大类。HNO_3分子及在苯酚的邻位上有—NO_2、—COOH等基团时都可以形成分子内氢键。分子内氢键由于分子结构原因通常不能保持直线形状。

冰是分子间氢键的一个典型。由于分子必须按氢键的方向排列，所以它的排列不是最紧密的，因此冰的密度小于液态水。同时，因为冰有氢键，必须吸收大量的热才能使其断裂，所以其熔点大于同族的 H_2S。

氢键作用力对物质性质有一定的影响。如第ⅣA 族元素的二元氢化合物的沸点自 CH_4 至 SnH_4逐渐升高，这种变化趋势与分子间色散力按同一方向增大的趋势相一致。P 区同族元素氢化物的溶、沸点从上到下升高，而 NH_3、H_2O 和 HF 却例外。如 H_2O 的沸点比 H_2S、H_2Se、H_2Te 都要高。H_2O 还有许多反常的性质，如特别大的介电常数和比热容及密度等。这种偏离主要是氢键造成的，N 原子、O 原子和 F 原子比其他 Y 原子的电负性都要高。

化学视野——晶体缺陷

在实际金属晶体中，存在原子不规则排列的局部区域，这些区域称为晶体缺陷。晶体缺陷会造成晶格畸变，使变形抗力增大，从而提高材料的强度、硬度。如晶体中进入了一些杂质，这些杂质也会占据一定的位置，破坏了原质点排列的周期性。在 20 世纪中期，发现晶体中缺陷的存在，它严重影响晶体性质，有些是决定性的，如半导体导电性质，几乎完全是由外来杂质原子和缺陷存在决定的。另外，固体的强度，陶瓷、耐火材料的烧结和固相反应等均与缺陷有关，晶体缺陷是近几年国内外科学研究十分注意的一个内容。

根据缺陷的作用范围，将晶体缺陷分为四类：

(1) 点缺陷(空位、间隙原子)：这种缺陷在三维尺寸均很小，只在某些位置发生，仅影响邻近几个原子。晶格中某个原子脱离了平衡位置，形成空结点，称为空位；某个晶格间隙挤进了原子，称为间隙原子，如图 7-22 所示。空位与间隙原子周围的晶格偏离了理想晶格，即发生了“晶格畸变”。点缺陷的存在，提高了材料的硬度和强度。点缺陷是动态变化的，它是造成金属中物质扩散的原因。

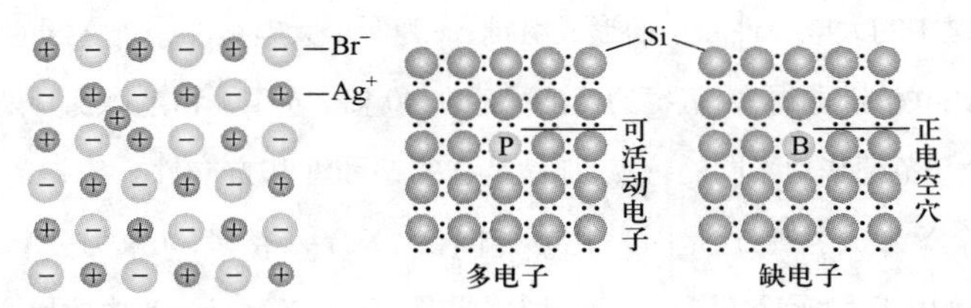

图 7-22　点缺陷造成的晶格畸变

(2) 线缺陷(刃型位错、螺型位错)：这种缺陷在二维尺寸小，在另一维尺寸大，可被电子显微镜观察到。它是在晶体中某处有一列或若干列原子发生了有规律的错排现象。晶体中最普通的线缺陷就是位错。这种错排现象是晶体内部局部滑移造成的，根据局部滑移的方式不同，可以分别形成螺型位错和刃型位错。在位错周围，由于原子的错排使晶格发生了畸变，使金属的强度提高，但塑性和韧性下降。实际晶体中往往含有大量位错，生产中还可通过冷变形后使金属位错增多，能有效地提高金属强度。

(3) 面缺陷(晶界、亚晶界)：在一维尺寸小，在另二维尺寸大，可被光学显微镜观察到。面缺陷包括晶界和亚晶界。晶界是晶粒与晶粒之间的界面。另外，晶粒内部也不是理想晶体，而是由位向差很小的称为镶嵌块的小块所组成，称为亚晶粒，亚晶粒的交界称为亚晶界。面缺陷同样使晶格产生畸变，能提高金属材料的强度。细化晶粒可增加晶界的数量，是强化金属的有效手段。晶界处的原子需要同时适应相邻两个晶粒的位向，就必须从一种晶粒位向逐步过渡到另一种晶粒位向，成为不同晶粒之间的过渡层，因而晶界上的原子多处于无规则状态或两种晶粒位向的折中位置上。晶粒之间位向差较大的晶界，称为大角度晶界。亚晶界是小角度晶界。

(4) 体缺陷：在三维尺寸较大，如镶嵌块、沉淀相、空洞、气泡等。

另外，按缺陷形成的原因不同可将晶体缺陷分为三类：

(1) 热缺陷(晶格位置缺陷)：在晶体点阵的正常格点位出现空位，不该有质点的位置出现了质点(间隙质点)。

(2) 组成缺陷：外来质点(杂质)取代正常质点位置或进入正常结点的间隙位置。组成缺陷主要是一种杂质缺陷，在原晶体结构中进入了杂质原子，它与固有原子性质不同，破坏了原子排列的周期性，杂质原子在晶体中占据填隙位和格点位电荷缺陷(charge defect)两种位置。

(3) 电荷缺陷：晶体中某些质点个别电子处于激发状态，有的离开原来质点，形成自由电子，在原来电子轨道上留下了电子空穴。

例：P 型和 N 型半导体。

如果杂质是周期表中第ⅢA 族中的一种元素——受主杂质，如硼或铟，它们的价电子带都只有 3 个电子，并且它们传导带的最小能级低于第ⅣA 族元素的传导电子能级。因此电子能够更容易地由锗或硅的价电子带跃迁到硼或铟的传导带。在这个过程中，由于失去了电子而产生了一个正离子，因为这对于其他电子而言是个“空位”，所以通常把它称做“空穴”，而这种材料被称为 P 型半导体。

如果掺入的杂质是周期表第ⅤA 族中的某种元素——施主杂质，如砷或锑，这些元素的价电子带都有 5 个电子，然而，杂质元素价电子的最大能级大于锗(或硅)的最大能级，因此电子很容易从这个能级进入第ⅣA 族元素的传导带。这些材料就变成了半导体。因为传导性是由于有多余的负离子引起的，所以称为 N 型半导体。

思考题

7-1　下列说法正确的是：

(1) 晶体的特性之一是熔点高。

(2) 金属晶体中存在可以自由运动的电子，所以金属键是一种非定域键。

(3) 金属晶体的熔点均比离子晶体的熔点高。

(4) 层状晶体均可作为润滑剂和导电体使用。

(5) 金属晶体层与层之间的主要结合力为金属键。

(6) 具有相同电子层结构的单原子离子，正离子的半径往往小于负离子的半径。

(7) 离子半径是离子型化合物中相邻离子核间距的一半。

(8) 常温常压下，所有金属单质都是金属晶体。

(9) 金属单质的光泽、传导性、密度、硬度等物理性质，都可以用金属晶体中存在自由电子来解释。

(10) 金属晶体中不存在定域的共价键，每个原子周围配位原子的数目不受价电子数的限制。

7-2　关于晶格能，下列说法正确的是：

(1) 晶体都存在晶格能，晶格能越大，物质的熔点越高。

(2) Born-Haber 循环是从热力学数据计算晶格能的有效方法之一。

(3) 离子所带电荷越多，半径越小，则离子键就可能越强，晶格能也越大。

(4) MgO 的晶格能约等于 NaCl 晶格能的 4 倍。

7-3　金属晶体的下列性质中，不能用金属晶体的结构加以解释的是：

(1) 易导电　　(2) 易导热　　(3) 有延展性　　(4) 易锈蚀

7-4　请解释为什么 Ag^{+}、Cd^{2+}、Hg^{2+} 等 18 电子构型离子的极化力和极化率都比较大。

7-5　说明卤化银(AgX)中化学键都过渡为共价键的原因。

7-6　简述金属晶体的三种密堆积方式。

7-7　简述金属晶体中密堆积方式与其配位数和空隙的关系。

7-8　使用能带理论解释导体、半导体的作用原理。

7-9　下列叙述中正确的是

(1) 金刚石的硬度很大，所以原子晶体的硬度一定大于金属的硬度。

(2) 离子晶体的熔点一定低于原子晶体的。

(3) 金属晶体的熔点一定高于离子晶体的。

(4) 同一种物质的固体不可能有晶体和非晶体两种结构。

第 7 章　习题答案

习题

7-1　根据晶体分类与性质区别完成表格。

晶体类型	组成粒子	粒子间作用力	物理性质		
			熔、沸点	硬度	熔融导电性
金属晶体					
原子晶体					
离子晶体					
分子晶体					

7-2　回答下列问题。

（1）属于离子晶体的是

A. SiC　　B. Cs_2O　　C. HCl　　D. CS_2

（2）属于层状晶体的是

A. 石墨　　B. SiC　　C. SiO_2　　D. 干冰

（3）属于原子晶体的是

A. 晶体硅　　B. 晶体碘　　C. 冰　　D. 干冰

（4）晶体晶格结点上粒子间以分子间力结合的是

A. KBr　　B. CCl_4　　C. MgF_2　　D. SiC

（5）化学式能表示物质真实分子组成的是

A. NaCl　　B. SiO_2　　C. S　　D. CO_2

（6）物质中熔点最高的是

A. Na　　B. HI　　C. MgO　　D. NaF

（7）晶体熔化时，需破坏共价键作用的是

A. HF　　B. Al　　C. KF　　D. SiO_2

（8）具有正四面体空间网状结构的是

A. 石墨　　B. 金刚石　　C. 干冰　　D. 铝

（9）既有共价键又有大 π 键和分子间力的是

A. 金刚砂　　B. 碘　　C. 石墨　　D. 石英

（10）熔点最高的是

A. SiO_2　　B. SO_2　　C. NaCl　　D. $SiCl_4$

7-3　按晶格结点上粒子间作用力的大小顺序排列 H_2S、SiO_2、H_2O。

7-4　离子晶体中，正、负离子配位数比不同的最主要原因是什么？下列离子晶体中，正、负离子配位数比为多少？

（1）CsCl　　（2）ZnO　　（3）NaCl　　（4）AgI

（5）CsBr

7-5　已知下列离子半径：Tl^+(140 pm)、Ag^+(126 pm)、Zn^{2+}(74 pm)、Cl^-(181 pm)、S^{2-}(184 pm)，则在 AgCl、Ag_2S、TlCl、$ZnCl_2$中，属于 CsCl 型离子晶体的是哪一个？

7-6　比较下列物质的熔点顺序。

(1) MgO、CaO、SrO、BaO

(2) KF、KCl、KBr、KI

(3) MgO、BaO、CO_2、CS_2

(4) $BeCl_2$、$CaCl_2$、CH_4、SiH_4

(5) MgO、RbCl、SrO、BaO

(6) KCl、$CaCl_2$、$FeCl_2$、$FeCl_3$

7-7　已知 NaCl、KCl、NaF、KF 晶体的晶格能数据分别为 710 $kJ\cdot mol^{-1}$、701 $kJ\cdot mol^{-1}$、902 $kJ\cdot mol^{-1}$、801 $kJ\cdot mol^{-1}$，则反应 NaCl(s)+KF(s)══NaF(s)+KCl(s)的标准摩尔热效应为多少？

7-8　回答下列关于离子极化力和变形性问题。

(1) 离子极化率最大的是

A. K^+　　B. Rb^+　　C. Br^-　　D. I^-

(2) 离子中极化力最强的是

A. Al^{3+}　　B. Na^+　　C. Mg^{2+}　　D. K^+

(3) 离子中变形性最大的是

A. F^-　　B. Cl^-　　C. Br^-　　D. I^-

(4) 离子中变形性最小的是

A. F^-　　B. S^{2-}　　C. O^{2-}　　D. Br^-

(5) 离子中极化力和变形性均较大的是

A. Mg^{2+}　　B. Mn^{2+}　　C. Hg^{2+}　　D. Al^{3+}

(6) 正离子极化力和变形性均较小的是

A. 8 电子构型　　B. 9 ~17 电子构型

C. 18 电子构型　　D. 18+2 电子构型

7-9　回答 $PbCl_2$为白色固体，PbI_2为黄色固体的原因，以及 $HgCl_2$为白色固体，HgI_2为橙红色固体的原因。

7-10　已知 NaF、MgO、ScN(氮化钪)的晶体构型都是 NaCl 型，它们正、负离子核间距依次为 231 pm、210 pm、233 pm。试估计它们的熔点和硬度的大小顺序，并简述理由。

7-11　已知下列两类晶体的熔点：(A) NaF(993℃)，NaCl(801℃)，NaBr(747℃)，NaI(661℃)；(B) SiF_4(-90.2℃)，$SiCl_4$(-70℃)，$SiBr_4$(5.4℃)，SiI_4(120.5℃)。试回答：

(1) 为什么钠的卤化物的熔点比硅的卤化物熔点高？

(2) 为什么钠的卤化物熔点递变规律和硅的卤化物熔点递变规律不一致？

7-12　试用 Born-Harber 循环计算 $MgCl_2$(s)的晶格能。

(1) 画出 Born-Harber 循环图。

（2）指出计算中需要哪些数据，它们的含义是什么？

（3）写出计算晶格能与(2)中指出的各数据的关系式。

7-13　对于 AgI 晶体，理论上按 $r_+/r_- = 0.583$，应属于 NaCl 型结构。实际研究得知为 ZnS 型结构。请做简要解释。

7-14　在 NaCl、AgCl、$BaCl_2$、$MgCl_2$ 中，键的离子性程度由高到低的顺序是什么。

7-15　离子晶体由带异号电荷的离子所组成，但固态时不导电，仅在熔融状态(或溶解在极性溶剂中)可导电。金属晶体则不论在固态或熔融状态都能导电。试做简要解释。

化学平衡与化学分析篇

第 8 章
定量分析基础与滴定分析概述

The Basis of Quantitative Analysis and Introduction to Titration Analysis

学习要求：

1. 了解分析化学的定义、任务、作用和研究内容；
2. 熟悉定量分析的基本步骤，了解分析化学中常用的样品采取方法及前处理方法；
3. 掌握误差和准确度、偏差和精密度、误差的分类和减免误差的方法；
4. 了解分析结果的数据处理方法并掌握有效数字及其运算规则；
5. 掌握滴定分析的基本概念、滴定反应的条件；
6. 掌握基准物质和标准溶液；
7. 掌握滴定分析的方式及其计算。

分析化学是化学量测和表征的科学，是研究物质化学组分和化学结构的方法及其有关理论的一门学科。化学量测是获取指定体系中有关物质的质、量和结构等各种信息，而表征是精确地描述其成分、含量、价态、形态、结构和分布等特征。分析化学是化学学科的一个重要分支，有很强的实用性，同时又有严密、系统的理论，是理论与实际密切结合的学科。

分析化学涉及的内容十分广泛，随着其他相关领域的研究进展，分析化学发展非常迅速。现代分析化学学科的发展趋势及特点主要体现在提高灵敏度、解决复杂体系的分离问题及提高分析方法的选择性、扩展时空多维信息、微型化及微环境的表征与测定、形态和状态分析及表征、生物大分子及生物活性物质的表征与测定、非破坏性检测及遥控、自动化与智能化等方面。

分析化学的发展历史起源于古代炼金术，借助的手段是人类的感官和双手。16 世纪天平的出现，使分析化学向定量分析迈进了一大步。19 世纪鉴定物质的组成和含量的技术建立了化学分析方法的基础。20 世纪以来分析化学随着其他科学的发展取得了突飞猛进的发展与创新，为现代检测技术提供了极大的帮助。因此，分析化学在化学学科的其他分支、生物学、植物学、环境科学、材料科学、高分子材料科学、医学、药学、海洋科学、地质学、农业科学、食品科学等都起着重要的作用。如相对原子质量的准确测定、工农业生产的发展、生态环境的保护、生命过程的控制等，都离不开分析化学。

8.1 分析化学概述

8.1.1 分析化学的定义

分析化学是研究并确定物质的化学组成，测量各组成的含量，表征物质的化学结构、形态、能态及在时空范畴跟踪其变化的各种分析方法及其相关理论的一门科学。分析化学被称为“现代化学之父”。欧洲化学学会联合会 Federation of European Chemical Societies（FECS）对分析化学的定义是“Analytical Chemistry is a scientific discipline that develops and applies methods, instruments and strategies to obtain information on the composition and nature of matter in space and time.”

其中包括了定性、定量、结构及动态分析等不同的内容。定性分析是确定物质的化学组成；定量分析是测量各组成的含量；结构分析、构象分析、形态分析、能态分析是表征物质的化学结构、构象、形态、能态；动态分析是表征物质组成、含量、结构、形态、能态的动力学特征。

8.1.2 定量分析方法分类

根据分析的任务、对象、操作方法、测定原理和具体分析要求的不同，定量分析（quantitative analysis）方法有不同的分类。按其分析要求可以分为成分分析、定量分析和结构分析；按其分析对象分为无机分析和有机分析；按分析样品量可分为常量分析、微量分析、痕量分析和超痕量分析，如表 8-1 所示。

表 8-1　按分析样品量的分析分类

分析范围	常量	微量	痕量	超痕量		
样品质量	克	毫克	微克	纳克	皮克	飞克
数量级	1	10^{-3}	10^{-6}	10^{-9}	10^{-12}	10^{-15}
旧时称呼			ppm	ppb	ppt	

通常，定量分析方法分为化学分析法和仪器分析法。

1. 化学分析法

化学分析法（chemical analysis）：以化学反应为基础的分析方法，包括化学定性分析、重量分析和滴定分析。通常用于高含量或中等含量组分的测定（即待测组分的含量一般在 1%以上）。20 世纪 20 年代以前，分析化学的主要内容是化学分析，它和当时的生产力水平相适应，对促进科学进步和生产力的发展起到了巨大的作用。由于化学分析历史悠久，理论和方法都比较成熟，故又称为经典分析法。

滴定分析法：滴定分析法（titration analysis）是在含待测物质的溶液中进行的，将具有准确浓度的试剂溶液（称为标准溶液）滴加到被测物质的溶液中，根据反应完全时所消耗标准溶液的体积和浓度,计算出被测物质的含量。根据化学反应的类型不同,滴定分析法可分为四种具体方法,即酸碱滴定法、配位滴定法、沉淀滴定法和氧化还原滴定法。本书后面部分章节将着重介绍这四大滴定的相关知识。

重量分析法:重量分析法(gravimetric analysis)一般是将样品中的待测组分直接分离或转化成具有一定组成的物质后与其他组分分离,测得该组分的质量,然后根据测得的质量算出样品中待测组分的含量。重量分析法直接用分析天平称量而获得分析结果,不需要与标准样品或基准物质做比较,如果分析方法可靠,操作细心,其称量误差一般很小,所以通常能得到准确的分析结果(相对误差0.1%~0.2%)。该法的缺点是操作烦琐、费时,不适于微量组分的分析。常用的方法有提取法、汽化法、直接分离法、电重量法、热重量法等。

2. 仪器分析法

仪器分析法(instrumental analysis):依据物质的物理性质及物理化学性质建立起来的分析方法,通常使用特殊的仪器。仪器分析法的优点是操作简便而快速,具有较高的灵敏度,最适于生产过程中的控制分析,尤其适用于微量组分的测定。

仪器分析在现代电子学、数学、计算机科学的基础上,与现代科技发展相结合,得到迅速发展及完善。仪器分析法种类繁多,各种方法都有比较独立的分析原理,且有其特殊的、其他方法不能代替的分析测试优势。根据测量原理和信号特点,仪器分析法可大致分为光学分析法、电化学分析法、色谱法和其他分析法四大类。也包括新兴的如质谱法、热分析法、放射分析法等。

3. 化学分析法与仪器分析法的比较

实际上,化学分析和仪器分析并没有严格的界限。化学分析测量的信号,如定性分析中物质的颜色、状态,以及定量分析中物质的质量、体积等都是物质的物理性质,而仪器分析方法也是基于物质的物理性质或物理化学性质与物质的量的关系建立起来的分析方法,它同时也涉及许多化学反应。总体上,二者具有以下明显的差异(表8-2)。

表8-2　经典分析方法与现代分析方法的比较

项目	化学分析法（经典分析法）	仪器分析法（现代分析法）
物质性质	化学性质	物理、物理化学性质
测量参数	体积、质量	吸光度、电位、发射强度等
误差	0.1%~0.2%	1%~2%或更高
组分含量	1%~100%	<1%~单分子、单原子
理论基础	化学、物理化学（溶液四大平衡）	化学、物理、数学、电子学、生物等
解决问题	定性、定量	定性、定量、结构、形态、能态、动力学等全面的信息

检测能力的比较：仪器分析法一般都具有较强的检测能力，绝对检出限可达 10^{-6} g(μg 级)、10^{-9} g(ng 级)、10^{-12} g(pg 级)，甚至 10^{-15} g(fg 级)，相对检出下限可达 10^{-6}(ppm)、10^{-9}(ppb)，以至 10^{-12}(ppt)级，可方便地用于痕量组分(< 0.01%)的测定。化学分析的检测能力较差，只能用于常量组分(>1%)及微量组分(0.01%~1%)的分析。

样品用量比较：仪器分析法的取样量一般较少。一些方法可以从毫克乃至微克固体样品、微升(10^{-6} L)乃至纳升(10^{-9} L)液体样品中获取大量的有用信息，可用于微量分析(0.1~10 mg 或 0.01~1 mL)和超微量组分(<0.1 mg 或<0.01 mL)的分析。化学分析法取样量大，只能用于常量分析(>0.1 g 或>10 mL)及半微量分析(0.01~0.1 g 或 1~10 mL)。

分析效率比较：仪器分析法容易实现自动化。不少方法的取样、测量、信号解析及数据处理等过程均可自动完成，一些方法还具有多元素、多种成分同时测定的功能，因而具有很高的分析效率。例如，流动注射火焰原子吸收法 1 h 可以测定 120 个样品；光电直读光谱法 2 min 内可以给出样品 20~30 种元素的分析结果。化学分析法的分析效率较低。滴定分析完成一次测定需要数分钟，重量分析则需要数小时才能完成测定。

应用范围比较：与化学分析法相比较，仪器分析法具有更广泛的用途。化学分析法只能用于成分分析，而仪器分析法不但可以用于成分分析，一些方法还可对物质价态、状态及结构进行分析；化学分析法必须破坏样品，而一些仪器分析法可以进行无损分析；化学分析法只能提供关于分析对象整体组成的信息，而一些仪器分析法可以进行表面分析、微区分析或薄层切片分析；化学分析法必须取样，进行所谓离线分析，而一些仪器分析法可以进行在线分析，甚至活体分析。

准确度比较：仪器分析法的准确度一般不如化学分析法。化学分析法的误差一般小于 2%，而仪器分析法的误差通常为百分之几，有的甚至高达百分之几十。然而，组分的含量不同，对分析的准确度要求也不同，大多数仪器分析法的准确度虽达不到常量分析的标准，但对于化学分析法无法进行的痕量分析和超痕量分析却完全符合要求。总的来说，仪器分析法比较适合于微量、痕量和超痕量分析。

此外，仪器分析法的仪器设备一般比较复杂，价格比较昂贵，而化学分析法使用的仪器一般都比较简单。

8.2 定量分析的一般过程

8.2.1 分析对象的确定

在进行分析前，首先要明确待分析的对象(离子、分子、官能团)、样品的数量、待分析样品的特征、检测要求(单一成分还是多组分)、分析适宜的时间、样品重复提供的可行性、破坏性或非破坏性分析等。在了解这些信息的基础上，才能进行定量分析工作。定量分析大致包括以下几个步骤：样品采集、样品的分解制备、组分测定、数据分析及结果报告。

8.2.2 样品采集

采样(sampling)是指从待分析的对象中取出用于分析测定的少量物质。可以随机取样、周期取样或选择性取样等。各种取样标准方法不同,如资源取样、原料取样、成品取样、物证取样等。可以按照样品的状态(气体、固体、液体)或性质(光敏性、热敏性、挥发性、化学活性、生物活性)取样。也可以按照分析方法、对分析结果的要求等不同取样。但无论采用哪种取样方式,取样的基本要求都是样品一定要具有代表性,且在采样过程中,不能对样品有污染或干扰影响。

对液体和气体样品而言,容易采取具有代表性的均匀样品。但对固体样品来说,取样时一般采用样品增量逐一混合法,如图 8-1 所示。经过破碎、过筛、混合、缩分等步骤,将样品制成量小(100~300 g)且均匀的分析样品。

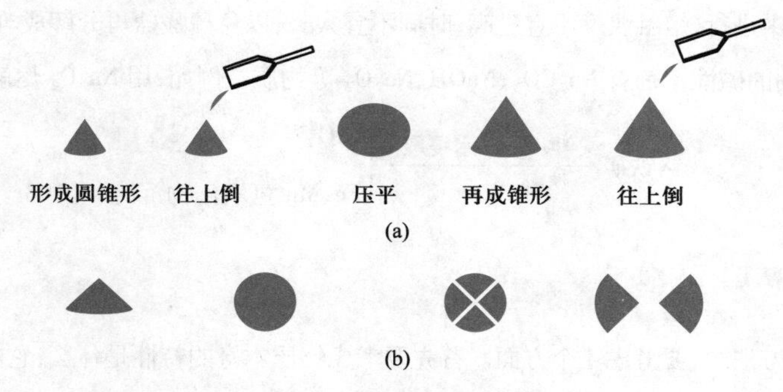

图 8-1 固体样品的混匀(a)及四分法缩分(b)

8.2.3 样品的预处理及分解制备

样品预处理(sample pretreatment)的目的是使样品的状态和浓度适应所选择的分析技术。

样品预处理的原则是防止待测组分的损失及避免引入干扰物质。

样品预处理的依据是物质的性质(生物样品的有机分子或元素等)、干扰情况(是否需要分离等)、测定方法(是否需要富集等)。

样品在分解过程中,如果方法选择不当,就会增加不必要的分离手续,给测定造成困难和增大误差,有时甚至使测定无法进行。选择分解方法时,不仅要考虑对准确度和测定速度的影响,而且要求分解后杂质的分离和测定都易进行。所以,应选择那些分解完全、分解速度快、分离测定较顺利、同时对环境没有污染或污染较小的方法。

分解样品的方法通常有溶剂法(湿法)和熔融法(干法)两种。

1. 溶剂法

溶剂法包括水溶解、酸溶解和碱溶解,有时也会采用有机溶剂溶解。

水溶解:用水溶解样品,是较常用的一种溶解方法。如$(NH_4)_2SO_4$ 中含氮量的测定,就是用水溶解含$(NH_4)_2SO_4$的样品后进行测定。

酸溶解：利用HCl、H_2SO_4、HNO_3、$HClO_4$、HF及混合酸等分解样品。如金属、合金、矿石等元素成分含量的测定时，可用酸溶解固体样品。

碱溶解：常用NaOH溶解样品。如分析铝合金中Fe、Mn、Ni含量时可用NaOH溶解样品。

2. 熔融法

熔融法是利用熔剂与样品在高温下进行分解反应，使欲测组分转变为可溶于水或酸的化合物。根据所使用的熔剂性质可分为酸熔法和碱熔法两种。

酸熔法：利用焦硫酸盐($K_2S_2O_7$)、硫酸氢钾($KHSO_4$)作熔剂。例如，利用$K_2S_2O_7$溶解TiO_2：

$$TiO_2+2K_2S_2O_7 = Ti(SO_4)_2+2K_2SO_4$$

熔融常在瓷坩埚中进行，熔融温度不宜过高，时间不宜太长，以免硫酸盐再分解成难溶氧化物。

碱熔法：常用的碱性熔剂有Na_2CO_3、NaOH、Na_2O_2等物质。例如，用Na_2O_2熔解铬铁矿。

$$\text{铬铁矿}\xrightarrow[\text{熔融}]{Na_2O_2}\xrightarrow{\text{水浸取}}\begin{cases}CrO_4^{2-}\\ \text{Fe、Mn 氢氧化物沉淀}\end{cases}$$

8.2.4 分析方法选择和实施

当确定分析方法时，要考虑4个方面。首先要考虑物质本身的特性是什么，它的组分的含量大致是多少，组分之间是否有干扰。然后，才能确定分析方法。当然，对于不同的分析方法，要求的准确度、灵敏度、选择性、适用范围等，是不是合乎要求？还要考虑的一个因素是用户对分析结果的要求及对费用的承受能力。同时，所允许的分析时间有多长，所投入的人力有多少，设备与消耗品是否具备等，这些因素都是选择分析方法时应该考虑的。图8-2为分析方法选择时的考虑因素。

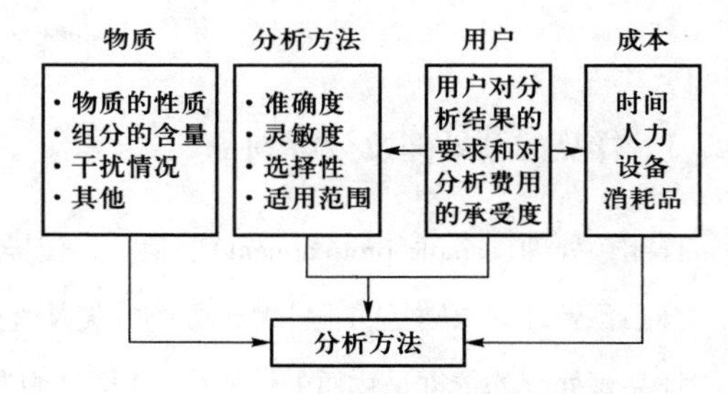

图8-2 分析方法选择时的考虑因素

8.2.5 数据分析及结果报告

在完成对样品的来源、用途及性质考查，取样、分解、溶解等预处理，选择合适的分析方法测定等操作之后，要对结果进行准确表达。分析结果常以待测组分的化学表示形式给出报告。待测组分的化学表示形式常以元素形式的含量表示。矿样中Fe、Cu等以氧化物形式的含量表示，如Fe_2O_3；有机物以C、H、O、P等元素的氧化物形式的含量表示，如P_2O_5。也常以待测组分实际存在形式的含量表示，如含氮量测定用NH_3，NO_3^-，N_2O_5，NO_2^-，N_2O_3等形式表示。待测组分含量的表示方法如下。

1. 体积(质量)分数

如果溶液的量和溶质的量同时用体积或质量或物质的量表示,对应的浓度分别表示为体积分数(百分数)或质量分数(百分数)或物质的量分数(百分数),物质的量分数又称摩尔分数。体积分数和质量分数是日常生活和生产中常用的浓度。体积分数常用于酒类表示。它们的量纲为1。体积分数用符号 φ 表示,质量分数用符号 w 表示,摩尔分数用符号 x 表示。例如:

在相同温度下将 20 mL 和 30 mL H_2O 混合,则体积分数为

$$\varphi(C_2H_5OH)=20\ \text{mL}/(20+30)\ \text{mL}=0.40=40\%$$

将 30.0 g 蔗糖溶于 70.0 g 水中,则其质量分数为

$$w(\text{蔗糖})=30.0\ \text{g}/(30.0+70.0)\ \text{g}=0.30=30\%$$

混合气体中含有 2.5 mol H_2 和 7.5 mol N_2,则 H_2 和 N_2 的摩尔分数分别为

$$x(H_2)=2.5\ \text{mol}/(2.5+7.5)\ \text{mol}=0.25=25\%$$

$$x(N_2)=7.5\ \text{mol}/(2.5+7.5)\ \text{mol}=0.75=75\%$$

对于稀的水溶液,如果溶液的量用体积表示,溶质的量用质量表示,对应的浓度表示为质量体积百分比浓度,通常不写量纲。如医疗用的0.9%生理盐水,0.9%是质量体积百分比浓度。它的含义是将0.9 g 氯化钠溶于水配成 100 mL 的溶液。

2. 物质的量浓度(c)

溶质的物质的量浓度是指单位体积溶液中所含溶质 B 的物质的量,用符号 c_B 表示,常用单位为 $\text{mol}\cdot\text{L}^{-1}$。

例如:配制 $1.0\ \text{mol}\cdot\text{L}^{-1}$的氯化钠溶液时,氯化钠的摩尔质量为 $58.5\ \text{g}\cdot\text{mol}^{-1}$,故称取 58.5 g 氯化钠固体,加水溶解,定容至 1 000 mL 即可获得 $1.0\ \text{mol}\cdot\text{L}^{-1}$的氯化钠溶液。

例 8-1 称取 Na_2CO_3 5.300 0 g,配成 500.0 mL 溶液,求 Na_2CO_3 溶液的浓度 $c(Na_2CO_3)$。

解:因 $M(Na_2CO_3)=105.99\ \text{g}\cdot\text{mol}^{-1}$,故

$$c(Na_2CO_3)=\frac{n(Na_2CO_3)}{V}=\frac{m}{M(Na_2CO_3)}\times\frac{1}{V}=\frac{5.300\,0}{105.99}\times\frac{1}{0.500\,0}\ \text{mol}\cdot\text{L}^{-1}=0.100\,0\ \text{mol}\cdot\text{L}^{-1}$$

3. 质量摩尔浓度(m)

因为溶液的体积随温度而变,所以物质的量浓度也随温度而变,在严格的热力学计算中,为避免温度对数据的影响,常不使用物质的量浓度而使用质量摩尔浓度,后者的定义是每 1 kg 溶剂中包含溶质物质的量,符号为 m,单位为 $\text{mol}\cdot\text{kg}^{-1}$,即

$$m_B\equiv n_B/w_A=w_B/(M_B\cdot w_A)$$

其中 B 是溶质,A 是溶剂,w_A 为溶剂的质量,w_B 为溶质的质量。例如,$m(\text{NaCl})=0.1\ \text{mol}\cdot\text{kg}^{-1}$,意即每 1 kg 溶剂中含有 0.1 mol NaCl。

除了以上浓度的表示方式,某些场合还会用到比例浓度、ppm 等表示方式。总之浓度表示溶质

和溶剂的相对含量，根据不同的需要，采用不同的表示方法。

通常，在报告分析结果时，固体用质量分数表示；气体以体积分数表示；溶液以物质的量浓度、质量摩尔浓度、质量分数、体积分数、摩尔分数等表示。同时要给出测定结果的相对标准偏差、测定次数等。

8.3 定量分析中的误差

定量分析的任务是要准确地解决“量”的问题，作为分析测定人员不仅要测定样品中各组分的含量，而且要善于判断分析结果的准确性，查出产生误差的原因，以及进一步研究减少误差的办法，以不断提高分析结果的准确度。

8.3.1 准确度与误差

准确度(accuracy)是指测定结果与真实值接近的程度，通常用误差(error)的大小来表示。误差分为绝对误差和相对误差。测定结果与真实值之差值叫绝对误差，即

$$\text{绝对误差}(E)=\text{测定结果}(X)-\text{真实值}(\mu) \tag{8-1}$$

相对误差等于绝对误差与真实值之比乘以100%。即

$$\text{相对误差}(E_r)=\frac{\text{绝对误差}(E)}{\text{真实值}(\mu)}\times100\% \tag{8-2}$$

误差越大，准确度越低。由于绝对误差只能表示出误差绝对值的大小，而对测定结果的准确度不能完全反映出来，所以一般用相对误差表示测定结果的准确度。

如称得某物质量为2.175 0 g，其真实值为2.175 1 g；另一物质的称量质量为0.217 5 g，而它的真实值为0.217 6 g。这两个物质的质量相差10倍，称量时的绝对误差相同。

$$2.175\ 0-2.175\ 1=-0.000\ 1(\text{g})$$

$$0.217\ 5-0.217\ 6=-0.000\ 1(\text{g})$$

但它们的相对误差却不同，分别为

$$E_r=\frac{-0.000\ 1}{2.175\ 1}\times100\%=-0.005\%$$

$$E_r=\frac{-0.000\ 1}{0.217\ 6}\times100\%=-0.05\%$$

显然，当称量质量较大的物质时，相对误差就比较小，称量的准确度也就比较高。

需要注意的是，误差不仅有大小之分，而且还有正负之分。尤其是在分析过程中，任何分析方法都是由好几个环节组成的，每一环节都必须符合该分析方法所要求的准确度。如用某一滴定分析方法测定某待测物质，要求达到0.1%的准确度，则称量物质的质量和测量体积的准确度都不能低于0.1%。

8.3.2 精密度与偏差

在实际测定工作中，被测组分的真实数值是不知道的，测定时总是在相同的条件下用同一方法对样品进行平行的多次测定，得到几个测定结果，它们之间相互接近的程度是测定的精密度（precision），常用偏差（deviation）表示。

偏差是各个测定结果与其算术平均值之差。偏差也有正负之分，偏差同样分为绝对偏差和相对偏差，常用相对偏差的数值表示精密度的大小。

$$绝对偏差(d_i)=测得数值(X)-算术平均值(\bar{X}) \tag{8-3}$$

$$相对偏差(d_r)=\frac{绝对偏差(d_i)}{算术平均值(\bar{X})}\times 100\% \tag{8-4}$$

在一般的分析工作中，通常是在相同条件下至少做两次平行测定，根据两次测定结果计算精密度。如某分析项目，两次平行测定结果是67.37%和67.53%。平均值为67.45%，则精密度计算如下：

第一次：$\frac{67.37-67.45}{67.45}\times 100\%=-0.1\%$

第二次：$\frac{67.53-67.45}{67.45}\times 100\%=+0.1\%$

一般在化学分析中对精密度的要求是不超过0.2%，所以，以上测定结果的平均值67.45%是可取的，可用67.45%报出分析结果。

在分析工作中，为了保证精密度，常将分析的次数适当增加。多次测量结果之间的精密度用算术平均偏差（$\bar{d}$）表示：

$$\bar{d}=\frac{1}{n}\sum_{i=1}^{n}|d_i| \tag{8-5}$$

当测定次数<20时，单次测定结果的标准差可用标准偏差（S）表示：

$$S=\sqrt{\frac{\sum_{i=1}^{n}(X_i-\bar{X})^2}{n-1}} \tag{8-6}$$

利用标准偏差可反映较大偏差的存在和测定次数的影响。标准差则能够较好地反映分析结果的相互靠近程度。建议同学们在试验报告中用标准差表示分析结果。

例8-2 有甲、乙两位同学分别测得两组数据：

甲同学：0.3，-0.2，-0.4，0.2，0.1，0.4，0.0，-0.3，0.2，-0.3

乙同学：0.0，0.1，-0.7，0.2，-0.1，-0.2，0.5，-0.2，0.3，0.1

分别计算甲、乙两位同学数据的算术平均偏差及标准差。

解：算术平均偏差按照式（8-5）计算，得到

$$\bar{d}_{甲}=0.24,\quad \bar{d}_{乙}=0.24$$

标准偏差按照式（8-6）计算，得到

$$S_{甲}=0.26,\quad S_{乙}=0.33$$

由此可见,标准差能够较好地反映分析结果的相互靠近程度。

例 8-3　分析某铁矿样品的含量,进行了 5 次测量,数据分别为 37.45%,37.30%,37.20%,37.50%,37.25%,请报告分析结果。

解: $\overline{X}=\dfrac{(37.45+37.30+37.20+37.50+37.25)\%}{5}=37.34\%$

d 依次为 +0.11,-0.04,-0.14,+0.16,-0.09

$$S=\sqrt{\frac{(0.11)^2+(0.04)^2+(0.14)^2+(0.16)^2+(0.09)^2}{5-1}}\%=0.13\%$$

分析结果报告: $\overline{X}=37.34\%$, $S=0.13\%$, $n=5$。

8.3.3　准确度与精密度的关系

通过下面的实例来分析准确度与精密度之间的关系。

例 8-4　甲、乙、丙三人分别测定矿石中 Fe_2O_3 含量(其中真值为 50.36%),各分别测定四次,结果为

甲:50.30%,50.30%,50.28%,50.27%, $\overline{X}_{甲}=50.29\%$

乙:50.40%,50.30%,50.25%,50.25%, $\overline{X}_{乙}=50.30\%$

丙:50.36%,50.35%,50.34%,50.33%, $\overline{X}_{丙}=50.35\%$

如果将上述三人的分析结果分别用图形表示,如图 8-3 所示。可以看出:对甲来说,分析结果的精密度高,但分析结果与真值相差较大,准确度低。乙分析结果的精密度和准确度都不高。丙分析结果的精密度及准确度都较高。

通过以上讨论可以看出,准确度一定以精密度为前提,精密度高时准确度不一定高;精密度是保证准确度的先决条件。精密度低,说明结果不可靠,也就失去衡量准确度的前提。

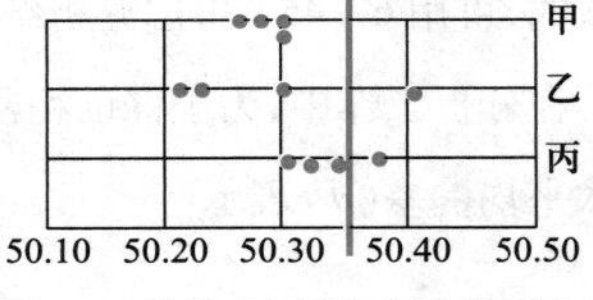

图 8-3　准确度与精密度关系示意图

8.3.4　误差的分类及特点

产生误差的原因很多,一般分为两类,即系统误差和随机(偶然)误差。

1. 系统误差及其特点

系统误差(systematic error)是由某种固定的原因所造成的,使测定结果系统偏高或偏低。当重复进行测定时,它会重复出现。系统误差的大小、正负是可以测定的。造成系统误差的原因有以下几种:

(1) 方法误差　由于分析方法本身造成的误差。如在重量分析中,由于沉淀的溶解、共沉淀现象、灼烧时沉淀的分解或挥发等造成的误差;在滴定分析中,反应进行不完全、干扰离子的影响、化学计量点和滴定终点不符合及副反应的发生等造成的误差。

(2) 仪器和试剂误差　仪器误差来源于仪器本身不够精确,如砝码质量、容量器皿刻度和仪表

刻度不准确等。试剂误差来源于试剂不纯，如试剂和蒸馏水中含有被测物质或干扰物质，使分析结果系统地偏高或偏低。如果基准物质不纯，同样会造成分析结果偏高或偏低，其影响程度更为严重。

(3) 操作误差　操作误差是指分析人员掌握操作规程与正确的实验条件稍有出入而引起的误差。例如，分析人员对滴定终点颜色的辨别往往不同，有人偏深，有人偏浅等。

系统误差的特点：

(1) 再现性　同一条件下重复测量时会重复出现。

(2) 单向性　测定结果系统地偏高或偏低。

(3) 恒定性　每次测定的误差大小基本不变，对测定结果的影响是恒定的。

(4) 可校正性　可选择合适的方法对系统误差进行校正。

2. 随机(偶然)误差及其特点

随机误差是由能影响测定结果的许多不可控制或未加控制因素的微小波动引起的误差。如测量过程中虽然操作者仔细进行操作，外界条件也尽量保持一致，但测得的一系列数据往往仍然有差别，并且所得误差的正负不定，有的数据包含正误差，也有些数据包含负误差，这类误差属于偶然误差(random error)。产生这类误差的原因往往难以觉察，可能由于环境温度的波动、电源电流的波动、仪器的噪声、分析人员判断能力和操作技术的微小差异等许多随机因素引起的误差叠加。例如，在读取滴定管读数时，估计的小数点后第二位数值，几次读数不一致。这类误差在操作中是必然存在的，不可能完全避免，无法消除。随机误差不仅影响方法的准确度，也影响方法的精密度。经过人们大量的实践发现，当测定的次数很多时，偶然误差的分布服从一定的规律：

(1) 大小相近的正误差与负误差出现的机会相等，即绝对值相近而符号相反的误差是以同等的机会出现的。

(2) 小误差出现的频率较高，而大误差出现的频率较低。

(3) 在消除系统误差后，随机误差服从统计规律。

随机误差的统计规律：

(1) 单峰性　误差有明显的集中趋势，小误差出现的次数多，大误差出现的次数少。

(2) 对称性　在试验次数足够多时，绝对值相等的正负误差出现的次数大致相等。

(3) 有界性　对于一定条件下的测量，误差的绝对值不会超过一定的界限。

(4) 随测定次数的增加，随机误差的算术平均值将逐渐接近于零(正、负误差抵消)。

随机误差的鲜明特点是服从正态分布，可用正态概率密度函数来表示：

$$y=f(x)=\frac{1}{\sigma\sqrt{2\pi}}e^{-\frac{(x-\mu)^2}{2\sigma^2}} \tag{8-7}$$

y 为概率密度，它是变量 x 的函数，即表示测定值 x 出现的频率；

μ 为总体平均值，为曲线最大值对应的 x 值(图 8-4)；测量次数为无限次时，即 n 趋于 ∞ 时，为

$$\mu = \lim_{n\to\infty}\frac{1}{n}\sum_{i=1}^{n}x_i \tag{8-8}$$

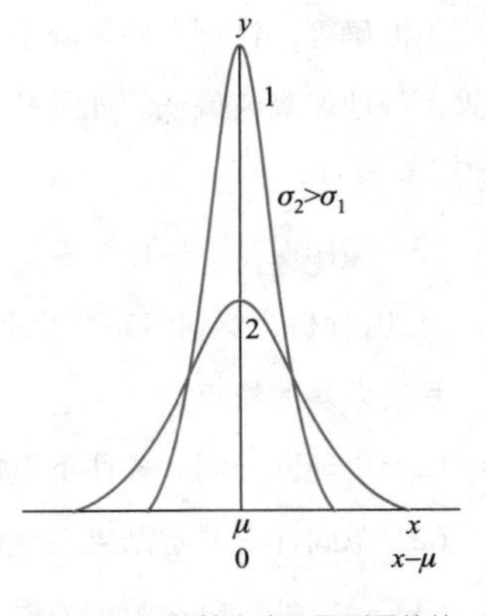

图 8-4 两组精密度不同测量值的正态分布曲线

统计学上通常把个体上表现为不确定性而大量观察中呈现出统计规律性的现象称为随机现象；把研究对象的全体(包括众多直至无穷多个个体)称为总体；把自总体中随机抽取的用于研究的一组测量值称为样本；把样本中所含个体的数目称为样本容量。对于一组测量值，按照大小分为若干个区间，则在每个区间测量值出现的次数成为频数，频数与总数相比为相对频数，即概率密度。以测量值的区间为横坐标，以相对频数为纵坐标绘制的图称为频数分布。

若测量次数为无数次时，则频数分布符合正态分布，又称高斯分布。σ 为总体标准偏差，是正态分布曲线拐点间距离的一半。

$$\sigma=\sqrt{\frac{\sum(x_i-\mu)^2}{n}} \tag{8-9}$$

σ 和 μ 是正态分布的两个基本参数。$x=\mu$ 时，y 值最大，此即分布曲线的最高点。大多数测量值集中在算术平均值的附近，或者说算术平均值是最可信赖值或最佳值。它能很好地反映测定的集中趋势；σ 反映了测定值的分散程度。σ 越大，曲线越平坦，测定值越分散；σ 越小，曲线越尖锐，测定值越集中。σ 和 μ 值一定，曲线的形状和位置就固定了，正态分布就确定了。$x-\mu$ 表示随机误差，若以 $x-\mu$ 为横坐标，则曲线最高点对应的横坐标为零，这时曲线成为随机误差的正态分布曲线。

8.3.5 误差的修正方法

1. 系统误差的修正方法

从误差产生的原因看，系统误差可以采取一些校正的办法和制定标准规程的办法找出其大小和正负，然后对测定的数据进行校正，以消除系统误差。具体方法有

(1) 方法校正　如选用公认的标准方法与所采用的方法进行比较，从而找出校正数据，消除方法误差。

(2) 仪器校正　在实验前对使用的砝码、容量器皿或其他仪器进行校正，并求出校正数据，消除仪器误差；

(3) 空白实验　在不加样品的情况下，按照样品分析步骤和条件进行分析试验，所得结果称为空白值，从样品的分析结果中扣除空白值，就可消除试剂、蒸馏水及器皿引入的杂质所造成的系统误差。

（4）对照实验　即用已知含量的标准样品按所选用的测定方法，以同样条件、同样试剂进行分析，找出改正数据或直接在试验中纠正可能引起的误差。

2. 随机误差的修正方法

因为随机误差不可控制，所以随机误差只可减小不可以消除。减小随机误差的方法有

（1）严格控制实验条件，按操作规程正确进行操作。

（2）适当增加平行测量次数，实际工作中 3~5 次；用平均值表示结果。

偶然误差的大小可以用精密度表示，一般地说，测定结果的精密度越高，说明其偶然误差越小；反之，精密度越差，说明测定中的偶然误差越大。

由于存在系统误差和偶然误差这两大类误差，所以在分析计算过程中，如未消除系统误差，则分析的结果即使有很高的精密度，也并不能说明结果准确，即单从精密度看，不考虑系统误差，仍不能得出正确的结论。只有消除了系统误差以后，精密度高的分析结果才是既准确又精密的。

8.4　分析结果的数据处理

8.4.1　t 分布曲线

对于有限测定次数，测定值的随机误差的分布不符合正态分布，而是符合 t 分布，应用 t 分布来处理有限测量数据。

t 分布曲线则是指用 t 代替正态分布中变量 u，样本标准偏差 s 代替总体标准偏差 σ，即

$$t=\frac{\bar{x}-m}{s_{\bar{x}}}=\frac{\bar{x}-m}{s}\sqrt{n}$$

测定值出现在 $\mu \pm ts$ 范围内的概率称为置信度 P。测定值在此范围（$\mu \pm ts$）之外的概率称为显著性水准，用 α 表示，显著性水准和置信度的关系为：$\alpha=1-P$。表 8-3 列出了不同自由度，以及不同显著性水准对应的 $t_{\alpha,f}$ 值（双边）。从表中可以看出 f 值越小，t 值越大；α 值越小，t 值越大。

表 8-3　$t_{\alpha,f}$ 值表（双边）

自由度	显著性水准 α			
$f=(n-1)$	0.50	0.10	0.05	0.01
1	1.00	6.31	12.71	63.66
2	0.82	2.92	4.30	9.93
3	0.76	2.35	3.18	5.84
4	0.74	2.13	2.78	4.60
5	0.73	2.02	2.57	4.03
6	0.72	1.94	2.45	3.71
7	0.71	1.90	2.37	3.50

续表

自由度 $f=(n-1)$	显著性水准 α			
	0.50	0.10	0.05	0.01
8	0.71	1.86	2.31	3.36
9	0.70	1.83	2.26	3.25
10	0.70	1.81	2.23	3.17
20	0.69	1.73	2.09	2.85
∞	0.67	1.65	1.96	2.58

8.4.2 显著性检验

在分析化学工作中常会遇到两类问题，一类是对含量真值为 T 的某物质进行分析，得到平均值 $\bar{x}$，但平均值不等于真值；另一类是用两种不同的方法，或两台不同的仪器，或两个不同的实验室对同一样品进行分析，得到平均值 $\bar{x}_1$，$\bar{x}_2$，但这两个平均值不相等。这些问题是由随机误差引起还是系统误差引起需要进行检验。

1. F 检验法

主要用于 $\bar{x}_1$，$\bar{x}_2$ 的比较，判断它们的精密度有无显著性差异。若无则认为它们是取自于同一个总体。

具体步骤：

(1) 求两组数据各自的方差$\left[S^2=\dfrac{\sum(X_i-\bar{X})^2}{n-1}\right]$；

(2) $F_{算}=\dfrac{S_{大}^2}{S_{小}^2}$(>1，必须以 $S_{大}^2$ 为分子，$S_{小}^2$ 为分母)；

(3) 查 $F_{表}$(表 8-4)；

(4) 如果 $F_{算}>F_{表}$，则有显著性差异，不是取自同一个总体。

表 8-4 置信度 95%时的 F 值（单边）

$f_{小}$	$f_{大}$				
	2	3	4	5	6
2	19.00	19.16	19.25	19.30	19.33
3	9.55	9.28	9.12	9.01	8.94
4	6.94	6.59	6.39	6.16	6.09
5	5.79	5.41	5.19	5.05	4.95
6	5.14	4.76	4.53	4.39	4.28

2. t 检验法

(1) 平均值与标准值的比较

为了检查分析数据是否存在较大的系统误差，可采用 t 检验法比较测定结果的平均值与标准值之间是否存在显著性差异。

具体步骤：

① 计算 $t_{算}=\frac{|\bar{X}-\mu|}{S}\cdot\sqrt{n}$；

② 查表：$t_{P,f}$；

③ 如果 $t_{算}>t_{P,f}$ 则存在显著性差异。

（2）两组平均值的比较

两种不同的方法、或两台不同的仪器、或两个不同的实验室对同一样品进行分析，得到平均值 $\bar{x}_1$，$\bar{x}_2$ 经常是不完全相等的，要判断它们是否存在显著性差异需要采用 t 检验法。

假设两组数据分别表示为 n_1，S_1，$\bar{X}_1$ 和 n_2，S_2，$\bar{X}_2$。具体步骤：

① 先用 F 检验法判断精密度是否存在显著性差异，如果不存在，则继续下列步骤；

② 计算 $S_{合并}=\sqrt{\frac{S_1^2(n_1-1)+S_2^2(n_2-1)}{(n_1-1)+(n_2-1)}}$；

③ 计算 $t_{算}=\frac{|\bar{X}_1-\bar{X}_2|}{S}\cdot\sqrt{\frac{n_1n_2}{n_1+n_2}}$；

④ 查 t 表：t_{P,n_1+n_2-2}；

⑤ 如果 $t_{算}>t_{P,n_1+n_2-2}$，则存在显著性差异。

8.4.3 过失误差的判断（可疑值的取舍）

分析测量结果中常常会出现异常值，所谓异常值则是指测量结果中偏差较大的测量值。如果知道原因则可直接舍弃；如果不知道原因则需要判断是否为异常值。判断的方法有两种：Q 检验法和格鲁布斯（Grubbs）法。

1. Q 检验法

将测得数据从小到大顺序排列：X_1、X_2、…、X_{n-1}、X_n，则 X_1 或 X_n 可能是可疑值，则 Q 值计算为

X_1 是可疑值 $Q_{算}=\frac{X_2-X_1}{X_n-X_1}$；$X_n$ 是可疑值 $Q_{算}=\frac{X_n-X_{n-1}}{X_n-X_1}$

然后查 $Q_{表}$，当计算值 $Q_{算}$ 大于 $Q_{表}$ 时，则应舍去，反之保留。

2. 格鲁布斯（Grubbs）法

将测得数据从小到大顺序排列：X_1、X_2、…、X_{n-1}、X_n，则 X_1 或 X_n 可能是可疑值，则 G 值计算为

X_1 是可疑值 $G_{算}=\frac{\bar{X}-X_1}{s}$；$X_n$ 是可疑值 $G_{算}=\frac{X_n-\bar{X}}{s}$

然后查 $G_{表}$，当计算值 $G_{算}$ 大于 $G_{表}$ 时，则应舍去，反之保留。

8.5 有效数字及其运算规则

8.5.1 有效数字

有效数字（significant figure）是在分析工作中实际能测量到的数字。数字的保留位数是由测量仪器的准确度决定的。如用一般分析天平称得某物体的质量为 0.518 0 g，这一数值中，0.518 是准确的，最后一位数字“0”是可疑的，可能有上下一个单位的误差，即其实际质量是在 0.518 0±0.000 1 g 范围内的某一数值，此时称量的绝对误差为±0.000 1 g，相对误差为

$$\frac{\pm 0.000\,1}{0.518\,0}\times 100\% = \pm 0.02\%$$

若将上述称量结果写成 0.518 g，则意味着该物体的实际质量将为 0.518±0.001 g 范围内的某一数值，即绝对误差为±0.001，而相对误差则为±0.2%。由此可见，记录时在小数点后多写或少写一位“0”数字，从数学角度看关系不大，但是记录所反映的测量精确程度被夸大或缩小了 10 倍。所以在数据中代表着一定的量的每一个数字都是重要的。

数字“0”在数据中具有双重意义。若作为普通数字使用，它就是有效数字；若它只起定位作用，就不是有效数字。例如，用分析天平称得重铬酸钾的质量为 0.075 8 g，此数据具有三位有效数字。数字前面的“0”只起定位作用，不是有效数字。又如，某溶液的浓度为 0.210 0 $mol\cdot L^{-1}$，后面的两个“0”表示该溶液的浓度为准确到小数点后第三位，第四位可能有±1 的误差，所以这两个“0”是有效数字。数据 0.210 0 具有四位有效数字。

改变单位，并不改变有效数字的位数，如滴定管读数 20.30 mL，两个“0”都是测量数据，因此该数据具有四位有效数字。若该读数改用升为单位，则是 0.020 30 L，这时前面的两个“0”仅起定位作用，不是有效数字，0.020 30 仍是四位有效数字。

当需要在数的末尾加“0”做定位用时，最好采用指数形式表示，否则有效数字的位数含混不清。例如，质量为 25.0 g，若以毫克为单位，则可表示为 2.50×10^{4} mg。若表示为 25 000 mg，就容易误解为五位有效数字，或有效数字不明确。

8.5.2 有效数字的修约及运算规则

有效数字的修约采用“四舍六入五留双”的原则。即当尾数≤4 时舍去，尾数≥6 时进位；而当要舍去的数字恰为 5 时，则看保留下来的末位数是奇数还是偶数，是奇数时就将 5 进位，是偶数时，则将 5 舍弃，总之，使保留下来的末位数为偶数。根据此原则，如将 4.175 和 4.165 修约成三位数，则分别为 4.18 和 4.16。

在进行加减和乘除运算时，应先合理地修约数据的位数，然后按照加减法和乘除法的计算规

则进行计算。

加减法运算时，它们的和值或差值的有效数字的保留，应以小数点后位数最少的数据为根据，即取决于绝对误差最大的那个数据。例如，将 0.012 1，25.64 及 1.057 82 三个数据相加，其中 25.64 为绝对误差最大的数据，所以应将计算器显示的相加结果 26.709 92 也取到小数点后第二位，修约成 26.71。

乘除法运算中，所得结果的有效数字的位数取决于相对误差最大的那个数。如下式：

$$\frac{0.032\ 5\times 5.103\times 60.06}{139.8}=0.071\ 3$$

各数的相对误差分别为

$$0.032\ 5:\quad \frac{\pm 0.000\ 1}{0.032\ 5}\times 100\%=\pm 0.3\%$$

$$5.103:\quad \pm 0.02\%$$

$$139.8:\quad \pm 0.07\%$$

可见，四个数中相对误差最大即准确度最差的是 0.032 5，是三位有效数字，因此计算结果也应取三位有效数字 0.071 3。不能将计算得到的 0.071 250 4 作为答案，因为 0.071 250 4 的相对误差为±0.000 1%，而在测量中没有达到如此高的准确程度。

在有效数字修约及计算时，还应注意下列几点：

（1）在分析化学计算中，经常会遇到一些分数，如 I_2 与 $Na_2S_2O_3$ 反应，其摩尔比为 1∶2，因而 $n_{I_2}=\frac{1}{2}n(Na_2S_2O_3)$（$n$ 为物质的量，其单位为 mol），这里的 2 可视为足够有效，它的有效数字不是 1 位，即不能根据它来确定计算结果的有效数字位数。又如从 250 mL 容量瓶中吸取 25 mL 试液时，也不能根据 25/250 只有两位或三位数来确定分析结果的有效数字位数。

（2）若某一数据第一位有效数字大于或等于 8，则有效数字的位数可多算一位，如 8.37 虽只三位，但可看作四位有效数字。自然数可看成具有无限多位数（如倍数关系、分数关系）；常数也可看成具有无限多位数，如π。

（3）在计算过程中，可以暂时多保留一位数字，得到最后结果时，再根据“四舍六入五成双”原则弃去多余的数字。

（4）有关化学平衡的计算，一般保留两位或三位有效数字。如 pH 的计算，因为 pH 为$[H^+]$的负对数值，所以 pH 的小数部分才为有效数字，通常只需取一位或两位有效数字即可，如 4.37，6.5，10.0。

（5）滴定管量至 0.01 mL：26.32 mL，3.97 mL；容量瓶量至 0.1 mL：100.0 mL，250.0 mL；移液管量至 0.01 mL：25.00 mL；量筒量至 1 mL 或 0.1 mL：26 mL，4.0 mL。

大多数情况下，表示误差时，取一位有效数字即可，最多取两位。

8.6 滴定分析法概述

滴定分析法也称容量分析法。滴定分析法是使用滴定管将一种已知准确浓度的试剂溶液（即标准溶液）滴加到待测物的溶液中，直至待测组分恰好完全反应（这时加入标准溶液的物质的量与待测组分的物质的量符合反应式的化学计量关系），根据标准溶液的浓度和所消耗的体积，算出待测组分的含量。将标准溶液滴加到待测溶液中去的操作过程称为滴定。滴加的标准溶液与待测组分恰好反应完全的这一点称为化学计量点（stoichiometric point）。在化学计量点时，反应往往无明显的易为人察觉的外部特征，因此，通常是在待测溶液中加入指示剂（如甲基橙等），利用指示剂颜色的突变来判定化学计量点的到达。在指示剂变色时停止滴定，这一点称为滴定终点（titration end point）。实际分析操作中指示剂颜色转变点（终点）与理论上的化学计量点不可能恰好符合，它们之间往往存在着很小的差别，由此引起的误差称为滴定误差（也称终点误差）。

8.6.1 滴定反应的条件和滴定分析法的分类

1. 对滴定反应的要求

为了保证滴定分析的准确度，对于滴定分析的化学反应必须满足下列要求：

(1) 滴定剂和被滴定物质必须按一定化学计量关系进行反应；

(2) 反应要接近完全（99.9%），即反应的平衡常数要足够大；

(3) 反应速度要快，只有反应在瞬间完成，才能准确地把握滴定终点。对于反应速度慢的反应，应采取适当措施提高其反应速度。

(4) 有合适的、比较简便的确定滴定终点的方法。

2. 滴定分析法的分类

根据标准溶液和待测组分间的反应类型的不同，把滴定分析法分为以下四类。

(1) 酸碱滴定法　利用酸和碱在水中以质子转移反应为基础的滴定分析方法。可用于测定酸、碱和两性物质。其基本反应为 $H^{+}+OH^{-} \longequal H_2O$，也称中和法，是一种利用酸碱反应进行容量分析的方法。用酸作滴定剂可以测定碱，用碱作滴定剂可以测定酸，这是一种用途极为广泛的分析方法。最常用的标准溶液是盐酸和氢氧化钠。

酸碱滴定法在工、农业生产和医药卫生等方面都有非常重要的意义。三酸、二碱是重要的化工原料，它们都用此法分析。在测定制造肥皂所用油脂的皂化值时，先用氢氧化钾的乙醇溶液与油脂反应，然后用盐酸返滴过量的氢氧化钾，从而计算出 1 g 油脂消耗多少毫克的氢氧化钾，作为制造肥皂时所需碱量的依据。又如测定油脂的酸值时，可用氢氧化钾溶液滴定油脂中的游离酸，得到 1 g 油脂消耗多少毫克氢氧化钾的数据。酸值说明油脂的新鲜程度。粮食中蛋白质的含量可用凯氏定氮法测定。很多药品是很弱的有机碱，可以在冰醋酸介质中用高氯酸滴定。

（2）配位滴定法　以配位反应为基础的一种滴定分析方法。配位反应中配体主要是 EDTA，所以配位滴定法又称 EDTA 滴定法，在种植业和养殖业应用广泛。例如，植物及种子中钙、镁含量的测定；水的总硬度的测定；饲料中钙含量的测定及饲料添加剂 D-泛酸钙含量的测定；食品中微量元素钙含量的测定及食品辅料镁的测定；土壤盐基代换量的测定等。

（3）氧化还原滴定法　氧化还原滴定法是以溶液中氧化剂和还原剂之间的电子转移为基础的一种滴定分析方法。与酸碱滴定法和配位滴定法相比较，氧化还原滴定法应用非常广泛，它不仅可用于无机分析，而且还广泛用于有机分析，许多具有氧化性或还原性的有机化合物可以用氧化还原滴定法加以测定。主要有高锰酸钾法、重铬酸钾法、碘量法等。

（4）沉淀滴定法　利用沉淀反应进行容量分析的方法。生成沉淀的反应很多，但符合容量分析条件的却很少，某些沉淀的组成不定，反应没有确定的计量关系；不少沉淀的溶解度较大，反应不完全；还有的反应速率低或存在副反应。实际上应用最多的是银量法，即利用 Ag^+ 与卤素离子的反应来测定 Cl^-、Br^-、I^-、SCN^-。

8.6.2　基准物质和标准溶液

在滴定分析中，不论采取何种滴定方法，都离不开标准溶液。因此，正确地配制标准溶液，准确地标定标准溶液的浓度，妥善地保存标准溶液，对于提高滴定分析的准确度有重大的意义。

1. 基准物质

能用于直接配制或标定标准溶液的物质，称为基准物质或标准物质（primary standard substance）。常用的基准物质详见表 8-5。

表 8-5　常用的基准物质

基准物质名称	分子式	干燥条件/℃	标定对象
无水碳酸钠	Na_2CO_3	270～300	酸
硼砂	$Na_2B_4O_7 \cdot 10H_2O$	放在装有 NaCl 和蔗糖饱和溶液的密封器皿中	酸
二水合草酸	$H_2C_2O_4 \cdot 2H_2O$	室温，空气干燥	碱或 $KMnO_4$
邻苯二甲酸氢钾	$KHC_8H_4O_4$	110～120	碱
重铬酸钾	$K_2Cr_2O_7$	140～150	还原剂
溴酸钾	$KBrO_3$	130	还原剂
碘酸钾	KIO_3	130	还原剂
铜	Cu	室温，干燥器中保存	氧化剂
草酸钠	$Na_2C_2O_4$	130	氧化剂
碳酸钙	$CaCO_3$	110	EDTA
锌	Zn	室温，干燥器中保存	EDTA
氯化钠	NaCl	500～600	$AgNO_3$
硝酸银	$AgNO_3$	220～250	氯化物

基准物质应符合下列要求：

（1）纯度高（即物质的含量≥99.9%），其杂质的含量应少到滴定分析所允许的误差限度以下。易制备和提纯。

（2）组成恒定，物质的组成应与化学式完全符合，若含结晶水，其含量也应与化学式完全相同。

（3）性质稳定，保存时应该稳定，加热干燥时不挥发、不分解，称量时不吸收空气中的水和二氧化碳。

（4）具有较大的摩尔质量，保证称量时相对误差较小。

2. 标准溶液

标准溶液（standard solution）是已知准确浓度的试剂溶液，也称滴定分析过程的操作溶液。标准溶液的配制一般采取直接法和间接法（标定法）两种方法。

（1）直接法　准确称取一定量的基准物质，溶解于蒸馏水中，然后转移到容量瓶中用蒸馏水稀释到刻度，摇匀后即成准确浓度的标准溶液。例如，称取 12.258 0 g $K_2Cr_2O_7$，用蒸馏水溶解后，转移到 1 L 容量瓶中，再用蒸馏水稀释至刻度，摇匀即得到浓度为 0.250 0 $mol \cdot L^{-1}$ 的 $K_2Cr_2O_7$ 标准溶液。

（2）间接法　实际上用来配制标准溶液的物质大多数不是基准物质，如酸碱滴定法中用的盐酸，除恒沸点的盐酸以外，一般市售盐酸的 HCl 含量都有一定的波动；又如 NaOH 极易吸收空气中的 CO_2 和水分，称得的质量不能代表纯 NaOH 的质量。因而，对于这一类物质不能用直接法配制标准溶液，需要用间接法配制。

间接配制时，粗略地称取一定量物质或量取一定体积的溶液，配制成接近所需浓度的溶液（准确浓度未知），然后用基准物质或者另一种物质的标准溶液来测定它的准确浓度。这种确定溶液准确浓度的操作过程称为标定。

如配制 0.100 0 $mol \cdot L^{-1}$ NaOH 标准溶液。首先配成大约为 0.1 $mol \cdot L^{-1}$ 的溶液，然后用该溶液滴定准确称量的邻苯二甲酸氢钾，根据二者完全作用时 NaOH 溶液的用量和邻苯二甲酸氢钾的质量，即可计算出 NaOH 溶液的准确浓度。表 8-6 给出了实验室常用试剂分类级别表示方法及标签颜色。

表 8-6　实验室常用试剂分类级别及标签颜色

级别	1 级	2 级	3 级	生化试剂
中文名	优级纯	分析纯	化学纯	—
英文标志	GR	AR	CP	BR
标签颜色	绿	红	蓝	咖啡色

8.6.3　标准溶液浓度表示法

标准溶液浓度通常用物质的量浓度、滴定度和活度表示。

1. 滴定度

滴定度(titration degree)是指与每毫升标准溶液相当的待测组分的质量,用 $T_{待测物/滴定剂}$ 表示。例如,用来测定铁含量的 $KMnO_4$ 标准溶液,其浓度可用 $T_{Fe^{2+}/KMnO_4}$ 表示。

若 $T_{Fe^{2+}/KMnO_4}=0.005\ 682\ g \cdot mL^{-1}$,即表示 1 mL $KMnO_4$ 溶液相当于 0.005 682 g 铁,或者说 1 mL $KMnO_4$ 标准溶液能把 0.005 682 g Fe^{2+} 氧化成 Fe^{3+}。

在生产实际中,经常需要对大批样品中同一组分的含量进行测定,这时若用滴定度来表示标准溶液所相当的被测物质的质量,则计算待测组分的含量就比较方便。如上例中,如果已知滴定中消耗 $KMnO_4$ 标准溶液的体积为 V,则被测定铁的质量 $m(Fe)=TV$。

浓度 c 与滴定度 T 之间存在如下关系:

$$c=\frac{T}{M}\times10^3 \tag{8-10}$$

例 8-5 有一 $KMnO_4$ 标准溶液,已知其浓度为 0.020 10 $mol \cdot L^{-1}$,求 $T_{Fe/KMnO_4}$ 及 $T_{Fe_2O_3/KMnO_4}$[已知:$M(Fe)=55.85\ g \cdot mol^{-1}$,$M(Fe_2O_3)=159.70\ g \cdot mol^{-1}$]。

解:此滴定反应为

$$MnO_4^-+5Fe^{2+}+8H^+ = Mn^{2+}+5Fe^{3+}+4H_2O$$

$$n(Fe^{2+})=5n(MnO_4^-) \quad n(Fe_2O_3)=\frac{5}{2}n(MnO_4^-)$$

$$T_{Fe/KMnO_4}=\frac{5}{1}\times\frac{c(KMnO_4)\times M_{Fe}}{1\ 000}=\frac{5}{1}\times\frac{0.020\ 10\times55.85}{1\ 000}g \cdot mL^{-1}=0.005\ 613\ g \cdot mL^{-1}$$

$$T_{Fe_2O_3/KMnO_4}=\frac{5}{2}\times\frac{0.020\ 10\times159.70}{1\ 000}g \cdot mL^{-1}=0.008\ 025\ g \cdot mL^{-1}$$

*2. 活度与活度系数

在讨论溶液中的化学平衡时,为了严格处理化学反应中的许多问题,引入活度概念。

实验证明,许多化学反应,如果以有关物质的浓度代入各种平衡常数公式进行计算,所得结果与实验结果往往有偏差。对于较浓的强电解质溶液,这种偏差更为明显。产生偏差的原因是在推导各种平衡常数的公式时,假定溶液处于理想状态,即假定溶液中各种离子都是孤立的,离子与离子之间、离子与溶剂分子之间,不存在相互的作用力。实际上情况并不是这样,在溶液中不同电荷的离子之间存在着相互吸引的作用力,电荷相同的离子之间存在着相互排斥的作用力。这些作用力的存在,影响了离子在溶液中的活动性,减弱了离子在化学反应中的作用能力。或者说由于离子间力的影响,使得离子参加化学反应的有效浓度要比它的实际浓度低,为此,有必要引入"活度"概念。

活度是离子在化学反应中起作用的有效浓度。活度与浓度的比值为活度系数。如果以 a 代表离子的活度,c 代表其浓度,则活度系数为 γ:

$$\gamma=\frac{a}{c} \tag{8-11}$$

活度系数的大小，代表了离子间力对离子化学作用能力影响的大小，也就是溶液偏离理想溶液的尺度。在较稀的弱电解质或极稀的强电解质溶液中，离子的总浓度很低，离子间力也很小，离子的活度系数接近1，可以认为活度等于浓度。在一般的强电解质溶液中，离子的总浓度较高，离子间力较大，活度系数就小于1，因此活度就小于浓度，在这种情况下，严格地讲，各种平衡常数的计算就不能用离子浓度，而应用活度。

由于活度系数代表离子间力影响因素的大小，因此活度系数的大小不仅与溶液中各种离子的总浓度有关，也与离子的电荷数有关。即活度与离子强度有关。离子强度以 I 表示：

$$I=\frac{1}{2}(c_1z_1^2+c_2z_2^2+\cdots+c_nz_n^2) \tag{8-12}$$

式中，$c_1,c_2,\cdots,c_n$ 是溶液中各种离子的浓度，$z_1,z_2,\cdots,z_n$ 是各种离子的电荷数。显然，溶液中的离子强度越大，活度系数就越小。

8.7 滴定方式及分析结果的计算

因受到滴定反应或指试剂等限制的原因，有些分析对象不能进行直接滴定，但却可以通过合理的分析方案设计进行滴定分析。滴定方式分为直接滴定法、间接滴定法、返滴定法及置换滴定法。

8.7.1 直接滴定法

如果滴定反应能够满足滴定分析对反应的要求，就可以直接进行滴定分析。这是最基本和最常用的滴定方法，具有简便、快速、引入误差小等特点。

在直接滴定法中，采用等物质的量规则时，其计算依据是标准溶液的浓度(c_T)和标准溶液的体积(V_T)：

$$n_B=n_T=c_TV_T \quad m_B=n_BM_B=c_TV_TM_B$$

分析结果的计算式为

$$w_B=\frac{m_B}{m_s}\times100\%=c_TV_TM_B/m_s\times100\%$$

例 8-6 分析一不纯草酸钠样品时，称取样品0.168 0 g，溶于适量水中，恰好与24.65 mL浓度 $c(NaOH)=0.104\,5\ mol\cdot L^{-1}$ 的NaOH标准溶液完全反应，求样品中 $H_2C_2O_4\cdot2H_2O$ 的纯度。已知 $M(H_2C_2O_4\cdot2H_2O)=126.07\ g\cdot mol^{-1}$。

解：反应式为 $H_2C_2O_4+2NaOH = Na_2C_2O_4+2H_2O$

滴定终点时，$n(H_2C_2O_4\cdot2H_2O):n(NaOH)=1:2$

所以，$n(H_2C_2O_4\cdot2H_2O)=\frac{1}{2}n(NaOH)$

即：$\dfrac{m(H_2C_2O_4 \cdot 2H_2O)}{M(H_2C_2O_4 \cdot 2H_2O)} = \dfrac{1}{2}c(NaOH)V(NaOH) \times \dfrac{1}{1\,000}$

所以，$(H_2C_2O_4 \cdot 2H_2O)\% = \dfrac{\frac{1}{2}c_T V_T M(H_2C_2O_4 \cdot 2H_2O)}{m_s} \times 100\%$

$$= \frac{\frac{1}{2} \times 0.104\,5 \times 24.65 \times 126.07}{0.168\,0 \times 1\,000} \times 100\%$$

$$= 96.65\%$$

例 8-7　称取铁矿石样品 0.300 0 g，溶于酸并将矿样中的铁还原为 Fe^{2+}，用浓度为 0.010 00 $mol \cdot L^{-1}$ 的 $KMnO_4$ 标准溶液滴定，用去 30.63 mL，计算样品中铁的含量及用 FeO、Fe_2O_3 表示的含量。已知 $M(Fe) = 55.85\ g \cdot mol^{-1}$，$M(FeO) = 71.85\ g \cdot mol^{-1}$，$M(Fe_2O_3) = 159.70\ g \cdot mol^{-1}$。

解：在酸性介质中 $KMnO_4$ 与 Fe^{2+} 的反应为

$$MnO_4^- + 5Fe^{2+} + 8H^+ \xlongequal{\quad} Mn^{2+} + 5Fe^{3+} + 4H_2O$$

按其反应实质，1 mol $KMnO_4$ 与 5 mol Fe^{2+} 反应。而每个 FeO 中含有一个 Fe^{2+}，每个 Fe_2O_3 中含有两个 Fe^{2+}（还原后）。

$$n(Fe^{2+}) : n(KMnO_4^-) = 5 : 1 \qquad n(Fe^{2+}) = 5n(KMnO_4^-)$$

$$n(Fe^{2+}) = n(Fe) = n(FeO) = \frac{1}{2}n(Fe_2O_3) = 5n(MnO_4^-)$$

因此，铁矿石中以不同形式表示的铁含量，计算如下：

$$w(Fe) = \frac{5 \times 0.010\,00 \times 30.63 \times 55.85}{0.300\,0 \times 1\,000} \times 100\% = 28.51\%$$

$$w(FeO) = \frac{5 \times 0.010\,00 \times 30.63 \times 71.85}{0.300\,0 \times 1\,000} \times 100\% = 36.68\%$$

$$w(Fe_2O_3) = \frac{\frac{1}{2} \times 5 \times 0.010\,00 \times 30.63 \times 159.70}{0.300\,0 \times 1\,000} \times 100\% = 40.76\%$$

8.7.2　返滴定法

返滴定法又称回滴法或剩余滴定法。在反应速率较慢或无合适的指示剂等情况时，可采用返滴定法。

滴定方法：在待测物质中，先加入准确定容的过量标准溶液，使其与试液中的待测物质或固体样品进行反应，待反应完成后，再用另一种标准溶液滴定剩余的标准溶液，按照两种标准溶液的体积及浓度计算待测组分的含量。

例 8-8　滴定某样品中铝的含量。采用的方法是：称取样品质量为 m(g)，溶解后加入浓度为 c(EDTA)($mol \cdot L^{-1}$)的 EDTA 标准溶液 V(EDTA)(mL)，调节溶液的 pH = 3.5，加热至沸。待 Al 与 EDTA 完全配位反应后，调节溶液的 pH = 5～6，以浓度为 $c(Zn^{2+})$($mol \cdot L^{-1}$)的 Zn 标准溶液滴定剩余的 EDTA，消耗 Zn^{2+} 标准溶液 $V(Zn^{2+})$(mL)，求铝的含量。

解：EDTA(Y)与 Al^{3+}、Zn^{2+} 的反应为：$Al^{3+}+Y^{4-} \xlongequal{} AlY^-$，$Zn^{2+}+Y^{4-} \xlongequal{} ZnY^{2-}$。

$$n(Al^{3+})=n(EDTA)-n(Zn^{2+})=c(EDTA)V(EDTA)-c(Zn^{2+})V(Zn^{2+})$$

$$w(Al)=\frac{m(Al)}{m}\times100\%=\frac{[c(EDTA)V(EDTA)-c(Zn^{2+})V(Zn^{2+})]\times M(Al)}{m\times1\ 000}\times100\%$$

8.7.3 置换滴定法

如果待测物与滴定剂不能直接发生反应，或不按照一定的化学计量关系反应，或存在副反应，不能直接进行滴定时，可采用置换滴定法。

滴定方法：先选用适当的试剂与待测物质完全反应，使它定量地置换出另外一种物质，再用适当的滴定剂滴定置换出来的物质。

例 8-9　将 $m(K_2Cr_2O_7)$(g)基准物质溶解于水后，加入酸及过量的 KI，在暗处放置5 min，待充分反应后，稀释并以淀粉作指示剂，用 $Na_2S_2O_3$ 标准溶液滴定，用去该溶液 $V(Na_2S_2O_3)$(mL)，求 $Na_2S_2O_3$ 标准溶液的浓度 $c(Na_2S_2O_3)$。

解：在酸性介质中发生的反应为

$$Cr_2O_7^{2-}+14H^++6I^- \xlongequal{} 2Cr^{3+}+7H_2O+3I_2$$

$$I_2+2S_2O_3^{2-} \xlongequal{} 2I^-+S_4O_6^{2-}$$

$$n(Cr_2O_7^{2-})=3n(I_2)=6n(S_2O_3^{2-})\quad n(Cr_2O_7^{2-}):n(S_2O_3^{2-})=1:6$$

$$\frac{m(K_2Cr_2O_7)}{M(K_2Cr_2O_7)}=\frac{1}{6}c(Na_2S_2O_3)V(Na_2S_2O_3)/1\ 000$$

$$c(Na_2S_2O_3)=\frac{6\times m(K_2Cr_2O_7)\times1\ 000}{M(K_2Cr_2O_7)\times V(Na_2S_2O_3)}(mol\cdot L^{-1})$$

8.7.4 间接滴定法

间接滴定法又称中间物滴定法。待测物不能与滴定剂反应时常采用这种滴定方法。

例 8-10　用 $KMnO_4$ 法测定某矿石中 $CaCO_3$ 的含量。称取 0.350 0 g 样品，溶解于 HCl 溶液中，在一定条件下，将钙沉淀为草酸钙，经过滤、洗涤沉淀后，将洗净的 CaC_2O_4 沉淀溶解于酸中，用 0.015 00 $mol\cdot L^{-1}$ 的 $KMnO_4$ 标准溶液进行滴定，消耗 36.00 mL。计算矿石中 $CaCO_3$ 的含量。已知 $M(CaCO_3)=100.09\ g\cdot mol^{-1}$。

解：测定中的化学反应如下：

样品溶解反应　$CaCO_3+2HCl \xlongequal{} CaCl_2+CO_2\uparrow+H_2O$

沉淀反应　$Ca^{2+}+C_2O_4^{2-} \xlongequal{} CaC_2O_4\downarrow$

沉淀溶解反应　$CaC_2O_4+2H^+ \xlongequal{} Ca^{2+}+H_2C_2O_4$

滴定反应　$2MnO_4^-+5C_2O_4^{2-}+16H^+ \xlongequal{} 2Mn^{2+}+10CO_2+8H_2O$

由上述反应可知：　$5n(CaCO_3)=5n(C_2O_4^{2-})=2n(MnO_4^-)$

$$n(CaCO_3)=\frac{5}{2}\times n(MnO_4^-)$$

$$m(CaCO_3)=\frac{5}{2}c(KMnO_4)V(KMnO_4)\times M(CaCO_3)$$

$$w(CaCO_3)=\frac{m(CaCO_3)}{m}\times100\%=\frac{\frac{5}{2}\times0.015\ 00\times36.00\times100.09}{0.350\ 0\times1\ 000}\times100\%=38.61\%$$

8.7.5 滴定分析误差

滴定分析误差一般要求相对误差±0.1%。可能的误差来源为

1. 称量误差

每次称量误差为±0.000 1 g，一份样品称量误差为±0.000 2 g（差量法），若相对误差为±0.1%，则每一份样品的称量至少应为0.2 g。

2. 量器误差

滴定管读数误差为±0.01 mL，一份样品量取误差为±0.02 mL，若相对误差为±0.1%，则每一份样品体积量至少为20 mL。

3. 方法误差

方法误差主要是终点误差，是指滴定终点与理论终点（化学计量点）不符引起的误差。可能的原因有

（1）指示剂不能准确地在化学计量点时改变颜色；

（2）标准溶液的加入不能恰好在指示剂变色时结束（因此接近终点时需半滴半滴加入！）；

（3）指示剂本身会消耗少量标准溶液，可通过做空白试验减小；

（4）样品中若存在杂质，也会消耗一定量标准溶液，从而带来误差。

化学视野——样品处理的重要性

我国某大学和荷兰的某实验室为一家客户同时分析同一废水样品，其中的一个项目是COD分析（chemical oxygen demanded）。结果显示：两个实验室得出的结果差异很大，其中荷兰实验室的结果很低，甚至比荷兰自来水中测得的COD还低。两个实验室的分析人员通过对数据和分析全过程的分析，发现问题出在取样上。当荷兰实验室的取样者在我国取样时，根据取样标准方法，取得的水样应酸化，以便保存水样不发生变化，我国实验室的人为他提供了稀硝酸。问题就出在这里，稀硝酸具有氧化性。样品取好后，从我国到荷兰，即从取样到测定中间隔了两天，水样中的还原性物质早已被稀硝酸氧化，所以测得的COD严重偏低。

思考题

8-1　指出下列情况中哪些是系统误差，应采用什么方法减免？

（1）砝码被腐蚀；

（2）天平的两臂不等长；

（3）容量瓶和移液管不配套；

（4）试剂中含有微量的被测组分；

（5）天平的零点有微小变动；

（6）读取滴定体积时最后一位数字估计不准；

（7）滴定时不慎从锥形瓶中溅出一滴溶液；

（8）标定 HCl 溶液用的 NaOH 标准溶液中吸收了 CO_2。

8-2　精密度和准确度有何区别？

8-3　系统误差有哪几类？ 如何消除？

8-4　随机误差有什么特点？

8-5　甲、乙两人同时分析一矿物中的含硫量，每次取样 3.5 g，分析结果分别报告为甲：0.042%，0.041%；乙：0.041 99%，0.042 01%。 试问哪份报告是合理的？ 为什么？

8-6　如果测量结果和真值不相等，能否说明测量结果不准确？ 如何判断？

8-7　满足什么条件的物质才能作为基准物质？

8-8　什么是化学计量点？ 什么是滴定终点？ 什么是滴定误差？

8-9　为什么用于滴定分析的化学反应必须有确定的化学计量关系？

8-10　下列物质中哪些可用直接法配制标准溶液？ 哪些只能用间接法配制标准溶液？

$K_2Cr_2O_7$，　$KMnO_4$，　KOH，　$KBrO_3$，　$Na_2S_2O_3 \cdot 2H_2O$，　$CaCO_3$，　$H_2C_2O_4$，　H_2SO_4

8-11　若将 $K_2Cr_2O_7$ 基准物质长期保存在放有硅胶的干燥器中，用它标定还原剂溶液时，结果是偏高还是偏低？

8-12　滴定分析中有哪些不同的滴定方式，简述它们的原理和适用条件。

第 8 章　习题答案

习题

8-1　某样品用标准方法测得含锰 41.29%，现通过分析，测得含锰量分别为 41.27%、41.23%、41.26%。求分析结果的绝对误差及相对误差。

8-2　如果要求分析结果达到 0.1%的准确度，问至少应称取样品多少克？ 滴定时所用溶液体积至少要多少毫升？

8-3　已知浓盐酸的相对密度为 1.19，其中含 HCl 约为 37%，求 $c(HCl)$ 的浓度。 如欲用该浓盐酸配制 $c(HCl) = 0.15\ mol \cdot L^{-1}$ 的溶液 1 L，应取该浓盐酸多少毫升？

8-4　用指数的形式表示质量为 20 300 g 的样品，分别保留 3、4、5 位有效数字。

8-5　下列数据中各包含几位有效数字；

（1）0.033 0　（2）10.030　（3）0.010 20　（4）8.7×10^{-5}　（5）pH = 3.45

8-6　下列数字分别以指数的形式表示，保留 4 位有效数字。

（1）300.235 800　　（2）456 500　　（3）0.006 543 210

（4）0.000 957 830　　（5）50.778×10^{3}　　（6）−0.035 000

8-7　计算下列式子的结果，保留合适的有效数字。

（1）$38.4\times10^{-3}\times6.36\times10^{5}$

（2）$1.45\times10^{2}\times8.76\times10^{-4}/(9.2\times10^{-3})^{2}$

（3）24.6+18.35+2.98

（4）$(1.646\times10^{3})-(2.18\times10^{2})+(1.36\times10^{4}\times5.17\times10^{-2})$

8-8　滴定管一次读数的绝对误差为±0.01 mL。完成一次滴定分析，需要两次读数。造成最大绝对误差值为±0.02 mL，为使体积测量的相对误差小于0.1%，需要消耗多少体积的滴定剂？

8-9　用分析天平称量两个样品，一个是0.002 1 g，另一个是0.543 2 g。两个测量值的绝对误差都是0.000 1 g，计算相对误差。

8-10　用沉淀滴定法测得纯NaCl试剂中Cl的百分含量为60.53%，计算绝对误差和相对误差。

8-11　在吸光光度分析中，用一台旧仪器测定溶液6次，得标准偏差$S_1=0.055$，再用一台性能稍好的新仪器测定4次，得标准偏差$S_2=0.022$。问新仪器的精密度是否显著地优于旧仪器？

8-12　甲、乙分析同一样品，结果如下：

甲：95.6　94.9　96.2　95.1　95.8　96.3　96.0　($n=7$)

乙：93.3　95.1　94.1　95.1　95.6　94.0　　　($n=6$)

问甲、乙二人分析结果的标准偏差是否有显著性差异？

8-13　一化验室测定CaO的质量分数为30.43%的某样品中CaO的含量，得如下结果：$n=6$，$\bar{x}=30.51\%$，$s=0.05\%$。问此测定有无系统误差？（给定$\alpha=0.05\%$）

8-14　测定碱灰总碱量（Na_2O%）得到5个数据，按其大小顺序排列为40.02，40.12，40.16，40.18，40.20。第一个数据可疑，判断是否应舍弃？（置信度为90%。）

8-15　计算0.011 35 mol·L^{-1} HCl溶液对CaO的滴定度？

8-16　滴定0.156 0 g草酸样品，用去浓度为0.101 1 mol·L^{-1}的NaOH溶液22.60 mL，求草酸样品中$H_2C_2O_4\cdot2H_2O$的含量。

8-17　分析不纯$CaCO_3$（其中不含干扰物质）时，称取样品0.300 0 g，加入浓度为0.250 0 mol·L^{-1}的HCl标准溶液25.00 mL。煮沸除去CO_2，用浓度为0.201 2 mol·L^{-1}的NaOH溶液返滴定过量酸，消耗了5.84 mL NaOH溶液。计算试样中$CaCO_3$的含量。

8-18　以邻苯二甲酸氢钾标定近似浓度为0.1 mol·L^{-1}的NaOH溶液时，要使消耗的NaOH溶液体积控制为20~30 mL，$KHC_8H_4O_4$基准试剂的称取量的范围为多少？

8-19　某一仅含$Na_2C_2O_4$和KHC_2O_4的样品0.786 0 g，需用30.00 mL 0.120 0 mol·L^{-1}的$KMnO_4$溶液滴定至终点。同样质量的样品，若用0.100 0 mol·L^{-1}的NaOH溶液滴定，需消耗NaOH多少毫升？

8-20　精密称取CaO样品0.060 00 g，以HCl标准溶液滴定之，已知$T_{CaO/HCl}=0.005\,600\ g\cdot mL^{-1}$，消耗HCl溶液10 mL，求CaO的含量？

8-21　有一邻苯二甲酸氢钾（$C_8H_5KO_4$）样品，其中邻苯二甲酸氢钾质量含量为90%，其余为不与碱作用的杂质。若采用浓度为0.100 0 mol·L^{-1}的NaOH标准溶液对该样品进行标定，欲控制滴定时碱溶液体积为20~30 mL，则该样品称取量是多少？

8-22　滴定0.856 0 g草酸样品，用去0.101 1 mol·L^{-1} $KMnO_4$ 22.60 mL，求草酸样品（杂质不与$KMnO_4$反应）中$H_2C_2O_4\cdot2H_2O$的质量分数？

第 9 章

酸碱平衡与酸碱滴定法

Acid–Base Equilibrium and Acid–Base Titration

学习要求:

1. 理解酸碱电离理论和酸碱电子理论，掌握酸碱质子理论的基本要点和解离平衡;

2. 会利用解离平衡关系式计算酸碱系统中解离度 α，各组分的浓度和 pH;

3. 掌握影响酸碱平衡的因素，缓冲溶液的组成、原理、选择及相关计算，学会配制缓冲溶液;

4. 理解酸碱指示剂的作用原理，掌握甲基橙、酚酞等重要指示剂的变色情况;

5. 掌握酸碱滴定曲线的绘制、滴定突跃的概念、指示剂的选择，以及酸碱滴定的相关应用。

同步资源

人们对酸碱的认识经历了很长的一段时期。阿伦尼乌斯首先赋予了酸碱科学的定义,这种酸碱电离理论从物质的组成阐明了酸、碱的特征,是人类对酸碱的认识从现象到本质的一次飞跃,对化学学科的发展起到了积极作用。在酸碱理论的发展过程中,富兰克林(Franklin E. C.)提出了溶剂理论,布朗斯特(Brönsted J. N.)和劳里(Lowry T. M.)提出了质子理论,路易斯(Lewis G. N.)提出了电子理论,美国化学家皮尔逊(Pearson R. G.)提出了软硬酸碱理论(HSAB 律)等。这些理论分别体现了酸碱反应不仅是人们比较熟悉且又很重要的一类反应,也是各类化学反应的基础。以酸碱反应为基础并利用酸或碱标准溶液进行滴定的分析方法称为酸碱滴定法。相对于其他滴定方法,酸碱滴定操作简便、快速,有足够的准确性。因此,在生物化学、地质学、食品安全、医药卫生、能源科学等生产和科学研究中被广泛使用。本章相继介绍酸碱理论的发展过程、酸碱质子理论中解离平衡关系式与酸碱中和反应的实质、不同酸碱体系中 pH 与有关离子浓度的计算、影响酸碱平衡的因素、缓冲溶液的组成、原理与选择,酸碱指示剂的性质、作用原理与变色范围,以便根据具体化学反应计算酸碱滴定实验中化学计量点、化学计量点前后 pH,选择相应指示剂判断终点,以及深入理解酸碱滴定过程中相关量的变化规律与机制。

9.1 酸碱理论

9.1.1 酸碱电离理论

起初,人们把有酸味、能使蓝色石蕊变红的物质叫酸,将有涩味、能使红色石蕊变蓝的物质叫碱。Antoine Lavoisier 认为:酸中的共同物质是氧元素。在希腊语中,氧的含义是“酸的形成体”。1810 年,Humphry Davy 提出:酸中的共同物质是氢元素。1884 年,阿伦尼乌斯(Arrhenius S. A.)提出了酸碱电离理论。该理论认为:电解质在水溶液中解离时,凡是解离出的正离子全部是 H^+ 的化合物都是酸;凡是解离出的负离子全部是 OH^- 的化合物都是碱。例如:

酸:$HAc \rightleftharpoons H^+ + Ac^-$

碱:$NaOH \rightleftharpoons Na^+ + OH^-$

酸碱中和反应的实质是生成盐和水:$NaOH + HAc \rightleftharpoons H_2O + NaAc$。此外,根据强弱电解质的概念,阿伦尼乌斯定义了强酸(碱)、弱酸(碱):在水溶液中完全电离的称为强酸(碱),部分电离的称为弱酸(碱)。

酸碱电离理论提高了人们对酸碱的认识,对化学学科的发展起了很大的作用。1903 年,阿伦尼乌斯因其酸碱电离理论对化学发展做出的贡献而荣获诺贝尔化学奖。但酸碱电离理论有一定局限性,它只适用于水溶液而不适用于非水体系和无溶剂体系,也不能说明如 $NaAc$、K_2CO_3、NH_3 等不含有 OH^- 的物质的碱性。

9.1.2 酸碱质子理论

1. 酸和碱

酸碱质子理论于 1923 年由丹麦化学家布朗斯特和英国化学家劳里提出。该理论认为:凡是能给出质子(H^+)的物质都是酸;凡是能接受质子(H^+)的物质都是碱。也就是说:酸是质子的给予体,碱是质子的接受体。

根据酸碱质子理论,酸和碱并不是彼此孤立存在,而是有一定的依赖关系。酸给出质子后余下的部分就是碱;反之,碱接受质子后即成为酸。它们之间的关系可用下式表示:

$$\text{酸} \rightleftharpoons \text{质子} + \text{碱}$$

酸碱之间的这种对应关系称作共轭关系。右边的碱是左边酸的共轭碱,左边的酸是右边碱的共轭酸,相对应的一对酸碱称为共轭酸碱对。例如:

$$HAc \rightleftharpoons H^+ + Ac^-$$

$$HClO_4 \rightleftharpoons H^+ + ClO_4^-$$

$$H_2O \rightleftharpoons H^+ + OH^-$$

$$HPO_4^{2-} \rightleftharpoons H^+ + PO_4^{3-}$$

$$NH_4^+ \rightleftharpoons H^+ + NH_3$$

在上面的式子中，HAc、$HClO_4$、H_2O、$H_2PO_4^-$ 和 NH_4^+ 是酸，Ac^-、ClO_4^-、OH^-、PO_4^{3-} 和 NH_3 是相应的碱，每一反应式中一对酸碱组成一个共轭酸碱对。酸和碱可以是中性分子，也可以是阳离子或阴离子。

2. 酸碱反应

根据酸碱质子理论，酸碱反应的实质是质子在两个共轭酸碱对之间转移。也就是说，质子从一个共轭酸碱对中的酸转移给另一个共轭酸碱对中的碱。例如，HCl 与 NH_3 的反应为

$$HCl + NH_3 \xrightarrow{H^+} NH_4^+ + Cl^-$$

上述反应中，酸 HCl 给出质子转变为其共轭碱 Cl^-，而 NH_3 接受质子转变为其共轭酸 NH_4^+。可见，反应实质是 HCl-Cl^- 与 NH_4^+-NH_3 两个共轭酸碱对进行质子交换。

根据酸碱质子理论，酸碱的解离过程或者盐的水解过程都是质子的转移过程。例如：

$$HAc + H_2O \rightleftharpoons H_3O^+ + Ac^- \quad \text{解离}$$

$$NH_4^+ + H_2O \rightleftharpoons H_3O^+ + NH_3 \quad \text{解离}$$

$$\text{酸(1)} + \text{碱(1)} \rightleftharpoons \text{酸(2)} + \text{碱(2)}$$

$$Ac^- + H_2O \rightleftharpoons OH^- + HAc \quad \text{水解}$$

$$NH_3 + H_2O \rightleftharpoons OH^- + NH_4^+ \quad \text{水解}$$

$$\text{碱(1)} + \text{酸(1)} \rightleftharpoons \text{碱(2)} + \text{酸(2)}$$

从酸碱解离过程或盐的水解过程也可以看出，当一种酸给出质子时，溶液中必定有一种碱接受质子；当一种碱接受质子时，溶液中必定有一种酸给出质子。

3. 水的质子自递反应

根据上面的讨论，HAc 在水溶液中解离时，溶剂水就是接受质子的碱，它们的反应表示为

$$HAc + H_2O \rightleftharpoons H_3O^+ + Ac^-$$

$$\text{酸(1)} + \text{碱(1)} \rightleftharpoons \text{酸(2)} + \text{碱(2)}$$

反应中存在两个共轭酸碱对，它们之间给出与接受质子达到平衡。

碱在水溶液中接受质子时，溶剂水分子也参加反应，此时它是给出质子的酸。NH_3 在水溶液中的解离，同样也是两个共轭酸碱对相互作用达到平衡：

$$H_2O + NH_3 \rightleftharpoons NH_4^+ + OH^-$$

$$\text{酸(1)} + \text{碱(1)} \rightleftharpoons \text{酸(2)} + \text{碱(2)}$$

在上面的两个例子中，水分子在前一反应中是碱，在后一反应中是酸。这种既能给出质子又

可接受质子的物质称为两性物质。例如,水就是常见的两性物质之一,其他常见的两性物质还有 HS^-、HPO_4^{2-}、$H_2PO_4^-$、HCO_3^{2-} 等。

由于水分子的两性作用,水分子既可以作为酸给出质子,也可以作为碱接受质子,因此两个水分子也可以组成一个酸碱反应,表示为

$$H_2O+H_2O \rightleftharpoons H_3O^++OH^-$$

水分子之间存在的这种质子传递作用,称为水的质子自递作用,对应的反应称为水的质子自递反应,反应的平衡常数称为水的质子自递常数,表示为

$$K_w^{\ominus}=c(H_3O^+)/c^{\ominus} \cdot c(OH^-)/c^{\ominus}=c(H_3O^+) \cdot c(OH^-)$$

水合质子 H_3O^+ 也常简写为 H^+,因此水的质子自递常数常简写为

$$K_w^{\ominus}=c(H^+) \cdot c(OH^-) \tag{9-1}$$

上式不仅适合于纯水,也适合于所有水溶液中。在 25℃时 $K_w^{\ominus}$ 等于 1.0×10^{-14},其他温度下水的质子自递常数可以通过热力学计算。表 9-1 列出了不同温度下水的质子自递常数。

表 9-1　不同温度下水的质子自递常数

t/℃	$K_w^{\ominus}$	t/℃	$K_w^{\ominus}$
0	1.15×10^{-15}	40	2.87×10^{-14}
10	2.96×10^{-15}	50	5.31×10^{-14}
20	6.87×10^{-15}	90	3.73×10^{-13}
25	1.01×10^{-14}	100	5.43×10^{-13}

4. 酸碱的强弱

按照酸碱质子理论,酸碱的强弱取决于物质给出质子或接受质子能力的强弱。给出质子的能力越强,酸性就越强,反之就越弱;接受质子的能力越强,碱性就越强,反之就越弱。

酸碱的强弱可以用溶液中 H_3O^+浓度或 OH^-浓度的大小表示,H_3O^+浓度越大,溶液酸性越强,OH^-浓度越大,溶液碱性越强。在一定温度下,如果向溶液中加酸以增加 H_3O^+浓度,因为 H_3O^+浓度与 OH^-浓度的乘积保持不变,则 OH^-浓度必然减小。反之,如果向溶液中加碱以增加 OH^-浓度,因为 H_3O^+浓度与 OH^-浓度的乘积保持不变,则 H_3O^+浓度必然减小。当溶液中 H_3O^+浓度或 OH^-浓度小于 1 $mol \cdot L^{-1}$时,用 pH 或 pOH 表示溶液的酸碱性。表示为

$$\begin{aligned}pH&=-\lg[c(H_3O^+)/c^{\ominus}]=-\lg[c(H^+)/c^{\ominus}]\\ pOH&=-\lg[c(OH^-)/c^{\ominus}]=-\lg[c(OH^-)/c^{\ominus}]\end{aligned} \tag{9-2}$$

式(9-2)以负对数的形式可表示为

$$pK_w^{\ominus}=pH+pOH$$

在 25℃时,则有
$$pK_w^{\ominus}=pH+pOH=14.00$$

因此,25℃时可根据 H_3O^+浓度(或者 pH)的相对大小判断溶液的酸碱性。一些常见物质的酸碱性见表 9-2。

酸性溶液：$c(H_3O^+)>10^{-7}\ mol\cdot L^{-1}>c(OH^-)$，pH<7<pOH

中性溶液：$c(H_3O^+)=10^{-7}\ mol\cdot L^{-1}=c(OH^-)$，pH=7=pOH

碱性溶液：$c(H_3O^+)<10^{-7}\ mol\cdot L^{-1}<c(OH^-)$，pH>7>pOH

表 9-2　一些常见物质的酸碱性

物质	pH	物质	pH
血液	7.4	啤酒	4~4.5
唾液	6.5~7.5	醋	2.4~3.4
尿液	5~7	柠檬汁	2.4
胃液	1~2	牛奶	6.4
眼泪	7.4	橙汁	3.5

5. 弱酸(碱)的解离平衡

一元弱酸 HA，在水溶液中存在以下解离平衡：

$$HA+H_2O \rightleftharpoons H_3O^++A^-$$

$$K_a^{\ominus}(HA)=\frac{[c(H_3O^+)/c^{\ominus}]\cdot[c(A^-)/c^{\ominus}]}{c(HA)/c^{\ominus}}=\frac{c(H_3O^+)\cdot c(A^-)}{c(HA)}=\frac{c(H^+)\cdot c(A^-)}{c(HA)} \quad (9-3)$$

$K_a^{\ominus}(HA)$称为弱酸的解离平衡常数，其大小表示弱酸解离程度的大小，与温度有关。温度一定，$K_a^{\ominus}(HA)$越大，酸的解离程度越大，对应酸的酸性越强。

对于一元弱碱 B，也有类似的解离平衡：

$$B+H_2O \rightleftharpoons HB^++OH^-$$

$$K_b^{\ominus}(B)=\frac{[c(BH^+)/c^{\ominus}]\cdot[c(OH^-)/c^{\ominus}]}{c(B)/c^{\ominus}}=\frac{c(BH^+)\cdot c(OH^-)}{c(B)} \quad (9-4)$$

表 9-3　常见共轭酸碱对及解离平衡常数

名称	HA（酸）	A^-（共轭碱）	$K_a^{\ominus}$	$pK_a^{\ominus}$
氢碘酸	HI	I^-	$\sim10^{11}$	-11
氢溴酸	HBr	Br^-	$\sim10^{9}$	-9
高氯酸	$HClO_4$	ClO_4^-	$\sim10^{7}$	-7
盐酸	HCl	Cl^-	$\sim10^{7}$	-7
硫酸	H_2SO_4	HSO_4^-	$\sim10^{2}$	-2
水合氢离子	H_3O^+	H_2O	1	0.0
亚硫酸	H_2SO_3	HSO_3^-	1.7×10^{-2}	1.76
硫酸氢根离子	HSO_4^-	SO_4^{2-}	1.0×10^{-2}	2
磷酸	H_3PO_4	$H_2PO_4^-$	6.7×10^{-3}	2.17
氢氟酸	HF	F^-	6.9×10^{-4}	3.16
碳酸	H_2CO_3	HCO_3^-	4.2×10^{-7}	6.37
硫化氢	H_2S	HS^-	8.9×10^{-8}	7.05
铵离子	NH_4^+	NH_3	5.6×10^{-10}	9.23

续表

名称	HA（酸）	A^-（共轭碱）	$K_a^\ominus$	$pK_a^\ominus$
氢氰酸	HCN	CN^-	5.8×10^{-10}	9.31
碳酸氢根离子	HCO_3^-	CO_3^{2-}	4.7×10^{-11}	10.33
磷酸氢根离子	HPO_4^{2-}	PO_4^{3-}	4.5×10^{-13}	12.35
水	H_2O	OH^-	1.0×10^{-14}	14.00

表 9-3 给出几种常见共轭酸碱对及解离平衡常数。可以定量地说明酸碱的强弱。根据共轭酸碱对中酸、碱的依赖关系，酸越容易给出质子，那么对应的共轭碱就越不容易接受质子，即酸的 $K_a^\ominus(HA)$越大，其共轭碱的碱性越弱，即 $K_b^\ominus(A^-)$越小。例如：

$$HAc+H_2O \rightleftharpoons H_3O^++Ac^- \quad K_a^\ominus(HAc)=1.8\times10^{-5}$$

$$HCN+H_2O \rightleftharpoons H_3O^++CN^- \quad K_a^\ominus(HCN)=5.8\times10^{-10}$$

这两种酸的强度顺序为 HAc>HCN。HAc 及 HCN 的共轭碱的解离常数 $K_b^\ominus$ 分别为

$$Ac^-+H_2O \rightleftharpoons HAc+OH^- \quad K_b^\ominus(Ac^-)=5.6\times10^{-10}$$

$$CN^-+H_2O \rightleftharpoons HCN+OH^- \quad K_b^\ominus(CN^-)=1.7\times10^{-5}$$

这两种共轭碱的强度顺序为 $CN^->Ac^-$，这个次序与两种共轭酸的强弱次序相反。说明酸越强，它的共轭碱的碱性就越弱；酸越弱，它的共轭碱的碱性就越强。同样，碱越强，它的共轭酸的酸性就越弱；碱越弱，它的共轭酸的酸性就越强。

共轭酸碱对中酸、碱的相互依赖关系说明它们的解离常数 $K_a^\ominus$ 和 $K_b^\ominus$ 之间也存在着某种联系。下面就以共轭酸碱对 HAc/Ac^-讨论它们的解离常数 $K_a^\ominus$ 和 $K_b^\ominus$ 之间关系。

HAc/Ac^-作为酸碱在水溶液中存在下列解离：

$$HAc+H_2O \rightleftharpoons H_3O^++Ac^- \quad K_a^\ominus(HAc)=\frac{c(H^+)/c^\ominus \cdot c(Ac^-)/c^\ominus}{c(HAc)/c^\ominus}$$

$$Ac^-+H_2O \rightleftharpoons HAc+OH^- \quad K_b^\ominus(Ac^-)=\frac{c(HAc)/c^\ominus \cdot c(OH^-)/c^\ominus}{c(Ac^-)/c^\ominus}$$

将对应的平衡常数 $K_a^\ominus$ 和 $K_b^\ominus$ 相乘得

$$K_a^\ominus(HAc)\cdot K_b^\ominus(Ac^-)=\frac{c(H^+)/c^\ominus \cdot c(Ac^-)/c^\ominus}{c(HAc)/c^\ominus}\times\frac{c(HAc)/c^\ominus \cdot c(OH^-)/c^\ominus}{c(Ac^-)/c^\ominus}$$

$$=c(H^+)/c^\ominus \cdot c(OH^-)/c^\ominus$$

即

$$K_a^\ominus \cdot K_b^\ominus = K_w^\ominus \quad 或 \quad K_b^\ominus=\frac{K_w^\ominus}{K_a^\ominus} \tag{9-5}$$

其负对数形式为

$$pK_w^\ominus = pK_a^\ominus + pK_b^\ominus \tag{9-6}$$

因此，知道了酸和碱的解离常数，就可以计算出它们的共轭碱或共轭酸的解离常数。从而根据解离常数的大小判断酸(碱)性的强弱。在共轭酸碱对中，如果共轭酸的解离常数越大，说明共轭酸越容易给出质子，酸性越强，则其共轭碱就越不容易接受质子，碱性就越弱。如 $HClO_4$、HCl 都是强酸。它们的共轭碱 ClO_4^-、Cl^-都是弱碱。反之，共轭酸的解离常数越小，说明共轭酸给出质子

的能力越弱，则其共轭碱就越容易接受质子，其碱性就越强。例如，NH_4^+、HS^-等是弱酸，它们的共轭碱 NH_3、S^{2-}则为较强的碱。

酸碱的质子理论不仅适用于水溶液体系，而且适用于非水体系。但是，布朗斯特酸不包括那些不交换质子又具有酸性的物质。由于这类物质并不多，所以不影响质子概念的普遍接受和应用。

9.1.3 酸碱电子理论

提出酸碱质子理论的同一年(1923年)，美国物理化学家路易斯(Lewis G. N.)提出了酸碱电子理论，也称广义酸碱理论、路易斯(Lewis)酸碱理论。路易斯根据大量酸碱反应的化学键变化，以及原子的电子结构提出了著名的路易斯酸碱理论，该理论认为：在反应中，能接受电子对的任何分子、原子或离子称为 Lewis 酸，能给出电子对的任何分子、原子或离子称为 Lewis 碱。在路易斯的酸碱理论中，酸是电子对的接受体，碱是电子对的给予体。酸碱反应是电子对发生转移，酸碱之间加和形成共价键的过程。可以表示为

$$B:+A \longrightarrow B:A$$

在上述反应式中，A 代表 Lewis 酸，可以接受电子对；B：代表 Lewis 碱，能给出电子对；酸碱反应就是 B：的电子对向 A 偏移，在 A、B 之间形成共价键的过程。B：A 代表酸碱反应产物——酸碱加合物(adduct)。例如，$[Fe(H_2O)_6]^{3+}$和$[Cu(NH_3)_4]^{2+}$中的 Fe^{3+}和 Cu^{2+}具有空轨道，都是电子对的接受体，所以它们是 Lewis 酸；而 H_2O 、NH_3 是电子对的给予体，它们是 Lewis 碱。

按照路易斯酸碱理论，所有的金属离子都是酸，与金属离子配位的阴离子或中性分子都是碱。配位化合物就是酸碱加合物，可见路易斯酸碱的范围十分广泛。

在酸碱电子理论中，一种物质究竟是酸还是碱，还是酸碱加合物，应该在具体的反应中确定。但是，酸碱电子理论中酸碱的强弱没有一个定量的标度，缺乏像质子理论那样的定量计算，这是酸碱电子理论的不足。如果没有特别强调，本书所涉及的酸碱理论相关内容均以酸碱质子理论为准。

9.2 溶液中各型体的分布

在弱酸弱碱平衡体系中，通常同时存在多个型体，此时各种型体的浓度成为平衡浓度，以 c(型体)表示，各种型体的平衡浓度之和称为总浓度 c(或分析浓度)，某型体的平衡浓度占总浓度 c 的分数称为该型体的分布分数，用符号 δ 表示。分布分数的大小可以定量说明各种型体的分布情况。当溶液中 H^+浓度发生变化时，各种型体的平衡浓度随之变化，从而分布分数也会发生变化，因此分布分数的大小与溶液中 H^+浓度有关。

9.2.1 一元弱酸（碱）溶液

一元弱酸 HA，在水溶液中有 HA 和 A^-两种型体。设它们的分析浓度为 c，HA 和 A^-的平衡浓

度为 $c(HA)$ 和 $c(A^-)$，$\delta(HA)$ 和 $\delta(A^-)$ 分别为代表 HA 和 A^- 的分布分数，则

$$\delta(HA)=\frac{c(HA)}{c}=\frac{c(HA)}{c(HA)+c(A^-)}=\frac{1}{1+\frac{K_a^{\ominus}}{c(H^+)}}=\frac{c(H^+)}{c(H^+)+K_a^{\ominus}}$$

$$\delta(A^-)=\frac{c(A^-)}{c}=\frac{c(A^-)}{c(HA)+c(A^-)}=\frac{K_a^{\ominus}}{c(H^+)+K_a^{\ominus}}$$

可以看出，分布分数决定于酸（或碱）的 $K_a^{\ominus}$（或 $K_b^{\ominus}$）和溶液中的 $c(H^+)$，而与酸（或碱）的分析浓度 c 无关。而且，各型体分布分数之和等于 1，即 $\delta(HA)+\delta(A^-)=1$。根据分布分数和溶液中的 $c(H^+)$ 可以计算出各种型体的平衡浓度，这在分析化学中是很重要的。

例 9-1 计算 pH=4.00 和 pH=6.00 时，浓度为 0.10 $mol\cdot L^{-1}$ HAc 溶液中，HAc 和 Ac^- 的分布分数及平衡浓度。

解： 当 pH=4.00 时：

$$\delta(HAc)=\frac{c(H^+)}{c(H^+)+K_a^{\ominus}}=\frac{1.0\times10^{-4}}{1.0\times10^{-4}+1.8\times10^{-5}}=0.85$$

$$\delta(Ac^-)=\frac{K_a^{\ominus}}{c(H^+)+K_a^{\ominus}}=\frac{1.8\times10^{-5}}{1.0\times10^{-4}+1.8\times10^{-5}}=0.15$$

$$c(HAc)=\delta(HAc)c=0.85\times0.10\ mol\cdot L^{-1}=0.085\ mol\cdot L^{-1}$$

$$c(Ac^-)=\delta(Ac^-)c=0.15\times0.10\ mol\cdot L^{-1}=0.015\ mol\cdot L^{-1}$$

当 pH=6.00 时：

$$\delta(HAc)=\frac{c(H^+)}{c(H^+)+K_a^{\ominus}}=\frac{1.0\times10^{-6}}{1.0\times10^{-6}+1.8\times10^{-5}}=0.05$$

$$\delta(Ac^-)=\frac{K_a^{\ominus}}{c(H^+)+K_a^{\ominus}}=\frac{1.8\times10^{-5}}{1.0\times10^{-6}+1.8\times10^{-5}}=0.95$$

$$c(HAc)=\delta(HAc)c=0.05\times0.10\ mol\cdot L^{-1}=0.005\ mol\cdot L^{-1}$$

$$c(Ac^-)=\delta(Ac^-)c=0.95\times0.10\ mol\cdot L^{-1}=0.095\ mol\cdot L^{-1}$$

可见，当 pH=4.00 时，HAc 是主要型体；当 pH=6.00 时，Ac^- 是主要型体。

根据分布分数和溶液 pH 浓度的关系，可以计算出不同 pH 对应的各型体的分布分数，然后绘制分布分数与溶液 pH 的关系图，即 δ-pH 曲线，称为分布曲线。图 9-1 为 HAc 和 Ac^- 的 δ-pH 图。

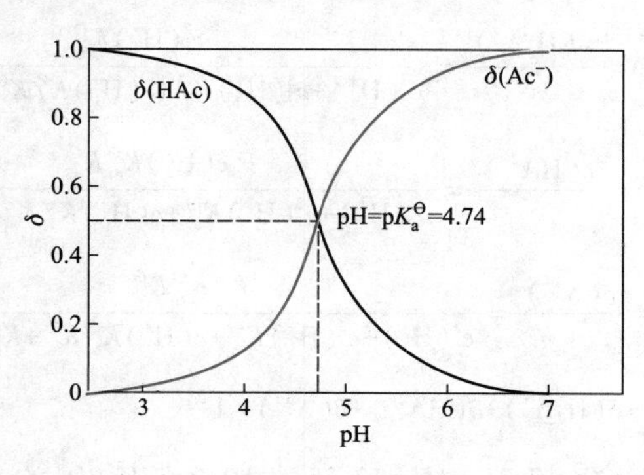

图 9-1 HAc 和 Ac^- 的 δ-pH

由图可见，当 $pH=pK_a^\ominus$ 时，溶液中 HAc 和 Ac^- 两种型体各占 50%；当 $pH<pK_a^\ominus$ 时，HAc 为主要型体；当 $pH>pK_a^\ominus$ 时，Ac^- 为主要型体。

9.2.2 多元弱酸（碱）溶液

MOOC 同步资源

二元弱酸 H_2A 在水溶液中有 H_2A，HA^- 和 A^{2-} 三种型体，设它们的总浓度为 c，即 $c=c(H_2A)+c(HA^-)+c(A^{2-})$。则有

$$\delta(H_2A)=\frac{c(H_2A)}{c}=\frac{1}{1+\frac{K_{a_1}^\ominus}{c(H^+)}+\frac{K_{a_1}^\ominus K_{a_2}^\ominus}{c^2(H^+)}}=\frac{c^2(H^+)}{c^2(H^+)+c(H^+)K_{a_1}^\ominus+K_{a_1}^\ominus K_{a_2}^\ominus}$$

$$\delta(HA^-)=\frac{c(HA^-)}{c}=\frac{c(H^+)K_{a_1}^\ominus}{c^2(H^+)+c(H^+)K_{a_1}^\ominus+K_{a_1}^\ominus K_{a_2}^\ominus}$$

$$\delta(A^{2-})=\frac{c(A^{2-})}{c}=\frac{K_{a_1}^\ominus K_{a_2}^\ominus}{c^2(H^+)+c(H^+)K_{a_1}^\ominus+K_{a_1}^\ominus K_{a_2}^\ominus}$$

图 9-2 为酒石酸的 δ-pH 图。酒石酸的 $pK_{a_1}^\ominus=3.04$，$pK_{a_2}^\ominus=4.37$。$pH<pK_{a_1}^\ominus$时，溶液中以 H_2A 为主；$pH>pK_{a_2}^\ominus$，溶液中以 A^{2-} 为主；当 $pK_{a_1}^\ominus<pH<pK_{a_2}^\ominus$时，则 HA^- 是主要型体。

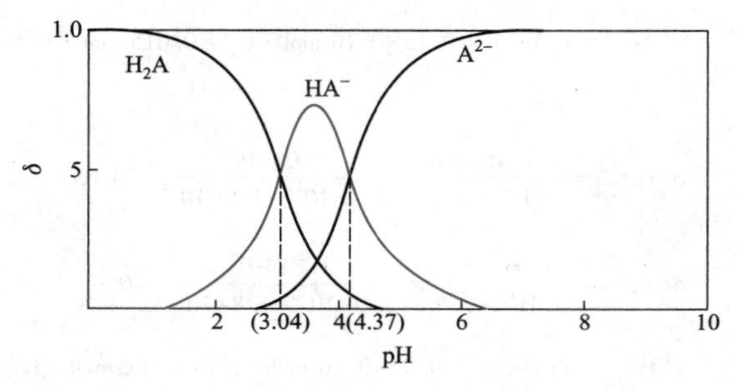

图 9-2 酒石酸的 δ-pH 图

对三元弱酸 H_3A，设 $c=c(H_3A)+c(H_2A^-)+c(HA^{2-})+c(A^{3-})$，则各型体的分布分数如下：

$$\delta(H_3A)=\frac{c(H_3A)}{c}=\frac{c^3(H^+)}{c^3(H^+)+c^2(H^+)K_{a_1}^\ominus+c(H^+)K_{a_1}^\ominus K_{a_2}^\ominus+K_{a_1}^\ominus K_{a_2}^\ominus K_{a_3}^\ominus}$$

$$\delta(H_2A^-)=\frac{c(H_2A^-)}{c}=\frac{c^2(H^+)K_{a_1}^\ominus}{c^3(H^+)+c^2(H^+)K_{a_1}^\ominus+c(H^+)K_{a_1}^\ominus K_{a_2}^\ominus+K_{a_1}^\ominus K_{a_2}^\ominus K_{a_3}^\ominus}$$

$$\delta(HA^{2-})=\frac{c(HA^{2-})}{c}=\frac{c(H^+)K_{a_1}^\ominus K_{a_2}^\ominus}{c^3(H^+)+c^2(H^+)K_{a_1}^\ominus+c(H^+)K_{a_1}^\ominus K_{a_2}^\ominus+K_{a_1}^\ominus K_{a_2}^\ominus K_{a_3}^\ominus}$$

$$\delta(A^{3-})=\frac{c(A^{3-})}{c}=\frac{K_{a_1}^\ominus K_{a_2}^\ominus K_{a_3}^\ominus}{c^3(H^+)+c^2(H^+)K_{a_1}^\ominus+c(H^+)K_{a_1}^\ominus K_{a_2}^\ominus+K_{a_1}^\ominus K_{a_2}^\ominus K_{a_3}^\ominus}$$

$$\delta(H_3A)+\delta(H_2A^-)+\delta(HA^{2-})+\delta(A^{3-})=1$$

H_3PO_4 的 $pK_{a_1}^\ominus=2.17$，$pK_{a_2}^\ominus=7.21$，$pK_{a_3}^\ominus=12.35$。图 9-3 为 H_3PO_4 的 δ-pH 图。

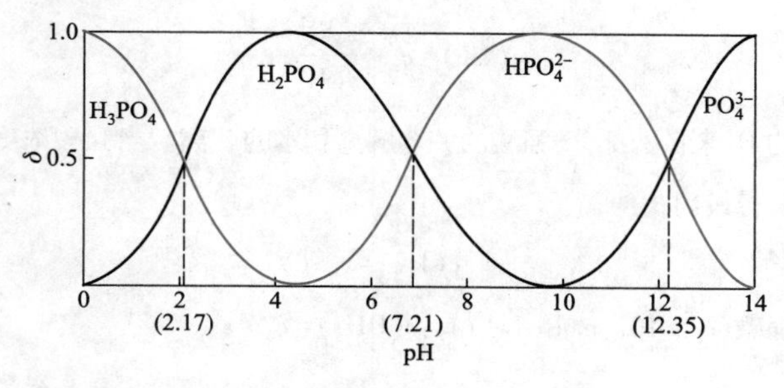

图 9-3 H_3PO_4 的 δ-pH 图

其他多元酸可采用同样的方法处理,但随着酸的元数越多,分布分数表达式中的分母项数也越多。对于 n 元酸,共有 $n+1$ 个型体,对应分母项数 $n+1$ 项。

9.3 酸碱溶液 pH 的计算

按照酸碱质子理论,酸碱反应的实质是质子的转移。达到平衡时,碱所得的质子的量必等于酸失去质子的量,这一数量关系的数学表达式称为质子平衡方程式(proton balance equation),简称质子平衡式或质子条件式,用 PBE 表示。

书写质子条件时,必须选择适当的物质做参考。通常选择在溶液中大量存在并参与质子传递的物质,作为考虑质子传递的参照物,这些物质称为参考水准(reference level)或零水准(zero level)。然后根据得失质子的物质的量相等的原则,写出 PBE,求得溶液中 H_3O^+ 浓度和有关组分浓度之间的关系式。

9.3.1 一元酸(碱)溶液

1. 强酸(碱)溶液

一元强酸 HA(分析浓度为 c_a),在水溶液中存在以下解离平衡:

$$HA \longrightarrow H^+ + A^-$$

溶液中还有水本身的解离平衡:

$$H_2O + H_2O \rightleftharpoons H_3O^+ + OH^-$$

选择 H_2O 和 HA 为参考水准,溶液中质子转移情况如下:

$$H_3O^+ \xleftarrow{+H^+} H_2O \xrightarrow{-H^+} OH^-$$

$$HA \xrightarrow{-H^+} A^-$$

根据得失质子数相等原则,列出质子条件为

$$c(H^+) = c(A^-) + c(OH^-)$$

根据平衡常数表达式可得 $\quad c(A^-) = c_a \quad c(OH^-) = \dfrac{K_w^{\ominus}}{c(H^+)}$

代入 PBE 中得 $$c(\mathrm{H^+})=c_a+\frac{K_w^\ominus}{c(\mathrm{H^+})}$$

它表明溶液中的 H^+ 来自两部分：强酸的完全解离和水的解离。当强酸浓度 $c_a \geqslant 10^{-6}\ \mathrm{mol\cdot L^{-1}}$ 时，可忽略水的解离，得最简式：

$$c(\mathrm{H^+})=c_a$$

同理对于一元强碱（$c_b \geqslant 10^{-6}\ \mathrm{mol\cdot L^{-1}}$）有：$c(\mathrm{OH^-})=c_b$

2. 弱酸（碱）溶液

一元弱酸 HA，在水溶液中存在以下解离平衡：

$$\mathrm{HA+H_2O \rightleftharpoons H_3O^+ + A^-}$$

溶液中还有水本身的解离平衡：

$$\mathrm{H_2O+H_2O \rightleftharpoons H_3O^+ + OH^-}$$

选择 H_2O 和 HA 为参考水准，溶液中质子转移情况如下：

$$\mathrm{H_3O^+ \xleftarrow{+H^+} H_2O \xrightarrow{-H^+} OH^-}$$

$$\mathrm{HA \xrightarrow{-H^+} A^-}$$

根据得失质子数相等原则，列出质子条件为

$$c(\mathrm{H^+})=c(\mathrm{A^-})+c(\mathrm{OH^-})$$

根据平衡常数表达式可得 $c(\mathrm{A^-})=\dfrac{K_a^\ominus c(\mathrm{HA})}{c(\mathrm{H^+})}$ $c(\mathrm{OH^-})=\dfrac{K_w^\ominus}{c(\mathrm{H^+})}$

代入 PBE 中得 $$c(\mathrm{H^+})=\frac{K_a^\ominus c(\mathrm{HA})}{c(\mathrm{H^+})}+\frac{K_w^\ominus}{c(\mathrm{H^+})}$$

或 $$c(\mathrm{H^+})=\sqrt{K_a^\ominus c(\mathrm{HA})+K_w^\ominus} \tag{9-7}$$

这是计算一元弱酸水溶液中 H^+ 浓度的精确式。如果酸不是太弱，可以忽略水的解离。当 $c(\mathrm{HA})K_a^\ominus \geqslant 20K_w^\ominus$ 时，忽略 $K_w^\ominus$ 项引起的相对误差小于 5%，式（9-7）可以简化为

$$c(\mathrm{H^+})=\sqrt{K_a^\ominus c(\mathrm{HA})} \tag{9-8}$$

浓度为 c_a 的弱酸 HA 溶液的平衡浓度为

$$c(\mathrm{HA})=c_a-c(\mathrm{H^+})$$

代入式（9-8），可得 $$c(\mathrm{H^+})=\sqrt{K_a^\ominus[c_a-c(\mathrm{H^+})]} \tag{9-9}$$

整理得 $$c^2(\mathrm{H^+})+K_a^\ominus c(\mathrm{H^+})-c_aK_a^\ominus=0$$

则 $$c(\mathrm{H^+})=\frac{-K_a^\ominus+\sqrt{(K_a^\ominus)^2+4K_a^\ominus c_a}}{2} \tag{9-10}$$

这是计算一元弱酸水溶液 H^+ 浓度的近似公式。当 $c_aK_a^\ominus \geqslant 20K_w^\ominus$，且 $c_a/K_a^\ominus \geqslant 500$ 时，可认为 $c_a-c(\mathrm{H^+})\approx c_a$，式（9-10）可简化为

$$c(H^+)=\sqrt{c_aK_a^\ominus} \tag{9-11}$$

这是计算一元弱酸水溶液中 H^+浓度的最简式。

当 $c_aK_a^\ominus \leqslant 20K_w^\ominus$，且 $c_a/K_a^\ominus \geqslant 500$ 时，则水的解离不可忽略；但 $c(H^+)$ 可以忽略，则 $c_a-c(H^+)=c_a$，可得

$$c(H^+)=\sqrt{c_aK_a^\ominus+K_w^\ominus} \tag{9-12}$$

例 9-2　计算 0.10 $mol\cdot L^{-1}$ HAc 溶液的 pH 和解离度 α。

解：由附录可知：$K_a^\ominus(HAc)=1.8\times10^{-5}$

因为 $c_aK_a^\ominus \geqslant 20K_w^\ominus$，且 $c_a/K_a^\ominus \geqslant 500$，所以可用最简式(9-11)计算：

$$c(H^+)=\sqrt{c_aK_a^\ominus}=\sqrt{0.10\times1.8\times10^{-5}}=1.3\times10^{-3}(mol\cdot L^{-1})$$

$$pH=2.87$$

$$\alpha=\frac{c(H^+)}{c_a}\times100\%=\frac{1.3\times10^{-3}\ mol\cdot L^{-1}}{0.10\ mol\cdot L^{-1}}\times100\%=1.3\%$$

例 9-3　计算 0.10 $mol\cdot L^{-1}$ NH_4Cl 溶液的 pH。

解：由附录可知：NH_3 的 $K_b^\ominus=1.8\times10^{-5}$

NH_4^+ 是 NH_3 的共轭酸，则 $K_a^\ominus(NH_4^+)=K_w^\ominus/K_b^\ominus(NH_3)=\dfrac{10^{-14}}{1.8\times10^{-5}}=5.6\times10^{-10}$

由于 $c_aK_a^\ominus \geqslant 20K_w^\ominus$，且 $c_a/K_a^\ominus \geqslant 500$，可用最简式(9-11)计算：

$$c(H^+)=\sqrt{K_a^\ominus\cdot c_a}=\sqrt{5.6\times10^{-10}\times0.10}=7.48\times10^{-6}(mol\cdot L^{-1})$$

$$pH=5.13$$

处理一元弱碱的方法与一元弱酸类似。只需将以上各计算一元弱酸溶液 H^+浓度的有关公式中的 $K_a^\ominus$ 换成 $K_b^\ominus$，$c(H^+)$换成 $c(OH^-)$即可。例如，计算浓度为 c_b 的一元弱碱溶液碱度的近似式为

$$c(OH^-)=\frac{-K_b^\ominus+\sqrt{(K_b^\ominus)^2+4K_b^\ominus c_b}}{2} \tag{9-13}$$

若 $K_b^\ominus c_b \geqslant 20K_w^\ominus$，且 $c_b/K_b^\ominus \geqslant 500$，可得最简式为

$$c(OH^-)=\sqrt{c_bK_b^\ominus} \tag{9-14}$$

例 9-4　计算 0.10 $mol\cdot L^{-1}$ 氨水的 pH 和解离度 α。

解：由附录可知：NH_3 的 $K_b^\ominus=1.8\times10^{-5}$

由于 $c_bK_b^\ominus \geqslant 20K_w^\ominus$，且 $c_b/K_b^\ominus \geqslant 500$，可用最简式(9-14)计算：

$$c(OH^-)=\sqrt{c_bK_b^\ominus}=\sqrt{0.10\times1.8\times10^{-5}}=1.3\times10^{-3}(mol\cdot L^{-1})$$

$$pOH=2.89$$

$$pH=14.00-2.89=11.11$$

$$\alpha=\frac{c(OH^-)}{c_b}=\frac{1.3\times10^{-3}}{0.1}\times100\%=1.3\%$$

例 9-5　计算 0.10 $mol\cdot L^{-1}$ NaAc 溶液的 pH。

解：由附录可知：HAc 的 $K_a^\ominus=1.8\times10^{-5}$

Ac^-是 HAc 的共轭碱,则 $K_b^\ominus(Ac^-)=K_w^\ominus/K_a^\ominus(HAc)=\dfrac{10^{-14}}{1.8\times10^{-5}}=5.6\times10^{-10}$

由于 $c_bK_b^\ominus\geqslant20K_w^\ominus$,且 $c_b/K_b^\ominus\geqslant500$,故可采用最简式(9-14)计算:

$$c(OH^-)=\sqrt{c_bK_b^\ominus}=\sqrt{0.10\times5.6\times10^{-10}}=7.48\times10^{-6}(mol\cdot L^{-1})$$

$$pOH=5.13$$

$$pH=14.00-5.13=8.87$$

9.3.2 多元酸(碱)溶液

多元弱酸(碱)是分步解离的。例如,H_3PO_4 在水中分三级解离:

$$H_3PO_4 \rightleftharpoons H^++H_2PO_4^- \quad pK_{a_1}^\ominus=2.17$$

$$H_2PO_4^- \rightleftharpoons H^++HPO_4^{2-} \quad pK_{a_2}^\ominus=7.21$$

$$HPO_4^{2-} \rightleftharpoons H^++PO_4^{3-} \quad pK_{a_3}^\ominus=12.35$$

一般而言,多元酸碱的解离常数存在显著差异。溶液中的 H_3O^+ 主要来自第一级解离,一级解离产生的 H_3O^+ 又抑制后面的各级解离,因此可按一元弱酸或弱碱处理。

例 9-6 计算 0.10 $mol\cdot L^{-1}$ Na_2CO_3 溶液的 pH。

解:由附录可知:H_2CO_3 的 $K_{a_1}^\ominus=4.2\times10^{-7}$,$K_{a_2}^\ominus=4.7\times10^{-11}$

二元碱 CO_3^{2-} 的 $K_{b_1}^\ominus=K_w^\ominus/K_{a_2}^\ominus=\dfrac{10^{-14}}{4.7\times10^{-11}}=2.13\times10^{-4}$,

$$K_{b_2}^\ominus=K_w^\ominus/K_{a_1}^\ominus=\frac{10^{-14}}{4.2\times10^{-7}}=2.38\times10^{-8},$$

由于 $K_{b_1}^\ominus\geqslant K_{b_2}^\ominus$,可按一元弱碱处理。又由于 $c_bK_{b_1}^\ominus\geqslant20K_w^\ominus$,且 $c_b/K_{b_1}^\ominus\geqslant500$,故可用最简式(9-14)进行计算:

$$c(OH^-)=\sqrt{c_bK_{b_1}^\ominus}=\sqrt{0.10\times2.13\times10^{-4}}=4.62\times10^{-3}(mol\cdot L^{-1})$$

$$pOH=2.34$$

$$pH=14.00-2.34=11.66$$

9.3.3 两性物质溶液

既能给出质子,又能得到质子的物质,称为两性物质。如酸式盐($NaHCO_3$,NaH_2PO_4 等)和弱酸弱碱盐(NH_4Ac)以及氨基酸等,其酸碱平衡较为复杂,这里只介绍近似的处理方法。

1. 酸式盐

以二元弱酸的酸式盐 NaHA 为例,H_2A 的解离常数为 $K_{a_1}^\ominus$和 $K_{a_2}^\ominus$,在水溶液中存在下列平衡:

$$HA^-+H_2O \rightleftharpoons H_2A+OH^-$$

$$HA^-+H_2O \rightleftharpoons H_3O^++A^{2-}$$

$$H_2O+H_2O \rightleftharpoons H_3O^++OH^-$$

选择 HA^- 和 H_2O 为参考水准，列出质子条件为

$$c(H_3O^+)+c(H_2A)=c(A^{2-})+c(OH^-)$$

根据有关平衡常数式，可得

$$c(H^+)+\frac{c(H^+)c(HA^-)}{K_{a_1}^\ominus}=\frac{K_{a_2}^\ominus c(HA^-)}{c(H^+)}+\frac{K_W^\ominus}{c(H^+)}$$

整理得
$$c(H^+)=\sqrt{\frac{K_{a_1}^\ominus[K_{a_2}^\ominus c(HA^-)+K_w^\ominus]}{K_{a_1}^\ominus+c(HA^-)}} \tag{9-15}$$

这是计算 HA^- 溶液 H^+ 浓度的精确式。

若 $K_{a_1}^\ominus$ 和 $K_{a_2}^\ominus$ 相差较大，则 $K_{a_2}^\ominus$ 和 $K_{b_2}^\ominus$ 都较小，说明它得失质子能力都较弱，可以认为 $c(HA^-)\approx c$，得计算 HA^- 溶液 H^+ 浓度的近似式为

$$c(H^+)=\sqrt{\frac{K_{a_1}^\ominus(K_{a_2}^\ominus c+K_w^\ominus)}{K_{a_1}^\ominus+c}} \tag{9-16}$$

（1）若 $cK_{a_2}^\ominus\geqslant 20K_w^\ominus$，则 $K_w^\ominus$ 可忽略，可得计算 HA^- 溶液 H^+ 浓度的另一近似式为

$$c(H^+)=\sqrt{\frac{K_{a_1}^\ominus K_{a_2}^\ominus c}{K_{a_1}^\ominus+c}} \tag{9-17}$$

（2）当 $cK_{a_2}^\ominus\geqslant 20K_w^\ominus$，且 $c\geqslant 20K_{a_1}^\ominus$，则 $K_{a_1}^\ominus+c\approx c$，可得最简式如下：

$$c(H^+)=\sqrt{K_{a_1}^\ominus K_{a_2}^\ominus} \tag{9-18}$$

对于其他多元酸的酸式盐，可按类似方法进行处理。只需找准对应的 $K_{a_1}^\ominus$、$K_{a_2}^\ominus$。

例 9-7　计算 0.10 $mol\cdot L^{-1}$ $NaHCO_3$ 溶液的 pH。

解：H_2CO_3 的 $K_{a_1}^\ominus=4.2\times10^{-7}$，$K_{a_2}^\ominus=4.7\times10^{-11}$，且 $cK_{a_2}^\ominus\geqslant 20K_w^\ominus$，$c\geqslant 20K_{a_1}^\ominus$，可用最简式(9-18)计算 $c(H^+)$：

$$c(H^+)=\sqrt{K_{a_1}^\ominus K_{a_2}^\ominus}=\sqrt{4.2\times10^{-7}\times4.7\times10^{-11}}=4.44\times10^{-9}(mol\cdot L^{-1})$$

$$pH=8.35$$

例 9-8　计算 0.033 $mol\cdot L^{-1}$ Na_2HPO_4 溶液的 pH。

解：已知 H_3PO_4 的 $K_{a_1}^\ominus=6.7\times10^{-3}$，$K_{a_2}^\ominus=6.2\times10^{-8}$，$K_{a_3}^\ominus=4.5\times10^{-13}$，

根据计算 $c(H^+)$ 的近似式(9-16)：

$$c(H^+)=\sqrt{\frac{K_a^\ominus(cK_{a_3}^\ominus+K_w^\ominus)}{c+K_{a_2}^\ominus}}$$

因为 $cK_{a_3}^\ominus<20K_w^\ominus$，则 $K_w^\ominus$ 不可忽略；但是 $c\geqslant 20K_{a_2}^\ominus$，则 $c+K_{a_2}^\ominus\approx c$ 则有

$$c(H^+)=\sqrt{\frac{K_{a_2}^\ominus(K_{a_3}^\ominus c+K_w^\ominus)}{c}}=\sqrt{\frac{6.2\times10^{-8}(4.5\times10^{-13}\times0.033+10^{-14})}{0.033}}\ mol\cdot L^{-1}=10^{-9.66}\ mol\cdot L^{-1}$$

$$pH=9.66$$

2. 弱酸弱碱盐

弱酸弱碱盐也是两性物质。以 0.10 $mol\cdot L^{-1}$ NH_4CN 为例，按照讨论酸式盐的方法可得

$$c(H^+) = \sqrt{K_a^\ominus(HCN)K_a^\ominus(NH_4^+)} = \sqrt{K_a^\ominus(HCN)\times\frac{K_w^\ominus}{K_b^\ominus(NH_3)}} \tag{9-19}$$

式(9-19)表明:一定温度下,$K_a^\ominus = K_b^\ominus$ 时,溶液呈中性;$K_a^\ominus > K_b^\ominus$ 时,溶液呈酸性;$K_a^\ominus < K_b^\ominus$ 时,溶液呈碱性。

9.4 缓冲溶液

9.4.1 同离子效应和盐效应

MOOC 同步资源

1. 同离子效应

在弱酸 HAc 水溶液中,加入少量 NaAc 固体,因为 NaAc 在水中完全解离,使溶液中 Ac^- 的浓度增大,HAc 的解离平衡 $HAc + H_2O \rightleftharpoons H_3O^+ + Ac^-$ 向左移动,从而降低了 HAc 的解离度。

同理,在氨水中加入少量固体 NH_4Cl,也会使如下解离平衡向左移动:

$$NH_3 + H_2O \rightleftharpoons OH^- + NH_4^+$$

结果导致氨水的解离度降低。

这种在弱电解质溶液中加入与弱电解质含有相同离子的易溶强电解质,导致弱电解质解离度降低的现象,称为同离子效应。同离子效应的实质是浓度对化学平衡移动的影响:增加产物浓度,化学平衡向逆反应方向移动。

例 9-9 向 0.10 $mol \cdot L^{-1}$ HAc 溶液中加入固体 NaAc,使 NaAc 浓度为 0.10 $mol \cdot L^{-1}$,求此混合溶液的解离度及溶液 pH。

解:假设平衡时,H_3O^+ 的浓度为 x,单位 $mol \cdot L^{-1}$,

	HAc + H_2O	$\rightleftharpoons$ H_3O^+	+ Ac^-
起始浓度/($mol \cdot L^{-1}$)	0.10	0	0.10
平衡浓度/($mol \cdot L^{-1}$)	$0.10-x \approx 0.10$	x	$0.10+x \approx 0.10$

代入解离常数表达式中,并做近似处理

$$K_a^\ominus = \frac{c(H^+)c(Ac^-)}{c(HAc)} = \frac{x(0.10+x)}{0.10-x} = \frac{0.10x}{0.10} = 1.8\times10^{-5}$$

解得 $c(H^+) = x\ mol \cdot L^{-1} = 1.8\times10^{-5}\ mol \cdot L^{-1}$, pH = 4.74

$$解离度\ \alpha = \frac{c(H^+)}{c} = \frac{1.8\times10^{-5} mol \cdot L^{-1}}{0.10\ mol \cdot L^{-1}}\times100\% = 0.018\%$$

例 9-2 中 0.10 $mol \cdot L^{-1}$ HAc 的 H^+ 浓度为 $1.3\times10^{-3}\ mol \cdot L^{-1}$,解离度为 1.3%,pH 为 2.87。在与例 9-9 的计算结果比较后可知,向 HAc 溶液中加入 NaAc 后,HAc 的解离度因为同离子效应降低了。

2. 盐效应

如果在 HAc 溶液中加入不含相同离子的易溶强电解质(如 NaCl 等),由于强电解质完全解离,溶液中的离子总浓度和离子强度急剧增大，结果使离子间相互作用增强，H_3O^+和Ac^-分别被更多的异号离子Cl^-和Na^+包围，也即在每一个离子周围形成一个带相反电荷的“离子氛”(ionic atmosphere)。“离子氛”的存在使离子的运动受到牵制，极大地降低了离子重新结合成弱电解质分子的概率。因此，弱电解质的解离度相应增大。这种作用称为盐效应。

在发生同离子效应时，也同时存在着盐效应，只是同离子效应比盐效应强得多。故有同离子效应发生的情况下，常忽略盐效应。

9.4.2 缓冲溶液中的有关计算

一定条件下，如果在 1 L pH 为 7.00 的纯水中加入 1 mL 10 $mol \cdot L^{-1}$ HCl 溶液，则溶液的 pH 由 7.00 降低到 2.00，即 pH 改变了 5 个单位；如果在 1 L 0.10 $mol \cdot L^{-1}$ HAc 溶液中加入 1 mL 10 $mol \cdot L^{-1}$ HCl 溶液，则溶液的 pH 由 2.89 变化到 2，pH 改变了 0.89 个单位；如果在 1 L 含有 0.10 $mol \cdot L^{-1}$ HAc 和 0.10 $mol \cdot L^{-1}$ NaAc 的混合溶液中，加入 1 mL 10 $mol \cdot L^{-1}$ HCl 溶液，则溶液的 pH 从 4.74 降低到 4.66，即 pH 只改变了 0.08 个单位。

上述实验中，在含有 $HAc-Ac^-$ 共轭酸碱对的混合溶液中加入少量强酸，或强碱，或被轻度稀释后，溶液的 pH 几乎不变，这种能够维持 pH 相对稳定的溶液，称为缓冲溶液(buffer solution)。缓冲溶液在分析化学和生物化学中很重要。

1. 缓冲作用

为什么缓冲溶液具有保持 pH 相对稳定的性能呢？根据酸碱质子理论，缓冲溶液是一共轭酸碱对体系，是由一种酸(HB)和它的共轭碱(B^-)组成的混合系统。在溶液中存在下面的质子转移反应：

$$HB + H_2O \rightleftharpoons H_3O^+ + B^-$$

$$c(H_3O^+) = \frac{K_a^{\ominus}(HB) \cdot c(HB)/c^{\ominus}}{c(B^-)/c^{\ominus}} = \frac{K_a^{\ominus}(HB) \cdot c(HB)}{c(B^-)}$$

在缓冲溶液中，HB 和 B^-的起始浓度较大，即溶液中大量存在的是 HB 和 B^-。

当加入少量强酸时，H_3O^+浓度增加，平衡向左移动；B^-浓度略有减少，HB 浓度略有增加，但 $c(HB)/c(B^-)$值变化很小，H_3O^+浓度改变也很小，因而溶液 pH 基本保持不变。

当加入少量强碱时，H_3O^+被中和，其浓度略有减少，平衡向右移动，HB 浓度略有减少，B^-浓度略有增加，但 $c(HB)/c(B^-)$值变化很小，H_3O^+浓度改变也很小，因而溶液 pH 基本保持不变。常见的缓冲体系有 $HAc-Ac^-$、$NH_4^+-NH_3$、$HCO_3^--CO_3^{2-}$、$H_2PO_4^--HPO_4^{2-}$、$HPO_4^{2-}-PO_4^{3-}$ 等。

2. 缓冲溶液 pH 的计算

以弱酸 HB 及其共轭碱 B^- 组成的缓冲溶液为例，设弱酸及其共轭碱的初始浓度分别为 c_a 和

c_b。在水溶液中的质子转移情况如下：

$$H_3O^+ \xleftarrow{+H^+} H_2O \xrightarrow{-H^+} OH^-$$

$$HB \xrightarrow{-H^+} B^-$$

因此，质子条件式为

$$c(H^+)=c(OH^-)+[c(B^-)-c_b]$$

或者
$$c(B^-)=c_b+c(H^+)-c(OH^-) \tag{9-20}$$

由于 $c_a+c_b=c(HB)+c(B^-)$，则

$$c(HB)=c_a-c(H^+)+c(OH^-) \tag{9-21}$$

由弱酸的解离常数，得

$$pH=pK_a^\ominus(HB)-\lg\frac{c(HB)}{c(B^-)} \tag{9-22}$$

将式(9-20)和式(9-21)代入式(9-22)，得

$$pH=pK_a^\ominus(HB)-\lg\frac{c_a-c(H^+)+c(OH^-)}{c_b+c(H^+)-c(OH^-)} \tag{9-23}$$

当溶液呈酸性时，$c(H^+)\geqslant 20c(OH^-)$，式(9-23)可写成下面的公式：

$$pH=pK_a^\ominus-\lg\frac{c_a-c(H^+)}{c_b+c(H^+)} \tag{9-24}$$

当溶液呈碱性时，$c(OH^-)\geqslant 20c(H^+)$，式(9-23)可写成下面的公式：

$$pH=pK_a^\ominus-\lg\frac{c_a+c(OH^-)}{c_b-c(OH^-)} \tag{9-25}$$

当 c_a、c_b 较大时，式(9-24)和式(9-25)可以简化为

$$pH=pK_a^\ominus-\lg\frac{c_a}{c_b} \tag{9-26}$$

对于弱碱及其共轭酸组成的缓冲溶液，同理可导出 OH^- 浓度和 pOH 的计算式：

$$pOH=pK_b^\ominus-\lg\frac{c_b}{c_a} \tag{9-27}$$

式(9-26)、式(9-27)是计算缓冲溶液 pH 的最简式。

例 9-10 有 50 mL 含有 0.10 mol·L^{-1} HAc 和 0.10 mol·L^{-1} NaAc 的缓冲溶液，试求：(1) 该缓冲溶液的 pH；(2) 加入 0.10 mL 1.0mol·L^{-1}的 HCl 溶液后，溶液的 pH；(3) 加入 0.10 mL 1.0 mol·L^{-1}的 NaOH 溶液后，溶液的 pH；(4) 加入 5 mL 1.0 mol·L^{-1}的 HCl 溶液后，溶液的 pH。

解：(1) 缓冲溶液的 pH 为

$$pH=pK_a^\ominus-\lg\frac{c_a}{c_b}=4.74-\lg\frac{0.10}{0.10}=4.74$$

(2) 加入 0.10 mL 1.0 mol·L^{-1}的 HCl 溶液后，所解离出的 H^+ 与 Ac^- 结合生成 HAc 分子，溶液中的 Ac^- 浓度降低，HAc 浓度升高，此时体系中：

$$c_a=\frac{0.1\ \text{mol}\cdot\text{L}^{-1}\times 50\ \text{mL}+1.0\ \text{mol}\cdot\text{L}^{-1}\times 0.10\ \text{mL}}{50.1\ \text{mL}}=0.102\ \text{mol}\cdot\text{L}^{-1}$$

$$c_b=\frac{0.1\ \text{mol}\cdot\text{L}^{-1}\times 50\ \text{mL}-1.0\ \text{mol}\cdot\text{L}^{-1}\times 0.10\ \text{mL}}{50.1\ \text{mL}}=0.098\ \text{mol}\cdot\text{L}^{-1}$$

$$\text{pH}=\text{p}K_a^{\ominus}-\lg\frac{c_a}{c_b}=\lg 1.8\times 10^{-5}-\lg\frac{0.102}{0.098}=4.73$$

（3）加入 0.10 mL 1.0 mol · L^{-1}的 NaOH 溶液后，所解离出的 OH^-与 HAc 结合生成 Ac^-和 H_2O，溶液中的 HAc 浓度降低，Ac^-浓度升高，此时体系中：

$$c_a=\frac{0.1\ \text{mol}\cdot\text{L}^{-1}\times 50\ \text{mL}-1.0\ \text{mol}\cdot\text{L}^{-1}\times 0.10\ \text{mL}}{50.1\ \text{mL}}=0.098\ \text{mol}\cdot\text{L}^{-1}$$

$$c_b=\frac{0.1\ \text{mol}\cdot\text{L}^{-1}\times 50\ \text{mL}+1.0\ \text{mol}\cdot\text{L}^{-1}\times 0.10\ \text{mL}}{50.1\ \text{mL}}=0.102\ \text{mol}\cdot\text{L}^{-1}$$

$$\text{pH}=\text{p}K_a^{\ominus}-\lg\frac{c_a}{c_b}=-\lg(1.8\times 10^{-5})-\lg\frac{0.098}{0.102}=4.76$$

从计算结果可知，加入少量 HCl 或 NaOH，溶液的 pH 基本不变。

（4）加入 5 mL 1.0 mol · L^{-1}的 HCl 溶液后，所解离出的 H^+与 Ac^-结合生成 HAc 分子。则有

$$c_a\approx\frac{0.1\ \text{mol}\cdot\text{L}^{-1}\times 50\ \text{mL}+1.0\ \text{mol}\cdot\text{L}^{-1}\times 5\ \text{mL}}{55\ \text{mL}}=0.182\ \text{mol}\cdot\text{L}^{-1}$$

$$c_b\approx\frac{0.1\ \text{mol}\cdot\text{L}^{-1}\times 50\ \text{mL}-1.0\ \text{mol}\cdot\text{L}^{-1}\times 5\ \text{mL}}{55\ \text{mL}}=0\ \text{mol}\cdot\text{L}^{-1}$$

通过计算说明溶液中 Ac^-和 H^+反应完全生成了 HAc 分子，因此溶液可以看作 0.182 mol · L^{-1} HAc 弱酸溶液。

$$c(\text{H}^+)=\sqrt{c_aK_a^{\ominus}}=\sqrt{0.182\times 1.8\times 10^{-5}}\ \text{mol}\cdot\text{L}^{-1}=1.81\times 10^{-3}\ \text{mol}\cdot\text{L}^{-1}$$

$$\text{pH}=2.74$$

可见，缓冲溶液的缓冲能力是有一定限度的。对于缓冲溶液，只有在加入的强酸（碱）的量不大时，或将溶液适度稀释时，才能保持溶液的 pH 基本不变或变化不大。如果加入大量酸碱，或过度稀释，缓冲溶液的缓冲能力将会消失。

3. 缓冲容量和缓冲范围

溶液缓冲能力的大小常用缓冲容量（β，buffer capacity）量度。

缓冲容量的定义是使 1 L 溶液的 pH 增加 dpH 单位需加强碱 db（mol），或使 1 L 溶液的 pH 降低 dpH 单位需加强酸 da（mol）的物质的量：

$$\beta=\frac{\text{d}b}{\text{dpH}}=-\frac{\text{d}a}{\text{dpH}}$$

实验证明，缓冲容量的大小与缓冲体系共轭酸碱对的总浓度及其浓度比值有关。当缓冲组分浓度的比为 1∶1 时，缓冲容量最大。当共轭酸碱对浓度比为 1∶1 时，共轭酸碱对的总浓度越大，缓冲能力越大。

常用的缓冲溶液各组分的浓度一般在 0.1~1.0 mol · L^{-1}，共轭酸碱对浓度比一般在 1/10~10。

对于任何一个缓冲体系，都有一个有效的 pH 或 pOH 变化范围：$pH=pK_a^\ominus\pm1$ 或 $pOH=pK_b^\ominus\pm1$，称为缓冲溶液的缓冲范围。

此外，高浓度的强酸或强碱，由于氢离子浓度和氢氧根离子浓度较大，当加入少量的酸或碱时，溶液酸度不会有太大的变化。即强酸或强碱也有缓冲作用，但它们不能称为缓冲溶液。

例 9-11　有 HCOOH-HCOONa 和 $H_3BO_3-NaH_2BO_3$ 及 HAc-NaAc 的缓冲体系，要配制 pH=5.0 的酸碱缓冲溶液，(1) 应选择何种体系为好？(2) 要配制 100 mL HAc-NaAc 缓冲溶液，需 0.3 $mol\cdot L^{-1}$ HAc 溶液及 0.4 $mol\cdot L^{-1}$ NaAc 溶液各多少毫升？

解：(1) 在实际配制一定 pH 缓冲溶液时，为使共轭酸碱对浓度比接近 1，则要选用 $pK_a^\ominus$(或 $pK_b^\ominus$)等于或接近于该 pH(或 pOH)的共轭酸碱对。根据附录 5 知：$pK_a^\ominus(HCOOH)=3.74$，$pK_a^\ominus(H_3BO_3)=9.24$，$pK_a^\ominus(HAc)=4.74$，所以选择 HAc-NaAc 最好。

(2) 设要配制 100 mL pH=5.0 的 HAc-NaAc 缓冲溶液，需 0.3 $mol\cdot L^{-1}$ HAc 溶液的体积为 V，则 NaAc 溶液的体积为(100 mL-V)，根据缓冲溶液 pH 的计算公式

$$pH=pK_a^\ominus-\lg\frac{c_a}{c_b}$$

$$-\lg(1.8\times10^{-5})-\lg\frac{V\times0.3\ mol\cdot L^{-1}/100\ mL}{(100\ mL-V)\times0.4\ mol\cdot L^{-1}/100\ mL}=5.0$$

$$V=43.1\ mL$$

$$100\ mL-V=56.9\ mL$$

所以应量取 43.1 mL 0.3 $mol\cdot L^{-1}$ HAc 溶液及 56.9 mL 0.4 $mol\cdot L^{-1}$ NaAc 溶液。

因此配制缓冲溶液时，首先按照所配缓冲溶液的 pH(或 pOH)选择 $pK_a^\ominus$(或 $pK_b^\ominus$)等于或接近于该 pH(或 pOH)的缓冲体系；其次通过调节缓冲体系中酸和碱的浓度比确定最终所要配制的一定 pH 的缓冲溶液。

溶液的酸碱度对许多反应有着重要的影响，只有保持合适的 pH 范围，反应才能顺利进行。如人体血浆的 pH 为 7.36~7.44，它是由 $H_2CO_3-HCO_3^-$ 和 $H_2PO_4^--HPO_4^{2-}$ 等多种缓冲体系组成的。植物体内也有多种缓冲体系用于维持植物正常的生理功能。因此，缓冲体系能维持化学和生物化学系统的稳定，在工农业、医学、化学和生物学方面具有极为重要的意义。

9.5　酸碱指示剂

9.5.1　指示剂的作用原理

MOOC
同步资源

酸碱指示剂(acid-base indicator)一般是有机弱酸或弱碱，当溶液的 pH 改变时，指示剂由于结构上的改变而发生颜色的变化。因此在酸碱滴定中，一般利用酸碱指示剂颜色的突然变化来指示滴定的终点。

例如，酚酞是一种单色指示剂，在酸性溶液中，酚酞主要以无色分子或无色离子存在，溶液无

色；在碱性溶液中，酚酞发生结构的改变，成为具有共轭体系醌式结构的红色离子，溶液呈红色。酚酞的解离过程可表示如下：

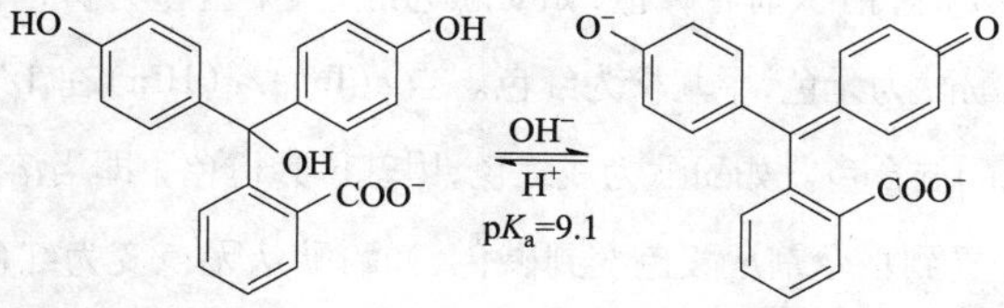

这个转变过程是可逆的，当溶液的 pH 降低时，平衡向反方向移动，酚酞又变成无色分子。

甲基橙是一种双色指示剂，在溶液中存在着如下平衡：

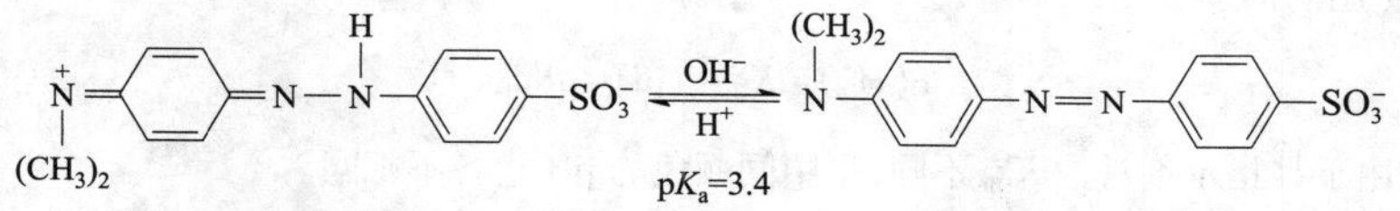

甲基橙分子在酸性溶液中获得一个 H^+，转变成为红色阳离子，溶液呈红色；在碱性溶液中，甲基橙呈黄色。

9.5.2 指示剂的变色范围

不同的酸碱指示剂，它们的变色范围是不同的，有的在酸性溶液中变色，如甲基橙、甲基红等；有的在中性附近变色，如中性红、苯酚红等；有的则在碱性溶液中变色，如酚酞、百里酚酞等。根据实际测定，当溶液的 pH 小于 8 时酚酞呈无色，大于 10 时呈红色，pH 从 8 到 10 是酚酞从无色渐变为红色的过程，称为酚酞的“变色范围”。当溶液的 pH 小于 3.1 时，甲基橙呈红色，大于 4.4 时呈黄色。pH 从 3.1 到 4.4 是甲基橙的“变色范围”。

指示剂之所以具有变色范围，可用指示剂在溶液中的平衡移动过程加以解释。以 HIn 表示指示剂的酸式型体，其颜色为酸色；In^- 为指示剂的碱式型体，其颜色为碱色。指示剂在溶液中的平衡移动过程可以用下式表示：

$$HIn+H_2O \rightleftharpoons H_3O^++In^-$$

达到平衡后：

$$K_{HIn}^{\ominus}=\frac{c(H^+)\cdot c(In^-)}{c(HIn)}$$

$K_{HIn}^{\ominus}$ 称为指示剂常数，在一定温度下，它是一个常数。上式可写为

$$\frac{c(In^-)}{c(HIn)}=\frac{K_{HIn}^{\ominus}}{c(H^+)} \tag{9-28}$$

指示剂颜色的变化依赖于 $c(In^-)$ 和 $c(HIn)$ 的比值。从式(9-28)可知，两者浓度的比值是由两个因素决定的：一个是 $K_{HIn}^{\ominus}$ 值，另一个是溶液的酸度 $c(H^+)$。对于给定的指示剂，$K_{HIn}^{\ominus}$ 在一定温度

下是一个常数。因此某种指示剂颜色的转变就完全由溶液中的$c(H^+)$决定。

当溶液中$c(H^+)$发生改变时，$c(In^-)/c(HIn)$也发生改变，溶液的颜色也逐渐改变。一般来讲，当$c(In^-)/c(HIn)\geqslant 10/1$时，指示剂显碱色，如酚酞为红色，甲基橙为黄色；若$c(In^-)/c(HIn)\leqslant 1/10$，指示剂显酸色，如酚酞为无色，甲基橙为红色。当$c(In^-)/c(HIn)$在1/10和10/1之间时，溶液的颜色是酸色和碱色的混合色。如酚酞为浅红色，甲基橙为橙色。即当溶液pH从$pK_{HIn}-1$变化到$pK_{HIn}+1$时，可明显地看到指示剂从酸色变到碱色，如酚酞从无色变为红色，甲基橙从红色变为黄色。因此指示剂的理论变色范围为$pH=pK_{HIn}^{\ominus}\pm 1$。

当$c(In^-)/c(HIn)=1$时，溶液中的$c(H^+)$等于$K_{HIn}^{\ominus}$的数值，此时溶液的颜色应该是酸色和碱色的中间颜色。如果此时的$c(H^+)$以pH来表示，pH就应该等于指示剂常数的负对数，即当$c(In^-)=c(HIn)$时，

$$c(H^+)=K_{HIn}^{\ominus} \quad pH=pK_{HIn}^{\ominus}$$

各种指示剂由于其指示剂常数$K_{HIn}^{\ominus}$不同，呈中间颜色的pH也各不相同。

从上面推算得出指示剂的理论变色范围为$pK_{HIn}^{\ominus}\pm 1$，即2个pH单位。但是表9-4所列各种指示剂实际的变色范围却并不如此，这是因为表9-4列出的变色范围是依靠人眼观察实际测定得到的，并不是根据$pK_{HIn}^{\ominus}$计算而来的。人眼对于各种颜色的敏感程度不同，例如，甲基橙的$pK_{HIn}^{\ominus}$为3.4，按照推算，变色范围应为2.4~4.4，但由于浅黄色在红色中不明显，所以只有当黄色所占比重较大时才能被观察出来。由此可知，甲基橙实际变色范围在pH小的一边就大一些，因而实际测得的变色范围是3.1~4.4。

表9-4　一些常见指示剂的变色范围

指示剂	实际变色范围	颜色变化	$pK_{HIn}^{\ominus}$	常用溶液	10 mL试液用量/滴
百里酚蓝	1.2~2.8	红—黄	1.7	$1\ g\cdot L^{-1}$的20%乙醇溶液	1~2
甲基黄	2.9~4.1	红—黄	3.3	$1\ g\cdot L^{-1}$的90%乙醇溶液	1
甲基橙	3.1~4.4	红—黄	3.4	$0.5\ g\cdot L^{-1}$的水溶液	1
溴酚蓝	3.0~4.6	黄—紫	4.1	$1\ g\cdot L^{-1}$的20%乙醇溶液或其钠盐水溶液	1
溴甲酚绿	4.0~5.6	黄—蓝	4.9	$1\ g\cdot L^{-1}$的20%乙醇溶液或其钠盐水溶液	1~3
甲基红	4.4~6.2	红—黄	5.2	$1\ g\cdot L^{-1}$的60%乙醇溶液或其钠盐水溶液	1
溴百里酚蓝	6.2~7.6	黄—蓝	7.3	$1\ g\cdot L^{-1}$的20%乙醇溶液或其钠盐水溶液	1
中性红	6.8~8.0	红—黄橙	7.4	$1\ g\cdot L^{-1}$的60%乙醇溶液	1
苯酚红	6.8~8.4	黄—红	8.0	$1\ g\cdot L^{-1}$的60%乙醇溶液或其钠盐水溶液	1
酚酞	8.0~10.0	无—红	9.1	$5\ g\cdot L^{-1}$的90%乙醇溶液	1~3
百里酚蓝	8.0~9.6	黄—蓝	8.9	$1\ g\cdot L^{-1}$的20%乙醇溶液	1~4
百里酚酞	9.4~10.6	无—蓝	10	$1\ g\cdot L^{-1}$的90%乙醇溶液	1~2

综上所述，可以得出如下结论：①指示剂的变色范围不是恰好位于pH=7，而是随各种指示剂常数$K_{HIn}^{\ominus}$的不同而不同；②各种指示剂在变色范围内显示出逐渐变化的过渡颜色；③各种指示剂的

变色范围的幅度各不相同，但一般来说，大于 1 个 pH 单位，而小于 2 个 pH 单位。

由于指示剂具有一定的变色范围，因此只有当溶液中的 pH 变化超过一定范围时，指示剂才能从一种颜色突然变为另一种颜色，本质上来讲，是指示剂从一种结构变为另一种结构。

9.5.3 混合指示剂

在酸碱滴定中，有时要将滴定终点限制在很窄的 pH 范围，单一的指示剂难以达到要求，因此采用混合指示剂。混合指示剂主要利用颜色之间的互补作用，使终点时变色敏锐，变色范围变窄。

混合指示剂分为两种，一种是用两种或两种以上的指示剂相混合。例如，0.1%溴甲酚绿（变色范围 4.0~5.6）和 0.2%甲基红（变色范围 4.4~6.2）以 3：1 体积比混合，呈现的颜色示意图如下：

	黄	绿	蓝	溴甲酚绿
pH	2	4	6	8
	红	橙	黄	甲基红
	橙	灰	绿	混合后

另一种是在某种指示剂中加入一种惰性染料（如亚甲基蓝、靛蓝二磺酸钠等，它们不随 pH 变化而改变颜色）。例如，甲基橙中加入靛蓝二磺酸钠，其颜色变化示意图如下：

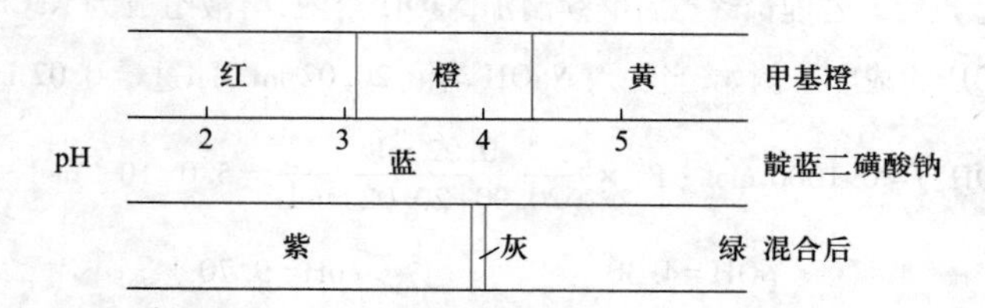

实验室中常用的 pH 试纸，就是基于混合指示剂的原理而制成的。

应该指出，滴定溶液中指示剂加入量的多少也会影响变色的敏锐程度，一般来说，指示剂适当少用些，变色会明显些。而且，指示剂是弱酸或弱碱，也会消耗滴定剂溶液，指示剂加得过多，带来的误差越大。除此而外，温度和溶剂都会影响酸碱指示剂的变色范围，这里不再赘述。

9.6 酸碱滴定法的基本原理

9.6.1 强碱滴定强酸

强酸、强碱在水溶液中几乎完全解离，酸以 H^+ 的形式存在，碱以 OH^- 的形式存在，这类滴定的基本反应为

$$H^+ + OH^- \xlongequal{} H_2O$$

下面从滴定曲线、指示剂的选择，以及影响滴定突跃的因素讨论强碱滴定强酸的基本原理。

1. 滴定曲线

以 $0.1000\ mol \cdot L^{-1}$ NaOH 溶液滴定 20.00 mL 同浓度的 HCl 溶液为例，讨论强碱滴定强酸的滴定曲线。把滴定过程分成几个阶段进行讨论：

（1）滴定前　溶液的酸度取决于酸的原始浓度，所以 $c(H^+)=0.1000\ mol \cdot L^{-1}$，pH=1.00。

（2）滴定开始至化学计量点前　溶液的组成为 HCl+NaCl，溶液的酸度主要取决于剩余酸的浓度。例如，加入 NaOH 18.00 mL 时，溶液中还剩余 2 mL 未被作用的 HCl 溶液，因此

$$c(H^+)=0.1000\ mol \cdot L^{-1} \times \frac{(20.00-18.00)\ mL}{(18.00+20.00)\ mL}=5.26\times10^{-3}\ mol \cdot L^{-1}$$

$$pH=2.28$$

当加入 NaOH 溶液 19.98 mL 时，溶液中还剩余 0.02 mL 未被作用的 HCl 溶液，则

$$c(H^+)=0.1000\ mol \cdot L^{-1} \times \frac{(20.00-19.98)\ mL}{(19.98+20.00)\ mL}=5.0\times10^{-5}\ mol \cdot L^{-1}$$

$$pH=4.30$$

（3）化学计量点时　由于加入的 NaOH 和 HCl 恰好完全作用，溶液组成为 NaCl 和 H_2O，溶液呈中性，pH=7.0。

（4）化学计量点后　若理论终点后继续滴加 NaOH 溶液，溶液组成为 NaCl+NaOH，其酸度主要取决于过量 NaOH 的浓度。例如，当加入 NaOH 溶液 20.02 mL，即过量 0.02 mL NaOH 溶液，则

$$c(OH^-)=0.1000\ mol \cdot L^{-1} \times \frac{0.02\ mL}{(20.00+20.02)\ mL}=5.0\times10^{-5}\ mol \cdot L^{-1}$$

$$pOH=4.30 \qquad pH=9.70$$

按以上方式可以逐一计算出不同 NaOH 溶液加入量时滴定过程中溶液的 pH，见表 9-5。以 NaOH 溶液加入量为横坐标，对应的溶液 pH 为纵坐标作图，就得到图 9-4 所示的滴定曲线。从表 9-5 和滴定曲线（图 9-4）可以看到滴定过程中 $c(H^+)$ 随滴定剂加入量的变化情况。滴定开始后，随着 NaOH 溶液的加入，溶液 pH 变化很小，曲线比较平坦。从滴定开始到加入 19.98 mL NaOH 溶液，溶液 pH 只变化了 3.3 个 pH 单位。在 A 点，还剩余 0.02 mL HCl 溶液未反应（或者说 A 点 NaOH 缺少 0.1%），而 B 点滴定剂仅过量 0.02 mL（或者说 B 点 NaOH 过量 0.1%），两点间 NaOH 溶液加入量仅相差 0.04 mL（不足 1 滴，通常 1 滴为 0.05 mL），溶液的 pH 却从 4.30 上升至 9.70，增加了 5.4 个 pH 单位，溶液从酸性变为碱性，pH 发生了突跃。A 点到 B 点呈现出一段几乎垂直的曲线。化学计量点前后±0.1%范围内，pH 的急剧变化就称为酸碱滴定突跃（titration jump of acid-base）。

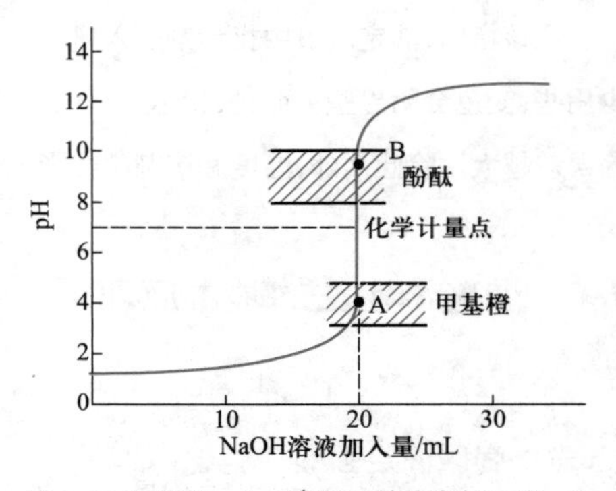

图 9-4　$0.1000\ mol \cdot L^{-1}$ NaOH 溶液滴定 20.00 mL 同浓度 HCl 溶液的滴定曲线

突跃对应的 pH 变化范围称为滴定突跃范围。0.100 0 mol·L^{-1}强碱滴定 0.100 0 mol·L^{-1}强酸的滴定突跃范围为 4.30~9.70。

表 9-5　0.100 0 mol·L^{-1}NaOH 溶液滴定 20.00 mL 同浓度 HCl 溶液的 pH 变化

加入 NaOH 溶液的体积/ mL	剩余 HCl 溶液的体积/ mL	过量 NaOH 溶液的体积/ mL	pH
0.00	20.00		1.00
18.00	2.00		2.28
19.80	0.20		3.30
19.98	0.02		4.30(A) 突跃范围
20.00	0.00		7.00 突跃范围
20.02		0.02	9.70(B) 突跃范围
20.20		0.20	10.70
22.00		2.00	11.68
40.00		20.00	12.52

2. 指示剂的选择

根据化学计量点附近的 pH 突跃,可选择适当的指示剂。变色点在滴定突跃范围内的指示剂都可以将终点误差控制在 0.1%以内。显然,凡是在滴定突跃范围内变色的指示剂都可以很好地指示终点,例如,溴百里酚蓝、苯酚红等都可用作这类滴定的指示剂。然而实际上,一些变色范围部分处于滴定突跃范围内的指示剂,如甲基橙、酚酞等也能用于指示终点。例如,酚酞的变色范围 pH=8.0~10.0,若滴定至溶液由无色刚变粉红色时停止,溶液 pH 略大于 8.0,此时 NaOH 溶液过量还不到 0.02 mL,终点误差小于 0.1%。

另外,还要考虑所选择指示剂在滴定体系中的颜色变化是否易于判断。例如,在这种滴定类型中,如果选择甲基橙指示剂,在滴定过程中,指示剂颜色变化是由红到黄,由于人眼对红色中略带黄色不易察觉,因此一般不用甲基橙指示终点。甲基橙常用于酸滴碱的终点指示。同样的道理,酚酞指示剂适用于碱滴酸的终点指示,不适用于酸滴碱。

总之,在酸碱滴定中,如果用指示剂指示滴定终点,则应根据化学计量点附近的滴定突跃范围来选择合适的指示剂。应使指示剂的变色范围完全处于或部分处于化学计量点附近的滴定突跃范围内。

3. 影响滴定突跃的因素

根据滴定曲线的讨论,滴定突跃的大小与溶液的浓度有关。对于强酸滴定强碱,酸、碱溶液的浓度各增加 10 倍,滴定突跃范围就增加 2 个 pH 单位。图 9-5 就是用不同浓度的 NaOH 溶液滴定相应浓度的 HCl 溶液的滴定曲线。由图可见:酸碱溶液浓度越大,滴定曲线上化学计量点附近的滴定突跃越大,可供选择的指示剂也就越多。酸碱溶液浓度越小,化学计量点附近的滴定突跃越小，指示剂的选择越受限制。因此，对于强酸滴定强碱，浓度的大小是影响滴定突跃的重要因素。用 NaOH 溶液滴定其他强酸溶液（如 HNO_3 溶液），其滴定情况类似，可做类似处理。

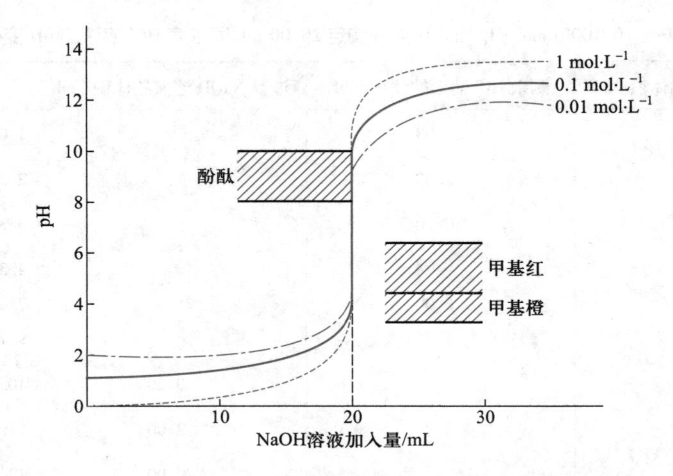

图 9-5　不同浓度 NaOH 溶液滴定相应浓度 HCl 溶液的滴定曲线

对于强酸滴定强碱，可以参照以上处理办法，首先了解滴定曲线的情况，然后根据滴定突跃范围选择合适的指示剂。

9.6.2　强碱滴定弱酸

1. 滴定曲线

以 0.100 0 mol · L^{-1}NaOH 溶液滴定 20.00 mL 同浓度 HAc 溶液为例，讨论强碱滴定一元弱酸的滴定曲线及指示剂的选择。

（1）滴定前　由于 HAc 为一元弱酸，因此

$$c(H^+)=\sqrt{cK_a^{\ominus}}=\sqrt{0.100\,0\times1.8\times10^{-5}}\ \text{mol}\cdot\text{L}^{-1}=1.33\times10^{-3}\ \text{mol}\cdot\text{L}^{-1},\ \text{pH}=2.87$$

（2）滴定开始至化学计量点前　这阶段由于Ac^-的产生，形成了 $HAc-Ac^-$缓冲体系。当加入 19.98 mLNaOH 溶液时，

$$c_a=c(\text{HAc})=\frac{0.02\ \text{mL}\times0.100\,0\ \text{mol}\cdot\text{L}^{-1}}{(20.00+19.98)\ \text{mL}}=5.00\times10^{-5}\ \text{mol}\cdot\text{L}^{-1}$$

$$c_b=c(\text{NaAc})=\frac{19.98\ \text{mL}\times0.100\,0\ \text{mol}\cdot\text{L}^{-1}}{(20.00+19.98)\ \text{mL}}=5.00\times10^{-2}\ \text{mol}\cdot\text{L}^{-1}$$

$$\text{pH}=\text{p}K_a^{\ominus}-\lg\frac{c_a}{c_b}=4.74-\lg\left(\frac{5.0\times10^{-5}}{5.0\times10^{-2}}\right)=7.74$$

（3）化学计量点时　由于体系组成为Ac^-+H_2O，因此

$$c(\text{OH}^-)=\sqrt{cK_b^{\ominus}}$$

$$c=\frac{20.00\ \text{mL}\times0.100\,0\ \text{mol}\cdot\text{L}^{-1}}{(20.00+20.00)\ \text{mL}}=5.00\times10^{-2}\ \text{mol}\cdot\text{L}^{-1}$$

且 $$pK_b^{\ominus}=14.00-pK_a^{\ominus}=14.00-4.74=9.26$$

$$c(OH^-)=\sqrt{5.00\times10^{-2}\times10^{-9.26}}\ mol\cdot L^{-1}=5.36\times10^{-6}\ mol\cdot L^{-1},\quad pOH=5.26$$

$$pH=14.00-pOH=14.00-5.26=8.74$$

（4）化学计量点后　溶液酸度主要由过量碱的浓度所决定，共轭碱Ac^-所提供的 H^+可以忽略，pH 变化与强碱滴定强酸相同。当过量 0.02 mL NaOH 溶液时，pH = 9.70。

若对整个滴定过程进行较为详细的计算（表 9–6）并作图，得到这一类滴定的滴定曲线（图 9–6）。

表 9–6　0.100 0 $mol\cdot L^{-1}$ NaOH 溶液滴定 20.00 mL 0.100 0 $mol\cdot L^{-1}$ HAc 溶液的 pH 变化

加入 NaOH 溶液的体积/mL	剩余 HAc 溶液的体积/mL	过量 NaOH 溶液的体积/mL	pH
0.00	20.00		2.87
18.00	2.00		5.70
19.80	0.20		6.73
19.98	0.02		7.74（突跃范围）
20.00	0.00		8.72（突跃范围）
20.02		0.02	9.70（突跃范围）
20.20		0.20	10.70
22.00		2.00	11.70
40.00		20.00	12.50

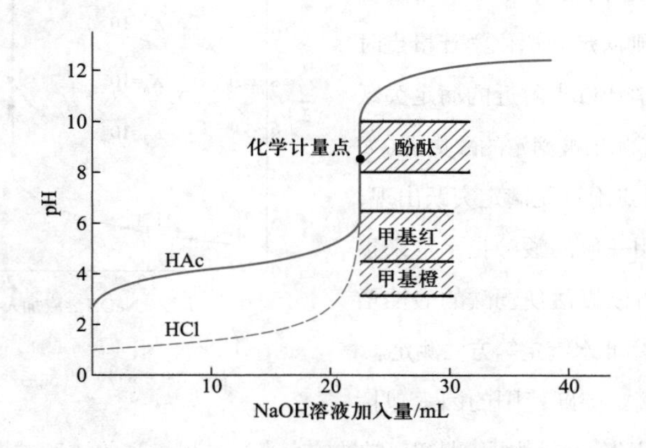

图 9–6　0.100 0 $mol\cdot L^{-1}$ NaOH 溶液滴定 20.00 mL 同浓度 HAc 溶液的滴定曲线

这类滴定的滴定曲线与强碱滴定强酸类型的滴定曲线（图 9–6 中虚线）相比，有许多不同：由于 HAc 是弱酸，滴定开始前溶液中的 H^+浓度比较低，曲线起点的 pH 较高。滴定开始瞬间，由于中和生成的Ac^-产生同离子效应，pH 较快地升高。但在继续滴入 NaOH 溶液后，由于 NaAc 的不断生成，在溶液中形成弱酸及其共轭碱（$HAc-Ac^-$）的缓冲体系，pH 增加较慢，使这一段曲线较为平坦。当滴定到达化学计量点附近，溶液 pH 出现了一个较为短小的滴定突跃。这个突跃范围为 7.74～9.70，处于碱性范围内。

根据化学计量点附近的滴定突跃范围，显然只能选择那些在弱碱性区域内变色的指示剂，例如,酚酞的变色范围 pH = 8.0~10.0,滴定由无色变为粉红色。也可选择百里酚蓝或百里酚酞,但不能选择在酸性溶液中变色的指示剂,如甲基橙、甲基红等。

图 9-7 是用不同浓度的 NaOH 溶液滴定相应浓度 HAc 溶液的滴定曲线。由图可见:酸碱溶液浓度越大,滴定曲线上化学计量点附近的滴定突跃越大,指示剂的选择范围也越大。反之,酸碱溶液浓度越小,化学计量点附近的滴定突跃越小,指示剂的选择范围越小。

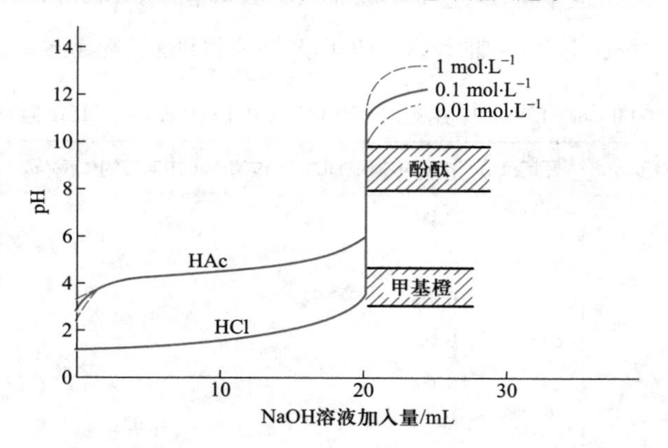

图 9-7　不同浓度 NaOH 溶液滴定相应浓度 HAc 溶液的滴定曲线

醋酸是一种稍强的弱酸,它的解离常数 $K_a^\ominus = 1.8\times10^{-5}$。如果被滴定的酸较弱,它的解离常数为 10^{-7}左右,则滴定到达化学计量点时溶液的 pH 更高,化学计量点附近的滴定突跃范围更小(图 9-8)。如果被滴定的酸更弱(如 H_3BO_3),则化学计量点附近无滴定突跃出现,在水溶液中就无法用一般的酸碱指示剂来指示滴定终点。但是可以设法使弱酸的酸性增强后测定之,也可以用非水滴定等方法测定。

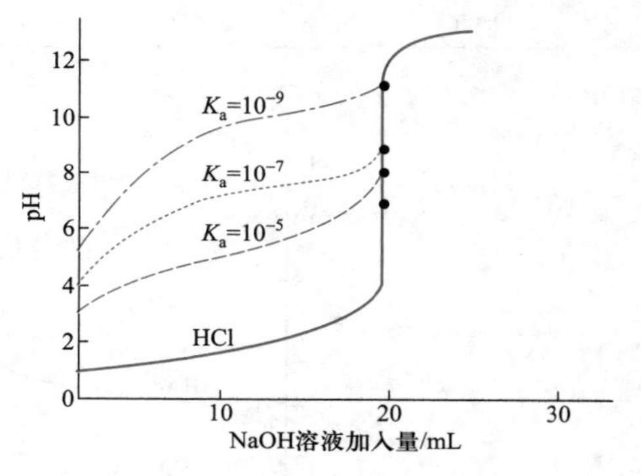

图 9-8　0.100 0 mol · L^{-1} NaOH 溶液滴定 0.100 0 mol · L^{-1} 酸溶液的滴定曲线

因此影响弱酸滴定突跃范围的因素包括酸碱溶液的浓度和弱酸的酸性强弱(即解离常数的大小),酸碱溶液的浓度越大、弱酸的酸性越强,滴定突跃范围越宽。

2. 准确滴定的判据

一般情况下,在滴定过程中都是使用指示剂并靠人的眼睛来目测终点。对于酸碱滴定来说,即使指示剂变色点与化学计量点完全一致,人们在目测终点时也会有大约 0.3 个 pH 单位的不确定性。根据终点误差公式计算知:若要使终点误差不超出±0.1%,就要求 $cK_a^\ominus$(或 $cK_b^\ominus$)$\geqslant 10^{-8}$,这就是一元弱酸(或弱碱)能否被准确滴定的判据。如果允许的误差放宽,相应判据条件也可降低。

9.6.3 强酸滴定弱碱

对强酸滴定一元弱碱同样可以参照以上方法进行处理，这类滴定曲线与强碱滴定一元弱酸类似，但化学计量点时溶液不是弱碱性，而是弱酸性，故应选择在酸性区域内变色的指示剂，如甲基橙、甲基红等。

用 0.100 0 mol · L^{-1} HCl 溶液滴定 20.00 mL 同浓度的 NH_3 溶液的滴定曲线见图 9-9。化学计量点时的 pH 为 5.28，滴定突跃的范围为 4.30~6.25，可选用甲基红、溴甲酚绿和溴酚蓝作指示剂。与滴定弱酸的情况类似，对于强酸滴定弱碱，只有当 $cK_b^\ominus \geq 10^{-8}$ 时，才能用酸标准溶液直接滴定。

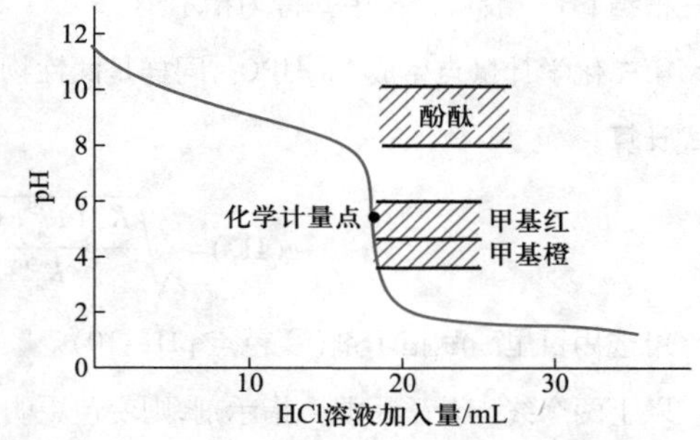

图 9-9 0.100 0 mol · L^{-1} HCl 溶液滴定 20.00 mL 0.100 0 mol · L^{-1} NH_3 溶液的滴定曲线

9.6.4 多元酸(碱)的滴定

这类滴定与前两种滴定类型相比有以下特征：其一，由于是多元体系，滴定过程的情况较为复杂，涉及能否分步滴定或分别滴定；其二，滴定曲线的计算也较复杂，一般均通过实验测得；其三，滴定突跃相对来说也较小，因而一般允许误差也较大。

1. 强碱滴定多元酸

多元酸在水中是分级解离的，用强碱滴定多元酸的情况比较复杂。首先应根据 $cK_{a_n}^\ominus \geq 10^{-8}$ 判断各级质子能否被准确滴定，然后根据 $K_{a_n}^\ominus / K_{a_{n+1}}^\ominus \geq 10^4$（允许误差±1%）来判断能否实现分步滴定，再由终点 pH 选择合适的指示剂。

以 0.100 0 mol · L^{-1} NaOH 溶液滴定 20.00 mL 同浓度的 H_3PO_4 溶液来讨论多元酸的滴定情况。

H_3PO_4 在水中存在三级解离：

$$H_3PO_4 \rightleftharpoons H^+ + H_2PO_4^- \quad pK_{a_1}^\ominus = 2.17$$

$$H_2PO_4^- \rightleftharpoons H^+ + HPO_4^{2-} \quad pK_{a_2}^\ominus = 7.21$$

$$HPO_4^{2-} \rightleftharpoons H^+ + PO_4^{3-} \quad pK_{a_3}^\ominus = 13.35$$

因为 $K_{a_1}^\ominus / K_{a_2}^\ominus > 10^4$，所以滴定到 $H_2PO_4^-$ 时，出现第一个突跃。又因为 $K_{a_2}^\ominus / K_{a_3}^\ominus > 10^4$，滴定到 HPO_4^{2-} 时，出现第二个突跃。但 $c(HPO_4^{2-})K_{a_3}^\ominus \ll 10^{-8}$，所以 HPO_4^{2-} 不能继续被滴定。

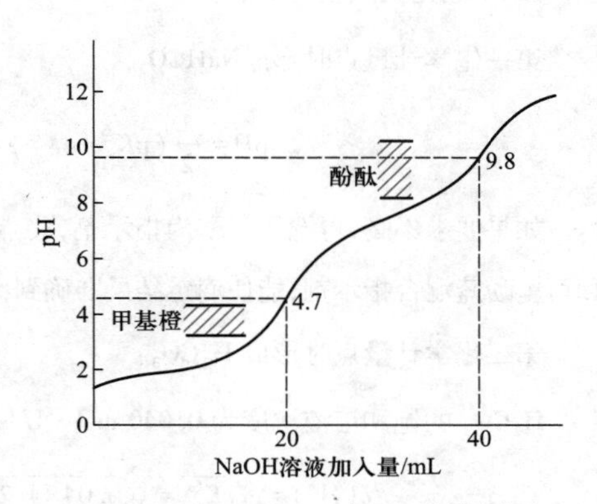

图 9-10 0.100 0 mol · L^{-1} NaOH 溶液滴定 20.00 mL 同浓度 H_3PO_4 溶液的滴定曲线

H_3PO_4 的滴定曲线见图 9-10，图中可以看到两个较为明显的滴定突跃。第一化学计量点时生成NaH_2PO_4，它是两性物质，根据条件判断可用最简式计算 pH：

$$pH=\frac{1}{2}(pK_{a_1}^{\ominus}+pK_{a_2}^{\ominus})=\frac{1}{2}(2.17+7.21)=4.69$$

根据 pH 一般可选择甲基橙为指示剂。

第二化学计量点生成 Na_2HPO_4，同样是两性物质，但不能用最简式计算 pH，根据条件只能用近似式计算：

$$c(H^+)=\sqrt{\frac{K_{a_2}^{\ominus}(K_{a_3}^{\ominus}c+K_w^{\ominus})}{K_{a_2}^{\ominus}+c}}\quad pH=9.84$$

可选用百里酚酞指示剂（变色点 pH≈10）。

以上两个终点若采用混合指示剂，则变色更明显，终点误差更小。

2. 多元碱的滴定

多元碱滴定的处理方法和多元酸类似，只需将相应计算公式、判别式中的 $K_a^{\ominus}$ 换为 $K_b^{\ominus}$。以 Na_2CO_3 为例，已知Na_2CO_3 的 $K_{b_1}^{\ominus}=\frac{10^{-14}}{4.7\times10^{-11}}=2.13\times10^{-4}$，$K_{b_2}^{\ominus}=\frac{10^{-14}}{4.2\times10^{-7}}=2.38\times10^{-8}$，用 $0.1000\ mol\cdot L^{-1}HCl$ 溶液滴定 20.00 mL 同浓度 Na_2CO_3 溶液时，因为 $c_0K_{b_1}^{\ominus}\geqslant10^{-8}$，若 $c(HCO_3^-)K_{b_2}^{\ominus}\geqslant10^{-8}$，且 $K_{b_1}^{\ominus}/K_{b_2}^{\ominus}\approx10^4$，则基本上能实现分步滴定。用 $0.1000\ mol\cdot L^{-1}$ HCl 溶液滴定 20.00 mL 同浓度 Na_2CO_3 溶液的滴定曲线见图 9-11。从图中可以看到：第一个滴定突跃不太理想，第二个滴定突跃较为明显。

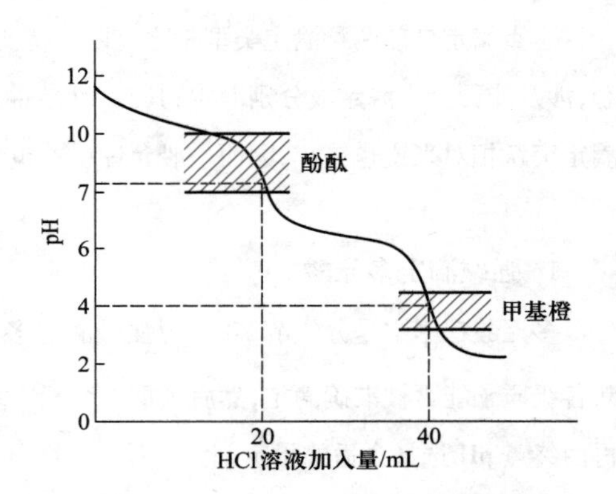

图 9-11　$0.1000\ mol\cdot L^{-1}$ HCl 溶液滴定 20.00 mL 同浓度 Na_2CO_3 溶液的滴定曲线

第一化学计量点时形成$NaHCO_3$：

$$pH=\frac{1}{2}(pK_{a_1}^{\ominus}+pK_{a_2}^{\ominus})=\frac{1}{2}(6.38+10.33)=8.35$$

如果要求不高，可选用酚酞为指示剂，终点误差为 1%。若希望终点变色明显，可采用甲酚红和百里酚蓝混合指示剂，能使滴定结果准确到约 0.5%。

第二化学计量点时形成 H_2CO_3：

H_2CO_3 的饱和溶液浓度为 $0.040\ mol\cdot L^{-1}$，这时多元酸当作一元酸处理：

$$c(H^+)=\sqrt{cK_{a_1}^{\ominus}}=\sqrt{0.04\times4.2\times10^{-7}}\ mol\cdot L^{-1}=4\times10^{-4}\ mol\cdot L^{-1}$$

$$pH=3.89$$

可以选用甲基橙或甲基橙-靛蓝磺酸钠混合指示剂，但终点颜色变化不明显。

最好采用 CO_2 饱和的含有相同浓度 NaCl 和指示剂的溶液作参比。但要注意，滴定过程中生成的 H_2CO_3 转化为 CO_2 较慢，易形成 CO_2 的过饱和溶液，使溶液酸度稍有增大，终点出现过早。因此，在滴定至终点附近时应剧烈摇动溶液，使 CO_2 尽快逸出。

9.7 酸碱滴定法的应用

9.7.1 酸碱标准溶液的配制与标定

酸碱滴定中最常用的标准溶液是 $0.1000\ mol \cdot L^{-1}$ HCl 溶液和 $0.1000\ mol \cdot L^{-1}$ NaOH 溶液，有时也用 H_2SO_4 溶液和 HNO_3 溶液。

1. 盐酸标准溶液

HCl 标准溶液是不能直接配制的，一般先配成近似于所需浓度，然后用基准物质进行标定。常用的基准物质有无水碳酸钠和硼砂。

（1）无水碳酸钠（Na_2CO_3）：易制得纯品，价格便宜，但吸湿性强，因此使用前必须在 270～300℃加热干燥约 1h，存放于干燥器中备用。用碳酸钠标定盐酸的主要缺点是其摩尔质量（$106.0\ g \cdot mol^{-1}$）较小，称量误差较大。

（2）硼砂（$Na_2B_4O_7 \cdot 10H_2O$）：硼砂水溶液实际上是同浓度的 H_3BO_3 和 $H_2BO_3^-$ 的混合液，

$$B_4O_7^{2-}+5H_2O \rightleftharpoons 2H_3BO_3+2H_2BO_3^-$$

硼砂作为基准物质的主要优点是摩尔质量大（$381.4\ g \cdot mol^{-1}$），称量误差小，且稳定，易制得纯品。缺点是在空气中易风化失去部分结晶水，因此需要保存在相对湿度为 60%（蔗糖和食盐的饱和溶液）的恒湿器中。

H_3BO_3 是很弱的酸（$K_a^{\ominus}=5.8\times10^{-10}$），其共轭碱 $H_2BO_3^-$ 具有较强的碱性（$K_b^{\ominus}=1.75\times10^{-5}$）。用硼砂标定 HCl 溶液的反应为

$$B_4O_7^{2-}+2H^++5H_2O \rightleftharpoons 4H_3BO_3$$

若用 $0.05000\ mol \cdot L^{-1}$ 硼砂溶液标定 $0.1\ mol \cdot L^{-1}$ HCl 溶液，在化学计量点时，溶液为 $0.10\ mol \cdot L^{-1}\ H_3BO_3$ 溶液，pH 可由下式计算得到

$$c(H^+)=\sqrt{cK_a^{\ominus}}=\sqrt{5.8\times10^{-10}\times0.1}\ mol \cdot L^{-1}=7.6\times10^{-6}\ mol \cdot L^{-1}$$

$$pH=5.1$$

可选用甲基红作指示剂。

2. 氢氧化钠标准溶液

NaOH 具有很强的吸湿性，又易吸收空气中的 CO_2，因此也不能直接配制标准溶液，一般先配

制成近似所需浓度的溶液，然后进行标定。NaOH 最好储存在塑料瓶中，并防止与空气接触。常用来标定氢氧化钠溶液的基准物质有草酸、邻苯二甲酸氢钾等。

（1）草酸（$H_2C_2O_4 \cdot 2H_2O$）：草酸是二元弱酸，$K_{a_1}^{\ominus}=5.4\times10^{-2}$，$K_{a_2}^{\ominus}=5.4\times10^{-5}$。但 $K_{a_1}^{\ominus}/K_{a_2}^{\ominus}<10^4$，只能一次性滴定至 $C_2O_4^{2-}$，可选用酚酞作指示剂。

草酸稳定性较高，相对湿度为 5%～95% 时不会风化而失水，可保存于密闭容器中备用。由于草酸摩尔质量不大，常将标准溶液配在容量瓶中，再移取部分溶液进行标定。

（2）邻苯二甲酸氢钾（$KHC_8H_4O_4$，简写为 KHP）：易制得纯品，易溶于水，不易潮解，易保存，摩尔质量较大（$204\ g\cdot mol^{-1}$），是标定碱的良好基准物质。它与 NaOH 溶液的反应为

$$C_6H_4(COOH)(COO^-) + OH^- \xlongequal{} C_6H_4(COO^-)_2 + H_2O$$

它的 $K_{a_2}^{\ominus}=3.9\times10^{-6}$，滴定产物为邻苯二甲酸钾钠，呈弱碱性，宜采用酚酞作指示剂。

由于 NaOH 强烈吸收空气中的 CO_2，因此在 NaOH 溶液中常含有少量的 Na_2CO_3。反应为

$$2NaOH+CO_2 \xlongequal{} Na_2CO_3+H_2O$$

用该 NaOH 溶液作标准溶液，若滴定时用甲基橙或甲基红作指示剂，则其中的 Na_2CO_3 被中和至 CO_2+H_2O，HCl 与 Na_2CO_3 的物质的量比为 2∶1；若用酚酞作指示剂，则其中的 Na_2CO_3 仅被中和至 $NaHCO_3$，所消耗的 HCl 与 Na_2CO_3 的物质的量比为 1∶1，盐酸的消耗量变小，使滴定引进误差。

此外，在蒸馏水中也含有 CO_2，形成的 H_2CO_3 能与 NaOH 反应，但反应速率较慢。当用酚酞作指示剂时，滴定终点不稳定，稍放置粉红色即褪去，这是由于 CO_2 不断转化为 Na_2CO_3，直至溶液中 CO_2 转化完毕为止。因此当选用酚酞作指示剂时，需煮沸蒸馏水以消除 CO_2 的影响。

配制不含 CO_3^{2-} 的 NaOH 溶液的最好方法是：先配制 NaOH 的饱和溶液（约 50%），在这种浓碱溶液中 Na_2CO_3 溶解度很小，会下沉于溶液底部。实验中取上层清液，用煮沸的蒸馏水稀释至所需浓度。NaOH 溶液若长时间不用，浓度会发生改变，使用前应重新标定。

9.7.2 酸碱滴定法应用示例

1. 混合碱的测定

工业纯碱、烧碱及 Na_3PO_4 等产品组成大多都是混合碱，它们的测定方法有多种。例如，纯碱其组成形式可能是纯 Na_2CO_3，或是 Na_2CO_3+NaOH，或是 $Na_2CO_3+NaHCO_3$。混合碱测定常采用双指示剂法，其组成及其相对含量的测定方法可通过下面例子加以说明。

例 9-12 某纯碱样品 1.000 g，溶于水后，以酚酞为指示剂，用去 20.40 mL 0.250 0 $mol\cdot L^{-1}$ HCl 溶液；再以甲基橙为指示剂，继续用 0.2500 $mol\cdot L^{-1}$ HCl 溶液滴定，共耗去 48.86 mL。求样品组成及各组分的质量分数。

解：根据已知条件，以酚酞为指示剂时，耗去 HCl 溶液 $V_1=20.40$ mL，而用甲基橙为指示剂时，又消耗 HCl 溶液 $V_2=(48.86-20.40)$ mL$=28.46$ mL。由于 $V_2>V_1>0$，因而样品为 $Na_2CO_3+NaHCO_3$。其中 V_1 用于将样品的 Na_2CO_3 作用至 $NaHCO_3$，而 V_2 是将滴定反应所产生的 $NaHCO_3$ 及原样品中的 $NaHCO_3$ 一起作用完全时所消

耗的 HCl 溶液体积，因此

$$w(Na_2CO_3)=\frac{c(HCl)V_1M(Na_2CO_3)}{m}\times100\%$$

$$=\frac{0.250\,0\ mol\cdot L^{-1}\times20.40\times10^{-3}\ L\times106.0\ g\cdot mol^{-1}}{1.000\ g}\times100\%$$

$$=54.06\%$$

$$w(NaHCO_3)=\frac{c(HCl)(V_2-V_1)M(Na_2HCO_3)}{m}\times100\%$$

$$=\frac{0.250\,0\ mol\cdot L^{-1}\times(28.46-20.40)\times10^{-3}\ L\times84.01\ g\cdot mol^{-1}}{1.000\ g}\times100\%$$

$$=16.93\%$$

混合碱组成测定的另一种方法为$BaCl_2$ 法。例如，含 $NaOH+Na_2CO_3$ 的样品，分别量取两等份试液分别做如下测定。第一份试液以甲基橙为指示剂，用 HCl 溶液滴定混合碱的总量；第二份试液加入过量$BaCl_2$ 溶液，使 Na_2CO_3 形成难解离的$BaCO_3$，然后以酚酞为指示剂，用 HCl 溶液滴定 NaOH，这样就能求得 NaOH 和 Na_2CO_3 的含量。

2. 铵盐中氮的测定

肥料、土壤及含氮有机化合物常需测定其含氮量。一般将样品处理后，使样品中的氮转化为 NH_4^+，再进行测定。对于NH_4^+，其 $pK_a^{\ominus}=9.25$，是一种很弱的酸，在水作为溶剂的体系中不能直接滴定，但可以间接测定。测定的方法主要有蒸馏法和甲醛法。

(1) 蒸馏法

蒸馏法是根据以下反应进行的：

$$NH_4^+(aq)+OH^-(aq)\xrightarrow{\triangle}NH_3(g)+H_2O(l)$$

$$NH_3(g)+HCl(aq)\longrightarrow NH_4^+(aq)+Cl^-$$

$$NaOH(aq)+HCl(aq)(\text{剩余})\longrightarrow NaCl(aq)+H_2O(l)$$

即在$(NH_4)_2SO_4$ 或NH_4Cl 样品中加入过量 NaOH 溶液，加热煮沸，将蒸馏出的NH_3 用一定量的过量 H_2SO_4 或 HCl 标准溶液吸收，作用后剩余的酸再以甲基红或甲基橙为指示剂，用 NaOH 标准溶液滴定，这样就能间接求得$(NH_4)_2SO_4$ 或NH_4Cl 的含量。

(2) 甲醛法

NH_4^+ 和甲醛反应，定量地生成质子化的六亚甲基四胺和 H^+：

$$4NH_4^++6HCHO=\!=\!=(CH_2)_6N_4H^++3H^++6H_2O$$

用 NaOH 标准溶液滴定，以酚酞为指示剂。由于$(CH_2)_6N_4H^+$的 $pK_a^{\ominus}=5.13$，因此 NaOH 滴定的是$(CH_2)_6N_4H^+$和 H^+的总量。

一些含氮有机物质(如氨基酸、生物碱等)，常用凯氏(Kjeldahl)定氮法测定其中的氮含量。测定时将样品与浓 H_2SO_4 共煮，进行消化分解，有机化合物被氧化为 CO_2 和水，其中所含的氮在

$CuSO_4$ 或汞盐催化下转变为 NH_4^+：

$$C_mH_nN \xrightarrow[CuSO_4]{H_2SO_4,K_2SO_4} CO_2\uparrow + H_2O + NH_4^+$$

溶液以过量的 NaOH 碱化后，再以蒸馏法测定。

化学视野——纳米金酸碱指示剂

近代化学奠基人玻意耳是第一位将天然植物的汁液用作指示剂的科学家。他利用从地衣植物中提取出的石蕊发明了可鉴别酸与碱的指示剂——石蕊试纸。酸碱指示剂自发现以来，一直是实验室的常客，常用的主要有甲基橙、甲基红、酚酞、百里酚酞等人工合成的指示剂。近年来，随着化学学科与其他学科的交叉融合，出现了一种可用于鉴别 DNA 结构的纳米金酸碱指示剂。

i-DNA 即 i-motif DNA，是 1993 年发现的一种由富含胞嘧啶序列形成的非典型四链体核酸结构（图 9-12）。目前越来越多的证据表明 i-motif DNA 结构在人体细胞核中保持稳定，i-motif DNA 的形成序列在基因组中广泛存在，尤其集中在癌症基因启动子区域。

在弱酸性条件下，i-motif DNA 形成一种稳定的四面体结构；但在中性偏碱性环境下，胞嘧啶去质子化，无法形成 i-motif DNA 结构，主要以自由卷曲的单链构象存在。纳米金是一种性能优异的光学探针，它具有高消光系数，且分散体的颜色具有强烈的尺寸依赖性。例如，采用柠檬酸钠还原法制备得到的金表面均匀分布着柠檬酸根负离子。在静电排斥作用下，可获得均匀稳定的、呈现红色的、具有 13nm 粒径的小尺寸金溶胶。在此金溶胶体系中加入盐离子，会破坏金溶胶表面的电荷斥力，结果使金溶胶体系因颗粒聚集而尺寸增大，转变为蓝色。此种性质使纳米金对 DNA 单双链具有高效的分辨能力。纳米金吸附 DNA 单链后更加稳定，即使加入一定量的盐离子也不会发生聚集；而纳米金吸附 DNA 双链后会破坏纳米金颗粒之间的电荷斥力，再加入一定量的盐离子，金溶胶迅速发生聚集。基于此特征，可建立纳米金表征 pH 诱导 DNA 结构变化的比色传感器，传感机理如图 9-13 所示。

在富含胞嘧啶的寡脱氧核苷酸的体系中加入纳米金和一定量的盐离子之后，若体系颜色由原来的红色转

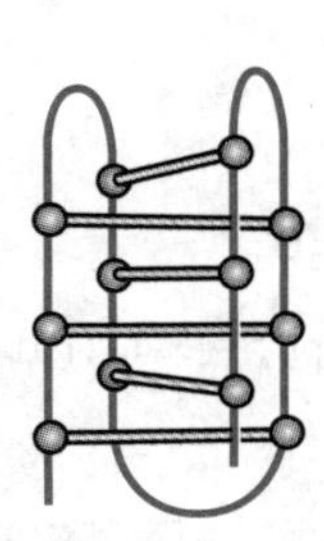

图 9-12　分子内 i-motif DNA 三维结构示意图

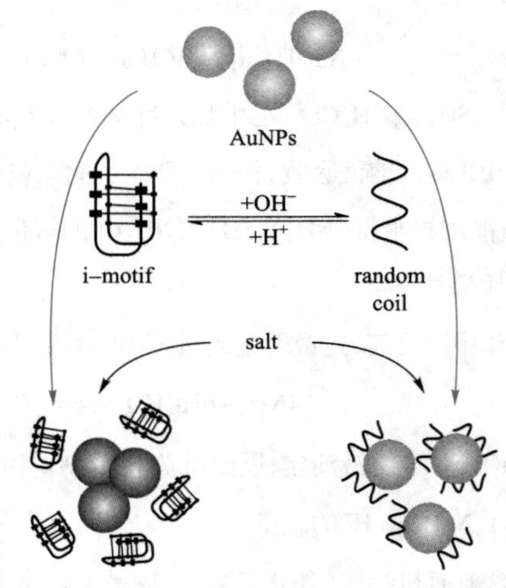

图 9-13　DNA 结构 pH 响应的纳米金光学表征机理

变为蓝色，则说明体系处于弱酸性环境，富含胞嘧啶的寡脱氧核苷酸形成稳定的四面体 i-motif DNA 结构；若体系颜色仍是原来的红色，则说明体系处于中性偏碱性环境，富含胞嘧啶的寡脱氧核苷酸不能形成 i-motif DNA 结构，以自由卷曲的单链构象存在。

思考题

9-1　根据酸碱质子理论，说明什么是共轭酸碱对？共轭酸碱对的解离常数之间存在什么关系？

9-2　如何判断酸碱的强弱？举例说明。

9-3　什么是同离子效应？说明缓冲溶液的作用原理。

9-4　如何配制具有一定 pH 的缓冲溶液？

9-5　酸碱滴定中，指示剂的变色原理是什么？如何选择合适的指示剂？

9-6　什么是滴定突跃范围？

9-7　下列弱酸弱碱能否准确滴定？如果可以，有几个突跃？

(1) 0.1 mol · L^{-1} $Na_2C_2O_4$　　(2) 0.5 mol · L^{-1} NaAc

(3) 0.1 mol · L^{-1} $H_2C_2O_4$　　(4) 0.2 mol · L^{-1} 柠檬酸

9-8　下面哪种溶液能够作为缓冲溶液？并说明理由。

(1) 0.1 mol · L^{-1} NaCl 溶液

(2) 20 mL 0.1 mol · L^{-1} NaCl 溶液和 20 mL 0.1 mol · L^{-1} NH_4Cl 溶液

(3) 20 mL 0.1 mol · L^{-1} CH_3NH_2 溶液和 20 mL 0.15 mol · L^{-1} $CH_3NH_3^+Cl^-$ 溶液

(4) 20 mL 0.1 mol · L^{-1} HCl 溶液和 50 mL 0.05 mol · L^{-1} $NaNO_2$ 溶液

9-9　解释 0.10 mol · L^{-1} Na_2S 溶液的酸碱性。

9-10　影响一元弱酸滴定突跃范围的因素有哪些？弱酸能够被准确滴定需要满足什么条件？

9-11　现需要 pH 为 7.00 NH_4Cl 溶液 0.500 L。需要给 0.500 mol · L^{-1} NH_4Cl 溶液中加下列哪种溶液？

(1) 10.0 mol · L^{-1} HCl　　(2) 10.0 mol · L^{-1} NH_3

9-12　浓度均为 1.0 mol · L^{-1} 的 HCl 溶液滴定 NaOH 溶液的滴定突跃范围是 pH = 3.3 ~ 10.7，当浓度变为 0.01 mol · L^{-1} 时，其滴定突跃范围如何变化？

习题

第 9 章　习题答案

9-1　从附录中查出相应的 $K_a^\ominus$，比较酸的相对强弱，写出这些酸的共轭碱：

$$HCN \quad H_2CO_3 \quad HAc \quad H_2C_2O_4 \quad H_3PO_4$$

9-2　从附录中查出相应的 $K_b^\ominus$，比较碱的相对强弱，写出这些酸的共轭酸：

$$NH_2OH \quad NH_3 \quad (CH_2)_6N_4 \quad N_2H_4$$

9-3　计算下列溶液的 pH：

(1) 0.5 mol · L^{-1} NaCN 溶液　　(2) 0.1 mol · L^{-1} HCN 溶液

(3) 0.3 mol · L^{-1} Na_2CO_3 溶液　　(4) 0.1 mol · L^{-1} NaH_2PO_4 溶液

9-4　计算 300.0 mL 0.500 mol · L^{-1} H_3PO_4 溶液与 400.0 mL 1.00 mol · L^{-1} NaOH 溶液的混合溶液的 pH。

9-5　今有 2.00 L 的 0.500 mol · L^{-1} NH_3 溶液和 2.00L 的 0.500 mol · L^{-1} HCl 溶液，若配制 pH = 9.00 的缓

冲溶液，不允许再加水，最多能配多少升缓冲溶液？组成缓冲溶液的缓冲对的缓冲比是多少？

9-6　亚硫酸在 18℃时的标准解离常数分别为 $K_1^\ominus = 1.54\times10^{-2}$ 和 $K_2^\ominus = 1.02\times10^{-7}$，试计算：

（1）1 L 浓度为 0.200 $mol\cdot L^{-1}$ 的亚硫酸在该温度下的解离度；

（2）该溶液的 pH；

（3）达到平衡时，SO_3^{2-} 的浓度；

（4）如向该体系中不断缓慢加入 NaOH 固体，将会出现几种缓冲溶液？

9-7　HAc 在 25℃时的标准解离常数为 $K_a^\ominus = 1.76\times10^{-5}$，试计算：

（1）0.200 $mol\cdot L^{-1}$ 的 HAc 在该温度下的解离度；

（2）该溶液的 pH；

（3）达到平衡时，Ac^- 的浓度；

9-8　20 mL 0.1 $mol\cdot L^{-1}$ 的 HAc 与 20 mL 0.1 $mol\cdot L^{-1}$ 的 NaAc 混合均匀后，计算：

（1）溶液的 pH；

（2）在上述溶液中加入 0.5 mL 0.1 $mol\cdot L^{-1}$ 的 NaOH 溶液，混合均匀后溶液的 pH；

（3）配制 pH=4.7 的缓冲溶液 100 mL，需 0.1 $mol\cdot L^{-1}$ 的 NaAc 和 HAc 各多少毫升？

9-9　称取混合碱样品 0.963 2 g，加入酚酞指示剂，用 0.268 7 $mol\cdot L^{-1}$ 盐酸滴定至终点，消耗盐酸 31.55 mL；再加入甲基橙指示剂，又消耗盐酸 16.21 mL。确定样品组成及含量。

9-10　测定某样品中的氮含量时，称取样品 0.465 6 g，加浓硫酸和催化剂，使其中的氮全部转化为 NH_4^+，加碱蒸馏，蒸出的氨用 50.00 mL 0.500 2 $mol\cdot L^{-1}$ HCl 溶液吸收，剩余的 HCl 用 0.080 0 $mol\cdot L^{-1}$ NaOH 溶液滴定到甲基红变色，消耗 12.42 mL。计算样品中氮的含量。

9-11　称取含有 Na_3PO_4 和 Na_2HPO_4 的样品 1.168 g，溶解后，加入酚酞指示剂，用 0.298 7 $mol\cdot L^{-1}$ HCl 溶液滴定至终点，消耗 18.12 mL；再加入甲基红指示剂，又消耗 18.61 mL HCl 溶液。试确定样品中 Na_3PO_4 和 Na_2HPO_4 的含量。

9-12　取 50.00 mL 0.100 2 $mol\cdot L^{-1}$ 的某一元弱酸溶液，与 25.00 mL 0.100 2 $mol\cdot L^{-1}$ NaOH 溶液混合，将混合溶液稀释至 100.00 mL，测得其 pH 为 5.35，求此弱酸的解离常数。

9-13　对于 $(CH_3)_2AsO_2H$ 和 $ClCH_2COOH$ 及 HAc，它们的标准解离常数分别为：6.4×10^{-7}、1.4×10^{-5}、1.8×10^{-5}。问：

（1）要配制 pH=6.5 的酸碱缓冲溶液，应选择何种体系为好？

（2）要配制 100 mL 缓冲溶液，需要 0.2 $mol\cdot L^{-1}$ 该酸及 0.5 $mol\cdot L^{-1}$ NaOH 溶液各多少毫升？

9-14　将 500.0 mL 0.20 $mol\cdot L^{-1}$ NaOH 溶液与 500.0 mL 0.20 $mol\cdot L^{-1}$ NH_4NO_3 溶液混合，计算混合溶液的 pH。

9-15　以硼砂为基准物质标定盐酸，称取硼砂 0.879 6 g，以甲基红为指示剂，滴定到终点时用去盐酸 24.86 mL，求盐酸的浓度。

9-16　有一碱溶液，可能是 NaOH、Na_2CO_3、$NaHCO_3$ 或其中二者的混合物。加入酚酞指示剂，用盐酸滴定至终点，消耗的盐酸为 V_1；再加入甲基橙指示剂滴定至终点，又消耗的盐酸体积为 V_2。在下列情况下，试判断溶液组成：

（1）$V_1>V_2>0$　（2）$V_2>V_1>0$　（3）$V_2=V_1$　（4）$V_2>0, V_1=0$　（5）$V_1>0, V_2=0$

9-17　血液中的缓冲体系为 $H_2PO_4^- - HPO_4^{2-}$，回答下列问题：

（1）为什么说该缓冲体系在 pH=7.2 时具有最大的缓冲能力；

（2）当 $c(H_2PO_4^-) = 0.05\ mol \cdot L^{-1}$、$c(HPO_4^{2-}) = 0.15\ mol \cdot L^{-1}$时，缓冲体系的 pH 是多少？

9-18　0.500 L 溶液中含有 1.68 g NH_3和 4.05g $(NH_4)_2SO_4$。试回答：

（1）该溶液的 pH 是多少？

（2）如果给上述溶液中加入 0.88 g NaOH 后，溶液的 pH 是多少？

（3）如果想获得 pH 为 9.00 的溶液，需要给 0.500 L 起始溶液中加入多少毫升 12 $mol \cdot L^{-1}$ HCl 溶液？

9-19　称取可能含有 NaOH、$NaHCO_3$ 或 Na_2CO_3 或其混合物的样品（不含互相反应的组分）2.350 0 g，溶解后稀释至 250.00 mL，取 25.00 mL 溶液，以酚酞为指示剂，滴定至变色时用去 0.110 0 $mol \cdot L^{-1}$ 的 HCl 溶液 9.46 mL；另取一份 25.00 mL 溶液以甲基橙为指示剂，用 0.110 0 $mol \cdot L^{-1}$ 的 HCl 溶液滴定至变色时，用去 19.6 mL。求此混合碱的组成和各组分的含量。

9-20　有工业硼砂 1.000 0 g，用 0.200 0 $mol \cdot L^{-1}$ 的 HCl 溶液滴定至甲基橙变色，消耗 24.50 mL，计算样品中 $Na_2B_4O_7 \cdot 10H_2O$ 的含量和以 B_2O_3 和 B 表示的含量。

第10章
沉淀溶解平衡与沉淀滴定法
Precipitation-Dissolution Equilibrium and Precipitation Titration

学习要求：

1. 掌握溶度积的概念以及溶度积与溶解度的相互换算；
2. 会用溶度积规则判断沉淀的生成、溶解及转化；
3. 掌握沉淀溶解平衡中的相关计算；
4. 了解沉淀滴定法的原理，掌握银量法确定终点的三种方法；
5. 了解重量分析法的原理及结果处理。

水溶液中的酸碱平衡是均相反应，是单相系统的平衡。但是，在含有难溶电解质的饱和溶液中，存在着难溶电解质与其解离的离子之间的平衡，属于一种多相平衡，称之为沉淀溶解平衡。这种沉淀和溶解现象在我们周围普遍存在。例如，自然界中钟乳石的形成、体内器官结石等，工业上很多物质的制备都和沉淀溶解平衡有关。因此，沉淀溶解平衡对医学、生物化学、工业生产等有着深远的影响。本章主要介绍难溶电解质的沉淀溶解平衡的规律及其应用——沉淀滴定法。

10.1 沉淀溶解平衡

10.1.1 沉淀溶解平衡原理

水中绝对不溶的物质是不存在的，按照溶解度的大小，电解质大体上可分为可溶、微溶和难溶电解质三大类。通常将在室温20℃时溶解度小于0.01 g/(100 g H_2O)的电解质称为难溶电解质。

在一定温度下，将难溶电解质晶体(如$BaSO_4$)放入水中，在水分子作用下，固体表面晶格上的离子(Ba^{2+}和SO_4^{2-})会脱离晶体表面进入溶液，这个过程称为溶解(dissolution)。与此同时，溶液中的Ba^{2+}和SO_4^{2-}在无规则运动中相互碰撞、相互吸引，又会重新回到晶体表面，这个过程称为沉淀(precipitation)。

$$BaSO_4(s) \xrightleftharpoons[沉淀]{溶解} Ba^{2+}(aq)+SO_4^{2-}(aq)$$

沉淀和溶解是两个相反的过程。当溶解速率大于沉淀速率时，溶解过程是主要的，反之，当沉淀速率大于溶解速率时，沉淀过程是主要的；如果溶解速率与沉淀速率相等，在沉淀与溶解之间便建立了动态平衡，称为沉淀溶解平衡。此时，溶液是饱和溶液，虽然这两个相反的过程还在继续进行，但是溶液中的离子浓度不再改变。这是沉淀溶解平衡的特征。沉淀溶解平衡是束缚在固体中的离子与溶液中自由运动的水合离子之间建立的平衡，属于多相离子平衡。

10.1.2 溶解度和溶度积

对于任意一个难溶电解质 $A_mB_n(s)$ 的沉淀溶解平衡，可用通式表示如下：

$$A_mB_n(s) \rightleftharpoons mA^{n+}(aq)+nB^{m-}(aq)$$

上述平衡的标准平衡常数表示为

$$K_{sp}^{\ominus}(A_mB_n)=\left[\frac{c(A^{n+})}{c^{\ominus}}\right]^m\cdot\left[\frac{c(B^{m-})}{c^{\ominus}}\right]^n=[c(A^{n+})]^m[c(B^{m-})]^n \quad (10-1)$$

在一定温度下，难溶电解质饱和溶液中离子相对浓度幂的乘积为一常数，称为溶度积常数(solubility product constant)，简称溶度积。用符号 $K_{sp}^{\ominus}$ 表示，$K_{sp}^{\ominus}$ 是量纲一的量，它仅与难溶电解质的本性和温度有关。$K_{sp}^{\ominus}$ 的大小反映了难溶电解质的溶解能力和生成沉淀的难易程度。$K_{sp}^{\ominus}$ 值越大，表明该物质在水中越容易溶解，或者说越不容易生成沉淀；反之亦然。

溶度积表达式中，离子的相对平衡浓度的幂是指溶解平衡方程式中该离子的化学计量数。

根据式(10-1)可以写出各种类型难溶电解质的溶度积表达式。例如：

$$K_{sp}^{\ominus}[Mg(OH)_2]=[c(Mg^{2+})/c^{\ominus}][c(OH^-)/c^{\ominus}]^2$$

$$K_{sp}^{\ominus}(CaCO_3)=[c(Ca^{2+})/c^{\ominus}][c(CO_3^{2-})/c^{\ominus}]$$

$$K_{sp}^{\ominus}(Ag_3PO_4)=[c(Ag^+)/c^{\ominus}]^3[c(PO_4^{3-})/c^{\ominus}]$$

某些难溶电解质的 K_{sp}，可通过实验测定，也可通过相关组分的标准摩尔生成 Gibbs 函数($\Delta_f G_m^{\ominus}$)计算得到。

例 10-1 298.15 K 时，已知下列热力学数据，试计算 AgCl 的溶度积。

	$AgCl(s) \rightleftharpoons$	$Ag^+(aq)+$	$Cl^-(aq)$
$\Delta_f G_m^{\ominus}/(kJ\cdot mol^{-1})$	−109.789	77.107	−131.228

解：根据反应的 Gibbs 函数与标准摩尔生成 Gibbs 函数之间的关系有：

$$\Delta_r G_m^{\ominus}(298.15\ K)=-131.228\ kJ\cdot mol^{-1}+77.107\ kJ\cdot mol^{-1}+109.789\ kJ\cdot mol^{-1}=55.668\ kJ\cdot mol^{-1}$$

再根据反应的 Gibbs 函数和反应的标准平衡常数之间的关系(见第 11 章)，得

$$\Delta_r G_m^{\ominus}(298.15\ K)=-RT\ln K_{sp}^{\ominus}$$

$$\lg K_{sp}^{\ominus}(298.15\ K)=\frac{-\Delta_r G_m^{\ominus}}{2.303RT}=\frac{-55.668\times1\ 000}{2.303\times8.314\times298.15}=-9.751$$

$$K_{sp}^{\ominus}(\text{AgCl},298.15\ \text{K}) = 1.77\times10^{-10}$$

一些难溶化合物在 298.15 K 的 $K_{sp}^{\ominus}$值见书后附录。溶度积和溶解度都能反映难溶电解质在一定温度下的溶解能力,在一定条件下,它们之间可以相互换算。

对于任意一个难溶电解质 $A_mB_n(s)$,设在一定温度下饱和溶液中的溶解度为 s,则 s 和 $K_{sp}^{\ominus}$的关系为

$$K_{sp}^{\ominus}(A_mB_n) = [c(A^{n+})]^m\ [c(B^{m-})]^n = (ms)^m\ (ns)^n = m^m\cdot n^n\cdot s^{m+n}$$

或

$$s = \sqrt[m+n]{\frac{K_{sp}^{\ominus}}{m^m\cdot n^n}} \tag{10-2}$$

例 10-2 298 K 下,AgCl 的溶解度为 0.000 192 g/(100 g H_2O)。求 $K_{sp}^{\ominus}(\text{AgCl})$。已知 $M(\text{AgCl}) = 143.4\ \text{g}\cdot\text{mol}^{-1}$。

解:因为 AgCl 的饱和溶液是极稀的,其密度可认为是 $1\ \text{g}\cdot\text{mL}^{-1}$,其溶解度为 s,即

$$s = \frac{0.000\ 192\ \text{g}}{100\ \text{mL}}\times\frac{1}{143.4\ \text{g}\cdot\text{mol}^{-1}} = 1.34\times10^{-5}\ \text{mol}\cdot\text{L}^{-1}$$

$$K_{sp}^{\ominus} = c(Ag^+)c(Cl^-) = (s)^2 = (1.34\times10^{-5})^2 = 1.79\times10^{-10}$$

例 10-3 在某温度下,Ag_2CrO_4 的 $K_{sp}^{\ominus}(Ag_2CrO_4) = 1.1\times10^{-12}$,求其在纯水中的溶解度。

解:设 Ag_2CrO_4 在纯水中的溶解度为 s。纯水中存在下列平衡:

$$Ag_2CrO_4(s) \rightleftharpoons 2Ag^+(aq) + CrO_4^{2-}(aq)$$

平衡浓度/($\text{mol}\cdot\text{L}^{-1}$)　　　$2s$　　　s

$$K_{sp}^{\ominus} = [c(Ag^+)]^2c(CrO_4^{2-}) = 4(s)^3 = 1.1\times10^{-12}$$

$$s = 6.5\times10^{-5}\ \text{mol}\cdot\text{L}^{-1}$$

几种类型难溶盐的溶解度与溶度积的换算公式见表 10-1。应该说明的是:这些换算关系只适用于不存在任何副反应的难溶电解质的沉淀溶解平衡,并且难溶电解质要一步完成解离。

表 10-1　几种类型难溶盐的溶解度与溶度积的换算公式

类型	换算公式	举例
1∶1 型	$K_{sp}^{\ominus} = (s)^2$	AgCl、$BaSO_4$
1∶2 型或 2∶1 型	$K_{sp}^{\ominus} = 4\ (s)^3$	Ag_2CrO_4
1∶3 型或 3∶1 型	$K_{sp}^{\ominus} = 27\ (s)^4$	Ag_3PO_4
A_mB_n	$K_{sp}^{\ominus} = n^nm^m\ (s)^{m+n}$	Bi_2S_3

对于相同类型的难溶电解质,例如,同是 1∶1 型的 $BaSO_4$ 和 AgCl,可以通过比较它们的 $K_{sp}^{\ominus}$,大致判断它们在纯水中的溶解能力大小。对于不同类型的难溶电解质,例如,对于 1∶1 型的 $BaSO_4$ 和 2∶1 型的 Ag_2CrO_4,则不能直接通过比较它们的 $K_{sp}^{\ominus}$来判断它们的溶解能力,而要通过溶解度的大小来判断,溶解度大的溶解能力强,反之亦然。

10.2 沉淀的生成和溶解

10.2.1 溶度积规则

在一定温度下,溶度积$K_{sp}^{\ominus}$是一个特征常数。因此,将溶液中离子相对浓度幂的乘积与$K_{sp}^{\ominus}$进行比较,可以判断在该条件下是否生成沉淀或者沉淀溶解。对于任一难溶电解质A_mB_n的沉淀溶解平衡:

$$A_mB_n(s) \rightleftharpoons mA^{n+}(aq)+nB^{m-}(aq)$$

设某一时刻溶液中离子相对浓度幂的乘积(离子积)——反应商为J,即

$$J=[c(A^{n+})/c^{\ominus}]^m[c(B^{m-})/c^{\ominus}]^n=\{c(A^{n+})\}^m\{c(B^{m-})\}^n$$

那么反应商J与溶度积$K_{sp}^{\ominus}$存在下列三种关系:

(1) 当$J<K_{sp}^{\ominus}$时,无沉淀析出或原有沉淀溶解,溶液为不饱和溶液;

(2) 当$J=K_{sp}^{\ominus}$时,沉淀和溶解处于动态平衡状态,溶液为饱和溶液;

(3) 当$J>K_{sp}^{\ominus}$时,有沉淀析出直至建立新的平衡,溶液为过饱和溶液。

以上规则称为溶度积规则,可以用来判断沉淀的生成或溶解。

10.2.2 溶度积规则的应用

1. 沉淀的生成

根据溶度积规则,只要满足$J>K_{sp}^{\ominus}$,就会析出沉淀。

例 10-4 今有500 mL 0.005 mol·L^{-1}的$AgNO_3$溶液,加入250 mL 0.02 mol·L^{-1}的KCl溶液。问:能否有AgCl沉淀?如有沉淀生成,沉淀后溶液中Ag^+浓度还有多大?

解:查附录,知AgCl的$K_{sp}^{\ominus}=1.8\times10^{-10}$。

两种溶液混合后 $c_0(Ag^+)=0.005\ mol\cdot L^{-1}\times\dfrac{500}{750}=3.3\times10^{-3}\ mol\cdot L^{-1}$

$$c_0(Cl^-)=0.02\ mol\cdot L^{-1}\times\frac{250}{750}=6.7\times10^{-3}\ mol\cdot L^{-1}$$

$$J=c(Ag^+)\cdot c(Cl^-)=3.3\times10^{-3}\times6.7\times10^{-3}=2.2\times10^{-5}>K_{sp}^{\ominus}(AgCl)$$

故混合后有AgCl沉淀生成。

设平衡时$c(Ag^+)=x\ mol\cdot L^{-1}$

$$AgCl(s) \rightleftharpoons Ag^+(aq)+Cl^-(aq)$$

平衡时/(mol·L^{-1}) $\qquad x \qquad 6.7\times10^{-3}-3.3\times10^{-3}+x$

则 $$x[6.7\times10^{-3}-(3.3\times10^{-3}-x)]=K_{sp}^{\ominus}(AgCl)$$

$$x\cdot(3.4\times10^{-3}+x)=1.8\times10^{-10}$$

由于x很小,故$3.4\times10^{-3}+x\approx3.4\times10^{-3}$

则 $$x = 1.8\times10^{-10}/3.4\times10^{-3} = 5.3\times10^{-8}$$

即溶液中银离子浓度降低至 $5.3\times10^{-8}\ mol\cdot L^{-1}$。

2. 沉淀的溶解

沉淀溶解的必要条件是 $J<K_{sp}^{\ominus}$,因此要使处于沉淀溶解平衡状态的难溶电解质向着溶解方向转化,就必须降低溶液中的离子浓度使沉淀溶解。使沉淀溶解的常用方法有以下几种。

（1）生成弱电解质或者气体

固体 $Mg(OH)_2$ 能溶于酸性溶液中,是因为溶液中加入酸时,系统中的 OH^- 与 H^+ 生成弱电解质 H_2O,使 OH^- 离子浓度大大降低,从而使 $J=c(Mg^{2+})\cdot[c(OH^-)]^2<K_{sp}^{\ominus}$,这时,沉淀将不断溶解。因此溶液的酸度也会对沉淀溶解平衡产生影响。因此,可以通过控制溶液 pH 来使某种沉淀生成或溶解。

例 10-5 在室温下,往 $0.1\ mol\cdot L^{-1}ZnCl_2$ 溶液中通入 H_2S 气体至饱和,同时加入盐酸控制溶液酸度。计算 ZnS 沉淀开始析出时溶液的 pH 和 Zn^{2+} 沉淀完全时溶液的 pH。已知 $K_{sp}^{\ominus}(ZnS)=1.2\times10^{-23}$,$K_{a_1}^{\ominus}(H_2S)=8.9\times10^{-8}$,$K_{a_2}^{\ominus}(H_2S)=7.1\times10^{-19}$,$H_2S$ 饱和溶液中 $c(H_2S)$ 按 $0.1\ mol\cdot L^{-1}$ 计算。

解:溶液中存在下列解离平衡

$$H_2S(aq)+H_2O(l) \rightleftharpoons 2H^+(aq)+S^{2-}(aq)$$

已知 $$\frac{c(S^{2-})[c(H^+)]^2}{c(H_2S)}=K_{a_1}^{\ominus}(H_2S)\cdot K_{a_2}^{\ominus}(H_2S)$$

则 $$c(S^{2-})=\frac{K_{a_1}^{\ominus}(H_2S)\cdot K_{a_2}^{\ominus}(H_2S)c(H_2S)}{[c(H^+)]^2} \tag{10-3}$$

根据溶度积规则,生成 ZnS 沉淀的条件是

$$c(Zn^{2+})c(S^{2-})>K_{sp}^{\ominus}(ZnS)$$

将式(10-3)代入上式

$$c(Zn^{2+})\cdot\frac{K_{a_1}^{\ominus}(H_2S)\cdot K_{a_2}^{\ominus}(H_2S)\cdot c(H_2S)}{[c(H^+)]^2}>1.2\times10^{-23}$$

$$0.1\times\frac{8.9\times10^{-8}\times7.1\times10^{-19}\times0.1}{[c(H^+)]^2}>1.2\times10^{-23}$$

$$c(H^+)<7.26\times10^{-3}\ mol\cdot L^{-1},\quad pH>2.14$$

ZnS 沉淀开始析出时溶液的 pH 约为 2.14。

欲使溶液中 Zn^{2+} 沉淀完全,可假定溶液中 $c(Zn^{2+})\approx10^{-5}\ mol\cdot L^{-1}$。根据溶液积规则有

$$c(Zn^{2+})c(S^{2-})\geqslant K_{sp}^{\ominus}(ZnS)$$

同样可得 $$c(Zn^{2+})\cdot\frac{K_{a_1}^{\ominus}(H_2S)\cdot K_{a_2}^{\ominus}(H_2S)\cdot c(H_2S)}{[c(H^+)]^2}>1.2\times10^{-23}$$

代入数据 $$10^{-5}\times\frac{8.9\times10^{-8}\times7.1\times10^{-19}\times0.1}{[c(H^+)]^2}>1.2\times10^{-23}$$

$$c(H^+)<7.26\times10^{-5}\ mol\cdot L^{-1},\quad pH>4.14$$

Zn^{2+}沉淀完全时溶液的最低 pH 为 4.14。

碳酸盐和亚硫酸盐等难溶电解质均溶于较强的酸。其原因为：当加入盐酸时，H^+和 CO_3^{2-} 形成 H_2CO_3，当溶液中 H_2CO_3 达到饱和后，由于 H_2CO_3 的不稳定性，释放出 CO_2 气体。由于上述反应发生，CO_3^{2-} 离子浓度大大降低，这时 $J=[c(Ca^{2+})][c(CO_3^{2-})]<K_{sp}^{\ominus}$。$CaCO_3$ 沉淀开始溶解。因此，生成气体也会使沉淀溶解。

（2）加入氧化剂、还原剂或者配位剂

金属硫化物 CuS、PbS、HgS 等，由于它们的 $K_{sp}^{\ominus}$数值特别小，不溶于盐酸。如果使用具有氧化性的 HNO_3，它能将溶液的 S^{2-} 氧化为游离的 S，使溶液中 S^{2-} 的浓度大为降低。这样就有 $c(Cu^{2+})c(S^{2-})<K_{sp}^{\ominus}$，因而使硫化物溶解。反应方程式为

$$3CuS+8HNO_3(稀) \xlongequal{\quad} 3Cu(NO_3)_2+3S\downarrow+2NO\uparrow+4H_2O$$

AgCl 能溶于氨水中，原因是生成了稳定的$[Ag(NH_3)_2]^+$配离子，使溶液中 Ag^+离子浓度降低，导致 AgCl 沉淀溶解。因此许多难溶的卤化物不溶于酸，但能生成配离子而溶解，这种以生成配离子而使沉淀溶解的过程，称为沉淀的配位溶解。例如：

$$AgCl(s)+2NH_3(aq) \rightleftharpoons [Ag(NH_3)_2]^+(aq)+Cl^-(aq)$$

$$AgBr(s)+2S_2O_3^{2-}(aq) \rightleftharpoons [Ag(S_2O_3)_2]^{3-}(aq)+Br^-(aq)$$

$$AgI(s)+2CN^-(aq) \rightleftharpoons [Ag(CN)_2]^-(aq)+I^-(aq)$$

10.2.3 同离子效应和盐效应

1. 同离子效应

在难溶电解质的饱和溶液中，加入含有相同离子的强电解质，难溶电解质的多相平衡会发生移动。

在 $BaSO_4$ 饱和溶液中加入易溶强电解质 Na_2SO_4 时，溶液中 SO_4^{2-} 浓度增大。按照平衡移动原理，平衡会向生成 $BaSO_4$ 的方向移动，即 $BaSO_4$ 的溶解度降低。这种因加入含有相同离子的易溶强电解质，使难溶电解质溶解度降低的效应称为同离子效应。

例 10-6 计算 $BaSO_4$ 在 0.1 $mol\cdot L^{-1}$ Na_2SO_4 溶液中的溶解度，并与其纯水中的溶解度做比较。已知 298.15 K 时，$K_{sp}^{\ominus}(BaSO_4)=1.1\times10^{-10}$。

解：设 $BaSO_4$ 在纯水中的溶解度为 s，在 0.1 $mol\cdot L^{-1}$ Na_2SO_4 溶液中的溶解度为 s'。

在纯水中　　$BaSO_4(s) \rightleftharpoons Ba^{2+}(aq)+SO_4^{2-}(aq)$

平衡时

$$s=\sqrt{K_{sp}^{\ominus}}=\sqrt{1.1\times10^{-10}}\ mol\cdot L^{-1}=1.05\times10^{-5}\ mol\cdot L^{-1}$$

在 0.1 $mol\cdot L^{-1}$ Na_2SO_4 溶液中

$$BaSO_4(s) \rightleftharpoons Ba^{2+}(aq)+SO_4^{2-}(aq)$$

平衡时　　s'　　$s'+0.1$

因为 $s' \ll 0.1$，所以 $s'+0.1 \approx 0.1$

$$K_{sp}^{\ominus}=c(Ba^{2+})c(SO_4^{2-})=s' \times 0.1$$

$$s'=\frac{K_{sp}^{\ominus}}{0.1}=1.1 \times 10^{-9}\ mol \cdot L^{-1}$$

根据计算结果，和纯水中的溶解度相比，$BaSO_4$ 在 0.1 $mol \cdot L^{-1}$ $NaSO_4$ 溶液中的溶解度从 $1.05 \times 10^{-5}\ mol \cdot L^{-1}$ 降为 $1.1 \times 10^{-9}\ mol \cdot L^{-1}$，这是由于同离子效应的影响。

根据同离子效应，为了使某种离子尽可能沉淀完全，往往加入过量沉淀剂，以降低沉淀的溶解度。这里说的沉淀完全并非指溶液中就不存在待沉淀分离的离子，通常溶液中被沉淀离子的浓度低于 $10^{-5}\ mol \cdot L^{-1}$ 时，即可认为该离子已经沉淀完全。

但是，并不是沉淀剂过量越多沉淀越完全。实际上，加入沉淀剂太多时，不仅不会产生明显的同离子效应，还会因其他副反应的发生，反而使沉淀的溶解度增大。例如，AgCl 沉淀中加入过量的 HCl，会因形成 $[AgCl_2]^-$ 而使沉淀溶解度增大。另外，盐效应也会使沉淀溶解度增大。

2. 盐效应

利用同离子效应降低沉淀的溶解度时，沉淀剂不宜过量太多，否则反而会使沉淀的溶解度增大。这种因加入易溶强电解质而增大难溶电解质溶解度的现象称为盐效应。

实验发现，在一定温度下，AgCl、$BaSO_4$ 等难溶电解质在 KNO_3 溶液中溶解度比在纯水中溶解度大，而且溶解度随 KNO_3 溶液的浓度增大而增大，实验数据见表 10-2。

表 10-2　AgCl 和 $BaSO_4$ 在 KNO_3 溶液中的溶解度（298.15 K）

$c(KNO_3)/(mol \cdot L^{-1})$	$s(AgCl)/(mol \cdot L^{-1})$	$s(BaSO_4)/(mol \cdot L^{-1})$
0.000	1.34×10^{-5}	1.05×10^{-5}
0.001	1.40×10^{-5}	1.40×10^{-5}
0.005	1.46×10^{-5}	1.84×10^{-5}
0.010	1.51×10^{-5}	2.18×10^{-5}

由表 10-2 可见，随着 KNO_3 浓度的不断增大，AgCl 和 $BaSO_4$ 在 KNO_3 溶液中的溶解度都随之增大；另外还可看出，在相同的 KNO_3 浓度下，盐效应对 $BaSO_4$ 在 KNO_3 溶液中的溶解度的影响要大于对 AgCl 的影响，这是因为高价离子的活度系数受离子强度影响大的缘故。

那么，为什么难溶电解质溶解度会增大呢？

这是因为加入易溶强电解质后，溶液中阴、阳离子浓度增加，根据库仑定律，同性离子相斥，异性离子相吸。离子在静电作用力的影响下，趋向于如同离子晶体那样规则地排列，而离子的热运动则力图使它们均匀地分散在溶液中。这两种力相互作用的结果，使得在一定的时间间隔内综合来看，在任意一个离子（可称为中心离子）的周围，异性离子分布的平均密度大于同性离子分布的平均密度。可以设想，中心离子好像是被一层异号电荷包围着，这层电荷所构成的球体称为"离子氛"，如图 10-1。"离子氛"的形成使中心离子受到较强的牵制作用，降低了他们的有效浓度，因而在单位时间内与沉淀表面碰撞次数减少，沉淀过程变慢，而溶解过程暂时超过了沉淀过程，平衡向溶解的方向进行，从而使难溶电解质的溶解度增大。

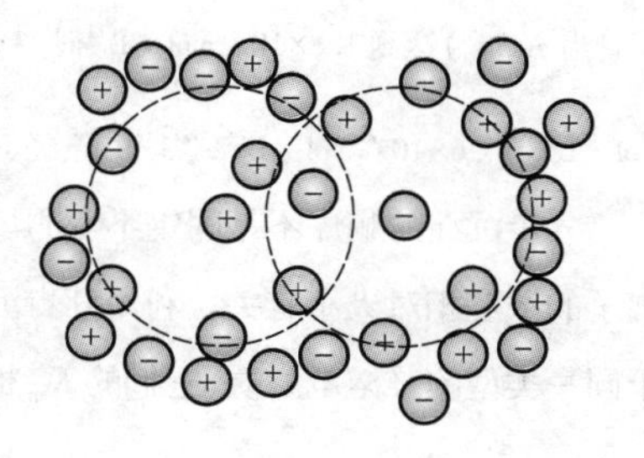

图 10-1　离子氛

当加入的强电解质和难溶电解质含有相同的离子时，同离子效应和盐效应是同时存在的。只不过在适当过量沉淀剂的条件下，同离子效应起主要作用，盐效应不显著。但是当加入过多的沉淀剂时，盐效应的影响就不能忽略了。表 10-3 中的数据就能说明这一点。

表 10-3　$PbSO_4$ 在 Na_2SO_4 溶液中的溶解度

$c(Na_2SO_4)/(mol\cdot L^{-1})$	0	0.001	0.01	0.02	0.04	0.100	0.200
$s(PbSO_4)/(mmol\cdot L^{-1})$	0.15	0.024	0.016	0.014	0.013	0.016	0.023

由表 10-3 中的数据可见：沉淀剂 Na_2SO_4 含有与 $PbSO_4$ 相同的 SO_4^{2-}，当 Na_2SO_4 浓度从 0 到 0.04 $mol\cdot L^{-1}$逐渐增大时，同离子效应起主要作用，$PbSO_4$ 的溶解度逐渐减小；当 Na_2SO_4 浓度为 0.04 $mol\cdot L^{-1}$时，$PbSO_4$ 的溶解度最小。此后，随着 Na_2SO_4 浓度的增加，盐效应增强，$PbSO_4$ 的溶解度又重新增大。

一般来说，当难溶电解质的溶度积很小时，盐效应的影响很小，可忽略不计；当难溶电解质的溶度积较大时，盐效应的影响则不可忽略。

10.3　分步沉淀和沉淀的转化

10.3.1　分步沉淀

在实际中，溶液中往往同时含有多种离子，当加入某种试剂时，该试剂可能会与溶液中的多种离子发生反应而产生沉淀。在这种情况下，沉淀将按照一定的次序进行，这种同一种试剂使不同离子先后沉淀的现象称为分步沉淀(fractional precipitation)。

例 10-7　在 $c(I^-)=c(Cl^-)=0.10\ mol\cdot L^{-1}$的溶液中，逐滴加入 $AgNO_3$ 溶液。问：(1) I^-和Cl^-哪个先沉淀？(2) Cl^-开始沉淀时，溶液中 I^-浓度为多少？

解：根据溶度积规则，欲生成 AgI 沉淀，应使

$$c(Ag^+)>\frac{K_{sp}^{\ominus}(AgI)}{c(I^-)}=\frac{8.3\times10^{-17}}{0.1}\ mol\cdot L^{-1}=8.3\times10^{-16}\ mol\cdot L^{-1}$$

欲生成 AgCl 沉淀，应使

$$c(Ag^+)>\frac{K_{sp}^{\ominus}(AgCl)}{c(Cl^-)}=\frac{1.8\times10^{-10}}{0.1}\ mol\cdot L^{-1}=1.8\times10^{-9}\ mol\cdot L^{-1}$$

当逐滴加入 $AgNO_3$ 溶液时，需要 $c(Ag^+)$ 较小的先沉淀，即 AgI 沉淀先生成。

当 $c(Ag^+)$ 达到 1.8×10^{-9} mol · L^{-1}时，AgCl 才开始沉淀。当 AgCl 沉淀析出时，溶液中的 $c(I^-)=\frac{8.3\times10^{-17}}{1.8\times10^{-9}}$ mol · L^{-1} = 4.6×10^{-8} mol · L^{-1}，说明 I^- 已经沉淀完全了。

分步沉淀的顺序不是固定不变的。分步沉淀的顺序不仅与两种沉淀的溶度积有关，也和两种离子的浓度相对大小有关。利用分步沉淀原理，可使混合溶液中两种或两种以上的离子分离。对于同一类型的难溶电解质，它们的 $K_{sp}^\ominus$ 相差越大，分离将越完全。

10.3.2 沉淀的转化

由一种沉淀转化为另一种沉淀的过程称为沉淀的转化(inversion of precipitate)。在实际应用中，为了某种需要，常需把一种难溶的电解质的沉淀转化为另一种难溶电解质的沉淀。例如，锅炉中的锅垢含有 $CaSO_4$ 不易清除，若以足量的 Na_2CO_3 处理，就可使 $CaSO_4$ 全部转化为疏松的可溶于酸的 $CaCO_3$，这样锅炉中的锅垢就容易清除了。其转化过程如下：

$$CaSO_4(s)+CO_3^{2-}(aq) \rightleftharpoons CaCO_3(s)+SO_4^{2-}(aq)$$

反应的平衡常数 $$K^\ominus=\frac{c(SO_4^{2-})}{c(CO_3^{2-})}=\frac{K_{sp}^\ominus(CaSO_4)}{K_{sp}^\ominus(CaCO_3)}=\frac{7.1\times10^{-5}}{4.9\times10^{-9}}=1.44\times10^4$$

转化反应的平衡常数很大，表示沉淀转化进行得相当完全。由此可见，对同一类型沉淀来说，将溶度积较大的沉淀转化为溶度积较小的沉淀是比较容易进行的。那么将溶度积较小的沉淀能否转化为溶度积较大的沉淀呢？

假如 $BaSO_4$ 能转化为 $BaCO_3$，则存在下列平衡：

$$BaSO_4(s)+CO_3^{2-}(aq) \rightleftharpoons BaCO_3(s)+SO_4^{2-}(aq)$$

反应的平衡常数 $$K^\ominus=\frac{c(SO_4^{2-})}{c(CO_3^{2-})}=\frac{K_{sp}^\ominus(BaSO_4)}{K_{sp}^\ominus(BaCO_3)}=\frac{1.1\times10^{-10}}{2.6\times10^{-9}}=\frac{1}{24}$$

可见上述转化反应达到平衡时，$c(CO_3^{2-})=24c(SO_4^{2-})$。

根据平衡移动原理，当溶液中 $c(CO_3^{2-})>24c(SO_4^{2-})$ 时，总反应正向进行，平衡向生成 $BaCO_3(s)$ 的方向移动，相反，$c(CO_3^{2-})<24c(SO_4^{2-})$ 时，反应逆向进行，平衡向生成 $BaSO_4(s)$ 方向移动。要使 $BaSO_4(s)$ 转化为 $BaCO_3(s)$，应使溶液中 $c(CO_3^{2-})>24c(SO_4^{2-})$。这个转化条件在开始时是容易达到的，因为转化之前，溶液中 $c(SO_4^{2-})$ 是很小的，$c(SO_4^{2-})=[K_{sp}^\ominus(BaSO_4)]^{\frac{1}{2}}\approx1\times10^{-5}$ mol · L^{-1}，要使 $c(CO_3^{2-})$ 超过它的 24 倍，并不困难。但是随着转化反应的进行，溶液中 $c(SO_4^{2-})$ 越来越大，要维持这个转化条件就比较困难了。要使 $BaSO_4(s)$ 完全转化为 $BaCO_3(s)$，在操作上往往采用多次转化的方法，即用浓的 Na_2CO_3 溶液处理 $BaSO_4(s)$ 沉淀后，取出溶液，再用新鲜的浓 Na_2CO_3 溶液处理残渣，如此重复处理 3~5 次，即可达到目的。

如果转化反应平衡常数太小，实际条件就很难满足了。例如，要用 NaCl 溶液将 AgI 转化为 AgCl 沉淀，实际上是无法达到的。

对于不同类型的难溶盐来说，沉淀转化的方向是溶解度大的易转化为溶解度小的。例如，在

Ag_2CrO_4 沉淀中加入 KCl 溶液，Ag_2CrO_4 会转化为 AgCl 沉淀。虽然 $K_{sp}^{\ominus}(Ag_2CrO_4) < K_{sp}^{\ominus}(AgCl)$，但 Ag_2CrO_4 的溶解度小于 AgCl，所以转化也可以进行。

10.4 沉淀滴定法

沉淀滴定法（precipitation titration）是以沉淀反应为基础进行滴定的分析方法。沉淀反应有很多，但能用于沉淀滴定的反应并不多，因为只有满足下列条件的沉淀反应才能用于沉淀滴定法：

（1）沉淀反应完全程度高；

（2）沉淀的组成固定，溶解度小；

（3）反应迅速，达到平衡的时间短；

（4）有合适的指示终点的方法。

由于上述条件的限制，应用较广泛的是生成难溶性银盐的反应，例如：

$$Ag^+ + Cl^- \rightleftharpoons AgCl\downarrow$$

$$Ag^+ + SCN^- \rightleftharpoons AgSCN\downarrow$$

以难溶银盐为基础的沉淀滴定法称为银量法，可以测定 Cl^-、Br^-、I^-、Ag^+、SCN^- 等，还可以测定经过处理而能定量产生这些离子的有机氯化物等。除了银量法，还有其他的沉淀反应，也可用于沉淀滴定法，如：

$$3Zn^{2+} + 2K_4Fe(CN)_6 \rightleftharpoons K_2Zn_3[Fe(CN)_6]_2\downarrow + 6K^+$$

$$K^+ + NaB(C_6H_5)_4 \rightleftharpoons KB(C_6H_5)_4\downarrow + Na^+$$

10.4.1 滴定曲线

下面通过用 0.100 0 $mol\cdot L^{-1}$ $AgNO_3$ 溶液滴定 20.00 mL 0.100 0 $mol\cdot L^{-1}$ NaCl 溶液来讨论沉淀滴定分析的滴定曲线。

滴定反应：　　$Ag^+ + Cl^- \rightleftharpoons AgCl\downarrow$　　$K_{sp}^{\ominus} = 1.8\times10^{-10}$

此反应的平衡常数 $K = 1/K_{sp}^{\ominus} = 1/(1.8\times10^{-10}) = 5.6\times10^9$。反应的平衡常数远远大于 10^6，说明反应进行得很完全。下面分别就滴定开始前、滴定开始至化学计量点前、化学计量点、化学计量点后来讨论滴定过程中溶液中 Cl^- 浓度的变化。

滴定开始前：　　$c(Cl^-) = 0.100\,0\ mol\cdot L^{-1}$　　$pCl = 1.00$

滴定开始至化学计量点前：此时 Cl^- 是过量的，所以 $c(Cl^-)$ 由剩余的 NaCl 决定。

$$剩余的\ c(Cl^-) = \frac{20.00\ mL - V(AgNO_3)}{20.00\ mL + V(AgNO_3)} \times 0.100\,0\ mol\cdot L^{-1}$$

当加入 19.98 mL $AgNO_3$ 溶液时，代入上式得 $c(Cl^-) = 5.0\times10^{-5}\ mol\cdot L^{-1}$ $pCl = 4.30$。

化学计量点时：20.00 mL 0.100 0 $mol\cdot L^{-1}$ $AgNO_3$ 溶液与 20.00 mL 0.100 0 $mol\cdot L^{-1}$ NaCl 溶液完全反应，溶液是 AgCl 的饱和溶液。

此时 $c(Cl^-)=c(Ag^+)$，所以 $pCl=pAg=pK_{sp}^{\ominus}/2=4.87$

化学计量点后：Ag^+ 由过量 $AgNO_3$ 溶液决定。

当加入 20.02 mL $AgNO_3$ 溶液时，

$$c(Ag^+)=5.0\times10^{-5}\ mol\cdot L^{-1}\quad pAg=4.30\quad pCl=9.74-4.30=5.44。$$

pAg 和 pCl 的计算数据列于表 10-4，根据这些数据以 $AgNO_3$ 溶液加入量（或滴定分数 $T\%$）为横坐标，以 pCl（或 pAg）为纵坐标绘图，即为滴定曲线，见图 10-2。

表 10-4　用 0.100 0 $mol\cdot L^{-1}$ $AgNO_3$ 溶液滴定 20.00 mL 0.100 0 $mol\cdot L^{-1}$ NaCl 溶液的数据

$V(AgNO_3)$/mL	T/%	pCl	pAg	$V(AgNO_3)$/mL	T/%	pCl	pAg
0.00	0.0	1.00	–	20.02	100.1	5.44	4.30
18.00	90.0	2.28	7.46	20.20	101.0	6.44	3.30
19.80	99.0	3.30	6.44	30.00	110.0	7.46	2.28
19.98	99.9	4.30	5.44	40.00	200.0	8.26	1.48
20.00	100.0	4.87	4.87				

从图 10-2 可以看出：

（1）滴定开始时，溶液 $c(Cl^-)$ 较大，滴入 $c(Ag^+)$ 所引起的浓度变化不大，曲线较平坦；接近化学计量点时，$c(Cl^-)$ 已很小，滴入少量的 $c(Ag^+)$ 即引起 $c(Cl^-)$ 发生很大变化而形成突跃。

（2）突跃范围的大小，取决于沉淀的 K_{sp} 和溶液的浓度。K_{sp} 越小，突跃范围越大。

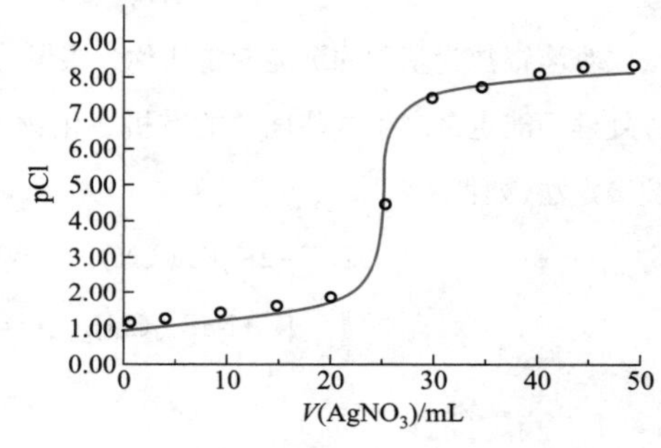

图 10-2　用 0.100 0 $mol\cdot L^{-1}$ $AgNO_3$ 溶液滴定 20.00 mL 0.100 0 $mol\cdot L^{-1}$ NaCl 溶液的滴定曲线

10.4.2　莫尔法

沉淀滴定法的关键问题是正确地确定终点，使滴定终点和理论终点尽可能一致，以减少滴定误差。银量法中常用的确定终点的方法有莫尔法、福尔哈德法、法扬斯法。

莫尔（Mohr）法是以 $AgNO_3$ 标准溶液为滴定剂，以铬酸钾为指示剂，在中性或弱碱性溶液中，直接滴定 Cl^-（或 Br^-、CN^-）的分析方法。由于 AgCl 的溶解度比 Ag_2CrO_4 的溶解度小，在测定 Cl^- 时，根据分步沉淀原理，在滴定过程中 AgCl 沉淀先析出。继续加入 $AgNO_3$，当 Ag^+ 与 CrO_4^{2-} 的离子相对浓度的乘积大于 Ag_2CrO_4 的溶度积时，砖红色的 Ag_2CrO_4 沉淀开始析出，指示滴定终点到达。反应分别为

$$Ag^++Cl^-\rightleftharpoons AgCl\downarrow（白色）$$

$$2Ag^++CrO_4^{2-}\rightleftharpoons Ag_2CrO_4\downarrow（砖红色）$$

该方法指示剂的用量和滴定酸度是需要考虑的主要问题。

1. 指示剂的用量

指示剂铬酸钾若用量过多，则砖红色沉淀过早生成，即终点提前；若用量过少，则终点推迟，都会带来滴定误差。因此，必须确定 K_2CrO_4 的最佳用量。

以硝酸银溶液滴定Cl^-为例，根据溶度积可知，化学计量点时，

$$c(Ag^+)=c(Cl^-)=\sqrt{K_{sp}^{\ominus}(AgCl)}$$

若要 AgCl 沉淀生成的同时也出现 Ag_2CrO_4 砖红色沉淀，所需 CrO_4^{2-} 浓度则为

$$c(CrO_4^{2-})=\frac{K_{sp}^{\ominus}(Ag_2CrO_4)}{[c(Ag^+)]^2}=\frac{K_{sp}^{\ominus}(Ag_2CrO_4)}{K_{sp}^{\ominus}(AgCl)}$$

$$=\frac{1.1\times10^{-12}}{1.8\times10^{-10}}\ mol\cdot L^{-1}=6.1\times10^{-3}\ mol\cdot L^{-1}$$

由于 CrO_4^{2-} 溶液的颜色为黄色，浓度高时颜色较深，妨碍终点的观察。因此，指示剂浓度略低一些。通常情况下，指示剂浓度控制在 $5\times10^{-3}\ mol\cdot L^{-1}$左右，颜色变化容易判断。

2. 莫尔法的滴定条件

因为 CrO_4^{2-} 是弱碱，所以滴定应在中性或弱碱性（pH=6.5~10.5）介质中进行。若溶液为酸性时，则 Ag_2CrO_4 将溶解：

$$Ag_2CrO_4+H^+\longrightarrow Ag^++HCrO_4^-\longrightarrow Ag^++Cr_2O_7^{2-}+H_2O$$

如果溶液碱性太强，则析出 Ag_2O 沉淀：

$$2\,Ag^++2OH^-=\!=\!=Ag_2O\downarrow+H_2O$$

莫尔法的选择性较差，凡能与 Ag^+或 CrO_4^{2-} 生成沉淀或者配合物的离子，如 PO_4^{3-}、AsO_4^{3-}、S^{2-}、$C_2O_4^{2-}$、CO_3^{2-} 等阴离子，Ba^{2+}、Pb^{2+}、Hg^{2+}等阳离子，均干扰测定。在中性或弱碱性溶液中，Fe^{3+}、Al^{3+}、Bi^{3+}、Sn^{4+}等离子会发生水解，从而干扰测定，这些离子在测定之前都应预先分离。

同时滴定液中不应含有氨，否则会生成$[Ag(NH_3)_2]^+$配离子，而使 AgCl 和Ag_2CrO_4 溶解度增大，影响测定的结果。

莫尔法可用于测定 Cl^-或 Br^-，但不适宜测定 I^-和 SCN^-，因为 AgI 或 AgSCN 沉淀强烈吸附 I^-或 SCN^-，使终点变化不明显，误差较大。

10.4.3 福尔哈德法

福尔哈德（Volhard）法是以铁铵矾 $NH_4Fe(SO_4)_2\cdot12H_2O$ 作指示剂，在酸性溶液中，用硫氰化钾或硫氰化铵标准溶液滴定含 Ag^+的溶液。终点时因形成$[FeSCN]^{2+}$配离子而出现红色。它包括直接滴定和返滴定两种。

1. 直接滴定法测 Ag^+

在硝酸介质中，以铁铵矾为指示剂，用 NH_4SCN（或 KSCN）标准溶液滴定 Ag^+。开始随着标准

溶液的加入,溶液中不断生成白色的 AgSCN 沉淀:

$$Ag^{+}+SCN^{-} \rightleftharpoons AgSCN\downarrow (白色)$$

在化学计量点附近时,稍过量的 SCN^{-} 与铁铵矾指示剂中的 Fe^{3+} 生成红色的 $[Fe(SCN)]^{2+}$ 配离子,从而指示终点到达:

$$Fe^{3+}+SCN^{-} \rightleftharpoons [Fe(SCN)]^{2+}(红色)$$

由于 AgSCN 沉淀容易吸附溶液中的 Ag^{+},使终点提前到达,所以在滴定时必须剧烈摇动,使吸附的 Ag^{+} 及时释放出来。

2. 返滴定法测定 Cl^{-}、Br^{-}、I^{-}、SCN^{-}

福尔哈德法除了用直接滴定法测 Ag^{+} 外,还可以用返滴定法测定 Cl^{-}、Br^{-}、I^{-}、SCN^{-}。原理如下:在含有以上离子的硝酸介质中,先加入定量、过量的 Ag^{+} 标准溶液,然后加入铁铵矾指示剂,用 NH_4SCN(或 KSCN)标准溶液滴定剩余的 Ag^{+}。

福尔哈德法测定 Cl^{-} 时,其反应如下:

$$Cl^{-}+Ag^{+}(定量、过量) \rightleftharpoons AgCl\downarrow (白色) \quad K_{sp}^{\ominus}=1.8\times10^{-10}$$

$$Ag^{+}(剩余)+SCN^{-} \rightleftharpoons AgSCN\downarrow (白色) \quad K_{sp}^{\ominus}=1.0\times10^{-12}$$

$$Fe^{3+}+SCN^{-} \rightleftharpoons [Fe(SCN)]^{2+}(红色)$$

由于同一溶液中存在着两种溶解度不同的沉淀,而 AgCl 沉淀的溶解度比 AgSCN 的大。当溶液中过量的 Ag^{+} 被滴定完全以后,加入的 NH_4SCN 将和 AgCl 发生下列转化反应:

$$AgCl\downarrow +SCN^{-} \rightleftharpoons AgSCN\downarrow +Cl^{-}$$

因此生成 $[Fe(SCN)]^{2+}$ 而形成的红色随着溶液的摇动而消失。要得到持久的红色,就必须继续加入 NH_4SCN。因此使得加入的 NH_4SCN 标准溶液增加,产生较大的误差。为了消除这个误差,一方面可在加入过量 $AgNO_3$ 后,将溶液煮沸使 AgCl 沉淀变为大颗粒从而滤去,然后以稀硝酸洗涤沉淀,把洗涤液并入滤液中,再用 NH_4SCN 滴定滤液中的 $AgNO_3$。另一方面,也可在滴加 NH_4SCN 标准溶液前加入数毫升硝基苯,用力摇动使 AgCl 进入有机层,不再与 SCN^{-} 接触,避免沉淀的转化。此法较为方便,可以得到满意的结果,但硝基苯有毒!

用返滴定法测定溴化物或碘化物时,由于 AgBr 和 AgI 的溶解度都比 AgSCN 小,不会发生上述转化反应。不必采取上述措施。但在测定碘化物时,指示剂应在加入过量 $AgNO_3$ 后再加入,否则 Fe^{3+} 会将 I^{-} 氧化成 I_2,从而影响测定结果的准确度。

此外,在应用福尔哈德法时还应注意:由于使用的是 Fe^{3+} 指示剂,为防止 Fe^{3+} 水解,测定应当在强酸性介质中进行,一般在 $0.1\sim1\ mol\cdot L^{-1}$ 硝酸介质中进行滴定。但强氧化剂、氮的低价氧化物、汞盐等能与 SCN^{-} 发生反应而干扰测定,必须预先除去。$[Fe(SCN)]^{2+}$ 呈现明显红色的最低浓度为 $6\times10^{-6}\ mol\cdot L^{-1}$,要维持 $[Fe(SCN)]^{2+}$ 的平衡浓度,Fe^{3+} 的浓度要远大于 $6\times10^{-6}\ mol\cdot L^{-1}$,但 Fe^{3+} 浓度不宜过大,不然 Fe^{3+} 本身的黄色会影响终点颜色,因此综合考虑,终点时,Fe^{3+} 浓度一般控制在 0.015 $mol \cdot L^{-1}$。

10.4.4 法扬斯法

法扬斯(Fajans)法采用吸附指示剂(adsorption indicators)来确定终点。吸附指示剂是一些有机染料,它们的阴离子可以作为抗衡离子,在溶液中被带正电荷的胶状沉淀微粒所吸附,吸附后其结构发生变化继而引起颜色变化,从而指示滴定终点的到达。

例如,荧光黄(HFIn)是一种有机弱酸。溶液中存在下列解离:

$$HFIn \rightleftharpoons FIn^- + H^+$$

荧光黄阴离子 FIn^- 呈黄绿色,被沉淀吸附的荧光黄银为粉红色。用 $AgNO_3$ 标准溶液滴定 Cl^- 时,在化学计量点前,溶液中 Cl^- 过量,AgCl 沉淀胶粒首先吸附 Cl^- 而带负电荷,抗衡离子是阳离子,荧光黄阴离子 FIn^- 不被吸附,溶液呈黄绿色。而在化学计量点后,稍微过量的 $AgNO_3$ 使得 AgCl 沉淀胶粒吸附 Ag^+ 而带正电荷,溶液中的 FIn^- 作为抗衡离子被吸附,溶液由黄绿色变为粉红色,指示终点的到达。如果用 NaCl 标准溶液滴定 Ag^+,则颜色的变化刚好相反。

使用吸附指示剂,要注意以下几点:

(1) 要加入一些糊精或淀粉溶液保护胶体,阻止胶体聚沉,增大沉淀的比表面,使指示剂变色更加明显。同样道理,溶液中不能有大量电解质存在。

(2) 为了使指示剂以阴离子形式存在,需要控制适宜的酸度。例如,荧光黄($pK_a^\ominus=7$)只能在 pH=7~10 的溶液中使用;曙红($pK_a^\ominus=2$)可以在 pH=2~10 溶液中使用。

(3) 溶液的浓度不能太小,否则沉淀很少,终点较难观察。例如,用荧光黄作指示剂测定氯化物时,$c(Cl^-)$ 不能低于 $5\times10^{-3}\ mol \cdot L^{-1}$。

(4) 避免在强光下滴定。因为卤化银沉淀微粒对光十分敏感,光照后会发生分解,使沉淀变为灰色或黑色,影响终点观察。

(5) 指示剂的吸附能力要适当,不能过大或过小,否则终点会提前或推迟。卤化银对卤化物和几种吸附指示剂的吸附次序为 $I^- > SCN^- > Br^- >$ 曙红 $> Cl^- >$ 荧光黄。因此,曙红用于滴定 Br^-、I^- 和 SCN^- 时,变色明显,结果准确。但不能用于滴定 Cl^-,因为曙红阴离子被吸附的能力很强,终点还没到达,指示剂就已经变色。几种常用的吸附指示剂列于表 10-5。

表 10-5 常用的吸附指示剂

指示剂	被测离子	滴定剂	滴定条件(pH)
荧光黄	Cl^-、Br^-、I^-	$AgNO_3$	7~10
二氯荧光黄	Cl^-、Br^-、I^-	$AgNO_3$	4~10
曙红	SCN^-、Br^-、I^-	$AgNO_3$	2~10
溴甲酚绿	SCN^-	$AgNO_3$	4~5
溴酚蓝	Cl^-、SCN^-	$AgNO_3$	2~3
甲基紫	Ag^+	NaCl	酸性溶液

10.5 重量分析法

重量分析法(gravimetric analysis)是通过称量来确定被测组分含量的方法。根据被测组分与其他组分分离方法的不同,重量分析法分为沉淀法、气化法和电解法。最常用的是沉淀法。沉淀法一般先使被测组分从样品中沉淀出来,沉淀经过陈化、过滤、洗涤或灼烧之后,转化为一定的称量形式,然后称量,由所得的质量计算出待测组分的含量。

重量分析法直接用分析天平称量沉淀的质量,是常量分析法中准确度最好、精密度较高的方法,适用范围广,但操作烦琐、费时。

10.5.1 重量分析法对沉淀形式的要求

为了保证测定便于操作并具有足够的准确度,重量分析法对沉淀形式有如下要求:

(1) 沉淀的溶解度要小,这样才能使被测组分沉淀完全,不致因沉淀的溶解损失而影响测定的准确度;

(2) 沉淀形式要易于过滤和洗涤;

(3) 沉淀力求纯净,尽量避免混杂沉淀剂或其他杂质;

(4) 沉淀应易于转化为称量形式。

10.5.2 重量分析法对称量形式的要求

重量分析法对称量形式的要求:

(1) 称量形式必须有确定的化学组成且与化学式相符,否则无法计算出结果;

(2) 称量形式必须稳定,不受空气中水分、二氧化碳和氧气等组分的影响;

(3) 称量形式要具有较大的摩尔质量,这样可以减小称量误差,提高测定的准确度。

在重量分析法中,沉淀剂最好是易挥发的物质,这样干燥灼烧时,便可将它从沉淀中除去。另外,沉淀剂应具有较高的选择性。总的来说,无机沉淀剂的选择性较差,产生的沉淀溶解度较大,吸附杂质较多;而选用有机沉淀剂时,沉淀的溶解度一般很小,称量形式的摩尔质量较大,且过量的沉淀剂较易除去,因此有机沉淀剂被广泛应用。

从溶度积原理可知,沉淀剂的用量影响着沉淀的完全程度。为了沉淀完全,根据同离子效应,必须加入过量的沉淀剂以降低沉淀的溶解度。加大沉淀剂的用量,会因同离子效应使被测组分沉淀得更完全,但是若沉淀剂过多,反而由于盐效应等导致相反的结果。因此,在重量分析法中,应避免沉淀剂使用过多。一般挥发性沉淀剂过量50%~100%为宜,对非挥发性的沉淀剂一般则以过量20%~30%为宜。

10.5.3 沉淀的纯度和沉淀条件的选择

根据沉淀的物理性质,沉淀一般粗略地分为两类。一类是晶形沉淀(crystalline precipitates),如 $BaSO_4$;一类是无定形沉淀(amorphous precipitates),如 $Fe_2O_3 \cdot xH_2O$;而介于两者之间的是凝乳状沉淀(gelating precipitates),如 AgCl。生成的沉淀属于哪种类型,首先决定于沉淀的性质,但与沉淀的形成条件及沉淀的后处理也有密切的关系。一般总希望能得到颗粒比较大的晶形沉淀,便于过滤和洗涤,沉淀的纯度也比较高。

1. 沉淀的纯度

在重量分析中要求得到的沉淀是纯净的,但是沉淀从被测溶液中析出时,不可避免地或多或少夹带溶液中的其他组分。

(1) 影响沉淀纯度的因素　在一定的操作条件下,某些可溶性物质本身并不能析出沉淀,当溶液中一种物质形成沉淀时,它会随生成的沉淀一起析出,这种现象称作共沉淀(coprecipitation)。例如,将 H_2SO_4 加入 $FeCl_3$ 溶液,不会有 $Fe_2(SO_4)_3$ 沉淀出现,因为硫酸铁是易溶的。但是将 H_2SO_4 加入 $BaCl_2$ 和 $FeCl_3$ 的混合液中时,却发现 $BaSO_4$ 沉淀中或多或少地混杂有 $Fe_2(SO_4)_3$,这就是说可溶盐 $Fe_2(SO_4)_3$ 被 $BaSO_4$ 沉淀带下来,Fe^{3+} 与 Ba^{2+} 发生了共沉淀。发生共沉淀现象的原因有以下三种。

表面吸附引起的共沉淀:对于具有离子晶格的沉淀来说,表面吸附是由于离子的静电引力,使沉淀表面的杂质共沉淀。沉淀对杂质离子的吸附能力,主要取决于沉淀和杂质离子的性质。

包藏引起的共沉淀:在沉淀过程中,如果沉淀生长太快,吸附在沉淀表面的杂质还来不及离开沉淀表面就被随后生成的沉淀所覆盖,使杂质或母液被包藏在沉淀内部。这种现象称作包藏共沉淀(occlusion coprecipitation)。包藏在晶体内部的杂质很难用洗涤方法除去,可通过沉淀的陈化或重结晶的方法来减少。

生成混晶引起的共沉淀:如果溶液中的杂质离子与一种构晶离子的半径相近、电荷相同、晶体结构相似,则沉淀过程中,杂质离子可能取代构晶离子于晶格上,形成混晶共沉淀(mixed crystal coprecipitation)。常见的有 $BaSO_4$ 和 $PbSO_4$ 混晶、CaC_2O_4 和 SrC_2O_4 混晶、$MgNH_4PO_4$ 和 $MgNH_4AsO_4$ 混晶等。减少或消除混晶共沉淀的最好方法是将杂质预先分离除去。

后沉淀(post precipitation)是指一种本来难于析出沉淀的物质,或是形成过饱和溶液而不单独沉淀的物质,在另一种组分沉淀之后,也随后沉淀下来的现象。后沉淀引入的杂质量比共沉淀要多,而且沉淀放置时间越长,后沉淀越严重。避免或减少后沉淀的主要办法是缩短沉淀和母液的共置时间。

(2) 提高沉淀纯度的方法　为了得到纯净的沉淀,一般可采取如下措施。

选择适当的分析步骤:如果在分析试液中被测组分含量较少,而杂质含量较多时,则应使被测组分先沉淀下来。若先分离杂质,则由于大量沉淀的析出,会使部分被测组分发生共沉淀,从而引起分析结果不准确。

改变杂质离子的存在形式:如沉淀 $BaSO_4$ 时,将 Fe^{3+} 预先还原成不易被吸附的 Fe^{2+},可以减少共沉淀。

选用合适的沉淀剂:选用有机沉淀剂常能获得结构较好的沉淀,从而减少共沉淀。

再沉淀:将沉淀过滤洗涤之后,重新溶解,再进行第二次沉淀,这种操作称作再沉淀(reprecipitation)。由于沉淀重新溶解后,杂质浓度大大降低,再沉淀时带下的杂质就少得多。再沉淀对于除去表面吸附、包藏、后沉淀所带来的杂质特别有效。

选择适当的沉淀条件:适当控制溶液的浓度、温度、试剂的加入顺序、加入速度等。

2. 沉淀条件的选择

为了获得易于过滤、洗涤而且纯净的沉淀,应根据沉淀类型选择不同的沉淀条件。

(1) 晶形沉淀的沉淀条件　沉淀反应宜在适当的稀溶液中进行。这样在沉淀作用开始时,溶液的过饱和程度较小,得到的沉淀颗粒较大,吸附杂质较少。但是溶液不能太稀,如果溶液太稀,沉淀的溶解损失较多,由于溶解引起的损失可能会超过允许的分析误差范围。因此对于溶解度较大的沉淀,溶液不宜过分稀释。

不断搅拌下,逐滴加入沉淀剂。这样可以防止溶液局部过浓而生成大量的晶核,同时可以减少包藏。

沉淀作用应该在热溶液中进行。在热溶液中,沉淀的溶解度较大,溶液的相对过饱和度降低,有助于大颗粒沉淀的形成,同时加热可减少杂质的吸附。但在沉淀作用完毕后,应将溶液冷却后再过滤,以减少沉淀的溶解损失。

沉淀作用完毕,将生成的沉淀与母液一起放置一段时间,这个过程称为陈化。陈化可使微小晶体溶解,粗大晶体长得更大。因为同样条件下,小颗粒的溶解度大于大颗粒,因此小颗粒不断溶解,大颗粒不断长大。陈化可以使不完整的晶粒转化为完整的晶粒,使亚稳态的晶粒转化为稳定态的晶粒。加热和搅拌可以加快陈化的进行,例如,在室温下需要陈化数小时至数十小时,而加热搅拌时,陈化的时间可缩短为 1~2 h,甚至几十分钟。

长大的晶粒便于过滤和洗涤,晶形更加完整,包藏在沉淀内部的杂质可部分消除。但若有后沉淀现象,则不可陈化时间过长。

(2) 无定形沉淀的沉淀条件　无定形沉淀大多溶解度很小,很难通过减小溶液过饱和度来改变沉淀的物理性质。无定形沉淀的结构疏松、比表面大、吸附杂质多、容易形成胶体、不易过滤和洗涤。对于这种类型的沉淀,重要的是防止形成胶体溶液,加速颗粒的凝聚,同时尽量减少杂质的吸附。

沉淀反应应在较浓的溶液中进行,加入沉淀剂的速度可适当快些。因为溶液浓度大,离子的水合程度小,得到的沉淀致密。但此时吸附的杂质较多,因此在沉淀完毕后,要加入大量热水稀释，并充分搅拌，使被吸附在沉淀表面的杂质转移到溶液中去。

沉淀反应应在热溶液中进行。这样可以防止形成胶体，减少杂质的吸附，且得到的沉淀结构紧密。

沉淀时加入大量电解质或某些能引起沉淀微粒凝聚的胶体，使带电荷的胶体粒子凝聚、沉降。为了防止洗涤时发生胶溶现象，洗涤液中也加入适量的电解质。通常采用易挥发的铵盐或稀的强酸作洗涤液。

沉淀作用完毕后，静置数分钟，趁热立即过滤。否则，沉淀会失去水分而使沉淀聚集得十分紧密，使吸附的杂质反而更难洗去。沉淀时要一直搅拌，必要时进行再沉淀。

(3) 均匀沉淀法　在进行沉淀反应时，尽管沉淀剂是在搅拌下缓慢加入的，但仍难避免沉淀剂在溶液中局部过浓现象。为了消除这种现象，可改用均匀沉淀法。这个方法的特点是通过缓慢的化学反应过程，逐步地、均匀地在溶液中产生沉淀剂，使沉淀在整个溶液中均匀地缓慢地形成，从而使生成的沉淀颗粒较大，吸附的杂质较少，易于过滤和洗涤。该法已在生产实践中得到广泛应用。

例如，用均匀沉淀法测定 Ca^{2+}时，在含有 Ca^{2+}的微酸性溶液中加入过量沉淀剂$(NH_4)_2C_2O_4$，此时草酸根以 $HC_2O_4^-$ 和 $H_2C_2O_4$ 两种形式存在，不会产生沉淀。然后加入尿素，加热近沸，尿素慢慢发生水解产生 NH_3，反应如下：

$$CO(NH_2)_2+H_2O \xlongequal{} CO_2\uparrow+2NH_3$$

生成的 NH_3 与溶液中的 H^+结合，酸度逐渐降低，$C_2O_4^{2-}$ 的浓度逐渐增大，最后，CaC_2O_4 沉淀均匀而又缓慢地析出。在沉淀过程中，溶液的相对过饱和度始终是比较小的，所以可以得到粗大的晶形沉淀。

均匀沉淀法是一种改进的重量分析法，但也有烦琐、费时的缺点。得到的沉淀纯度并非都是很好的，对于能形成混晶共沉淀和后沉淀的情况并没有多大改善。另外长时间煮沸溶液，容易在器壁上沉积出一层致密的沉淀，往往不易取下。

10.5.4　重量分析结果的计算

若最后称量形式与被测成分不相同时，就要进行一定的换算。

测定样品中钡的含量时，最后的称量形式是 $BaSO_4$。此时被测成分与最后称量形式不相同，因此必须通过称量形式与沉淀的质量换算出被测组分的质量。

$$被测组分含量=\frac{称量形式的质量\times换算因数}{样品的质量}\times100\%$$

换算因数(conversion factor)也称化学因数，它是换算形式的摩尔质量与已知形式摩尔质量之比。在表示换算因数时，分子或分母必须乘上适当的系数，以使分子、分母中主要元素的原子数相等。

例如，将 Fe_2O_3 换算成 Fe_3O_4：

$$换算因数=\frac{2M(Fe_3O_4)}{3M(Fe_2O_3)}$$

在重量分析中，样品的称取量并不是任意的。为了操作方便而又确保准确度，对重量分析中要求得到沉淀的量有一定的范围要求。一般而言，晶形沉淀为 0.5 g 左右（称量形式）；无定形沉淀为 0.1~0.3 g。根据被测成分含量的估算，可以求出称取样品的大概质量。

例 10-8 在镁的测定中，先将镁离子沉淀为磷酸铵镁沉淀，过滤、洗涤，灼烧成 $Mg_2P_2O_7$，若称量得 $Mg_2P_2O_7$ 的质量为 0.351 5 g，则镁的质量为多少克？

解：镁的质量为

$$m(Mg)=0.351\ 5\ g\times\frac{2M(Mg)}{M(Mg_2P_2O_7)}=0.351\ 5\ g\times\frac{2\times24.305\ g\cdot mol^{-1}}{222.6\ g\cdot mol^{-1}}=0.076\ 8\ g$$

化学视野——纳米科技

纳米科技（nanotechnology）是一门应用科学，其目的在于研究纳米尺寸的物质和设备的设计方法、组成、特性及其应用。纳米科技是许多科学领域如生物、物理、化学等在技术上的次级分类，美国国家纳米科技启动计划将其定义为“1~100 nm 尺寸，尤其是现存科技在纳米规模时的延伸。”

纳米科技是尖端科技，却早就存在我们身边。比如荷叶表面的细致结构和粗糙度大小都在纳米尺度的范围内，所以不易吸附污泥灰尘。这种荷叶表面纳米化结构自我清洁的现象，被称作荷叶效应。

纳米科技的世界为原子、分子、高分子、量子点和高分子集合，并且被表面效应所控制，如范德瓦耳斯力、氢键、电荷、离子键、共价键、疏水性、亲水性和量子隧穿效应等，而惯性和湍流等巨观效应则小得可以被忽略掉。举个例子来说，当表面积对体积的比例急剧增大时，开启了如催化学等以表面为主的科学新的可能性。

对微小性的不断探究使得新的工具得以诞生，如原子力显微镜和扫描隧道显微镜等。结合如电子束微影之类的精确程序，这些设备使我们可以精密地研究和制作纳米结构的物质。纳米物质可以是从上到下制成（将块材缩至纳米尺度，主要方法是从块材开始通过切割、蚀刻、研磨等办法得到尽可能小的形状，比如超精度加工，难度在于得到的微小结构必须精确），也可以是从下到上制成（由一颗颗原子或分子来组成较大的结构，主要方法有化学合成、自组装和定点组装。难度在于宏观上要达到高效稳定的质量，都不只是进一步的微型化而已）。物体内电子的能量量子化也对材质的性质产生影响，称为量子尺度效应，描述物质内电子在尺度剧减后的物理性质。这一效应不是因为尺度由宏观变成微观而产生的，但是它确实在纳米尺度时起到了很重要的作用。物质在纳米尺度时，会和它们在宏观时有很大的不同，例如：不透明的物质会变成透明的（铜）、惰性的物质可以变成具备催化活性的催化剂（铂）、稳定的物质会变得易燃（铝）、固体在室温下会变成了液体（金）、绝缘体也会变成导体（硅）。

纳米科技的神奇来自其在纳米尺度下所拥有的量子和表面现象，并因此可能具有许多重要的应用和制造出许多有趣的物质。

在科学领域，纳米技术已成功用于包括医学、药学、化学及生物检测、制造业、光学和国防工业在内的许多领域。

具体表现为纳米技术在新材料中的应用,在微电子、电力等领域中的应用,在制造业中的应用,在生物、医药学中的应用,在化学、环境监测中的应用,在能源、交通等领域的应用,在农业中的应用,尤其在日常生活中的应用。

纳米技术在日常生活中的应用主要表现在以下几个方面。衣:在纺织和化纤制品中添加纳米微粒,可以除味杀菌。化纤布挺括结实,但有恼人的静电现象,加入少量金属纳米微粒就可消除静电现象。食:利用纳米材料,可以使冰箱抗菌。纳米材料做的无菌餐具、无菌食品包装用品已经面世。利用纳米粉末,可以使废水彻底变清水,完全达到饮用标准,纳米食品色香味俱全,还有益健康。住:纳米技术的运用,使墙面涂料的耐洗刷性可提高 10 倍。玻璃和瓷砖表面涂上纳米薄层,可以制成自洁玻璃和自洁瓷砖,根本不用擦洗。含有纳米微粒的建筑材料,还可以吸收对人体有害的紫外线。行:纳米材料可以提高和改进交通工具的性能指标。纳米陶瓷有望成为汽车、轮船、飞机等发动机部件的理想材料,能大大提高发动机效率、工作寿命和可靠性。纳米球润滑添加剂可以在机动车发动机加入,起到节省燃油、修复磨损表面、增强机车动力、降低噪声、减少污染物排放、保护环境的作用。纳米卫星可以随时向驾驶人员提供交通信息,帮助其安全驾驶。医:利用纳米技术制成的微型药物输送器,可携带一定剂量的药物,在体外电磁信号的引导下准确到达病灶部位,有效地起到治疗作用,并减轻药物的不良反应。用纳米制成的微型机器人,其体积小于红细胞,通过向病人血管中注射,能疏通脑血管的血栓,清除心脏动脉的脂肪和沉淀物,还可“嚼碎”泌尿系统的结石等。纳米技术将是健康生活的好帮手。

思考题

10-1　什么是溶解度?什么是溶度积?二者有什么关系?

10-2　什么是溶度积规则?请根据溶度积规则,解释下列实验现象。

(1) $Fe(OH)_3$ 沉淀能溶解于稀 HCl;

(2) CuS 不溶于稀 HCl 溶液中,却溶于 HNO_3 中;

(3) MnS 溶于 HAc,而 ZnS 不溶于 HAc 但能溶于稀 HCl 溶液中;

(4) AgCl 不溶于水,但可以溶于氨水中。

10-3　在福尔哈德法中,溶液中如果不加硝基苯,会产生什么误差?

10-4　试解释吸附指示剂指示终点的方法原理。

10-5　电解质 KI 和 $AgNO_3$ 对 AgI 的溶解度有什么影响?

10-6　重量分析法的一般误差来源是什么?怎样减少这些误差?

习题

第 10 章　习题答案

10-1　写出下列难溶电解质的溶度积常数表达式。

(1) AgBr　　(2) Ag_2S　　(3) Ag_3PO_4　　(4) $Fe(OH)_3$

10-2　分别计算下列难溶电解质的溶解度 s。

(1) Ag_3PO_4, $K_{sp}^{\ominus}=8.7\times10^{-17}$

(2) $PbBr_2$, $K_{sp}^{\ominus}=6.6\cdot10^{-6}$

(3) $Mg_3(PO_4)_2$, $K_{sp}^{\ominus}=1.0\times10^{-24}$

10-3　已知下列难溶电解质的溶解度,求它们的溶度积 $K_{sp}^{\ominus}$。

(1) $CsMnO_4$, 3.8×10^{-3} mol·L^{-1}

(2) $Pb(ClO_2)_2$, 2.8×10^{-3} mol·L^{-1}

(3) $In(IO_3)_3$, 1.0×10^{-3} mol·L^{-1}

10-4　假定 $Mg(OH)_2$ 在饱和溶液中完全电离,计算:

(1) $Mg(OH)_2$ 在水中的溶解度;

(2) $Mg(OH)_2$ 的饱和溶液中 Mg^{2+}、OH^-的浓度;

(3) $Mg(OH)_2$ 在 0.010 mol·L^{-1} NaOH 溶液中的溶解度;

(4) $Mg(OH)_2$ 在 0.010 mol·L^{-1} $MgCl_2$ 溶液中的溶解度。

10-5　已知 AgCl 在某温度下的溶解度为 0.000 179 g/(100 mL H_2O),求其溶度积。$M(AgCl)=$ 143.3 g·mol^{-1}。

10-6　在 20 mL 0.5 mol·L^{-1} $MgCl_2$ 溶液中加入等体积的 0.10 mol·L^{-1}的 $NH_3\cdot H_2O$,问有无 $Mg(OH)_2$ 沉淀生成?为了不使 $Mg(OH)_2$ 沉淀析出,至少应加入多少克 NH_4Cl 固体(设加入 NH_4Cl 固体后,溶液的体积不变)?

10-7　于 0.01 mol·L^{-1}CrO_4^{2-} 和 0.01 mol·L^{-1}SO_4^{2-} 的混合溶液中逐滴加入 0.50 mol·L^{-1} $Pb(NO_3)_2$ 溶液,问:

(1) 哪种离子先沉淀?

(2) 当第二种离子开始沉淀时,$c(Pb^{2+})$是多少?

(3) 两种离子是否完全分离?

10-8　一溶液中含有 Fe^{3+}和 Fe^{2+},它们的浓度均为 0.10 mol·L^{-1}。如果要求 $Fe(OH)_3$ 沉淀完全而Fe^{2+}不生成 $Fe(OH)_2$ 沉淀,问溶液的 pH 应控制为何值?

10-9　溶液中含有 Ag^+、Pb^{2+}、Ba^{2+}和 Sr^{2+},四种离子浓度均为 0.2 mol·L^{-1},如果向溶液中逐滴加入 K_2CrO_4 溶液,试计算说明四种离子沉淀顺序(忽略溶液体积变化)。

10-10　已知 $K_{sp}^{\ominus}(AgCl)=1.77\times10^{-10}$;$K_{sp}^{\ominus}(Ag_2CrO_4)=1.12\times10^{-12}$,设溶液中 Cl^- 和 CrO_4^{2-} 浓度均为 0.01 mol·L^{-1},当慢慢滴加 $AgNO_3$ 溶液时,AgCl 和 Ag_2CrO_4 哪个沉淀先析出?Ag_2CrO_4 沉淀时,溶液中的 Cl^- 是否沉淀完全?

10-11　若溶液中含有 Fe^{3+}和 Ni^{2+},且二者浓度均为 0.10 mol·L^{-1},需控制溶液的 pH 在什么范围才使 Fe^{3+}沉淀完全,而 Ni^{2+}不沉淀出来?已知 $K_{sp}^{\ominus}[Fe(OH)_3]=2.79\times10^{-39}$,$K_{sp}^{\ominus}[Ni(OH)_2]=5.48\times10^{-16}$。

10-12　一种混合溶液中含有 3.0×10^{-2} mol·L^{-1}的 Pb^{2+}和 2.0×10^{-2} mol·L^{-1}的 Cr^{3+},如向其中逐滴加入 NaOH(忽略溶液体积的变化),Pb^{2+}和 Cr^{3+}均有可能形成其氢氧化物沉淀。已知 $K_{sp}^{\ominus}[Pb(OH)_2]=1.2\times10^{-15}$,$K_{sp}^{\ominus}[Cr(OH)_3]=6.7\times10^{-31}$。

(1) 计算并说明那种离子先被沉淀?

(2) 如要分离这两种离子(当一种离子浓度低于 1.0×10^{-5} mol·L^{-1}时,认为沉淀完全),溶液的pH 应该控制在什么范围?

10-13　称取可溶性氯化物 0.236 6 g,加水溶解后,加入 0.110 0 mol·L^{-1}的 $AgNO_3$ 标准溶液 30.00 mL,过量的银用 0.110 0 mol·L^{-1} NH_4SCN 标准溶液滴定,用去 6.60 mL,计算样品中氯的质量分数。

10-14　称取 KCl 和 KBr 混合物 0.256 5 g,溶于水后用 0.100 8 mol·L^{-1}的 $AgNO_3$ 标准溶液滴定,用去 30.02 mL,计算混合物中 KCl 和 KBr 的质量分数。

第 11 章
氧化还原平衡与氧化还原滴定法
Oxidation-Reduction Equilibrium and Redox-Titration

学习要求：

1. 掌握氧化还原反应的基本概念和氧化还原反应的配平方法；
2. 理解电极电势的概念，能够使用能斯特方程计算电极电势；
3. 掌握电极电势在有关方面的应用；
4. 了解原电池电动势与吉布斯自由能变化的关系；
5. 理解元素电势图及其应用；
6. 掌握氧化还原滴定法的基本原理及高锰酸钾法、碘量法的实验条件和应用。

氧化还原反应是一类普遍存在且与生产实际和人们的日常生活密切相关的化学反应，如燃料燃烧、呼吸作用、光合作用、土壤反应和化肥生产等都涉及氧化还原反应。与非氧化还原反应（反应过程中反应物之间没有发生电子的转移的反应，如酸碱反应、沉淀反应等）相比，氧化还原反应过程中反应物之间发生了电子的转移。在此类反应基础上制成的原电池可将化学能直接转化为电能，降低能量损失；根据此类反应建立的滴定分析法称为氧化还原滴定法，能够直接或间接地测定许多无机物和有机物。本章主要介绍氧化还原反应的基本概念、原电池、电极电势、能斯特方程及氧化还原滴定法的基本原理和分析应用。

11.1 氧化还原反应的基本概念和反应方程式的配平

11.1.1 氧化还原反应

1. 氧化数

人们对氧化还原反应的认识经历了一个过程。最初把一种物质与氧结合的过程称为氧化（oxidation），把含氧物质失去氧的过程称为还原（reduction）。随着对化学反应的进一步研究，人们认识到还原反应的实质是得到电子的过程，而氧化反应的实质是失去电子的过程。在氧化还原反

应中，电子转移引起某些原子的价电子层结构发生变化，改变了这些原子的带电状态。为了描述原子的带电状态，表明元素被氧化的程度，提出了氧化数(oxidation number)的概念。1970年，国际纯粹与应用化学联合会(IUPAC)给出氧化数的严格定义和判断规则。氧化数是指某元素的一个原子所带的表观电荷数。该表观电荷数可通过假定把每一化学键的电子指定给电负性较大的原子而求得。确定氧化数的规则如下：

(1) 在单质中，元素的氧化数为零。

(2) 离子型化合物中，氧化数等于正负离子实际电荷数。

(3) 在单原子离子中，元素的氧化数等于离子所带的电荷数；在多原子离子中，各元素氧化数的代数和等于离子所带的电荷数；在中性分子中，所有元素氧化数的代数和等于零。

(4) 氢在化合物中的氧化数一般为+1。但在 NaH、CaH_2 等活泼金属氢化物中，氢的氧化数为-1。

(5) 氧在化合物中的氧化数通常为-2。但在 H_2O_2、Na_2O_2 等过氧化物中，氧的氧化数为-1。

根据以上规则，就可确定化合物或多原子离子中任一元素的氧化数。例如，在 H_2SO_4 中，设 S 的氧化数为 x，有 $(+1)\times2+x+(-2)\times4=0$，所以 $x=6$。

又如在 IO_4^- 中，I 的氧化数为 y，有 $y+(-2)\times4=-1$，所以 $y=+7$。

元素的氧化数与元素的化合价是两个完全不同的概念。氧化数并不是一个元素所带的真实电荷数，它是对元素外层电子偏离原子状态的人为规定值，是一种表观电荷数(或形式电荷数)。氧化数可以是整数，也可以是小数。化合价反映的是原子间形成化学键的能力，只能为正整数。

2. 氧化反应和还原反应

在引入氧化数的概念之后，元素的氧化数在反应前后发生变化的化学反应称为氧化还原反应(oxidation-reduction reaction)。氧化数升高的过程称为氧化，氧化数降低的过程称为还原。氧化与还原同时发生，相互依存。一种元素的氧化数升高，必然伴随着另一种元素氧化数的降低，且氧化数的升高值与氧化数的降低值必定相等。

在氧化还原反应中，氧化数升高的物质称为还原剂(reducing agent)。还原剂使另一种物质还原，其本身在反应中被氧化，它所对应的反应产物叫氧化产物。氧化数降低的物质称为氧化剂(oxidizing agent)，氧化剂使另一种物质氧化，其本身在反应中被还原，它所对应的反应产物叫还原产物。例如：

$$2KMnO_4+5H_2O_2+3H_2SO_4 \xlongequal{} 2MnSO_4+K_2SO_4+5O_2\uparrow+8H_2O$$

上述反应中，Mn 的氧化数从+7 降低到+2，所以 $KMnO_4$ 是氧化剂，氧化 H_2O_2，它本身被还原；同理，O 的氧化数从-1 升高到 0，所以 H_2O_2 是还原剂，还原 $KMnO_4$，它本身被氧化。虽然 H_2SO_4 也参加了反应，但其在反应前后氧化数并没有发生变化，通常称这类物质为介质。

若氧化剂和还原剂是同一物质，则这类氧化还原反应被称为自身氧化还原反应(auto-oxidation reduction reaction)。例如：

$$2KClO_3 = 2KCl + 3O_2$$

若某物质中同一元素同一氧化态的原子部分被氧化，部分被还原，这类氧化还原反应被称为歧化反应(disproportionation)。歧化反应是自身氧化还原反应的一种特殊类型。例如：

$$Cl_2 + H_2O = HClO + HCl$$

3. 氧化还原电对与半反应

任何一个氧化还原反应都可看作由氧化反应和还原反应两个半反应(half-reaction)组成。其中物质失去电子，氧化数升高的反应称为氧化反应；物质得到电子，氧化数降低的反应称为还原反应。例如，反应 $Cu^{2+} + Zn = Zn^{2+} + Cu$ 可看作由下列两个半反应组成：

氧化反应：$Zn - 2e^- = Zn^{2+}$

还原反应：$Cu^{2+} + 2e^- = Cu$

半反应中氧化数较高的物质被称为氧化态(如 Zn^{2+}、Cu^{2+})；氧化数较低的物质被称为还原态(如 Zn、Cu)。氧化态与还原态彼此依存，相互转化。这种同一元素氧化态物质与还原态物质构成的整体称为氧化还原电对(oxidation-reduction couples)，用"氧化态/还原态"的形式表示，如 Cu^{2+}/Cu、Zn^{2+}/Zn。一个氧化还原电对代表一个半反应，半反应可用下列通式表示：

$$\text{氧化态} + ne^- = \text{还原态}$$

11.1.2 氧化还原反应方程式的配平

配平氧化还原反应方程式的方法通常有两种：氧化数法和离子-电子法。氧化数法比较简便，而离子-电子法却能更清楚地反映氧化还原反应的本质。

1. 氧化数法

氧化数法是根据在氧化还原反应中，所有还原剂中元素氧化数升高的总数与所有氧化剂中元素的氧化数降低的总数相等的原则配平方程式。以铜与稀硝酸的反应为例，说明用此法配平氧化还原反应的基本步骤。

(1) 写出基本反应式，即写出反应物和它们的主要反应产物。反应物写在箭头符号的左边，反应产物写在箭头符号的右边。

$$Cu + HNO_3 \longrightarrow Cu(NO_3)_2 + NO\uparrow + H_2O$$

(2) 找出反应式中氧化数发生变化的元素(氧化剂、还原剂)，标出元素的氧化数和它的变化值。

$$Cu \longrightarrow Cu(NO_3)_2 \qquad Cu(0) \longrightarrow Cu(+2) \qquad 2-0=2$$

$$HNO_3 \longrightarrow NO \qquad N(+5) \longrightarrow N(+2) \qquad 2-5=-3$$

(3) 根据氧化剂中元素氧化数降低总数与还原剂中元素氧化数的升高总数相等的原则，找出氧化剂和还原剂前面的系数(最小公倍数)。

$$3Cu+2HNO_3 \longrightarrow 3Cu(NO_3)_2+2NO\uparrow+H_2O$$

（4）配平除氢、氧元素外其他元素的原子数（先配平氧化数有变化元素的原子数，后配平氧化数没有变化元素的原子数）。

$$3Cu+8HNO_3 \longrightarrow 3Cu(NO_3)_2+2NO\uparrow+H_2O$$

（5）配平氢，并找出参加反应（或生成）水的分子数。

$$3Cu+8HNO_3 \longrightarrow 3Cu(NO_3)_2+2NO\uparrow+4H_2O$$

（6）最后核对氧原子的个数，检查方程式两边各元素的数目是否相等。确定该方程式是否配平，最后将箭头改写为等号。

$$3Cu+8HNO_3 = 3Cu(NO_3)_2+2NO\uparrow+4H_2O$$

2. 离子-电子法（半反应法）

离子-电子法是根据在氧化还原反应中，氧化剂和还原剂得失电子数总数相等，反应前后各元素的原子总数相等的原则配平方程式。以硫酸介质中，高锰酸钾与草酸的反应为例，说明用离子-电子法配平氧化还原反应方程式的基本步骤。

（1）写出氧化还原反应的离子反应式。

$$MnO_4^-+H_2C_2O_4 \longrightarrow Mn^{2+}+CO_2\uparrow$$

（2）将总反应式分解为两个半反应。

氧化反应：$H_2C_2O_4 \longrightarrow CO_2\uparrow$

还原反应：$MnO_4^- \longrightarrow Mn^{2+}$

（3）分别配平两个半反应的原子数。

$$H_2C_2O_4 \longrightarrow 2CO_2\uparrow+2H^+$$

$$MnO_4^-+8H^+ \longrightarrow Mn^{2+}+4H_2O$$

（4）用电子配平电荷数。

$$H_2C_2O_4-2e^- \longrightarrow 2CO_2\uparrow+2H^+$$

$$MnO_4^-+8H^++5e^- \longrightarrow Mn^{2+}+4H_2O$$

（5）根据氧化剂与还原剂得失电子总数相等的原则，合并两个半反应，消去式中的电子。

$$2MnO_4^-+5H_2C_2O_4+6H^+ \longrightarrow 2Mn^{2+}+10CO_2\uparrow+8H_2O$$

（6）检查质量与电荷是否平衡，将离子反应式改写为分子反应式，将箭头改为等号。

$$2KMnO_4+5H_2C_2O_4+3H_2SO_4 = 2MnSO_4+K_2SO_4+10CO_2\uparrow+8H_2O$$

离子-电子法的关键是半反应方程式的书写。在配平半反应式时，如果氧化剂或还原剂与其产物中所含的氧原子数目不等，可以根据介质的酸碱性，分别在半反应式中加 H^+、OH^- 或 H_2O，使得半反应式两边的氢和氧的原子数相等。

11.2 化学电池

化学电池是化学能与电能相互转变的装置。每个电池由两支电极和适当的电解质溶液组成，化学电池分为原电池和电解池。

11.2.1 原电池

原电池(primary cell)是将化学能自发转变为电能的装置。

如将 Zn 片插入 $CuSO_4$溶液中，即发生以下氧化还原反应

$$Cu^{2+}+Zn \xlongequal{} Cu+Zn^{2+}$$

如图 11-1 所示，$CuSO_4$溶液的蓝色逐渐变淡，红色的金属铜不断地沉积在 Zn 片上；同时，Zn 片不断地向溶液中溶解。由于反应中 Zn 片和 $CuSO_4$溶液直接接触，电子直接由 Zn 片转移给 Cu^{2+}，化学能以热的形式与环境发生交换。

图 11-1 Zn 片插入 $CuSO_4$溶液中的现象

可将 Zn 片插入 $ZnSO_4$溶液中，Cu 片插入 $CuSO_4$溶液中，两个容器通过 U 形管连接，金属片之间用导线连接，并串联一个电流计，如图 11-2 所示。其中，U 形管中装满用饱和 KCl 溶液和琼脂制成的冻胶，称其为盐桥。当线路接通后，检流计上的指针立刻发生偏转，说明导线上有电流通过；从指针偏转的方向可以看出，电流是由 Cu 极流向 Zn 极，或者电子由 Zn 极流向 Cu 极。同时，还可以观察到，Zn 片慢慢溶解，Cu 片上有金属 Cu 析出，说明发生了上述相同的氧化还原反应。这种能把化学能转化为电能的装置称为原电池。

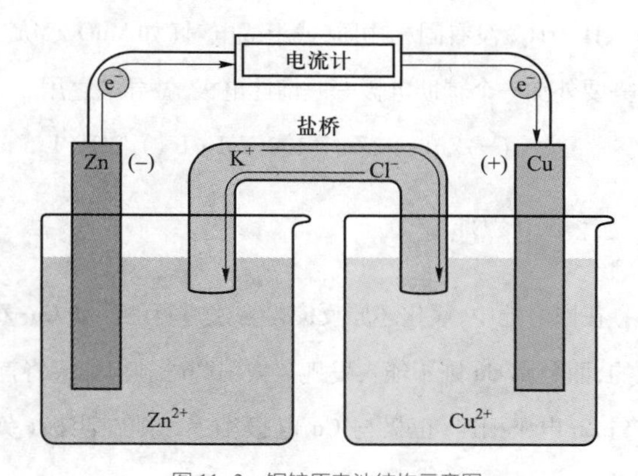

图 11-2 铜锌原电池结构示意图

原电池中，电子流入的电极为正极，电子流出的电极为负极。原电池正极发生还原反应，负极发生氧化反应。盐桥的作用是保持溶液中的电荷平衡，使反应能持续进行。如在上述 Cu-Zn 原电池中，当反应进行时，Zn 片上的 Zn 原子以 Zn^{2+}形式进入溶液，则 $ZnSO_4$溶液中正电荷增加；同时，Cu^{2+}在铜片上析出，使 $CuSO_4$溶液中负电荷增加。盐桥将 $ZnSO_4$溶液和 $CuSO_4$溶液连接在一起，因此盐桥中的 Cl^-向 $ZnSO_4$溶液移动，K^+向 $CuSO_4$溶液中移动，从而使外电路的电流得以维持。

原则上，任一自发的氧化还原反应都可以被设计成原电池。每一个原电池由两个半电池组成，半电池又叫电极。氧化半反应和还原半反应分别在两个电极上进行。如在 Cu-Zn 原电池中：

负极(Zn)： $Zn-2e^- \longrightarrow Zn^{2+}$ 氧化反应

正极(Cu)： $Cu^{2+}+2e^- \longrightarrow Cu$ 还原反应

电池反应： $Cu^{2+}+Zn \longrightarrow Cu+Zn^{2+}$

通常用电池符号来表示一个原电池的组成。电池符号的书写规定如下：

(1) 将发生氧化反应的负极写在左边，发生还原反应的正极写在右边，并在两边加上(-)、(+)号；

(2) 正负极之间用盐桥“‖”隔开，两相界面用符号“|”表示，同相中具有不同物种时，用“ ,”隔开；

(3) 离子靠近盐桥，气体和固体靠近电极，溶液和气体要分别注明 c(溶液浓度)和 p(气体分压)；

(4) 电极组成中若无导电固体，应插入惰性电极(如 Pt 或石墨)

如 Cu-Zn 原电池的电池符号为

$$(-)Zn(s)\,|\,ZnSO_4(c_1)\,\|\,CuSO_4(c_2)\,|\,Cu(s)(+)$$

在此原电池中，两个电极的组成中本身存在着固相导电组分。而当原电池组成电对(如 Fe^{3+}/Fe^{2+}、H^+/H_2)没有固相物质，或组成电对(如 MnO_2/Mn^{2+})中固相物质本身不导电，不能用作电极，则需要外加一个辅助电极——惰性电极，做导电之用。如：

$$(-)Zn(s)\,|\,Zn^{2+}(1.2\ mol\cdot L^{-1})\,\|\,H^+(1.5\ mol\cdot L^{-1})\,|\,H_2(90\ kPa),Pt(+)$$

11.2.2 电解池

在原电池中，氧化还原反应是自发进行的。如 Cu-Zn 原电池中，金属 Zn 置换 Cu^{2+}的反应是自发的，而金属 Cu 则不能自发地置换出 Zn^{2+}。但如果将直流电源与 Cu-Zn 原电池相连接，电源的负极与 Zn 电极相连，正极与 Cu 电极相连。则在阴极(负极)上发生了还原反应，有金属 Zn 沉积出来：

$$Zn^{2+}+2e^- \longrightarrow Zn$$

阳极(正极)上同时发生了氧化反应，有金属 Cu 溶解：

$$Cu-2e^- \longrightarrow Cu^{2+}$$

这种利用电能发生氧化还原反应的装置被称为电解池(electrolytic cell)。在电解池中,电能转变为化学能。

电解池由外加电源、电解质溶液、阴阳电极构成。使电流通过电解质溶液而在阴、阳两极上引起氧化还原反应的过程称作电解,它的原理是当离子到达电极时,失去或获得电子,发生氧化还原反应的过程,阴极与电源负极相连,发生还原反应;阳极与电源正极相连,发生氧化反应。电解的结果在两极上有新物质生成。通常在阳极活泼金属较阴离子更容易失去电子;在阴极金属活泼性排在后面的较容易得到电子。电解的目的是在通常情况下不发生变化的物质发生氧化还原反应,得到所需的化工产品、进行电镀以及冶炼活泼的金属,在金属的保护方面也有一定的用处。例如,工业制氯碱,就是电解饱和的食盐水从而制取氯气、氢气和烧碱。

饱和食盐水溶液中存在 Na^+ 和 Cl^- 及水电离产生的 H^+ 和 OH^-。其中氧化性 $H^+ > Na^+$,还原性 $Cl^- > OH^-$。所以 H^+ 和 Cl^- 先放电(即发生还原或氧化反应)。

阴极:$2H^+ + 2e^- = H_2\uparrow$ (还原反应)

阳极:$2Cl^- - 2e^- = Cl_2\uparrow$ (氧化反应)

总反应的化学方程式:$2NaCl + 2H_2O \xlongequal{通电} 2NaOH + H_2\uparrow + Cl_2\uparrow$

用离子方程式表示:

$$2Cl^- + 2H_2O \xlongequal{通电} 2OH^- + H_2\uparrow + Cl_2\uparrow$$

11.2.3 化学电池电极及分类

组成一个化学电池的重要部件是电极,根据组成电极物质的状态不同可将电极分为四类。

1. 金属电极

金属与其金属离子溶液组成的体系构成金属电极,金属与溶液中相应的金属离子之间传递电子。其电极电位决定于该金属离子的活度。例如,对于金属 M 和金属离子 M^{n+} 溶液组成的体系,存在如下氧化还原反应:

$$M^{n+} + ne^- = M$$

构成 Cu-Zn 原电池的两个电极都是金属电极。锌电极:$Zn^{2+}(c_1) \mid Zn$,铜电极:$Cu^{2+}(c_2) \mid Cu$。这类金属电极主要有 Ag、Cu、Zn、Cd、Pb 等电极。

2. 金属-金属难溶盐电极

金属被其难溶盐覆盖,并浸在与此难溶盐有相同阴离子的可溶盐溶液中构成的电极,称为金属-金属难溶盐电极。例如,银-氯化银电极 $Ag(s) \mid AgCl(s) \mid Cl^-(c)$、甘汞电极 $Pt \mid Hg(l) \mid Hg_2Cl_2(s) \mid Cl^-(c)$。其电极如果发生还原反应分别为

$$AgCl(s)+e^- \longrightarrow Ag(s)+Cl^-(c)$$

$$Hg_2Cl_2(s)+2e^- \longrightarrow 2Hg(l)+2\,Cl^-(c)$$

因为这类电极制作简单、使用方便,并符合参比电极的性能要求,已代替了标准氢电极。

3. 离子电极

由一种惰性电极浸入到同一元素两种不同价态离子的溶液中所构成的电极,称为离子电极。如电极$Pt|Fe^{3+}(c_1),Fe^{2+}(c_2)$等,其电极发生的还原反应为

$$Fe^{3+}(c_1)+e^- \longrightarrow Fe^{2+}(c_2)$$ 。

4. 气体电极

一种金属导体同时接触气体和含有其他离子的溶液所构成的电极,称为气体电极。气体分子与溶液中相应的离子在气-液相之间传递电子。氢电极和氯电极是典型的气体电极,电极符号分别为:$Pt|H_2(p)|H^+(c)$, $Pt|Cl_2(p)|Cl^-(c)$。

11.3 电极电势

11.3.1 电极电势的产生

MOOC 同步资源

用导线连接铜锌原电池的两个电极有电流产生,说明两电极之间存在着一定的电势差。单个电极的电势可通过德国化学家能斯特(Nernst)在1889年提出的双电层理论进行解释(如图11-3所示)。

金属是由金属离子和自由电子组成。把金属插入其盐溶液中,在金属与其盐溶液的界面上就会发生两种倾向[如图11-3(a)所示]:一种是金属表面的金属离子因热运动和受到极性水分子的吸引,脱离金属表面进入溶液形成水合离子,即为金属的溶解倾向;另一种是金属水合离子受到金属表面自由电子的吸引和盐溶液中其他离子的排斥作用,趋向于向金属表面沉积,即为金属的沉积倾向。当金属在溶液中溶解与沉积的速率相等时,

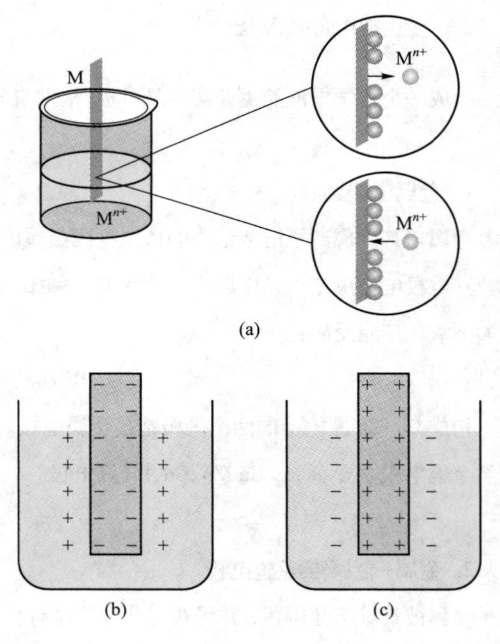

图 11-3 双电层的形成过程示意图

达到如下动态平衡：

$$M \rightleftharpoons M^{n+}(aq)+ne^-$$

金属越活泼，溶液浓度越稀，溶解倾向就越大。达到平衡时，金属表面带负电荷，盐溶液带正电荷；但盐溶液中的正电荷并不是均匀分布，而是受到负电荷的吸引集中在金属片周围，形成一种双电层结构[如图 11-3(b)所示]。金属越不活泼，溶液浓度越大，沉积倾向就越大。达到平衡时，金属表面带正电荷，盐溶液带负电荷；同样盐溶液中的负电荷并不是均匀分布，而是受到正电荷的吸引集中在金属片周围，也形成双电层结构[如图 11-3(c)所示]。无论形成上述的哪一种双电层，双电层的厚度都很小(约为 10nm 数量级)，但金属和溶液之间都可产生电势差。这种在金属和它的盐溶液之间因形成双电层而产生的电势差叫做金属的平衡电极电势，简称电极电势(electrode potential)，以符号 E 表示，单位为 V(伏)。如锌的电极电势表示用 $E(Zn^{2+}/Zn)$ 表示，铜的电极电势用 $E(Cu^{2+}/Cu)$ 表示。由电极电势的形成原因可知，电极电势的大小主要取决于电极的本性，并受温度、介质和离子浓度等因素的影响。

11.3.2 标准电极电势及其测定

标准电极电势(standard electrode potential)是指电极处于标准状态时的电极电势。电极的标准态是指组成电极的有关离子浓度为 1 $mol \cdot L^{-1}$，气体的分压为 100 kPa，液体或固体为纯净状态。标准电极电势仅取决于电极的本性。电极电势的绝对值至今无法测量，只能选定某种电极作为标准，求得电极电势的相对值。通常选用标准氢电极(standard hydrogen electrode)和甘汞电极(calomel electrode)作为标准。

1. 标准氢电极

标准氢电极的装置如图 11-4 所示。在指定温度下，将涂有铂黑的铂片插入氢离子浓度为 1 $mol \cdot L^{-1}$ 硫酸中，不断通入压强为 100 kPa 的纯氢气流，使铂黑吸附的氢气达到饱和。这时，吸附在铂黑上的氢气与溶液中的氢离子间建立了如下的动态平衡：

$$2H^+(aq)+2e^- \rightleftharpoons H_2$$

此时产生在标准氢电极与硫酸溶液间的电势差就是标准氢电极的电极电势。电化学上规定，标准氢电极的电极电势为 0.0000V。标准氢电极记作：$H^+(1mol \cdot L^{-1})\,|\,H_2(100\ kPa)\,|\,Pt$。

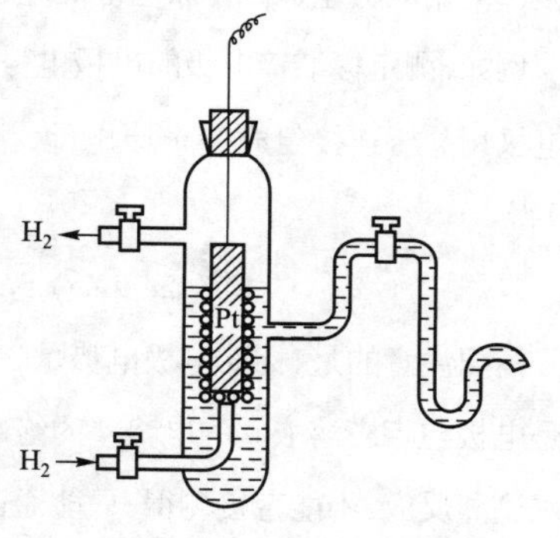

图 11-4　标准氢电极

2. 甘汞电极

由于标准氢电极使用不方便，需要随时准备好一个纯净的氢气源，并准确控制通入的压力为

100 kPa,并且对溶液的纯度要求较高,否则会使铂电极失效,影响电极电势的准确测量。所以在实际测定电极电势时,一般实验室中并不直接使用标准氢电极作为参比电极,而是采用甘汞电极作参比电极。甘汞电极的电极电势最初也是借助标准氢电极来确定的。

甘汞电极制备容易,使用方便。常用的甘汞电极如图 11-5 所示,主要是由金属汞(Hg)、固体甘汞(Hg_2Cl_2)和氯化钾(KCl)溶液等组成。在一定温度下,当溶液中的 Cl^- 浓度固定时,甘汞电极具有确定的电极电势,可以作为参比电极。不同 KCl 浓度对应的甘汞电极的电极电势如表 11-1 所示。

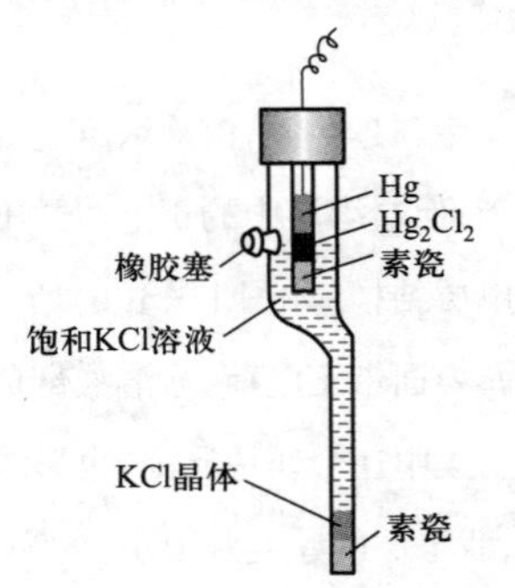

图 11-5 甘汞电极示意图

表 11-1 常用甘汞电极的电极电势(298.15K,水溶液)

电极名称	电极组成	电极电势 E/V
饱和甘汞电极	$Hg(l) \mid Hg_2Cl_2(s) \mid KCl$ (饱和,2.8 $mol \cdot L^{-1}$)	+0.241 5
1.0 $mol \cdot L^{-1}$甘汞电极	$Hg(l) \mid Hg_2Cl_2(s) \mid KCl$ (1 $mol \cdot L^{-1}$)	+0.280 1
0.1 $mol \cdot L^{-1}$甘汞电极	$Hg(l) \mid Hg_2Cl_2(s) \mid KCl$ (0.1 $mol \cdot L^{-1}$)	+0.333 7

3. 标准电极电势的测定

用标准氢电极或饱和甘汞电极与各种标准状态下的电极组成原电池,测得这些电池的电动势,可计算出各种电极的标准电极电势,用符号 $E^{\ominus}$ 表示。标准电极电势的测定按以下步骤进行:

(1) 以待测的标准电极为正极,标准氢电极或饱和甘汞电极为负极,组成原电池;

(2) 用电势差计测得原电池的电动势。

例如,测定标准锌电极的电极电势是将纯净的锌片插入 1 $mol \cdot L^{-1}$ $ZnSO_4$溶液中,将它与标准氢电极用盐桥连接组成一个原电池,测得其电动势为-0.762V。由 $E^{\ominus}_{MF}=E^{\ominus}(Zn^{2+}/Zn)-E^{\ominus}(H^+/H_2)$得

$$E^{\ominus}(Zn^{2+}/Zn)=E^{\ominus}(H^+/H_2)+E^{\ominus}_{MF}=0-0.762=-0.762\ V$$

需要注意的是,标准电极电势是一个相对值,实际上是该电极与氢电极组成电池的电动势,而不是电极与相应溶液间的电势差的绝对值。理论上可测得各种电极的标准电极电势,但有些电极与水剧烈反应,不能直接测得,只能通过热力学数据间接求得。

11.3.3 电极电势与吉布斯自由能的关系

同步资源

根据热力学原理,恒温恒压条件下,反应体系吉布斯自由能的降低值等于体系所做的最大有用功。在电池反应中,若有用功只有电功一种,那么反应的吉布斯自由能的降低值就等于电池做的电功。

$$-\Delta_r G_m = W = nFE_{MF} = nF(E_+ - E_-)$$

式中:F 为法拉第(Faraday)常数,为 96 485 C · mol^{-1},n 为电池反应中转移电子的物质的量。

若电池中所有物质都处于标准状态下,电池的电动势就是标准电动势。这时吉布斯自由能变化就是标准吉布斯自由能变化。

$$-\Delta_r G_m^{\ominus} = W = nFE_{MF}^{\ominus} = nF(E_+^{\ominus} - E_-^{\ominus}) \quad (11-1)$$

这个关系式把热力学和电化学联系起来。根据原电池的电动势,可以求出该电池的最大电功,以及反应的吉布斯自由能变化;反之,已知某个反应的吉布斯自由能变化,就可求得该反应所构成原电池的电动势。

例 11-1 利用热力学数据计算 $E^{\ominus}(Zn^{2+}/Zn)$。

解:将 Zn^{2+}/Zn 电对与 H^+/H_2 电对组成原电池。电池反应式为

$$Zn + 2H^+ \longrightarrow Zn^{2+} + H_2$$

根据化学热力学所学内容计算该反应的 $\Delta_r G_m^{\ominus} = -147\ kJ \cdot mol^{-1}$

根据 $\Delta_r G_m^{\ominus} = -nF[E^{\ominus}(H^+/H_2) - E^{\ominus}(Zn^{2+}/Zn)]$

得 $E^{\ominus}(Zn^{2+}/Zn) = E^{\ominus}(H^+/H_2) + \dfrac{\Delta_r G_m^{\ominus}}{nF} = 0.000\ 0\ V + \dfrac{-147\times10^3}{2\times964\ 85} V = -0.762\ V$

11.4 非标准电极电势和影响因素

11.4.1 能斯特方程

标准电极电势通常是在标准状态下及温度为 298.15K 时测定的。如果温度、浓度、压力等任一条件发生改变,则电对的电极电势也将随之改变。

MOOC
同步资源

在化学平衡的学习中可知,非标准态下的 $\Delta_r G(T)$ 与标准态下的 $\Delta_r G^{\ominus}(T)$ 有如下的关系:

$$\Delta_r G(T) = \Delta_r G^{\ominus}(T) + RT\ln J \quad (11-2)$$

据此可推出非标准态下的 E 与标准态下的 $E^{\ominus}$ 之间的关系。

对于任意一个氧化还原反应可以设计成原电池,那么对应的电极反应、电池反应分别为

正极 $$e\mathrm{Ox}_1 + ne^- \longrightarrow f\mathrm{Red}_1$$

负极 $$c\mathrm{Red}_2 - ne^- \longrightarrow d\mathrm{Ox}_2$$

总反应 $$e\mathrm{Ox}_1 + c\mathrm{Red}_2 \longrightarrow d\mathrm{Ox}_2 + f\mathrm{Red}_1$$

在一定温度和压力下,当原电池可逆放电时,

$$\Delta_r G_m = -nFE_{MF} \quad \Delta_r G_m^{\ominus} = -nFE_{MF}^{\ominus} \quad (11-3)$$

将式(11-3)代入式(11-2)有

$$-nFE_{MF} = -nFE_{MF}^{\ominus} + RT\ln J$$

J 为反应商,整理上式得

$$E_{MF}=E_{MF}^{\ominus}-\frac{2.303RT}{nF}\lg\frac{\{a(Ox_2)\}^d\{a(Red_1)\}^f}{\{a(Ox_1)\}^e\{a(Red_2)\}^c} \tag{11-4}$$

从式(11-4)不难得出

$$E_+=E_+^{\ominus}+\frac{2.303RT}{nF}\lg\frac{\{a(Ox_1)\}^e}{\{a(Red_1)\}^f}$$

$$E_-=E_-^{\ominus}+\frac{2.303RT}{nF}\lg\frac{\{a(Ox_2)\}^d}{\{a(Red_2)\}^c} \tag{11-5}$$

因此,对于任意一个电极反应

$$p\mathrm{Ox}_1+ne^-=\!=\!=q\mathrm{Red}_1$$

非标准状态下的电极电势 E 为

$$E=E^{\ominus}+\frac{2.303RT}{nF}\lg\frac{\{a(Ox_1)\}^p}{\{a(Red_1)\}^q} \tag{11-6}$$

式(11-6)称为能斯特方程,它综合说明了温度、浓度、压力等条件对电极电势的影响。

当 T=298.15K 时,

$$E=E^{\ominus}+\frac{0.059\text{ V}}{n}\lg\frac{\{a(Ox_1)\}^p}{\{a(Red_1)\}^q} \tag{11-7}$$

式中 a 为溶液的活度。如果不考虑副反应和离子强度的影响,活度可用浓度 c 替代。

11.4.2 影响电极电势的因素

根据能斯特方程,影响电极电势的因素主要包括氧化态和还原态的浓度、温度及能够影响氧化态和还原态的浓度的其他因素(如酸度)。通常用到的电极电势主要指温度为 298.15K 时的电极电势,因此此处主要讨论氧化态和还原态的浓度、酸度对电极电势的影响。

1. 浓度对电极电势的影响

对一个指定的电极反应,由能斯特方程可以看出,氧化态物质的浓度越大,则电极电势 E 值越大,即电对中氧化态物质的氧化性越强,而相应的还原态物质是弱还原剂;相反,还原态物质的浓度越大,则电极电势 E 值越小,即电对中还原态物质的还原性越强,而相应的氧化态物质是弱氧化剂。电对中的氧化态或还原态物质的浓度或分压常因难溶化合物或配合物等的生成而发生改变,使电极电势受到影响。

例 11-2　已知 $Fe^{3+}+e^-\rightleftharpoons Fe^{2+}$, $E^{\ominus}(Fe^{3+}/Fe^{2+})=0.769$ V。

(1) 求 $c(Fe^{3+})=1.0\ mol\cdot L^{-1}$, $c(Fe^{2+})=0.01\ mol\cdot L^{-1}$时的 $E(Fe^{3+}/Fe^{2+})$;

(2) 若向溶液中加入 NaOH 固体,当沉淀反应完全后,保持 OH^-浓度为 $1.0\ mol\cdot L^{-1}$,计算此时 $E(Fe^{3+}/Fe^{2+})$为多少?

(3) 若向溶液中加入 KCN 溶液并保持其浓度为 $1.0\ mol\cdot L^{-1}$,当配位反应完全后的 $E(Fe^{3+}/Fe^{2+})$为多少?

解:(1) $E(Fe^{3+}/Fe^{2+})=E^{\ominus}(Fe^{3+}/Fe^{2+})+0.059\text{ V}\lg\frac{c(Fe^{3+})}{c(Fe^{2+})}=\left(0.769+0.059\lg\frac{1.0}{0.01}\right)\text{V}=0.887\text{ V}$

（2）当加入 NaOH 溶液后，发生如下反应：

$$Fe^{3+}+3OH^- \rightleftharpoons Fe(OH)_3(s) \quad Fe^{2+}+2OH^- \rightleftharpoons Fe(OH)_2(s)$$

当 NaOH 为 1.0 mol L^{-1}时，则有

$$c(Fe^{3+})=\frac{K_{sp}^{\ominus}[Fe(OH)_3]}{c^3(OH^-)}=\frac{2.8\times10^{-39}}{1.0^3}\ mol\cdot L^{-1}=2.8\times10^{-39}\ mol\cdot L^{-1}$$

$$c(Fe^{2+})=\frac{K_{sp}^{\ominus}[Fe(OH)_2]}{c^2(OH^-)}=\frac{4.9\times10^{-17}}{1.0^2}\ mol\cdot L^{-1}=4.9\times10^{-17}\ mol\cdot L^{-1}$$

$$E(Fe^{3+}/Fe^{2+})=E^{\ominus}(Fe^{3+}/Fe^{2+})+0.059\ V\ lg\frac{c(Fe^{3+})}{c(Fe^{2+})}=\left(0.769+0.059\ lg\frac{2.8\times10^{-39}}{4.9\times10^{-17}}\right)V=-0.543\ 4\ V$$

（3）当加入 KCN 溶液后，发生如下反应：

$$Fe^{3+}+6CN^- \rightleftharpoons [Fe(CN)_6]^{3-} \quad Fe^{2+}+6CN^- \rightleftharpoons [Fe(CN)_6]^{4-}$$

当配位反应完全后，$c\{[Fe(CN)_6]^{3-}\}=1.0\ mol\cdot L^{-1}$，$c\{[Fe(CN)_6]^{4-}\}=0.01\ mol\cdot L^{-1}$，$c(CN^-)=1.0\ mol\cdot L^{-1}$则有

$$c(Fe^{3+})=\frac{c\{[Fe(CN)_6]^{3-}\}}{K_f\{[Fe(CN)_6]^{3-}\}c^6(CN^-)}=\frac{1.0}{4.1\times10^{52}\times1.0^6}\ mol\cdot L^{-1}=\frac{1}{4.1\times10^{52}}\ mol\cdot L^{-1}$$

$$c(Fe^{2+})=\frac{c\{[Fe(CN)_6]^{4-}\}}{K_f\{[Fe(CN)_6]^{4-}\}c^6(CN^-)}=\frac{0.01}{4.2\times10^{45}\times1.0^6}\ mol\cdot L^{-1}=\frac{1}{4.2\times10^{47}}\ mol\cdot L^{-1}$$

$$E(Fe^{3+}/Fe^{2+})=E^{\ominus}(Fe^{3+}/Fe^{2+})+0.059\ V\ lg\frac{c(Fe^{3+})}{c(Fe^{2+})}=0.769\ V+0.059\ V\ lg\frac{(1/4.1\times10^{52})}{(1/4.2\times10^{47})}=0.475\ V$$

由以上的计算可以得出如下结论：

（1）如果电对中氧化态生成难溶化合物，使得氧化态的浓度降低，则电极电势变小；反之，如果电对中还原态生成难溶化合物，使得还原态的浓度降低，则电极电势变大。当电对中的氧化态、还原态同时生成难溶化合物时，并且沉淀完全后，沉淀剂的浓度为 1.0 mol · L^{-1}，如果 $K_{sp}^{\ominus}$(氧化态)大于 $K_{sp}^{\ominus}$(还原态)，则电极电势变大；反之，则变小。

（2）如果电对中氧化态生成配合物，使得氧化态的浓度降低，则电极电势变小；反之，如果电对中还原态生成配合物，使得还原态的浓度降低，则电极电势变大。当电对的氧化态和还原态同时生成配合物时，并且配位完全后，配位剂的浓度为 1.0 mol · L^{-1}，如果 $K_f^{\ominus}$(氧化态)大于 $K_f^{\ominus}$(还原态)，则电极电势变小；反之，则变大。

2. 酸度对电极电势的影响

如果电极反应中有 H^+或 OH^-参与，也就是说如果改变反应介质的酸度，电极电势也会随之发生改变，从而影响了电对中各物质的氧化或者还原能力。

例 11-3　已知 $Cr_2O_7^{2-}+14H^++6e^- \rightleftharpoons 2Cr^{3+}+7H_2O$，$E^{\ominus}=1.33$ V。其他条件同标准态，求 pH=2，pH=4 时的电极电势。

解：$c(Cr_2O_7{}^{2-})=c(Cr^{3+})=1.0\ mol\ L^{-1}$，

当 pH=2 时，$c(H^+)=1.0\times10^{-2}\ mol\cdot L^{-1}$

$$E=E^{\ominus}+\frac{0.059\ V}{6}lg\frac{c(Cr_2O_7^{2-})c^{14}(H^+)}{c^2(Cr^{3+})}=1.33\ V+\frac{0.059\ V}{6}lg(1.0\times10^{-2})^{14}=1.06\ V$$

当 pH=4 时，$c(H^+)=1.0\times10^{-4}\ mol\cdot L^{-1}$

$$E=E^{\ominus}+\frac{0.059\ V}{6}\lg\frac{c(Cr_2O_7^{2-})c^{14}(H^+)}{c^2(Cr^{3+})}=1.33\ V+\frac{0.059\ V}{6}\lg(1.0\times10^{-4})^{14}=0.78\ V$$

以上计算表明，$K_2Cr_2O_7$的氧化能力与介质的酸度有关。介质的酸度增加，$K_2Cr_2O_7$的氧化能力增强；反之减弱。

11.4.3 条件电极电势

能斯特方程中涉及的物质需要以活度表示，而在实际工作中，我们知道的是各种物质的浓度。若以浓度代替活度，就必须引入相应的活度系数 $\gamma(Ox)$，$\gamma(Red)$。若考虑到副反应的发生，还必须引入相应的副反应系数 $\alpha(Ox)$，$\alpha(Red)$。此时：

$$a(Ox)=c(Ox)\gamma(Ox)/\alpha(Ox) \tag{11-8}$$

$$a(Red)=c(Red)\gamma(Red)/\alpha(Red) \tag{11-9}$$

式中 $c(Ox)$，$c(Red)$分别表示氧化态和还原态的分析浓度，将以上关系代入能斯特方程，得

$$E=E^{\ominus}+\frac{0.059\ V}{n}\lg\frac{\gamma(Ox)\alpha(Red)c(Ox)}{\gamma(Red)\alpha(Ox)c(Red)}=E^{\ominus}+\frac{0.059\ V}{n}\lg\frac{\gamma(Ox)\alpha(Red)}{\gamma(Red)\alpha(Ox)}+\frac{0.059\ V}{n}\lg\frac{c(Ox)}{c(Red)} \tag{11-10}$$

当溶液中离子强度很大时，γ 值不易求得；当副反应很多时，α 值求算很麻烦，因此引入条件电极电势。

当 $c(Ox)=c(Red)=1\ mol\cdot L^{-1}$时

$$E=E^{\ominus}+\frac{0.059\ V}{n}\lg\frac{\gamma(Ox)\alpha(Red)}{\gamma(Red)\alpha(Ox)}=E^{\ominus'} \tag{11-11}$$

$E^{\ominus'}$称为条件电极电势(conditional electrode potential)，是指在特定条件下，氧化态与还原态的分析浓度都为 1 $mol\cdot L^{-1}$时的实际电极电势。条件不同，$E^{\ominus'}$也就不同。$E^{\ominus'}$反映了离子强度及各种副反应影响的总结果，只有在实验条件不变的情况下，$E^{\ominus'}$才是一个常数，故称为条件电极电势。

在处理氧化还原反应的电势计算时，应尽量采用条件电极电势。若没有所需条件下的条件电极电势，可采用相近条件下的条件电极电势，甚至用标准电极电势代替条件电极电势。

例 11-4 计算 1 $mol\cdot L^{-1}$ HCl 溶液中，$c[Ce(Ⅳ)]=0.1\ mol\cdot L^{-1}$，$c[Ce(Ⅲ)]=1.0\times10^{-3}\ mol\cdot L^{-1}$时 Ce(Ⅳ)/Ce(Ⅲ) 电对的电极电势。

解：在 1 $mol\cdot L^{-1}$ HCl 溶液中，Ce(Ⅳ)/Ce(Ⅲ)电对的条件电极电势为 1.28 V，则

$$E=E^{\ominus'}[Ce(Ⅳ)/Ce(Ⅲ)]+0.059\ V\lg\frac{c[Ce(Ⅳ)]}{c[Ce(Ⅲ)]}=1.28\ V+0.059\ V\lg\frac{0.1}{1.0\times10^{-3}}=1.40\ V$$

11.5 电极电势的应用

11.5.1 比较氧化剂和还原剂的相对强弱

$E^{\ominus}$ 值的大小代表了电对中各物质得失电子的能力。因此，$E^{\ominus}$ 值可用于判断标准态下氧化剂、还原剂氧化、还原能力的相对强弱。若 $E^{\ominus}$ 值大，则电对中氧化态物质的氧化能力较强，是强氧化剂；对应的还原态物质的还原能力较弱，是弱还原剂。若 $E^{\ominus}$ 值小，则电对中还原态物质的还原能力强，是强还原剂；对应的氧化态物质的氧化能力弱，是弱氧化剂。例如，在标准态下，由于 $E^{\ominus}(Cl_2/Cl^-)=1.36\ V>E^{\ominus}(Br_2/Br^-)=1.07\ V>E^{\ominus}(I_2/I^-)=0.535\ V$，则氧化态物质的氧化能力的相对强弱为 $Cl_2>Br_2>I_2$，对应的还原态物质的还原能力相对强弱为 $Cl^-<Br^-<I^-$。

值得注意的是，$E^{\ominus}$ 值大小只可用于判断标准态下氧化剂与还原剂的氧化与还原能力的相对强弱。若电对处于非标准状态时，应根据能斯特方程式计算出 E 值，然后用 E 值大小来判断物质的氧化能力和还原能力的强弱。同样，电对的 E 值越高，其氧化态物质的氧化能力越强；电对的 E 值越低，其还原态物质的还原能力越强。作为氧化剂，它可以氧化电极电势比它低的电对中的还原态；作为还原剂，它可以还原电势比它高的电对中的氧化态。

11.5.2 判断氧化还原反应进行的方向

一般氧化还原反应均是在恒温恒压下进行的，而电极电势数值通常是在 298.15 K 和 100 kPa 下测得的。因此，可利用化学电池的电动势判断氧化还原反应进行的方向。

根据 $-\Delta_r G_m=nFE_{MF}=nF(E_+-E_-)$ 有：

1. 当 $E_{MF}>0$，即 $E_+>E_-$ 时，则 $\Delta_r G_m<0$，反应正向自发进行；
2. 当 $E_{MF}=0$，即 $E_+=E_-$ 时，则 $\Delta_r G_m=0$，反应处于平衡状态；
3. 当 $E_{MF}<0$，即 $E_+<E_-$ 时，则 $\Delta_r G_m>0$，反应逆向自发进行。

将某一氧化还原反应分解为两个半反应并组成一个原电池，使反应物中的氧化剂电对作正极，还原剂电对作负极，比较两电极的电极电势值的大小即可判断氧化还原反应的方向。根据能斯特方程，电极电势 E 的大小不仅与 $E^{\ominus}$ 有关，还与参加反应的物质的浓度、酸度有关。因此，如果相关物质的浓度不是 $1\ mol\cdot L^{-1}$ 时，则必须按能斯特方程分别计算出氧化剂电对和还原剂电对的电极电势，再根据 E_{MF} 值判断反应进行的方向。

例 11-5 试判断在标准态时，反应 $MnO_2+4HCl \rightleftharpoons MnCl_2+Cl_2+2H_2O$ 能否向右进行。

解：$MnO_2+4H^++2e^- \rightleftharpoons Mn^{2+}+2H_2O \quad E^{\ominus}=1.229\ V$

$Cl_2+2e^- \rightleftharpoons 2Cl^- \quad E^{\ominus}=1.360\ V$

$E^{\ominus}_{MF}=E^{\ominus}(MnO_2/Mn^{2+})-E^{\ominus}(Cl_2/Cl^-)=1.229\ V-1.360\ V=-0.131\ V<0$

所以在标准态时，上述反应不能向右进行。

11.5.3 判断氧化还原反应进行的程度

氧化还原反应属可逆反应,同其他可逆反应一样,在一定条件下也能达到平衡。随着反应不断进行,参与反应的各物质浓度不断改变,其相应的电极电位也在不断变化。电极电位高的电对的电极电位逐渐降低,电极电位低的电对的电极电位逐渐升高。最后两电极电位必定达到相等,原电池的电动势为零,此时反应达到了平衡,即达到了反应进行的限度,通常用标准平衡常数 $K^{\ominus}$ 表示。

前面已经知道,原电池的标准电动势、反应的标准吉布斯自由能变化和标准平衡常数之间有如下的关系:

$$\Delta_r G_m^{\ominus} = -nFE_{MF}^{\ominus} = -nF(E_+^{\ominus} - E_-^{\ominus}) \quad (11-12)$$

$$\Delta_r G_m^{\ominus} = -RT\ln K^{\ominus} \quad (11-13)$$

由此可得

$$\ln K^{\ominus} = \frac{nFE_{MF}^{\ominus}}{RT} = \frac{nF(E_+^{\ominus} - E_-^{\ominus})}{RT} \quad (11-14)$$

298.15K 时

$$\lg K^{\ominus} = \frac{nE_{MF}^{\ominus}}{0.059\ \text{V}} \quad (11-15)$$

由此可见,利用标准电极电势和原电池的标准电动势可以算出平衡常数,判断氧化还原反应进行的程度。若平衡常数值很小,表示正向反应趋势很小,正向反应进行得不完全;若平衡常数值很大,表示正向反应可以充分地进行,甚至可以进行到接近完全。

例 11-6 计算标准状态下,反应 $Zn+Cu^{2+} \rightleftharpoons Zn^{2+}+Cu$ 的标准平衡常数。

解: $E^{\ominus}(Zn^{2+}/Zn) = -0.762\ \text{V}$ $E^{\ominus}(Cu^{2+}/Cu) = 0.337\ \text{V}$

$$\lg K^{\ominus} = \frac{n[E^{\ominus}(Cu^{2+}/Cu) - E^{\ominus}(Zn^{2+}/Zn)]}{0.059\ \text{V}} = \frac{2\times(0.337+0.762)}{0.059} = 37.25$$

$K^{\ominus} = 1.78\times10^{37}$

例 11-7 计算标准状态下,下列反应在 298K 时的平衡常数,并判断此时反应进行的程度。

$$Ag^+ + Fe^{2+} \rightleftharpoons Ag + Fe^{3+}$$

解: 将上述反应写成两个半反应,并查出它们的标准电极电势:

$$Ag^+ + e^- \rightleftharpoons Ag \quad E_+ = +0.799\,1\ \text{V}$$

$$Fe^{3+} + e^- \rightleftharpoons Fe^{2+} \quad E_- = +0.769\ \text{V}$$

$$\lg K^{\ominus} = \frac{n[E_+ - E_-]}{0.059\ \text{V}} = \frac{1\times(0.799\,1-0.769)}{0.059} = 0.510\,2$$

$K^{\ominus} = 3.237$

此反应平衡常数很小,表明此反应正方向进行得很不完全。

11.5.4 测定和计算某些化学常数

根据氧化还原反应的标准平衡常数与原电池的标准电动势之间的定量关系,可以通过测定原电池电动势的方法推算弱酸的解离常数、水的离子积、难溶电解质的溶度积和配离子的稳定常数等。

例 11-8 已知 $E^{\ominus}(Ag^+/Ag)=0.799\ V$，$E^{\ominus}(AgCl/Ag)=0.222\ V$，试求 AgCl 的溶度积常数。

解：根据标准电极电势的大小，银电极为正极、氯化银电极为负极，对应的电极反应为

正极：$Ag^+ + e^- \rightleftharpoons Ag$

负极：$Ag + Cl^- - e^- \rightleftharpoons AgCl$

电池反应：$Ag^+ + Cl^- \rightleftharpoons AgCl$ （标准平衡常数为 $K^{\ominus}$）

$$\lg K_{sp}^{\ominus} = -\lg K^{\ominus} = -\frac{n[E^{\ominus}(Ag^+/Ag)-E^{\ominus}(AgCl/Ag)]}{0.059\ V} = -\frac{0.799-0.222}{0.059} = -\frac{0.577}{0.059} = -9.78$$

求得 AgCl 的 $K_{sp}^{\ominus}=1.7\times10^{-10}$。

11.6 元素电势图及其应用

11.6.1 元素电势图

当某一元素具有三种或三种以上氧化态物质时，各氧化态物质之间都有相应的标准电极电势，对应着不同的氧化还原能力。为了直观地对比不同氧化数物质的氧化还原能力，拉蒂莫尔(Latimer)建议将它们的标准电极电势以图解的形式表示，称为元素电势图。画元素电势图时，把同一元素的不同氧化态物质，按照从左到右其氧化数依次降低的顺序排列，并将不同氧化数物种之间用直线连接，在直线上标明两种氧化数物种所组成电对的标准电极电势，直线的下方标明转移电子数。如

$$O_2 \xrightarrow[1]{0.694\,5\ V} H_2O_2 \xrightarrow[1]{1.763\ V} H_2O$$
$$O_2 \xrightarrow[2]{1.229\ V} H_2O$$

$$IO_3^- \xrightarrow[4]{1.14\ V} HIO \xrightarrow[1]{1.45\ V} I_2 \xrightarrow[1]{0.53\ V} I^-$$
$$IO_3^- \xrightarrow[5]{1.20\ V} I_2 \qquad IO_3^- \xrightarrow[6]{1.09\ V} I^-$$

11.6.2 元素电势图的应用

1. 计算未知电对的标准电极电势

若已知两个或两个以上的相邻电对的标准电极电势，则可根据元素电势图，计算出另一电对的未知标准电极电势。假设有一元素电势图：

$$A \xrightarrow[n_1]{E_1^{\ominus}} B \xrightarrow[n_2]{E_2^{\ominus}} C \xrightarrow[n_3]{E_3^{\ominus}} D$$
$$A \xrightarrow[n_4]{E_4^{\ominus}} D$$

相应的电极反应可表示为

$$A+n_1e^- \rightleftharpoons B \quad E_1^\ominus, \quad \Delta_r G_{m1}^\ominus = -n_1 F E_1^\ominus$$

$$B+n_2e^- \rightleftharpoons C \quad E_2^\ominus, \quad \Delta_r G_{m2}^\ominus = -n_2 F E_2^\ominus$$

$$C+n_3e^- \rightleftharpoons D \quad E_3^\ominus, \quad \Delta_r G_{m3}^\ominus = -n_3 F E_3^\ominus$$

$$A+n_4e^- \rightleftharpoons D \quad E_4^\ominus, \quad \Delta_r G_{m4}^\ominus = -n_4 F E_4^\ominus$$

$$\Delta_r G_{m4}^\ominus = \Delta_r G_{m1}^\ominus + \Delta_r G_{m2}^\ominus + \Delta_r G_{m3}^\ominus$$

$$-n_4 F E_4^\ominus = (-n_1 F E_1^\ominus) + (-n_2 F E_2^\ominus) + (-n_3 F E_3^\ominus)$$

$$E_4^\ominus = \frac{n_1 E_1^\ominus + n_2 E_2^\ominus + n_3 E_3^\ominus}{n_4}$$

因此，根据元素电势图，可以很简便地计算出未知电对的标准电极电势 $E_x^\ominus$ 值。

例 11-9 从下例碱性条件下 Br 元素电势图中已知的标准电极电势，求 $E^\ominus(BrO_3^-/Br^-)$ 值。

$$BrO_3^- \xrightarrow[4]{0.535\,7\text{ V}} BrO^- \xrightarrow[1]{0.455\,6\text{ V}} Br_2 \xrightarrow[1]{1.077\,4\text{ V}} Br^- \qquad (BrO_3^- \xrightarrow[6]{E^\ominus} Br^-)$$

解：n_1、n_2、n_3 分别为 4、1、1，则

$$E^\ominus(BrO_3^-/Br^-) = \frac{n_1 E_1^\ominus + n_2 E_2^\ominus + n_3 E_3^\ominus}{n_1+n_2+n_3} = \frac{4\times 0.535\,7\text{ V}+1\times 0.455\,6\text{ V}+1\times 1.077\,4\text{ V}}{4+1+1} = 0.612\,6\text{ V}$$

2. 判断歧化反应能否进行

同一元素不同氧化态的三种物质可以组成两个电对，按其氧化态由高到低排列如下：

$$A \xrightarrow{E^\ominus(\text{左})} B \xrightarrow{E^\ominus(\text{右})} C$$

如果 $E^\ominus$(右)>$E^\ominus$(左)，B 既是氧化剂又是还原剂，即 B 可发生歧化反应生成 A 和 C。

如果 $E^\ominus$(左)>$E^\ominus$(右)，则 B 物质不能发生歧化反应生成 A 和 C，而是 A 和 C 反应生成 B。

例 11-10 在酸性溶液中，铜元素的电势图为 $Cu^{2+} \xrightarrow[1]{0.161\text{ V}} Cu^+ \xrightarrow[1]{0.518\text{ V}} Cu$，试判断在酸性溶液中 Cu^+ 能否发生歧化反应，若能，写出反应方程式。

解：由元素电势图可知 $E^\ominus$(右)>$E^\ominus$(左)，则 Cu^+ 可以发生歧化反应。反应方程式为

$$2Cu^+ \rightleftharpoons Cu^{2+} + Cu$$

11.7 氧化还原反应平衡常数和反应速率

11.7.1 氧化还原反应的条件平衡常数

同步资源

对于定量分析，通常要求反应进行得越完全越好。氧化还原反应的完全程度用平衡常数衡

量，而平衡常数 $K^{\ominus}$ 可以通过有关电对的标准电极电势 $E^{\ominus}$ 求得。若引用条件电极电势 $E^{\ominus\prime}$，便可求得条件平衡常数 $K^{\ominus\prime}$。

对于氧化还原反应

$$n_2\mathrm{Ox}_1+n_1\mathrm{Red}_2 = n_2\mathrm{Red}_1+n_1\mathrm{Ox}_2$$

两电对的半反应及相应的能斯特方程分别为

$$\mathrm{Ox}_1+n_1\mathrm{e}^- = \mathrm{Red}_1 \quad E_1=E_1^{\ominus\prime}+\frac{0.059\ \mathrm{V}}{n_1}\lg\frac{c(\mathrm{Ox}_1)}{c(\mathrm{Red}_1)}$$

$$\mathrm{Ox}_2+n_2\mathrm{e}^- = \mathrm{Red}_2 \quad E_2=E_2^{\ominus\prime}+\frac{0.059\ \mathrm{V}}{n_2}\lg\frac{c(\mathrm{Ox}_2)}{c(\mathrm{Red}_2)}$$

反应达到平衡时，$E_1=E_2$，得

$$E_1^{\ominus\prime}+\frac{0.059\ \mathrm{V}}{n_1}\lg\frac{c(\mathrm{Ox}_1)}{c(\mathrm{Red}_1)}=E_2^{\ominus\prime}+\frac{0.059\ \mathrm{V}}{n_2}\lg\frac{c(\mathrm{Ox}_2)}{c(\mathrm{Red}_2)}$$

整理上式得

$$\lg\frac{c^{n_1}(\mathrm{Ox}_2)c^{n_2}(\mathrm{Red}_1)}{c^{n_2}(\mathrm{Ox}_1)c^{n_1}(\mathrm{Red}_2)}=\lg K^{\ominus\prime}=\frac{(E_1^{\ominus\prime}-E_2^{\ominus\prime})n_1n_2}{0.059\ \mathrm{V}}$$

若无副反应发生，可用标准电极电势计算平衡常数：

$$\lg K^{\ominus}=\frac{(E_1^{\ominus}-E_2^{\ominus})n_1n_2}{0.059\ \mathrm{V}} \tag{11-16}$$

从上式可看出，氧化还原反应平衡常数 $K^{\ominus}$ 值的大小是直接由氧化剂和还原剂两电对的标准电极电势之差决定的。一般来讲，两电对的电势差越大，平衡常数 $K^{\ominus}$ 值也越大，反应进行越完全。那么平衡常数 $K^{\ominus}$ 值达到多大时，反应才能进行完全呢？对于滴定反应，反应的完全程度应在 99.9%以上，化学计量点时

$$\frac{c(\mathrm{Red}_1)}{c(\mathrm{Ox}_1)}\geqslant 10^3,\quad \frac{c(\mathrm{Ox}_2)}{c(\mathrm{Red}_2)}\geqslant 10^3$$

当 $n_1=n_2=1$ 时，$K^{\ominus\prime}=\dfrac{c(\mathrm{Ox}_2)c(\mathrm{Red}_1)}{c(\mathrm{Ox}_1)c(\mathrm{Red}_2)}\geqslant 10^6$

即 $\dfrac{E_1^{\ominus\prime}-E_2^{\ominus\prime}}{0.059\ \mathrm{V}}\geqslant 6$， 所以 $E_1^{\ominus\prime}-E_2^{\ominus\prime}\geqslant 0.36\ \mathrm{V}$

一般认为两电对的条件电极电势相差在 0.4 V 以上，氧化还原反应就能进行完全。

11.7.2 氧化还原反应的反应速率及其影响因素

氧化还原平衡常数 K 值的大小，只能表示氧化还原反应的完全程度，不能说明氧化还原反应的速率。如 H_2 和 O_2 反应生成 H_2O，$K=10^{41}$。但是，在通常情况下几乎察觉不到反应的进行，只有在点火或者有催化剂存在的条件下，反应才能很快进行，甚至发生爆炸。因此，在讨论氧化还原反应时，除考虑反应进行的方向和程度以外，还要考虑反应的速率。

1. 反应物浓度

一般来讲,增加反应物浓度都能加快反应速率。对于 H^+ 参加的反应,提高酸度也能加快反应速率。例如,在酸性溶液中 $K_2Cr_2O_7$ 与 KI 的反应:

$$Cr_2O_7^{2-}+6I^-+14H^+ = 2Cr^{3+}+3I_2+7H_2O$$

此反应的速率较慢,通常采用增加 H^+ 和 I^- 浓度加快反应速率。实验证明:$[H^+]$ 保持在 0.2~0.4 $mol \cdot L^{-1}$,KI 过量 5 倍,放置 5 min,反应可进行完全。

2. 温度

实验证明,一般温度升高 10℃,反应速率可增加 2~4 倍。如在酸性溶液中,MnO_4^- 与 $C_2O_4^{2-}$ 的反应:

$$2MnO_4^-+5C_2O_4^{2-}+16H^+ \rightleftharpoons 2Mn^{2+}+10CO_2\uparrow+8H_2O$$

在室温下,该反应进行得很慢,不利于滴定。因此,在用 MnO_4^- 溶液滴定 $C_2O_4^{2-}$ 溶液时,将溶液加热到 75~85℃以加快反应速率。

3. 催化反应和诱导反应

使用催化剂可以改变化学反应的速率。催化剂分正催化剂和负催化剂两类。正催化剂加快反应速率,而负催化剂减慢反应速率。通常采用的是正催化剂。

在酸性条件,MnO_4^- 与 $C_2O_4^{2-}$ 的反应即使在加热的条件下,反应仍较慢。但如果有 Mn^{2+} 的存在,则反应速率大大提高。在这里,Mn^{2+} 就是催化剂。Mn^{2+} 的参与改变了原来反应的历程。其反应过程可能是

$$Mn(\text{VII})+Mn(\text{II}) \longrightarrow Mn(\text{VI})+Mn(\text{III})$$

$$Mn(\text{VI})+Mn(\text{II}) \longrightarrow 2Mn(\text{IV})$$

$$Mn(\text{IV})+Mn(\text{II}) \longrightarrow 2Mn(\text{III})$$

生成的 Mn(Ⅲ)能与 $C_2O_4^{2-}$ 反应生成 $Mn(C_2O_4)^+$、$Mn(C_2O_4)_2^-$、$Mn(C_2O_4)_3^{3-}$ 等一系列配合物,它们又分解为 Mn^{2+} 和 CO_2,作为催化剂的 Mn^{2+} 又恢复到原来的状态。

在酸性介质中,MnO_4^- 被还原为 Mn^{2+},所以在用 $KMnO_4$ 滴定 $H_2C_2O_4$ 时,催化剂 Mn^{2+} 也可以由反应本身产生。这种生成物本身就起催化作用的反应称为自动催化反应。自动催化反应的特点就是反应开始时,反应速率比较慢,随着反应的进行,生成物逐渐增多,反应速率逐渐加快;随后,由于反应物的浓度越来越低,反应速率又逐渐降低。

MnO_4^- 氧化 Cl^- 的速率极慢,但是,当溶液中同时存在有 Fe^{2+} 时,MnO_4^- 与 Fe^{2+} 的反应可以加速 MnO_4^- 与 Cl^- 的反应。在氧化还原反应中,像这种由于一种反应(诱导反应)的进行,能够诱发反应速率极慢或不能进行的另一种反应(主反应)进行的现象,称作诱导作用。例如:

$$2MnO_4^-+10Cl^-+16H^+ \longrightarrow 2Mn^{2+}+5Cl_2+8H_2O\text{(主反应)}$$

$$MnO_4^-+5Fe^{2+}+8H^+ \longrightarrow Mn^{2+}+5Fe^{3+}+4H_2O\text{(诱导反应)}$$

其中 MnO_4^- 称为作用体,Fe^{2+} 称为诱导体,Cl^- 称为受诱体。

诱导反应和催化反应是不相同的。在催化反应中,催化剂参与反应后又变回到原来的组成,而在诱导反应中,诱导体参加反应后,变为其他物质。

11.8 氧化还原滴定法的基本原理

11.8.1 氧化还原滴定曲线

在氧化还原滴定过程中,随着滴定剂的加入,氧化态和还原态的浓度发生改变,有关电对的电极电势也将随之改变。这种电极电势改变的情况可以用滴定曲线来表示,即以滴定过程中的电极电势为纵坐标,以加入滴定剂的体积或滴定分数为横坐标绘制的曲线。滴定曲线一般通过实验测得。若反应中两电对是可逆的(即能迅速建立氧化还原平衡),也可以通过能斯特方程从理论上计算电极电势。

现以 0.100 0 mol · L^{-1} $Ce(SO_4)_2$ 标准溶液在 1 mol · L^{-1} H_2SO_4 溶液中滴定 20.00 mL 0.100 0 mol · L^{-1} Fe^{2+} 溶液为例,说明滴定过程中电极电势的计算方法。滴定反应为

$$Ce^{4+}+Fe^{2+} \xlongequal{} Ce^{3+}+Fe^{3+}$$

滴定前,溶液为 0.100 0 mol · L^{-1} 的 Fe^{2+} 溶液,但由于空气中氧的氧化作用,溶液中会不可避免地有痕量 Fe^{3+} 的存在,组成 Fe^{3+}/Fe^{2+} 电对。但由于此时 Fe^{3+} 的浓度无法知道,因此此时的电极电势也就无法计算。

在化学计量点前,溶液中存在有 Fe^{3+}/Fe^{2+} 和 Ce^{4+}/Ce^{3+} 两个电对,两个电对的电极电势分别为

$$E=E^{\ominus\prime}(Fe^{3+}/Fe^{2+})+0.059\ V\ \lg\frac{c(Fe^{3+})}{c(Fe^{2+})}$$

$$E=E^{\ominus\prime}(Ce^{4+}/Ce^{3+})+0.059\ V\ \lg\frac{c(Ce^{4+})}{c(Ce^{3+})}$$

其中 $E^{\ominus\prime}(Fe^{3+}/Fe^{2+})=0.68\ V$,$E^{\ominus\prime}(Ce^{4+}/Ce^{3+})=1.44\ V$。

化学计量点前,加入的 Ce^{4+} 几乎全部被还原为 Ce^{3+},溶液中 Ce^{4+} 浓度极小且不易直接求得。此时,若知道了滴定分数,$c(Fe^{3+})/c(Fe^{2+})$ 的值就确定了,这样可方便地利用 Fe^{3+}/Fe^{2+} 电对计算电极电势值。例如,当滴定了 50%时,$c(Fe^{3+})/c(Fe^{2+})=1$

$$E=E^{\ominus\prime}(Fe^{3+}/Fe^{2+})+0.059\ V\ \lg\frac{c(Fe^{3+})}{c(Fe^{2+})}=0.68\ V$$

当滴定到 99.9%时,$c(Fe^{3+})/c(Fe^{2+})=999\approx10^3$

$$E=E^{\ominus\prime}(Fe^{3+}/Fe^{2+})+0.059\ V\ \lg\frac{c(Fe^{3+})}{c(Fe^{2+})}=0.86\ V$$

化学计量点时,Ce^{4+} 和 Fe^{2+} 都定量地变成 Ce^{3+} 和 Fe^{3+},此时,Ce^{4+} 和 Fe^{2+} 浓度很小无法直接求得,不能单独按某一电对计算电极电势值,而需要通过两电对的能斯特方程联立求得。设化学计

量点时的电极电势为 E_{sp}，则

$$E_{sp}=E^{\ominus\prime}(Fe^{3+}/Fe^{2+})+0.059\ V\ \lg\frac{c(Fe^{3+})}{c(Fe^{2+})}$$

$$E_{sp}=E^{\ominus\prime}(Ce^{4+}/Ce^{3+})+0.059\ V\ \lg\frac{c(Ce^{4+})}{c(Ce^{3+})}$$

将以上两式相加，整理后得

$$E_{sp}=\frac{E^{\ominus\prime}(Fe^{3+}/Fe^{2+})+E^{\ominus\prime}(Ce^{4+}/Ce^{3+})}{2}+\frac{0.059\ V}{2}\lg\frac{c(Fe^{3+})c(Ce^{4+})}{c(Fe^{2+})c(Ce^{3+})}$$

由滴定反应方程式可知，计量点时

$$c(Ce^{4+})=c(Fe^{2+}),\quad c(Ce^{3+})=c(Fe^{3+})$$

则 $E_{sp}=\dfrac{0.68\ V+1.44\ V}{2}=1.06\ V$

对于一般的氧化还原反应：

$$n_2Ox_1+n_1Red_2 \xlongequal{} n_2Red_1+n_1Ox_2$$

化学计量点时的电极电势按下式计算

$$E_{sp}=\frac{n_1E^{\ominus\prime}(Ox_1/Red_1)+n_2E^{\ominus\prime}(Ox_2/Red_2)}{n_1+n_2} \tag{11-17}$$

化学计量点后，Fe^{2+}几乎全部被氧化为 Fe^{3+}，Fe^{2+}不易直接求得，但由加入过量 Ce^{4+}的百分数，就可知道 $c(Ce^{4+})/c(Ce^{3+})$的值，此时，按 Ce^{4+}/Ce^{3+}电对计算电极电势。

例如，当加入过量 0.1% Ce^{4+}时，

$$E=E^{\ominus\prime}(Ce^{4+}/Ce^{3+})+0.059\ V\ \lg\frac{c(Ce^{4+})}{c(Ce^{3+})}$$

$$=1.26\ V$$

由上面的计算可知，从化学计量点前剩余 0.1%到化学计量点后过量 0.1%，溶液的电势由 0.86 V 增加到 1.26 V，改变了 0.4 V，这个变化称为滴定电势突跃（图 11-6）。电势突跃的大小和氧化剂、还原剂两电对的条件电极电势的差值有关。条件电极电势相差越大，电势突跃越大；反之亦然。电势突跃的范围是选择氧化还原指示剂的依据。

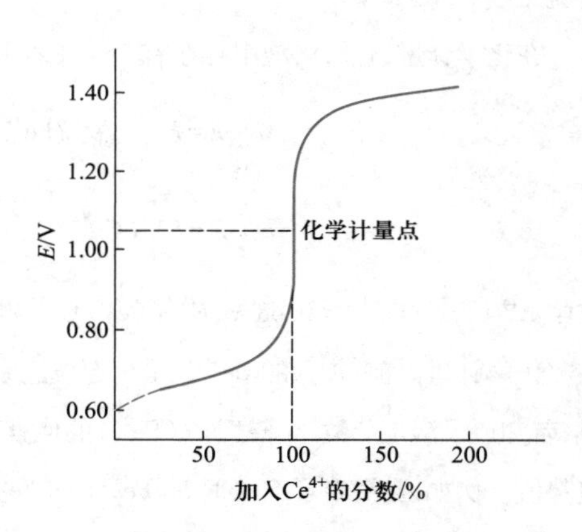

图 11-6　Ce^{4+}溶液滴定 Fe^{2+}溶液的滴定曲线

Ce^{4+}溶液滴定 Fe^{2+}溶液中，涉及的 Fe^{3+}/Fe^{2+}电对与 Ce^{4+}/Ce^{3+}电对是对称电对，且转移的电子数 n_1等于 n_2。如果氧化还原滴定中涉及的两电对转移的电子数 n_1不等于 n_2，如下列反应：

$$n_2Ox_1+n_1Red_2=n_2Red_1+n_1Ox_2$$

滴定至终点时：

$$E_{sp}=E^{\ominus'}(Ox_1/Red_1)+\frac{0.059\ V}{n_1}\lg\frac{c_{Ox_1}}{c_{Red_1}}$$

$$E_{sp}=E^{\ominus'}(Ox_2/Red_2)+\frac{0.059\ V}{n_2}\lg\frac{c_{Ox_2}}{c_{Red_2}}$$

整理以上两式后相加，得

$$(n_1+n_2)E_{sp}=n_1E^{\ominus'}(Ox_1/Red_1)+n_2E^{\ominus'}(Ox_2/Red_2)+0.059\ V\ \lg\frac{c_{Ox_1}}{c_{Red_1}}\cdot\frac{c_{Ox_2}}{c_{Red_2}}$$

由滴定反应方程式可知，计量点时：

$$\frac{c_{Ox_2}}{c_{Red_1}}=\frac{n_1}{n_2},\frac{c_{Ox_1}}{c_{Red_2}}=\frac{n_2}{n_1}$$

则化学计量点时的电极电势按式(11-18)计算

$$E_{sp}=\frac{n_1E^{\ominus'}(Ox_1/Red_1)+n_2E^{\ominus'}(Ox_2/Red_2)}{n_1+n_2}\tag{11-18}$$

从化学计量点前剩余 0.1%到化学计量点后过量 0.1%产生滴定突跃，滴定突跃范围为

$$E^{\ominus'}(Ox_2/Red_2)+3\times\frac{0.059\ V}{n_2}\sim E^{\ominus'}(Ox_1/Red_1)-3\times\frac{0.059\ V}{n_1}$$

11.8.2 氧化还原滴定法中的指示剂

在氧化还原滴定中，除可以用电位法确定滴定终点外，也可以用指示剂来确定滴定终点。氧化还原滴定中常用的指示剂有以下几种类型。

1. 氧化还原指示剂

这类指示剂本身具有氧化还原性质，其氧化态和还原态具有不同的颜色。在滴定过程中，指示剂因被氧化或被还原而使氧化态和还原态的浓度发生改变，引起颜色的变化从而指示终点的到达。

以 In(Ox) 和 In(Red) 分别表示指示剂的氧化态和还原态，则其半反应和能斯特方程分别为

$$In(Ox)+ne^-\rightleftharpoons In(Red)$$

$$E=E_{In}^{\ominus'}+\frac{0.059\ V}{n}\lg\frac{c[In(Ox)]}{c[In(Red)]}$$

当 $c[In(Ox)]/c[In(Red)]\geqslant 10$ 时，溶液呈现氧化态的颜色，此时 $E\geqslant E_{In}^{\ominus'}+\frac{0.059\ V}{n}$；当 $c[In(Ox)]/c[In(Red)]\leqslant\frac{1}{10}$时，溶液呈现还原态的颜色，此时 $E\leqslant E_{In}^{\ominus'}-\frac{0.059\ V}{n}$；则指示剂变色的电势范围为 $E_{In}^{\ominus'}\pm\frac{0.059\ V}{n}$。

表 11-2 列出了一些重要的氧化还原指示剂。在选择指示剂时，应使指示剂的条件电极电势

尽量与化学计量点电极电势一致，以减少终点误差。在实际滴定中，指示剂的变色范围应包括在滴定进行 99.9%~100.1%之间，即指示剂的变色范围应落在滴定突跃范围之内。

表 11-2 一些氧化还原示剂的条件电极电势及颜色变化

指示剂	$E_{In}^{\ominus'}$/V [$c(H^+)=1\ mol\cdot L^{-1}$]	颜色变化	
		氧化态	还原态
亚甲基蓝	0.36	蓝	无色
二苯胺	0.76	紫	无色
二苯胺磺酸钠	0.84	紫红	无色
邻苯氨基苯甲酸	0.89	紫红	无色
邻二氮菲-亚铁	1.06	浅蓝	红
硝基邻二氮菲-亚铁	1.25	浅蓝	紫红

2. 自身指示剂

在氧化还原滴定中，有些标准溶液或被滴定物质本身具有颜色，而其反应产物无色或颜色很浅，则滴定中无需另外加入指示剂，滴定剂或被滴定物质本身颜色变化就起着指示剂的作用，这种指示剂称作自身指示剂。例如，在用 $KMnO_4$ 滴定无色或浅色的还原性溶液时，由于 $KMnO_4$ 本身呈紫红色，而其还原产物 Mn^{2+} 则几乎无色。在滴定到化学计量点时，稍微过量的 $KMnO_4$ 就可使溶液呈粉红色，从而指示终点。此时，$KMnO_4$ 的浓度约为 $2\times10^{-6}\ mol\cdot L^{-1}$。

3. 特殊指示剂

这类指示剂本身不具有氧化还原性，但它能与氧化剂或还原剂作用而产生特殊的颜色，因而可以指示滴定终点的到达。例如，可溶性淀粉与碘溶液反应，生成深蓝色化合物，当 I_2 被还原为 I^- 时，深蓝色消失。因此，在碘量法中，利用淀粉溶液作指示剂。此反应灵敏度较高，在室温下，用淀粉可检出约 $10^{-5}\ mol\cdot L^{-1}$的碘。温度升高，灵敏度降低。

11.8.3 氧化还原滴定前的预处理

在氧化还原滴定之前，样品通常需要预先处理一下，使待测组分处于一种适合滴定的价态。将样品处理为适合滴定价态的操作步骤称为样品预处理。例如，当 Fe^{3+} 和 Fe^{2+} 共存测定总铁含量时，可将 Fe^{3+} 预先还原为 Fe^{2+}，然后用高锰酸钾标准溶液滴定。测定 Cr^{3+} 时，找不到合适的氧化剂直接滴定 Cr^{3+}，但是可以用$(NH_4)_2S_2O_8$进行预先处理，将 Cr^{3+} 氧化为 $K_2Cr_2O_7$，然后用 Fe^{2+} 标准溶液滴定。

不是所有的氧化剂、还原剂都能用作预处理时所用试剂，通常它们需要满足下列条件：

(1) 能将被测组分定量、完全地氧化或者还原为待滴定价态；

(2) 反应速率快；

（3）反应必须具有一定选择性；

（4）过量氧化剂和还原剂易于除去。

除去过量氧化剂和还原剂的办法通常有：利用化学反应、加热分解、过滤等。例如，利用 $HgCl_2$ 除去过量的 $SnCl_2$；氧化剂 $(NH_4)_2S_2O_8$ 可采用加热煮沸分解而除去。

预处理常用的氧化剂有 $KMnO_4$、$(NH_4)_2S_2O_8$、H_2O_2、Cl_2、$HClO_4$、KIO_4 等；还原剂有 $SnCl_2$、SO_2、$TiCl_3$ 等。

11.9 氧化还原滴定法分类

根据所用滴定剂不同，氧化还原滴定法分为高锰酸钾法、重铬酸钾法、碘量法、溴酸钾法等。其中氧化剂用得较多一些，这是因为还原剂作为滴定剂时容易被空气中的氧氧化从而影响方法的准确度。总之，每种方法都有其各自的特点和应用范围，应根据实际情况选用。

11.9.1 高锰酸钾法

1. 概述

高锰酸钾是一种强氧化剂，其氧化能力和还原产物均与溶液的酸度有关。在强酸性溶液中，MnO_4^- 被还原为 Mn^{2+}：

$$MnO_4^- + 8H^+ + 5e^- \rightleftharpoons Mn^{2+} + 4H_2O \quad E^\ominus = 1.51\ V$$

在弱酸性、中性和弱碱性溶液中，MnO_4^- 被还原为 MnO_2：

$$MnO_4^- + 2H_2O + 3e^- \rightleftharpoons MnO_2 + 4OH^- \quad E^\ominus = 0.59\ V$$

在 NaOH 浓度大于 $2\ mol \cdot L^{-1}$ 的强碱性溶液中，MnO_4^- 被还原为 MnO_4^{2-}：

$$MnO_4^- + e^- \rightleftharpoons MnO_4^{2-} \quad E^\ominus = 0.56\ V$$

因此，在高锰酸钾法中，应根据被测物质的性质来选择和控制酸度，以保证滴定反应按照确定的反应式进行。在实际应用中，本方法主要在强酸性条件下进行，采用 H_2SO_4 作为反应介质，而不用 HCl 和 HNO_3。

高锰酸钾法的优点是 $KMnO_4$ 氧化能力强，应用广泛，可用于许多无机物和有机物的直接、间接测定；本身呈紫红色，在滴定无色或浅色溶液时，一般无需外加指示剂。其缺点是 $KMnO_4$ 试剂常含有少量杂质，$KMnO_4$ 易与水和空气中存在的某些微量还原性物质反应，因此，$KMnO_4$ 标准溶液不太稳定；又由于 $KMnO_4$ 氧化能力强，可以和许多还原性物质反应，所以方法的选择性较差。

2. $KMnO_4$ 溶液的配制与标定

市售 $KMnO_4$ 试剂中常含有少量 MnO_2 和其他杂质，蒸馏水中也常含有微量还原性物质，它们可与 $KMnO_4$ 反应而析出 $MnO(OH)_2$ 沉淀，这些生成物以及热、光、酸、碱等外界条件均会促进

$KMnO_4$ 的分解，因而，$KMnO_4$ 标准溶液不能通过直接法配制。

为了配制较稳定的 $KMnO_4$ 溶液，常采用下列措施：称取稍多于计算量的 $KMnO_4$，将其溶解在规定量的蒸馏水中。将配制好的溶液加热至沸，并保持微沸状态约 1 h，然后放置 2~3 天，使溶液中可能存在的还原性物质完全被氧化。然后用微孔玻璃漏斗过滤，滤去析出的沉淀。将过滤后的溶液储存于棕色试剂瓶中，以待标定。如需要使用浓度较稀的高锰酸钾溶液，将浓的 $KMnO_4$ 溶液用蒸馏水临时稀释和标定后使用。

标定 $KMnO_4$ 溶液的基准物质较多，有 $Na_2C_2O_4$、As_2O_3、$H_2C_2O_4 \cdot H_2O$ 和纯铁丝等。其中以 $Na_2C_2O_4$ 容易提纯、性质稳定、不含结晶水而较为常用。使用前，$Na_2C_2O_4$ 应在 105~110℃ 烘干约 2 h 后冷却。MnO_4^- 与 $C_2O_4^{2-}$ 的反应如下：

$$2MnO_4^- + 5C_2O_4^{2-} + 16\ H^+ \xlongequal{} 2Mn^{2+} + 10\ CO_2\uparrow + 8H_2O$$

在标定中，应注意以下事项：

温度：室温下，反应进行较慢。因此常将溶液加热至 70~85℃ 时进行滴定。但温度不宜过高，若高于 90℃，会使部分 $H_2C_2O_4$ 发生分解：

$$H_2C_2O_4 \longrightarrow CO_2 + CO + H_2O$$

酸度：酸度过低，$KMnO_4$ 易分解为 MnO_2；酸度过高，会促使 $H_2C_2O_4$ 分解，一般滴定开始时的 $c(H^+)$ 应控制在 0.5~1 mol · L^{-1}。

滴定速度：开始滴定时的速度不宜太快，否则加入的 $KMnO_4$ 溶液来不及与 $C_2O_4^{2-}$ 反应，即在热的酸性溶液中分解：

$$4MnO_4^- + 12H^+ \longrightarrow 4\ Mn^{2+} + 5O_2\uparrow + 6H_2O$$

催化剂：开始加入的几滴 $KMnO_4$ 溶液褪色较慢，随着滴定产物 Mn^{2+} 的生成，反应速率逐渐加快。因此，可于滴定前加入几滴 $MnSO_4$ 作为催化剂。

指示剂：$KMnO_4$ 自身可作为滴定时的指示剂。但使用浓度低于 0.002 mol · L^{-1} $KMnO_4$ 溶液作为滴定剂时，应加入二苯胺磺酸钠或邻二氮菲-亚铁等指示剂来确定终点。

滴定终点：用 $KMnO_4$ 溶液滴定至终点后，溶液中出现的粉红色不能持久，这是由于空气中的还原性物质和灰尘能使 $KMnO_4$ 还原，使溶液的粉红色逐渐消失。所以，滴定时，溶液出现的粉红色如在 0.5~1 min 内不褪色，即可认为已经到达滴定终点。

3. 应用示例

用 $KMnO_4$ 溶液作滴定剂时，根据被测物质的性质，可采用不同的滴定方式。

（1）直接滴定法——H_2O_2 含量的测定

在酸性溶液中，高锰酸钾能定量氧化过氧化氢，反应式为

$$2MnO_4^- + 5H_2O_2 + 6H^+ \xlongequal{} 2Mn^{2+} + 5O_2\uparrow + 8H_2O$$

滴定开始时，反应比较慢，待有少量 Mn^{2+} 生成后，由于 Mn^{2+} 的催化作用，反应速率加快。因此，

H_2O_2 可用 $KMnO_4$ 标准溶液直接滴定 H_2O_2。许多还原性物质如 $FeSO_4$、$H_2C_2O_4$、Sn^{2+}、As(Ⅲ)等，均可用 $KMnO_4$ 标准溶液直接滴定。

(2) 返滴定法——软锰矿中 MnO_2 含量的测定

氧化性物质，不能用 $KMnO_4$ 标准溶液直接滴定，可采用返滴定法进行滴定。例如，测软锰矿中 MnO_2 含量时，可在 H_2SO_4 存在下，加入准确而过量的 $Na_2C_2O_4$ 于样品溶液中，加热，待 MnO_2 反应完全后，用 $KMnO_4$ 标准溶液滴定剩余的 $Na_2C_2O_4$。通过 $Na_2C_2O_4$ 的加入量和 $KMnO_4$ 标准溶液消耗量之差可求得软锰矿中 MnO_2 的含量。

(3) 间接滴定法——Ca^{2+}的测定

本身不具有氧化或还原性的物质，不能用 $KMnO_4$ 标准溶液直接滴定或返滴定，可采用间接滴定法进行测定。如测定 Ca^{2+}时，首先用 $Na_2C_2O_4$ 将 Ca^{2+} 沉淀为 CaC_2O_4，沉淀经过滤洗涤后溶于热的稀 H_2SO_4 中，再用 $KMnO_4$ 标准溶液滴定溶液中的 $C_2O_4^{2-}$，根据消耗 $KMnO_4$ 标准溶液的量可间接求得 Ca^{2+}的含量。

凡是能与 $C_2O_4^{2-}$ 定量地生成沉淀的金属离子，均可通过间接滴定法进行测定，如 Th^{4+}和稀土元素。

11.9.2 重铬酸钾法

1. 概述

$K_2Cr_2O_7$ 是一种强的氧化剂，在酸性溶液中，$K_2Cr_2O_7$ 被还原为 Cr^{3+}：

$$Cr_2O_7^{2-}+14\ H^++6e^- \rightleftharpoons 2\ Cr^{3+}+7H_2O \quad E^{\ominus}=1.33\ V$$

与高锰酸钾法相比，重铬酸钾法具有如下特点：$K_2Cr_2O_7$ 容易提纯；在 140~150℃干燥后，可直接称量配制标准溶液；$K_2Cr_2O_7$ 标准溶液非常稳定，可以长期保存和使用。0.017 $mol \cdot L^{-1}$ $K_2Cr_2O_7$ 溶液保存 24 年后其浓度无显著改变。

$K_2Cr_2O_7$ 氧化能力弱于 $KMnO_4$。在 1 $mol \cdot L^{-1}$ HCl 溶液中 $E^{\ominus\prime}=1.00$ V，室温下不与 Cl^- 作用 [$E^{\ominus\prime}(Cl_2/Cl^-)=1.36$ V]。因此，可在 HCl 溶液中滴定 Fe^{2+}。

$K_2Cr_2O_7$ 本身呈橙色，其还原产物 Cr^{3+} 显绿色，对橙色有掩盖作用，终点时无法辨别出 $K_2Cr_2O_7$ 的橙色。因此，重铬酸钾法常采用二苯胺磺酸钠作为指示剂。

2. 应用示例

(1) 铁矿石中全铁含量的测定

重铬酸钾法最重要的应用是测定 Fe 的含量，是铁矿石中全铁含量测定的标准方法。

样品用热的浓 HCl 溶液分解后，趁热用 $SnCl_2$ 将 Fe^{3+} 还原为 Fe^{2+}，过量的 $SnCl_2$ 用 $HgCl_2$ 氧化，此时溶液中析出 Hg_2Cl_2 丝状白色沉淀，然后在 1~2 $mol \cdot L^{-1}$ $H_2SO_4-H_3PO_4$ 混合酸介质中，以二苯胺磺酸钠作指示剂，用 $K_2Cr_2O_7$ 标准溶液滴定 Fe^{2+}：

$$Cr_2O_7^{2-}+6Fe^{2+}+14H^+ \xlongequal{} 2Cr^{3+}+6Fe^{3+}+7H_2O$$

$$SnCl_2+2HgCl_2 \xlongequal{} SnCl_4+Hg_2Cl_2\downarrow$$

为减少终点误差,常于试液中加入 H_3PO_4,使 Fe^{3+} 生成无色而稳定的$[Fe(HPO_4)_2]^-$,降低了电对的电极电势,因而增大了滴定突跃范围;此外,由于生成无色而稳定的$[Fe(HPO_4)_2]^-$,消除了 Fe^{3+} 的黄色,有利于终点观察。

该方法简便准确,曾在生产中广泛应用,但由于该方法中使用了含汞试剂,造成了环境污染。因此,现在提倡采用无汞测铁法,如 $SnCl_2-TiCl_3$ 联合还原法。样品经盐酸分解后,先用 $SnCl_2$ 还原大部分的 Fe^{3+},然后在 Na_2WO_4 存在下,用 $TiCl_3$ 还原剩余的 Fe^{3+},稍过量的 $TiCl_3$ 将 Na_2WO_4 还原为钨蓝,使溶液呈现蓝色,以指示 Fe^{3+} 被还原完全。滴加稀的 $K_2Cr_2O_7$ 溶液或以 Cu^{2+} 为催化剂利用空气氧化使钨蓝氧化而恰好褪色,以除去过量的 $TiCl_3$。再于 $H_2SO_4-H_3PO_4$ 混合酸介质中,以二苯胺磺酸钠作指示剂,用 $K_2Cr_2O_7$ 标准溶液滴定 Fe^{2+}。

(2) 化学需氧量的测定

化学需氧量(COD)是还原性物质污染的重要指标,在一定程度上可以说明水体受有机物污染的状况,是水质检测的重要项目之一。测定废水的 COD,一般使用 $K_2Cr_2O_7$ 标准回流法。分析步骤如下:于水样中加入 $HgSO_4$ 以消除 Cl^- 的干扰,加入过量的 $K_2Cr_2O_7$ 标准溶液,在强酸性介质中,以 Ag_2SO_4 为催化剂,加热回流 2 h,然后以邻二氮菲-亚铁为指示剂,用 Fe^{2+} 标准溶液测定过量的 $K_2Cr_2O_7$。根据所消耗的 $K_2Cr_2O_7$ 和 Fe^{2+} 的量可计算出 COD。该法适用范围广泛,可用于污水中化学需氧量的测定,缺点是测定中引入了 Cr(Ⅵ)、Hg^{2+} 等有害物质。

11.9.3 碘量法

1. 概述

同步资源

碘量法是利用 I_2 的氧化性或 I^- 的还原性来进行滴定的分析方法。由于固体 I_2 在水中的溶解度较小($0.001\ 33\ mol\cdot L^{-1}$),通常是将 I_2 溶解在 KI 溶液中,此时 I_2 在溶液中以 I_3^- 形式存在。滴定的基本反应为

$$I_2+2e^- \rightleftharpoons 2I^- \quad E^{\ominus}=0.535\ V$$

可见,I_2 是一种较弱的氧化剂,而 I^- 是一种中等强度的还原剂。据此,碘量法分为直接碘量法和间接碘量法,可分别用于还原性物质和氧化性物质的测定。

I_2/I^- 电对的可逆性好,副反应少,其电极电势在很大的 pH 范围内($pH<9$)不受酸度的影响。碘量法采用淀粉作指示剂,灵敏度高。由于这些优点,该方法应用十分广泛。

碘量法的误差来源主要有两个:一是 I_2 易挥发;二是 I^- 易被空气中的氧氧化。

(1) 为防止 I_2 的挥发,可采取的措施有:加入过量的 I^- 使 I_2 与之形成 I_3^-,以降低 I_2 的挥发性,提高淀粉指示剂的灵敏度;反应时溶液的温度不能高,一般在室温下进行。因升高温度增大 I_2 挥发性,降低淀粉指示剂的灵敏度;析出碘的反应最好在带塞的碘量瓶中进行,滴定时勿剧烈摇动。

（2）为防止I^-被空气中的氧氧化，可采取的措施有：避光，光照对I^-的氧化有催化作用，因此应将反应物置于暗处进行反应，滴定时应避免阳光直射，I_3^-溶液应保存在棕色瓶中；酸度增高亦能加速I^-的氧化，若反应在较高的酸度下进行，则在滴定前应稀释溶液以降低酸度；在间接碘量法中，当析出I_2的反应完成后，应立即用$Na_2S_2O_3$滴定，滴定速度也应适当加快。

2. 标准溶液的配制与标定

在碘量法中，会经常使用到$Na_2S_2O_3$和I_2两种标准溶液，下面分别介绍这两种溶液的配制和标定方法。

（1）$Na_2S_2O_3$溶液的配制与标定

固体$Na_2S_2O_3 \cdot 5H_2O$容易风化潮解，常含有少量S、Na_2S、Na_2SO_3等杂质，因此不能用直接法配制标准溶液。配制好的$Na_2S_2O_3$溶液不稳定、易分解，这是由于在水中的微生物、CO_2、空气中O_2的作用下，发生了下列反应：

$$Na_2S_2O_3 \xrightarrow{\text{细菌}} Na_2SO_3 + S\downarrow$$

$$S_2O_3^{2-} + CO_2 + H_2O \xlongequal{\quad} HSO_3^- + HCO_3^- + S\downarrow$$

$$2Na_2S_2O_3 + O_2 \longrightarrow 2Na_2SO_4 + 2S\downarrow$$

因此，在配制$Na_2S_2O_3$溶液时，需要用新煮沸（除去CO_2和杀灭细菌）并冷却的蒸馏水，加入少量0.02% Na_2CO_3使溶液呈碱性以抑制细菌生长。另外，日光也能促使$Na_2S_2O_3$分解，所以$Na_2S_2O_3$溶液应保存于棕色瓶中，放置暗处，一两周后再标定。

标定$Na_2S_2O_3$溶液的基准物质有$K_2Cr_2O_7$、KIO_3、纯铜等。这些物质都能与KI反应而析出I_2，反应方程式如下：

$$Cr_2O_7^{2-} + 6I^- + 14H^+ \xlongequal{\quad} 2Cr^{3+} + 3I_2 + 7H_2O$$

$$IO_3^- + 5I^- + 6H^+ \xlongequal{\quad} 3I_2 + 3H_2O$$

$$2Cu^{2+} + 4I^- \xlongequal{\quad} 2CuI\downarrow + I_2$$

标定时，称取一定量的上述基准物质（如$K_2Cr_2O_7$），在酸性溶液中与过量KI作用，析出的I_2以淀粉为指示剂，用$Na_2S_2O_3$标准溶液滴定，反应方程式如下：

$$I_2 + 2S_2O_3^{2-} \xlongequal{\quad} S_4O_6^{2-} + 2I^-$$

$K_2Cr_2O_7$与KI的反应条件如下：

① 溶液的酸度越大，反应速率越大。但酸度太大时，I^-易被空气中的O_2氧化。$c(H^+)$一般以$0.2 \sim 0.4\ mol \cdot L^{-1}$为宜。

② $K_2Cr_2O_7$与KI反应速率较慢，应将反应液置于碘瓶或盖有表面皿的锥形瓶中，暗处放置5 min，待反应完全，再进行滴定。

③ 在以淀粉为指示剂时，应先以$Na_2S_2O_3$溶液滴定至溶液呈浅黄色（大部分I_2已作用），然后加入淀粉溶液，用$Na_2S_2O_3$溶液滴定至蓝色恰好消失，即为终点。淀粉指示剂若加入过早，则大量

的 I_2 与淀粉结合为蓝色物质，这一部分 I_2 就不容易与 $Na_2S_2O_3$ 反应，因而造成滴定误差。

（2）I_2 溶液的配制与标定

用升华法制得的纯碘，可以直接配制 I_2 标准溶液。但由于碘的挥发性及对天平的腐蚀，不宜在分析天平上直接称量。因此，通常是用市售的纯碘先配一近似浓度的溶液，然后再进行标定。

配制时，先在托盘天平上称取一定量的 I_2，加入过量 KI，置研钵中，加少量水研磨，使 I_2 全部溶解，然后加水稀释，贮存于棕色瓶中暗处保存。

I_2 溶液应避免与橡胶等有机物接触，也要防止见光遇热，否则，浓度将发生变化。I_2 溶液的浓度，可用已标定好的 $Na_2S_2O_3$ 标准溶液标定获得，也可以用基准物 As_2O_3 来标定。As_2O_3 难溶于水，易溶于碱生成亚砷酸：

$$As_2O_3+6OH^- = 2\ AsO_3^{3-}+3H_2O$$

亚砷酸与 I_2 的反应如下：

$$AsO_3^{3-}+I_2+H_2O \rightleftharpoons AsO_4^{3-}+2I^-+2H^+$$

这个反应是可逆的。在中性或弱碱性溶液中（$pH\approx 8$），反应能定量地向右进行；在酸性溶液中，则 AsO_4^{3-} 氧化 I^- 而析出 I_2。

3. 应用实例

（1）直接碘量法

直接碘量法的基本反应是

$$I_2+2e^- = 2I^-$$

电极电势比 $E^{\ominus}(I_2/I^-)$ 低的还原性物质，可以直接用 I_2 的标准溶液进行滴定。由于 I_2 的氧化能力不强，能被氧化的物质有限，所以直接碘量法的应用受到一定的限制，主要用于 S^{2-}、SO_3^{2-}、Sn^{2+}、$S_2O_3^{2-}$、AsO_3^{3-} 等强还原性物质的测定。

在酸性溶液中，I_2 能氧化 S^{2-}：

$$H_2S+I_2 = S+2I^-+2H^+$$

因此可用淀粉为指示剂，用 I_2 标准溶液滴定 H_2S。滴定不能在碱性溶液中进行，否则部分 S^{2-} 将被氧化为 SO_4^{2-}：

$$S^{2-}+4I_2+8OH^- = SO_4^{2-}+8I^-+4H_2O$$

而且 I_2 也会发生歧化反应。

（2）间接碘量法

间接碘量法是指以 $Na_2S_2O_3$ 标准溶液为滴定剂的碘量法，涉及的基本反应是

$$2I^- -2e^- = I_2$$

$$I_2+2S_2O_3^{2-} = 2I^-+S_4O_6^{2-}$$

间接碘量法包括置换滴定法和剩余滴定法。凡是电极电势比 $E^{\ominus}(I_2/I^-)$ 高的氧化性物质，可

在一定条件下，用碘离子来还原，定量析出 I_2，然后用 $Na_2S_2O_3$ 标准溶液滴定释放的 I_2，这种滴定方法即为置换滴定法。置换滴定法可用于 Cu^{2+}、CrO_4^{2-}、$Cr_2O_7^{2-}$、IO_3^-、BrO_3^-、ClO^-、NO_2^-、H_2O_2 等氧化性物质的测定。

例如，铜矿石中铜的测定。在待测 Cu^{2+} 溶液中加入过量 I^-，发生反应：

$$2Cu^{2+}+4I^- \xlongequal{} 2CuI+I_2$$

这时，I^- 既是还原剂（将 Cu^{2+} 还原为 Cu^+），又是沉淀剂（将 Cu^+ 沉淀为 CuI），还是配位剂（将 I_2 配位为 I_3^-）。生成的 I_2（或 I_3^-）用 $Na_2S_2O_3$ 标准溶液滴定，以淀粉为指示剂，蓝色褪去即为终点。

由于 CuI 沉淀表面吸附 I_2，往往使这部分 I_2 还未被滴定而溶液已经褪色，造成分析结果偏低。为此，可在临近终点时加入 SCN^-，使 CuI 转化为溶解度更小的 CuSCN：

$$CuI+SCN^- = CuSCN\downarrow +I^-$$

CuSCN 吸附 I_2 倾向小，可以减少误差。

若待测溶液中有 Fe^{3+} 共存，由于 Fe^{3+} 也能氧化 I^- 而干扰铜的测定，可加入 NH_4HF_2，使 Fe^{3+} 生成 $[FeF_6]^{3-}$，降低了 Fe^{3+}/Fe^{2+} 电极电势，使 Fe^{3+} 不能氧化 I^-。

有些还原性物质与 I_2 的反应速率较慢，可先加入过量（准确量取）的 I_2 标准溶液，待反应完全后，用 $Na_2S_2O_3$ 标准溶液滴定剩余的 I_2。这种滴定方法叫作剩余滴定法。例如，测定葡萄糖含量时，先将过量（准确量取）的 I_2 标准溶液加入葡萄糖溶液中充分反应，然后以淀粉为指示剂，用 $Na_2S_2O_3$ 标准溶液滴定剩余的 I_2。

11.10 氧化还原滴定法的应用

氧化还原滴定结果计算的关键是求得待测组分与滴定剂之间的计量关系，而此计量关系又是以一系列有关的反应式为基础的。当这些计量关系被确定后，就可根据滴定剂消耗的量求得待测组分的含量。例如，待测组分 A 经过一系列化学反应后得到的产物 P，再用滴定剂 T 来滴定。各步反应式所确定的计量关系为

$$a\mathrm{A} \Leftrightarrow \cdots p\mathrm{P} \cdots \Leftrightarrow t\mathrm{T}$$

故待测组分 A 与滴定剂 T 之间的计量关系为

$$a\mathrm{A} \Leftrightarrow t\mathrm{T}$$

例 11-11 称取软锰矿样品 0.250 0 g，加入 0.350 0 g $H_2C_2O_4 \cdot 2H_2O$ 及适量 H_2SO_4，加热至完全反应。过量的草酸用 0.020 00 $mol \cdot L^{-1}$ $KMnO_4$ 标准溶液 25.80 mL 滴定至终点，求样品中 MnO_2 的质量分数。

解：有关反应为

$$MnO_2+H_2C_2O_4+2H^+ \xlongequal{} Mn^{2+}+2CO_2\uparrow+2H_2O$$

$$2MnO_4^-+5H_2C_2O_4+6H^+ \xlongequal{} 2Mn^{2+}+10CO_2\uparrow+8H_2O$$

各物质间计量关系为 $5MnO_2 \Leftrightarrow 5H_2C_2O_4 \Leftrightarrow 2MnO_4^-$

$$w(MnO_2)=\frac{\left[\frac{m(H_2C_2O_4 \cdot 2H_2O)}{M(H_2C_2O_4 \cdot 2H_2O)}-\frac{5}{2}\times c(KMnO_4)V(KMnO_4)\right]\times M(MnO_2)}{m_S}\times 100\%$$

$$=\frac{\left(\frac{0.350\ 0}{126.07}-\frac{5}{2}\times 0.020\ 00\times 25.80\times 10^{-3}\right)\times 86.94}{0.250\ 0}\times 100\%$$

$$=51.82\%$$

例 11-12 称取苯酚样品0.500 0 g，溶解后配制成250.0 mL溶液。从中移取25.00 mL试液于碘量瓶，加入$KBrO_3$-KBr标准溶液25.00 mL和HCl溶液，使苯酚转化为三溴苯酚。加入KI溶液，使未起反应的Br_2还原，并定量析出I_2，然后用0.100 5 mol·L^{-1} $Na_2S_2O_3$标准溶液滴定，用去15.80 mL。另取25.00 mL $KBrO_3$-KBr标准溶液，加入KI及HCl溶液，析出的I_2用0.100 5 mol·L^{-1} $Na_2S_2O_3$标准溶液滴定，耗去35.70 mL。试计算样品中苯酚的含量。

解：有关反应如下：

$$KBrO_3+5KBr+6HCl \xlongequal{} 6KCl+3Br_2+3H_2O$$

$$C_6H_5OH+3Br_2 \xlongequal{} C_6H_2Br_3OH+3HBr$$

$$Br_2+2KI \xlongequal{} I_2+2KBr$$

$$I_2+2Na_2S_2O_3 \xlongequal{} 2NaI+Na_2S_4O_6$$

各物质之间的计量关系为 $1C_6H_5OH \Leftrightarrow 3Br_2 \Leftrightarrow 3I_2 \Leftrightarrow 6Na_2S_2O_3$

$$w(\text{苯酚})=\frac{\frac{1}{6}\times c(Na_2S_2O_3)\times[V_1(Na_2S_2O_3)-V_2(Na_2S_2O_3)]M(C_6H_5OH)}{m_S\times\frac{25.00}{250.0}}\times 100\%$$

$$=\frac{\frac{1}{6}\times 0.100\ 5\times(35.70-15.80)\times 10^{-3}\times 94.11}{0.500\ 0\times\frac{25.00}{250.0}}\times 100\%=62.74\%$$

例 11-13 称取红丹样品（主要成分为Pb_3O_4）0.100 0 g，加入HCl后释放出Cl_2。此Cl_2与KI溶液反应，析出的I_2用0.005 033 mol·L^{-1} $Na_2S_2O_3$溶液滴定，用去24.80 mL。计算样品中Pb_3O_4的质量分数。

解：有关反应如下：

$$Pb_3O_4+8HCl \xlongequal{} Cl_2\uparrow+3PbCl_2+4H_2O$$

$$Cl_2+2KI \xlongequal{} I_2+2KCl$$

$$I_2+2S_2O_3^{2-} \xlongequal{} 2I^-+S_4O_6^{2-}$$

各物质之间的计量关系为 $1Pb_3O_4 \Leftrightarrow 1Cl_2 \Leftrightarrow 1I_2 \Leftrightarrow 1Na_2S_2O_3$，故 $1Pb_3O_4 \Leftrightarrow 1Na_2S_2O_3$

$$w(Pb_3O_4)=\frac{c(Na_2S_2O_3)\times V(Na_2S_2O_3)\times M(Pb_3O_4)}{m_S}\times 100\%$$

$$=\frac{0.005\ 033\times 24.80\times 10^{-3}\times 685.6}{0.100\ 0}\times 100\%=85.59\%$$

化学视野——液流电池

随着人类社会的发展，大量化石能源的使用已造成生态环境的不断恶化，因此研究人员越来越关注清洁能源（如水能、风能、太阳能、潮汐能等）的开发。这些能源主要是以电能的形式进行储存，但是传统的封闭式电池（如锂离子电池）储存电量低，不能以额定功率进行长时间放电。液流电池是通过反应活性物质的价态变化实现电能与化学能之间转化的高效储能新技术。

从液流电池的原理（图 11-7 所示）可以看出，电解质溶液（储能介质）存储在电池外部的电解液储罐中，电池内部正负极之间由离子交换膜分隔成彼此相互独立的两室（正极侧与负极侧）。电池工作时，正负极电解液由各自的送液泵强制通过各自反应室循环流动，参与电化学反应。充电时电池外接电源，将电能转化为化学能，储存在电解质溶液中；放电时电池外接负载，将储存在电解质溶液中的化学能转化为电能，供负载使用。

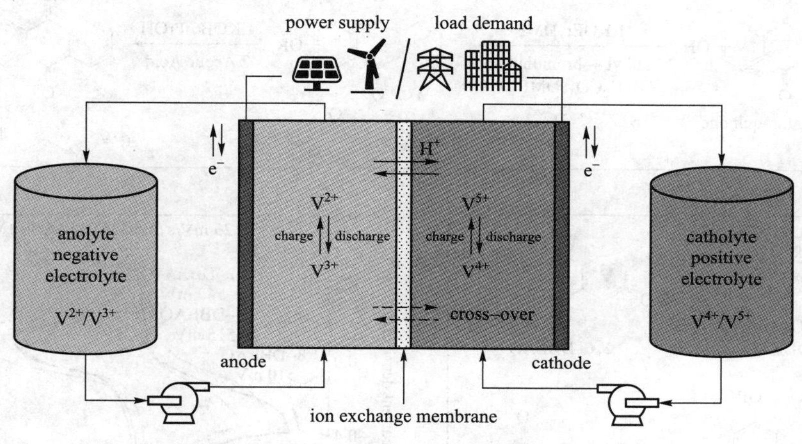

图 11-7　液流电池的工作原理

液流电池的发展与产业化中应避免依赖与使用有毒过渡金属离子的配方。2014 年，哈佛大学 Michael J. Aziz 教授等在 *Nature* 杂志报道了一种非金属液流电池（图 11-8 所示）。该类电池利用 Br_2/Br^- 和醌/氢醌作为正负极的氧化还原电对，电解质溶液中活性物质的浓度较高，能量密度接近钒液流电池，而价格却低于钒液流电池，也避免了金属离子的应用。这样以有机小分子或者有机金属化合物作为活性物质的液流电池价格便宜，并且这些物质容易功能化以调节反应的电压、倍率性能和能量密度，受到了科研人员的广泛关注。之后，有大量关于水相有机液流电池的报道，它们主要以苯醌（quinone）、紫精

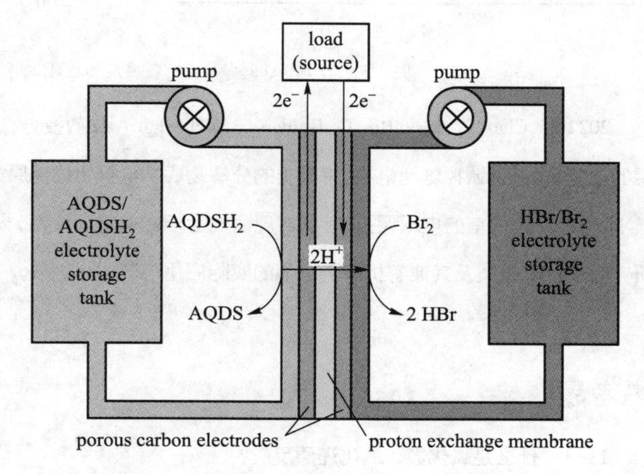

图 11-8　利用 Br_2/Br^- 和醌/氢醌作为正负极氧化还原电对的液流电池示意图

(viologen)、二茂铁(ferrocene)、咯嗪(alloxazine)和氮氧自由基(nitroxide radical)作为活性分子,但容量衰减率(capacity fade rates)一般为(0.1%~0.5%)天,严重限制了电池的寿命。另外,这些活性物质容易发生副反应(如亲核加成、自聚合等),导致液流电池稳定性差。因此,有机液流电池领域最大的挑战是有机电活性分子的稳定性问题。

2018年,Michael J. Aziz教授等再一次做出突破,在*Joule*杂志报道他们通过以羧基为端基的烷基链修饰2,6-二羟基蒽醌(2,6-dihydroxyanthraquinone,2,6-DHAQ)得到具有良好化学稳定性的带负电的电解质分子2,6-DBEAQ(图11-9所示),开路电压超过1 V。2,6-DBEAQ在pH=12时的溶解度是2,6-DHAQ溶解度的大约6倍。基于该分子和铁氰化钾设计的有机液流电池,容量衰减率为< 3% /年,是当时寿命最长的有机液流电池。

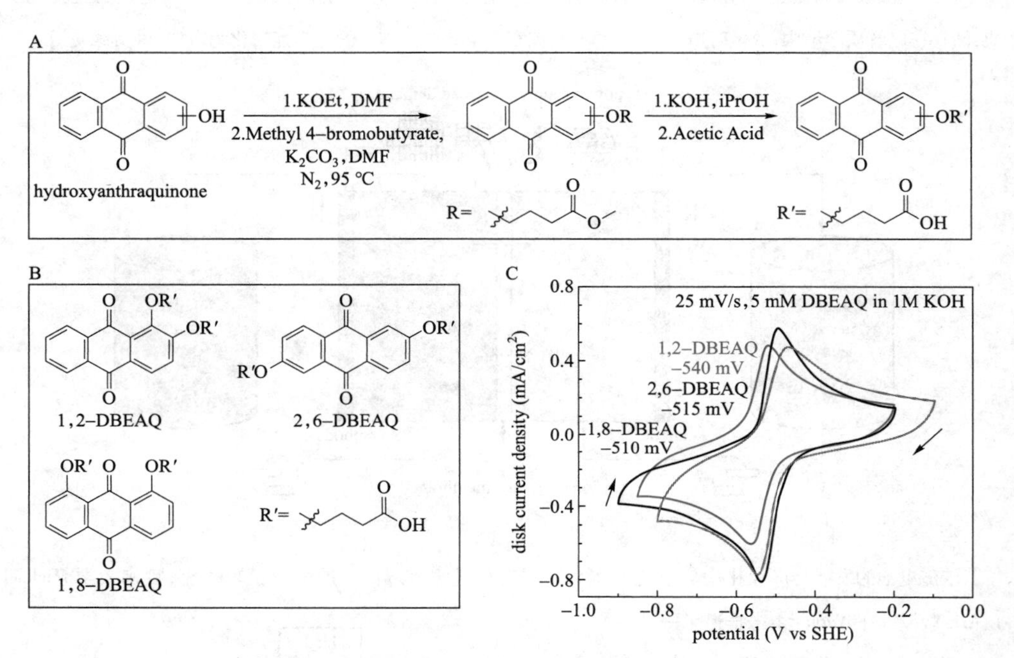

图11-9 DBEAQ同分异构体的合成过程和循环伏安法的表征结果

2022年,Clare P. Grey,Roy G. Gordon与Michael J. Aziz教授合作在*Nature Chemistry*杂志中报道:在原位核磁的观测下,通过调控电池电压,将醌类的分解物成功电氧化成为原始的电活性物质,其液流电池的寿命被延长17倍。通过简单的电压调控,首次实现活性分子的电化学重组,极大地延长了液流电池的使用寿命。这项研究有望推动醌类及其他有机液流电池的实际应用与产业化进程。

思考题

11-1 什么是氧化数、氧化还原反应?

11-2 什么是标准电极电势?标准电极电势有什么用途?

11-3 金属铁能还原Cu^{2+},而$FeCl_3$溶液又能使金属铜溶解,为什么?在酸性溶液中含有Fe^{3+}、$Cr_2O_7^{2-}$、MnO_4^-,当通入H_2S时,还原的顺序如何?写出有关反应的化学方程式。

11-4　选择一种合适的氧化剂，使 Sn^{2+}、Fe^{2+} 分别氧化至 Sn^{4+} 和 Fe^{3+}，而不能使 Cl^- 氧化成 Cl_2。

11-5　什么是元素电势图，如何表示？元素电势图有何用途？

11-6　影响氧化还原反应速率的因素有哪些？举例说明。

11-7　什么是条件电极电势？在氧化还原滴定中有何意义？

11-8　氧化还原滴定常用的指示剂有哪些？各用于哪类氧化还原滴定中？举例说明。

11-9　在氧化还原滴定中，为什么要进行预处理？

11-10　列表总结各种氧化还原滴定的滴定反应、滴定条件、标准溶液、基准物质、指示剂、终点判断、应用等。

11-11　直接碘量法与间接碘量法的区别是什么？

习题

第 11 章　习题答案

11-1　指出下列物质中画线元素的氧化数。

$\underline{Cl}_2O$　　$\underline{S}_4O_6^{2-}$　　$\underline{Fe}_3O_4$　　$\underline{Cr}_2O_7^{2-}$　　$K_2\underline{Pt}Cl_6$　　$H_3\underline{As}O_4$

11-2　分别用氧化数法和离子-电子法配平下列方程式。

（1）$P_4+HNO_3 \longrightarrow H_3PO_4+NO$

（2）$KMnO_4+KI+H_2SO_4 \longrightarrow I_2+MnSO_4+K_2SO_4+H_2O$

（3）$H_2O_2+Cr(OH)_4^- \longrightarrow CrO_4^{2-}+H_2O$

（4）$CuS+NO_3^- \longrightarrow Cu^{2+}+SO_4^{2-}+NO$

（5）$PbO_2+Cl^- \longrightarrow Pb^{2+}+Cl_2$

11-3　用电子-离子配平法配平下列方程。

（1）$MnO_4^-+Mn^{2+}+OH^- \longrightarrow MnO_2(s)$

（2）$IO_3^-+I^- \longrightarrow I_2$

（3）$H_2O_2+Ce^{4+} \longrightarrow O_2(g)+Ce^{3+}$

11-4　用电池符号表示下列电池反应，并计算 298 K 时的 E 和 Δ_rG_m 值，判断反应是否能自左向右自发进行。

$$Cu(s)+2H^+(0.01\ mol\cdot L^{-1}) \rightleftharpoons Cu^{2+}(0.1\ mol\cdot L^{-1})+H_2(0.9\times1.013\times10^5\ Pa)$$

11-5　有一电池（298 K）：

$$(-)Pt\mid H_2(50.0\ kPa)\mid H^+(0.50\ mol\cdot L^{-1})\parallel Sn^{4+}(0.70\ mol\cdot L^{-1}),Sn^{2+}(0.50\ mol\cdot L^{-1})\mid Pt(+)$$

（1）写出电极反应；

（2）写出电池反应；

（3）计算电池电动势；

（4）与 $E=0$ 时，保持 $p(H_2)$、$[H^+]$ 不变的情况下，$c(Sn^{2+})/c(Sn^{4+})$ 是多少？

11-6　分别计算 298 K 时 Ag^+/Ag、$AgCl/Ag$ 电极在 0.050 0 $mol\cdot L^{-1}$ NaCl 溶液中的电极电势。已知 $E^{\ominus}(Ag^+/Ag)=0.799$ V，$E^{\ominus}(AgCl/Ag)=0.222$ V。

11-7　根据标准电极电势，

（1）判断下列氧化剂的氧化性由强到弱的次序：

Cl_2　　$Cr_2O_7^{2-}$　　MnO_4^-　　Cu^{2+}　　Fe^{3+}　　Br_2

（2）判断下列还原剂的还原性由强到弱的次序：

$$Cl^- \quad Fe^{2+} \quad Cu^+ \quad Br^- \quad I^- \quad Mn^{2+}$$

11-8　根据有关标准电极电势，判断下列反应在 298 K 时能否发生，若能发生，完成并配平反应方程式。

（1）Fe^{3+} 与 I^- 的反应；

（2）$Cr_2O_7^{2-}$ 与 Fe^{2+} 在酸性条件下的反应；

（3）$[Fe(CN)_6]^{4-}$ 与 Br_2 的反应。

11-9　通过计算判断下列电池的正负极（298 K）：

$$Pt \mid U^{4+}(0.200\ mol\ L^{-1}), UO_2^{2+}(0.015\ 0\ mol\cdot L^{-1}),$$

$$H^+(0.030\ 0\ mol\cdot L^{-1}) \parallel Fe^{2+}(0.010\ 0\ mol\cdot L^{-1}), Fe^{3+}(0.025\ mol\cdot L^{-1}) \mid Pt$$

已知相应的半反应为

$$Fe^{3+}+e^- \rightleftharpoons Fe^{2+} \quad E^\ominus=0.769\ V$$

$$UO_2^{2+}+4H^++2e^- \rightleftharpoons U^{4+}+2H_2O \quad E^\ominus=0.334\ V$$

11-10　计算下列反应的平衡常数（298 K）。

（1）$5Fe^{2+}+MnO_4^-+8H^+ \rightleftharpoons 5Fe^{3+}+Mn^{2+}+4H_2O$

（2）$3Cu(s)+2NO_3^-+8H^+ \rightleftharpoons 2NO(g)+3Cu^{2+}+4H_2O$

11-11　设计原电池测定 $[Hg(CN)_4]^{2-}$ 的稳定常数（298 K）。

11-12　测得下列电池在 298 K 时 $E=0.17$ V，求 HAc 的平衡常数。

$$Pt \mid H_2(100\ kPa) \mid HAc(0.1\ mol\cdot L^{-1}), Ac^-(2.0\ mol\cdot L^{-1}) \parallel$$ 标准氢电极

11-13　计算下列反应的平衡常数（298 K）。

（1）$2Fe^{3+}+3I^- \rightleftharpoons 2Fe^{2+}+I_3^-$

（2）$2MnO_4^-+3Mn^{2+}+2H_2O \rightleftharpoons 5MnO_2(s)+4H^+$

11-14　已知 Br 的元素电势图如下：

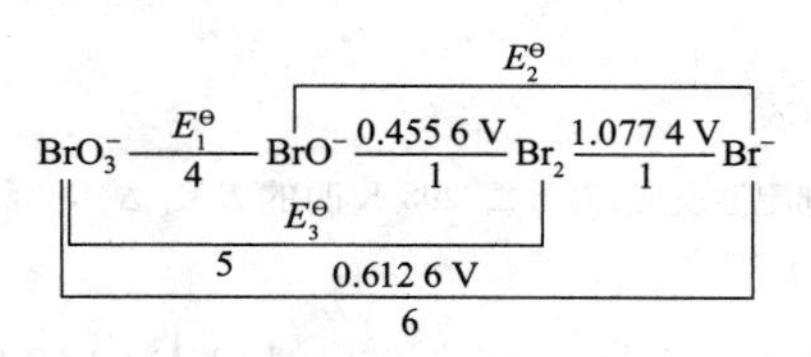

（1）计算 $E_1^\ominus$、$E_2^\ominus$ 和 $E_3^\ominus$。

（2）判断 BrO^- 能否发生歧化反应？若能，写出反应方程式。

11-15　已知 298 K 时，$E^\ominus(HgBr_4^{2-}/Hg)=0.232$ V，$\Delta_f G_m^\ominus(Br^-, aq)=-103.96\ kJ\cdot mol^{-1}$，计算 $\Delta_f G_m^\ominus(HgBr_4^{2-}, aq)$。

11-16　已知下列电极反应的标准电极电势（298 K）：

$$Cu^{2+}+e^- \rightleftharpoons Cu^+ \quad E^\ominus=0.161\ V$$

$$Cu^++e^- \rightleftharpoons Cu \quad E^\ominus=0.518\ V$$

（1）计算反应 $2Cu^+ \rightleftharpoons Cu^{2+}+Cu$ 的 $K^\ominus$；

（2）已知 $K_{sp}^\ominus(CuCl)=1.7\times10^{-7}$，计算 $Cu^{2+}+Cu(s)+2Cl^- \rightleftharpoons 2CuCl$ 反应的 $K^\ominus$。

11-17　由附表查出酸性溶液中 298 K 时 $E^\ominus(MnO_4^-/MnO_4^{2-})$、$E^\ominus(MnO_4^-/MnO_2)$、$E^\ominus(MnO_2/Mn^{2+})$ 和 $E^\ominus(Mn^{3+}/Mn^{2+})$。

(1) 画出锰元素在酸性溶液中的元素电势图;

(2) 计算 $E^{\ominus}(MnO_4^{2-}/MnO_2)$ 和 $E^{\ominus}(MnO_2/Mn^{3+})$。

(3) MnO_4^{2-} 能否歧化? 写出相应的反应方程式,计算该反应的 $\Delta_r G_m^{\ominus}$ 和 $K^{\ominus}$。 哪些物种还可以发生歧化反应?

11-18 不纯的碘化钾样品 0.518 0 g,用 0.194 0 g $K_2Cr_2O_7$ 处理后,将溶液蒸发除去析出的碘,然后用过量的 KI 处理,析出的碘用 0.1000 mol · L^{-1} $Na_2S_2O_3$ 溶液滴定,耗去 10.00 mL,计算样品中 KI 的质量分数。

11-19 称取含有 PbO 和 PbO_2 混合物样品 1.234 g。 用酸分解后,加入 0.25 mol · L^{-1} $H_2C_2O_4$ 溶液 20.00 mL 使 PbO_2 还原为 Pb^{2+},所得溶液用氨水中和,使所有 Pb^{2+} 沉淀为 PbC_2O_4,过滤。 滤液酸化后用 0.040 0 mol · L^{-1} $KMnO_4$ 溶液滴定,用去 10.00 mL。 然后将 PbC_2O_4 沉淀用酸溶解后,用同浓度的 $KMnO_4$ 溶液滴定,用去 30.00 mL。 计算样品中 PbO 和 PbO_2 的含量。

11-20 称取铬铁矿样品 0.489 7 g,Na_2O_2 熔融后,使其中的 Cr^{3+} 氧化为 $Cr_2O_7^{2-}$,然后加入 10 mL 3 mol · L^{-1} H_2SO_4 及 50.00 mL 0.120 2 mol · L^{-1} 硫酸亚铁铵溶液处理。 过量的 Fe^{2+} 需用 15.05 mL $K_2Cr_2O_7$ 标准溶液滴定(1.00 mL $K_2Cr_2O_7$ 标准溶液相当于 0.006 023 g Fe)。 求样品中铬的质量分数。

11-21 如何近似配制 1.0 L 浓度为 0.020 mol · L^{-1} $KMnO_4$(M = 158.03 g · mol^{-1})溶液,如果你要用 $Na_2C_2O_4$(M = 134.00 g · mol^{-1})标定它,则 $Na_2C_2O_4$ 的称量范围是多少?

11-22 标定硫代硫酸钠。 通过在水中溶解 0.372 2 g 碘酸钾(M = 214 g · mol^{-1})和足够量的碘化钾,然后用盐酸酸化。 生成的碘用硫代硫酸钠溶液滴定至终点,消耗硫代硫酸钠溶液 20.82 mL。 计算硫代硫酸钠的浓度。

11-23 将 1.657 g 乙硫醇样品和 50.00 mL 0.119 4 mol · L^{-1} I_2 相混合,过量的碘用浓度为 0.132 5 mol · L^{-1} 硫代硫酸钠滴定至终点,消耗硫代硫酸钠溶液 16.77 mL。 计算乙硫醇百分比 [$M(C_2H_5SH)$ = 62.13 g · mol^{-1}]。 乙硫醇和碘的反应: $2C_2H_5SH+I_2 = C_2H_5SSC_2H_5+2I^-+2H^+$。

第 12 章

配位解离平衡与配位滴定法

Complex Equilibrium and Complexometric Titration

学习要求:

1. 掌握配合物的组成、定义、类型和结构特点。 了解螯合物的特点及其应用;
2. 理解配位化合物价键理论的主要论点;
3. 理解配位解离平衡的意义及有关计算;
4. 掌握配位滴定法的基本原理，了解配位滴定方式及应用。

配位化合物(coordination compound)是一类由中心离子(或原子)和配体按照一定的比例与空间结构组成的化合物,也简称为配合物。组成为 $CoCl_3 \cdot 6NH_3$的化合物第一次被制备出现时,人们认为它是由两个简单化合物($CoCl_3$和 NH_3)形成的一种新类型的化合物。令化学家迷惑不解的是,既然简单化合物中的原子都已满足了各自的化合价,那么是什么驱动力促使它们之间形成新的一类化合物?在长达一百年的时间里,由于人们不了解成键作用的本质,故将其称为“复杂化合物”,1983 年,瑞士青年化学家维尔纳(Alfred Werner)通过对 $CoCl_3 \cdot 6NH_3$的结构分析,首次提出了配合物的基本概念及相关理论,成功解释了很多配合物的性质,成为配位化学的奠基人,也获得了 1913 年诺贝尔化学奖。之后,随着对原子结构和化学键理论研究的不断深入,配合物已远远超出无机化学的范畴,成为一门极具活力的新兴学科——配位化学。本章主要介绍配合物的基本概念,配合物的价键理论和晶体场理论,并对配位键的本质、配离子的形成和空间构型进行说明,同时讨论配合物在分析化学中的重要应用——配位滴定法。

12.1 配合物的基本概念及命名

12.1.1 配合物的定义、组成及命名

1. 配合物的定义

同步资源

先来做个实验,向硫酸铜溶液中缓慢滴加氨水,开始时会有蓝色$Cu(OH)_2$ 沉淀生成;当继续加

氨水至过量时,蓝色沉淀开始溶解,导致体系变成深蓝色溶液。该现象背后的总反应为

$$CuSO_4+4NH_3 \xlongequal{} [Cu(NH_3)_4]SO_4(\text{深蓝色})$$

此时在溶液中,除 SO_4^{2-} 和复杂离子 $[Cu(NH_3)_4]^{2+}$ 外,几乎检测不出 Cu^{2+} 的存在。再如,向 $HgCl_2$ 溶液中加入 KI,开始形成橘黄色 HgI_2 沉淀,继续加 KI 至过量时,橘黄色沉淀消失,溶液变为澄清透明状态。该现象背后的反应式为

$$HgCl_2+2KI \xlongequal{} HgI_2\downarrow+2KCl$$

$$HgI_2+2KI \xlongequal{} K_2[HgI_4]$$

在上述实验中生成的 $[Cu(NH_3)_4]SO_4$ 和 $K_2[HgI_4]$ 这类较复杂的化合物称为配合物。

由于配合物种类繁多,组成复杂,目前还没有一个严格的定义,只能从和简单化合物的对比中找到一个粗略定义。

简单化合物 NH_3、H_2O 分子都是每个原子提供一个电子,以共用电子对的形式结合;$CuSO_4$、$HgCl_2$ 则由离子键结合。这些简单化合物都符合经典的化学键理论。还有一些结构较为复杂的“分子化合物”由一些简单化合物的分子加合而成,如在上述反应得到的“分子化合物”的形成过程中,既没有电子的得失,也没有形成经典的共价键。所以,这些“分子化合物”的形成不符合经典的化学键理论。

总结上述结果可形成配合物的概念,即配合物是由中心离子(或原子)和配体(阴离子或分子)以配位键的形式结合而成的复杂离子(或分子),通常称这种复杂离子为配位单元。凡是含有配位单元的化合物都称为配合物。

2. 配合物的组成

现以 $[Cu(NH_3)_4]SO_4$ 和 $K_2[HgI_4]$ 为例讨论配合物的组成。

在 $[Cu(NH_3)_4]SO_4$ 的分子结构中,Cu^{2+} 占据中心位置,称为中心离子;在中心离子 Cu^{2+} 的周围,以配位键结合着 4 个 NH_3 分子,称为配体;中心离子与配体构成配合物的内界(配离子),通常把内界写在方括号内;SO_4^{2-} 被称为外界,内界与外界通过离子键结合在一起,在水中全部解离。

在 $K_2[HgI_4]$ 中,Hg^{2+} 占据中心位置,中心离子 Hg^{2+} 的周围以配位键结合着 4 个 I^-,形成配合物的内界,方括号以外的 2 个 K^+ 是外界。这些关系可图示如下:

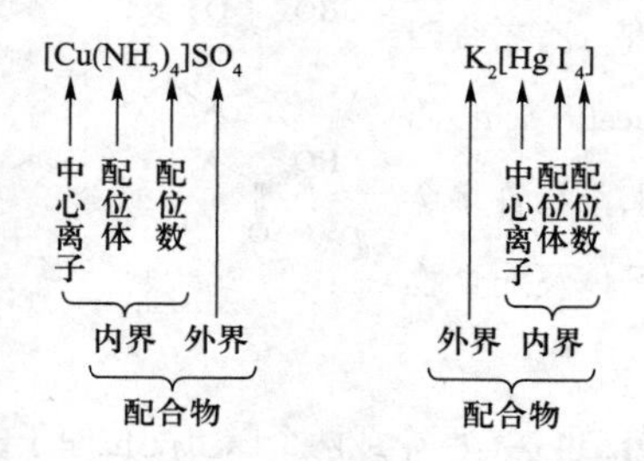

K2[Hg I 4]
外界 内界
配合物
中心离子 配位体 配位数

(1) 中心离子(或原子):中心离子是配合物的核心,它一般是带正电的阳离子,但也有电中性原子甚至还有极少数阴离子。如 $[Ni(CO)_4]$ 中的 Ni 是电中性原子,而 $HCo(CO)_4$ 的 Co 的氧化态

是-1。中心离子绝大多数为金属离子，而过渡金属离子最常见。此外，少数高氧化态的非金属元素也可作中心离子，如$[BF_4]^-$、$[SiF_6]^{2-}$中的B(Ⅲ)、Si(Ⅳ)等。

(2) 配体：配合物中同中心离子以配位键结合的阴离子或中性分子叫配位体（简称配体）。配体中具有孤电子对，能与中心离子（或原子）形成配位键的原子称为配位原子。配位原子通常是电负性较大的非金属原子，如N、O、S、C和卤素等原子。一些常见的配体和配位原子列于表12-1中。

表12-1　一些常见的配体和配位原子

配体	配位原子	配体	配位原子
NH_3、NCS^-、NO_2^-	N	H_2S、SCN^-、$S_2O_3^{2-}$	S
H_2O、OH^-、ONO^-	O	F^-、Cl^-、Br^-、I^-	X
ROR、CN^-、CO	C		

只含有一个配位原子的配体称为单齿配体，如H_2O、NH_3、X^-、CN^-等。含有两个或两个以上配位原子并同时与一个中心离子形成配位键的配体，称为多齿配体，如乙二胺$H_2NCH_2CH_2NH_2$(ethylenediamine，简写作en)及草酸根等，其配位情况示意如图12-1所示（箭头是配位键的指向）。

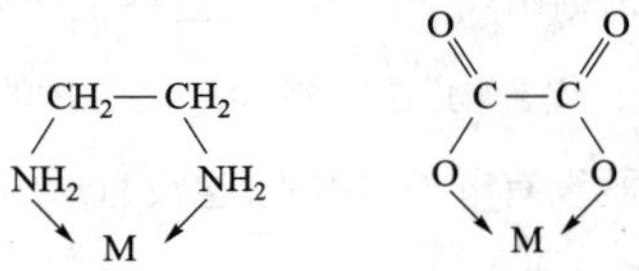

图12-1　乙二胺及草酸根与金属离子的配位情况

有机化合物中的多齿配体较多，其中一大类为含有氮杂环的有机化合物，如联吡啶、2-苯基吡啶、2-噻吩嘧啶等，其配位情况示意如图12-2所示（箭头是配位键的指向）。

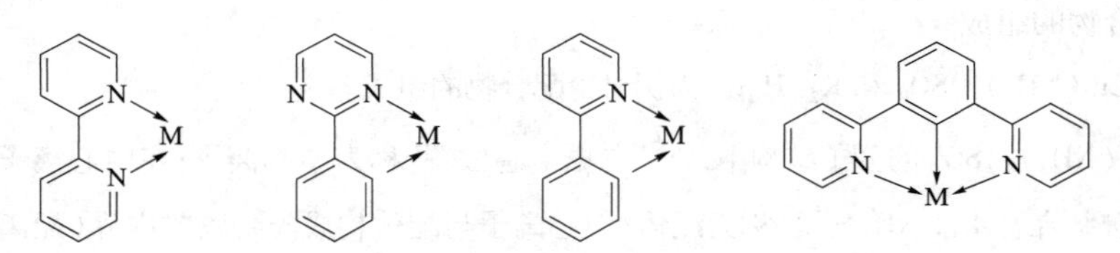

图12-2　有机多齿配体与金属离子的配位情况

多齿配体能与中心离子形成环状结构，像螃蟹的双螯钳住东西一样起螯合作用，因此，也称这种多齿配体为螯合剂。乙二胺四乙酸配体（ethylenediaminetetraacetic acid，简写作EDTA）为最常见的螯合剂，能与许多金属离子形成稳定的配合物，其配体及配合物结构如图12-3所示：

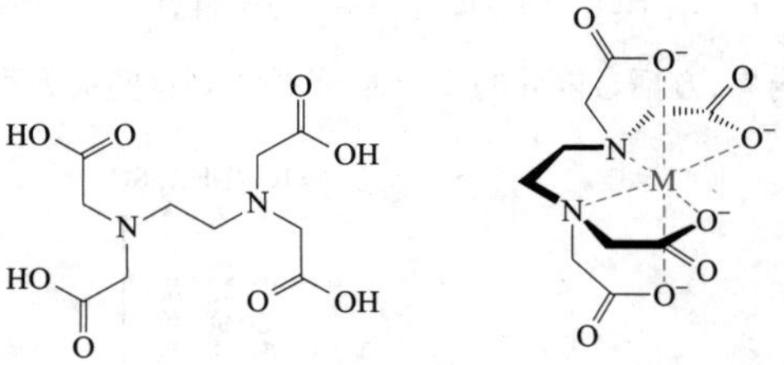

图12-3　EDTA配体及配合物结构

与螯合剂不同，有些配体虽然也具有两个或两个以上配位原子，但在一定条件下，仅有一种配位原子与中心离子配位，这类配体称为两可配体。例如，硫氰根(SCN^-，配位原子为S)和异硫氰根

(NCS^-,配位原子为 N)。

除了有孤电子对的物质可以作为配体以外,还有一类配体,它本身不含孤对电子,而是提供π键电子,例如,乙烯、苯等,形成的配合物结构举例如图 12-4 所示:

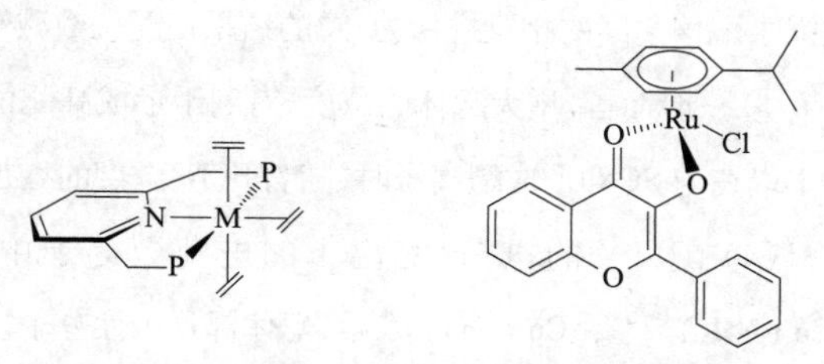

图 12-4　π键电子型配体与金属离子的配位情况

作为与同一个中心离子配位的配体,可以相同,也可以不相同。例如,磷光发光材料 F-Pt、H-Pt 及 tBu-Pt 中含有相同的 Pt 金属中心,但其配合物分子内的两个双齿配体完全不同(图 12-5)。

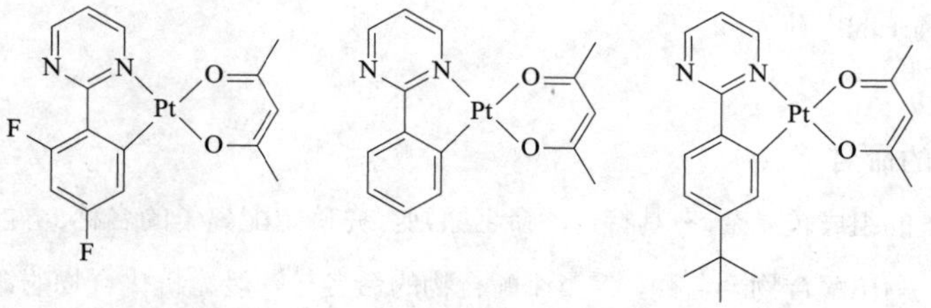

F–Pt　　H–Pt　　tBu–Pt

图 12-5　同一金属离子同时与不同配体的配位情况

(3) 配位数:配合物中直接同中心离子形成配位键的配位原子的个数称为该中心离子(或原子)的配位数。一般而言,如果配合物的配体是配体单齿配体,则中心离子的配位数是内界中配体的个数。例如,配合物$[Cu(NH_3)_4]^{2+}$的中心离子 Cu^{2+}与 4 个 NH_3 分子中的 N 原子配位,其配位数为 4。如果配合物的配体是配体多齿配体,则中心离子的配位数不仅决定于配体的个数,还与配体多齿配体所含的配位原子的个数有关。在配合物$[Zn(en)_2]SO_4$ 中,中心离子 Zn^{2+}与两个乙二胺分子结合,而每个乙二胺分子中有两个 N 原子配位,故 Zn^{2+}的配位数为 4。因此应注意配位数与配体数的区别。

在一定条件下,中心离子往往具有各自的特征配位数。多数金属离子的特征配位数是 2、4 和 6 等。配位数为 2 的如 Ag^+、Cu^+等;配位数为 4 的如 Cu^{2+}、Zn^{2+}、Ni^{2+}、Pt^{2+}等;配位数为 6 的如 Fe^{3+}、Fe^{2+}、Al^{3+}、Pt^{4+}、Cr^{3+}、Co^{3+}、Ir^{3+}等。

和元素的化合价一样,在形成配合物时,影响中心离子的配位数是多方面的,主要决定于中心离子(或原子)和配体的性质——电荷、电子层结构、离子半径及它们间相互影响的情况和配合物形成时的温度和浓度等外部条件。一般有以下规律:

① 对同一配体,中心离子(或原子)的电荷越高,吸引配体孤对电子的能力越强,配位数就越大,如$[Cu(NH_3)_2]^+$和$[Cu(NH_3)_4]^{2+}$;中心离子(或原子)的半径越大,其周围可容纳的配体数越多,即配位数也就越大,如$[AlF_6]^{3-}$和$[BF_4]^-$。

② 对同一中心离子(或原子),配体的半径越大,中心离子周围可容纳的配体数越少,配位数越

小,如$[AlF_6]^{3-}$和$[AlCl_4]^-$;配体所带的负电荷越高,则在增加中心离子与配体之间引力的同时,也增强了配体之间的相互排斥力,总的结果使配位数减小,如$[Zn(NH_3)_6]^{2+}$和$[Zn(CN)_4]^{2-}$。

③ 一般而言,增大配体的浓度,有利于形成高配位数的配合物;温度升高,常会使配位数减小。如Fe^{3+}在与SCN^-形成配离子时,随着SCN^-浓度的增加,可以形成配位数为1~6的配离子。

(4) 配离子的电荷:配离子的电荷数等于中心离子和配体电荷的代数和。例如,在$[Co(NH_3)_6]^{3+}$、$[Cu(en)_2]^{2+}$中,配体都是中性分子,所以配离子的电荷等于中心离子的电荷。在$[Fe(CN)_6]^{4-}$中,中心离子Fe^{2+}的电荷为+2,6个CN^-的电荷为-6,所以配离子的电荷为-4。如果形成的是带正电荷或负电荷的配离子,那么为了保持配合物的电中性,必然有电荷相等符号相反的外界离子同配离子结合。因此,由外界离子的电荷也可以计算出配离子的电荷。例如,$K_2[HgI_4]$中配离子的电荷为-2。

3. 配合物的命名

由于配离子的组成较复杂,有其特定的命名原则。先确定配离子的名称,再按一般无机酸、碱和盐的命名方法写出配合物的名称。对整个配合物的命名与一般无机化合物的命名原则相同,若配合物的外界是简单离子的酸根(如Cl^-),则称为某化某;若外界是复杂离子的酸根(如SO_4^{2-}),则称某酸某;若外界为氢离子,则称为某酸;若外界为氢氧根离子,则称为氢氧化某。配合物命名比一般无机化合物复杂的地方在于配合物的内界——配离子,现将其命名规则介绍如下。

配离子按下列顺序依次命名:阴离子配体→中性分子配体→“合”→中心离子(用罗马数字标明氧化数)。氧化数无变化的中心离子可不注明氧化数。若有几种阴离子配体,命名顺序是:简单离子→复杂离子→有机酸根离子;同类配体按配位原子元素符号英文字母顺序排序。各配体的个数用数字一、二、三……写在该种配体名称的前面。不同配体之间以“·”隔开。下面列举一些配合物命名实例。

配阴离子配合物:称“某酸某”或“某酸”。

$K_4[Fe(CN)_6]$	六氰合铁(Ⅱ)酸钾
$K_3[Fe(CN)_6]$	六氰合铁(Ⅲ)酸钾
$Na_2[Zn(OH)_4]$	四羟基合锌(Ⅱ)酸钠
$H[AuCl_4]$	四氯合金(Ⅲ)酸
$NH_4[Cr(SCN)_4(NH_3)_2]$	四硫氰·二氨合铬(Ⅲ)酸铵

配阳离子配合物:称“某化某”。

$[Co(NH_3)_6]Br_3$	溴化六氨合钴(Ⅲ)
$[PtCl(NO_2)(NH_3)_4]CO_3$	碳酸一氯·一硝基·四氨合铂(Ⅳ)
$[CoCl_2(NH_3)_3(H_2O)]Cl$	氯化二氯·三氨·一水合钴(Ⅲ)
$[Pt(NO_2)(NH_3)(NH_2OH)(Py)]Cl$	氯化一硝基·一氨·一羟胺·一吡啶合铂(Ⅱ)

中性分子配合物：

$[Ni(CO)_4]$　　四羰基合镍

$[PtCl_2(NH_3)_2]$　　二氯·二氨合铂(Ⅱ)

除上述系统命名法外，有些配合物至今还沿用习惯命名，如 $K_4[Fe(CN)_6]$ 叫作黄血盐或亚铁氰化钾，$K_3[Fe(CN)_6]$ 叫作赤血盐或铁氰化钾，$[Ag(NH_3)_2]^+$ 叫作银氨配离子。

12.1.2　配合物的类型

配合物的范围极广，主要包括以下几类：

1. 简单配合物

简单配合物是由配体单齿配体与一个中心离子形成的配合物。这类配合物通常配体较多，在溶液中逐级解离成一系列配位数不同的配离子。例如：

$$[Cu(NH_3)_4]^{2+} \rightleftharpoons [Cu(NH_3)_3]^{2+} + NH_3$$

$$[Cu(NH_3)_3]^{2+} \rightleftharpoons [Cu(NH_3)_2]^{2+} + NH_3$$

$$[Cu(NH_3)_2]^{2+} \rightleftharpoons [Cu(NH_3)]^{2+} + NH_3$$

$$[Cu(NH_3)]^{2+} \rightleftharpoons Cu^{2+} + NH_3$$

2. 螯合物

螯合物是由中心离子与多齿配体形成的环状结构配合物，也称为内配合物。配体中两个配位原子之间相隔二到三个其他原子，以便与中心离子形成稳定的五元环和六元环。例如，Cu^{2+} 与乙二胺 $H_2N—CH_2—CH_2—NH_2$ 能形成如下的螯合物(图 12-6)。

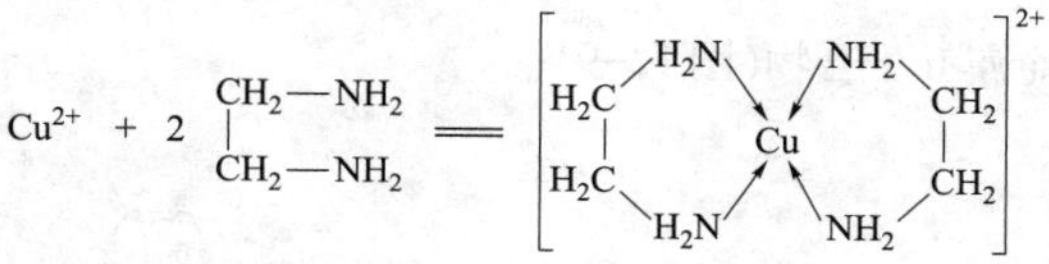

图 12-6　铜离子与乙二胺形成螯合物

多齿有机配体与过渡金属离子易形成螯合物，例如，过渡金属金及镍的配合物其分子结构如图 12-7 所示：

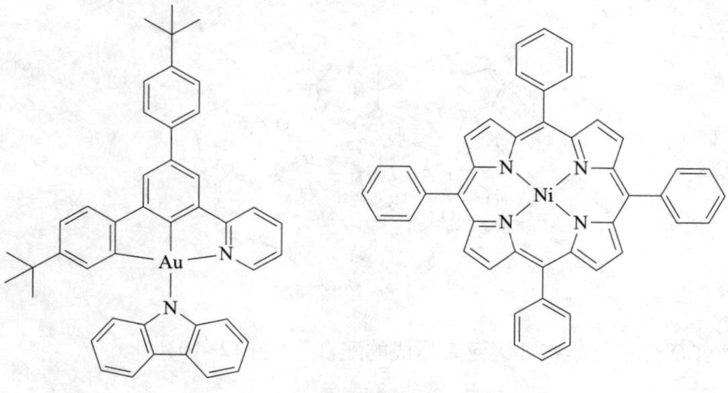

图 12-7　金属离子与多齿有机配体形成螯合物

螯合物结构中的环称为螯环，能形成螯环的配体叫螯合剂，如乙二胺(en)、草酸根、乙二胺四乙酸(EDTA)、氨基酸等均可作螯合剂。螯合物中，中心离子与螯合剂分子或离子的数目之比称为螯合比。上述螯合物的螯合比为 1∶2。螯合物的环上有几个原子称为几元环，上述螯合物中含有的包括了五元环及六元环。

金属螯合物与具有相同配位原子的非螯合型配合物相比，具有特殊的稳定性，这种特殊的稳定性是由于形成环状结构而产生的。把这种由于螯环的形成而使螯合物具有特殊的稳定性称为螯合效应。例如，中心离子、配位原子和配位数都相同的两种配离子 $[Cu(NH_3)_4]^{2+}$、$[Cu(en)_2]^{2+}$，其稳定常数(K_f)分别为 2.3×10^{12} 和 1.0×10^{20}。螯合物的稳定性与环的大小和多少有关，一般来说以五元环、六元环最稳定，一种配体与中心离子形成的螯合物其环数目越多越稳定。如 Ca^{2+} 与 EDTA 形成的螯合物中有五个五元环结构(图 12-8)，因此很稳定。

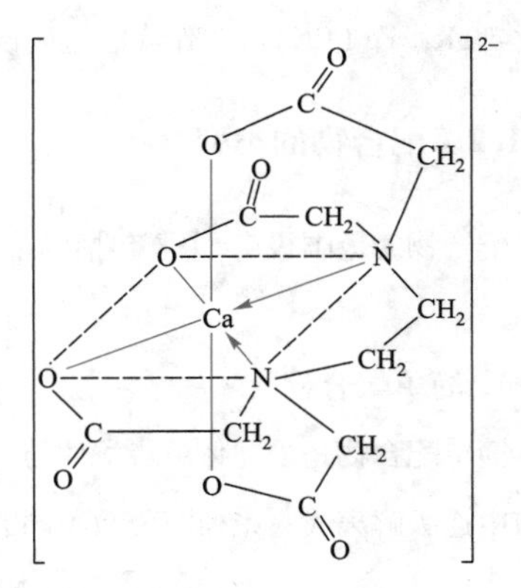

图 12-8　Ca^{2+} 与 EDTA 形成的螯合物结构

3. 特殊配合物

特殊配合物包括多核配合物、羰基配合物、有机金属配合物和非经典配合物。

多核配合物：配合物分子中含有两个或两个以上中心元素的配合物。若多核配合物中的中心元素相同则为同多核配合物；不同时则为异多核配合物。例如，气相的 $AlCl_3$，双金属 Pt 配合物及双金属 Ir 配合物(图 12-9)。

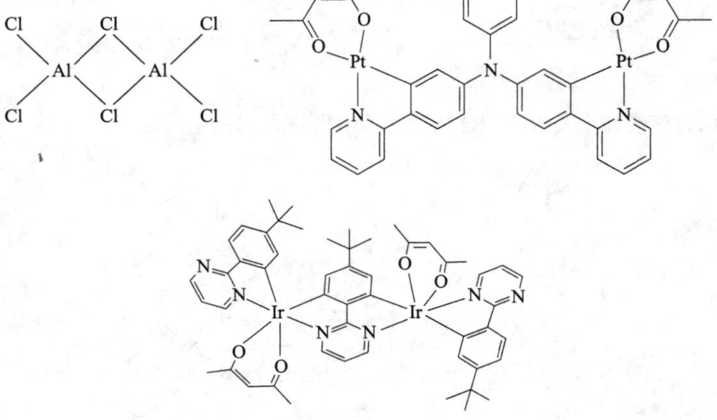

图 12-9　多金属中心配合物

羰基配合物：CO 分子与某些 d 区元素形成的配合物(图 12-10)。

有机金属配合物:金属直接与碳形成配位键的配合物,如上述的过渡金属金及镍的配合物、双金属 Pt 配合物及双金属 Ir 配合物等。

非经典配合物:指配体除了可以提供孤对电子或 π 电子之外还可以接受中心原子的电子对形成反馈 π 键的一类配合物。常见的如 π 配合物,以 π 电子与中心原子作用而形成的化合物,它没有特定的配位原子。可以提供 π 电子的分子、离子或基团有烯烃、炔烃、芳香基团等,如蔡氏盐 $K[Pt(C_2H_4)]Cl_3] \cdot H_2O$、二茂铁(图 12-11)。

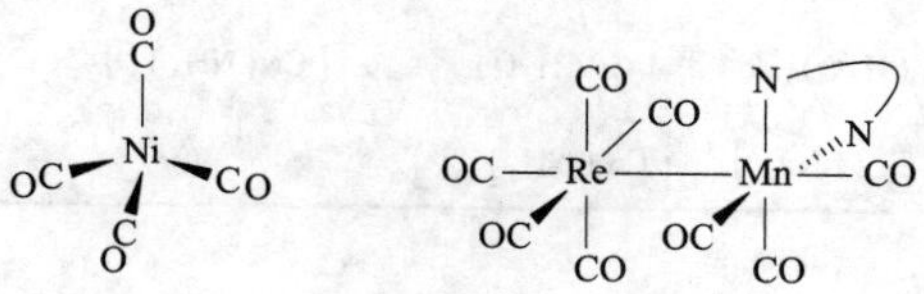

图 12-10　羰基配体形成配合物

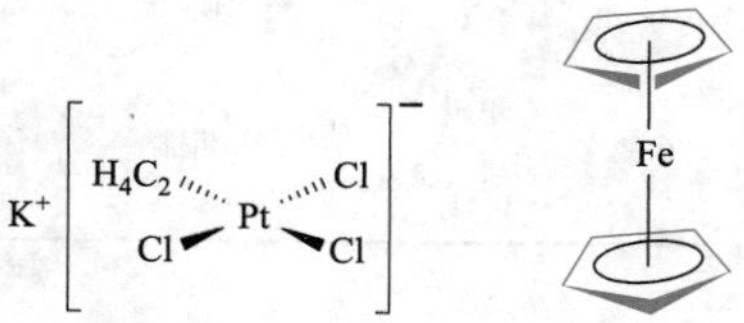

图 12-11　蔡氏盐及二茂铁的结构

12.2　配合物的化学键理论

在配合物中,配体与中心原子以何种化学键结合,它们为什么具有一定的空间构型、配位数和稳定性,以及为什么具有不同的颜色和磁性?这些均是本节要说明、讨论的问题。目前配合物的化学键理论主要有价键理论、晶体场理论、配位场理论、分子轨道理论等,本节主要介绍价键理论和晶体场理论。

12.2.1　配合物的价键理论

配合物的价键理论是 1931 年由莱纳斯·卡尔·鲍林(Linus Carl Pauling)把电子配对法的共价键理论与原子轨道杂化理论结合起来发展而成的。

1. 价键理论的要点

(1) 配合物的中心离子(或原子)与配体之间是以配位键结合的。配体为电子对给予体,中心离子(或原子)为电子对接收体。配体的配位原子将孤对电子填入中心离子(或原子)的空轨道形成配位键。

MOOC 同步资源

(2) 为了形成稳定的配合物,中心离子采取杂化轨道与配体形成配位键。常见的杂化轨道为 sp、sp^3、dsp^2、sp^3d^2 和 d^2sp^3 等。

(3) 形成配位键时所用杂化轨道的类型决定了配离子的空间结构、稳定性和中心离子的配位数。见表 12-2。

表 12-2　配合物的杂化轨道与空间构型

配位数	杂化类型	空间构型	实例
2	sp	直线形	$[Cu(NH_3)_2]^+$、$[Ag(NH_3)_2]^+$、$[Ag(CN)_2]^-$
3	sp^2	平面三角形	$[HgI_3]^-$、$[CuCl_3]^{2-}$
4	sp^3	四面体	$[Zn(CN)_4^{2-}]$、$[Zn(NH_3)_4]^{2+}$、$[Co(SCN)_4]^{2-}$、$[BF_4]^-$
	dsp^2	平面正方形	$[Cu(NH_3)_4]^{2+}$、$[Ni(CN)_4]^{2-}$、$[Pt(NH_3)_2Cl_2]$
5	dsp^3	三角双锥	$[Ni(CN)_5]^{3-}$、$Fe(CO)_5$、$[CuCl_5]^{3-}$
6	sp^3d^2	八面体	$[CoF_6]^{3-}$、$[Fe(H_2O)_6]^{2+}$、$[Cr(H_2O)_6]^{3+}$、$[Cr(NH_3)_6]^{3+}$
	d^2sp^3		$[Fe(CN)_6]^{4-}$ $[Cr(CN)_6]^{3-}$ $[Co(NH_3)_6]^{3+}$

2. 内轨型和外轨型配合物

（1）配位数为 2 的配离子

氧化态为+1 的离子常形成配位数为 2 的配合物。如 Ag^+的配合物$[Ag(NH_3)_2]^+$，中心离子 Ag^+的核外电子排布为$[Kr]4d^{10}$，4d 轨道已全充满，5s 和 5p 轨道全空，当它与 NH_3 配位时，按照杂化轨道理论，5s 轨道与 1 个 5p 轨道进行杂化，形成两个能量相等的 sp 杂化轨道，用以接收 NH_3 分子中 N 原子上的孤对电子，形成 2 个 σ 配位键，$[Ag(NH_3)_2]^+$的空间构型为直线形。形成过程及配合物结构的示意图如图 12-12 所示：

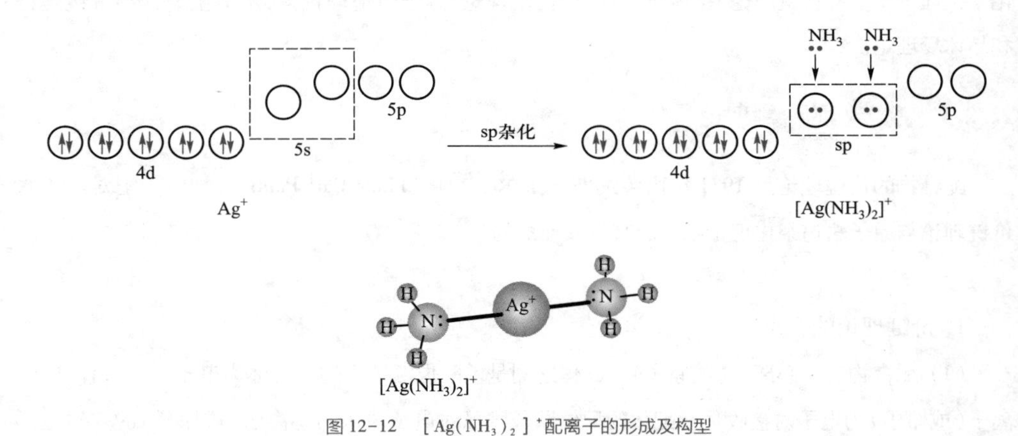

图 12-12　$[Ag(NH_3)_2]^+$配离子的形成及构型

（2）配位数为 4 的配离子

配位数为 4 的配离子所采用的杂化轨道类型及相应空间构型有两种情况：一种是以 sp^3 杂化轨道成键的配合物，构型为四面体；另一种是以 dsp^2 杂化轨道成键的配合物，构型为平面正方形。

如$[Ni(NH_3)_4]^{2+}$，Ni^{2+}的价电子构型为 $3d^84s^04p^0$，当 Ni^{2+}与 NH_3 配位时，1 个 4s 和 3 个 4p 轨道进行杂化，形成 4 个能量相同的 sp^3 杂化轨道，再与 4 个 NH_3 分子中 4 个 N 原子上的孤对电子形

成4个σ配位键，$[Ni(NH_3)_4]^{2+}$的空间构型为正四面体。形成过程及配合物结构的示意如图12-13所示：

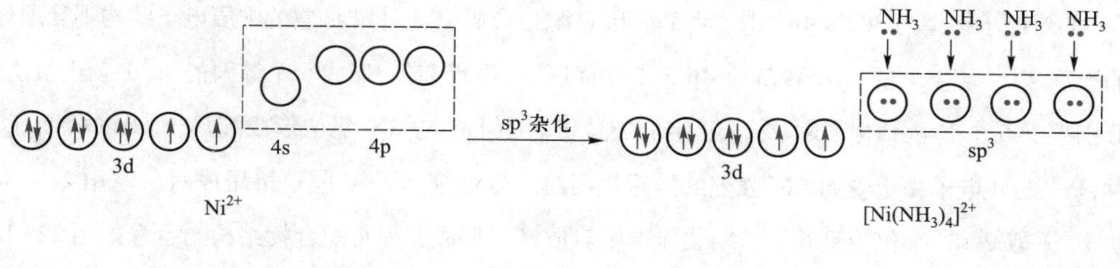

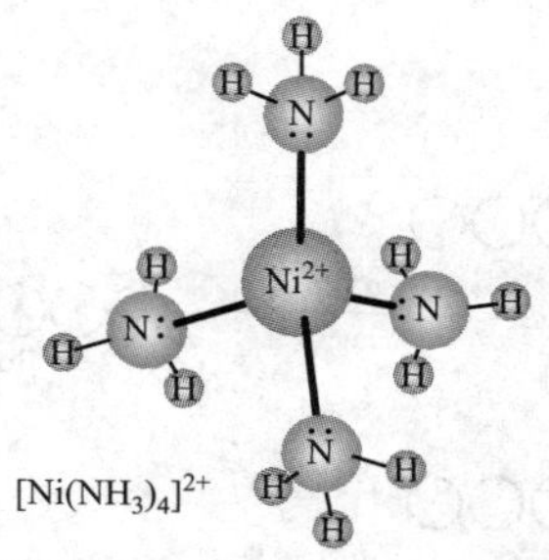

图12-13　$[Ni(NH_3)_4]^{2+}$配离子的形成及构型

又如$[Cu(NH_3)_4]^{2+}$，Cu^{2+}的价电子构型为$3d^9 4s^0 4p^0$，当Cu^{2+}与NH_3配位时，1个3d轨道上的单电子被激发跃迁到4p轨道，空出的1个3d轨道和4s、4p轨道进行杂化，形成4个能量相同的dsp^2杂化轨道，再与4个NH_3分子中4个N原子上的孤对电子形成4个σ配位键，$[Cu(NH_3)_4]^{2+}$的空间构型为平面正方形。形成过程及配合物结构的示意如图12-14所示：

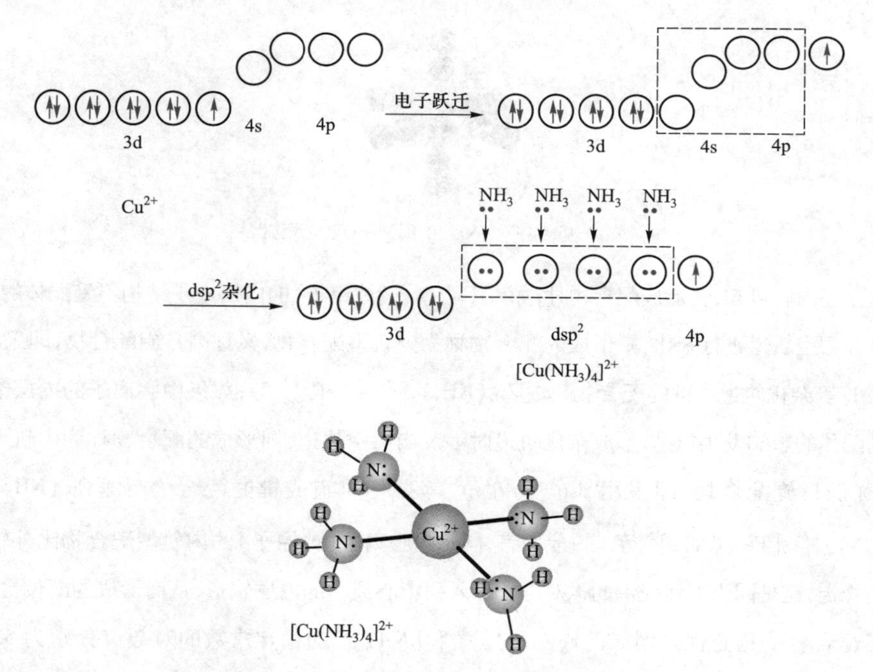

图12-14　$[Cu(NH_3)_4]^{2+}$配离子的形成及构型

（3）配位数为6的配离子

配位数为6的配离子通常采用 d^2sp^3 和 sp^3d^2 两种杂化轨道类型，空间构型大多为八面体。Fe^{3+}的价电子构型为 $3d^54s^04p^04d^0$。当 Fe^{3+}与 F^-配位形成[FeF_6]$^{3-}$时，它的内层电子结构不受配体的影响，以外层空间的1个4s、3个4p及2个4d轨道进行杂化，形成6个等同的 sp^3d^2杂化轨道，分别接受6个 F^-的孤电子对，形成稳定的配位键。当 Fe^{3+}与 CN^-配位形成配离子[$Fe(CN)_6$]$^{3-}$时，Fe^{3+}的d电子由于受到 CN^-强烈的排斥作用而发生重排，5个d电子挤压成对以空出2个3d轨道，采取 d^2sp^3 杂化接受6个 CN^-的孤电子对成键。形成过程及配合物结构的示意如图12-15所示。

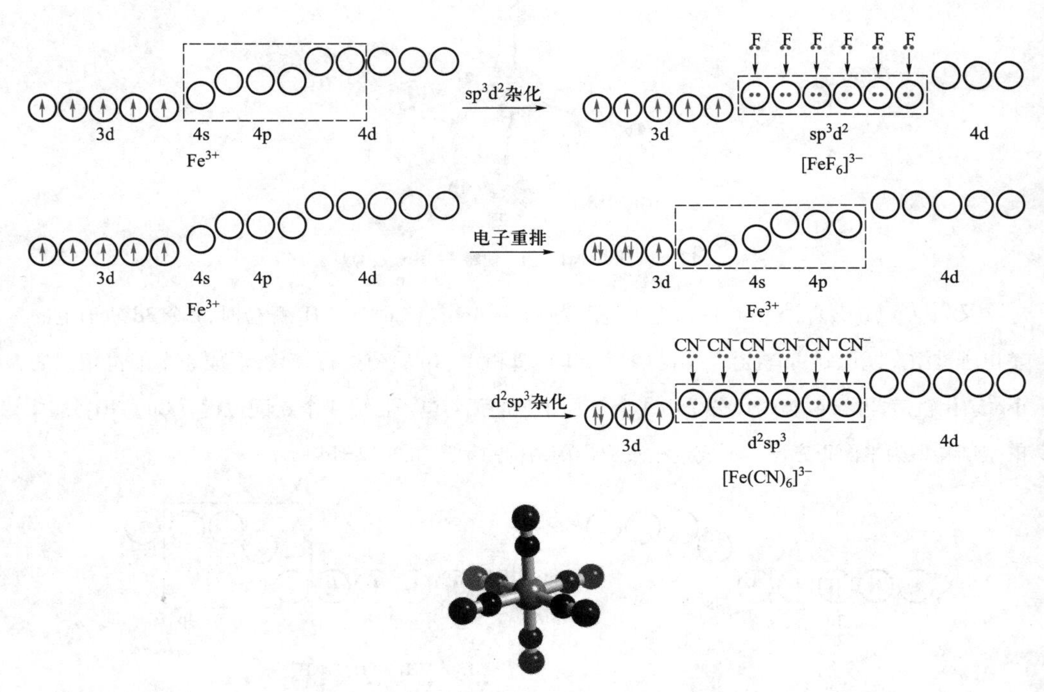

图12-15　[$Fe(CN)_6$]$^{3-}$配离子的形成及构型

从上述内容可知，在形成配合物时，如果中心离子（或原子）的内层电子结构不受配体的影响，而是以外层空轨道进行杂化，则形成的配合物称为外轨型配合物，又称高自旋配合物，即采用sp、sp^3、sp^3d^2 等杂化轨道成键的配合物，如[$Zn(NH_3)_4$]$^{2+}$、[FeF_6]$^{3-}$等；如果中心离子的内层电子结构受到配体的影响发生重排，形成杂化轨道时涉及内层空轨道，则形成的配合物称为内轨型配合物，也称低自旋配合物，即采用 dsp^2 或 d^2sp^3 等杂化轨道成键的配合物，如[$Cu(NH_3)_4$]$^{2+}$、[$Ni(CN)_4$]$^{2-}$、[$Fe(CN)_6$]$^{3-}$等。一般而言，同一中心离子（或原子）的内轨型配合物比外轨型配合物更稳定，这是因为配体提供的孤对电子深入到中心离子的内层轨道，从而形成的配位键较强，提高了配合物的稳定性。例如，[$Fe(CN)_6$]$^{3-}$和[FeF_6]$^{3-}$的稳定常数的对数值分别为52.6和14.3，表明[$Fe(CN)_6$]$^{3-}$具有远高于[FeF_6]$^{3-}$的稳定性。

形成外轨型配合物或内轨型配合物主要取决于中心离子的价层结构和配位原子的电负性。如果中心离子的 d 轨道为全充满,配位原子的电负性无论是大还是小,都只能形成外轨型配合物。如果中心离子的 d 轨道未充满,形成哪种配合物取决于配位原子的电负性。一般认为,当配位原子的电负性很大,不易给出电子对时,中心离子的价层轨道不发生变化,这类配位原子(如 F、O 等)与中心离子配位时,形成外轨型配合物;当配位原子电负性较小,易给出孤对电子时,对中心离子的价层轨道影响较大,可使 d 电子发生重排。因此,含有这类配位原子的配体(如 CN^- 等)与中心离子配位,通常形成内轨型配合物。

判断配合物是内轨型还是外轨型,可根据磁矩 μ 大小进行。根据磁学理论,中心离子(或原子)如果有单电子,由于电子自旋产生的自旋磁矩不能抵消,将表现出顺磁性,且单电子越多,则磁矩越大;若分子内无单电子,则其在外加磁场中表现出反磁性。配合物磁性的大小以磁矩 μ 表示,它与单电子数 n 有如下近似关系:

$$\mu \approx \sqrt{n(n+2)}\ (\text{B. M.}) \qquad (12-1)$$

实验测得 $[FeF_6]^{3-}$ 和 $[Fe(CN)_6]^{3-}$ 的磁矩分别为 5.92 B. M. 和 1.73 B. M.,代入式(12-1),可求得 n 分别为 5 和 1,表示 Fe^{3+} 与 6 个 F^- 配位时,5 个 3d 电子未发生重排,表明其采用 sp^3d^2 杂化轨道成键,故 $[FeF_6]^{3-}$ 为外轨型配合物;Fe^{3+} 与 CN^- 配位时,5 个自旋平行的 3d 电子发生重排,变为只有 1 个单电子,所以是 d^2sp^3 杂化,形成内轨型配合物。

综上所述,配合物的价键理论简单明了,使用方便,能直观地说明配合物的形成、配位数、空间结构及稳定性等,它曾是 20 世纪 30 年代化学家用以说明配合物结构的唯一方法。但价键理论仍有不足之处,比如尚不能定量地说明配合物的性质,不能解释过渡金属的配合物大多数都有一定的颜色,也即无法解释不同配合物的吸收光谱。此外,价键理论也不能说明同一过渡系的金属从 $d^0 \sim d^{10}$ 所形成的配合物稳定性的变化规律等。

12.2.2 配合物的晶体场理论

贝提(H. Bethe)和范佛列克(J. H. van Vleck)先后在 1929 年和 1932 年提出了晶体场理论,但到 20 世纪 50 年代才开始广泛用于处理配合物的化学键问题。这种理论首先在具有离子键的晶体中应用,因而称为晶体场理论,能够解释不同配合物的颜色(吸收光谱)。其基本要点是:

(1) 在配合物中,中心离子处于配体(负离子或极性分子)形成的晶体场中,它与配体完全靠静电作用相结合。

(2) 在配体静电场的作用下,中心离子 5 个能量相同的 d 轨道由于受周围配体负电场不同程度的排斥作用,能级发生分裂,有些轨道能量降低,有些轨道能量升高,配体电场的这种作用称为配位场效应。d 轨道分裂的情况主要取决于中心离子的性质和配体的空间构型。

(3) 由于 d 轨道能级的分裂,d 轨道上的电子重新分布,体系能量降低,即给配合物带来了额外的稳定化能，因而形成的配合物变得比原来体系更稳定。在构型各异的配合物中，由于 d 轨道能级分裂的情况不同，也就产生不同的晶体场稳定化能（crystal field stablization energies，简称为 CFSE）和附加成键效应（指除中心离子和配体由于静电引力形成配合物的结合能外，电子进入分裂后的低能级轨道带来的能量下降）。

下面以八面体场的情况为例，简单介绍晶体场理论。

1. 中心离子 d 轨道在正八面体场中的分裂情况

d 轨道在空间有 5 种取向（图 12-16）：d_{xy}、d_{yz}、d_{xz}、$d_{x^2-y^2}$、d_{z^2}，其中 $d_{x^2-y^2}$轨道沿 x 轴和 y 轴伸展，d_{z^2}轨道沿 z 轴伸展，d_{xy}、d_{yz}、d_{xz} 分别沿 x、y、z 轴的夹角平分线伸展。

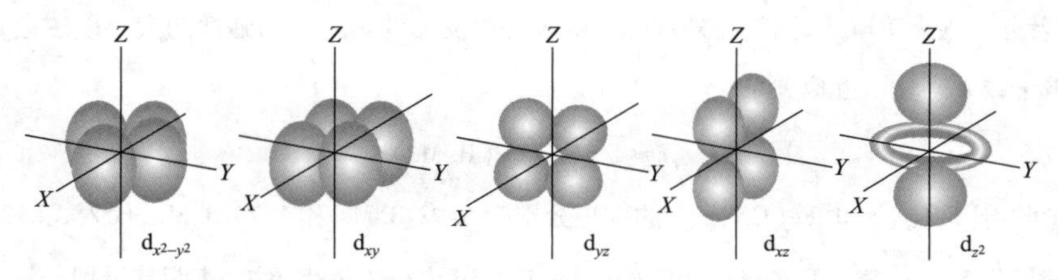

图 12-16　5 条简并的 d 轨道形状及伸展方向

自由离子中，虽然它们的伸展方向不同，但这些轨道的能量是相等的。如果中心离子处于球形对称的负电场包围的球心上，负电场对 5 条简并的 d 轨道的静电斥力也是均匀的，尽管使 d 轨道能量有所升高，但不会发生能级分裂。

如果配体从不同的点上（不是球形对称）接近中心离子，那么 d 轨道在配体场的作用下将会分裂为两组；一组是 d_{xy}、d_{yz}、d_{xz} 三重简并轨道，称为 t_{2g} 轨道；另一组是 $d_{x^2-y^2}$、d_{z^2} 二重简并轨道，称为 e_g 轨道。两组轨道的能量差记作 Δ_o 或 $10Dq$，称为分裂能。在八面体场中，6 个配体分别沿 $\pm x$、$\pm y$、$\pm z$ 方向接近中心离子，$d_{x^2-y^2}$、d_{z^2} 两条轨道正好与配体负电荷迎头相碰，受到的排斥作用大，导致 e_g 轨道能量上升；而 d_{xy}、d_{yz}、d_{xz} 3 条轨道的电子云则插入配体负电荷的空隙间，受到的斥力小，能量降低，如图 12-17 所示。

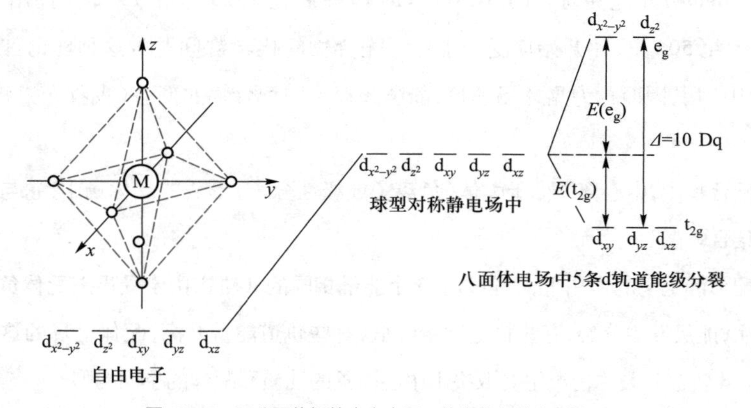

图 12-17　正八面体场的中心离子 d 轨道能级的分裂情况

根据量子力学中“重心不变”原理，d 轨道在分裂前后总能量保持不变，即 4 个 e_g 电子升高的能量总和必然等于 6 个 t_{2g} 电子降低的能量总和，于是对八面体场有

$$\begin{aligned} 4E_{e_g}+6E_{t_{2g}}&=0Dq \\ D_o=E_{e_g}-E_{t_{2g}}&=10Dq \end{aligned} \quad 得 \quad \begin{cases} E_{e_g}=6Dq \\ E_{t_{2g}}=-4Dq \end{cases}$$

当一个电子填入八面体场 t_{2g} 轨道时，体系能量降低 $4Dq$，而当有 1 个电子填入八面体场 e_g 轨道，体系能量升高 $6Dq$，在数值上，分裂能相当于八面体场 1 个电子由 t_{2g} 轨道跃迁到 e_g 轨道上所需的激发能。

2. 影响分裂能的因素

当电子处在 t_{2g} 轨道上，吸收一定频率的光能，从低能级跃迁到高能级（e_g），这种跃迁称为 t_{2g}－e_g 跃迁。当电子回到低能级时，发射出与吸收时相同频率的光波。通过光谱实验测出频率 ν，再应用 $\Delta_o=E=h\nu$ 公式，即可求得分裂能 Δ_o 的值。对大量配合物进行光谱实验研究，发现分裂能的大小与配合物的空间构型、配体的性质、中心离子的电荷及该元素所在的周期有关。

（1）空间构型的影响。不同构型的配合物分裂能不同。一般而言关系如下：

平面正方形（17.42Dq）>八面体（10Dq）>四面体（4.44Dq）。

（2）中心离子的影响。相同构型的配合物，若配体相同，中心离子的周期数越大，离子半径越大，越容易在晶体场的作用下改变其能量，其配合物的 Δ_o 值也越大。另外中心离子价数越高，对配体的诱导偶极越大，晶体场相应增强，其分裂能 Δ_o 值也越大。

（3）配体的影响。若中心离子相同，配体不同，那么分裂能 Δ_o 随配体不同而变化，大致顺序为：$I^- < Br^- < S^{2-} < SCN^- < Cl^- < NO_3^- < F^- < OH^- < C_2O_4^{2-} < H_2O < NCS^- < EDTA < NH_3 < en < NO_2^-$（硝基）$< CN^- < CO$，这个顺序称为“光谱化学序列”。在序列后面的一些配体（如 CN^-、CO 等）称为强场配体，分裂能较大；在此序前面的配体（如 X^-、S^{2-} 等）称为弱场配体，分裂能较小；介于二者之间的配体称为中场配体。

3. 中心离子的 d 轨道的电子排布

在自由状态的过渡金属离子中，电子的排布是遵循洪德定则的，即 d 电子在 5 条简并轨道中尽可能分占各个轨道且自旋方向平行，这样能量最低。在晶体场中，d 轨道发生能级分裂后，d 电子如何排布，主要取决于下列两个因素：

其一，洪德定则告诉我们电子的正常倾向是保持成单，为了使两个电子能在同一轨道中成对，就需要有足够大的能量来克服这两个电子占同一轨道所产生的排斥力，这种能量称为电子成对能（P）。

其二，根据晶体场理论，一电子从 t_{2g} 轨道跃迁到 e_g 轨道上需要吸收能量，该能量称为分裂能（Δ_o）。

由此可见，中心离子 d 电子的排布方式，主要取决于电子成对能和分裂能的相对大小。在正八面体的配合物中，当配体为强场时，$\Delta_o > P$，电子将优先排布在能量较低的 t_{2g} 轨道上，单电子数少，形成低自旋配合物；当配体为弱场时，$\Delta_o < P$，电子将尽可能分占在 t_{2g} 和 e_g 轨道上，单电子数多，形成高自旋配合物；表 12-3 列出了在正八面体配合物中 d 轨道上电子在不同场强时的排布情况。

表 12-3　中心离子 d 电子在八面体场中的分布及对应的晶体场稳定化能 CFSE　单位：Dq

d 电子数	弱场				强场			
	t_{2g}	e_g	未成对电子数	CFSE	t_{2g}	e_g	未成对电子数	CFSE
d^1	↑		1	−4	↑		1	−4
d^2	↑ ↑		2	−8	↑ ↑		2	−8
d^3	↑ ↑ ↑		3	−12	↑ ↑ ↑		3	−12
d^4	↑ ↑ ↑	↑	4	−6	↑↓ ↑ ↑		2	−16
d^5	↑ ↑ ↑	↑ ↑	5	0	↑↓ ↑↓ ↑		1	−20
d^6	↑↓ ↑ ↑	↑ ↑	4	−4	↑↓ ↑↓ ↑↓		0	−24
d^7	↑↓ ↑↓ ↑	↑ ↑	3	−8	↑↓ ↑↓ ↑↓	↑	1	−18
d^8	↑↓ ↑↓ ↑↓	↑ ↑	2	−12	↑↓ ↑↓ ↑↓	↑ ↑	2	−12
d^9	↑↓ ↑↓ ↑↓	↑↓ ↑	1	−6	↑↓ ↑↓ ↑↓	↑↓ ↑	1	−6
d^{10}	↑↓ ↑↓ ↑↓	↑↓ ↑↓	0	0	↑↓ ↑↓ ↑↓	↑↓ ↑↓	0	0

4. 晶体场稳定化能

在晶体场的影响下发生能级分裂的 d 电子进入分裂后的轨道，与未分裂时的平均能量相比，体系的总能量有所下降，称相应的下降能量为晶体场稳定化能（CFSE）。能量降低得越多，配合物越稳定。根据分裂后 d 轨道的相对能量可以计算出配合物的晶体场稳定化能。

对于正八面体场，其计算公式为

$$\text{CFSE} = -4Dq \times n_t + 6Dq \times n_e \tag{12-2}$$

式中 n_t、n_e 分别为进入 t_{2g} 和 e_g 轨道的电子数。

由此可知晶体场稳定化能与中心离子的电荷数有关，也与晶体场的强弱有关。CFSE 造成了中心离子与周围配体的成键效应，这份"额外"的成键效应导致体系总能量下降，配合物稳定性增强。

5. 晶体场理论的应用

晶体场理论能较好地解决价键理论所不能说明的问题，下面简单介绍几点：

（1）能够解释过渡金属配合物为什么具有颜色。过渡金属配合物大多有鲜明的颜色，如不同金属中心的水溶液具有明显不同的颜色（图 12-18）。

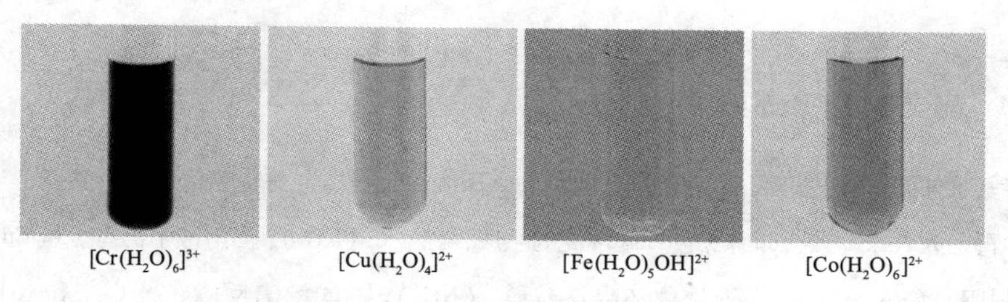

图 12-18　过渡金属离子配合物颜色举例

晶体场理论认为，由于 d 轨道未完全充满，电子吸收光能后可在 e_g 和 t_{2g} 轨道间发生跃迁，称为 d-d 跃迁，d-d 跃迁的能量就是分裂能。一般分裂能为 $1.99\times10^{-15}\sim5.96\times10^{-15}$ J，相当于波长为 330 ~ 1 000 nm 的可见光区，所以电子对紫外光区到可见光区吸收频率的变化，就是分裂能 Δ_o 的变化。随着吸收光的波长不同，Δ_o 值也是不同的。配合物吸收可见光的一部分，没有被吸收的那部分光则透过，人们看到的是透过光的颜色。吸收光的波长越短，表示电子跃迁所需的能量越大，即 Δ_o 越大；若吸收光的波长越长，则 Δ_o 越小。例如，水溶液中的 $[Ti(H_2O)_6]^{3+}$ 吸收了蓝绿光和部分黄光（波长 500 ~ 560 nm）所以呈现紫红色；而 $[Cu(NH_3)_4]^{2+}$ 因为吸收最多的是橙色的光（波长 600 ~ 650 nm）所以呈现深蓝色，还有 $[Ni(H_2O)_6]^{2+}$ 因吸收红光而呈绿色等（图 12-19）。由上所述，可以预测 d 轨道为全空或全满时，不可能发生 d-d 跃迁，所以事实也如此。如 $[Zn(NH_3)_4]^{2+}$、$[Ag(NH_3)_2]^+$ 均为无色配合物。

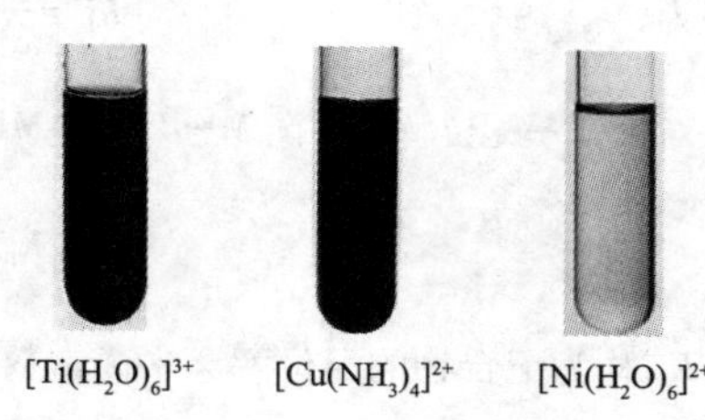

图 12-19　Ti^{3+}，Cu^{2+} 以及 Ni^{2+} 配合物颜色举例

（2）解释过渡金属配合物的稳定性。晶体场稳定化能的大小说明了配合物的稳定性。因为配位场越强，配体与中心离子的结合越牢固，形成的配位键也就越强，配离子就越稳定。例如，Fe^{2+} 的 6 个电子在弱场配体 H_2O 分子的作用下，4 个 d 电子进入 t_{2g} 轨道，2 个电子在 e_g 轨道上，CFSE = $[4\times(-4Dq)+2\times6Dq]=-4Dq$；在强配位场 CN^- 离子的作用下，6 个 d 电子全部进入 t_{2g} 轨道，CFSE = $6\times(-4Dq)=-24Dq$，说明 $[Fe(CN)_6]^{4-}$ 比 $[Fe(H_2O)_6]^{2+}$ 稳定得多。

（3）预测配合物的自旋状态。配合物是高自旋还是低自旋，晶体场理论认为是分裂能 Δ_o 和电子成对能 P 的相对大小决定的。一般来讲，如果中心离子相同，其中的 d 电子数也相同，在强场中（$\Delta_o>P$），电子跃迁需要较高的能量，所以 d 电子将尽可能占据能量较低的轨道，形成低自旋配合物；在弱场中（$\Delta_o<P$），电子成对需要较高的能量，结果 d 电子尽可能占据较多的自旋平行轨道形成高自旋配合物。

12.3 配位解离平衡

12.3.1 配位解离平衡常数

将氨水加到 $CuSO_4$ 溶液中，有深蓝色的$[Cu(NH_3)_4]^{2+}$生成，这类反应称为配位反应。当向此溶液中再加入 Na_2S 溶液，即有黑色 CuS 沉淀的生成，可见$[Cu(NH_3)_4]^{2+}$溶液中仍有少量 Cu^{2+}的存在，这说明在$[Cu(NH_3)_4]^{2+}$溶液中还存在着$[Cu(NH_3)_4]^{2+}$的解离反应。当 Cu^{2+}和 NH_3 生成$[Cu(NH_3)_4]^{2+}$的配位反应与$[Cu(NH_3)_4]^{2+}$配离子解离为 Cu^{2+}和 NH_3的解离反应的反应速率相同时，体系达到了平衡状态，称为配位解离平衡。

$$Cu^{2+}+4NH_3 \rightleftharpoons [Cu(NH_3)_4]^{2+}$$

反应的平衡常数可表示为

$$K_f^{\ominus}=\frac{c\{[Cu(NH_3)_4]^{2+}\}/c^{\ominus}}{[c(Cu^{2+})/c^{\ominus}]\cdot[c(NH_3)/c^{\ominus}]^4}$$

简写为

$$K_f^{\ominus}=\frac{c\{[Cu(NH_3)_4]^{2+}\}}{c(Cu^{2+})\cdot[c(NH_3)]^4}$$

对于任一配位解离平衡 $M+nL \rightleftharpoons ML_n$ 平衡常数表达式为

$$K_f^{\ominus}=\frac{c(ML_n)}{c(M)\cdot c^n(L)} \tag{12-3}$$

$K_f^{\ominus}$称为配合物的配位解离平衡常数，简称为配合物的平衡常数，又称稳定常数。$K_f^{\ominus}$值越大，表示生成配合物的倾向越大，配合物就越稳定。在用稳定常数比较配离子的稳定性时，对于同种类型的配离子，即配体数目相同的配离子，可直接根据 $K_f^{\ominus}$值进行比较。如$[Ag(CN)_2]^-$($K_f^{\ominus}=2.48\times10^{20}$)>$[Ag(NH_3)_2]^+$($K_f^{\ominus}=1.6\times10^7$)，则稳定性$[Ag(CN)_2]^->[Ag(NH_3)_2]^+$。对于不同类型的配离子则需要通过计算同浓度时溶液中中心离子的浓度来比较。一些常见配合物的稳定常数见附录。

在溶液中，配离子的生成和解离反应一般是分步进行的。因此溶液中存在着一系列的配位解离平衡，每一步都有其相应的平衡常数，称为逐级稳定常数。如：

$$Cu^{2+}+NH_3 \rightleftharpoons [Cu(NH_3)]^{2+} \qquad K_1^{\ominus}=2.04\times10^4$$

$$[Cu(NH_3)]^{2+}+NH_3 \rightleftharpoons [Cu(NH_3)_2]^{2+} \qquad K_2^{\ominus}=4.68\times10^3$$

$$[Cu(NH_3)_2]^{2+}+NH_3 \rightleftharpoons [Cu(NH_3)_3]^{2+} \qquad K_3^{\ominus}=1.1\times10^3$$

$$[Cu(NH_3)_3]^{2+}+NH_3 \rightleftharpoons [Cu(NH_3)_4]^{2+} \qquad K_4^{\ominus}=2.0\times10^2$$

一些配离子的逐级稳定常数的对数值见表 12-4。

表 12-4　一些配离子的逐级稳定常数的对数值

配离子	$\lg K_1^\ominus$	$\lg K_2^\ominus$	$\lg K_3^\ominus$	$\lg K_4^\ominus$	$\lg K_5^\ominus$	$\lg K_6^\ominus$
$[Ag(NH_3)_2]^+$	3.24	3.81				
$[Zn(NH_3)_4]^{2+}$	2.37	2.44	2.50	2.15		
$[Cu(NH_3)_4]^{2+}$	4.31	3.67	3.04	2.30		
$[Cu(en)_2]^{2+}$	10.67	9.33				
$[Ni(NH_3)_6]^{2+}$	2.80	2.24	1.73	1.19	0.75	0.03
$[AlF_6]^{3-}$	6.10	5.05	3.85	2.75	1.62	0.47

将配离子的逐级稳定常数相乘，便得到配离子的各级累积稳定常数，用 β 表示，有

$$\beta_1 = K_1^\ominus$$

$$\beta_2 = K_1^\ominus \cdot K_2^\ominus$$

$$\beta_3 = K_1^\ominus \cdot K_2^\ominus \cdot K_3^\ominus$$

$$\beta_n = K_1^\ominus \cdot K_2^\ominus \cdot K_3^\ominus \cdot \cdots \cdot K_n^\ominus$$

最后一级累积稳定常数称为配离子的总稳定常数 $K_f^\ominus$。利用配离子的稳定常数 $K_f^\ominus$ 可以进行有关计算。

例 12-1　25 ℃时，向 1.0 mL 0.04 $mol \cdot L^{-1}$ $AgNO_3$ 溶液中加入 1.0 mL 2.00 $mol \cdot L^{-1}$ $NH_3 \cdot H_2O$，计算平衡时溶液中的 Ag^+ 浓度。

解：已知 $K_f^\ominus\{[Ag(NH_3)_2]^+\} = 1.6\times10^7$

$$Ag^+ + 2NH_3 \rightleftharpoons [Ag(NH_3)_2]^+$$

等体积混合后　　$c(AgNO_3) = 0.02\ mol \cdot L^{-1}, c(NH_3) = 1.00\ mol \cdot L^{-1}$

设平衡时 $c(Ag^+) = x\ mol \cdot L^{-1}$，由于 x 较小，达到平衡时有

$$c\{[Ag(NH_3)_2]^+\} = 0.02 - x \approx 0.02\ mol \cdot L^{-1}, c(NH_3) = 1-2(0.02-x) \approx 0.96\ mol \cdot L^{-1}$$

$$K_f^\ominus = \frac{c\{[Ag(NH_3)_2]^+\}}{c(Ag^+) \cdot c^2(NH_3)}$$

则　$$c(Ag^+) = \frac{c\{[Ag(NH_3)_2]^+\}}{K_f^\ominus \cdot c^2(NH_3)} = \frac{0.02}{1.6\times10^7\times(0.96)^2} mol \cdot L^{-1} = 1.4\times10^{-9} mol \cdot L^{-1}$$

例 12-2　25 ℃时，在 0.005 $mol \cdot L^{-1}$ 的 $AgNO_3$ 溶液中通入氨气，使平衡溶液中氨浓度为 1 $mol \cdot L^{-1}$，求溶液中 Ag^+ 的浓度。此时若在 10 mL 此溶液中加入 1 mL 1 $mol \cdot L^{-1}$ 的 NaCl 溶液，有无 AgCl 沉淀生成？

解：(1) 已知 $K_f^\ominus\{[Ag(NH_3)_2]^+\} = 1.6\times10^7$，氨气通入溶液中后，会和 $AgNO_3$ 反应生成配离子 $[Ag(NH_3)_2]^+$：

$$Ag^+(aq) + 2NH_3(aq) \rightleftharpoons [Ag(NH_3)_2]^+(aq)$$

$$K_f^\ominus\{[Ag(NH_3)_2]^+\} = \frac{c\{[Ag(NH_3)_2]^+\}}{c(Ag^+)c^2(NH_3)} = 1.6\times10^7$$

设平衡时 $c(Ag^+) = x\ mol \cdot L^{-1}$，则有

$$\frac{0.005-x}{x\times 1^2}=1.6\times 10^7$$

由于 $K_f^{\ominus}$ 较大，x 很小，$0.005-x\approx 0.005$，求得

$$x=3.1\times 10^{-10}$$

即平衡时 $c(Ag^+)=3.1\times 10^{-10}\ mol\cdot L^{-1}$。

（2）在 10 mL 上述溶液中加入 1 mL 1 $mol\cdot L^{-1}$的 NaCl 溶液，有

$$c(Ag^+)=(3.1\times 10^{-10}\times 10)/11\ mol\cdot L^{-1}=2.8\times 10^{-10}\ mol\cdot L^{-1}$$

$$c(Cl^-)=(1\times 1)/11\ mol\cdot L^{-1}=0.091\ mol\cdot L^{-1}$$

$$c(Ag^+)\cdot c(Cl^-)=2.8\times 10^{-10}\times 0.091=2.5\times 10^{-11}<K_{sp}^{\ominus}(AgCl)=1.8\times 10^{-10}$$

所以无 AgCl 沉淀生成。

12.3.2 配位解离平衡的移动

配位平衡与其他化学平衡一样，也是一种动态平衡。若改变平衡系统的条件，平衡就会移动，从而导致原平衡系统中各组分的浓度发生改变。下面就溶液的酸度、沉淀反应、其他配位反应及氧化还原反应等对配位解离平衡的影响，分别加以讨论。

1. 溶液酸度的影响

在配位平衡系统中，存在配离子、金属离子和配体，它们的浓度都会因溶液酸度的改变而发生不同程度的变化。因此，酸度对配合物的稳定性有较大的影响。

大多数配体如 F^-、CN^-、SCN^-、NH_3 等本身是弱碱，当溶液酸度增大时，配体易接受质子成为弱电解质分子或离子，从而导致配体浓度降低，使配位平衡向解离方向移动。显然，当溶液酸度一定时，配体碱性越强，其酸效应越明显。

$$[Cu(NH_3)_4]^{2+} \rightleftharpoons Cu^{2+} + \underset{\underset{\underset{\displaystyle 4NH_4^+}{\Updownarrow}}{\displaystyle 4H^+}}{\overset{}{4NH_3 \atop +}}$$

另一方面，配合物的中心离子（或原子）大多数为过渡金属离子，当溶液中 H^+浓度降低到一定水平时，金属离子就会发生水解反应；当 OH^-浓度达到一定数值时，便会生成氢氧化物沉淀。这两者都使得配位平衡向解离方向移动。

$$[Cu(NH_3)_4]^{2+} \rightleftharpoons \underset{\underset{\underset{\displaystyle Cu(OH)_2\downarrow}{\Updownarrow}}{\displaystyle 2OH^-}}{Cu^{2+} \atop +} + 4NH_3$$

因此，要使配离子在溶液中稳定存在，溶液的酸度必须控制在一定范围内。在实践工作中，一般采取在不产生水解效应的前提下，提高溶液 pH 的办法，以保证配离子的稳定性。

2. 与沉淀反应的关系

当向一个配位平衡系统中加入某种能和中心原子生成沉淀的试剂，配位平衡将向解离方向移动。如在含有$[Cu(NH_3)_4]^{2+}$的溶液中加入Na_2S溶液，则由于生成CuS沉淀而使得$[Cu(NH_3)_4]^{2+}$向解离方向移动，降低了$[Cu(NH_3)_4]^{2+}$配离子的稳定性。用反应式表示为

$$
\begin{array}{l}
Cu^{2+} + 4NH_3 \rightleftharpoons [Cu(NH_3)_4]^{2+} \\
+ \\
S^{2-} \rightleftharpoons CuS\downarrow
\end{array}
$$

难溶物的$K_{sp}^{\ominus}$越大，表示难溶物越易解离；配离子的$K_f^{\ominus}$越小，表示配离子越易破坏。

如果在上述配离子$[Ag(NH_3)_2]^+$溶液中再继续加入少量KBr溶液，则会看到淡黄色的AgBr沉淀生成；向AgBr沉淀中再加入$Na_2S_2O_3$溶液，沉淀又会溶解而生成了无色的配离子$[Ag(S_2O_3)_2]^{3-}$溶液；继续向溶液中加入KI溶液，又会看到生成一种黄色沉淀，即AgI沉淀；如果此时再向AgI沉淀中加入KCN溶液，黄色的AgI沉淀又溶解而生成无色的配离子$[Ag(CN)_2]^-$；最后加入Na_2S溶液又得到黑色的Ag_2S沉淀。

究竟发生配位反应还是沉淀反应，取决于配位剂的配位能力和沉淀剂的沉淀能力大小以及它们的浓度。配位能力或沉淀能力的大小主要看稳定常数和溶度积常数的大小。如果配位剂的配位能力大于沉淀剂沉淀能力，则沉淀溶解或不生成沉淀，而生成配离子；反之，如果沉淀剂的沉淀能力大于配位剂的配位能力，则配离子被破坏，而产生沉淀。

3. 与氧化还原反应的关系

溶液中的氧化还原反应可以降低中心离子浓度而使配位平衡向配离子解离的方向移动。如在$[Fe(SCN)_6]^{3-}$溶液中加入还原剂$SnCl_2$，由于Fe^{3+}被还原而浓度降低，促使$[Fe(SCN)_6]^{3-}$配离子解离，溶液的血红色消失。

同样，在某个氧化还原平衡中，如加入某种配位剂，由于配位反应的发生使得溶液中金属离子的浓度降低，从而改变金属离子的氧化能力和氧化还原反应的方向，或者阻止某些氧化还原反应的发生，或者使通常不能发生的氧化还原反应得以进行。例如，标准状态下Fe^{3+}能够氧化I^-，但是向Fe^{3+}溶液中加入足量CN^-配体，将生成$[Fe(CN_6)]^{3-}$，导致Fe^{3+}氧化能力下降，阻止I^-的氧化反应发生。

4. 配位平衡之间的转化

在某一配位平衡系统中，若加入另一种能与该中心原子（或配体）生成更稳定的配合物的配体（或中心原子），则会发生配合物之间的转化作用。如在$[Ag(NH_3)_2]^+$溶液中，加入足量的CN^-时，$[Ag(NH_3)_2]^+$被破坏而生成$[Ag(CN)_2]^-$。可见，较不稳定的配合物容易转化成较稳定的配合物。

12.4　配位滴定法的基本原理

配位滴定法是以配位反应为基础的滴定分析方法。配位反应是金属离子和配位剂分子（或离子）以配位键结合生成配合物的反应。配位剂分为无机配位剂和有机配位剂。无机配位剂分子或离子中只有一个键合原子，与金属离子配位时逐级形成分级配合物。这类配位反应过程比较复杂，反应条件难以控制，形成的配合物多数稳定性较差。因此，除个别反应（如 Ag^+ 与 CN^-，Hg^{2+} 与 Cl^- 等反应）外，一般不能用于配位滴定。有机配位剂分子或离子常含有两个以上的可键合原子，与金属离子形成环状结构的螯合物。这类配位反应过程简单，减少或消除了分级配位现象，形成的配合物稳定性高，已广泛用于滴定分析。

通常用作配位滴定剂的是一类含有—$N(CH_2COOH)_2$ 基团的有机化合物，称为氨羧配位剂。其分子中含有氨氮和羧氧配位原子，几乎能与大多数金属离子配位。目前已研究过的氨羧配位剂有几十种，其中应用最广泛的是乙二胺四乙酸，简称 EDTA。用 EDTA 标准溶液可以滴定几十种金属离子。通常所谓的配位滴定法主要指 EDTA 滴定法。本节介绍 EDTA 的特点、条件稳定常数、滴定曲线、酸度控制和金属指示剂。

12.4.1　EDTA 及其配合物的性质

EDTA 是一个四元酸，通常用符号 H_4Y 表示。在水溶液中，EDTA 两个羧酸上的氢可以转移到氮原子上形成双偶极离子，其结构式如图 12-20 所示：

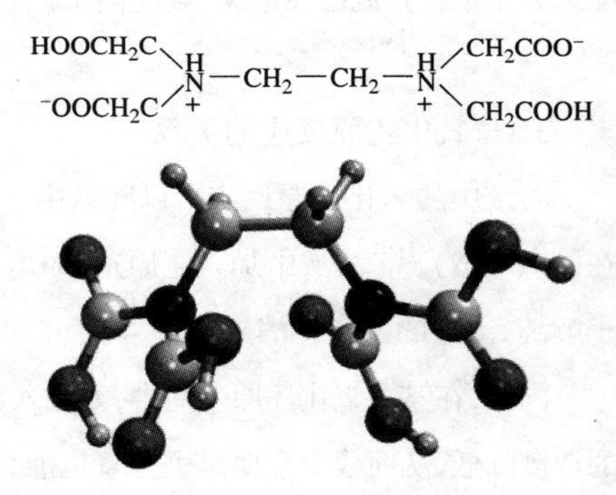

图 12-20　EDTA 分子结构

EDTA 微溶于水（22℃ 时每 100 mL H_2O 仅溶解 0.02 g），难溶于酸和一般有机溶剂，易溶于氨水和 NaOH 溶液，并生成相应的盐。因此，在配位滴定中，通常使用的是它的二钠盐，以 $Na_2H_2Y \cdot 2H_2O$ 表示，习惯上仍简称 EDTA。EDTA 二钠盐在水中的溶解度较大（22℃ 时每 100 mL H_2O 可溶解 11.1 g，约 0.3 $mol \cdot L^{-1}$），可配成一定浓度的标准溶液用于滴定。

当溶液酸度较高时，H_4Y 的两个羧酸根可再接受 2 个质子，形成 H_6Y^{2+}，相当于六元酸。它在水中有六级解离平衡：

$$H_6Y^{2+} \rightleftharpoons H^+ + H_5Y^+ \quad K_{a_1} = 10^{-0.9}$$

$$H_5Y^+ \rightleftharpoons H^+ + H_4Y \quad K_{a_2} = 10^{-1.6}$$

$$H_4Y \rightleftharpoons H^+ + H_3Y^- \quad K_{a_3} = 10^{-2.0}$$

$$H_3Y^- \rightleftharpoons H^+ + H_2Y^{2-} \quad K_{a_4} = 10^{-2.67}$$

$$H_2Y^{2-} \rightleftharpoons H^+ + HY^{3-} \quad K_{a_5} = 10^{-6.16}$$

$$HY^{3-} \rightleftharpoons H^+ + Y^{4-} \quad K_{a_6} = 10^{-10.26}$$

EDTA 在任何水溶液中总是以 H_6Y^{2+}、H_5Y^+、H_4Y、H_3Y^-、H_2Y^{2-}、HY^{3-}和 Y^{4-}七种型体存在。各种型体的分布分数与溶液 pH 有关(图 12-21)。在 pH<1 的强酸溶液中,EDTA 主要以 H_6Y^{2+}形式存在;在 pH=2.6~6.16 的溶液中,主要以 H_2Y^{2-}形式存在;在 pH>10.26 的碱性溶液中,主要以 Y^{4-}形式存在。

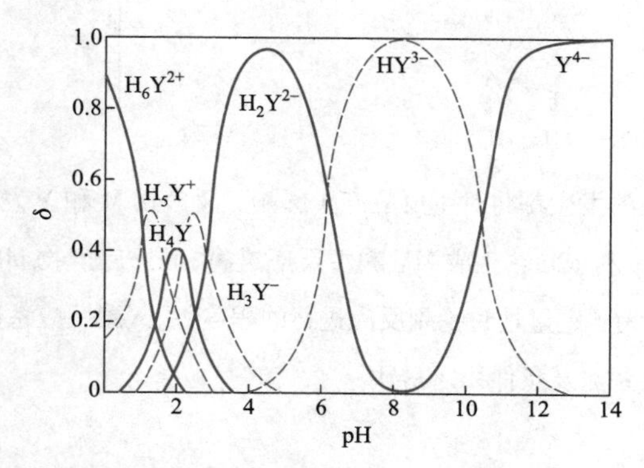

图 12-21　不同 pH 的 EDTA 的各种型体的分布分数

EDTA 具有广泛的配位性质,几乎能与所有的除碱金属离子以外的其他金属离子发生配位反应,生成稳定的螯合物。

EDTA 与金属离子形成螯合物时,它的氮原子和氧原子与金属离子相键合,生成具有多个五元环的螯合物。螯合物稳定性高,用于滴定分析时突跃范围大。常见的 EDTA 配合物的 K_f 值见附录。

除少数高价金属离子(如五价钼)外,EDTA 与大多数金属离子生成螯合物的配位比都是 1∶1。这样分析结果容易计算。生成螯合物的反应式如下:

$$M^{2+} + Y^{4-} \rightleftharpoons MY^{2-}$$

$$M^{3+} + Y^{4-} \rightleftharpoons MY^{-}$$

$$M^{4+} + Y^{4-} \rightleftharpoons MY$$

EDTA 螯合物大多数带有电荷,水溶性好,配位反应速率快,给配位滴定提供了有利条件。

此外,EDTA 与无色的金属离子生成无色螯合物,与有色金属离子一般则生成颜色更深的配合物。例如,Cu^{2+}显浅蓝色,而 CuY^{2-}显深蓝色;Ni^{2+}显浅绿色,而 NiY^{2-}显蓝绿色。在滴定这些金属离子时,要控制其浓度不能过大。否则,将妨碍使用指示剂确定终点。

12.4.2　副反应系数和条件稳定常数

在化学反应中,通常把主要考察的一种反应看作主反应,其他与之相关的反应看作副反应,这些副反应影响了主反应中的反应物或生成物的平衡浓度。在配位滴定中,主反应是被测金属离子

M 与滴定剂 Y 的配位反应；溶液中还可能存在下列各种副反应：

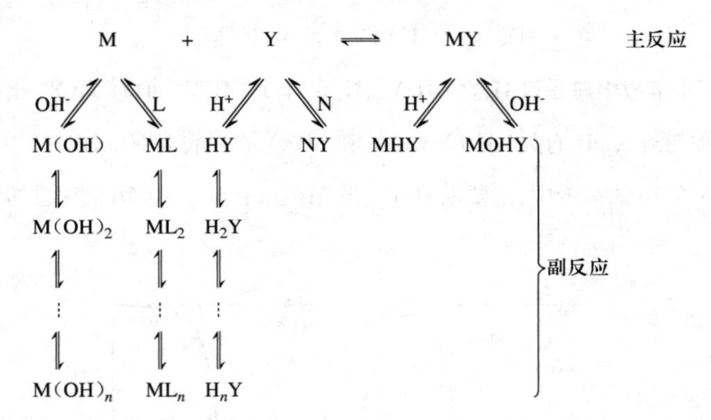

很明显，这些副反应的发生都将对主反应产生影响。反应物 M 和 Y 发生的各种副反应都将导致 M 及 Y 浓度的减少，不利于向着生成 MY 的主反应进行；而反应产物 MY 的副反应有利于促进 M 与 Y 发生配位反应。为了定量地讨论副反应进行的程度，引入副反应系数。下面分别讨论 M、Y 及 MY 的副反应、副反应系数及条件稳定常数。

1. 滴定剂 Y 的副反应和副反应系数

滴定剂 Y 的副反应系数用 $\alpha(\mathrm{Y})$ 表示，定义为

$$\alpha(\mathrm{Y})=\frac{c(\mathrm{Y}')}{c(\mathrm{Y})} \tag{12-4}$$

它表示未参加主反应的滴定剂总浓度 $c(\mathrm{Y}')$ 是游离滴定剂浓度 $c(\mathrm{Y})$ 的多少倍。$\alpha(\mathrm{Y})$ 值越大，说明副反应越严重。若 $\alpha(\mathrm{Y})=1$，则 $c(\mathrm{Y})=c(\mathrm{Y}')$，表示滴定剂没有副反应发生。滴定剂 Y 的副反应有酸效应和共存离子效应两种。

（1）酸效应和酸效应系数

滴定剂 Y 是一多元碱，可以接受质子形成相应的酸，使 Y 的平衡浓度降低。当金属离子 M 与 Y 反应时，如果溶液中有 $\mathrm{H^+}$ 存在，就会使主反应受到影响，这种由于 $\mathrm{H^+}$ 的存在而使 Y 参加主反应能力降低的现象称为酸效应。酸效应的大小用酸效应系数 $\alpha[\mathrm{Y(H)}]$ 来衡量，它是指未参加配位反应的 EDTA 各种存在型体的总浓度 $c(\mathrm{Y}')$ 与游离滴定剂的平衡浓度 $c(\mathrm{Y})$ 之比，即为 Y 的分布分数的倒数，有

$$\begin{aligned}\alpha[\mathrm{Y(H)}]&=\frac{c'(\mathrm{Y})}{c(\mathrm{Y})}=\frac{c(\mathrm{Y})+c(\mathrm{HY})+c(\mathrm{H_2Y})+\cdots+c(\mathrm{H_6Y^{2+}})}{c(\mathrm{Y})}\\&=1+\frac{c(\mathrm{H^+})}{K_{\mathrm{a_6}}}+\frac{c^2(\mathrm{H^+})}{K_{\mathrm{a_6}}K_{\mathrm{a_5}}}+\cdots+\frac{c^6(\mathrm{H^+})}{K_{\mathrm{a_6}}K_{\mathrm{a_5}}K_{\mathrm{a_4}}K_{\mathrm{a_3}}K_{\mathrm{a_2}}K_{\mathrm{a_1}}}\end{aligned} \tag{12-5}$$

从式(12-5)可见，$\alpha[\mathrm{Y(H)}]$ 是 $c(\mathrm{H^+})$ 的函数。随着溶液酸度的升高，酸效应系数增大，由酸效应引起的副反应越严重。表 12-5 列出了 EDTA 在不同 pH 条件时的酸效应系数。

表 12-5　EDTA 在不同 pH 条件时的酸效应系数

pH	lg α [Y(H)]	pH	lg α [Y(H)]	pH	lg α [Y(H)]	pH	lg α [Y(H)]
0.0	23.64	3.8	8.85	7.4	2.88	11.0	0.07
0.4	21.32	4.0	8.44	7.8	2.47	11.5	0.02
0.8	19.08	4.4	7.64	8.0	2.27	11.6	0.02
1.0	18.01	4.8	6.84	8.4	1.87	11.7	0.02
1.4	16.20	5.0	6.45	8.8	1.48	11.8	0.01
1.8	14.27	5.4	5.69	9.0	1.28	11.9	0.01
2.0	13.51	5.8	4.98	9.4	0.92	12.0	0.01
2.4	12.19	6.0	4.65	9.8	0.59	12.1	0.01
2.8	11.09	6.4	4.06	10.0	0.45	12.2	0.005
3.0	10.60	6.8	3.55	10.4	0.24	13.0	0.000 8
3.4	9.70	7.0	3.32	10.8	0.11	13.9	0.000 1

（2）共存离子效应和共存离子效应系数

若除了金属离子 M 与配位剂 Y 反应外，溶液中共存的其他金属离子 N 也可以与 Y 反应，则这一反应可看作 Y 的一种副反应。它使得 Y 参加主反应的能力降低，共存离子引起的副反应称为共存离子效应，相应的副反应系数称为共存离子效应系数，用 $\alpha[\mathrm{Y(N)}]$ 表示：

$$\alpha[\mathrm{Y(N)}]=\frac{c(\mathrm{Y}')}{c(\mathrm{Y})}=\frac{c(\mathrm{NY})+c(\mathrm{Y})}{c(\mathrm{Y})}=1+K(\mathrm{NY})c(\mathrm{N})$$

如果 EDTA 的两种副反应同时存在，则总副反应系数为

$$\begin{aligned}\alpha(\mathrm{Y})&=\frac{c(\mathrm{Y}')}{c(\mathrm{Y})}=\frac{c(\mathrm{Y})+c(\mathrm{HY})+\cdots+c(\mathrm{H_6Y})+c(\mathrm{NY})}{c(\mathrm{Y})}\\&=\alpha[\mathrm{Y(H)}]+\alpha[\mathrm{Y(N)}]-1\end{aligned}\tag{12-6}$$

2. 金属离子的副反应和副反应系数

如果滴定体系中存在其他的配位剂 L，这些配位剂可能来自指示剂、掩蔽剂或缓冲剂，它们也能和金属离子发生配位反应。由于配位剂 L 与金属离子的配位反应而使得金属离子参加主反应的能力降低，这种现象被称为配位效应。配位效应的大小用配位效应系数 $\alpha[\mathrm{M(L)}]$ 来表示，它是指未与滴定剂 Y 配位的金属离子 M 的各种存在型体的总浓度 $c(\mathrm{M}')$ 与游离金属离子浓度 $c(\mathrm{M})$ 之比，即 $c(\mathrm{M})$ 的分布分数的倒数：

$$\begin{aligned}\alpha[\mathrm{M(L)}]&=\frac{c'(\mathrm{M})}{c(\mathrm{M})}=\frac{c(\mathrm{M})+c(\mathrm{ML_1})+c(\mathrm{ML_2})+\cdots+c(\mathrm{ML}_n)}{c(\mathrm{M})}\\&=1+\frac{c(\mathrm{ML_1})}{c(\mathrm{M})}+\frac{c(\mathrm{ML_2})}{c(\mathrm{M})}+\cdots+\frac{c(\mathrm{ML}_n)}{c(\mathrm{M})}\\&=1+\beta_1c(\mathrm{L})+\beta_2c^2(\mathrm{L})+\cdots+\beta_nc^n(\mathrm{L})\end{aligned}\tag{12-7}$$

例 12-3 在 0.020 mol · L^{-1}的 Zn^{2+}溶液中,加入 pH = 10.0 的氨性缓冲溶液,使溶液中游离 NH_3的浓度为 0.10 mol · L^{-1}。计算溶液中游离 Zn^{2+}的浓度。已知$[Zn(NH_3)_4]^{2+}$的各级累积稳定常数为 $\lg\beta_1 = 2.37$, $\lg\beta_2 = 4.81$, $\lg\beta_3 = 7.31$, $\lg\beta_4 = 9.46$。

解: $\alpha[Zn(NH_3)] = 1+\beta_1 c(NH_3)+\beta_2 c^2(NH_3)+\beta_3 c^3(NH_3)+\beta_4 c^4(NH_3) = 4.36\times10^5$

$$c(Zn^{2+}) = \frac{c'(Zn)}{\alpha[Zn(NH_3)]} = \frac{0.020}{4.36\times10^5}\text{mol}\cdot\text{L}^{-1} = 6.93\times10^{-8}\ \text{mol}\cdot\text{L}^{-1}$$

3. 配合物的副反应和副反应系数

在酸度较高的情况下,MY 会与 H^+发生副反应,形成酸式配合物 MHY:

$$MY+H^+ \rightleftharpoons MHY, \quad K(MHY) = \frac{c(MHY)}{c(MY)c(H^+)}$$

其副反应系数用 $\alpha[MY(H)]$表示:

$$\alpha[MY(H)] = \frac{c(MY')}{c(MY)} = \frac{c(MY)+c(MHY)}{c(MY)} = 1+K(MHY)c(H^+)$$

碱度较高时会有碱式配合物 M(OH)Y 生成。其副反应系数用 $\alpha[MY(OH)]$表示:

$$\alpha[MY(OH)] = 1+K[M(OH)Y]c(OH^-), \text{式中 } K[M(OH)Y] = \frac{c[M(OH)Y]}{c(MY)c(OH^-)}$$

酸式或碱式配合物大多数不太稳定,在一般计算中可以忽略不计。

4. 配合物的条件稳定常数

在配位滴定中,由于各种副反应的存在,配合物的稳定常数已不能真实反映主反应进行的程度。应该用未与滴定剂 Y 配位的金属离子 M 的各种存在型体的总浓度 $c(M')$来代替 $c(M)$,用未参与配位反应的 EDTA 各种存在型体的总浓度 $c(Y')$代替 $c(Y)$,MY 的总浓度为 $c(MY')$。这时,配合物的稳定常数可表示为

$$K'(MY) = \frac{c(MY')}{c(M')c(Y')} = \frac{\alpha(MY)c(MY)}{\alpha(M)c(M)\alpha(Y)c(Y)} = \frac{\alpha(MY)}{\alpha(M)\alpha(Y)}K(MY) \qquad (12\text{-}8)$$

在一定条件下(即溶液组成、温度、酸度等一定时),$\alpha(M)$、$\alpha(Y)$、$\alpha(MY)$及 $K(MY)$均为常数。因此,在一定条件下 $K'(MY)$是一常数,称之为条件稳定常数。用对数形式表示则是

$$\lg K'(MY) = \lg K(MY) - \lg\alpha(M) - \lg\alpha(Y) + \lg\alpha(MY)$$

多数条件下,α_{MY}可忽略,上式可简化为

$$\lg K'(MY) = \lg K(MY) - \lg\alpha(M) - \lg\alpha(Y) \qquad (12\text{-}9)$$

例 12-4 计算在 pH = 2 和 pH = 5 时 ZnY 的条件稳定常数。

解: 查表得 $\lg K(ZnY) = 16.50$

pH = 2 时,$\lg\alpha[Y(H)] = 13.51$,有

$$\lg K'(ZnY) = \lg K(ZnY) - \lg\alpha[Y(H)] = 16.50-13.51 = 2.99$$

$$K'(ZnY) = 9.8\times10^{-2}$$

pH=5, $\lg \alpha[Y(H)]=6.45$，有

$$\lg K'(ZnY)=\lg K(ZnY)-\lg \alpha[Y(H)]=16.50-6.45=10.05$$

$$K'(ZnY)=1.1\times10^{10}$$

12.4.3 配位滴定曲线

在配位滴定法中，随着滴定剂 EDTA 的不断加入，不断生成金属离子配合物，溶液中金属离子 M 的浓度逐渐减小，在化学计量点附近，金属离子 M 的浓度发生急剧变化。为了更深入地认识配位滴定法的本质，下面介绍配位滴定曲线。

如果以金属离子 M 的浓度的负对数 pM 为纵坐标，以加入 EDTA 标准溶液的体积或滴定分数为横坐标作图，即可得到配位滴定曲线。

现以 pH=10 时 $0.01000\ \mathrm{mol\cdot L^{-1}}$ EDTA 标准溶液滴定 $0.01000\ \mathrm{mol\cdot L^{-1}}$ Ca^{2+} 溶液为例，讨论滴定过程中金属离子浓度的变化情况。查表可知，$\lg K(CaY)=10.7$，$\lg \alpha[Y(H)]=0.45$。所以 $\lg K'(CaY)=\lg K(CaY)-\lg \alpha[Y(H)]=10.7-0.45=10.25$，$K'(CaY)=1.8\times10^{10}$。

(1) 滴定前，$c(Ca^{2+})=0.01000\ \mathrm{mol\cdot L^{-1}}$，pCa=2.00。

(2) 滴定开始至化学计量点前，以剩余 Ca^{2+} 浓度来计算 pCa。

当加入 EDTA 标准溶液 19.98 mL（即滴定分数为 99.9%）时

$$c(Ca^{2+})=0.01000\ \mathrm{mol\cdot L^{-1}}\times\frac{0.02\ \mathrm{mL}}{20.00\ \mathrm{mL}+19.98\ \mathrm{mL}}=5.0\times10^{-6}\ \mathrm{mol\cdot L^{-1}},\ \mathrm{pCa}=5.30$$

(3) 化学计量点时，由于 CaY 配合物比较稳定，化学计量点时，Ca^{2+} 与加入的 EDTA 标准溶液几乎全部配位成 CaY 配合物，有

$$c(CaY)=0.01000\ \mathrm{mol\cdot L^{-1}}\times\frac{20.00\ \mathrm{mL}}{20.00\ \mathrm{mL}+20.00\ \mathrm{mL}}=5.0\times10^{-3}\mathrm{mol\cdot L^{-1}}$$

化学计量点时，$c(Ca^{2+})=c(Y)$，故

$$K'(CaY)=\frac{c(CaY)}{c(Ca^{2+})\cdot c(Y)}=\frac{c(CaY)}{c^2(Ca^{2+})}$$

$$c(Ca^{2+})=\sqrt{\frac{c(CaY)}{K'_{CaY}}}=\sqrt{\frac{5.0\times10^{-3}}{1.8\times10^{10}}}\ \mathrm{mol\cdot L^{-1}}=5.3\times10^{-7}\mathrm{mol\cdot L^{-1}},\quad \mathrm{pCa}=6.28$$

(4) 化学计量点后，以过量的 EDTA 来计算。当加入的滴定剂为 20.02 mL 时，EDTA 过量 0.02 mL，其浓度为

$$c(Y)=0.01000\ \mathrm{mol\cdot L^{-1}}\times\frac{20.02\ \mathrm{mL}-20.00\ \mathrm{mL}}{20.00\ \mathrm{mL}+20.02\ \mathrm{mL}}=5.0\times10^{-6}\ \mathrm{mol\cdot L^{-1}}$$

$$c(Ca^{2+})=\frac{c(CaY)}{K'(CaY)c(Y)}=\frac{5.0\times10^{-3}}{1.8\times10^{10}\times5.0\times10^{-6}}\ \mathrm{mol\cdot L^{-1}}=5.6\times10^{-8}\ \mathrm{mol\cdot L^{-1}},\ \mathrm{pCa}=7.25$$

以 pCa 为纵坐标，加入 EDTA 标准溶液的滴定分数（或体积）为横坐标作图，即可得到 EDTA 标准溶液滴定 Ca^{2+} 的滴定曲线。

滴定突跃的大小是决定配位滴定准确度的重要依据。影响滴定突跃的主要因素是配合物的条件稳定常数 $K'(\mathrm{MY})$ 和金属离子浓度 $c(\mathrm{M})$。

从图 12-22 中可以看出,条件稳定常数 $K'(\mathrm{MY})$ 越大,滴定突跃也越大。$K'(\mathrm{MY})$ 直接决定化学计量点后平台部分的高度。$K'(\mathrm{MY})$ 值取决于 $K(\mathrm{MY})$、$\alpha(\mathrm{M})$ 和 $\alpha[\mathrm{Y(H)}]$ 的值。$K(\mathrm{MY})$ 越大,$K'(\mathrm{MY})$ 增大,滴定突跃越大;酸度增大,$\alpha[\mathrm{Y(H)}]$ 增大,$K'(\mathrm{MY})$ 减小,滴定突跃减小;$\alpha(\mathrm{M})$ 增大,$K'(\mathrm{MY})$ 减小,滴定突跃减小。

金属离子浓度 $c(\mathrm{M})$ 决定滴定曲线中化学计量点前平台的高度(图 12-23)。金属离子浓度越大,下部平台越低,滴定突跃也就越大。

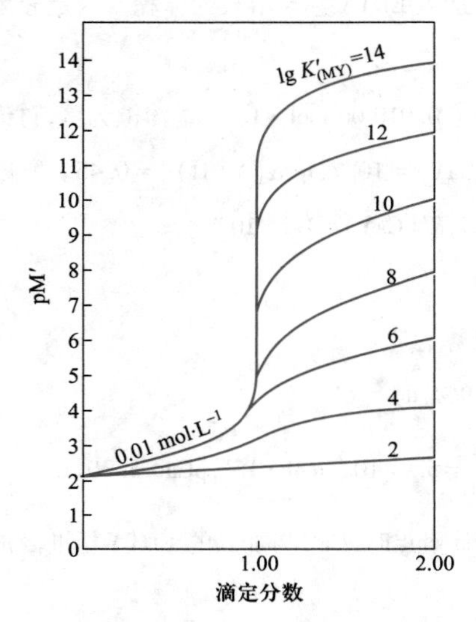

图 12-22 lg $K'_{(\mathrm{MY})}$ 对滴定曲线的影响

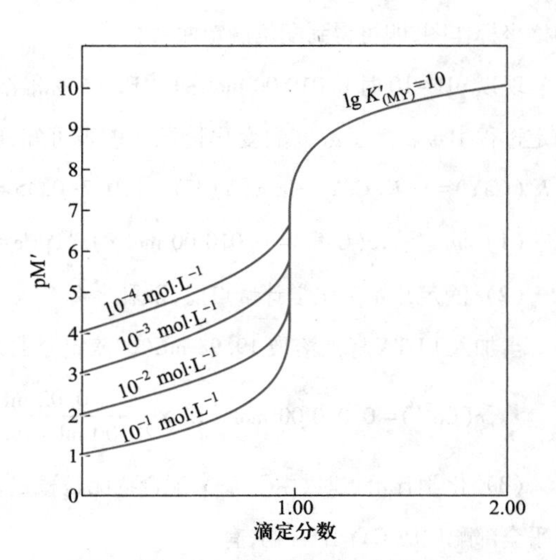

图 12-23 金属离子浓度对滴定曲线的影响

12.4.4 配位滴定中酸度的控制

不同金属离子 EDTA 配合物的 $\lg K(\mathrm{MY})$ 值不同,所以滴定时所允许的最低 pH(即金属离子能被准确滴定所允许的 pH)也不相同。金属离子能被准确滴定,要求 $\lg K'(\mathrm{MY}) \geqslant 8$。若配位反应中除 EDTA 的酸效应外,没有其他副反应,则

$$\lg K'(\mathrm{MY}) = \lg K(\mathrm{MY}) - \lg \alpha[\mathrm{Y(H)}] \geqslant 8$$

$$\lg \alpha[\mathrm{Y(H)}] \leqslant \lg K(\mathrm{MY}) - 8 \tag{12-10}$$

根据式(12-10)和表 10-5,可以计算出各金属离子 EDTA 配位滴定所允许的最低 pH。将各种金属离子的 lgK(MY) 与其滴定时允许的最低 pH 作图,得到的曲线称为 EDTA 的酸效应曲线,如图 12-24 所示。

应用酸效应曲线,可以方便地解决如下几个问题:

(1) 确定单独滴定某一金属离子时所允许的最低 pH。例如,EDTA 滴定 Fe^{3+} 时,pH 应大于 1;

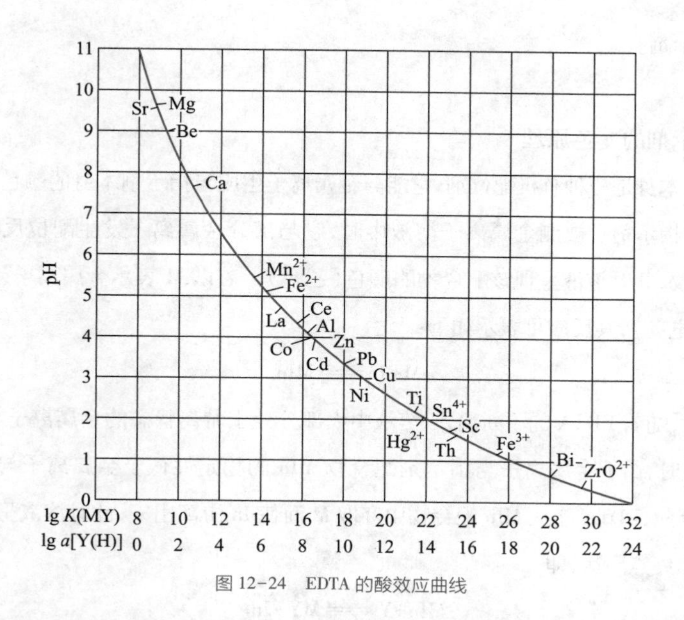

图 12-24 EDTA 的酸效应曲线

滴定 Zn^{2+}时，pH 应大于 4。EDTA 配合物的稳定性较高的金属离子，可以在较高酸度下进行滴定。

（2）判断在某一 pH 下测定某种离子，什么离子有干扰。例如，在 pH 4～6 滴定 Zn^{2+}时，若存在 Fe^{2+}、Cu^{2+}、Mg^{2+}等离子，Fe^{2+}、Cu^{2+}有干扰，而 Mg^{2+}无干扰。

（3）判断当有几种金属离子共存时，能否通过控制溶液酸度进行选择滴定或连续滴定。例如，当 Fe^{3+}、Zn^{2+}和 Mg^{2+}共存时，由于它们在酸效应曲线上相距较远，可以先在 pH＝1～2 时滴定 Fe^{3+}，然后在 pH＝5～6 时滴定 Zn^{2+}，最后再调节溶液 pH＝10 左右滴定 Mg^{2+}。

需要说明的是：酸效应曲线给出的是配位滴定所允许的最低 pH（最高酸度），在实际中，为了使配位反应更完全，通常采用的 pH 要比最低 pH 略高。但也不能过高；否则，金属离子可能水解，甚至生成氢氧化物沉淀。例如，用 EDTA 滴定 Mg^{2+}时所允许的最低 pH＝9.7，实际采用 pH＝10，若 pH>12，则生成 $Mg(OH)_2$ 沉淀而不被滴定。因此，不同金属离子在用 EDTA 滴定时，也有一个因水解而不能被准确滴定的 pH 限度，这个限度叫最低酸度或最高 pH。此最低酸度可由 $M(OH)_n$的溶度积求得。

在配位滴定过程中 H^+会随着配合物的生成而不断释出，$M+H_2Y \rightleftharpoons MY+2H^+$，使溶液酸度升高，从而降低 pH，影响滴定反应的完全程度。因此，在配位滴定过程中常加入缓冲溶液控制溶液的酸度。在弱酸性溶液（pH＝5～6）中滴定，常使用醋酸缓冲溶液或六亚甲基四胺缓冲溶液；在弱碱性溶液（pH＝8～10）中滴定，常采用氨性缓冲溶液；强酸或强碱本身具有一定的缓冲作用，因此在 pH<2 或 pH>12 的溶液中滴定不需要再加缓冲溶液。缓冲溶液的选择除要考虑它所能起缓冲作用的 pH 外，还要考虑它是否引起金属离子的副反应而影响滴定反应的完全程度。

12.4.5 金属指示剂

配位滴定法中的指示剂是用来指示溶液中金属离子浓度的变化情况，所以称为金属离子指示剂,简称金属指示剂。

1. 金属指示剂的变色原理

金属指示剂本身是一种有机配位剂,它能与金属离子生成与指示剂本身的颜色明显不同的有色配合物。当加指示剂于被测金属离子溶液中时,它与部分金属离子发生配位反应生成金属离子-指示剂配合物,此时溶液呈现该配合物的颜色(乙色)。若以 M 表示金属离子,In 表示指示剂的阴离子(略去电荷),其反应可表示如下:

$$\mathrm{M}+\underset{\text{甲色}}{\mathrm{In}} \rightleftharpoons \underset{\text{乙色}}{\mathrm{MIn}}$$

滴定开始后,随着 EDTA 的不断滴入,溶液中大部分处于游离状态的金属离子与 EDTA 配位,到达化学计量点时,由于金属离子与指示剂配合物 MIn 的稳定性低于金属离子与 EDTA 配合物 MY 的稳定性,因此,EDTA 能从 MIn 配合物中夺取 M 而使 In 游离出来,此时溶液呈现指示剂的颜色(甲色)而指示终点到达,即

$$\underset{\text{乙色}}{\mathrm{MIn}}+\mathrm{Y} \rightleftharpoons \mathrm{MY}+\underset{\text{甲色}}{\mathrm{In}}$$

2. 金属指示剂应具备的条件

金属离子的显色剂很多,但只有具备下列条件者,才能在配位滴定中用作金属指示剂。

(1) 在滴定的 pH 条件下,金属指示剂配合物 MIn 的颜色与指示剂 In 本身颜色应有明显的区别,这样终点颜色变化才明显。

(2) 金属指示剂配合物 MIn 的稳定性要适当,其稳定性略小于 EDTA 配合物 MY [一般 $\lg K(\mathrm{MY})-\lg K(\mathrm{MIn})\geqslant 2$]。如果稳定性太低,会造成终点提前或颜色变化不明显,终点难以确定。相反,如果稳定性过高,在计量点时,EDTA 难以夺取 MIn 中的 M 而使 In 游离出来,终点得不到颜色的变化或颜色变化不明显。

(3) MIn 应是水溶性的,与金属离子的配位反应灵敏性好,并具有一定的选择性。

3. 常用的金属指示剂

下面介绍几种最常用的金属指示剂。

铬黑 T 属于 O,O'-二羟基偶氮类染料,化学名称是 1-(1-羟基-2-萘偶氮)-6-硝基-2-萘酚-4-磺酸钠,简称 EBT,其结构式如下:

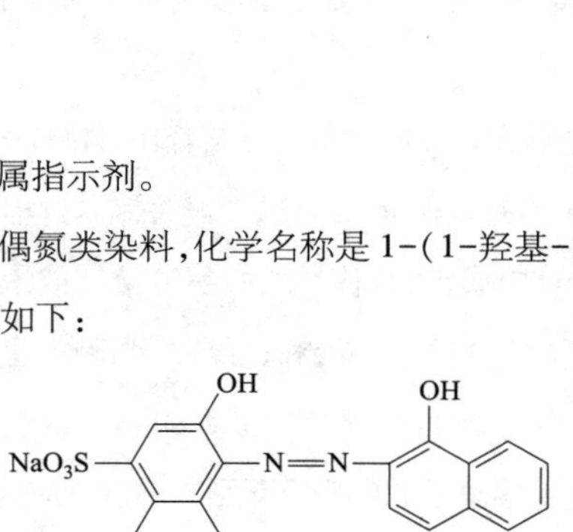

铬黑 T 是黑褐色粉末,带有金属光泽。溶液中,铬黑 T 随 pH 不同而以不同型体存在,因而呈

现出不同的颜色。当 $pH<6$ 时,显红色;当 $7<pH<11$ 时,显蓝色;当 $pH>12$ 时,显橙色。铬黑 T 能与许多二价金属离子如 Ca^{2+}、Mg^{2+} 等形成红色的配合物,因此,铬黑 T 只能在 pH = 7 ~ 11 的条件下使用,才有明显的颜色变化(红色→蓝色)。在实际工作中常选择在 pH = 9 ~ 10 的酸度下使用铬黑 T。

固体的铬黑 T 比较稳定,但其水溶液或醇溶液均不稳定,仅能保存数天。在酸性溶液中铬黑 T 容易聚合成高分子;在碱性溶液中易被氧化褪色。因此,常把铬黑 T 与 NaCl 按 1∶100 的比例混合均匀,研细,密闭保存于干燥器中备用。

钙指示剂,化学名称是 1-(2-羟基-4-磺基-1-萘偶氮)-2-羟基-3-萘甲酸(NN 或钙红),它也属于偶氮类染料,结构式如下:

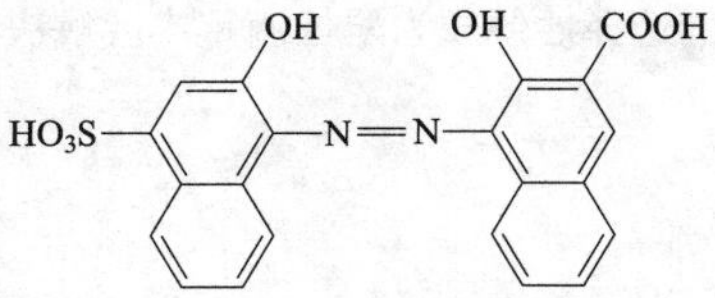

钙指示剂的水溶液也随溶液 pH 不同而呈不同的颜色:$pH<7$ 时显红色,pH = 8 ~ 13.5 时显蓝色,$pH>13.5$ 时显橙色。由于在 pH = 12 ~ 13 时,它与 Ca^{2+} 形成红色配合物,所以常用作在 pH = 12 ~ 13 的酸度下,测定钙含量时的指示剂,终点溶液由红色变成蓝色,颜色变化很明显。Fe^{3+}、Al^{3+} 等对钙指示剂有封闭作用。

钙指示剂固体为紫黑色粉末,很稳定,但其水溶液或乙醇溶液均不稳定,所以一般取固体试剂与 NaCl 按 1∶100 的比例混合均匀,研细,密闭保存于干燥器中备用。

二甲酚橙(XO),$pH>6.3$ 时呈红色,$pH<6.3$ 时呈黄色,它与金属离子配合物呈红紫色。因此,它只能在 $pH<6.3$ 的酸性溶液中使用。通常配成 0.2% ~ 0.5% 的水溶液,可保存 2 ~ 3 周。在 pH = 5 ~ 6 时,与 Pb^{2+}、Zn^{2+} 等形成红色配合物。Fe^{3+}、Al^{3+}、Ni^{2+}、Cu^{2+} 等对其有封闭作用,其中 Fe^{3+} 可用抗坏血酸还原,Al^{3+} 可用氟化物、Ni^{2+} 可用邻菲罗啉掩蔽。

4. 金属指示剂在使用中存在的问题

(1) 指示剂的封闭现象。某些离子能与指示剂形成非常稳定的配合物,以至于在到达化学计量点后,滴入过量的 EDTA 也不能夺取 MIn 中的 M 而使 In 游离出来,所以看不到终点的颜色变化,这种现象称为指示剂的封闭现象。

例如,Al^{3+}、Fe^{3+}、Cu^{2+}、Ni^{2+}、Co^{2+} 等离子对铬黑 T 指示剂和钙指示剂有封闭作用,可用 KCN 掩蔽 Cu^{2+}、Ni^{2+}、Co^{2+} 和三乙醇胺掩蔽 Al^{3+}、Fe^{3+}。如发生封闭作用的离子是被测离子,一般利用返滴定法来消除干扰。如 Al^{3+} 对二甲酚橙有封闭作用,测定 Al^{3+} 时可先加入过量的 EDTA 标准溶液,使 Al^{3+} 与 EDTA 完全配位后,再调节溶液 pH = 5 ~ 6,用 Zn^{2+} 标准溶液返滴定,即可克服 Al^{3+} 对二甲酚橙的封闭作用。

(2) 指示剂的僵化现象。有些金属离子与指示剂形成的配合物溶解度小或稳定性差,使 EDTA 与 MIn 之间的交换反应慢,造成终点不明显或拖后,这种现象称为指示剂的僵化现象。可加入适当的有机溶剂促进难溶物的溶解,或将溶液适当加热以加快置换速率而予以消除。

（3） 指示剂的氧化变质现象。金属指示剂多数是具有共轭双键体系的有机物,容易被日光、空气、氧化剂等分解或氧化。有些指示剂在水中不稳定,久置会分解。所以,常将指示剂配成固体混合物或加入还原性物质或临用时配制。

12.5 提高配位滴定法选择性的方法

由于能与 EDTA 形成配合物的金属离子较多,在多种金属离子共存时,如何减免其他离子对被测离子的干扰,以提高配位滴定的选择性便成为配位滴定中要解决的一个重要问题。常用的方法有以下几种。

12.5.1 控制溶液的酸度

同步资源

若溶液中含有与 M 共存的金属离子 N,它也能与 EDTA 反应生成 NY 配合物。此时,如果满足式 $\lg c(\mathrm{M})K(\mathrm{MY})-\lg c(\mathrm{N})K(\mathrm{NY})\geqslant 6$,则可通过调节溶液的 pH,改变被测离子和干扰离子与 EDTA 所形成配合物的稳定性,从而消除 N 的干扰。利用酸效应曲线可方便地解决这一问题。如测定样品中 $ZnSO_4$ 的含量时,即可在 pH = 5 ~ 6 时,以二甲酚橙作指示剂进行测定,也可在 pH = 10 时,以铬黑 T 作指示剂进行测定;若样品中同时有 $MgSO_4$ 存在,则应在 pH = 5 ~ 6 时测定 Zn^{2+}。因为 pH = 10 时,Mg^{2+}对 Zn^{2+}的测定有干扰。

12.5.2 加入掩蔽剂

当溶液中共存的 M 和 N 形成的 MY 和 NY 的 $\Delta\lg K$ 值很小,就不能用控制酸度的方法消除干扰。此时,可采用加入掩蔽剂的方法消除干扰,即加入一种能与干扰离子 N 形成稳定配合物的试剂(称为掩蔽剂)以大大降低干扰离子 N 的浓度,达到减少或消除 N 对 M 的干扰的目的。常用的掩蔽法有配位掩蔽法、氧化还原掩蔽法和沉淀掩蔽法。

利用配位反应消除干扰的方法是分析化学中应用最广泛的一种掩蔽方法。加入的配位掩蔽剂应该是能与干扰离子 N 形成稳定、易溶的无色或浅色配合物,而它与 M 离子不配位。如测定水中 Ca^{2+}、Mg^{2+}含量时,共存的 Fe^{3+}和 Al^{3+}对测定有干扰,可加入三乙醇胺,使 Fe^{3+}和 Al^{3+}与三乙醇胺形成稳定的配合物而予以掩蔽,使之不发生干扰。表 12-6 列出了 EDTA 滴定中常用的掩蔽剂及其适用范围。

表 12-6 EDTA 滴定中常用的掩蔽剂及其适用范围

掩蔽剂	pH 适用范围	被掩蔽的离子	备注
KCN	>8	Ni^{2+}、Co^{3+}、Ti^{3+}、Cu^{2+}、Zn^{2+}、Ag^{+}、Hg^{2+}及铂族元素	剧毒! 须在碱性溶液中使用

续表

掩蔽剂	pH 适用范围	被掩蔽的离子	备注
NH_4F	4~6	Al^{3+}、Ti^{4+}、Sn^{4+}、Zr^{4+}、W^{6+}等	用 NH_4F 比 NaF 好，因为 NH_4F 加入溶液 pH 变化不大
	10	Mg^{2+}、Al^{3+}、Ca^{2+}、Sr^{2+}、Ba^{2+}及稀土元素	
三乙醇胺（TEA）	10	Sn^{2+}、Al^{3+}、Ti^{4+}、Fe^{3+}	与 KCN 并用，可提高掩蔽效果
	11~12	Fe^{3+}、Al^{3+}及少量 Mn^{2+}	
酒石酸	1.2	Fe^{3+}、Sn^{4+}、Sb^{3+}及 5mg 以下的 Cu^{2+}	在抗坏血酸的存在下
	2	Fe^{3+}、Sn^{4+}、Mn^{2+}	
	5.5	Fe^{3+}、Sn^{4+}、Al^{3+}、Ca^{2+}	
	6~7.5	Mg^{2+}、Fe^{3+}、Al^{3+}、Cu^{2+}、W^{6+}、Mo^{4+}、Sb^{3+}	
	10	Al^{3+}、Sn^{4+}	

氧化还原掩蔽法是指在混合液中，加入一种氧化剂或还原剂，使它与干扰离子发生氧化还原反应，以改变干扰离子存在价态，达到消除干扰离子的目的。例如 $\lg K(\text{BiY}) = 27.9$，$\lg K[\text{Fe(Ⅲ)Y}] = 25.1$，$\lg K[\text{Fe(Ⅱ)Y}] = 14.3$，若测定 Bi^{3+}、Fe^{3+}混合液中的 Bi^{3+}，Fe^{3+}就会有干扰。可采用抗坏血酸或羟胺将 Fe^{3+}还原至 Fe^{2+}以消除 Fe^{3+}的干扰。常用的氧化还原掩蔽剂有抗坏血酸、羟胺、联胺、硫脲等。

沉淀掩蔽法是指加入能与干扰离子生成沉淀的沉淀剂，并在沉淀存在下直接进行滴定。如在含 Ca^{2+}、Mg^{2+}的混合液中加入 NaOH 溶液使溶液 pH>12，Mg^{2+}形成 $Mg(OH)_2$ 沉淀，采用钙指示剂，就可用滴定 Ca^{2+}，而 Mg^{2+}不再干扰。常用的沉淀掩蔽剂有 NH_4F、硫酸盐、硫化钠等。

12.5.3 解蔽作用

在已经形成配合物的溶液中，加入一种适当的试剂，将已经配位的配位剂或金属离子释放出来，称为解蔽，所用的试剂称为解蔽剂。利用某些选择性的解蔽剂，也可以提高配位滴定的选择性。如当 Zn^{2+} 和 Mg^{2+} 共存时，可先在 pH = 10 的缓冲溶液中加入 KCN，使 Zn^{2+} 形成配离子 $[Zn(CN)_4]^{2-}$而掩蔽起来，用 EDTA 滴定 Mg^{2+}后，再加入甲醛破坏$[Zn(CN)_4]^{2-}$，然后用 EDTA 继续滴定释放出来的 Zn^{2+}：

$$[Zn(CN)_4]^{2-} + 4HCHO + 4H_2O = Zn^{2+} + 4H_2C(OH)CN + 4OH^-$$

12.6 配位滴定方式及应用

在配位滴定中，采用不同的滴定方式，不但可以扩大配位滴定的应用范围，还可以提高配位滴定的选择性。

1. 直接滴定法

这种方法是将被测物质处理成溶液后，调节至所需酸度，加入指示剂和所需的其他试剂，直接用 EDTA 标准溶液进行滴定。若被测金属离子与 EDTA 的配位反应满足下列条件，就可采用直接滴定法对被测金属离子进行测定。

（1）在滴定条件下，被测金属离子必须满足 $\lg cK'(MY) \geqslant 6$，且配位反应速率很快；

（2）要有合适的指示剂指示滴定终点；

（3）在滴定条件下，被测金属离子不发生水解和沉淀反应。

直接滴定法是配位滴定中最基本的方法，具有简便、快速的特点，可能引入的误差也较少。因此只要条件允许，应尽可能采用直接滴定法。

例 12-5 取 100 mL 水样，用氨性缓冲液调节 pH＝10，以 EBT 为指示剂，用 EDTA 标准溶液（$0.008\ 826\ mol \cdot L^{-1}$）滴定至终点，共消耗 12.58 mL，计算水的总硬度（以 $CaCO_3$ $mg \cdot L^{-1}$ 计）。

解：水的总硬度以 $CaCO_3$ 计，因此

$$总硬度 = (c \times V)_{EDTA} \times M(CaCO_3) \times 10$$

$$= (0.008\ 826 \times 12.58 \times 100.1 \times 10)\ mg \cdot L^{-1}$$

$$= 111.1\ mg \cdot L^{-1}$$

2. 返滴定法

返滴定法是在一定条件下，向试液中加入已知过量的 EDTA 标准溶液，然后用另一种金属离子的标准溶液滴定剩余的 EDTA，由两种标准溶液的浓度和体积求得被测物质的含量。该方法主要适用于下列情况：

（1）被测离子与 EDTA 反应速率慢；

（2）被测离子在测定的 pH 条件下发生水解；

（3）无合适的指示剂或被测离子对指示剂有封闭作用。

例如，Al^{3+} 的测定就属于这类情况，不能采用直接滴定法。为避免发生上述问题，可先加一定量过量的 EDTA 标准溶液，在 pH＝3.5 条件下，煮沸溶液。待 Al^{3+} 与 EDTA 反应完全后，调节 pH＝5～6，加入二甲酚橙，再用 Zn^{2+} 标准溶液返滴定过量的 EDTA。

例 12-6 称取干燥 $Al(OH)_3$ 凝胶 0.498 6 g，溶解于 250.0 mL 容量瓶中，定容后吸取 25.00 mL，精确加入 EDTA 标准溶液（$0.051\ 40\ mol \cdot L^{-1}$）25.00 mL，过量的 EDTA 溶液用锌标准溶液（$0.049\ 98\ mol \cdot L^{-1}$）回滴，用去 15.02 mL，试求样品中 Al_2O_3 的含量。

解：过量的 EDTA 的体积为

$$V(EDTA) = (c \times V)_{Zn} / c(EDTA) = (0.049\ 98 \times 15.02 / 0.051\ 40)\ mL = 14.61\ mL$$

样品中 Al_2O_3 的含量为

$$w(Al_2O_3) = [(1/2)n(Al) \times M(Al_2O_3) \times 10] / 0.498\ 6\ g$$

$$= [(1/2) \times 0.051\ 40\ mol \cdot L^{-1} \times (25.00 - 14.61) \times 10^{-3}\ L \times 102\ g \cdot mol^{-1} \times 10] / 0.498\ 6\ g \times 100\%$$

$$= 54.63\%$$

3. 置换滴定法

利用置换反应，置换出等物质的量的另一种金属离子或 EDTA，然后进行滴定。

如测 Al^{3+}、Zn^{2+}混合液中的 Al^{3+}。按上述方法使 Al^{3+}、Zn^{2+}与 EDTA 反应完全，并用 Zn^{2+}标准溶液滴定剩余的 EDTA。此时加入 NH_4F，即发生下列反应，生成稳定性更高的$[AlF_6]^{3-}$，然后用 Zn^{2+}标准溶液滴定游离出的 EDTA，即可求得的 Al^{3+}量：

$$AlY^- + 6F^- + 2H^+ \xlongequal{\quad} [AlF_6]^{3-} + H_2Y^{2-}$$

Ag^+与 EDTA 配合物稳定性不高，不能用 EDTA 直接滴定。常采用将 Ag^+加入过量的$[Ni(CN)_4]^{2-}$溶液中，定量置换出 Ni^{2+}：

$$2Ag^+ + [Ni(CN)_4]^{2-} \xlongequal{\quad} 2[Ag(CN)_2]^- + Ni^{2+}$$

然后在 pH=10 的氨性溶液中，以紫脲酸胺为指示剂，用 EDTA 标准溶液滴定置换出的 Ni^{2+}，即可求得 Ag^+的量。

4. 间接滴定法

有些金属离子 M 或非金属离子不能与 EDTA 发生配位反应或生成的配合物稳定性不高，可采用此法。通常加入过量能与 EDTA 形成稳定配合物的金属离子作沉淀剂以沉淀待测离子，过量沉淀剂用 EDTA 滴定。

MOOC
同步资源

如 K^+可沉淀为 $K_2NaCo(NO_2)_6$，将沉淀过滤溶解后，用 EDTA 滴定其中的 Co^{2+}，就可间接求得 K^+的含量。又如 SO_4^{2-} 的测定，可采用加入过量的已知准确浓度的 $BaCl_2$ 溶液，使 SO_4^{2-} 与 Ba^{2+}生成 $BaSO_4$ 沉淀，再用 EDTA 标准溶液滴定剩余的 Ba^{2+}，从而间接测定样品中 SO_4^{2-} 的含量。

例 12-7 称取含磷的样品 0.050 0 g，处理成溶液，并把磷沉淀为 $MgNH_4PO_4$，将沉淀过滤、洗涤后，再溶解。然后用 0.010 00 $mol \cdot L^{-1}$的 EDTA 溶液滴定，消耗 20.00 mL，问样品中 P_2O_5的质量分数为多少？

解：
$$w(P_2O_5) = n(P_2O_5) \times M(P_2O_5) / 0.050\ 0\ g$$
$$= 1/2(c \times V)_{EDTA} \times M(P_2O_5) / 0.050\ 0\ g$$
$$= [1/2 \times 0.010\ 00\ mol \cdot L^{-1} \times 20.00 \times 10^{-3}\ L \times 140\ g \cdot mol^{-1}] / 0.050\ 00\ g \times 100\%$$
$$= 28.00\%$$

化学视野——配合物与 OLED

有机发光二极管（OLED）是一种利用有机发光材料将电能高效率转化为光能的电致发光装置，一经面世即受到科学界与工业界的强烈关注。OLED 应用于超高清全色彩显示与高端健康固态照明领域时拥有极大的优势。例如，①外表轻薄。OLED 质量轻、厚度薄，利用柔性基板能制成大尺寸的可弯曲显示与照明器件；②色彩丰富。OLED 发光颜色可覆盖所有可见光光谱范围，且颜色艳丽、对比度超高，可完全满足高质量全色彩显示与白光照明的需求；③高效节能。OLED 工作时发热小，在很低的驱动电压下可以显示出很高的亮度，节能性好、制备成本低。在全球石化能源消耗加剧而可再生能源还远远无法满足当前能源消耗的今天，舍弃传统的高消耗低效率的显示及照明产品，大力发展新型高效节能显示及照明产品是应对全球能源危机极其重要的一个方案。因此 OLED 技术被誉为下一代显示与照明技术。常见 OLED 器件的结构如图 12-25 所示，从图 12-25 中可以看出，有机发光层居于核心地位，它既决定了器件的发光颜色，又极大程度地影响了器件的发光效率。

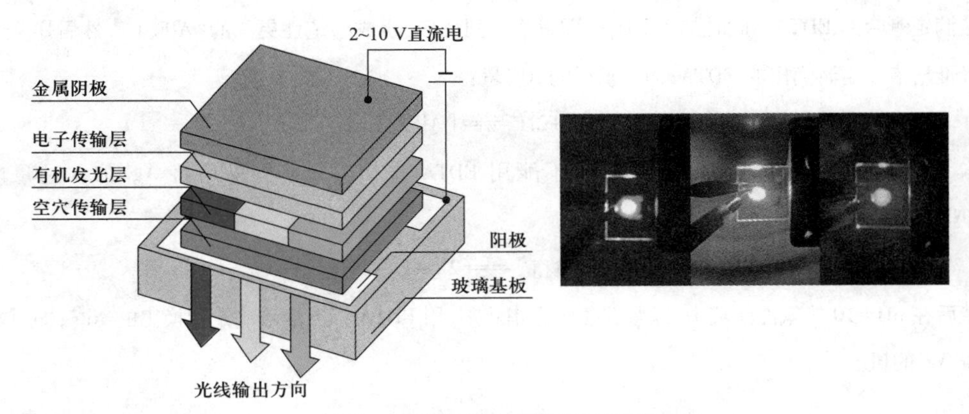

图 12-25　常见 OLED 器件结构示意图

早期应用于 OLED 的发光材料主要是八羟基喹啉铝（Alq3）配合物、有机小分子以及聚合物等，属于荧光发光材料，即它们的发光来源于分子从单线态辐射跃迁至基态这一过程。然而，在电激发发光材料形成激子时，单线态激子与三线态激子的形成概率通常为 1∶3，即形成的激子中大约有 25%是单线态的，75%是三线态的。根据跃迁选率，单线态辐射跃迁至基态是允许的而三线态辐射跃迁至基态是禁阻的，所以电激发下形成的激子中只有少部分（约 25%的单线态激子）可以发光，而剩余的大部分（约 75%的三线态激子）是不发光的，这就极大地限制了基于荧光发光材料的 OLED 发光效率（内量子效率最高只有 25%）。因此，开发室温条件下能利用三线态发光的磷光发光材料是提高 OLED 效率的首要途径。1998 年，我国吉林大学的马於光等人首先实现了基于有机金属锇配合物（Os-3）的三线态（磷光）电致发光。同年，美国普林斯顿大学的 S. R. Forrest 等人以八乙基卟啉铂配合物（PtOEP）为发光材料制备出了磷光 OLED。由于能够同时利用单线态及三线态激子发光，器件的效率得到了明显提高。这一发现成为 OLED 研究领域的里程碑，将发光材料的研究重点从传统的荧光材料转向了磷光材料。时至今日，高性能有机金属配合物主要集中于六配位的铱配合物以及四配位的铂配合物。得益于有机配体结构的多样性，有机金属配合物的结构也非常丰富，从而获得了丰富多彩的高性能发光材料，促进了 OLED 的商业化进程，能够让人们在电视、计算机及手机等电子产品上享受得到新技术带来的美好生活。

思考题

12-1　EDTA 具有哪些特点？与金属离子配位的特点是什么？

12-2　什么是螯合物？什么是螯合试剂？什么是配体？什么是配位数？

12-3　试解释为何螯合物具有特殊的稳定性。

12-4　配合物的价键理论有何优缺点？

12-5　配合物的稳定常数和条件稳定常数有什么不同？为什么要引入条件稳定常数？

12-6　无水 $CrCl_3$ 和氨作用能形成两种配合物，组成分别为 $CrCl_3 \cdot 6NH_3$ 和 $CrCl_3 \cdot NH_3$。$AgNO_3$ 从第

一种配合物水溶液中能将几乎所有的氯沉淀为 AgCl，而从第二种配合物水溶液中仅能沉淀出组成中含氯量的 2/3。加入 NaOH 并加热，两种溶液无氨味。试写出这两种配合物的化学式并命名。

12-7　为什么配位滴定要求控制在一定的 pH 条件下进行？实际工作中应如何全面考虑选择 pH？

12-8　对于配位离子 $[Co(NH_3)_3(H_2O)_2Cl]^+$，请说明：(1)配体种类及所带电荷数；(2)中心离子所带电荷数。

12-9　下面哪种配离子存在空间异构体？如果存在，请画出它的结构。

(1)　$[Cr(NH_3)_5(H_2O)]^{3+}$　　(2)　$[Cr(H_2O)_4Cl_2]^+$

12-10　用价键模型表示下列配离子的空间构型。

(1)　$[Ni(CN)_4]^-$　　(2)　$[Cr(NH_3)_6]^{3+}$

12-11　设计方案实现 Zn^{2+}、Mg^{2+} 分别测定。

12-12　一含有 Fe^{3+}、Zn^{2+}(其浓度均为 10^{-2} mol·L^{-1})的溶液，试设计一个用配位滴定法测定上述离子的方案。包括测定原理、主要步骤、主要条件、试剂及指示剂。

习题

第 12 章　习题答案

12-1　命名下列配合物，并指出中心离子、配体、配位原子、配位数。

(1) $K_2[HgI_4]$　　(2) $[CrCl_2(H_2O)_4]Cl$　　(3) $[Co(NH_3)_2(en)_2](NO_3)_2$

(4) $Fe_3[Fe(CN)_6]_2$　　(5) $Fe(CO)_5$　　(6) $K[Co(NO_2)_4(NH_3)_2]$

(7) $(NH_4)_2[FeCl_5(H_2O)]$　　(8) $[Pt(NH_3)_2Cl_2]$

12-2　写出下列配合物的化学式。

(1) 硫酸四氨合铜(Ⅱ)　　(2) 六氯合铂(Ⅳ)酸钾；

(3) 氯化二氯三氨一水合钴(Ⅲ)；　　(4) 四硫氰二氨合钴(Ⅲ)酸铵

12-3　试用价键理论说明下列配离子的类型、空间构型和磁性。

(1)　$[CoF_6]^{3-}$和$[Co(CN)_6]^{3-}$　　(2)　$[Ni(NH_3)_4]^{2+}$和$[Ni(CN_4)]^{2-}$

12-4　根据价键理论，指出下列配离子的成键轨道类型(内轨型或外轨型)和空间结构。

(1)　$[Ni(CN)_4]^{2-}(\mu=0)$　　(2)　$[Ag(NH_3)_2]^+(\mu=0)$

(3)　$[Ni(H_2O)_6]^{2+}(\mu=2.8$ B. M.$)$　　(4)　$[Cd(NH_3)_4]^{2+}(\mu=0)$

(5)　$[Fe(CN)_6]^{3-}(\mu=1.73$ B. M.$)$

12-5　在 0.50 mol·L^{-1} $[Cu(NH_3)_4]^{2-}$溶液中，含有 0.10 mol·L^{-1}游离 NH_3，求溶液中 Cu^{2+}的浓度。

12-6　计算 pH=10 时，分析浓度为 0.020 0 mol·L^{-1} EDTA 溶液中 Y^{4-}的浓度。

12-7　计算 pH 分别为 3.0 和 8.0 时，分析浓度为 0.015 mol·L^{-1} NiY^{2-}溶液中 Ni^{2+}的浓度。

12-8　利用有关浓度积和稳定常数，求下列反应的平衡常数。

(1) $CuS+4NH_3 \rightleftharpoons [Cu(NH_3)_4]^{2+}+S^{2-}$

(2) $CuCl_2^- \rightleftharpoons CuCl+Cl^-$

12-9　写出下列反应的方程式并计算平衡常数。

(1) AgI 溶于 KCN 溶液中；

(2) AgBr 微溶于氨水中，溶液酸化后又析出沉淀(两步反应)。

12-10　在 1 L 0.01 mol·L^{-1} Pb^{2+}的溶液中，加入 0.50 mol EDTA 及 0.001 mol Na_2S，问溶液中有无 PbS

沉淀生成?

12-11　将含有 0.2 mol · L^{-1} NH_3 和 1.0 mol · L^{-1} NH_4^+ 的缓冲溶液与 0.02 mol · L^{-1} $[Cu(NH_3)_4]^{2+}$溶液等体积混合，有无 $Cu(OH)_2$ 沉淀生成？已知 $Cu(OH)_2$ 的 $K_{sp}^{\ominus}=2.2\times10^{-20}$。

12-12　已知 $Hg^{2+}+4I^- \rightleftharpoons [HgI_4]^{2-}$ 的 $K_f=6.76\times10^{29}$，电对 $E^{\ominus}(Hg^{2+}/Hg)=0.854$ V，试计算电对 $E^{\ominus}\{[HgI_4]^{2-}/Hg\}$ 的值。

12-13　如果在 0.1 mol · L^{-1} $[Ag(CN)_2]^-$溶液中加入 KCN 固体，使 CN^-的浓度为 0.1 mol · L^{-1}，然后再加入:

（1）KI 固体，使 I^-的浓度为 0.1mol · L^{-1}；

（2）Na_2S 固体，使 S^{2-} 的浓度为 0.1mol · L^{-1}。

是否都产生沉淀?

12-14　在 pH = 10 的条件下，以铬黑 T 作指示剂，滴定 50.00 mL 水样中的 Ca^{2+}、Mg^{2+} 总量，共用去 0.010 00 mol · L^{-1}的 EDTA 标准溶液 11.56 mL，求此水样的总硬度(以 $CaCO_3$ mg · L^{-1}计)。

12-15　有一铜锌合金样品，称 0.400 0 g 溶解后定容成 100 mL，取 25.00 mL，调 pH = 6.0 以 PAN 为指示剂，用 0.048 23 mol · L^{-1} EDTA 溶液滴定 Ca^{2+}、Zn^{2+}，用去 27.30 mL。另又取 25.00 mL 试液，调 pH = 10.0，加入 KCN，Cu^{2+}、Zn^{2+}被掩蔽，再加甲醛以解蔽 Zn^{2+}，消耗相同浓度的 EDTA 溶液 16.80 mL，计算样品中 Cu^{2+}、Zn^{2+}的质量分数。

12-16　在 pH = 12 时，用钙指示剂以 EDTA 进行石灰石中 CaO 含量测定。称出样品 0.388 6 g 在 250 mL 容量瓶中定容后，吸取 25.00 mL 试液，以 EDTA 滴定，用去 0.020 43 mol · L^{-1} EDTA 溶液 18.50 mL，求该石灰石中 CaO 的质量分数。

12-17　取 100.0 mL 水样，调节 pH = 10，用铬黑 T 作指示剂，用去 0.010 00 mol · L^{-1} EDTA 溶液 25.40 mL；另取一份 100.0 mL 水样，调节 pH = 12，用钙指示剂，用去 EDTA 溶液 14.25 mL，求每升水样中含 CaO、MgO 的质量。

12-18　用配位滴定法测量 0.755 6 g 样品中 Zn 含量，消耗浓度为 0.016 45 mol · L^{-1} EDTA 溶液 21.27 mL，计算样品中 Zn 的含量。

仪器分析篇

第 13 章
分光光度法
Spectrophotometry

学习要求：

1. 了解光谱产生的基本原理与分子光谱的特点；
2. 掌握分光光度法的基本原理、朗伯-比尔定律及定量分析方法；
3. 熟悉显色剂、显色反应及其影响因素；
4. 熟悉分光光度法的应用。

分光光度法(spectrophotometry)是基于物质分子对光的选择性吸收(selected absorption)而建立起来的分析方法。按照物质吸收光的波长不同，分光光度法可分为可见分光光度法、紫外分光光度法及红外分光光度法(简称红外光谱法)。分光光度法的灵敏度较高，可以直接测定 $5\times10^{-5}\%$ 的微量组分，测定浓度的下限可以达到 0.1~1 $\mu g \cdot g^{-1}$(ppm)，相当于含量为 0.001%~0.000 1%的微量组分，而滴定分析方法难以完成这些微量组分的分析测定。分光光度法的技术已经相对成熟，需要的仪器相对简单低廉，操作简便易行，已经广泛用于科研和生产中。它不但可以测定有色物质含量，而且也可以测定许多无色物质在紫外光区或红外光区有适当的吸收峰的无色物质。本章重点介绍可见分光光度分析法的基本原理与应用。

13.1 光的吸收与光谱的产生

13.1.1 物质的颜色与光的吸收

光是一种电磁波，日常生活中看到的日光及灯光是含有各种不同波长的光。根据波长的不同，可将光分为紫外光(10~400 nm)、可见光(400~780 nm)和红外光(0.78~300 μm)等。不同电磁波谱范围如图 13-1 所示。白光(如日光和白炽灯光等)是由各种波长的光按一定强度比例混合而成的。分光器(如棱镜)可将一束白光大致分解为红、橙、黄、绿、青、蓝、紫七种颜色的光，其中每种颜色的光具有一定的波长范围(如表 13-1 所示)。所以，白光称为复合光，只有一种波长的光称

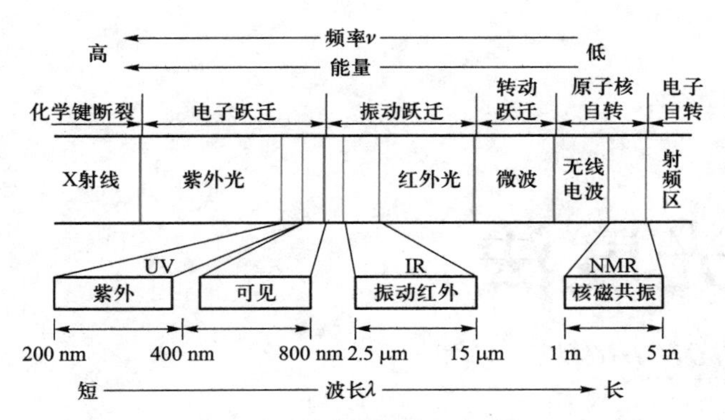

图 13-1　光波谱区域及能量跃迁范围

为单色光。如果适当颜色的两种单色光按一定强度比例混合，也可成为白光，则将这两种单色光称为互补光（或将这两种颜色称为互补色）。物质的颜色是由于物质对不同波长的光具有选择性的吸收作用而产生的，如硫酸铜溶液因吸收白光中的黄色光而呈现蓝色。因此，物质呈现的颜色和它所吸收的光呈互补的颜色，表 13-1 是物质颜色与吸收光颜色的互补关系。

表 13-1　物质颜色与吸收光颜色的互补关系

物质颜色	吸收光		物质颜色	吸收光	
	颜色	λ/nm		颜色	λ/nm
黄绿	紫	400~450	紫	黄绿	560~580
黄	蓝	450~480	蓝	黄	580~600
橙	绿蓝	480~490	绿蓝	橙	600~650
红	蓝绿	490~500	蓝绿	红	650~780
紫红	绿	500~560			

任何一种溶液，对不同波长的光的吸收程度是不同的。如将各种不同波长的单色光依次通过一定浓度和液层厚度的某有色溶液，测量每一波长下该有色溶液对光的吸收程度（即吸光度），然后以波长为横坐标，以吸光度为纵坐标作图，即可得到一条曲线。该曲线称为吸收曲线或吸收光谱。它清楚地描述了溶液对不同波长的光的吸收情况。

图 13-2 是不同浓度的高锰酸钾溶液的吸收曲线。$KMnO_4$ 溶液对波长 525 nm 附近的绿色光有最大吸收，而对紫色和红色光吸收很少。光吸收程度最大处（即吸收峰处）的波长称为最大吸收波长，常用 λ_{max} 或 $\lambda_{最大}$ 表示。虽然 $KMnO_4$ 溶液的浓度不同，但吸收曲线的形状完全相似，最大吸收波长也不变。在最大吸收波长处测定吸光度，灵敏度最高。吸收曲线是吸光光度法中选择测量波长的依据。若无干扰物质存在时，一般总是选择最大吸收波长为测量波长或工作波长。

不同物质的吸收曲线的形状和最大吸收波长不同。根据这个特性可对物质进行初步定性分析。所以，吸收曲线是定性分析的基础。不同浓度的同一种物质的溶液，在吸收峰附近吸光度随浓度增加而增大（见图 13-2），是分光光度法定量分析的基础。

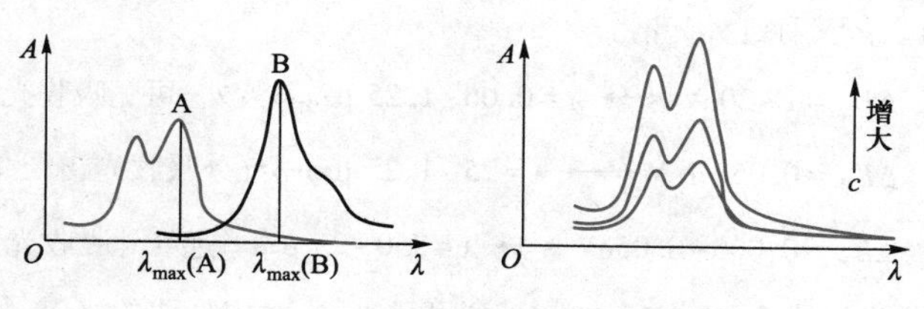

图 13-2　高锰酸钾溶液的吸收曲线

13.1.2　分子吸收光谱的产生

在分子中存在着电子的运动,以及组成分子的各原子间的振动和分子作为整体的转动。分子的总能量等于这三种运动能量之和,即

$$E_{分子}=E_{电子}+E_{振动}+E_{转动}$$

分子中的这三种运动状态都对应有一定的能级,即在分子中存在着电子能级、振动能级和转动能级。这三种能级都是量子化的,其中电子能级的间距最大(每个能级间的能量差称做间距或能级差),振动能级次之,转动能级的间距最小。或者说,分子内运动涉及三种跃迁能级,所需能量大小顺序:

$$\Delta E_{电子}>\Delta E_{振动}>\Delta E_{转动}$$

在每一个电子能级上有许多间距较小的振动能级,在每一个振动能级上又有许多间距更小的转动能级。由于这个原因,处在同一电子能级的分子,可能因振动能量不同而处于不同的能级上。同理,处于同一电子能级和同一振动能级上的分子,由于转动能量不同而处于不同的能级上。

当用光照射分子时,分子就要选择性地吸收某些波长(频率)的光而由较低的能级 E 跃迁到较高能级 E^* 上,所吸收的光的能量就等于两能级的能量之差:

$$\Delta E=E^*-E=h\cdot\nu=h\cdot\frac{c}{\lambda}$$

由于分子选择性地吸收了某些波长的光,所以这些光的能量就会降低,将这些波长的光及其所吸收的能量按一定顺序排列起来,就得到了分子的吸收光谱。

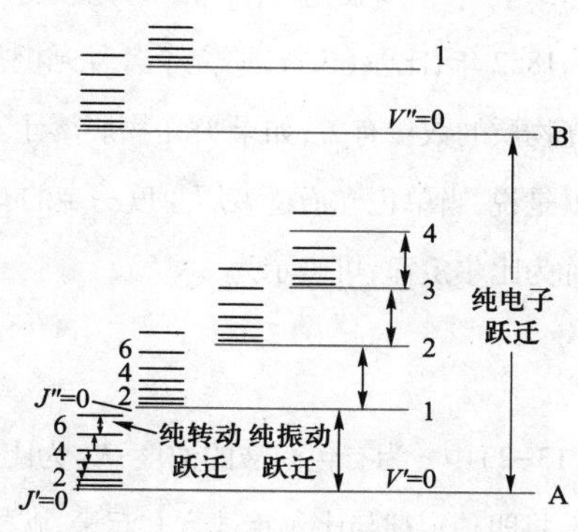

图 13-3　双原子分子的三种能级跃迁示意图

所以,分子吸收光谱类型分为远红外光谱、红外光谱及紫外-可见光谱三类,见图 13-3。分子的转动能级跃迁,需吸收波长为远红外光,因此,形成的光谱称为转动光谱或远红外光谱。分子的振动能级差一般需吸收红外光才能产生跃迁。在分子振动时同时有分子的转动运动。这样,分子振动产生的吸收光谱中,包括转动光谱,故常称为振-转光谱。由于它吸收

的能量处于红外光区，故又称红外光谱。

$$\Delta E_{电}=1\sim20\text{eV}\longleftrightarrow\lambda=0.06\sim1.25\ \mu\text{m}\Rightarrow 紫外-可见吸收光谱$$

$$\Delta E_{振}=0.05\sim1\text{eV}\longleftrightarrow\lambda=25\sim1.25\ \mu\text{m}\Rightarrow 红外吸收光谱$$

$$\Delta E_{转}=0.005\sim0.05\text{eV}\longleftrightarrow\lambda=250\sim25\ \mu\text{m}\Rightarrow 远红外吸收光谱$$

电子的跃迁吸收光的波长主要在真空紫外到可见光区，对应形成的光谱，称为电子光谱或紫外-可见吸收光谱。

13.2　光的吸收定律——朗伯-比尔定律

13.2.1　朗伯-比尔定律

当一束平行单色光照射到均匀、非散射的介质（固体、液体或气体）时，如图 13-4 所示溶液，设它的入射光强为 I_0，在吸收介质中经过距离为 b（溶液的厚度）的有色溶液时，有色物质吸收了入射光强 I_0 的一部分，透过光的强度为 I_t。若溶液浓度越大、通过的液层厚度 b 越大、入射光越强，则光被吸收得越多，透过光的强度 I_t 越小。描述它们之间定量关系的定律称为朗伯-比尔定律。

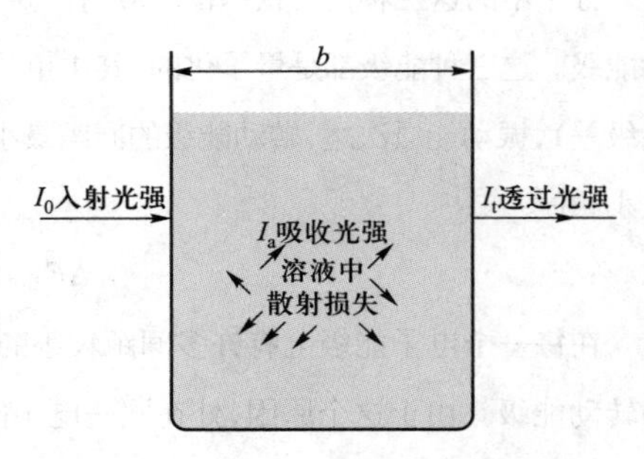

图 13-4　溶液对光的作用示意图

早在 1729 年，波格（Bougouer）首先发现物质对光的吸收与吸光物质的厚度有关。之后，他的学生朗伯（Lambert）进一步研究，并于 1760 年指出，如果溶液的浓度（c）一定，则光的吸收程度（A）与液层厚度（b）成正比，这个关系称为朗伯定律，可表示为

$$A=\lg\frac{I_0}{I_t}=K_1b \tag{13-1}$$

式（13-1）中 A 为吸光度；I_0为入射光强度；I_t为透射光强度；K_1为比例常数；b 为液层厚度（光程）。

1852 年，比尔（Beer）研究了各种无机盐水溶液对红光的吸收后指出：光的吸收与光所遇到的吸光物质的数量有关；如果吸光物质溶于不吸光的溶剂中，则吸光度与吸光物质的浓度成正比。也就是说，当单色光通过液层厚度一定的有色溶液时，溶液的吸光度与溶液的浓度成正比，这个关系称为比尔定律，可表示为

$$A=\lg\frac{I_0}{I_t}=K_2c \tag{13-2}$$

式（13-2）中 c 为有色溶液的浓度；K_2 为比例常数。

将朗伯定律与比尔定律合并起来，就称为朗伯-比尔定律（Lambert-Beer law），可表示为

$$A=\lg\frac{I_0}{I_t}=abc \tag{13-3}$$

式(13-3)中比例常数 a 称为吸收系数(absorptivity)。吸光度 A 为量纲一的量,通常 b 以 cm 为单位,如果 c 以 $g \cdot L^{-1}$ 为单位,则 a 的单位为 $L \cdot g^{-1} \cdot cm^{-1}$。如 c 以 $mol \cdot L^{-1}$ 为单位,此时的吸收系数称为摩尔吸光系数(molar absorptivity),用符号 ε 表示,单位为 $L \cdot mol^{-1} \cdot cm^{-1}$,于是式(13-3)可改写为

$$A=\varepsilon bc \tag{13-4}$$

ε 是吸光物质在特定波长和溶剂的情况下的一个特征常数,数值上等于 1 $mol \cdot L^{-1}$ 吸光物质在光程为 1 cm 的吸收池中的吸光度,是吸光物质吸光能力的量度。它可作为定性鉴定的参数,也可用以估量定量分析法的灵敏度:ε 值越大,方法的灵敏度越高。由实验结果计算 ε 时,常以被测物质的总浓度代替吸光物质的浓度,这样计算的 ε 值实际上是表观摩尔吸光系数。ε 与 a 的关系为

$$\varepsilon=Ma$$

式中 M 为物质的摩尔质量。

式(13-3)和式(13-4)是朗伯-比尔定律的数学表达式,其物理意义为:当一束平行光通过单一均匀的、非散射的、对光有吸收作用的溶液时,溶液的吸光度与液层厚度和浓度的乘积成正比。

例 13-1 铁(Ⅱ)浓度为 $5\times10^{-4}\ g \cdot L^{-1}$ 的溶液,与 1,10-邻二氮菲反应,生成橙红色配合物。该配合物在波长 508 nm、比色皿厚度为 2 cm 时,测得 $A=0.19$。计算 1,10-邻二氮菲亚铁的 a 及 ε。

解:已知铁的相对原子质量为 55.85。根据朗伯-比尔定律得

$$a=\frac{A}{bc}=\frac{0.19}{2\ cm\times5.0\times10^{-4}\ g\cdot L^{-1}}=190\ L\cdot g^{-1}\cdot cm^{-1}$$

$$\varepsilon=Ma=55.85\ g\cdot mol^{-1}\times190\ L\cdot g^{-1}\cdot cm^{-1}=1.1\times10^{-4}\ L\cdot mol^{-1}\cdot cm^{-1}$$

通常还把透射光 I_t 与入射光 I_0 的比值 I_t/I_0 称为透射比或透光率(transmittance),以 T 来表示。其数值可用小数或百分数表示,即

$$T=\frac{I_t}{I_0}=10^{-abc} \tag{13-5}$$

由此可见,吸光度 A 与有色物质溶液的浓度成正比,而透光率的负对数与有色物质溶液的浓度也成正比。两者与浓度的关系见图 13-5。换算关系为

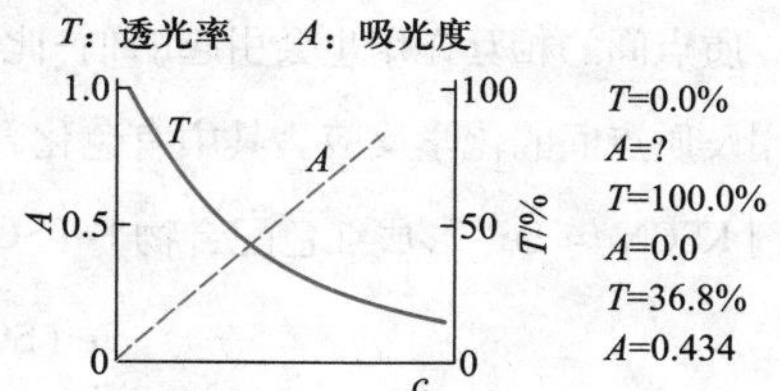

图 13-5　吸光度、透光率与浓度的关系

$$A=\lg\frac{I_t}{I_0}=\lg\frac{1}{T}=-\lg T \tag{13-6}$$

例 13-2 有两种不同浓度的有色溶液,当液层厚度相同时,对于某一波长的光,T 分别为(1)65.0%,(2)41.8%,分别求它们的 A 值。如果已知溶液(1)的浓度为 $6.51\times10^{-4}\ mol \cdot L^{-1}$,求溶液(2)的浓度。

解:$A_1=-\lg 0.65=0.187$,　$A_2=-\lg 0.418=0.379$

因为 $A_1=a_1b_1c_1$,$A_2=a_2b_2c_2$,又因为 $a_1=a_2$,$b_1=b_2$,故

$$\frac{A_1}{A_2}=\frac{c_1}{c_2}$$

$$c_2=\frac{A_2c_1}{A_1}=\frac{0.739\times 6.51\times 10^{-4}\ \mathrm{mol\cdot L^{-1}}}{0.187}=1.32\times 10^{-3}\ \mathrm{mol\cdot L^{-1}}$$

13.2.2 朗伯-比尔定律的偏离

按照朗伯-比尔定律,浓度与吸光度之间应是一条通过原点的直线。但在实际分析中,会发生偏离线性产生弯曲的现象,如图 13-6 所示。若在弯曲部分进行定量分析,会产生较大误差。

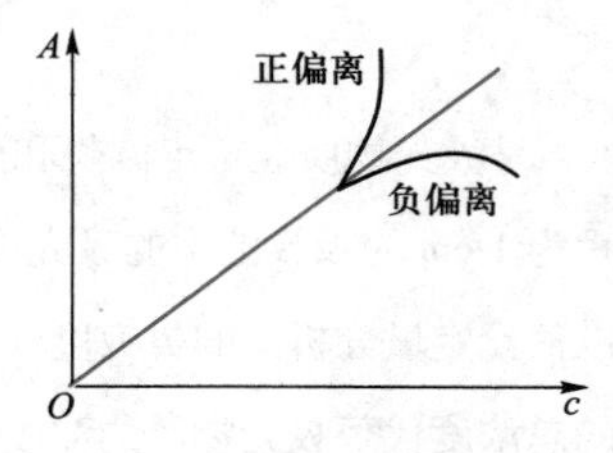

图 13-6 对朗伯-比尔定律的偏离情况

偏离朗伯-比尔定律的原因很多,可分为物理因素和化学因素两大类。物理因素方面主要是入射的单色光不纯引起的,化学因素方面主要是溶液本身的化学变化引起的。

1. 非单色光引起的对朗伯-比尔定律的偏离

朗伯-比尔定律只是对单一波长的光才能够成立。即使质量较好的分光光度计所获得的单色光仍然具有一定波长范围内的波带宽度。$A=\varepsilon bc$ 反映了 ε 随波长变化的情况,单一波长下,ε 固定;不同波长时 ε 不同。因此,非单色光将导致对吸光定律的偏离。

在实际工作中,入射光通常具有一定的带宽。为了避免非单色光带来的影响,一般选用峰值波长进行测定。选用峰值波长,也可以得到较高的灵敏度。

2. 吸光质点间相互作用引起的对朗伯-比尔定律的偏离

质点间的相互作用也会引起朗伯-比尔定律的偏离。包括质点间的静电作用、质点间的缔合作用及质点间的化学反应。其中有色化合物的解离是偏离朗伯-比尔定律的主要化学因素,如显色剂 KSCN 与 Fe^{3+}形成红色配合物 $Fe(SCN)_3$,存在下列平衡:

$$Fe(SCN)_3 \rightleftharpoons Fe^{3+}+3SCN^-$$

溶液稀释时,上述平衡右移,解离度增大。所以,当溶液的体积增大一倍时,$Fe(SCN)_3$浓度不止降低一半,故吸光度降低一半以上,导致偏离朗伯-比尔定律。

13.3 分光光度计及测定方法

13.3.1 分光光度计的基本构造

尽管分光光度计的种类和型号较多,但分光光度计的基本构造都是由光源、单色器、吸收池和检测系统组成，如图 13-7 所示。

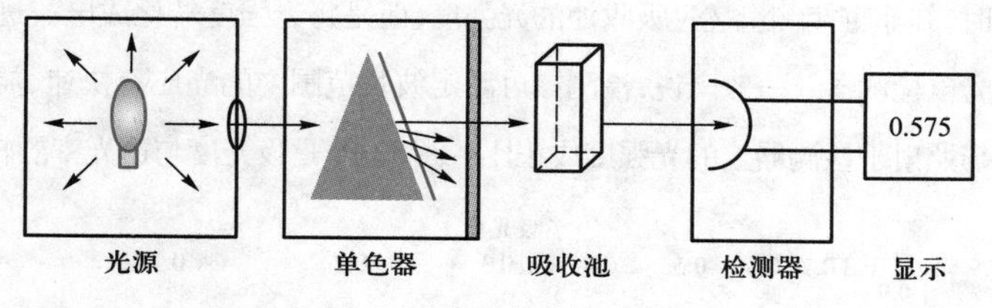

图 13-7 分光光度计示意图

1. 光源

在吸光度的测量中，要求光源发出所需波长范围内的连续光谱，并具有足够的光强度。为了得到准确的测量结果，光源应该足够稳定。在可见光区测量时，通常使用钨丝灯作光源。钨丝加热到白炽时将发出波长为 320~2 500 nm 的连续光谱，适宜于可见光和近红外光区的测量。温度增高时，总强度增大，且在可见区的强度分布增大，但温度升高，会减少灯的寿命。钨丝灯一般工作温度为 2 600~2 870 K(钨的熔点为 3 680 K)。而钨丝灯的温度决定于电源的电压，电源电压的微小波动会引起钨丝灯光强度的很大变化，因此必须使用电源稳压器或用蓄电池才能使光源强度保持不变。在近紫外区测定时常采用氢灯或氘灯，它们能发出 180~375 nm 的连续光谱。

2. 单色器

单色器的作用是将光源发出的连续光谱分解为单色光。它由棱镜或光栅等色散元件及狭缝和透镜等组成。

滤光片：滤光片是一种特制的有颜色的玻璃片，它的作用是使有色溶液吸收最大的那部分波长范围的光通过，其余波长的光被滤光片吸收。通过滤光片后的光线近似地看成单色光。

棱镜：光通过入射狭缝，经透镜以一定角度射到棱镜上，在棱镜的两界面上发生折射而色散。色散了的光被聚焦在出射狭缝上，所需波长的光通过狭缝照射到吸收池的试液中。单色光的纯度取决于棱镜的色散率和出射狭缝的宽度，玻璃棱镜对 400~1 000 nm 波长的光色散较大，适用于可见分光光度计。

3. 吸收池

吸收池亦称比色皿，是由无色透明能耐腐蚀的普通玻璃(只适用于可见光区测定)或石英玻璃(适用于可见光区和紫外光区的测定)制成，用于盛放参比溶液和待测溶液，一般为长方形，亦有试管形的。同样厚度的比色皿之间的透光率相差应小于 0.5%。为了减少入射光的反射损失和造成光程差，应注意比色皿放置的位置，使其透光面垂直于光束方向。指纹、油腻或器皿壁上其他沉积物都会影响其透射特性，因此比色皿应保持十分干净，注意保护其透光面，不要用手直接触摸。

4. 检测系统

测定吸光度时，并非直接测量透过吸收池的光强度，而是将光强度转化成电流进行测定，这种光电转换器件称为光电检测器。一般来说，检测器对测定波长范围内的光应有快速、灵敏的响应，同时产生的光电流应与照射于检测器上的光强度成正比。图 13-8 是吸光度与透光率的转换关系。

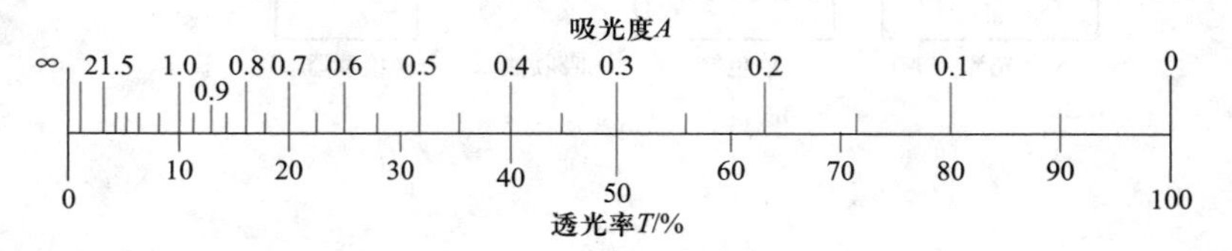

图 13-8　吸光度与透光率的转换关系

可见分光光度计常使用硒光电池或光电管作为检测器，采用检流计作读数装置，两者组成检测系统。目前使用的国产分光光度计有许多种，按照测定的波长范围分类，如表 13-2 所示。

表 13-2　分光光度计的分类

分类	工作范围/nm	光源	单色器	检测器	国产型号
可见分光光度计	420~700 360~800	钨灯 钨灯	玻璃棱镜 玻璃棱镜	硒光电池 光电管	72 型 721 型
紫外、可见和近红外分光光度计	200~1 000	氢灯和钨灯	石英棱镜或光栅	光电管或光电倍增管	751 型 WFD-8 型
红外分光光度计	760~40 000	硅碳棒或辉光灯	岩盐或萤石棱镜	热电堆或测热辐射器	WFD - 3 型 WFD-7 型

751 型分光光度计精密度较高，使用波长范围较宽（200~1 000 nm），其棱镜和透镜均用石英材料制成，反射镜和准光镜表面镀铝，全部光路系统保证紫外光通过。波长在 200~320 nm 范围内用氢灯作光源；波长在 320~1 000 nm 范围内用钨灯作光源；波长在 200~625 nm 范围内用蓝敏光电管测量透过光强度；波长在 625~1 000 nm 范围内用红敏光电管测量透过光的强度。

13.3.2　定量分析方法

用分光光度法进行定量分析时，吸光度 A 与待测物质的浓度 c 之间的关系符合朗伯-比尔定律。根据 $A=abc$，当液层厚度 b 一定时，有色溶液的吸光度 A 与有色物质的溶液浓度 c 成正比。这是定量分析的依据。

1. 标准曲线

标准曲线法的具体做法是：先配制一系列不同浓度的标准溶液（即配制标准系列），设其浓度分别为 c_1，c_2，c_3 等，显色后在分光光度计上分别测出各不同浓度溶液的吸光度 A_1，A_2，A_3 等，然后以 c 为横坐标，A 为纵坐标，绘制标准曲线（或称工作曲线）。在实际工作中，有时标准曲线不通过原点（零点）、这可能是由于参比溶液选择不当、吸收池厚度不等、吸收池放置位置不妥、吸收池透光面不清洁，或在低浓度下有色配合物解离度增大等原因造成的。如图 13-9 所示。

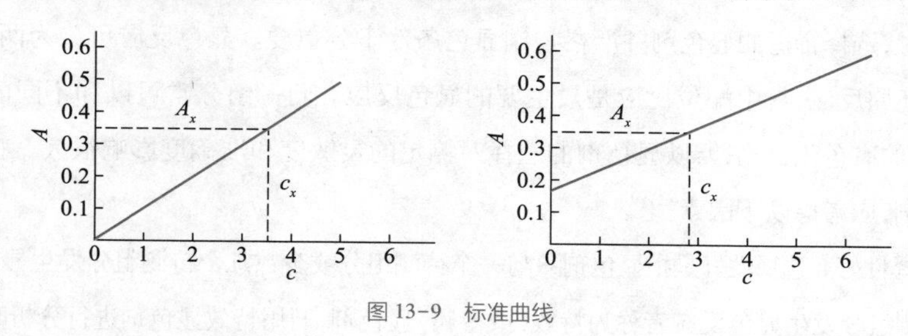

图 13-9 标准曲线

在测定某样品时，按同样条件使样品显色并测量其吸光度 A_x，然后在工作曲线上查出其浓度 c_x，换算后获得样品中待测组分的浓度。用标准曲线法分析大量的同一类型样品时极为方便，因此标准曲线被广泛使用。

2. 标准加入法

如果样品的基本组成复杂，而且样品中含有对测定有明显干扰的物质，且在一定浓度范围内标准曲线呈线性关系的情况下，可用标准加入法进行测定。

取若干份（如四份）体积相同的样品溶液，从第二份开始分别按比例加入不同量的待测组分的标准溶液，然后用溶剂稀释至一定体积。设样品中待测组分的浓度为 c_x，加入标准溶液后浓度分别为 c_x，c_x+c_0，c_x+2c_0，c_x+4c_0。吸光度测量结果分别为 A_0，A_1，A_2，A_3。以 A 为纵坐标，c 为横坐标作图，得到如图 13-10 所示的标准曲线，反向延长交横坐标于 c_x，c_x 即为所测样品中待测组分的浓度。

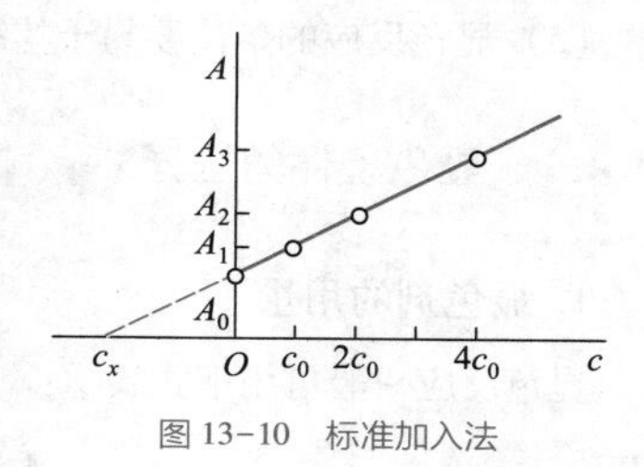

图 13-10 标准加入法

使用标准加入法时应注意以下几点：

（1）待测组分的浓度与其对应的吸光度应呈线性关系。

（2）最少采用四个点（包括样品溶液）来做外推曲线，并且第一份加入的标准溶液与样品溶液的浓度之比要适当。

（3）为了保证该法的准确度，要求正确扣除背景。

（4）在测量范围内，尤其在低浓度范围内，A-c 间存在严格的直线关系，且直线斜率要高，否则容易引起较大的误差。

13.4 显色反应及显色条件的选择

13.4.1 显色反应及显色剂

在进行光度分析时，首先要利用显色反应把待测组分转变成有色化合物，然后进行光度测定。

将待测组分转变成有色化合物的反应称为显色反应。与待测组分形成有色化合物的试剂称为显色剂。分析时,选择合适的显色剂并严格控制显色条件十分重要。显色反应可分为两大类:配位反应和氧化还原反应,其中配位反应是最主要的显色反应。同一组分常可以和不同的显色剂反应,生成不同的有色化合物,所以显色剂的选择对测定的灵敏度和准确度影响很大。在分析时选择何种显色剂,应考虑以下因素。

(1) 选择性好。选择性好是指显色剂只与一个待测组分或少数几个待测组分发生显色反应。仅与某一种待测组分发生显色反应者称为特效(或专属)显色剂,利用特效显色剂进行分析时干扰少。

(2) 灵敏度高。光度法一般用于微量组分的测定,灵敏度高的显色反应有利于测定低含量组分。灵敏度的高低可用摩尔吸光系数 ε 来衡量。一般来说,当 ε 的值为 $10^4 \sim 10^5\ L \cdot mol^{-1} \cdot cm^{-1}$ 时,可认为该反应的灵敏度较高。

(3) 显色剂在测量波长处无明显吸收。如果显色剂本身有颜色,则要求它与有色配合物之间颜色的差别要尽量大一些。一般要求有色化合物最大吸收波长与显色剂最大吸收波长之差在 60 nm 以上,两者波长之差称为反衬度(对比度),可表示为 $\Delta\lambda = \lambda_{max}^{MR} - \lambda_{max}^{HR} > 60\ nm$

(4) 显色反应生成的有色化合物组成恒定,符合一定的化学式。

(5) 显色反应的条件要易于控制,否则,测定结果的重现性差。

13.4.2 显色条件的选择

1. 显色剂的用量

显色反应一般可用下式表示:

$$\underset{\text{(待测组分)}}{M} + \underset{\text{(显色剂)}}{R} \rightleftharpoons \underset{\text{(有色化合物)}}{MR}$$

为保证显色反应尽可能地进行完全,一般需要加入过量的显色剂。但并不是显色剂越多越好,对于有些显色反应,显色剂加量太多,反而会引起副反应,对测定不利。常通过实验来确定合适的显色剂用量。其方法是将待测组分的浓度及其他条件固定,然后加入不同量的显色剂,测定吸光度,绘制 $A-c$ 关系曲线,一般可得到如图 13-11 所示的三种不同的情况。

图 13-11(a)曲线表明,当显色剂浓度 c_R 在 $a \sim b$ 范围内,曲线平直,吸光度出现稳定值,因此可在 $a \sim b$ 区间选择合适的显色剂用量。图 13-11(b)曲线表明,当显色剂浓度在 $a' \sim b'$ 这一较窄的范围内时,吸光度值才较稳定,显色剂的浓度小于 a' 或大于 b',吸光度都下降,因此必须严格控制 c_R 的大小。图 13-11(c)曲线表明,随着显色剂浓度增大吸光度不断增大,这种情况下,必须十分严格地控制显色剂的用量。

2. 酸度

酸度对显色反应的影响是多方面的。由于大多数有机显色剂是有机弱酸。显然溶液的酸度会影响到显色剂的解离,进而影响显色反应的平衡。在实际工作中,显色反应最适宜的酸度由实

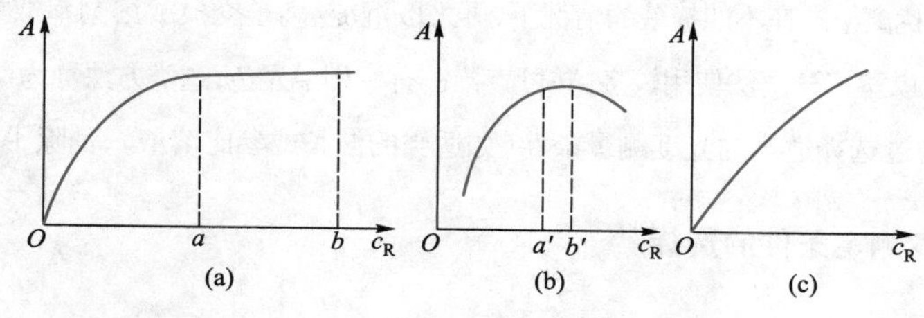

图 13-11　吸光度和显色剂浓度的关系曲线

验确定。确定的方法是固定待测组分及显色剂的浓度,改变溶液的 pH,测定溶液的吸光度,绘制吸光度-pH 曲线,选择曲线平直部分对应的 pH 作为显色条件。

3. 显色温度

不同的显色反应需要不同的温度,一般显色反应可在室温下完成,但有些显色反应速率较慢,需要加热至一定温度才能显色完全,而有些有色化合物在温度偏高时易分解,为此,对不同的显色反应,应通过实验选择适当的温度进行显色。

4. 显色时间

由于显色反应速率不同,有的在短时间内就能显色完全并保持稳定状态;有的需要放置一定时间才能显色完全且达到稳定状态;有的反应速率很快,但有色化合物不稳定,易受到空气中氧的氧化或发生光化学反应,或由于其他原因,颜色逐渐减弱。因此,必须通过实验,做出在一定温度下(一般是室温)的吸光度-时间关系曲线,以便选择出适宜的显色时间。

13.4.3　干扰物质及其消除方法

干扰物质对显色反应的影响主要表现在:干扰物质本身有颜色或能与显色剂及其他试剂发生反应生成有色配合物影响测定结果;在显色反应条件下,干扰物质水解析出沉淀使溶液浑浊,对光的散射太大,使吸光度的测定无法进行;干扰物质与显色剂所形成的有色配合物比待测组分与显色剂形成的有色配合物的稳定性更大,使待测组分的显色反应无法进行。要消除这些共存的干扰物质的影响,可采取下列方法:

(1) 加入掩蔽剂。一般情况下,在显色体系中加入配位掩蔽剂或氧化还原掩蔽剂,使干扰离子生成无色配合物或变价为无色离子,如用 NH_4SCN 作显色剂测定 Co^{2+} 时,Fe^{3+} 的干扰可通过加入 NaF 使之生成无色的 $[FeF_6]^{3-}$ 而消除。测定六价钼时可加入 $SnCl_2$ 或抗坏血酸等将 Fe^{3+} 还原为 Fe^{2+} 而避免与 SCN^- 作用。

(2) 选择适宜的显色条件以避免干扰。例如,利用酸效应,控制显色剂解离平衡,降低游离态显色剂的浓度,使干扰离子不与显色剂反应。如用磺基水杨酸测定 Fe^{3+} 时,Cu^{2+} 与显色剂形成黄色配合物,干扰测定,但如果控制 pH 在 2.5 左右,Cu^{2+} 则不与显色试剂反应。

（3）分离干扰离子。在不能掩蔽的情况下，可采取沉淀、离子交换或溶剂萃取等分离方法去除干扰离子，其中尤以萃取分离法使用较多，并可直接在有机相中显色，这类方法称为萃取光度法。

此外，也可通过选择适当的光度测量条件（如适当的波长或参比溶液），消除干扰离子的影响。

13.4.4 吸光度测定条件的选择

1. 入射光波长的选择

入射光的波长应根据吸收曲线选择，一般来说，应选择溶液有最大吸收时的波长。因为在此波长处摩尔吸光系数最大，使测定有较高的灵敏度，同时在此波长处的一个较小的范围内，吸光度一般变化不大，不会造成对朗伯-比尔定律的偏离，使测定有较高的准确度。但是当有干扰物质存在时，有时不可能选择待测物质的最大吸收波长为入射光波长，这时应根据“吸收最大、干扰最小”的原则来选择入射光波长。

2. 参比溶液的选择

在吸光度的测量中，必须将溶液装入由透明材料制成的比色皿中，当光束通过比色皿时会发生反射、吸收和透射等作用。由于这些作用会造成透光强度的减弱，为了使光强度的减弱仅与溶液中待测物质的浓度有关，必须对上述影响进行校正。为此应采用光学性质相同、厚度相同的一套比色皿盛放参比溶液和标准系列溶液或待测溶液。

选择参比溶液的总原则是：使试液的吸光度能真正反映待测物质的浓度。

（1）当显色剂及制备试液所用的其他试剂均为无色，且被测试液中又无其他有色物质存在时，可用蒸馏水（或相应的溶剂）作参比溶液。

（2）如果显色剂为无色，而被测试液存在其他有色物质时，应采用不加显色剂的被测试液作参比溶液。

（3）如果显色剂和试剂均有颜色，可将一份试液加入适当的掩蔽剂，将被测组分掩蔽起来，使之不再与显色剂作用，然后向其中加入显色剂和其他试剂，加入量与试液和标准系列溶液中的加入量相同，以此作为参比溶液，这样还可以消除一些共存组分的干扰。

（4）如果被测物质溶液无色，显色剂有色，且干扰待测组分的测定，则应扣除显色剂对光的吸收，这时可将显色剂加入溶剂中，以此作为参比溶液，但参比溶液中显色剂的量要适宜，过高过低都会影响测定结果的准确性。

总之，参比溶液的选择是比较复杂的，在实际工作中，要根据具体情况灵活选择。

3. 吸光度读数范围的选择

溶液的吸光度太小或太大，都会影响测量的准确度。在吸光度小的一端（如 $A=0.02\sim0.04$），读数只能准确到 1~2 位有效数字；在吸光度较大的一端（如 $A=1.2\sim1.4$），刻度很密，读数也只能准确到 1~2 位有效数字，而在标尺中间部分（如 $A=0.1\sim0.7$），读数可准确到 2~3 位有效数字。因此,吸光度读数在检流计中部时,读数的准确度较高,相对误差最小。

在分光光度法分析中,为了使测量得到较高的准确度,应控制标准溶液和被测试液的吸光度在一定范围内,一般要求在0.05~1.0,最好控制在0.1~0.7。吸光度读数可以通过以下两种方法控制:(1)控制溶液浓度,如改变样品的称取量或改变溶液的稀释度等;(2)选择不同厚度的比色皿,比色皿的规格一般有1 cm、2 cm、3 cm、5 cm等。

13.5 分光光度法的应用

13.5.1 单组分的测定

1. 1,10-邻二氮菲测定微量铁

铁离子是水中最常见的离子之一,其含量很低时对人体健康并无影响,但含铁量太高时,容易产生特殊气味,饮用时很不可口。饮用水中铁的容许量为0.3 $mg \cdot L^{-1}$。

水中铁的含量在1 $mg \cdot L^{-1}$左右,水样中铁的测定一般用总铁量(三价铁与二价铁之和)来表示。

在pH=3~9的溶液中,Fe^{2+}与1,10-邻二氮菲生成稳定的橙红色配合物,其反应式为

$$Fe^{2+}+3C_{12}H_8N_2 \xlongequal{} [Fe(C_{12}H_8N_2)_3]^{2+}$$

若pH<2,显色缓慢且色浅。最大吸收波长为510 nm。此法检出下限为0.03 $mg \cdot L^{-1}$。当铁以Fe^{3+}形式存在于溶液中时,可预先用还原剂(盐酸羟胺或对苯二酚等)将其还原为Fe^{2+}:

$$2Fe^{3+}+2NH_2OH \cdot HCl \xlongequal{} 2Fe^{2+}+4H^{+}+N_2\uparrow+2H_2O+2Cl^{-}$$

强氧化剂、氰化物、亚硝酸盐、焦磷酸盐、偏聚磷酸盐及某些重金属离子会干扰测定。经过加热煮沸,可将氰化物和亚硝酸盐除去,并使焦磷酸盐和偏聚磷酸盐转化为正磷酸盐以减轻干扰。加入盐酸羟胺则可消除氧化剂的影响。1,10-邻二氮菲能与某些金属离子形成配合物而干扰测定,但在乙酸-乙二胺的缓冲溶液中,不大于铁浓度10倍的铜、锌、钴、铬及小于2 $mg \cdot L^{-1}$的镍,不干扰测定。当干扰物浓度过高时,可加入过量显色剂予以消除。汞、镉、银等能与显色剂形成沉淀,若浓度低时,可加过量1,10-邻二氮菲来消除;浓度过高时,可将沉淀过滤除去,若水样有底色,可用不加显色剂的试液作参比,对水样底色进行校正。

2. 废水中镉的测定

在自然界,镉大多以硫化镉或碳酸镉的形式存在于锌矿中,所以锌矿附近的地下水和矿厂的废水都会含有镉。镉及其化合物均有毒,能蓄积于动物体的软组织中,使肾脏等器官发生病变,并影响酶的正常活动。日本的骨痛病就是镉中毒在人体的具体反映。饮用水中镉的最高容许含量为0.01 $mg \cdot L^{-1}$。

测定镉时,在强碱性溶液中,镉离子与双硫腙生成红色配合物,用三氯甲烷萃取分离后,于518 nm波长处进行分光光度测定,从而求出镉的含量。其反应式为

$$Cd^{2+} + 2S{=}C\left\langle\begin{matrix} N(H)-N(C_6H_5)-H \\ N{=}N-C_6H_5 \end{matrix}\right. \longrightarrow S{=}C\left\langle\begin{matrix} N(H)-N(C_6H_5) \\ N{=}N(C_6H_5) \end{matrix}\right\rangle Cd \left\langle\begin{matrix} N(C_6H_5){=}N \\ N(C_6H_5)-N(H) \end{matrix}\right\rangle C{=}S + 2H^+$$

该配合物的稳定常数为 3.4×10^{19}，在 1 h 内其吸光度不变，方法的灵敏度较高，在 10 mL 氯仿萃取液中可检出 0.1 μg 镉。该方法的选择性较好，水样中存在下列金属离子无干扰：(以 $mg\cdot L^{-1}$ 计)铅 420，锌 120，铜 40，锰 4，铁 4，镁离子浓度达到 40 以上时，需要加酒石酸钾钠掩蔽。

13.5.2 配合物组成的测定——等摩尔比法

等摩尔比法是固定一种组分(通常是金属离子)的浓度不变，改变配位剂的浓度，得到一系列不同的 c_R/c_M 的溶液，以使用的试剂空白作参比溶液，分别测定其吸光度。即

$$M+nR \rightleftharpoons MR_n$$

c_M 固定，c_R 从 0 开始增大，在特定波长测定。作 $A-c_R/c_M$ 图。当金属离子全部被配位剂配位后，再继续增加配位剂，其吸光度不再增加。因各组分的吸收不同，会出现下列两种情况：

(1) 如果 $\varepsilon_R=0$，$\varepsilon_M=0$，$\varepsilon_{MR_n}>0$，则图形如图 13-12(a)所示。

(2) 如果 $\varepsilon_R>0$，$\varepsilon_M>0$，$\varepsilon_{MR_n}=0$，则图形如图 13-12(b)所示。

两种情况下都由 n 值的大小推测配合物的组成。

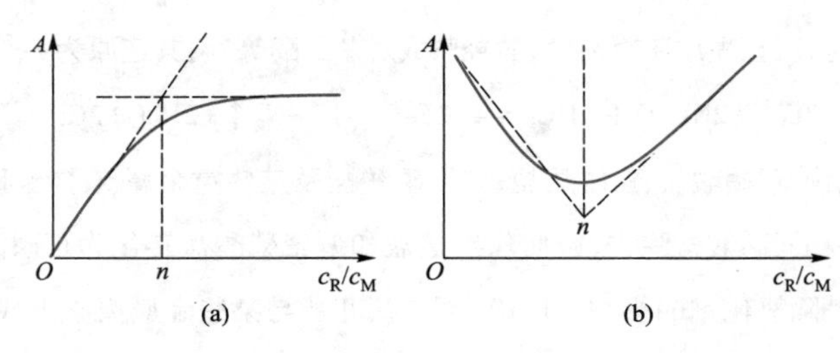

图 13-12 吸光度和显色剂浓度的关系曲线

化学视野——分子荧光分析法

物质分子或原子吸收辐射被激发后，电子以无辐射跃迁至第一电子激发态的最低振动能级，再以辐射的方式释放这一部分能量而产生的光谱称为荧光光谱。根据物质接受辐射能量的大小及与辐射作用的质点不同，荧光分析法可分为以下几种。

X 射线荧光分析法：用 X 射线作光源，待测物质的原子受激发后在很短时间内(10^{-8} s)发射波长在 X 射线范围内的荧光。

原子荧光分析法：待测元素的原子蒸气吸收辐射激发后，在很短的时间内(10^{-8} s)，部分将发生辐射跃迁至基态，这种二次辐射即为荧光，根据其波长可进行定性，根据谱线强度进行定量。荧光的波长如与激发光相同，称为共振荧光。荧光的波长比激发光波长长，称为 stokes 荧光；若短，称为反 stokes 荧光。

分子荧光分析法：有些物质的多原子分子在用紫外、可见光（或红外光）照射时，也能发射波长在紫外、可见（红外）区荧光，根据其波长及强度可进行定性和定量分析，这就是通常的（分子）荧光分析法。

荧光与分子结构有如下关系。

1. 分子结构与荧光

具有 $\pi-\pi$ 及 $n-\pi$ 电子共轭结构的分子能吸收紫外和可见辐射而发生 $\pi-\pi^*$ 或 $n-\pi^*$ 跃迁，然后在受激分子的去活化过程中发生 $\pi^*-\pi$ 或 π^*-n 跃迁而发射荧光。发生 $\pi-\pi^*$ 跃迁分子，其摩尔吸光系数比 $n-\pi^*$ 跃迁分子的大 100~1 000 倍，它的激发单线态与三线态间的能量差别比 $n-\pi^*$ 的大很多，电子不易形成自旋反转，体系间跨越概率很小，因此，$\pi-\pi^*$ 跃迁的分子发生荧光的量子效率高，速率常数大，荧光强度大。所以，只有那些具有 $\pi-\pi$ 共轭双键的分子才能发射较强的荧光。π 电子共轭程度越大，荧光强度就越大，大多数含芳香环、杂环的化合物能发出强荧光。

2. 取代基对分子发射荧光的影响

（苯环上）取代给电子基团时会使 π 共轭程度升高，造成荧光强度增加，如—CH_3、—NH_2、—OH、—OR 等基团。（苯环上）取代吸电子基团时荧光强度减弱甚至熄灭，如—COOH、—CHO、—NO_2、—N═N—等基团。共面性高的刚性多环不饱和结构的分子有利于荧光的发射，如荧光素呈平面构型，其结构具有刚性，是强荧光物质。而酚酞分子由于不易保持平面结构，故而不是荧光物质。

分子荧光分析法可用于无机物和有机物的检测分析。无机物除了钠盐等少数例外，一般不显示荧光。但很多金属或非金属离子可以与一有 π 电子共轭结构的有机化合物形成有荧光的化合物后，可用荧光法测定。如形成配（螯）合物进行直接分析法的元素 Al、Au、B、Be、Ca、Cd、Cu、Eu、Ga、Ge、Hf、Mg、Nb、Pb、Rh、Ru、S、Se、Sn、Si、Ta、Th、Te、W、Zn、Zr 等。常用有机荧光试剂有 8-羟基喹啉、安息香、茜素紫酱 R、黄酮醇、二苯乙醇酮等。荧光分析法主要应用于有机物、生化物质、药物的测定（200 多种），如多环胺类、萘酚类、吲哚类、多环芳烃、氨基酸、蛋白质等。药物如吗啡、喹啉类、异喹啉类、麦角碱、麻黄碱等。维生素如维生素 A、B_1、B_2、B_6、B_{12}、E、C、叶酸等。甾体、抗生素、酶、辅酶等。也常选用某些荧光分子作为探针，通过探针标记分子的荧光变化来研究 DNA 与小分子及药物的作用机理，从而探讨致病原因及筛选和设计新的高效低毒药物。

思考题

13-1　朗伯-比尔定律的物理意义是什么？什么是吸光度与透光率？两者之间的关系是什么？

13-2　摩尔吸光系数的物理意义是什么？其大小和哪些因素有关？在分析化学中其有何意义？

13-3　什么是吸收曲线？什么是标准曲线？它们有何实际意义？利用标准曲线进行定量分析时，可否使用透光率和浓度为坐标作图进行分析？

13-4　分光光度计有哪些主要部件？各起什么作用？

13-5　不服从朗伯-比尔定律的有色溶液能否用目视比色法测定？为什么？

13-6　什么是显色反应？如何选择显色条件？如何选择光度测量条件？

习题

第 13 章　习题答案

13-1　0.088 mg Fe^{2+} 用硫氰酸盐显色后，在容量瓶中用水稀释到 50 mL，用 1 cm 比色皿，在波长 480 nm

处测得 $A=0.740$。求摩尔吸光系数。

13-2　用双硫腙光度法测定 Pb^{2+}。Pb^{2+}的浓度为 0.08 mg/50 mL，用 2 cm 比色皿在 520 nm 下测得 $T=53\%$。求 ε 的值。

13-3　用磺基水杨酸法测定铁。标准溶液是由 0.216 0 g $NH_4Fe(SO_4)_2 \cdot 12H_2O$ 溶于水中稀释至 500 mL 配制成的。根据下列数据绘制标准曲线：

铁标准溶液体积/mL	0.0	2.0	4.0	6.0	8.0	10.0
吸光度	0.0	0.165	0.320	0.480	0.630	0.790

某试液 5.00 mL，稀释至 250 mL。取此稀释液 2.00 mL，与绘制标准曲线相同条件下显色和测定吸光度，测得 $A=0.555$。求试液中铁的含量（$mg \cdot mL^{-1}$）。

13-4　取钢样品 1.00 g，溶解于酸中，将其中的锰氧化成高锰酸盐，准确配制成 250 mL，测得其吸光度为 1.00×10^{-3} $mol \cdot L^{-1}$ 高锰酸钾溶液吸光度的 1.5 倍。试计算钢样中锰的含量。

第 14 章
现代仪器分析方法简介
Modern Instrumental Analysis

学习要求：

1. 掌握色谱分离的基本原理，熟悉气相色谱流出曲线的基本术语；掌握气相色谱法的定性和定量分析方法；

2. 熟悉原子吸收光谱法的基本原理和定量分析方法的应用；

3. 熟悉红外光谱法分析的基本原理、定性分析方法及制样技术；

4. 了解核磁共振波谱和质谱分析的基本原理及应用范围；

5. 了解电位分析的条件及应用。

仪器分析是借助于仪器来测量物质的某些物理或化学性质，以确定物质的化学组成、含量及结构的科学，是现代分析化学的一个重要分支，已经广泛地应用于现代科学技术的各个领域。其中，仪器的作用是将通常不能被人直接感知或定量检测的信号（如不同强度的紫外线、红外线等）转化为可以检测和理解的形式（如数字信号等），所以仪器分析已经成为沟通研究对象和研究者的桥梁。人们为了获取物质尽可能全面的信息，对仪器分析产生了越来越高的要求（包括快速、准确、非破坏性、高灵敏度、高选择性、遥测、自动化、智能化等），使得现代分析化学的任务已不只限于测定物质的组成、含量和结构，还需要对物质的形态（氧化-还原态、配位态、结晶态等）、微区、薄层表面及化学生物活性等瞬时追踪分析。目前使用的仪器分析法种类很多，限于篇幅，本章简要介绍气相色谱法、原子吸收光谱法、红外光谱法、核磁共振法、质谱分析法及电位分析法。

14.1 色谱分析法

14.1.1 色谱分析法概述

色谱法是一种分离兼分析的仪器分析方法，对于混合物的快速分析有其特有的、其他分析方法无法替代的优势。色谱法是俄国植物学家茨维特在 1906 年首次创立的。他在研究植物叶色素成分时，使用了一根竖直的玻璃管，管内充填颗粒状的碳酸钙，然后将植物叶的石油醚浸取液由柱子顶端加入，并继续用纯石油醚淋洗。因不同色素在碳酸钙上被吸附的程度不同，各种色素因此得到分离，在柱子中自上而下形成不同颜色的色带（图 14-1），茨维特将这种色带称之为“色谱”（图 14-1），它是由希腊字 chroma（色彩）和 graphos（图谱）复合而成的。

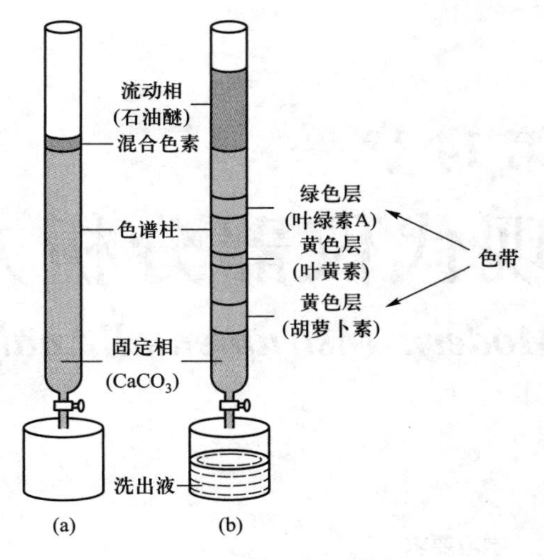

图 14-1　色谱分离混合色素

随着色谱技术的发展，色谱法分离、分析的对象不再限于有色物质，但色谱这一名词却沿用下来。色谱法应用于分析化学中，并与适当的检测手段结合，就构成了色谱分析法。

色谱法中，将上述起分离作用的柱子称为色谱柱，固定在柱子内的填充物（如碳酸钙）称为固定相，沿着柱子自上而下流动的流体（如石油醚）称为流动相（有液体和气体两种）。根据流动相的不同可将色谱法分为两种：以液体为流动相的色谱法称为液相色谱，以气体为流动相的色谱法称为气相色谱。液相色谱和气相色谱又因固定相的不同而各自分为不同的类型，如表 14-1 所示。它们的共同点如下：

（1）任何色谱方法都存在两个相，即流动相和固定相。流动相可以是气体或液体，固定相为固体或涂渍在固体表面的高沸点液体。

（2）流动相对固定相做相对运动，它携带样品通过固定相。

（3）被分离样品中各组分与色谱两相间具有不同的作用力，这种作用力一般表现为吸附力或溶解能力。正是这种作用力的差异导致各组分通过固定相时达到彼此分离。

表 14-1　色谱法分类

色谱类型	流动相	固定相	固定相的固定方式
气-固色谱	气体	固体	直接装入柱子中
气-液色谱	气体	液体	吸附在柱中的多孔性固体上或毛细管的内表面上
分配色谱（液-液）	液体	液体	同上
吸附色谱（液-固）	液体	固体	直接装入柱子中
纸上色谱（液-液）	液体	液体	固定液保持在厚纸的空隙中
薄层色谱（液-液或固）	液体	液体或固体	固定液涂在多孔性固体担体上调成糊状涂在特定平板上
离子色谱	液体	固体	离子交换树脂，直接装入柱子中
排阻色谱（凝胶色谱）	液体	固体	具各种孔径的颗粒物直接装柱

色谱法的突出特点是将对混合组分的分离与检测巧妙地统一起来，因此它能满足比较多的分析对象提出的要求，能解决其他分析技术往往不能解决的一些分析问题，尤其是在对多组分的复

杂混合物分析鉴定方面，可以同时得到每一组分的定性定量结果。气相色谱分析中，由于组分在气相中传质速度快，与固定液相互作用次数多，加之可供选择的固定液种类繁多，可供使用的检测器灵敏度高，因此气相色谱具有高效能、高选择性、灵敏、快速、应用范围广等特点。

（1）高效能。气相色谱独特的优点是它的高分离能力。光谱和质谱等近代分析技术是分析鉴定物质的重要工具，但原则上它们只能分析纯样品或简单混合物。而气相色谱可一次很容易地分析 10~30 个组分的混合物。特别是近十年来毛细管色谱柱的制备工艺得到了解决，为这一分析技术提供了巨大的潜力。毛细管色谱柱长可达几百米，峰容量可至上千个。无疑这是目前任何别的分离手段所不可匹敌的。

（2）高选择性。通过选用高选择性的固定液，使其对性质极为相似的组分间的分配系数有较大差别，以此来实现对诸如同位素、有机化合物的各种异构体等的分离。可供气相色谱选用的固定液有千余种，这对寻找难分离物质的色谱分析条件提供了很大的选择余地。

（3）高灵敏度。高灵敏度检测器可检测出 10^{-8} 物质。因此在痕量分析中，可以测定超纯气体、高聚物单体、超纯试剂中 10^{-6} 至 10^{-9} 乃至于 10^{-12} 数量级的杂质。这对艺术品的分析鉴定尤为适用（因为艺术品分析取样量极少）。由于气相色谱的灵敏度高，因而样品用量极少，一般一次分析只需几微克样品。

（4）分析速度快。一般仅需几分钟，最多几十分钟即可完成一个比较复杂混合物的分离和分析过程。计算机控制使操作及数据处理完全自动化，更能加快分析的速度。

14.1.2 气相色谱法分离原理

气相色谱法是用难挥发的高沸点液体（称为固定液）或固体吸附剂为固定相，用氮、氢、氦、氩等气体（称为载体）作流动相的色谱法。当易挥发的、热稳定性好的混合物注入汽化室后，它们立即被汽化，并在载气携带下进入色谱柱，由于色谱柱内预先填充有固定相，所以当样品通过色谱柱时，因固定相对不同组分的吸附能力或溶解能力不同，各组分沿色谱柱移动的速度也就不同。通过色谱柱后，各组分彼此分离，并由记录器自动记录下来，得到一组色谱图，从而可以进行定性定量分析。

1. 气相色谱分离原理

对于气-液色谱来说，固定相是液体。被测物质各组分的分离是基于它们在固定液中的溶解度不同，各组分在固定相和流动相中的分配平衡的差异所造成的。

当载气携带组分进入色谱柱与固定液接触时，待测组分就溶解到固定液中，载气继续流经色谱柱时，溶解在固定液中的待测组分会从固定液中挥发出来，在随着载气沿色谱柱流动时，会遇到新鲜的固定液并溶解在其中，组分在随载气流动的过程中，进行反复多次的溶解、挥发、再溶解、再挥发。经过一定时间后，不易溶解在固定液中的组分随载气先流出柱，否则，后出柱，图 14-2 是样品 A、B 在色谱柱中的分离情况示意图。

实际上，各个组分按其在两相溶解能力的大小，以一定的比例分配在流动相和固定相之间。在一定温度下，组分在两相之间的分配达到平衡时的浓度比称为分配系数(partition coefficient) K：

$$K=\frac{\text{组分在固定相中的浓度}}{\text{组分在载气中的浓度}}=\frac{c_s}{c_M} \quad (14-1)$$

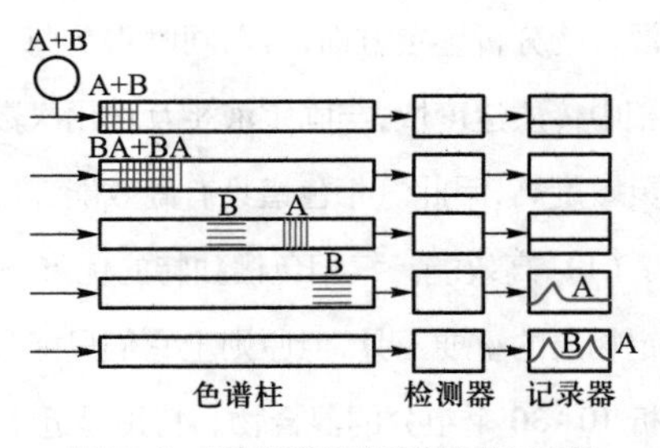

图 14-2 气相色谱法分离混合物示意图

在一定温度下，各组分在两相中的分配系数是不相同的。分配系数小的组分每次达到分配平衡后，在固定相中的浓度小于在流动相中的浓度，分配系数大的反之。在色谱分离过程中，各组分要经过成千上万次这样的分配，所以分配系数小的先流出色谱柱，见图 14-2。

对于气-固色谱来说，固定相是吸附剂，所以，待测样品中各组分因在吸附剂表面上被吸附的牢固程度不同而具有不同的保留时间(或保留体积)。保留值小的组分就先流出柱，保留值大的则后流出柱。如果载气(流动相)及分离条件选择适宜，各组分则会按照一定先后次序依次流出柱。

样品在色谱柱中分离过程的基本理论包括两个方面：一是样品中各组分在两相间的分配情况。这与各组分在两相间的分配系数，各物质(包括样品中组分、固定相、流动相)的分子结构和性质有关。各个色谱峰在柱后出现的时间(即保留值)反映了各组分在两相间的分配情况，它由色谱过程中的热力学因素所控制；二是各组分在色谱柱中的运动情况。这与各组分在流动相和固定相两相之间的传质阻力有关，各个色谱峰的半峰宽度反映了各组分在色谱柱中的运动情况。这是一个动力学因素。在讨论色谱柱的分离效能时，必须全面考虑这两个因素。

2. 气相色谱相关理论

(1) 塔板理论

塔板理论是色谱的热力学平衡理论，将色谱分离过程比拟作蒸馏过程，将色谱柱看作是一个分馏塔。这样，色谱柱可由许多假想的塔板组成(即色谱柱可分成许多个小段)，在每一小段(塔板)内，一部分空间为涂在担体上的液相占据，另一部分空间充满着蒸气(气相)，载气占据的空间称为板体积 ΔV。当欲分离的组分随载气进入色谱柱后，就在两相中分配。由于流动相在不停地移动，组分就在这些塔板间隔的气液两相间不断地达到分配平衡，如图 14-3 所示。

按照此种分配过程，这种假设的塔板越小或越短，组分则在一个色谱柱上反复进行的平衡次数就越多，就有更高的分离效率，这对提高分离度(尤其是多组分样品)有一定的帮助。设定一根色谱柱所包含的塔板数 N 为色谱柱的“理论塔板数”，每一层塔板所占的高度(或长度) H 被称为“理论塔板高度”。评价色谱柱分离效能的理论塔板数方程为

$$N=5.545\left(\frac{t_R}{W_R}\right)^2=16\left(\frac{t_R}{W_b}\right)^2 \quad (14-2)$$

式(14-2)中 N 为柱子的塔板数；t_R 为组分的保留时间；W_R 为半高峰宽；W_b 为峰宽。

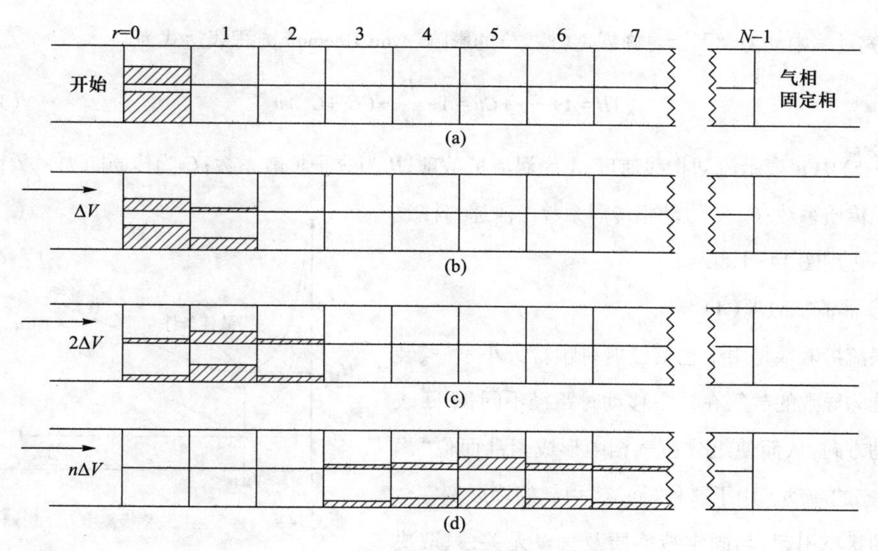

图 14-3　组分在色谱柱中分配示意图

由于死时间 t_M 的存在，它包括在 t_R 中，但 t_M 不参与柱内的分配，所以此时计算出来的塔板数并不能真实反映出色谱柱分离的好坏，因此引入了将死时间 t_M 除外的有效塔板数作为柱效能的指标，公式如下：

$$N_{eff}=5.545\left(\frac{t'_R}{W_R}\right)^2=16\left(\frac{t'_R}{W_b}\right)^2 \tag{14-3}$$

其中，$t'_R=t_R-t_M$。设色谱柱长 L，则有效塔板高度的计算公式为

$$H_{eff}=\frac{L}{N_{eff}}=\frac{16LW_b{}^2}{t'_R{}^2} \tag{14-4}$$

从式(14-4)可以看出，塔板数越大，塔板越小或越短，体现在色谱峰上就是峰型越窄。

应该注意，同一色谱柱对不同物质的柱效能是不一样的，当用有效塔板数和有效塔板高度表示柱效能时，必须说明这是对什么物质而言的。色谱柱的理论塔板数越大，表明组分在色谱柱中达到分配平衡的次数越多，固定相的作用越显著，因而对分离越有利。但不能预言并确定各组分是否有被分离的可能，因为分离的可能性决定于样品混合物在固定相中分配系数的差别，而不是决定于分配次数的多少，因此不应把 N_{eff} 看作有无实现分离可能的依据，而只能把它看作在一定条件下柱分离能力发挥程度的标志。

虽然塔板理论能合理解释流出曲线形状及计算柱效能，但是它的某些假设不合理。例如，纵向扩散是不能忽略的，分配系数与浓度无关只有在有限的浓度范围内才成立。因此塔板理论无法解释塔板高度是受哪些因素影响这个本质问题，也不能解释为什么在不同流速下测得不同理论塔板数的实验事实。

（2）速率理论

1956 年，荷兰化学家 van Deemter 等在塔板理论的基础上把影响塔板高度的动力学因素结合起来，提出了色谱过程的动力学理论——速率理论。速率理论将色谱过程看作一个动态非平衡过

程，研究过程中动力学因素对峰展宽（柱效）的影响。van Deemter 方程表达式为

$$H=A+\frac{B}{u}+Cu=A+\frac{B}{u}+(C_s+C_m)u \tag{14-5}$$

式（14-5）中 u 表示流动相线速度；A 为涡流扩散项；B 为分子扩散系数；C 为传质阻力系数；C_s 为固定相传质系数；C_m 为流动相传质系数。流速与柱效的关系可用图 14-4 表示。

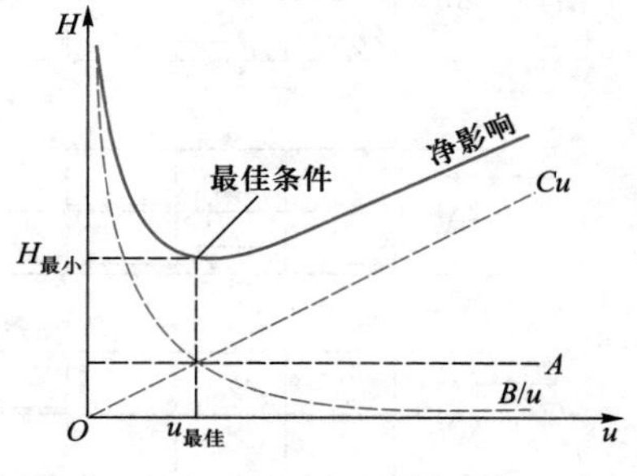

图 14-4　各项因素对塔板高度 H 的影响

① 涡流扩散项（A）

涡流扩散项是由于色谱柱填料颗粒大小不一、装填不均匀导致的载气在柱中移动时路径不同，不断改变流动方向，从而使组分在气相中形成紊乱而似“涡流”状态的流动。由于这种“涡流”引起的峰展宽完全由流动状态引起，与固定液性质及含量无关，只取决于固定相颗粒的几何形状和填充均匀性。因此为了减小 A 对理论塔板高度的影响，应尽可能地选择小粒径且装填均匀的色谱柱。对于空心毛细管柱由于固定液直接涂覆在管壁上，所以 A 为零，这也是空心毛细管柱比填充柱柱效高的原因。

② 分子扩散项（B/u）

分子扩散项也称纵向扩散项，当样品以“塞子”状进入色谱柱后，由于组分分子并不能充满整个色谱柱，因此组分在流动方向存在浓差梯度，在分子热运动作用下会产生纵向方向的扩散。由于组分分子的扩散与组分在气相中的停留时间成正比，在柱长固定的情况下，组分的扩散与载气线速度 u 成反比。所以为了减小该项对理论塔板高度的影响，应该提高载气线速度来减弱由于纵向扩散带来的峰展宽。

③ 传质阻力项（Cu）

传质阻力项是指气液两相交换质量时所承受的传质阻力，因此包含了气相传质阻力和液相传质阻力。对于气相传质阻力项而言，通过选择扩散系数大的载气可以改善气相传质阻力，因此通常气相色谱选择 H_2、He 作为分析的载气，可以减小气相传质阻力项，增加柱效。对于液相传质阻力项影响最大的因素就是固定液液膜的厚度，液膜越厚，组分在液相中滞留的时间越长，传质阻力越大，所以通常在保证容量因子够用的情况下，尽可能选择薄液膜的固定相来获得更高的柱效。

以上讨论的三个影响因素都对理论塔板高度有贡献，使柱效下降。因此需要在实验过程中控制色谱操作选择参数尽可能地减小 H 来获得更高的柱效。

14.1.3　定性和定量分析

1. 气相色谱仪

气相色谱仪主要由以下四个部分组成：

（1）气路系统：提供样品在柱内运行动力，也可以成为流动相系统，见图 14-5 的 1—6。

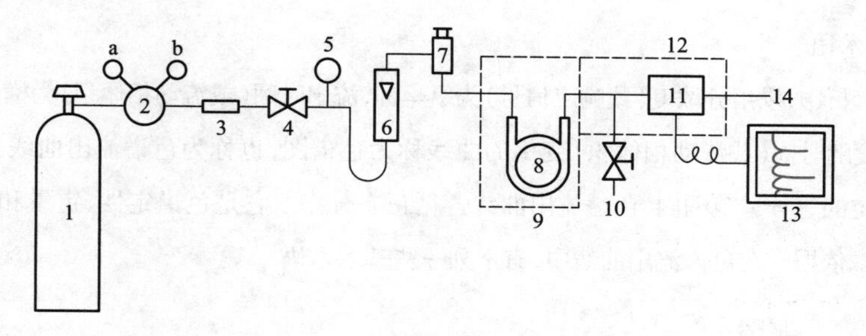

图 14-5　气相色谱仪示意图

（2）进样系统：将样品引入色谱系统，见图 14-5 的 7。

（3）分离系统：包括色谱柱与温控系统，显示并控制各部件温度，实现混合样品的色谱柱分离，见图 14-5 的 8—10。

（4）检测与数据处理系统：对各分离组分进行有效检测，记录并处理检测信号，输出色谱图，见图 14-5 的 11—14。

气相色谱的流动相（即载气）为氮、氦等惰性气体，固定相则是填装在金属或玻璃柱内的某种固体吸附剂，或浸渍在多孔性惰性担体（如硅藻土）表面的高沸点有机化合物（即固定液）。按固定相所处的物理状态，气相色谱又可分为气-固色谱和气-液色谱两种。气-固色谱的固定相是固体物质如活性炭或氧化铝等，气-液色谱的固定相为担体表面的固定液。

气相色谱的固定相包括气-固色谱法的固体吸附剂和气-液色谱法的固定液。由于固定液不能直接装入色谱柱内，因而常将它涂渍在多孔性的固体表面上，这种多孔性的固体称为载体或担体。

（1）固体吸附剂：常用的固体吸附剂有硅胶、活性炭、氧化铝、分子筛等。它们都具有很大的比表面（一般为 100～1 000 $m^2 \cdot g^{-1}$），且对不同组分的吸附能力不一样，因此可根据被分析对象来选用最合适的吸附剂。

（2）固定液：固定液多为高沸点有机物，在色谱分析条件下呈液态。根据极性的强弱，固定液可分为非极性的（如鲨鱼烷等）、弱或中等极性的（如邻苯二甲酸二壬酯、硅油类等）和强极性的（如β,β'-氧二丙腈）等三类。

一般来讲，分离非极性物质，选用非极性固定液，被分离的组分按沸点顺序流出柱，低沸点的先出柱；分离强极性的物质，选用强极性的固定液，被分离的组分按极性顺序出柱，极性弱的组分先出柱。对于分离极性和非极性混合物，通常也采用极性固定液，非极性的物质先出柱。在实际应用中，通常需通过实验来选择合适的固定液。

（3）载体（或担体）：载体的作用是提供一个惰性固体表面以支持固定液。对载体要求是具有一定的比表面（一般不低于 1 $m^2 \cdot g^{-1}$），表面无吸附性或吸附性能很弱，机械强度高等。载体的粒度一般为 40～120 目。常用的有硅藻土载体和非硅藻土载体两类。硅藻土载体由硅藻土煅烧制成，应用较广；非硅藻土载体有聚四氟乙烯载体、玻璃载体等。

2. 基本术语

在色谱分析中,以组分浓度(或响应信号)为纵坐标,流出时间(或流动相体积)为横坐标,绘制的组分及其浓度随时间(或流动相体积)变化的曲线称为色谱图,也称为色谱流出曲线。如图 14-6 所示。在一定的进样量范围内,色谱流出曲线遵循正态分布。它是色谱定性、定量和评价色谱分离情况的基本依据。在色谱流出曲线中,有下列一些基本术语。

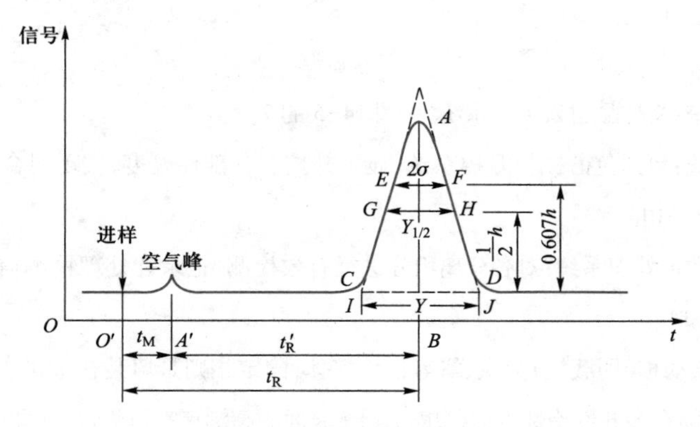

图 14-6　色谱流出曲线

(1) 基线:只有载气通过检测器时响应信号的记录即为基线。在实验条件稳定时,基线是一条直线,如图 14-6 中 $O\ t$ 所示。

(2) 保留值:表示样品中各组分在色谱柱内停留的时间。固定相一定,在一定实验条件下,任何物质都有一定的保留时间,它是色谱定性的基本参数。通常用时间或流动相体积来表示。

保留时间 t_R:指待测组分从进样到柱后出现浓度极大值时所需的时间,如图 14-6 中 $O'B$ 所示。

死时间 t_M:指不与固定相作用的流动相的保留时间,如图 14-6 中 $O'A'$所示。

校正保留时间 t'_R:指扣除了死时间的保留时间,如图 14-6 中 $A'B$ 所示,即

$$t'_R=t_R-t_M \tag{14-6}$$

如果用体积表示保留值,则有

保留体积 V_R:指从进样到柱后出现待测组分浓度极大值时所用的流动相的体积。它与保留时间的关系为

$$V_R=t_R \cdot F_0 \tag{14-7}$$

式中 F_0 为色谱柱出口处流动相的流速($mL \cdot min^{-1}$)。

死体积 V_M:指色谱柱中除了填充物固定相以外的空隙体积、色谱仪中管路和连接头间的空间及检测器的空间的总和。它和死时间的关系为

$$V_M=t_M \cdot F_0 \tag{14-8}$$

调整保留体积(V'_R):指扣除死体积后的保留体积,即

$$V'_R=V_R-V_M \quad 或 \quad V'_R=t'_R \cdot F_0$$

相对保留值 r_{21}：指组分 2 与另一组分 1 校正保留值之比，是一个无因次量。相对保留值只与柱温和固定相性质有关，与其他色谱操作条件无关，它表示了色谱柱对这两种组分的选择性。

$$r_{21}=t'_{R2}/t'_{R1}=V'_{R2}/V'_{R1} \tag{14-9}$$

（3）区域宽度：即色谱峰宽度。习惯上常用以下三种方法表示。

标准偏差 σ：即流出曲线上二拐点间距离之半，亦即 0.607 倍峰高处色谱峰宽度的一半。峰高 h 是峰顶到基线的距离。h、σ 是描述色谱流出曲线形状的两个重要参数。

半峰宽 $Y_{1/2}$：峰高一半处色谱峰的宽度。如图 14-6 中的 GH。半峰宽和标准偏差的关系是

$$Y_{1/2}=2\sigma\sqrt{2\ln 2}=2.354\sigma \tag{14-10}$$

由于半峰宽容易测量，使用方便，所以一般用它表示区域宽度。

峰基宽度 W_b：即通过流出曲线的拐点所做的切线在基线上的交点之间的距离，如图 14-6 中 IJ 所示。峰基宽度与标准偏差的关系是

$$W_b=4\sigma \tag{14-11}$$

（4）分离度 R：相邻两色谱峰保留值之差与两色谱峰峰宽平均值的比值。公式如下：

$$R=\frac{t_2-t_1}{\frac{W_1+W_2}{2}} \tag{14-12}$$

3. 定性分析

定性分析主要的依据是：在一定的色谱条件下（色谱柱形状、长短、柱温、载气及其流速等一定时），各组分有一定的保留值（保留时间或保留体积），该保留值不受混合物中共存的其他组分的影响。因此，在同一色谱条件下，将所得的样品色谱图和已知物的色谱图相对照，根据保留时间，可判断样品的某一色谱峰是由哪一种组分所产生。但应注意，当两个组分结构和性能相似时，有时在同样的色谱条件下，它们可能出现相同的保留时间，这一点在进行定性分析时应予以注意。当然，当载气的流速或其他色谱测量条件发生变化时，同一组分的保留值也会发生变化。

在色谱定性分析时，可用保留时间或保留体积等参数。当无已知标准物时，可利用文献上同一色谱条件下的对应的保留值进行判断。对未知新化合物，可采用色谱-红外光谱、色谱-质谱联用技术进行分析。

4. 定量分析

气相色谱进行定量分析的依据是：在一定操作条件下，被分析物质的量与在检测器上产生的信号（峰面积或峰高）成正比，即

$$m_i=f_iA_i \quad \text{或} \quad m_i=f_{h(i)}h_i \tag{14-13}$$

因此，定量分析时要准确测定峰的面积 A_i 或峰高 h_i 及比例常数 f_i 或 $f_{h(i)}$，通常采用面积定量法。f_i 称为定量校正因子，$f_{h(i)}$ 称为峰高校正因子。

（1）峰面积的测定：对称峰的面积可用峰高乘以半峰宽法，即 $A_i = 1.065 \times h_i \times Y_{1/2(i)}$。在作相对计算时，1.065 可消去。

不对称峰的面积可用峰高乘以平均峰宽法。所谓平均峰宽是指峰高 0.15 和 0.85 处峰宽的平均值，即 $A_i = h_i \times (Y_{0.15} + Y_{0.85}) \times 1/2$。

（2）定量校正因子：校正因子 f_i 主要由检测器的灵敏度所决定，受操作条件影响较大，不易推测。在实际工作中都使用相对校正因子 f_i'，即组分 i 与标准 s 的校正因子的比值 $f_i' = f_i / f_s$。f_i' 可根据式：$f_i' = f_i / f_s = (m_i / m_s) \times (A_s / A_i)$ 通过实验测得。因 m 的计量单位不同，f_i' 有相对质量校正因子、相对摩尔校正因子及相对体积校正因子，通常将“相对”两字省去。

（3）定量分析方法：气相色谱的定量分析方法很多，常用的有以下三种。

归一化法：当样品中所有组分都能产生相应的色谱峰，并且已知各个组分的校正因子，则可用归一化法求出各组分的含量。所谓归一化法，就是各组分的总质量为 m，其中 i 组分的百分含量 w_i 为

$$w_i = \frac{m_i}{m} \times 100\% = \frac{A_i f_i'}{\sum A_i f_i'} \times 100\% \tag{14-14}$$

若各组分的 f_i' 相近，上式可简化为 $w_i = (A_i / \sum A_i) \times 100\%$。当测量参数为峰高时，可用峰高归一化法：

$$w_i = \frac{h_i f_{h(i)}'}{\sum h_i f_{h(i)}'} \times 100\% \tag{14-15}$$

本方法简便、准确。当操作条件变化时，对结果影响小。不必准确知道进样量；缺点是麻烦。应用本法的条件是，样品中所有组分都能分离且出峰。

内标法：当样品中的各组分不能全部从色谱柱中洗出，或各组分不能得到相应的色谱峰，或只需要测定样品中某一或某几个组分时，可采用内标法进行定量分析。设在一定量样品（m）中，加入一定量的某纯物质（m_s）作内标，然后进样，被测组分 i 的含量为

$$w_i = \frac{m_i}{m} \times 100\% = \frac{m_i}{m_s} \times \frac{m_s}{m} \times 100\% = \frac{A_i f_i'}{A_s f_s'} \times \frac{m_s}{m} \times 100\% \tag{14-16}$$

一般以内标物作为相对校正因子的标准物，此时 $f_s' = 1$。选用的内标物应该是样品中不存在的组分。要求它能与样品互溶，但不与样品反应，其峰应在被测组分峰附近，加入量接近于被测组分的量。内标法准确，较归一化法限制条件少。但每次分析都需准确配制含内标物的标准样品，因此不适于快速分析和控制分析。

外标法：又称标准曲线法。用被测组分的纯样品配制成一系列不同浓度的标准溶液，分别定量进样，然后，绘制峰面积或峰高与浓度的关系曲线——标准曲线，在完全相同的条件下分析样品，测得 A_i 或 h_i，从标准曲线上查出被测组分的含量。标准曲线应是通过原点的直线。

也可只用一个标样，用单点校正法计算被测组分的含量。即

$$w_i = (A_i / A_s) \times w_s。 \tag{14-17}$$

A_i 为待测组分的峰面积;A_s 为标准物质的峰面积;w_s 为标准物质的含量。

外标法简单、方便。但要求操作条件稳定,进样量重复性好。由于气相色谱分析中这两点难以做到,因此准确度较差。此法比较适用于固定组分的定量分析。

例 14-1 准确称取一定质量的色谱纯对二甲苯、甲苯、苯及仲丁醇,混合后稀释,采用氢焰检测器,定量进样并测量各物质所对应的峰面积,数据如下:

物质	苯	仲丁醇	甲苯	对二甲苯
$m/\mu g$	0.472 0	0.632 5	0.814 9	0.454 7
A/cm^2	2.60	3.40	4.10	2.20

以仲丁醇为标准,计算各物质的相对质量校正因子。

解:以仲丁醇为标准,可用两种方法计算各物质的相对质量校正因子。以甲苯为例:

方法 1:$f_m(\text{仲丁醇})=\dfrac{0.632\,5\ \mu g}{3.40\ cm^2}$,$f_m(\text{甲苯})=\dfrac{0.814\,9\ \mu g}{4.10\ cm^2}$

$$f'_m(\text{甲苯})=\frac{f_m(\text{甲苯})}{f_m(\text{仲丁醇})}=\frac{\dfrac{0.814\,9\ \mu g}{4.10\ cm^2}}{\dfrac{0.632\,5\ \mu g}{3.40\ cm^2}}=1.06$$

方法 2:$f'_m(\text{甲苯})=\dfrac{f_m(\text{甲苯})}{f_m(\text{仲丁醇})}=\dfrac{A(\text{仲丁醇})}{A(\text{甲苯})}\times\dfrac{m(\text{甲苯})}{m(\text{仲丁醇})}=\dfrac{3.40}{4.10}\times\dfrac{0.814\,9}{0.632\,5}=1.06$

同样的方法可得到$f'_m(\text{苯})=0.98$ $f'_m(\text{对二甲苯})=1.10$

例 14-2 取二甲苯生产母液 1 500 mg,母液中含有乙苯、对二甲苯、邻二甲苯、间二甲苯及溶剂和少量苯甲酸,其中苯甲酸不能出峰。以 150 mg 壬烷作内标物,测得有关数据如下,求各组分的含量。

物质	壬烷	乙苯	对二甲苯	间二甲苯	邻二甲苯
A_i/cm^2	98	70	95	120	80
f_m	1.02	0.97	1.00	0.96	0.98

解:母液中苯甲酸不能出峰,所以只能用内标法计算。由各组分的绝对校正因子计算得壬烷、乙苯、对二甲苯、间二甲苯、邻二甲苯的相对校正因子分别为 1.00、0.95、0.98、0.94、0.96。

根据内标法计算公式,对于乙苯有:

$$w(\text{乙苯})=\frac{m_i}{m}\times100\%=0.95\times\frac{70\times150}{98\times1\,500}\times100\%=6.79\%$$

同样可以计算出对二甲苯、间二甲苯、邻二甲苯的质量分数分别为 9.5%、11.5%、7.84%。

14.2 原子吸收光谱法

14.2.1 原子吸收光谱法基本原理

原子吸收分光度法(atomic absorption spectrophotometry, AAS)又称原子吸收光谱法,是基于从光源辐射出具有待测元素特征谱线(即同种元素灯光源发出的辐射线),通过样品蒸气时被其中待

测元素的基态原子所吸收，从而使光强减弱，由光源辐射特征谱线的光强减弱程度来测定样品中待测元素的方法。一般来说，AAS 多用于对样品中无机金属元素进行定量分析。

如图 14-7 所示，测定氯化镁溶液中镁的含量时，先将氯化镁溶液喷射成雾状进入燃烧火焰中，氯化镁雾滴在火焰温度下，挥发并解离成镁原子蒸气。再用镁空心阴极灯做光源，辐射出具有镁的特征谱线的光，通过一定厚度镁原子蒸气时，部分辐射光被蒸气中的基态镁原子吸收而减弱，然后光线通过单色器，被检测器测得镁特征谱线光强被减弱的程度，即可计算样品中镁的含量。

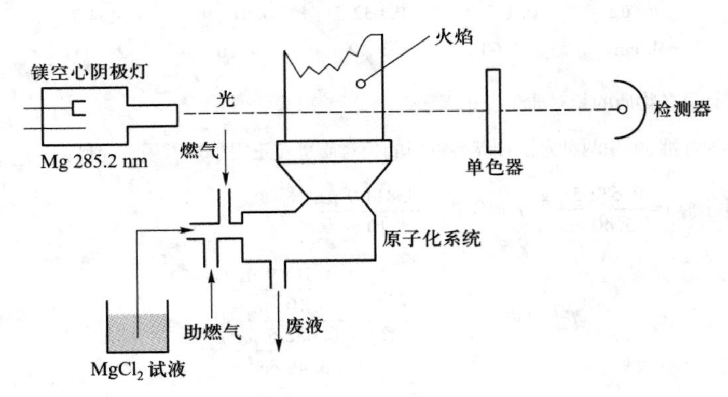

图 14-7　原子吸收光谱法示意图

原子吸收光谱法与分光光度法的相同点在于都是基于物质对光的选择性吸收而建立起来的分析方法。不同的是，分光光度法的吸收主体是分子或离子，所产生的吸收光谱为分子吸收光谱。原子吸收光谱法的吸收主体是气态的原子，原子吸收光谱是一条条不连续的线装光谱。任何元素的原子都有一系列量子化的能量状态（即能级），其中最低的能量状态称为基态。原子的最外层电子（价电子或称光电子）受外界能量的激发，可从基态跃迁到不同的激发态，从而产生原子吸收光谱。

凡能通过直接电子跃迁从激发态回到基态的受激原子、离子或分子的能级称为共振能级。对应于共振能级间（一般是指共振激发态能级和基态间）跃迁的谱线，称为共振线。电子从基态跃迁到最低激发态（称为第一激发态）时要吸收一定频率的辐射，对应的谱线称为共振吸收线，它再直接跃迁回到基态时，则发出同样频率的辐射，对应的发射谱线称为共振发射线，共振发射线和共振吸收线统称为共振线。同时存在第一共振线、第二共振线……

各种元素的原子结构和外层电子排布不同，因而不同元素的原子从基态激发至第一激发态（或由第一激发态直接跃回基态）时，吸收（或发射）的能量不同。所以各种元素的共振线不同，因各有其特征性，称共振线为元素的特征谱线。由于从基态到第一激发态的跃迁最容易发生，能进行这种跃迁的原子的数量多，这种跃迁吸收的光强最大，吸收效应最强，因而最灵敏。因此，在实际分析过程中，对大多数元素来说，共振线是指元素所有谱线中灵敏度最大的谱线。原子吸收光谱法中，便是利用处于基态的待测原子蒸气对从光源发出的共振发射线的吸收来进行分析的。

将从光源辐射出的特征谱线的光（强度为 I_0）通过原子蒸气（宽为 L），有一部分光被吸收，其透射光的强度 I 与原子蒸气在光路上的宽度的关系同有色溶液吸收光的情况类似，是服从朗伯-比

尔定律的。吸光度 A 与样品中基态原子数目 N_0 的关系为

$$A=\lg\frac{I_0}{I}=KLN_0 \tag{14-18}$$

在原子吸收光谱法中，通常利用火焰使样品产生原子蒸气，常用的火焰温度一般低于 3 000 K，火焰中被激发的原子数和离子数很少，因此蒸气中的基态原子实际上接近于被测元素原子总数。式(14-18)表示吸光度与待测元素吸收辐射的原子总数成正比，实际上分析时，要求测定的是样品中待测元素的浓度，而此浓度与待测元素中吸收辐射的原子总数成正比。

14.2.2　原子吸收分光光度计

原子吸收分光光度计主要由光源、原子化系统、分光系统及检测系统四个部分组成，如火焰原子化双光束原子吸收分光光度计。

1. 光源

光源的作用是发射待测元素的特征谱线（实际发射的是共振线和其他非吸收谱线），以供吸收测量之用。常用的光源是空心阴极灯。

空心阴极灯是一种气体放电管，它包括一个阳极和一个空心圆筒形阴极。两电极密封于带有石英窗（或玻璃窗）的玻璃管中，管中充有低压惰性气体（如氖、氩等），见图 14-8。

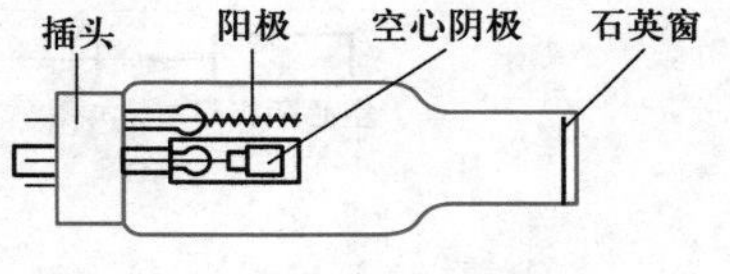

图 14-8　空心阴极灯示意图

当正、负电极间施加适当电压（通常是 150～300 V）时，电子将从空心阴极内壁射向阳极，在电子通路上与惰性气体原子碰撞，使之电离，带正电荷的惰性气体离子在电场作用下，就向阴极内壁猛烈轰击，使阴极表面的金属原子溅射出来。溅射出来的金属原子再与电子、惰性气体原子及离子发生碰撞而被激发，于是阴极内的辉光中便出现了阴极物质和内充惰性气体的光谱。

空心阴极灯发射的光谱，主要是阴极元素的光谱（其中也杂有内充气体及阴极中杂质的光谱），因此用不同的待测元素作阴极材料，可制成各相应待测元素的空心阴极灯。所以，空心阴极灯也称作元素灯。

空心阴极灯的优点是只有一个操作参数（即电流），发射的谱线稳定性好、强度高、宽度窄，而且灯也容易更换。该灯的缺点是使用不大方便，测任何一个元素需要使用该元素的空心阴极灯。

2. 原子化系统

原子化系统的作用是将液体样品中的待测元素蒸发并转化为气态原子。常用的原子化器有火焰原子化器和石墨炉原子化器。前者具有简单、快速、对大多数元素有较高的灵敏度的特点，至今仍广泛应用。

火焰温度能反映火焰蒸发和分解不同化合物的能力。它主要取决于火焰的类型，且与燃器和助燃器的流量有关。原子吸收法常用的火焰有空气-乙炔、氧化亚氮-乙炔、空气-氢气等。空气-乙炔火焰是用途最广泛的一种火焰，最高温度约 2 600 K，能用于测定 35 种以上的元素。但对于易形成难解离氧化物的元素如 Al、Ta、Ti、Zr 等的测定，灵敏度很低，不宜使用。氧化亚氮-乙炔火焰的最高温度可达 3 300 K 左右，不仅温度高，而且可造成强的还原性气氛，使许多解离能较高的难解离元素氧化物原子化，如 Al、B、Be、Ti、V、W、Ta、Zr 等，并且可消除在其他火焰中可能存在的化学干扰现象。

3. 分光系统

分光系统即单色器，其作用是将待测元素的共振线与邻近谱线分开。它主要由色散元件（光栅或棱镜）、反射镜和狭缝等组成。图 14-9 为单光束原子吸收分光光度计的分光系统示意图。单色器的色散元件可用棱镜或衍射光栅，单色器既要有一定的分辨率，同时又要有一定的集光本领。若光源辐射强度一定，就需要选用一定的通带来满足上述要求。所谓通带系指通过单色器出射狭缝的某标称处的辐射范围。

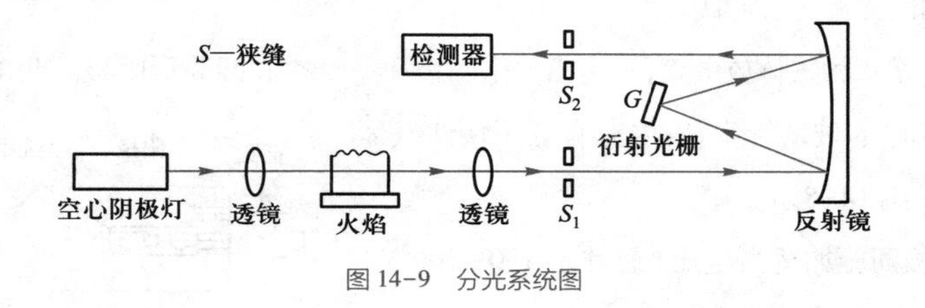

图 14-9　分光系统图

4. 检测系统

检测系统包括检测器、放大器和读数装置。通常用光电倍增管作检测器，将微弱的光信号转化为电信号，同时加以放大。再经交流放大器进一步放大，且滤掉原子化器本身各种辐射产生的直流信号。读数装置可用检流计指针指示、记录器记录、数字显示或电传打印等方式。

14.2.3　定量分析方法

常用的定量分析方法有标准曲线法、标准加入法和浓度直读法。

1. 标准曲线法

用原子吸收光谱法进行定量分析时，吸光度 A 与待测物质的浓度 c 之间的关系符合朗伯-比尔定律。制作标准曲线时，用待测组分的纯试剂或与待测样品有相似组成的物质配制成一系列不同浓度的标准溶液，测量吸光度值，绘制标准曲线。然后用同样操作条件测定样品溶液的吸光度，由标准曲线上查找出待测元素的浓度。

2. 标准加入法

如果样品的基本组成复杂，而且样品中含有对测定有明显干扰的物质，且在一定浓度范围内工作曲线呈线性关系的情况下，可用标准加入法进行测定。

3. 浓度直读法

浓度直读法是在工作曲线的直线范围内，应用仪器中的标尺扩展或数字直读装置进行测量的。吸喷标准溶液，把仪表指示值调到相应的浓度指示值，使待测样品的浓度在仪表上直接读出来。这种方法免去了绘制标准曲线的程序，分析速度快。

应用此法时应注意以下几点：

(1) 须用标准溶液反复进行校正后再进行测定；

(2) 应保证整个测量范围内，吸光度和浓度间有良好的线性关系；

(3) 保证仪器工作条件稳定；

(4) 保证标准溶液和待测试液测量过程中测量条件一样。

14.3 红外吸收光谱法

14.3.1 红外吸收光谱法的基本原理

1. 分子能级与频率

MOOC 同步资源

任何物质的分子都是由原子通过化学键联结起来而组成的。而分子中的原子与化学键都处于不断的运动中。它们的运动除了原子外层价电子跃迁之外，还有分子中原子的振动和分子本身的转动。这些运动形式都可吸收一定的外界能量而引起能级的跃迁。分子振动能级的跃迁所需要的能量比电子能级的跃迁所需要的能量小，其波长在红外光区。而转动能级的跃迁所需要的能量比振动能级的跃迁所需的能量要小，其波长在远红外区。

这种能级的跃迁，能否产生红外吸收，关键在于分子的偶极距在分子振动时是否变化。只有分子偶极矩的改变不为零时才能产生红外吸收。因此，能级间的跃迁，要服从一定的规律，这个规律称为选择定律。双原子分子的振动频率(用波数表示)可以表示为

$$\sigma=\frac{1}{2\pi c}\sqrt{k/\mu} \tag{14-19}$$

式(14-9)中 c 为光速；k 为力常数；μ 为原子折合质量。

m_1、m_2 为两原子的相对原子质量。

$$\mu=\frac{m_1 m_2}{m_1+m_2}$$

化学键越强(即键的力常数 k 越大)，原子折合质量越小，化学键的振动频率越大，吸收峰将出

现在高波数区。

例 14-3 由表中查知 C ═C 键的 $k=9.5\sim9.9$，令其为 9.6，计算波数值。

解：

$$\sigma=\frac{1}{2\pi c}\sqrt{\frac{k}{\mu}}=1\ 307\sqrt{\frac{k}{\mu}}=1\ 307\sqrt{\frac{9.6}{\frac{12\times12}{12+12}}}\ \text{cm}^{-1}=1\ 650\ \text{cm}^{-1}$$

正己烯中 C ═C 键伸缩振动频率实测值为 1 652 cm^{-1}。

分子由基态的振动能级跃迁到第一能级称为基频振动，相应光的频率为基频中红外光谱（波长 2.5～25 μm，也称基频区）；当振动能级的跃迁发生在高能级之间，称为倍频振动，相应光的频率在近红外区。而分子的转动能级跃迁主要发生在远红外区（波长 25～500 μm）和微波区。有机化合物的红外光谱主要是研究中红外光区的吸收光谱。这些区域的分布见图 14-10。

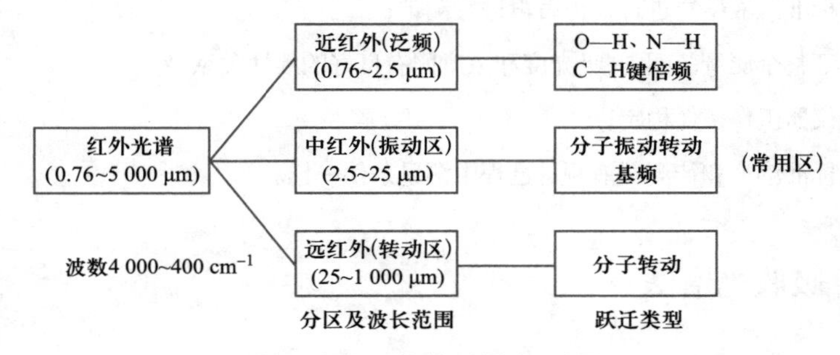

图 14-10　不同红外区域分布示意图

在红外光谱（IR）中，波长一般用波长的倒数波数（cm^{-1}）来表示，范围在 13 000～10 cm^{-1}。波数的物理意义是单位厘米长度所通过波的数目。标准红外光谱图中的横坐标都标有波长和波数两种刻度。波长是按 μm 等间隔分度的，称为线性波长表示法。按波数等间隔分度的，称为线性波数表示法。因此通常把光谱中有吸收的部分称为“带”，而不称为“峰”。

2. 红外吸收光谱产生的条件

要产生红外吸收，需要满足两个条件：①辐射应具有能满足物质产生振动跃迁所需的能量；对称分子是没有偶极矩的，辐射不能引起共振，无红外活性，如 N_2、O_2、Cl_2 等。非对称分子有偶极矩，有红外活性。②辐射与物质之间必须有耦合作用。

如 CO_2 不同振动方式示意图：（a）无振动吸收；（b）对称伸缩振动 $\sigma_{C=O}=1\ 388\ \text{cm}^{-1}$，光谱无此峰；（c）不对称伸缩振动，$\sigma_{C=O}=2\ 349\ \text{cm}^{-1}$，光谱上有对应基频峰。

$$O^-{=}C^+{=}O^- \qquad \overleftarrow{O^-}{=}C^+{=}\overrightarrow{O^-} \qquad \overrightarrow{O^-}{=}\overleftarrow{C^+}{=}\overrightarrow{O^-}$$

(a)　　(b)　　(c)

d=O　μ=O　　d=0　μ=0　$\Delta\mu$=0　　d=O　$\mu\neq$O　$\Delta\mu\neq$O

多原子分子的振动要复杂一些，分为简正振动和变形振动。图 14-11 是每种振动常用的表示符号。

3. 峰位、峰数与峰强

峰位是指吸收峰的位置，主要由 k 决定，但分子结构和外部环境因素也对其有一定的影响。化学键的力常数 k 越大，原子折合质量越小，键的振动频率越大，吸收峰将出现在高波数区（短波长区）。反之，出现在低波数区（高波长区），如图 14-12 水分子的红外吸收图。

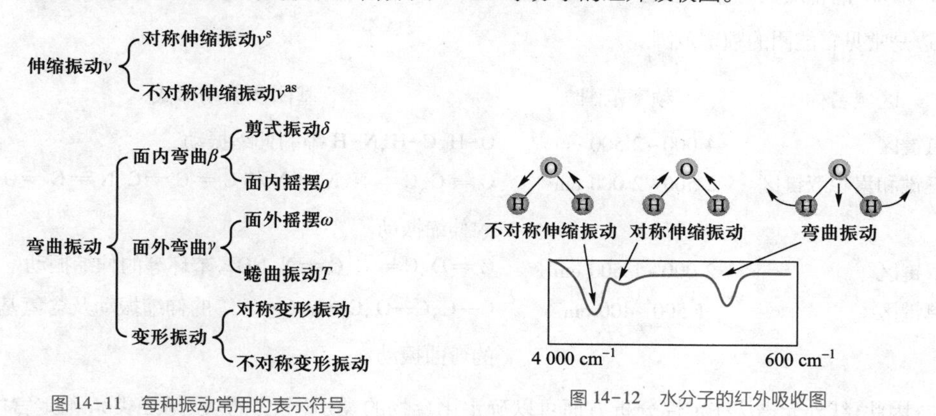

图 14-11　每种振动常用的表示符号　　　　图 14-12　水分子的红外吸收图

峰数是指吸收峰的数目，与分子结构有关。分子无瞬间偶极矩变化时，无红外吸收。其中包括基频峰和倍频峰。基频峰是由基态跃迁到第一激发态产生的一个强吸收峰；倍频峰是由基态直接跃迁到第二激发态产生的一个弱吸收峰。一般情况下，基频峰数＝振动自由度。振动自由度与分子结构有关。

对于非线型分子，振动自由度数＝$3n-6$，如 H_2O 分子，其振动数为 $3\times3-6=3$。

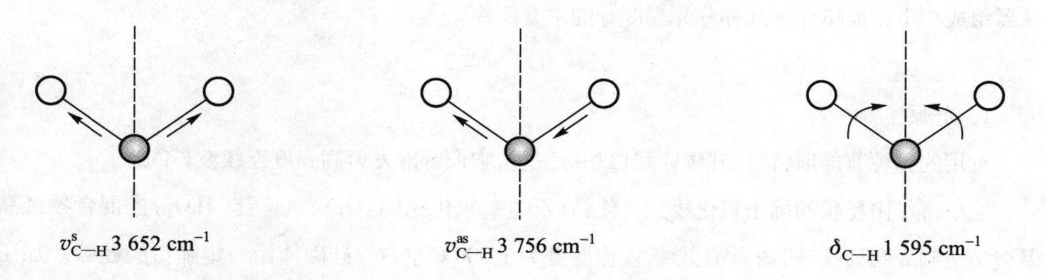

对线型分子，振动自由度数＝$3n-5$，如 CO_2 分子，其振动数为 $3\times3-5=4$。

$\overleftarrow{O}=C=\overrightarrow{O}$　　$\overrightarrow{O}=\overleftarrow{C}=\overrightarrow{O}$　　$\overset{\uparrow}{O}=\underset{\downarrow}{C}=\overset{\uparrow}{O}$　　$\overset{+}{O}=\overset{-}{C}=\overset{+}{O}$

$\nu^{s}_{C=O}$ 1 338 cm^{-1}　$\nu^{as}_{C=O}$ 2 349 cm^{-1}　$\beta_{C=O}$ 667 cm^{-1}　$\gamma_{C=O}$ 667 cm^{-1}

实际谱峰数常常少于理论计算出的振动数。影响基频峰数的原因包括：

（1）偶极矩的变化 $\Delta\mu=0$ 的振动不产生红外吸收；

（2）谱线简并（振动形式不同，但其频率相同）；

（3）仪器分辨率或灵敏度不够，有些谱峰观察不到。

峰强是指吸收峰的强度。通常情况下，瞬间偶极矩变化大，吸收峰强；键两端原子电负性相差越大（极性越大），吸收峰越强。

4. **红外光谱的作用**

红外光谱法分析时，按照峰位、峰数与峰强等参数进行官能团的识别。通常会涉及鉴定官能团存在的较强峰（特征峰）、同一基团产生的一组特征峰（相关峰）、特征区所属峰（4 000～1 250 cm^{-1}的稀疏及特征性强的峰），以及指纹区（1 250～400 cm^{-1}）用于旁证、确定精细结构的峰。下边是常见官能团的频率范围。

区域名称	频率范围	基团及振动形式
氢键区	4 000～2 500 cm^{-1}	O-H、C-H、N-H 等的伸缩振动
三键和累积双键区	2 500～2 000 cm^{-1}	$C\equiv C$、$C\equiv N$、$N\equiv N$ 和 $C=C=C$、$N=C=O$ 等的伸缩振动
双键区	2 000～1 500 cm^{-1}	$C=O$、$C=C$、$C=N$、NO_2、苯环等的伸缩振动
单键区	1 500～400 cm^{-1}	C—C、C—O、C—N、C—X 等的伸缩振动及含氢基团的弯曲振动

因此，红外光谱法在定性分析方面可以确定化合物的类别（如芳香类、烯烃类），确定官能团（如—CO—，$—C=C—$，$—C\equiv C—$），推测分子结构（简单化合物）。同时，也可以根据朗伯-比尔定律进行定量分析。

14.3.2 红外光谱仪及工作原理

常用的红外光谱仪多为色散型双光束红外分光光度计，由光源、单色器、检测器、放大器及记录器组成。下面简单介绍红外分光光度计的主要部件。

1. **光源**

常用的光源有能斯特灯、硅碳棒和白炽灯三种，它们都能发射高强度连续波长的光。

能斯特灯由粉状的稀土氧化物如氧化锆（ZrO_2）、氧化钇（Y_2O_3）、氧化钍（ThO_2）的混合物经高温烧结压制成圆筒状，两端为铂引线，操作温度为 1 500℃左右。硅碳棒由一定筛目的硅碳砂加压制成（长 50 mm、直径 5 mm，操作温度为 1 300～1 500 K）。白炽线圈是用镍铬丝螺旋线做成，工作温度 1 100 K。其辐射能量略低于前两种。

2. **单色系统**

单色器由色散元件（棱镜或光栅）、狭缝（入射狭缝和出射狭缝）组成，它的作用是截取足够的辐射能以便实现辐射的单色化。光通过入射狭缝，经透镜以一定角度射到棱镜上，在棱镜的两界面上发生折射而色散。色散了的光被聚焦在出射狭缝上，所需波长的光通过狭缝照射到吸收池的试液中。

早期的仪器多采用棱镜作为色散元件。棱镜由红外稳定材料如氯化钠（NaCl）、溴化钾（KBr）等制成，这些物质对不同波长的光有不同的折射率，吸收系数较小。

3. 检测器

红外光谱仪上使用的检测器有光电检测器、热检测器等。

光电检测器采用导电性能良好的半导体薄膜。如 Hg-Cd-Te 或 PbS,将其置于非导电的玻璃表面并密闭于真空仓内。吸收辐射后,非导电性的价电子跃迁到高能量的导电带,从而降低了半导体的电阻,产生信号。

热检测器中最简单的是热电偶。将两片金属铋熔融到另一不同金属的任一端,就有了两个连接点。两个接触点的电位随温度而变化。

4. 放大装置及记录器

检测器输出微小的信号,需经电子放大器放大。放大后的信号驱动梳状光栅和电机,使记录笔在长条记录纸上移动。

不论棱镜型或光栅型红外分光光度计,都是基于采用色散元件进行分光的。它把具有一定频谱的入射光分成单色光,经出射狭缝进入检测器,这样就使到达检测器的光强度大幅度地减小,响应时间也较长,并且仪器的分辨率和灵敏度随着不同的波长而改变。这些弱点的存在限制了色散型红外光谱仪的发展。为了弥补和改进色散型红外光谱仪的这些弱点,近几年来广泛应用的是一种基于干涉调频原理制成的傅立叶变换红外光谱(FTIR)仪。

傅立叶变换红外光谱仪的关键部分是干涉仪系统,通常是采用迈克尔逊干涉仪。干涉仪完成干涉调级在连续改变光程差的同时,记录下中央干涉条纹的光强度变化即得到干涉图。利用电子计算机获得傅立叶函数干涉图,最后得到人们可辨认的红外光谱图。

傅立叶变换红外光谱仪的特点是,由于排除了色散型仪器的单色器和出射狭缝,使得到达检测器的光能量大为提高,因而提高了仪器的灵敏度。在整个测量范围内分辨率是一个常数,不随波长变化而改变。

14.3.3 红外光谱的定性分析方法

1. 定性分析的准备工作

(1) 样品的纯化　在进行定性分析前,必须尽可能多地了解样品的来源及性质。如果是纯品可直接进行红外光谱测定。如果是混合物,应先分离成单组分后再测定,以免各组分相互干扰,造成谱图解析的困难,甚至带来错误的结果。

(2) 样品的状态　样品的状态不同,测定的方法也不同。气体样品选择气体池法进行测定,固体样品多采用 KBr 压片法测定,而液体样品往往采用薄膜法测定。

(3) 样品的物性　一个未知的有机物样品,可先进行元素分析,以得到其化学组成及分子式。还可测定熔点、密度、折射率、沸点等物理常数,这对解析未知物具有重要的参考作用。

(4) 样品应充分除去溶剂相水分　经过各种分离提纯后的样品要充分除去溶剂,以免溶剂本身的干扰或溶剂与样品之间发生化学反应。

2. 红外光谱分析的制样技术

（1）溶液法　尽管溶液制样技术在小分子化合物的红外光谱测量中获得广泛应用，特别是在定量分析中，但这一制样技术在高聚物的研究中却用得很少。这是因为难以找到在红外辐射区既有良好的透明度又能溶解高聚物的理想溶剂。另外，为了消除溶剂光谱的干扰，需要在参比光路中放入溶剂以作补偿。

（2）薄膜法　用于固态化合物的红外光谱测定的标准制样方法是，制备成大小约为 20×6 mm 的薄膜，厚度 10～30 μm。但当被测物含有极性基团时，薄膜的厚度需降低以便准确地观测最强的谱带。以下介绍几种常用的制膜方法。

成品薄膜：有些透明的薄膜成品，可直接应用。

溶液铸膜法：将化合物用适当的溶剂溶解（溶液的浓度视所需的薄膜厚度而定），滴在经过洗净干燥的平面玻璃或金属板上，使其均匀分散后将溶剂尽量缓慢挥发，以保证制成的薄膜质量良好。待溶剂挥发完后将膜取下。为了除去可能残存的溶液，可将薄膜置于真空干燥箱内适当加热处理。

如果化合物溶液在玻璃表面分散性不好，可将玻璃表面先用水洗净，然后用一块柔软的绸布浸以二甲基二氯硅烷的四氯化碳溶液擦拭玻璃，待溶剂蒸发后，把玻璃板放在水中洗净待用。这样的玻璃表面对大多数的溶液都能很均匀地分散。

此外，还可将化合物溶液直接滴在 KBr 片上，待溶剂挥发连同 KBr 一起进行红外光谱测量。当然，这样制成的薄膜，厚度可能不够均匀，但对于定性分析是无大妨碍的。

（3）压片法　在通常的红外光谱测量中，通常用到的是 KBr 片。KBr 片的厚度为 0.3～0.6 mm。KBr 压片法是将样品研细后与 KBr 混合，装入模具内放在油压机上加压，制成透明的晶片。样品的用量为 1～2 mg，KBr 的用量为 100～200 mg。

为了防止压制出的晶片表面出现龟裂现象，压片时应先用机械泵抽气，真空度一般为 1～2 mmHg 柱即可。加压时间的长短对所压出的晶片质量影响不等。因为 KBr 形成结晶是在压力达到所需极大值的一瞬间形成的，所以继续延长加压时间，对结晶的形成无明显的影响。为避免散射现象的发生，制作 KBr 压片时必须使样品与 KBr 粉末混合均匀，当分散介质与样品的折射指数相近时就会减小散射效应。

橡胶类很难直接研细成粉末，难以制作 KBr 片。可用低沸点溶剂（如四氯化碳）将高聚物溶胀，然后加入 KBr 粉末，边搅拌，边研磨，待溶剂挥发后进行压片。

（4）糊剂制样法　采用一些液态悬浮剂如液体石蜡、六氯丁二烯、全氟化碳等作悬浮剂，将研细的化合物粉末放在悬浮剂内研磨，使其成糊状，然后测量这一糊剂的光谱。悬浮法由于样品的颗粒悬浮分散于液体中，很难避免，因此需采用切片技术。

3. 几种标准谱图集

在红外光谱定性分析时，无论是已知物的检验，还是未知物的鉴定，都需要使用纯物质的光谱进行比较。

（1）萨特勒标准红外光谱图　这是一套最常见的红外光谱图集，由美国萨特勒研究实验室自1947年开始出版，分为标准谱图（纯度在98%以上的化合物）和商业谱图（一些工业产品的红外光谱图，按ASTM分类法分成20类）两部分。为了帮助尽快地查到所需要的谱图索引，即分子式索引、化学分类索引、化合物名称索引，可根据需要进行查找。

（2）ASTM卡片　它是把光谱图的主要内容及其他有关资料和化合物的化学结构一起组成卡片，用电子计算机分类。

4. 谱图解析方法

红外光谱解析的三要素是吸收峰的位置、强度和峰形。最常用到的分析方法有以下几种。

（1）直接法　将未知物的红外光谱图与已知化合物的谱图直接进行比较的分析方法。要求样品与标准物在相同条件下记录光谱，并根据样品情况，初步做出估计，然后寻找有关样品方面的谱图进行检验，以得到准确的结果。

（2）否定法　根据红外光谱与分子结构的关系，谱图中某些波数的吸收峰反映了某种基团的存在。当谱图中不出现某吸收峰时，就可否定某种基团的存在。

（3）肯定法　借助于红外光谱图中的特征吸收峰，以确定某种特征基团存在的方法。

在实际工作中，往往是三种方法联合使用，以便得出正确结论。一般可根据样品情况，参照以下步骤进行解析。

首先根据化合物的元素分析结果、相对分子质量、熔点、沸点、折射率等物理常数，初步估计该化合物的分类。根据元素分析的结果，求出化合物的经验式，结合相对分子质量求出化学式，由化学式求分子中的不饱和度。不饱和度数据可缩小可能的结构范围，再根据红外光谱图的特征频率，又可排除一部分不可能的结构，这样就可简化为某几个可能的结构，综合考查样品的情况，提出最可能的结构式。从标准谱图找出这个化合物的谱图和样品谱图相对照，以核对提出的结构是否正确。如果样品是种新化合物，若没有标准谱图及其他资料核对，则需做其他分析（如紫外、质谱、核磁共振等），将所得数据进行比较，就可最后确定所提出的结构是否正确。

在解析谱图时，一般将红外光谱图分为4 000～1 300 cm^{-1}的特征频率区和1 300～400 cm^{-1}的“指纹区”两个波段来分析。这是因为基团的特征吸收大多集中在特征频率区，而“指纹区”又最能显示分子的结构特征。所以解析谱图时，可先从特征频率区入手，发现某种基团存在后，再从“指纹区”或低频区来证实。

解析谱图时还要特别注意强峰、弱峰的位置，也要注意峰的形态和各种变化。下边给出一个分析实例。

例14-4　有一未知物，分子式为C_8H_7N，低室温下为固体，熔点29℃，色谱分离表明为一纯物质，红外光谱图如图14-13。试解析其结构。

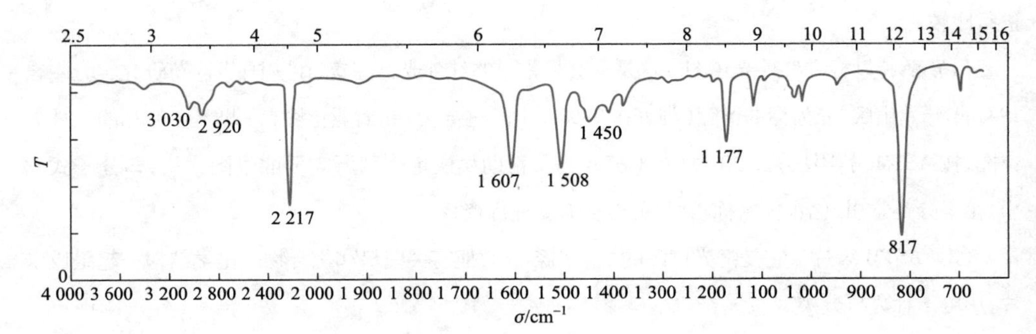

图 14-13　C_8H_7N 的红外光谱图

解:根据分子式求出其不饱和度为 $M=1+8+1/2(1-7)=6$,表明分子中有一个苯环。

3 030 cm^{-1}的吸收峰是C—H 引起的。1 607 cm^{-1}~1 151 cm^{-1}的吸收峰是苯环的C═C 引起的,817 cm^{-1}说明苯环上发生了对位取代(1、4 取代),因此,可初步推测是一个芳香化合物。

2 217 cm^{-1}吸收峰位于三键和累积双键区域,但强度很大,不可能是C═C 或C═C═C,与氰基—C≡N 的伸缩振动吸收接近。

1 572 cm^{-1}吸收峰是苯环与不饱和基团或含有独对电子基团共轭的结果。因此,可能是氰基与苯环共轭的结果。2 920 cm^{-1}、1 450 cm^{-1}、1 380 cm^{-1}处的吸收峰说明分子中有—CH_3 存在。而785~720 cm^{-1}区无小峰,说明分子中无—CH_2。

综上所述,该化合物可能为对甲基苯甲腈。经查标准红外光谱图集,标准谱图与样品谱图相同,说明样品为对甲基苯甲腈。

H_3C—⟨苯环⟩—C≡N

14.4　质谱分析法

质谱(mass spectrometry, 简称MS)最初是用于同位素的测定,20 世纪50 年代后开始应用于有机化合物结构的研究。质谱分析法主要是对离子源内形成的各种离子进行检测。气体分子或固体、液体的蒸气分子,受到高能电子流的轰击后,不仅会失去外层电子生成分子离子,而且其化学键也会发生某些有规律的断裂,生成各具特征质的碎片离子。一般是首先失去一个外层价电子(也有可能失去一个以上),生成带一个正电荷的阳离子,然后也有可能使正离子的化学链断裂,产生带有不同电荷和质量的碎片离子。碎片离子的种类及其含量与原来化合物的结构有关。这些带正电荷的离子,由于其质量(确切地讲,是质荷比 m/z,即离子质量与电荷数之比)不同,在磁场中会产生分离。收集并记录这些离子及其强度便可得到质谱图。由该图即可获得有关相对分子质量和结构方面的信息。

14.4.1　质谱仪的构造

质谱仪种类很多,可分为有机分析质谱仪、无机质谱仪、同位素质谱仪、气体分析质谱仪等。这里仅介绍有机分析质谱仪，其构造包括离子源、质量分析器、检测器和真空系统。

1. 离子源

离子源的作用是将待分析样品电离，得到带有样品信息的离子。离子源主要有电子离子源和化学离子源。

电子离子源（EI）是应用最广泛的离子源，主要用于挥发性样品的电离。目前，所有的标准质谱图都是在电子能量为 70 eV 的情况下得到的。在 70 eV 下，有机物分子可能被打掉一个电子形成分子离子，也可能会发生化学键的断裂形成碎片离子，见图 14-14。在质谱中，由分子离子所形成的峰被称为分子离子峰。当失去一个电子时，分子离子的质荷比 m/z 正好是样品分子的相对分子质量。一般来说，形成的分子离子越稳定，其分子离子峰的强度越大。因此，由分子离子可确定化合物的相对分子质量，由碎片离子可以得到化合物的结构。对于一些不稳定的化合物，为了获得相对分子质量，可采用 10~20 eV 的电子能量，但得到的谱图是非标准谱图。

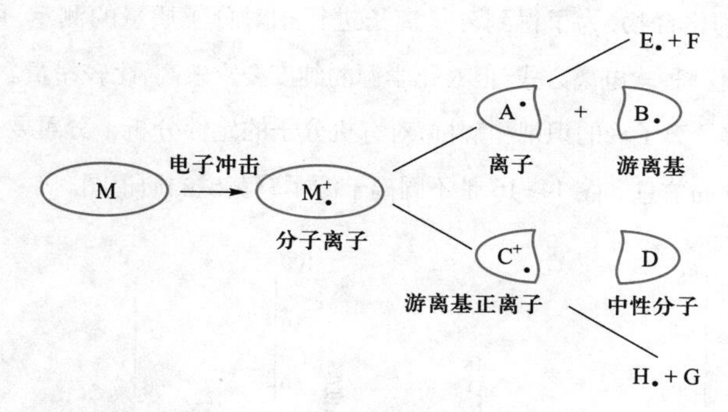

图 14-14　分子的断裂过程示意图

在离子源内形成的离子主要类型有：分子离子、同位素离子、碎片离子、重排离子、多电荷离子及亚稳离子等。在电子的轰击下，样品分子可从 4 个不同的途径形成碎片：样品分子打掉一个电子形成分子离子；分子离子进一步发生化学键断裂形成碎片离子；分子离子发生结构重排形成重排离子；通过分子离子加和反应形成加合离子。

分子受电子束轰击后失去一个电子而生成的离子 M^+ 称为分子离子，在质谱图上由 M^+ 所形成的峰称为分子离子峰：

$$M + e^- \longrightarrow M^+ + 2e^-$$

M^+ 称为分子离子或母离子（parent ion）。分子离子的质量与化合物的相对分子质量相等。几乎所有的有机分子都能够产生可以辨认的分子离子峰。正确地识别和解析分子离子峰十分重要。

分子离子峰的特点：一般质谱图上质荷比最大的峰为分子离子峰（有例外）。形成分子离子需要的能量最低，一般约为 10 eV。如图 14-15 所示的正己烷碎片离子峰。

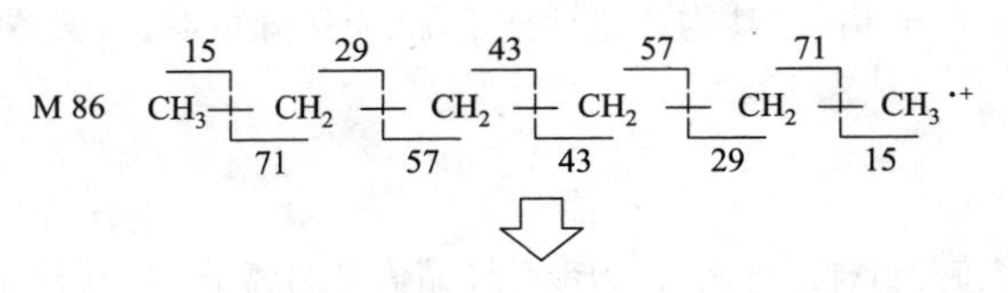

71 $CH_3-CH_2-CH_2-CH_2-CH_2^+$ $\cdot CH_3$

57 $CH_3-CH_2-CH_2-CH_2^+$ $\cdot CH_2-CH_3$

43 $CH_3-CH_2-CH_2^+$ $\cdot CH_2-CH_2-CH_3$

29 $CH_3-CH_2^+$ $\cdot CH_2-CH_2-CH_2-CH_3$

15 CH_2^+ $\cdot CH_2-CH_2-CH_2-CH_2-CH_3$

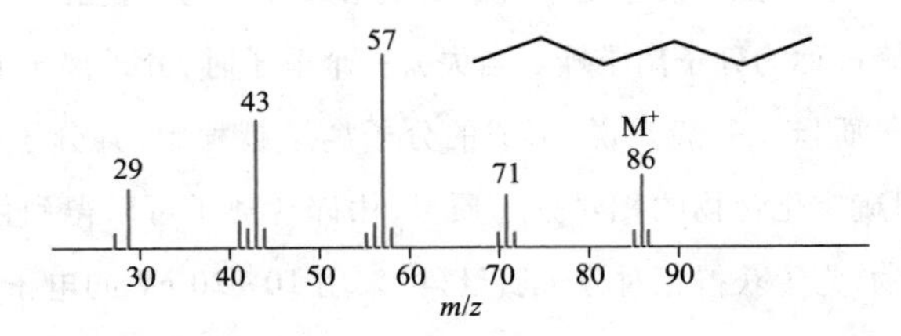

图 14-15　正己烷的碎片离子峰

对于稳定性差的化合物，为了得到分子离子进行相对分子质量的测定，可采用化学电离源（CI）。化学电离源是一种软电离方式，但对化学源的纯度要求较高，比较昂贵。

分子离子峰和碎片离子峰的识别和解析，对有机分子的定性分析十分重要。可以通过选择不同离子源来获得不同的信息。图 14-16 是不同离子源下麻黄碱的质谱图。

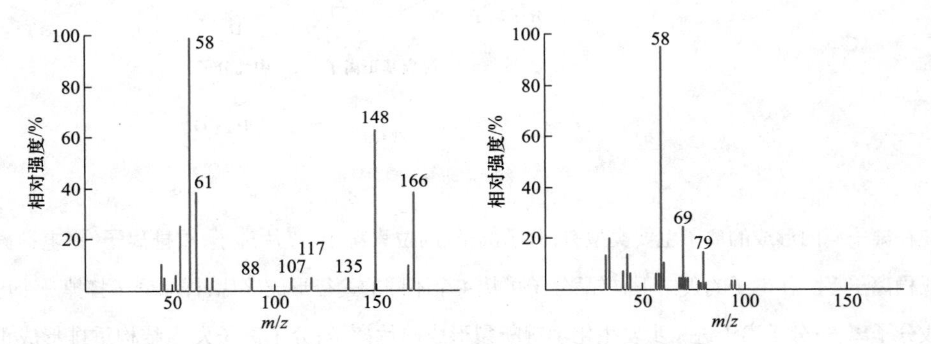

图 14-16　化学电离源（左）和电子轰击源（右）下麻黄碱的质谱图

除了这些峰外，还有同位素峰。由于天然同位素的存在，因此在质谱图上出现 M+1，M+2 等峰，由这些同位素所形成的峰称之为同位素峰。在一般有机分子鉴定时，可以通过同位素峰的统计分布来确定其元素组成，同位素离子峰相对强度之比总是符合统计规律的。如在 CH_3Cl、C_2H_5Cl 等分子中 $I_{M+2}/I_M=32.5\%$（1∶3），而在含有一个溴原子的化合物中$(M+2)^+$峰的相对强度几乎与 M^+峰的相等（1∶1）。

2. 质量分离器

将离子源产生的离子按照 m/z 顺序分开并排列成谱，即质谱。质量分析器主要有单聚焦和双聚焦分析器、四极杆分析器、离子阱分析器、飞行时间质量分析器等。通常用单聚焦分析器和飞行时间质量分析器。单聚焦分析器如图 14-17 所示。其主要装置有高真空系统、进样系统、离子化室、加速电场、质谱分析器、收集器和记录仪等。

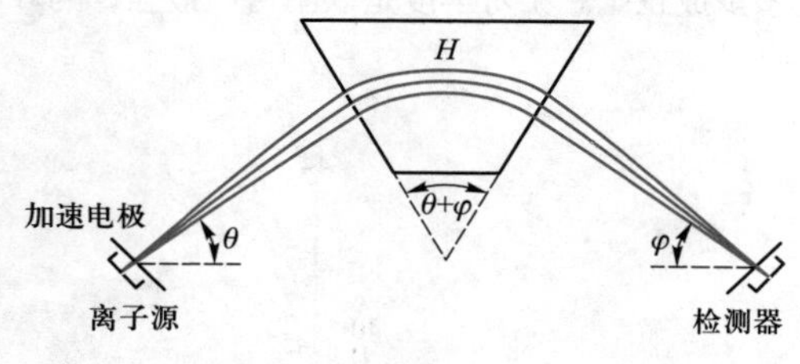

图 14-17 单聚焦分析器

3. 检测器

检测器主要是电子倍增器，记录分离出的不同粒子，得到质谱图。

4. 真空系统

采用真空的目的主要是保证离子源灯丝的正常工作，保证粒子在离子源和分析器中的正常运行，消除不必要的碰撞等，一般在 10^{-4} Pa 的真空条件下进行。

14.4.2 质谱分析原理

质量为 m 的离子进入磁感应强度为 B、电压为 U 的分析器后，由于磁场的作用，离子运动的轨道发生偏转而改做圆周运动，运动速率为 v，轨道的半径为 r。由电子动能 $E=\frac{1}{2}mv^2=zU$ 得

$$v=\sqrt{2zU/m} \tag{14-20}$$

运动中离子的磁向心力 Bzv 与离心力 $\frac{mv^2}{r}$ 在离子做圆周运动的某个时刻相等，即

$$Bzv=\frac{mv^2}{r} \tag{14-21}$$

两式合并，得

$$r=\sqrt{\frac{2U}{B^2}}\times\sqrt{\frac{m}{z}} \tag{14-22}$$

式(14-22)中 m 为正离子质量；z 为正离子电荷数；B 为磁感应强度；U 为外加电场电压。

离子运动的圆形轨道半径受外加电场电压、磁感应强度 B 和离子的质荷比 m/z 因素的影响。

在一定的 B、U 条件下，不同 m/z 的离子其运动半径不同，这样，由离子源产生的离子经过分析器后可实现分离。如果检测器的位置不变，即 r 不变，连续改变磁感应强度 B 或加速电压 U，可使不同质荷比的离子通过出口狭缝，按顺序进入检测器，被离子捕集器收集，实现质量扫描，经电子

放大器放大，由记录仪记录下以质荷比 m/z 为横坐标、以各峰强度（相对丰度）为纵坐标的质谱图。将原始质谱图上最强的离子峰定为基峰（定其相对强度为 100%），其他离子峰以对基峰的相对百分值表示，如图 14-18 所示。图中各峰表示各种 m/z 的位置及大小，峰越高表示形成的离子越多，因此谱峰的强度与离子的多少成正比。相对丰度是以图谱中最强峰的峰高为 100%时，分别计算出其他各峰的强度。

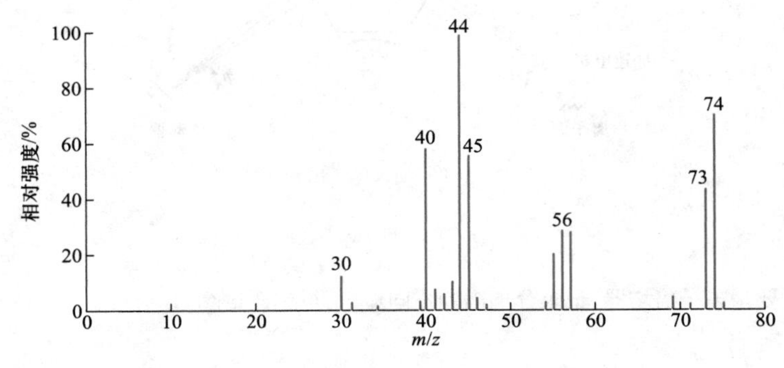

图 14-18　质谱图例及质谱图相对强度

14.4.3　质谱结构解析

1. 相对分子质量确定

根据分子离子峰质荷比可确定相对分子质量，通常分子离子峰位于质谱图最右边，由于分子离子的稳定性及重排等，质谱图上质荷比最大的峰并不一定是分子离子峰。

（1）利用化学结构来判断分子离子峰强度——各类化合物分子离子峰稳定性顺序。

（2）利用经验规律——分子离子峰应符合“氮律”。

（3）分子离子峰与邻近峰的质量差是否合理：有机分子失去碎片大小是有规律的，如失去 H、CH_3、H_2O、C_2H_5 等，因而质谱图中可看到 M-1、M-15、M-18、M-28 等峰，而不可能出现 M-3、M-14、M-24 等峰，如出现这样的峰，则该峰一定不是分子离子峰。质量差为 4～13、19～25、37、38、50～53、65～66 等的不是分子离子峰，当差值为 14（CH_2）时应小心，这表明可能有待测物的同系物存在。

（4）通过改变仪器实验条件来检验：采用化学电离源、场离子源或场解吸源等电离方法；或制备易挥发的衍生物，如通过甲基化、乙酰基化、甲酯化、氧化或还原等方法将样品制备成适当的衍生物后再测定。

2. 化学式的确定

（1）高分辨质谱：可分辨质荷比相差很小的分子离子或碎片离子。如 CO 和 N_2 分子离子的 m/z 均为 28，但其准确质荷比分别为 28.004 0 和 27.994 9，高分辨质谱可以识别它们。

（2）用同位素比求分子式：同位素离子峰 $(M+1)^+$、$(M+2)^+$ 与 M 的强度比可帮助判断某些元

素(Cl、Br、S)是否存在:

$$I_M/I_{M+2}=3:1 \qquad (分子中含有 Cl)$$

$$I_M/I_{M+2}=1:1 \qquad (分子中含有 Br)$$

3. 结构鉴定

(1) 根据质谱图,找出分子离子峰、碎片离子峰、亚稳离子峰、m/z、相对峰高等质谱信息,根据各类化合物的裂解规律,重组整个分子结构。

(2) 采用与标准谱库对照的方法。

例 14-5 某羰基化合物 $M=44$,质谱图上给出两个强峰,m/z 分别为 29 及 43,试推测此化合物的结构。

解:由题意可给出如下示意图:

R —a— C(=O) —b— R′ → (a) $R'-C\equiv O^+$ $m/z=29$; (b) $R-C\equiv O^+$ $m/z=43$

其中,$m/z=43$ 是分子离子峰($44-43=1$, R=H);$m/z=29$ 是由于分子式中一个甲基引起的($44-29=15$, $R=CH_3$)。所以,该羰基化合物为乙醛(CH_3CHO)。

14.5 核磁共振波谱法

核磁共振法(nuclear magnetic resonance spectroscopy, 简称 NMR)是利用某些带有磁性的原子核,在外加直流磁场作用下能吸收一定量的电磁波,不同的核会有不同的吸收频率,对同种核来说,高分辨的仪器甚至可分辨出核外化学环境不同引起的吸收差异。因而核磁共振方法能够用来研究原子核的性质及分子的结构。常用的是研究氢原子核的性质。在复杂的大分子结构中,含有数目不等的氢原子。只要高分子的化学结构不同,氢原子周围的化学环境也不同,借助于不同化学环境下的各类氢原子的数目,以及每个氢原子相邻的结构信息,来分析复杂有机物的结构。

核磁共振类似于红外光谱,属于吸收光谱,不同的是在磁场的作用下有选择地吸收电磁辐射。核磁共振仪大体分两类,一类作固体物质分析,称作宽谱线的核磁摄谱仪。另一类是高分辨核磁共振仪,主要作液体样品分析。它的应用已深入到物理学、化学、化工、医学等许多领域,成为现代化分析法中不可缺少的手段。

14.5.1 核磁共振波谱法的基本原理

如果将一个小磁针放在马蹄形的磁铁中,小磁针便按照一定方向偏转,这说明磁铁有磁场,小磁针有磁矩。同样的道理,很多原子核都具有磁矩(质量数和原子序数都为偶数的原子除外),原子核也会像陀螺一样,绕着某一轴做旋转运动,见图 14-19。由于原子核带有一定的正电荷,当原子核作自旋运动时，这些电荷随着原子核一起运动，因此就产生一个磁场和相应的磁矩。这种原子核本身就像一个小磁针，在外加电场中受到电磁辐射的影响而发生核磁共振现象。

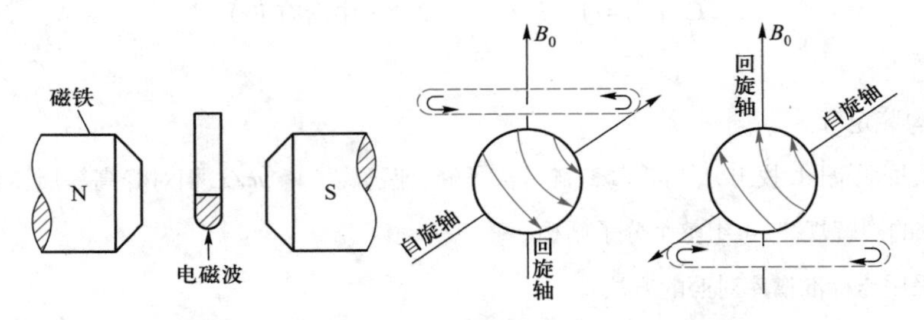

图 14-19　核磁共振实验图示

原子核自旋的特征可用自旋量子数(I)表征，见表 14-2。

$I=0$(^{12}C、^{16}O、^{32}S、^{28}Si)时，无自旋，无 NMR 吸收。

$I=1/2$(^{1}H、^{13}C、^{19}F、^{31}P)时，自旋情况简单，是 NMR 的主要研究对象。

凡 $I\geqslant1$($I=1,2,3,\cdots, 3/2, 5/2$)时，如 $I=1$ (^{2}H、^{14}N)和 $I=3/2$ (^{11}B、^{35}Cl、^{79}Br、^{81}Br)，自旋情况复杂，目前 NMR 研究较少。

表 14-2　原子核自旋的特征

质量数	电子数(原子序数)	自旋量子数 (I)	NMR 信号	电荷分布	原子核
偶数	偶数	0($p=0$)	无	均匀	$^{12}_{6}C$、$^{16}_{8}O$、$^{32}_{16}S$
奇数	奇数	1/2	有	均匀	$^{1}_{1}H$, $^{13}_{6}C$, $^{31}_{15}P$, $^{19}_{9}F$
		3/2、5/2		不均匀	$^{11}_{5}B$、$^{79}_{35}Br$; $^{17}_{8}O$、$^{127}_{53}I$
	偶数	1/2	有	均匀	$^{17}_{8}O$
		3/2		不均匀	$^{33}_{16}S$
偶数	奇数	1	有	不均匀	$^{2}_{1}H$、$^{14}_{7}N$

在无外加磁场时，核能级是简并的，各状态的能量相同。当把自旋的核放在外加电场中，核的磁矩(μ)相对于外加磁场($B_0\neq0$)时，原子核自旋运动受限，表现为：自旋取向受限(核自旋方向有特定取向)，相对外加磁场方向，只有 $2I+1$ 种取向。氢原子核有两种取向，这两种不同的取向对应着两种不同的能量。一种是 μ 与 B_0 平行，为低能量 E_1，另一种是 μ 与 B_0 反平行，为高能量 E_2。

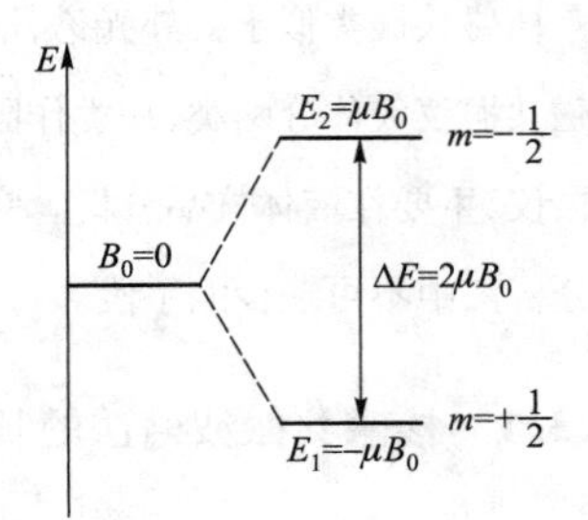

图 14-20　氢核在磁场中的能级分裂

对氢核来说，$I=1/2$，只能有 $2\times1/2+1=2$ 个取向：$+1/2$ 和 $-1/2$。表示 H 核在磁场中，自旋轴只有两种取向：与外加磁场方向相同，$m=+1/2$，磁能级较低；与外加磁场方向相反，$m=-1/2$，磁能级较高。即核在磁场中发生能级分裂(图 14-20)，能级差为：$\Delta E=E_2-E_1$。这种能级分裂取决于外加磁场的强度。即 ΔE 与 B_0 成正比：

$$\Delta E=\frac{\gamma h}{2\pi}B_0=h\nu,\quad \nu=\frac{r}{2\pi}B_0 \tag{14-23}$$

式中,γ 为原子核的磁旋比;h 为普朗克常量;ν 为回旋频率。

式(14-23)说明,当频率对应的能量为 ΔE 时,就发生能量吸收及跃迁,产生核磁共振现象。但核磁共振频率不完全取决于原子核本身,还与核所处的化学环境有关。因为核外电子除了绕核运动外,还会自旋,也产生磁矩,但与外磁场方向相反,抵消了一部分外磁场。使原子核实际感到的磁场强度小于外磁场强度。这种现象叫屏蔽作用,常用 σ 表示:

$$\nu=\frac{r}{2\pi}B_0(1-\sigma) \tag{14-24}$$

为了补偿屏蔽产生的外磁场削弱,实验中需要加大场强以满足共振所需的频率。各种官能团的原子核因化学环境不同,σ 不同,共振频率也不同。如果选定固定的电磁波频率,扫描磁感应强度并作图,核磁共振谱图的横坐标从左到右表示磁感应强度增强的方向。σ 大的原子核,$(1-\sigma)$ 小,所需增强的 B_0 越大,方能满足共振条件,如图 14-21 所示。

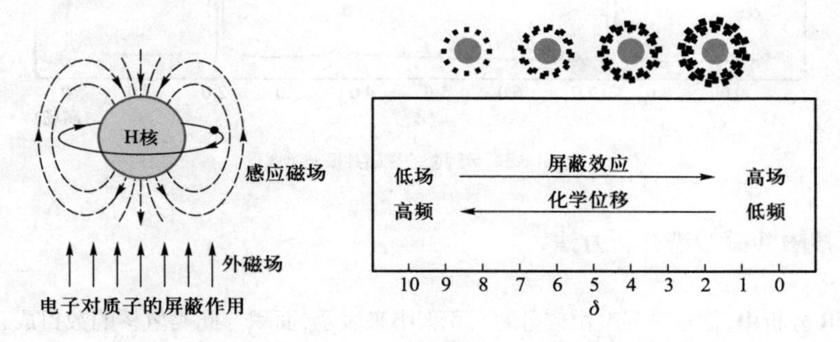

图 14-21　电子对质子的屏蔽作用和化学位移的关系

因为 σ 总小于 1,峰的位置不能精确确定,所以在实验中采用某一标准物质作为基准,以其峰的位置作为核磁谱图的坐标原点。不同官能团的原子核谱峰位置相对于原点的距离,反映了它们所处的化学环境,故称为化学位移,用 δ 表示:

$$\delta=\frac{B_{样品}-B_{标准}}{B_{标准}}\times10^6 \tag{14-25}$$

式(14-25)中 $B_{标准}$、$B_{样品}$ 分别为固定电磁波频率时,样品和标准物质满足共振条件时的磁感应强度。δ 是一个相对值,其数量级为 10^{-6}。

如作图时,B_0 保持不变,扫描电磁波频率,则谱图左方为高频方向,如式(14-26)所示。

$$\delta=\frac{\nu_{样品}-\nu_{标准}}{\nu_{标准}}\times10^6 \tag{14-26}$$

不同类别质子的化学位移如图 14-22 所示。

测定^{1}H 的核磁共振谱时,最常采用的基准物质是四甲基硅烷(TMS),因为 TMS 只有一个峰(4 个甲基对称分布)。一般基团的峰均位于其左侧。通过测量或比较质子的化学位移了解分子结构。这使 NMR 方法的存在有了意义。如图 14-23 所示的苯丙酮的核磁共振波谱图。

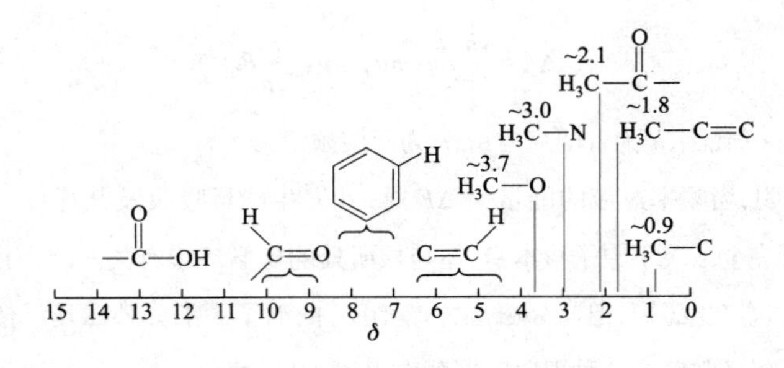

图 14-22　不同类别质子的化学位移

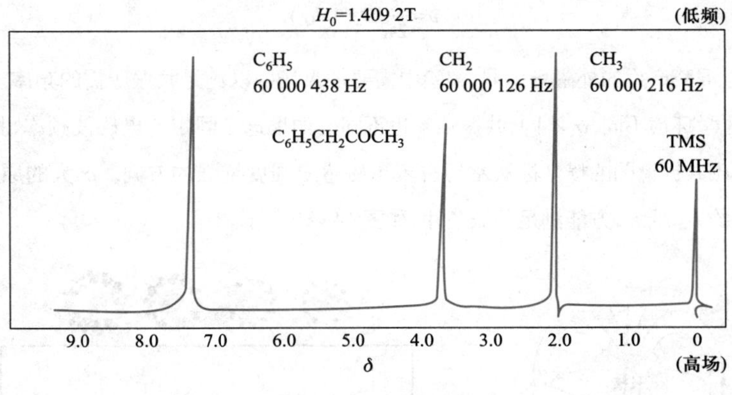

图 14-23　苯丙酮的核磁共振波谱图

14.5.2　核磁共振波谱分析方法

在 NMR 分析中,信号的强度由信号的面积大小来表示,面积与此类氢核的数目成正比。比较不同氢核信号的面积大小,可以确定氢核的相对数目。

(1) 峰的数目:标志分子中磁不等性质子的种类,多少种;

(2) 峰的强度(面积):每类质子的数目(相对),多少个;

(3) 峰的位移(δ):每类质子所处的化学环境,化合物中位置;

(4) 峰的裂分数:相邻碳原子上的质子数;

(5) 偶合常数(J):确定化合物构型。

需要指出的是,NMR 谱图中信号的数目,仅表示了分子中含有多少种类的氢核,但到底属于什么种类的氢核及这种氢核在分子中的位置如何排布,周围基团如何连接等信息,都要从信号的位置来分析。下边以两个实例说明 NMR 的分析方法。

例 14-6　由乙醇的 NMR 谱图(图 14-24)判断乙醇的结构。

解:乙醇的分子式为 $CH_3—CH_2—OH$,含有 6 个质子。如果无屏蔽作用,应该只有一个吸收峰。图中的三个吸收峰说明了乙醇中有三种氢原子。

$CH_3—CH_2—OH$ 中的—OH 键中氢原子的电子被氧原子吸引,使得—OH 键中的氢原子的电子相对较少,H 核受到的屏蔽作用也少,因此在低场强下出峰,所以最左边的峰对应的是乙醇中的—OH 峰,—CH_2 次之,—CH_3

出现在最右边。

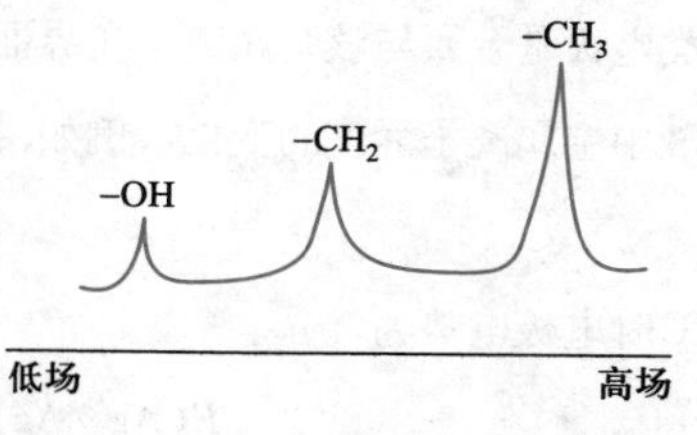

图 14−24　乙醇的核磁共振波谱图

三个吸收峰的面积之比为 1∶2∶3，面积的大小对应的是氢原子数目的多少，这也进一步说明了乙醇中三种氢原子的情况。所以，实验谱图对应的应是如图 14−24 所示的氢原子位置。

例 14−7　化合物 C_9H_{12} 的 NMR 谱图如图 14−25，判断其结构。

解：图 14−25 中仅出现两个峰，说明该分子中仅含有两类氢原子核。一般情况下，$\delta_{6.9}$ 处出现大的峰多为芳环上的氢原子，$\delta_{2.1}$ 为苯环上的甲基峰。再从峰的强度比来看，可推知该化合物有三个甲基和一个三取代苯环，如图中所给的结构。

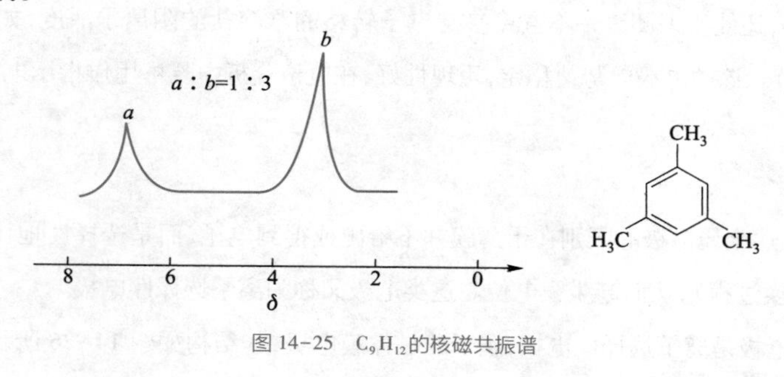

图 14−25　C_9H_{12} 的核磁共振谱

14.6　电位分析法

电位分析是电化学分析的一个重要分支，它是根据指示电极电位与所响应的离子活度之间的关系，通过测量指示电极、参比电极和待测试液所组成的原电池的电动势来确定被测离子浓度的一种分析方法。电位分析法可分为两种，一是根据原电池的电动势直接求出被测物质浓度的直接电位法，另一是根据滴定过程中原电池电动势的变化确定终点的电位滴定法。

设电池为 M ｜ M^{n+} ‖ 参比电极，用 E_{MF} 表示电池电动势，则

$$E_{MF}=E_{参比}-E(M^{n+}/M)=E_{参比}-E^{\ominus}(M^{n+}/M)-\frac{RT}{nF}\ln a(M^{n+}) \tag{14-27}$$

式(14−27)中 $E_{参比}$ 和 $E^{\ominus}(M^{n+}/M)$ 在温度一定时，都是常数。由此可见原电池的电动势是金属离子活度的函数。只要测出电池电动势 E_{MF}，就可求得金属离子的活度，这就是电位分析法的测定原理。

14.6.1　指示电极和参比电极

1. 指示电极

按结构不同可以把指示电极分为金属−金属易溶盐电极、金属−金属难溶盐电极、汞电极、惰性金属电极、玻璃膜电极和其他膜电极等。

(1) 金属−金属易溶盐电极

金属−金属易溶盐电极是由某一金属插入含有其离子的溶液中而组成的(称为第一类电极)。

这类电极是金属与该金属离子在界面上发生可逆的电子转移。其电极电势的变化能准确地反映溶液中金属离子活度的变化。例如,将金属银浸在 $AgNO_3$ 溶液中构成的电极,其电极反应为

$$Ag^+ + e^- \rightleftharpoons Ag$$

25℃时电极电势为

$$E(Ag^+/Ag) = E^\ominus(Ag^+/Ag) + 0.059\ \mathrm{V} \ln a(Ag^+) \tag{14-28}$$

(2) 金属-金属难溶盐电极

金属-金属难溶盐电极是由金属表面带有该金属难溶盐的涂层,浸在含难溶盐阴离子的溶液中组成的,其电极电势随溶液中难溶盐的阴离子活度的变化而变化。此类电极除能用来直接测定金属离子活度外,还能用来测量并不直接参与电子转移的难溶盐的阴离子活度,如 Ag-AgCl 电极用于测定 $a(Cl^-)$。这类电极电势值稳定,重现性好,在电位分析中既可用作指示电极,也常用作参比电极。

(3) 膜电极

膜电极与上述金属电极的区别在于薄膜并不给出或得到电子,而是选择性地让一些离子渗透(包含着离子交换过程),从而产生膜电位。这类电极又称为离子选择性电极。

pH 玻璃膜电极是离子选择性电极,属于非晶体膜电极,其结构如图 14-26 所示。其主要部分是一个玻璃泡,泡的下部是由 SiO_2 基质中加入 Na_2O 和少量 CaO 经烧结而成的玻璃薄膜,膜厚 30~100 μm,泡内装有已知 pH 的溶液(一般为 0.1 $mol \cdot L^{-1}$ 的 HCl 溶液)作为内参比溶液,其中插入一支银-氯化银电极作为内参比电极,这样就构成了玻璃膜电极。

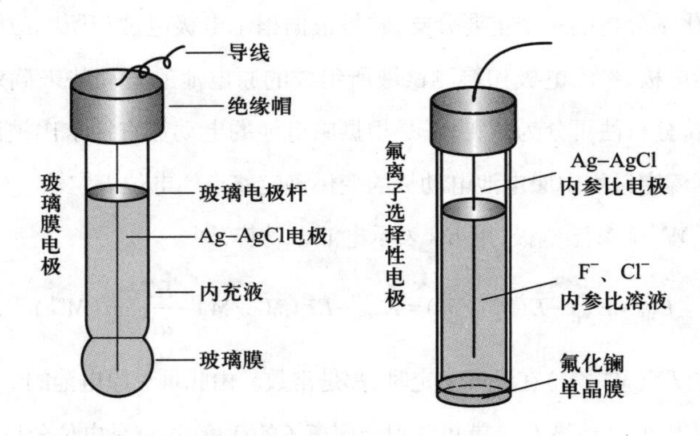

图 14-26 玻璃膜电极和氟离子选择性电极

玻璃膜电极中内参比电极的电位是恒定的,与待测溶液的 pH 无关。玻璃膜电极之所以能测定溶液 pH,是由于玻璃膜产生的膜电位与待测溶液 pH 有关。若在泡内外有两种不同 pH 的溶液时,实验发现在玻璃膜两侧存在着电位差,而电位差的大小取决于膜内外溶液的 pH,一般将膜内溶液的 pH 固定,则其电位的大小就取决于膜外溶液 pH。如果膜外为待测溶液,其中氢离子的活度为 $a(H^+)_{试}$ 则该玻璃膜电极的膜电位可表示为

$$E_{膜} = K + 0.059\ \mathrm{V} \lg a(H^+)_{试} = K - 0.059\ \mathrm{V}\,pH_{试} \tag{14-29}$$

式(14-29)中 $E_{膜}$ 是玻璃膜内外侧电位差;K 值由每支玻璃膜电极本身的性质所决定。在一定温度下,玻璃膜电极的膜电位与试液的 $pH_{试}$ 呈线性关系。若将玻璃膜电极、某参比电极及待测试液组成原电池,通过测定电池电动势,可测得待测液的 pH。玻璃膜电极测定 pH 的优点是不受溶液中氧化剂、还原剂及酸性和碱性物质的影响。玻璃膜电极不易因杂质的作用而中毒,能在胶体溶液和有色溶液中应用。玻璃膜电极不仅可用于溶液 pH 的测定,在适当改变玻璃膜的组成后,也可用于 Na^+、Ag^+、Li^+ 等离子活度的测定。

另一类膜电极是单晶膜电极,该类电极薄膜由难溶盐的单晶薄片制成,如氟离子选择性电极,电极薄膜由掺有 EuF_2(有利于导电)的 LaF_3 单晶片制成。将膜封在硬塑料管的一端,管内一般装有 0.1 mol · L^{-1} NaCl 和 0.1~0.01 mol · L^{-1} NaF 的混合溶液作内参溶液,以 Ag-AgCl 作内参比电极(F^- 用以控制膜内表面的电位,Cl^- 用以固定内参比溶液的电位)。氟电极的结构如图 14-26 所示。

由于 LaF_3 的晶格有空穴,在晶格上的氟离子可以移入晶格邻近的空穴而导电。当氟离子选择性电极插入含氟溶液中时,F^- 在电极表面进行交换,如溶液中 F^- 活度较高,则溶液中 F^- 可以进入单晶的空穴。反之,单晶表面的 F^- 也可进入溶液。由此产生的膜电位与溶液中 F^- 活度的关系,当 $a(F^-)$ 大于 10^{-5} mol · L^{-1} 时,遵守能斯特方程。25℃时,

$$E_{膜} = K - 0.059\ \mathrm{V} \lg a(F^-) = K + 0.059\ \mathrm{V}\,\mathrm{pF} \qquad (14-30)$$

氟离子选择性电极的选择性较高,当存在 Cl^-、Br^-、I^-、SO_4^{2-}、NO_3^- 等为 F^- 量的 1 000 倍时无明显干扰,但测试溶液的 pH 需控制在 5~7,若 pH 过低,F^- 部分形成 HF 或 HF_2^-,降低了 F^- 的活度;pH 过高,LaF_3 薄膜与 OH^- 发生交换,晶体表面形成 $La(OH)_3$ 而释放出 F^-,干扰测定。此外,溶液中能与 F^- 生成稳定配合物或难溶化合物的离子(如 Al^{3+}、Ca^{2+}、Mg^{2+}、Fe^{3+} 等)也有干扰,通常可以通过加掩蔽剂来消除干扰。

2. 参比电极

参比电极是测量电池电动势、计算电极电势的基准,因此,要求它的电极电势已知而且恒定,在测量过程中,即使有微小电流(约 10^{-8} A 或更小)通过,仍能保持不变,它与不同的试液间的液体接界电位差异很小,数值很低(1~2 mV),可以忽略不计。同时要求参比电极容易制作,使用寿命长。标准氢电极(SHE)是最精确的参比电极,是参比电极的一级标准,它的电势值规定在任何温度下都是 0 V。

用标准氢电极(SHE)与另一电极组成电池,测得的电池两极的电势差值即是另一电极的电极电势。但是标准氢电极制作麻烦,氢气的净化、压力的控制等难以满足要求,而且铂黑容易使其中毒。因此直接用 SHE 作参比电极很不方便,实际工作中常用的参比电极是经过与标准氢电极比较之后的甘汞电极和银-氯化银电极。

甘汞电极是金属汞、Hg_2Cl_2 和 KCl 溶液组成的电极,其结构如图 14-27 所示。内玻璃管中封

接一根铂丝，铂丝插入纯汞中（厚度为 0.5～1 cm），下置一层甘汞（Hg_2Cl_2）和汞的糊状物，外玻璃管中装有 KCl 溶液，即构成甘汞电极。电极下端与待测溶液接触部分是熔结陶瓷芯或玻璃砂芯等多孔性物质或是一毛细管通道。

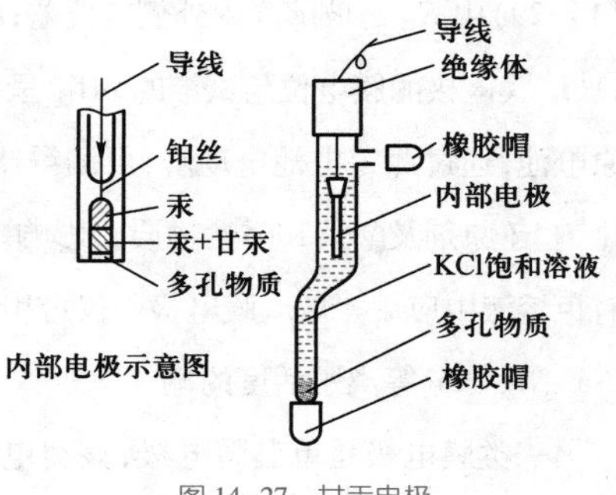

图 14-27　甘汞电极

甘汞电极可以写成：$Hg,\ Hg_2Cl_{2(S)} \mid KCl$

电极反应为　$Hg_2Cl_{2(S)} + 2e^- \rightleftharpoons 2Hg + 2Cl^-$

电极电势（25℃时）为

$$E[Hg_2Cl_2(s)/Hg] = E^{\ominus}[Hg_2Cl_2(s)/Hg] - \frac{0.059\ V}{2}\lg[a(Cl^-)]^2 \tag{14-31}$$

$$= E^{\ominus}[Hg_2Cl_2(s)/Hg] - 0.059\ V\lg a(Cl^-)$$

当温度一定时，甘汞电极的电极电势主要取决于氯离子的活度，当氯离子的活度一定时，其电极电势是个定值。KCl 溶液浓度不同，甘汞电极的电极电势则是不同的恒定值，如表 14-3 所示。

表 14-3　25℃时甘汞电极的电极电势（对 SHE）

名称	KCl 溶液的浓度	电极电势 E/V
0.1 $mol \cdot L^{-1}$ 甘汞电极	0.1 $mol \cdot L^{-1}$	+0.336 5
标准甘汞电极（SCE）	1.0 $mol \cdot L^{-1}$	+0.282 8
饱和甘汞电极（CSE）	饱和溶液	+0.243 8

14.6.2　直接电位法

1. 电位法测定 pH

pH 定义为 $pH = -\lg a(H^+)$。测定溶液的 pH 常用玻璃膜电极作指示电极，甘汞电极作参比电极，与待测溶液组成工作电池。此电池可表示为

$$Ag, AgCl \mid HCl \mid 玻璃 \mid 试液 \parallel KCl(饱和) \mid Hg_2Cl_2$$

$E_{膜}$　　　E_L　　　$E_{甘汞}$

|←玻璃膜电极→|　　　|←甘汞电极→|

$E_{玻璃} = E(AgCl/Ag) + E_{膜}$　　　$E_L + E_{甘汞}$

E_L 是液体界接电位，上述电池的电动势为

$$E_{MF} = E_{甘汞} - E_{玻璃} + E_L = E(Hg_2Cl_2/Hg) - E(AgCl/Ag) - E_{膜} + E_L \tag{14-32}$$

将 $E_{膜} = K - 0.059\ VpH_{试}$ 代入上式得

$$E_{MF} = E(Hg_2Cl_2/Hg) - E(AgCl/Ag) - K + 0.059\ VpH_{试} + E_L \tag{14-33}$$

式（14-33）中 $E(Hg_2Cl_2/Hg)$、$E(AgCl/Ag)$，E_L 和 K 在一定条件下都是常数，将其合并为常数 K'，于是上式可表示为

$$E_{MF} = K' + 0.059\ V\ pH \tag{14-34}$$

待测电池的电动势与试液的 pH 呈直线关系。若能求出 E 和 K'的值,就可求出试液的 pH。E 可以通过测量得到,K'值除包括内、外参比电极的电极电势等常数以外,还包括难以测量和计算的 $E_{不对称}$(当特制玻璃膜内外氢离子的活度相等时,膜电位 $E_{膜}$应为零,但是实际并不是如此,玻璃膜两侧仍存在一定的电位差,这种电位差称为 $E_{不对称}$)和 E_L。因此在实际工作中,不可能应用式(14-34)直接计算 pH,而是用一 pH 已经确定的标准缓冲溶液作为基准,并比较包含待测溶液和包含标准缓冲溶液的两个工作电池的电动势来确定待测溶液的 pH。

设有两种溶液 x 和 s,其中 x 代表试液,s 代表 pH 已经确定的标准缓冲溶液。测量时电池可表示为

对 H^+可逆的电极|标准缓冲溶液 s 或试液 x ‖参比电极

两种 pH 不同溶液的工作电池的电动势分别表示为

$$E_{MF,x} = K'_x + \frac{2.303RT}{F} pH_x \tag{14-35}$$

$$E_{MF,s} = K'_s + \frac{2.303RT}{F} pH_s \tag{14-36}$$

式中 pH_x 为试液的 pH;pH_s 为标准缓冲溶液的 pH。

若测量 $E_{MF,x}$和 $E_{MF,s}$的条件不变,假定 $K'_x = K'_s$,于是上列两式相减可得

$$pH_x = pH_s + \frac{E_{MF,x} - E_{MF,s}}{2.303RT/F} \tag{14-37}$$

式(14-37)中 pH_s 为已确定的数值,通过测量 $E_{MF,x}$和 $E_{MF,s}$的值就可以得出 pH_x。也就是说,以标准缓冲溶液的 pH 为基准,通过比较 $E_{MF,x}$和 $E_{MF,s}$的值,能求出 pH_x。$E_{MF,x}$和 $E_{MF,s}$的差值和 pH_x 与 pH_s 的差值呈直线关系,直线的斜率 $2.303RT/F$ 是温度的函数。要了解 pH 计的工作原理必须注意这一关系。

式(14-37)是假定在相同条件下测定 $E_{MF,x}$和 $E_{MF,s}$,并且 $K'_x = K'_s$的条件下得出的。在实验过程中某些因素的改变会使 pH 发生变化而带来误差。为了尽量减小误差,应选用 pH 与待测溶液 pH 相近的标准缓冲溶液,在实验过程中,应尽可能使溶液的温度保持恒定。

因为标准缓冲溶液是 pH 测定的基准,所以 pH 测定用的标准缓冲溶液的配制及其 pH 的确定是非常重要的,采用尽可能完善的方法确定了若干种标准缓冲溶液的 pH,可从手册上查找到。

对于其他各种离子选择性电极,可以得出如下一般公式:

$$E_{MF} = K' \pm \frac{2.303RT}{nF} \lg a \tag{14-38}$$

当离子选择性电极作正极时,对阳离子响应的电极,K'后面一项取正值,对阴离子响应的电极,K'后面一项取负值。K'的数值取决于薄膜、内参比溶液及内外参比电极的电极电势等。

2. 离子浓度的标准曲线法定量测定

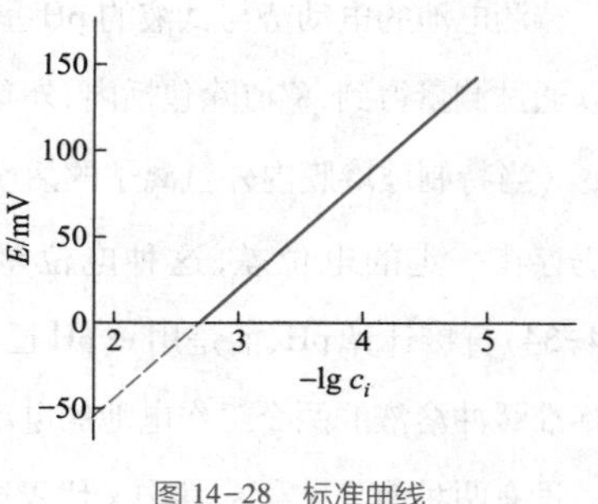

图 14-28　标准曲线

将指示电极和参比电极插入一系列含有不同浓度的待测离子的标准溶液中，并在其中加入一定的惰性电解质（称为总离子强度调节缓冲溶液，TISAB），测定所组成的各个电池电动势，并绘制相应电池的 $E-\lg c_i$ 或 $E-\mathrm{pM}$ 关系曲线，如图 14-28 所示。在一定浓度范围内，关系曲线是一条直线。然后在待测溶液中也加入同样多的 TISAB 溶液，并用同一对电极测定其电势 $E_{\mathrm{MF,x}}$，再从标准曲线上查出相应的 c_x。

14.6.3　电位滴定法

电位滴定是一种利用仪器确定滴定终点的方法。滴定过程的关键是确定滴定反应的化学计量点时，所消耗的滴定剂的体积。在滴定过程中，每滴加一次滴定剂，平衡后测量电动势，如图 14-29。按照滴定剂用量（V）和相应的电势数值（E），作图得到滴定曲线。做出相应图示，寻找化学计量点所在的范围。将滴定的突跃曲线上的拐点作为滴定终点，该点与化学计量点非常接近。突跃范围内每次滴加体积控制在 0.1 mL。

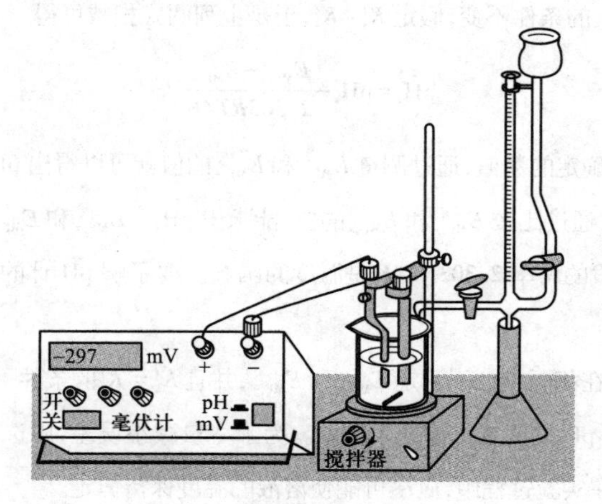

图 14-29　电位滴定示意图

通常采用三种曲线的方法来确定电位滴定终点。

（1）$E-V$ 曲线法：如图 14-30(a) 所示，$E-V$ 曲线法简单，但准确性稍差。

（2）$\Delta E/\Delta V-V$ 曲线法：如图 14-30(b) 所示。$\Delta E/\Delta V-V$ 曲线由电位改变量与滴定剂体积增量之比计算。

$\Delta E/\Delta V-V$ 曲线上存在着极值点，该点对应着 $E-V$ 曲线中的拐点。

（3）$\Delta^2E/\Delta V^2-V$ 曲线法：如图 14-30(c) 所示。$\Delta^2E/\Delta V^2$ 表示 $E-V$ 曲线的二阶微商。$\Delta^2E/\Delta V^2$ 值由下式计算：

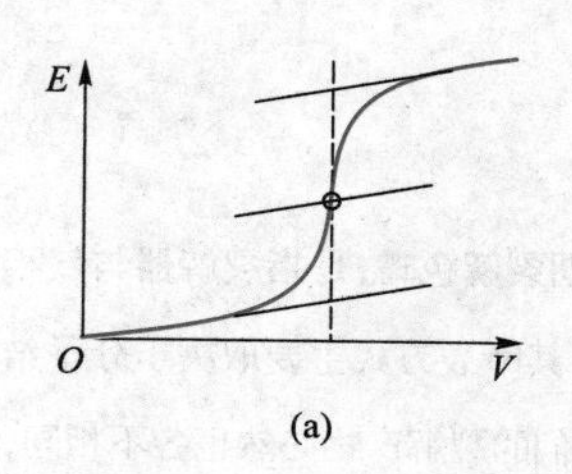

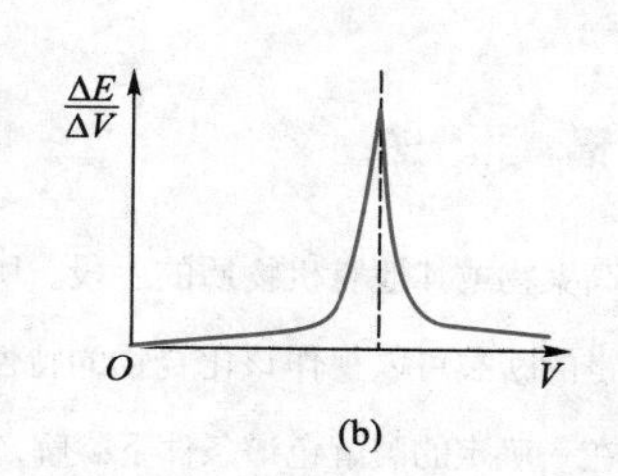

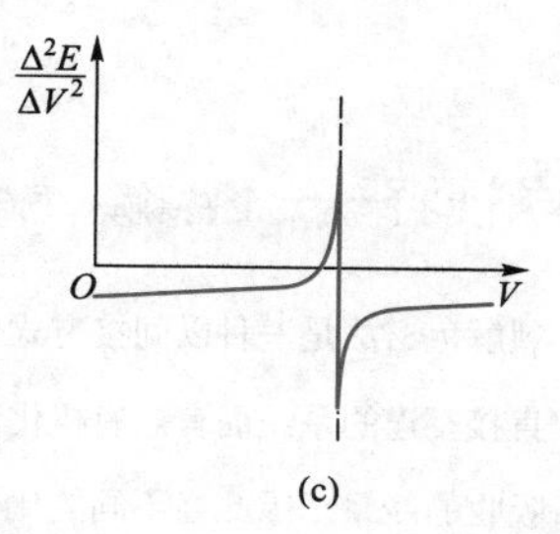

图 14-30　电位滴定曲线确定滴定终点

$$\frac{\Delta^2 E}{\Delta V^2}=\frac{\left(\dfrac{\Delta E}{\Delta V}\right)_2-\left(\dfrac{\Delta E}{\Delta V}\right)_1}{\Delta V}$$

例 14-8　以银电极为指示电极，饱和甘汞电极为参比电极，用 0.100 0 mol · L^{-1} $AgNO_3$ 标准溶液滴定含 Cl^- 试液，得到的原始数据如下（电势突跃时的部分数据）。用二级微商法求出滴定终点时消耗的 $AgNO_3$ 标准溶液体积。

解：将原始数据按二级微商法处理，一级微商和二级微商由后项减前项比体积差得到。例如：

滴加体积/mL	24.00	24.10	24.20	24.30	24.40	24.50	24.60	24.70
电位 E_{MF}/V	0.174	0.183	0.194	0.233	0.316	0.340	0.351	0.358

表中的一级微商和二级微商由后项减前项比体积差得到

$$\frac{\Delta E}{\Delta V}=\frac{0.316-0.233}{24.40-24.30}=0.83;\quad \frac{\Delta^2 E}{\Delta V^2}=\frac{0.24-0.88}{24.45-24.35}=-5.9$$

如此方法求得数据如下表。

滴入的 $AgNO_3$ 标准溶液体积/mL	测量电势 E/V	$\frac{\Delta E}{\Delta V}$	$\frac{\Delta^2 E}{\Delta V^2}$
24.00	0.174		
		0.09	
24.10	0.183		0.2
		0.11	
24.20	0.194		2.8
		0.39	
24.30	0.233		4.4
		0.83	
24.40	0.316		−5.9
		0.24	
24.50	0.340		−1.3
		0.11	
24.60	0.351		−0.4
		0.07	
24.70	0.358		

二级微商等于零所对应的体积值应在 24.30~24.40 mL，由内插法计算出：

$$V_{终点}=24.30\ \text{mL}+(24.40-24.30)\ \text{mL}\times\frac{4.4}{4.4+5.9}=24.34\ \text{mL}$$

化学视野——热裂解-气相色谱/质谱法

裂解色谱法是一种以间接方式分析高聚物或其他有机物质的手段。所谓裂解色谱，是指裂解器与气相色谱仪直接相连的系统而言。有机化合物链的断裂可以视作该化合物的特性，其断裂方式主要取决于分子结构及所吸收的能量。因此当不同的化合物在一确定的裂解色谱条件下裂解，它们的裂解产物必然也各不相同，即得到的裂解色谱或称裂解谱图各异。通过裂解图谱中各色谱峰（裂解产物）的定性、定量分析，便可以反过来识别各化合物并确定它们的组成及结构。

用裂解的方法分析高聚物已有很长的历史。早在1862年就有人曾以裂解与化学分析结合的方法研究天然橡胶，并确定了天然橡胶的单体为异戊二烯。但由于大多数高聚物的热裂解产物组成均较复杂，对它们采用经典的化学分析方法测定，首先遇到的是裂解产物的分离纯化问题，因而要求样品量大、操作步骤多、分析周期相当长。

气相色谱的出现给裂解这一古老技术添注了新的活力。裂解技术与气相色谱相结合，即裂解色谱（pyrolysis gas chromatography，Py-GC），也进一步扩大了气相色谱的应用范围，使之可用于不挥发性物质尤其是高聚物的分析。

裂解色谱综合了裂解和气相色谱两者的特点，因此气相色谱各个特点均在裂解色谱技术中得到充分的反映。就裂解方法而言，它能使本来对气相色谱无法适用的不具挥发性物质成为可供气相色谱分析的对象。这本身就是裂解色谱之最大特点。除此之外，裂解色谱还有如下特点：

（1）灵敏、快速，样品用量极少。由于气相色谱的检测器灵敏度高，故样品一次裂解量一般在微克至毫克级。快速是指分析周期较短，一般一次裂解色谱的摄谱约0.5 h，对复杂的大分子，周期稍长一些。

（2）操作方便，裂解色谱适用于各种物理状态样品，可直接进样分析。这对已固化的热固性树脂、涂料及已硫化交联的橡胶制品，提供了分析方便。另外，不需要任何前处理，有着其他方法无可替代的优势。

热裂解-气相色谱/质谱（pyrolysis-gas chromatography/mass spectrometry，Py-GC/MS）联用技术依靠快速加热，并在惰性气体存在下使大分子裂解成碎片，然后用气相色谱将它们分离后形成色谱，再用质谱进行分子结构和组分的鉴定。Py-GC/MS对样品的量和富集状态无过高要求，分析时无需对样品进行前处理，操作简单，是干性油检测的新型分析方法。

对于极性样品的分析，有时也需要在热裂解的同时对样品进行衍生处理，从而提高分析的灵敏度。Py-GC/MS较常用的有两种衍生化方法：甲基化和硅烷化。甲基化所用的试剂有TMAH和TFTMAH，与TMAH相比，TFTMAH支链反应少，较适合油脂类样品的联机分析检测；硅烷化试剂则多用六甲基二硅胺（hexamethyldisilazane，HMDS）。Py-GC/MS的衍生化程序简单，将样品和衍生试剂混合，在高温裂解的同时，衍生化试剂与样品的裂解碎片发生反应，完成衍生化。

Py-GC/MS谱图由于缺乏相当于数据库之类的平台可以将未知物的谱图与某一具体物质对应起来，大多数研究人员都是根据自己实验摸索或借鉴他人的研究成果对物质归属做大致的推断。

附录

附录1　国际单位制的基本单位、导出单位及常用换算关系

1. 国际单位制(SI)的基本单位

量		单位	
名称	符号	名称	符号
长度	l	米	m
质量	m	千克(公斤)	kg
时间	t	秒	s
电流	I	安［培］	A
热力学温度	T	开［尔文］	K
物质的量	n	摩［尔］	mol
发光强度	Iv	坎［德拉］	cd

2. 常用的SI导出单位

量		单位		
名称	符号	名称	符号	用SI基本单位和SI导出单位表示
频率	ν	赫［兹］	Hz	s^{-1}
能量	E	焦［耳］	J	$kg \cdot m^2 \cdot s^{-2}$
力	F	牛［顿］	N	$kg \cdot m \cdot s^{-2} = J \cdot m^{-1}$
压力	p	帕［斯卡］	Pa	$kg \cdot m^{-1} \cdot s^{-2} = N \cdot m^{-2}$
功率	P	瓦［特］	W	$kg \cdot m^2 \cdot s^{-2} = J \cdot s^{-1}$
电荷量	Q	库［仑］	C	$A \cdot s$
电位,电压,电动势	U	伏［特］	V	$kg \cdot m^2 \cdot s^{-3} \cdot A^{-1} = J \cdot A^{-1} \cdot s^{-1}$
电阻	R	欧［姆］	Ω	$kg \cdot m^2 \cdot s^3 \cdot A^{-2} = V \cdot A^{-1}$
电导	G	西［门子］	S	$kg^{-1} \cdot m^{-2} \cdot s^3 \cdot A^2 = \Omega^{-1}$
电容	C	法［拉］	F	$A^2 \cdot s^4 \cdot kg^{-1} \cdot m^{-2} = A \cdot s \cdot V^{-1}$
摄氏温度	t	摄氏度	℃	℃=K

3. 常用换算关系

(1) 1 J=0.239 0 cal，1 cal=4.184 J

(2) 1 J=9.869 $cm^3 \cdot atm$，1 $cm^3 \cdot atm$=0.1013 J

(3) 1 J=6.242×10^{18} eV，1 eV=1.602×10^{-19} J

(4) 1D(德拜)= 3.334×10^{-30} C·m(库仑·米),1 C·m = 2.999×10^{29} D

(5) 1 Å(埃)= 10^{-10} m = 0.1 nm = 100 pm

(6) 1 cm^{-1}(波数)= 1.986×10^{-30} J = 11.96 J·mol^{-1}

附录 2　一些物质的热力学数据

(常见的无机物质和 C_1、C_2 有机物)

说明：

cr　结晶固体；　l　液体；　g　气体；

am　非晶态固体；　aq　水溶液,未指明组成；

ao　水溶液,非电离物质,标准状态,b = 1 mol·kg^{-1}

ai　水溶液,电离物质,标准状态,b = 1 mol·kg^{-1}

物质 B 化学式和说明	状态	298.15 K,100 kPa		
		$\Delta_f H_m^\ominus$/(kJ·mol^{-1})	$\Delta_f G_m^\ominus$/(kJ·mol^{-1})	$S_m^\ominus$/(J·mol^{-1}·K^{-1})
Ag	cr	0	0	42.55
Ag^+	ao	105.579	77.107	72.68
Ag_2O	cr	−31.05	−11.2	121.3
AgF	cr	−204.6	—	—
AgCl	cr	−127.068	−109.789	96.2
AgBr	cr	−100.37	−96.9	107.1
AgI	cr	−61.84	−66.19	115.5
Ag_2S　α 斜方晶的	cr	−32.59	−40.67	144.01
Ag_2S　β	cr	−29.41	−39.46	150.6
$AgNO_3$	cr	−124.39	−33.41	140.92
$Ag(NH_3)^+$	ao	—	31.68	—
$Ag(NH_3)_2^+$	ao	−111.29	−17.12	245.2
Ag_3PO_4	cr	—	−879.0	—
Ag_2CO_3	cr	−505.8	−436.8	167.4
$Ag_2C_2O_4$	cr	−673.2	−584.0	209.0
Al	cr	0	0	28.83
Al^{3+}	ao	−531.0	−485.0	−321.7
Al_2O_3 α 刚玉(金刚砂)	cr	−1 675.7	−1 582.3	50.92
Al_2O_3	am	−1 632.0	—	—
$Al_2O_3\cdot 3H_2O$	cr	−2 586.67	−2 310.21	136.90
(三水铝矿)拜耳石				
$Al(OH)_3$	am	−1 276.0	—	—
$Al(OH)_4^-$　相当于	ao	−1 502.5	−1 305.3	102.9
$AlO_2^-(aq)+2H_2O(l)$				
AlF_3	cr	−1 504.1	−1 425.0	66.44
$AlCl_3$	cr	−704.2	−628.8	110.67
$AlCl_3\cdot 6H_2O$	cr	−2 691.6	−2 261.1	318.0
$Al_2(SO_4)_3$	cr	−3 440.84	−3 099.94	239.3

续表

物质 B 化学式和说明	状态	298.15 K, 100 kPa		
		$\Delta_f H_m^{\ominus}/(kJ \cdot mol^{-1})$	$\Delta_f G_m^{\ominus}/(kJ \cdot mol^{-1})$	$S_m^{\ominus}/(J \cdot mol^{-1} \cdot K^{-1})$
$Al_2(SO_4)_3 \cdot 18H_2O$	cr	−8 878.9	—	—
AlN	cr	−318.0	−287.0	20.17
Ar	g	0	0	154.843
Asα	cr	0	0	35.1
AsO_4^{3-}	ao	−888.14	−648.41	−162.8
As_2O_5	cr	−924.87	−782.3	105.4
AsH_3	g	66.44	68.93	222.78
$HAsO_4^{2-}$	ao	−906.34	−714.60	−1.7
$H_2AsO_3^-$	ao	−714.79	−587.13	110.5
$H_2AsO_4^-$	ao	−909.56	−753.17	117.0
H_3AsO_3	ao	−742.2	−639.80	195.0
H_2AsO_4	ao	−902.5	−766.0	184.0
$AsCl_3$	l	−305.0	−259.4	216.3
As_2S_3	cr	−169.0	−168.6	−163.6
Au	cr	0	0	47.40
AuCl	cr	−34.7	—	—
$AuCl_2^-$	ao	—	−151.12	—
$AuCl_3$	cr	−117.6	—	—
$AuCl_4^-$	ao	−322.2	−235.14	266.9
B	g	562.7	518.8	153.45
B	cr	0	0	5.86
B_2O_3	cr	−1 272.77	−1 193.65	53.97
B_2O_3	am	−1 254.53	−1 182.3	77.8
BH_3	g	100.0	—	—
BH_4^-	ao	48.16	114.35	110.5
B_2H_6	g	35.6	86.7	232.11
H_3BO_3	cr	−1 094.33	−968.92	88.83
H_3BO_3	ao	−1 072.32	−968.75	162.3
$B(OH)_4^-$	ao	−1 344.03	−1 153.17	102.5
BF_3	g	−1 137.00	−1 120.33	254.12
BF_4^-	ao	−1 574.9	−1 486.9	180.0
BCl_3	l	−427.2	−387.4	206.3
BCl_3	g	−403.76	−388.72	290.10
BBr_3	l	−239.7	−238.5	229.7
BBr_3	g	−205.64	−232.50	324.24
BI_3	cr	71.13	20.72	349.18
BN	g	−254.4	−228.4	14.81
BN	cr	647.47	614.49	212.28
B_4C	cr	−71.0	−71.0	27.11
Ba	cr	0	0	62.8

续表

物质 B 化学式和说明	状态	298.15 K,100 kPa		
		$\Delta_f H_m^\ominus/(kJ \cdot mol^{-1})$	$\Delta_f G_m^\ominus/(kJ \cdot mol^{-1})$	$S_m^\ominus/(J \cdot mol^{-1} \cdot K^{-1})$
Ba	g	180.0	146.0	170.234
Ba^{2+}	ao	1 660.38	—	—
Ba^{2+}	cr	-537.64	-560.77	9.6
BaO	cr	-553.5	-525.1	70.42
BaO_2	cr	-634.3	—	—
BaH_2	cr	-178.7	—	—
$Ba(OH)_2$	cr	-944.7	—	—
$Ba(OH)_2 \cdot 8H_2O$	cr	-3 342.2	-2 792.8	427.0
$BaCl_2$	cr	-858.6	-810.4	123.68
$BaCl_2 \cdot 2H_2O$	cr	-1 460.13	-1 296.32	202.9
$BaSO_4$	cr	-1 473.2	-1 362.2	132.2
$BaSO_4$ 沉淀	cr_2	-1 466.5	—	—
$Ba(NO_3)_2$	cr	-992.07	-796.59	213.8
$BaCO_3$	cr	-1 216.3	-1 137.6	112.1
$BaCrO_4$	cr	-1 446.0	-1 345.22	158.6
Be	cr	0	0	9.50
Be	g	324.3	286.6	136.269
Be^{2+}	g	2 993.23	—	—
Be^{2+}	ao	-382.8	-379.73	-129.7
BeO	cr	-609.6	-580.3	14.14
BeO_2^{2-}	ao	-790.8	-640.1	-159.0
$Be(OH)_2$ 新鲜沉淀	am	-897.9	—	—
$BeCO_3$	cr	-1 025.0	—	—
Bi	cr	0	0	56.74
Bi^{3+}	ao	—	82.8	—
BiO^+	ao	—	-146.4	—
Bi_2O_3	cr	-573.88	-493.7	151.5
$Bi(OH)_3$	cr	-711.3	—	—
$BiCl_3$	cr	-379.1	-315.0	177.0
$BiCl_4^-$	a	—	-481.5	—
BiOCl	cr	-366.9	-322.1	120.5
$BiONO_3$	cr	—	-280.2	—
Br^-	g	111.884	82.396	175.022
Br_2	l	0	0	152.231
Br_2	g	30.907	3.110	245.463
BrO^-	ao	-94.1	-33.4	42.0
BrO_3^-	ao	-67.07	18.60	161.71
BrO_4^-	ao	13.0	118.1	199.6
HBr	g	-36.40	-53.45	198.695
HBrO	ao	-113.0	-82.4	142.0

续表

物质 B 化学式和说明	状态	298.15 K, 100 kPa		
		$\Delta_f H_m^\ominus$/(kJ·mol^{-1})	$\Delta_f G_m^\ominus$/(kJ·mol^{-1})	$S_m^\ominus$/(J·mol^{-1}·K^{-1})
C 石墨	cr	0	0	5.740
C 金刚石	cr	1.895	2.900	2.377
CO	g	-110.525	-137.168	197.674
CO_2	g	-393.509	-394.359	213.74
CO_2	ao	-413.80	-385.98	117.6
CO_3^{2-}	ao	-677.14	-527.81	-56.9
CH_4	g	-74.81	-50.72	186.264
HCO_2^- 甲酸根离子	ao	-425.55	-351.0	92.0
HCO_3^-	ao	-691.99	-589.77	91.2
HCO_2H 甲酸	ao	-425.43	-372.3	163.0
CH_3OH 甲醇	l	-238.66	-166.27	126.8
CH_3OH 甲醇	g	-200.66	-169.96	239.81
CN^-	ao	150.6	172.4	94.1
HCN	ao	107.1	119.7	124.7
SCN^-	ao	76.44	92.71	144.3
$HSCN$	ao	—	97.56	—
$C_2O_4^{2-}$ 草酸根离子	ao	-825.1	-673.9	45.6
C_2H_2	g	226.73	209.20	200.94
C_2H_4	g	52.26	68.15	219.56
C_2H_6	g	-84.68	-32.82	229.60
$HC_2O_4^-$	ao	-818.4	-698.34	149.4
CH_3COO^-	ao	-486.01	-369.31	86.6
CH_3CHO 乙醛	g	-166.19	-128.86	250.3
CH_3COOH	ao	-485.76	-396.46	178.7
C_2H_5OH	g	-235.10	-168.49	282.70
C_2H_5OH	ao	-288.3	-181.64	148.5
$(CH_3)_2O$ 二甲醚	g	-184.05	-112.59	266.38
Ca α	cr	0	0	41.42
Ca	g	178.2	144.3	154.884
Ca^{2+}	g	1 925.90	—	—
Ca^{2+}	ao	-542.83	-553.58	-53.1
CaO	cr	-635.09	-604.03	39.75
CaH_2	cr	-186.2	-147.2	42.0
$Ca(OH)_2$	cr	-986.09	-898.49	83.39
CaF_2	cr	-1 219.6	-1 167.3	68.87
$CaCl_2$	cr	-795.8	-748.1	104.6
$CaCl_2 \cdot 6H_2O$	cr	-2 607.9	—	—
$CaSO_4 \cdot 0.5H_2O$ 粗晶，α	cr	-1 576.74	-1 436.74	130.5
$CaSO_4 \cdot 0.5H_2O$ 细晶，β	cr$_2$	-1 574.65	-1 435.78	134.3
$CaSO_4 \cdot 2H_2O$ 透石膏	cr	-2 022.63	-1 797.28	194.1

物质B化学式和说明	状态	298.15 K,100 kPa		
		$\Delta_f H_m^\ominus/(kJ \cdot mol^{-1})$	$\Delta_f G_m^\ominus/(kJ \cdot mol^{-1})$	$S_m^\ominus/(J \cdot mol^{-1} \cdot K^{-1})$
Ca_3N_2	cr	-431.0	—	—
$Ca_3(PO_4)_2$ β低温型	cr	-4 120.8	-3 844.7	236.0
$Ca_3(PO_4)_2$ α高温型	cr_2	-4 109.9	-3 875.5	240.91
$CaHPO_4$	cr	-1 814.39	-1 681.18	111.38
$CaHPO_4 \cdot 2H_2O$	cr	-2 403.58	-2 154.58	189.45
$Ca(H_2PO_4)_2$	cr	3 104.70	—	—
$Ca(H_2PO_4)_2 \cdot H_2O$	cr	-3 409.67	-3 058.18	259.8
$Ca_{10}(PO_4)_6 \cdot (H_2O)_2$ 羟基磷灰石	cr	-13 477.0	-12 677.0	780.7
$Ca_{10}(PO_4)_6F_2$ 氟磷灰石	cr	-13 744.0	-12 983.0	775.7
CaC_2	cr	-59.8	-64.9	69.96
$CaCO_3$ 方解石	cr	-1 206.92	-1 128.79	92.9
CaC_2O_4 草酸钙	cr	-1 360.6	—	—
$CaC_2O_4 \cdot H_2O$	cr	-1 674.86	-1 513.87	156.5
Cd γ	cr	0	0	51.76
Cd^{2+}	ao	-75.90	-77.612	-73.2
CdO	cr	-258.2	-228.4	54.8
$Cd(OH)_2$ 沉淀	cr	-560.7	-473.6	96.0
CdS	cr	-161.9	-156.5	64.9
$Cd(NH_3)_4^{2+}$	ao	-450.2	-226.1	336.4
$CdCO_3$	cr	-750.6	-669.4	92.5
Ce	cr	0	0	72.0
Ce^{3+}	ao	-696.2	-672.0	-205.0
Ce^{4+}	ao	-537.2	-503.8	-301.0
CeO_2	cr	-1 088.7	-1 024.6	62.30
$CeCl_3$	cr	-1 053.5	-977.8	151.0
Cl^-	ao	-167.159	-131.288	56.5
Cl_2	g	0	0	223.066
Cl	g	121.679	105.680	165.198
Cl^-	g	-233.12	—	—
ClO^-	ao	-107.1	-36.8	42.0
ClO_4^-	ao	-129.33	-8.52	182.0
HCl	g	-92.307	-95.299	186.908
HClO	ao	-120.9	-79.9	142.0
$HClO_2$	ao	-51.9	5.9	188.3
Co α六方晶	cr	0	0	30.04
Co^{2+}	ao	-58.2	-54.4	-113.0
Co^{3+}	ao	92.0	134.0	-305.0
$HCoO_2^-$	ao	—	-407.5	—
$Co(OH)_2$ 蓝色,沉淀	cr	—	-450.1	—

续表

物质 B 化学式和说明	状态	298.15 K,100 kPa		
		$\Delta_f H_m^\ominus/(kJ\cdot mol^{-1})$	$\Delta_f G_m^\ominus/(kJ\cdot mol^{-1})$	$S_m^\ominus/(J\cdot mol^{-1}\cdot K^{-1})$
$Co(OH)_2$ 桃红色,沉淀	cr_2	-539.7	-454.3	79.0
$Co(OH)_2$ 桃红色,沉淀	cr_3	—	-458.1	—
$Co(OH)_3$	cr	-716.7	—	—
$CoCl_2$	cr	-312.5	-269.8	109.16
$CoCl_2\cdot 6H_2O$	cr	-2 115.4	-1 752.2	343.0
$Co(NH_3)_6^{2+}$	ao	-584.9	-157.0	146.0
Cr	cr	0	0	23.77
Cr^{2+}	ao	-143.5	—	—
CrO_3	cr	-589.5	—	—
CrO_4^{2-}	ao	-881.15	-727.75	50.21
Cr_2O_3	cr	-1 139.7	-1 058.1	81.2
$Cr_2O_7^{2-}$	ao	-1 490.3	-1 301.1	261.9
$HCrO_4$	ao	-878.2	-764.7	184.1
$(NH_4)_2Cr_2O_7$	cr	-1 806.7	—	—
Ag_2CrO_4	cr	-731.74	-641.76	217.6
Cs	cr	0	0	85.23
Cs	g	76.065	49.121	175.595
Cs^+	g	457.964	—	—
Cs^+	ao	-258.28	-292.02	133.05
CsH	cr	-54.18	—	—
CsCl	cr	-443.04	-414.53	101.17
Cu	cr	0	0	33.150
Cu^+	ao	71.67	49.98	40.6
Cu^{2+}	ao	64.77	65.49	-99.6
CuO	cr	-157.3	-129.7	42.63
Cu_2O	cr	-168.6	-146.0	93.14
CuCl	cr	-137.2	-119.86	86.2
$CuCl_2$	cr	-220.1	-175.7	108.07
CuBr	cr	-104.6	-100.8	96.11
CuI	cr	-67.8	-69.5	96.7
CuS	cr	-53.1	-53.6	66.5
Cu_2S α	cr	-79.5	-86.2	120.9
$CuSO_4$	cr	-771.36	-661.8	109.0
$CuSO_4\cdot 5H_2O$	cr	-2 279.65	-1 879.745	300.4
$Cu(NH_3)_4^{2+}$	ao	-348.5	-111.07	273.6
$CuP_2O_7^{2+}$	ao	—	-1 891.4	—
$Cu(P_2O_6)_2^{6+}$	ao	—	-3 823.4	—
$Cu_2P_2O_7$	cr	—	-1 874.3	—
$CuCO_3\cdot Cu(OH)_2$ 孔雀石	cr	-1 051.4	-893.6	186.2
$CuCO_3\cdot Cu(OH)_2$ 蓝铜矿	cr	-1 632.2	-1 315.5	0

物质 B 化学式和说明	状态	298.15 K, 100 kPa		
		$\Delta_f H_m^\ominus/(kJ \cdot mol^{-1})$	$\Delta_f G_m^\ominus/(kJ \cdot mol^{-1})$	$S_m^\ominus/(J \cdot mol^{-1} \cdot K^{-1})$
CuCN	cr	96.2	111.3	84.5
F	g	78.99	61.91	158.754
F^-	g	−255.39	—	—
F^-	ao	−332.63	−278.79	−13.8
F_2	ao	0	0	202.78
HF	cr	−271.1	−273.1	173.779
HF	ao	−320.08	−296.82	88.7
HF_2^-	ao	−649.94	−578.08	92.5
Fe	cr	0	0	27.28
Fe^{2+}	ao	−89.1	−78.90	−137.7
Fe^{3+}	ao	−48.5	−4.7	−315.9
Fe_2O_3 赤铁矿	cr	−824.2	−742.2	87.40
Fe_3O_4 磁铁矿	cr	−1 118.4	−1 015.4	146.4
$Fe(HO)_2$ 沉淀	cr	−569.0	−486.5	88.0
$Fe(HO)_3$ 沉淀	cr	−823.0	−696.5	106.7
$FeCl_3$	cr	−399.49	−334.00	142.3
FeS_2 黄铁矿	cr	−178.2	−166.9	52.93
$FeSO_4 \cdot 7H_2O$	cr	−3 014.57	−2 509.87	409.2
$FeCO_3$ 菱铁矿	cr	−740.57	−666.67	92.9
$FeC_2O_4 \cdot 2H_2O$ 草酸铁	cr	−1 485.4	—	—
$Fe(CO)_5$	l	−774.0	−705.3	338.1
$Fe(CN)_6^{3-}$	ao	561.9	729.4	270.3
$Fe(CN)O_6^{4-}$	ao	455.6	695.08	95.0
H	g	217.965	203.247	114.713
H^+	g	1 536.202	—	—
H^-	g	138.99	—	—
H^+	ao	0	0	0
H_2	g	0	0	130.684
OH^-	ao	−229.994	−157.244	−10.75
H_2O	l	−285.830	−237.129	69.91
H_2O	g	−241.818	−228.572	188.825
H_2O_2	l	−187.78	−120.35	109.6
H_2O_2	ao	−191.17	−134.03	143.9
He	g	0	0	126.150
Hg	l	0	0	76.02
Hg	g	61.317	31.820	174.96
Hg^{2+}	ao	171.1	164.40	−32.2
Hg_2^{2+}	ao	172.4	153.52	84.5
HgO 红色,斜方晶体	cr	−90.83	−58.539	70.29
HgO 黄色	cr_2	−90.46	−58.403	71.1

续表

物质B化学式和说明	状态	298.15 K,100 kPa		
		$\Delta_f H_m^\ominus$/(kJ·mol^{-1})	$\Delta_f G_m^\ominus$/(kJ·mol^{-1})	$S_m^\ominus$/(J·mol^{-1}·K^{-1})
$HgCl_2$	cr	−224.3	−178.6	146.0
$HgCl_2$	ao	−216.3	−173.2	155.0
$HgCl_3^-$	ao	−388.7	−309.1	209.0
$HgCl_4^{2-}$	ao	−554.0	−446.8	293.0
Hg_2Cl_2	cr	−265.22	−210.745	192.5
$HgBr_4^{2-}$	ao	−431.0	−371.1	310.0
HgI_2 红色	cr	−105.4	−101.7	180.0
HgI_2 黄色	cr_2	−102.9	—	—
HgI_4^{2-}	ao	−235.1	−211.7	360.0
Hg_2I_2	cr	−121.34	−111.00	233.5
HgS 红色	cr	−58.2	−50.6	82.4
HgS 黑色	cr	−53.6	−47.7	88.3
HgS_2^{2-}	ao	—	41.9	—
$Hg(NH_3)_4^{2+}$	ao	−282.8	−51.7	335.0
I	g	106.838	73.250	180.791
I^-	ao	−55.19	−51.57	111.3
I_2	cr	0	0	116.135
I_2	g	62.438	19.327	260.69
I_2	ao	22.6	16.40	137.2
I_3^-	ao	−51.5	−51.4	239.3
IO^-	ao	−107.5	−38.5	−5.4
IO_3^-	ao	−221.3	−128.0	118.4
IO_4	ao	−151.5	−58.5	222.0
HI	g	26.48	1.70	206.594
HIO	ao	−138.1	−99.1	95.4
HIO_3	ao	−211.3	−132.6	166.9
H_5InO_6	ao	−759.4	—	—
In^+	ao	—	−12.1	—
In^{2+}	ao	—	−50.7	—
In^{3+}	ao	105.0	−98.0	−151.0
K	cr	0	0	64.18
K	g	89.24	60.95	160.336
K^+	g	514.26	—	—
K^+	ao	−252.38	−283.27	102.5
KO_2	cr	−284.93	−239.4	116.7
KO_3	cr	−260.2	—	—
K_2O	cr	−361.5	—	—
K_2O_2	cr	−494.1	−425.1	102.1
KH	cr	−57.74	—	—
KOH	cr	−424.764	−379.08	78.9

续表

物质 B 化学式和说明	状态	298.15 K,100 kPa		
		$\Delta_f H_m^\ominus$/(kJ·mol^{-1})	$\Delta_f G_m^\ominus$/(kJ·mol^{-1})	$S_m^\ominus$/(J·mol^{-1}·K^{-1})
KF	cr	−567.27	−537.75	66.57
KCl	cr	−436.747	−409.14	82.59
$KClO_3$	cr	−397.73	−296.25	143.1
$KClO_4$	cr	−432.75	−303.09	151.0
KBr	cr	−393.789	−380.66	95.90
KI	cr	−327.900	−324.892	106.32
K_2SO_4	cr	−1 437.79	−1 321.37	175.56
$K_2S_2O_4$	cr	−1 916.1	−1 697.3	278.7
KNO_2 正交晶	cr	−369.82	−306.55	152.09
KNO_3	cr	−494.63	−394.86	133.05
K_2CO_3	cr	−1 151.02	−1 063.5	155.52
$KHCO_3$	cr	−963.2	−863.5	115.5
KCN	cr	−113.0	−101.86	128.49
$KAl(SO_4)_2\cdot 12H_2O$	cr	−6 061.8	−5 141.0	687.4
$KMnO_4$	cr	−837.2	−737.6	171.71
K_2CrO_4	cr	−1 403.7	−1 295.7	200.12
$K_2Cr_2O_7$	cr	−2 061.5	−1 881.8	291.2
Kr	g	0	0	164.082
La^{3+}	ao	−707.1	−683.7	−217.6
$La(OH)_3$	cr	−1 410.0	—	—
$LaCl_3$	cr	−1 071.1	—	—
Li	cr	0	0	29.12
Li	g	159.37	126.66	138.77
Li^+	g	685.783	—	—
Li^+	ao	−278.49	−293.31	13.4
Li_2O	cr	−597.94	−561.18	37.57
LiH	cr	−90.54	−68.35	20.008
LiOH	cr	−484.93	−438.95	42.80
LiF	cr	−615.97	−587.71	35.65
LiCl	cr	−408.61	−384.37	59.33
Li_2CO_3	cr	−1 215.9	−1 132.06	90.37
Mg	cr	0	0	32.68
Mg	cr	147.70	113.10	148.65
Mg^+	g	891.635	—	—
Mg^{2+}	g	2 348.504	—	—
Mg^{2+}	g	−466.85	−454.8	−138.1
MgO 粗晶(方美石)	cr	−601.70	−569.43	26.94
MgO 细晶	cr_2	−597.98	−565.95	27.91
MgH_2	cr	−75.3	−35.09	31.09
$Mg(OH)_2$	cr	−924.54	−833.51	63.18

续表

物质 B 化学式和说明	状态	298.15 K,100 kPa		
		$\Delta_f H_m^\ominus/(kJ\cdot mol^{-1})$	$\Delta_f G_m^\ominus/(kJ\cdot mol^{-1})$	$S_m^\ominus/(J\cdot mol^{-1}\cdot K^{-1})$
$Mg(OH)_2$ 沉淀	am	-920.5	—	—
MgF_2	cr	-1 123.4	-1 070.2	57.24
$MgCl_2$	cr	-641.32	-591.79	89.62
$MgSO_4\cdot 7H_2O$	cr	-3 388.71	-2 871.5	372.0
$MgCO_3$ 菱镁矿	cr	-1 095.8	-1 012.1	65.7
Mn α	cr	0	0	32.01
Mn^{2+}	ao	-220.75	-228.1	-73.1
MnO_2	cr	-520.03	-465.14	53.05
MnO_2 沉淀	am	-502.5	—	—
MnO_4^-	ao	-541.4	-447.2	191.2
MnO_4^{2-}	ao	-653.0	-500.7	59.0
$Mn(OH)_2$ 沉淀	am	-695.4	-615.0	99.2
$MnCl_2$	cr	-481.29	-440.50	118.24
$MnCl_2\cdot 4H_2O$	cr	-1 687.4	-1 423.6	303.3
MnS 沉淀的,桃红色	am	-213.8	—	—
$MnSO_4$	cr	-1 065.25	-957.36	112.1
$MnSO_4\cdot 7H_2O$	cr	-3 139.3	—	—
Mo	cr	0	0	28.66
MoO_3	cr	-745.09	-667.97	77.74
MoO_4^{2-}	ao	-997.9	-836.3	27.2
$HMoO_4$ 白色	cr	-1 046.0	—	—
$H_2MoO_4\cdot H_2O$ 黄色	cr	-1 360.0	—	—
$PbMoO_4$	cr	-1 051.9	-951.4	166.1
Ag_2MoO_4	cr	-840.6	-748.0	213.0
N	g	472.704	455.563	153.298
N_2	g	0	0	191.61
N_3^- 叠氮根离子	ao	275.14	348.2	107.9
NO	g	90.25	86.55	210.761
NO^+	g	989.826	—	—
NO_2	g	33.18	51.31	240.06
NO_2^-	ao	-104.6	-32.2	123.0
NO_3^-	ao	-205.0	108.74	146.4
N_2O	g	82.05	104.20	219.85
N_2O_3	g	83.72	139.46	312.28
N_2O_4	l	-19.50	97.54	209.2
N_2O_4	g	9.16	97.89	304.29
N_2O_5	g	11.3	115.1	355.7
NH_3	g	-46.11	-16.45	192.45
NH_3	ao	-80.29	-26.50	111.3
NH_4^+	ao	-132.51	-79.31	113.4

续表

物质 B 化学式和说明	状态	298.15 K,100 kPa		
		$\Delta_f H_m^\ominus/(kJ\cdot mol^{-1})$	$\Delta_f G_m^\ominus/(kJ\cdot mol^{-1})$	$S_m^\ominus/(J\cdot mol^{-1}\cdot K^{-1})$
N_2H_4	l	50.63	149.34	121.21
N_2H_4	ao	34.31	128.1	138.0
HN_3	ao	260.08	321.8	146.0
HNO_2	ao	-119.2	-50.6	135.6
NH_4NO_2	cr	-256.5	—	—
NH_4NO_3	cr	-365.56	-183.87	151.08
NH_4F	cr	-463.96	-345.68	71.96
NOCl	g	51.71	66.08	261.69
NH_4Cl	cr	-314.43	-202.87	94.6
NH_4ClO_4	cr	-295.31	-88.75	186.2
NOBr	g	82.17	82.42	273.66
$(NH_4)_2SO_4$	cr	-1 180.85	-901.67	220.1
$(NH_4)_2S_2O_8$	cr	-1 648.1	—	—
Na	cr	0	0	51.21
Na	g	107.32	76.761	135.712
Na^+	g	609.358	—	—
Na^+	ao	-240.12	-261.905	59.0
NaO_2	cr	-260.2	-218.4	115.9
Na_2O	cr	-414.22	-375.46	75.06
Na_2O_2	cr	-510.87	-447.7	95.0
NaH	cr	-56.275	-33.46	40.016
NaOH	cr	-425.609	-379.494	64.455
NaOH	ai	-470.114	-419.150	48.1
NaF	cr	-573.647	-543.494	51.46
NaCl	cr	-411.153	-384.138	72.13
NaBr	cr	-361.062	-348.983	86.82
NaI	cr	-287.78	-286.06	98.53
$Na_2SO_4\cdot 10H_2O$	cr	-4 327.26	-3 646.85	592.0
$Na_2S_2O_3\cdot 5H_2O$	cr	-2 607.93	-2 229.8	372.0
$NaHSO_4\cdot H_2O$	cr	-1 421.7	-1 231.6	155.0
$NaNO_2$	cr	-358.65	-284.55	103.8
$NaNO_3$	cr	-467.85	-367.00	116.52
Na_3PO_4	cr	-1 917.40	-1 788.80	173.80
$Na_4P_2O_7$	cr	-3 188.0	-2 969.3	270.29
$Na_5P_3O_{10}\cdot 6H_2O$	cr	-6 194.8	-5 540.8	611.3
$NaP_2O_{10}\cdot 2H_2O$	cr	-2 128.4	—	—
Na_2HPO_4	cr	-1 748.1	-1 608.2	150.50
$Na_2HPO_4\cdot 12H_2O$	cr	-5 297.8	-4 467.8	633.83
Na_5CO_3	cr	-1 130.68	-1 044.44	134.98
$Na_2CO_3\cdot 10H_2O$	cr	-4 081.32	-3 427.66	562.7

续表

物质 B 化学式和说明	状态	298.15 K,100 kPa		
		$\Delta_f H_m^\ominus$/(kJ·mol^{-1})	$\Delta_f G_m^\ominus$/(kJ·mol^{-1})	$S_m^\ominus$/(J·mol^{-1}·K^{-1})
HCOONa 甲酸钠	cr	−666.5	−599.9	103.76
$NaHCO_3$	cr	−950.81	−851.0	101.7
$NaCH_3CO_2 \cdot 3H_2O$	cr	−1 603.3	−1 328.6	243.0
$Na_2B_4O_7 \cdot 10H_2O$ 硼砂	cr	−6 288.6	−5 516.0	586.0
Ne	g	0	0	146.328
Ni	cr	0	0	29.87
Ni^{2+}	ao	−54.0	−45.6	−128.9
$Ni(OH)_2$	cr	−529.7	−447.2	88.0
$Ni(OH)_3$ 沉淀	cr	−669.0	—	—
$NiCl_2 \cdot 6H_2O$	cr	−2 103.17	−1 713.19	344.3
NiS	cr	−82.0	−79.5	52.97
NiS 沉淀	cr_2	−74.4	—	—
$NiSO \cdot 7H_2O$	cr	−2 976.33	−2 461.83	378.94
$Ni(NH_3)_6^{2+}$	ao	−630.1	−255.7	394.6
$NiCO_3$	cr	—	−612.5	—
$Ni(CO)_4$	l	−633.0	−588.2	313.4
$Ni(CO)_4$	g	−602.91	−587.23	410.6
$Ni(CN)_4^{2+}$	ao	367.8	472.1	218.0
O	g	249.170	231.731	161.055
O_2	g	0	0	205.138
O_3	g	142.7	163.2	238.93
P 白色	cr	0	0	41.09
P 红色,三斜晶	cr_2	−17.6	−12.1	22.08
P 黑色	cr_3	−39.3	—	—
P 红色	am	−7.5	—	—
PO_4^{3-}	ao	−1 277.4	−1 028.7	−222.0
$P_2O_7^{4-}$	ao	−2 271.1	−1 919.0	−117.0
P_4O_6	cr	−1 640.1	—	—
P_4O_{10} 六方晶	cr	−2 984.0	−2 697.7	228.86
PH_3	g	5.4	13.4	210.23
HPO_4^{2-}	ao	−1 292.14	−1 089.15	−33.5
$H_2PO_4^-$	ao	−1 296.29	−1 130.28	90.4
H_3PO_4	cr	−1 279.0	−1 119.1	110.50
H_3PO_4	ao	−1 288.34	−1 142.54	158.2
$HP_2O_7^{3-}$	ao	−2 274.8	−1 972.2	46.0
$H_2P_2O_7^{2-}$	ao	−2 278.6	−2 010.2	163.0
$H_3P_2O_7^-$	ao	−2 276.5	−2 023.2	213.0
$H_4P_2O_7$	ao	−2 268.6	−2 032.0	268.0
PF_3	g	−918.8	−897.5	273.24
PF_5	g	−1 595.8	—	—

续表

物质 B 化学式和说明	状态	298.15 K,100 kPa		
		$\Delta_f H_m^\ominus/(kJ \cdot mol^{-1})$	$\Delta_f G_m^\ominus/(kJ \cdot mol^{-1})$	$S_m^\ominus/(J \cdot mol^{-1} \cdot K^{-1})$
PCl_3	l	-319.7	-272.3	217.1
PCl_3	g	-287.0	-267.8	311.78
PCl_5	cr	-443.5	—	—
PCl_5	g	-374.9	-305.0	364.58
Pb	cr	0	0	64.81
Pb_2^{2+}	ao	-1.7	-24.43	10.5
PbO 黄色	cr	-217.32	-187.89	68.70
PbO 红色	cr_2	-218.9	-188.93	66.5
PbO_2	cr	-277.4	-217.33	68.6
Pb_3O_4	cr	-718.4	-601.2	211.3
$Pb(OH)_2$ 沉淀	cr	-515.9	—	—
Pb_2Cl_2	cr	-359.41	-314.10	136.0
Pb_2Cl_2	ao	—	-297.16	—
$PbCl_3^-$	ao	—	-426.3	—
$PbBr_2$	cr	-278.7	-261.92	161.5
$PbBr_2$	ao	—	-240.6	—
PbI_2	cr	-175.48	-173.64	174.85
PbI_2	ao	—	143.5	—
PbI_4^{2-}	ao	—	-254.8	—
PbS	cr	-100.4	-98.7	91.2
$PbSO_4$	cr	-919.94	-813.14	148.57
$PbCO_3$	cr	-699.1	-625.5	131.0
$Pb(CH_3O_2)^+$ 乙酸铅离子	ao	—	-406.2	—
$Pb(CH_3CO_2)_2$	ao	—	-779.7	—
Rb	cr	0	0	76.78
Rb	g	80.85	53.06	170.089
Rb^+	g	490.101	—	—
Rb^+	ao	-251.17	-283.98	121.50
RbO_2	cr	-278.7	—	—
Rb_2O	cr	-339.0	—	—
Rb_2O_2	cr	-472.0	—	—
Rb_2Cl	cr	-435.35	-407.80	95.90
S 正交晶	cr	0	0	31.80
S 单斜晶	cr_2	0.33	—	—
S	g	278.805	238.250	167.821
S_8	g	102.3	49.63	430.98
SO_2	g	-296.830	-300.194	248.22
SO_2	ao	-322.980	-300.676	161.9
SO_3	g	-395.72	-371.06	256.76
SO_3^{2-}	ao	-635.5	-486.5	-29.0

续表

物质 B 化学式和说明	状态	298.15 K,100 kPa		
		$\Delta_f H_m^{\ominus}/(kJ \cdot mol^{-1})$	$\Delta_f G_m^{\ominus}/(kJ \cdot mol^{-1})$	$S_m^{\ominus}/(J \cdot mol^{-1} \cdot K^{-1})$
$SO_4^{2-}(H_2SO_4, ai)$	ao	−909.27	−744.53	20.1
$S_2O_3^{2-}$	ao	−648.5	−522.5	67.0
$S_4O_6^{2-}$	ao	−1 224.2	−1 040.4	257.3
H_2S	g	−20.63	−33.56	205.79
H_2S	ao	−39.7	−27.83	121.0
HSO_3^-	ao	−626.22	−527.73	139.7
HSO_4^-	ao	−887.34	−755.91	131.8
SF_4	g	−774.9	−731.3	292.03
SF_6	g	−1 209.0	−1 105.3	291.82
SbO^+	ao	—	−177.11	—
SbO_2^-	ao	—	−340.19	—
$Sb(OH)_3$	cr	—	685.2	—
$SbCl_3$	cr	−382.17	−323.67	184.1
SbOCl	cr	−374.0	—	—
Sb_2S_3 橙色	am	147.3	—	—
Sc	cr	0	0	34.64
Sc^{3+}	ao	−614.2	−586.6	−255
Sc_2O_3	cr	−1 908.82	−1 819.36	77.0
$Sc(OH)_3$	cr	−1 363.6	1 233.3	100.0
Se 六方晶,黑色	cr	0	0	42.442
Se 单斜晶,红色	cr_2	6.7	—	—
Se^{2-}	ao	—	129.3	—
HSe^-	ao	15.9	44.0	79.0
H_2Se	ao	19.2	22.2	163.6
$HSeO_3^-$	ao	−514.55	−411.46	135.1
H_2SeO_3	ao	507.48	−426.14	207.9
H_2SeO_4	cr	−530.1	—	—
Si	cr	0	0	18.83
SiO_2 α 石英	cr	−910.94	−856.64	41.84
SiO_2	am	−903.49	−850.70	46.9
SiH_4	g	34.3	56.9	204.62
H_2SiO_3	ao	−1 182.8	−1 079.4	109.0
H_4SiO_4	cr	−1 481.1	−1 332.9	192.0
SiF_4	g	−1 614.94	−1 572.65	282.49
$SiCl_4$	l	−687.0	−619.84	239.7
$SiCl_4$	g	−657.01	−616.98	330.73
$SiBr_4$	l	−457.3	−443.9	277.8
SiI_4	cr	−189.5	—	—
Si_3N_4 α	cr	−743.5	−542.6	101.3
SiC β 立方晶	cr	−65.3	−62.8	16.61

续表

物质 B 化学式和说明	状态	298.15 K,100 kPa		
		$\Delta_f H_m^\ominus/(kJ \cdot mol^{-1})$	$\Delta_f G_m^\ominus/(kJ \cdot mol^{-1})$	$S_m^\ominus/(J \cdot mol^{-1} \cdot K^{-1})$
SiC α 六方晶	cr_2	-62.8	-60.2	16.48
Sn Ⅰ,白色	cr	0	0	51.55
Sn Ⅱ,灰色	cr_2	-2.09	0.13	41.14
Sn^{2+} $\mu(NaClO_4)=3.0$	ao	-8.8	-27.2	-17.0
Sn^{2+} 在 $HCl+\infty H_2O$	ao	30.5	2.5	-117.0
SnO	cr	-285.8	-256.9	56.5
SnO_2	cr	-580.7	-513.6	52.3
$Sn(OH)_2$ 沉淀	cr	-561.1	-491.6	155.0
$Sn(OH)_4$ 沉淀	cr	-1 110.0	—	—
$SnCl_4$	l	-511.3	-440.1	258.6
$SnBr_4$	cr	-377.4	-350.2	264.4
SnS	cr	-100.0	-98.3	77.0
Sr α	cr	0	0	52.3
Sr	g	164.4	130.9	164.62
Sr^{2+}	g	1 790.54	—	—
Sr^{2+}	ao	-545.80	-559.84	-32.6
SrO	cr	-592.0	-561.9	54.4
$Sr(OH)_2$	cr	-595.0	—	—
$SrCl_2$ α	cr	-828.9	-781.1	114.85
$SrSO_4$ 沉淀	cr_2	-1 449.8	—	—
$SrCO_3$ 菱锶矿	cr	-1 220.1	-1 140.1	97.1
Th^{4+}	ao	-769.0	-705.1	422.6
ThO_2	cr	-1 226.4	-1 168.71	65.23
$Th(NO_3)_4 \cdot 5H_2O$	cr	-3 007.79	-2 324.88	543.2
Ti	cr	0	0	30.63
TiO^{2+} 在 $HClO_4(aq)$	aq	-689.9	—	—
TiO_2 锐钛矿	cr	-939.7	-884.5	49.92
TiO_2 板钛矿	cr_2	-941.8	—	—
TiO_2 金红石	cr_3	-944.7	-889.5	50.33
TiO_2	am	-879.0	—	—
$TiCl_3$	cr	-720.9	-653.5	139.7
$TiCl_4$	l	-804.2	-737.2	252.34
$TiCl_4$	g	-763.2	-726.7	354.9
Tl	cr	0	0	64.18
Tl^+	ao	5.36	-32.40	125.5
Tl^{3+}	ao	196.6	214.6	-192.0
TlCl	cr	-204.14	-184.92	111.25
$TlCl_3$	ao	-315.1	-274.4	134.0
U^{4+} 水解	ao	-591.2	-513.0	-410.0
UO_2	cr	-1 084.9	-1 031.7	77.03

续表

物质B化学式和说明	状态	298.15 K,100 kPa		
		$\Delta_f H_m^\ominus/(kJ\cdot mol^{-1})$	$\Delta_f G_m^\ominus/(kJ\cdot mol^{-1})$	$S_m^\ominus/(J\cdot mol^{-1}\cdot K^{-1})$
UO_2^{2+}	ao	-1 019.6	-953.5	-97.5
UF_4	cr	-1 914.2	-1 823.3	151.67
UF_6	cr	-2 197.0	-2 068.5	227.6
UF_6	g	-2 147.4	-2 063.7	377.9
V	cr	0	0	28.91
VO	cr	-431.8	-404.2	38.9
VO^{2+}	ao	-486.6	-446.4	-133.9
VO_2^+	ao	-649.8	-587.0	-42.3
VO_4^{3-}	ao	—	-899.0	—
V_2O_5	cr	-1 550.6	-1 419.5	131.0
W	cr	0	0	32.64
WO_3	cr	-842.87	-764.03	75.90
WO_4^{2-}	ao	-1 075.7	—	—
Xe	g	0	0	169.683
XeF_4	cr	-216.5	(-123)	—
XeF_6	cr	(-360)	—	—
XeO_3	cr	(402)	—	—
Zn	cr	0	0	41.63
Zn^{2+}	ao	-153.89	-147.06	-112.1
ZnO	cr	-348.28	-318.30	43.64
$Zn(OH)_4^{2-}$	ao	—	-858.52	—
$ZnCl_2$	cr	-415.05	-369.398	111.46
ZnS	cr	-192.63	—	—
ZnS	cr_2	-205.98	-201.29	57.7
$ZnSO_4\cdot 7H_2O$	cr	-3 077.75	-2 562.67	388.7
$Zn(NH_3)_4^{2+}$	ao	-533.5	-301.9	301.0
$ZnCO_3$	cr	-812.78	-731.52	82.4

附录3　弱酸和弱碱在水中的解离常数(298.15 K)

1. 弱酸的解离常数

弱酸	解离常数 $K_a^\ominus$
H_3AsO_4	$K_{a_1}^\ominus=5.7\times10^{-3}$;$K_{a_2}^\ominus=1.7\times10^{-7}$;$K_{a_3}^\ominus=2.5\times10^{-12}$
H_3AsO_3	$K_{a_1}^\ominus=5.9\times10^{-10}$
H_3BO_3	5.8×10^{-10}
HOBr	2.6×10^{-9}

续表

弱酸	解离常数 $K_a^\ominus$
H_2CO_3	$K_{a_1}^\ominus=4.2\times10^{-7}$；$K_{a_2}^\ominus=4.7\times10^{-11}$
HCN	5.8×10^{-10}
H_2CrO_4	（$K_{a_1}^\ominus=9.55$；$K_{a_2}^\ominus=3.2\times10^{-7}$）
HOCl	2.8×10^{-8}
$HClO_4$	1.0×10^{-2}
HF	6.9×10^{-4}
HOI	2.4×10^{-11}
HIO_3	0.16
H_5IO_6	$K_{a_1}^\ominus=4.4\times10^{-4}$；$K_{a_2}^\ominus=2\times10^{-7}$；$K_{a_3}^\ominus=6.3\times10^{-13}$
HNO_2	6.0×10^{-4}
HN_3	2.4×10^{-5}
H_2O_2	$K_{a_1}^\ominus=2.0\times10^{-12}$
H_3PO_4	$K_{a_1}^\ominus=6.7\times10^{-3}$；$K_{a_2}^\ominus=6.2\times10^{-8}$；$K_{a_3}^\ominus=4.5\times10^{-13}$
$H_4P_2O_7$	$K_{a_1}^\ominus=2.9\times10^{-2}$；$K_{a_2}^\ominus=5.3\times10^{-3}$；$K_{a_3}^\ominus=2.2\times10^{-7}$；$K_{a_4}^\ominus=4.8\times10^{-10}$
H_2SO_4	$K_{a_2}^\ominus=1.0\times10^{-2}$
H_2SO_3	$K_{a_1}^\ominus=1.7\times10^{-2}$；$K_{a_2}^\ominus=6.0\times10^{-8}$
H_2Se	$K_{a_1}^\ominus=1.5\times10^{-4}$；$K_{a_2}^\ominus=1.1\times10^{-15}$
H_2S	$K_{a_1}^\ominus=8.9\times10^{-8}$；$K_{a_2}^\ominus=7.1\times10^{-19}$
H_2SeO_4	$K_{a_2}^\ominus=1.2\times10^{-2}$
H_2SeO_3	$K_{a_1}^\ominus=2.7\times10^{-2}$；$K_{a_2}^\ominus=5.0\times10^{-8}$
HSCN	0.14
$H_2C_2O_4$（草酸）	$K_{a_1}^\ominus=5.4\times10^{-2}$；$K_{a_2}^\ominus=5.4\times10^{-5}$
HCOOH（甲酸）	1.8×10^{-4}
HAc（乙酸）	1.8×10^{-5}
$ClCH_2COOH$（氯乙酸）	1.4×10^{-4}
EDTA	$K_{a_1}^\ominus=1.0\times10^{-2}$；$K_{a_2}^\ominus=2.1\times10^{-3}$；$K_{a_3}^\ominus=6.9\times10^{-7}$；$K_{a_4}^\ominus=5.9\times10^{-11}$

2. 弱碱的解离常数

弱碱	解离常数 $K_b^\ominus$
$NH_3\cdot H_2O$	1.8×10^{-5}
N_2H_4（联氨）	9.8×10^{-7}
NH_2OH（羟氨）	9.1×10^{-9}
CH_3NH_2（甲胺）	4.2×10^{-4}
$C_6H_5NH_2$（苯胺）	（4×10^{-10}）
$(CH_2)_6N_4$（六亚甲基四胺）	（1.4×10^{-9}）

附录 4　常见难溶化合物的溶度积常数

化学式	$K_{sp}^{\ominus}$	化学式	$K_{sp}^{\ominus}$
AgAc	1.9×10^{-3}	$Ca_3(PO_4)_2$(低温)	2.1×10^{-33}
Ag_3AsO_4	1.0×10^{-22}	$CaSO_4$	7.1×10^{-5}
AgBr	5.3×10^{-13}	$Cd(OH)_2$(沉淀)	5.3×10^{-15}
AgCl	1.8×10^{-10}	$Ce(OH)_3$	(1.6×10^{-20})
Ag_2CO_3	8.3×10^{-12}	$Ce(OH)_4$	(2×10^{-28})
Ag_2CrO_4	1.1×10^{-12}	$Co(OH)_2$(陈)	2.3×10^{-16}
AgCN	5.9×10^{-17}	$Co(OH)_3$	(1.6×10^{-44})
$Ag_3Cr_2O_7$	(2.0×10^{-7})	$Cr(OH)_3$	(6.3×10^{-31})
$Ag_2C_2O_4$	5.3×10^{-12}	CuBr	6.9×10^{-9}
$AgIO_3$	3.1×10^{-8}	CuCl	1.7×10^{-7}
AgI	8.3×10^{-17}	CuCN	3.5×10^{-20}
Ag_2MoO_4	2.8×10^{-12}	CuI	1.2×10^{-12}
$AgNO_2$	3.0×10^{-5}	CuSCN	1.8×10^{-13}
Ag_3PO_4	8.7×10^{-17}	$CuCO_3$	(1.4×10^{-10})
Ag_2SO_4	1.2×10^{-5}	$Cu(OH)_2$	(2.2×10^{-20})
Ag_2SO_3	1.5×10^{-14}	$Cu_2P_2O_7$	7.6×10^{-16}
AgSCN	1.0×10^{-12}	$FeCO_3$	3.1×10^{-11}
$Al(OH)_3$(无定形)	(1.3×10^{-33})	$Fe(OH)_2$	4.86×10^{-17}
AuCl	(2.0×10^{-13})	$Fe(OH)_3$	2.8×10^{-39}
$AuCl_3$	(3.2×10^{-25})	$HgCO_3$	3.7×10^{-17}
$BaCO_3$	2.6×10^{-9}	$HgBr_2$	6.3×10^{-20}
$BaCrO_4$	1.2×10^{-10}	Hg_2Cl_2	1.4×10^{-18}
BaF_2	1.8×10^{-7}	Hg_2CrO_4	(2.0×10^{-9})
$Ba(NO_3)_2$	6.1×10^{-4}	HgI_2	2.8×10^{-29}
$Ba_3(PO_4)_2$	(3.4×10^{-23})	Hg_2I_2	5.3×10^{-29}
$BaSO_4$	1.1×10^{-10}	Hg_2SO_4	7.9×10^{-7}
$Be(OH)_2\ \alpha$	6.7×10^{-22}	$K_2[PtCl_6]$	7.5×10^{-6}
$Bi(OH)_3$	(4×10^{-31})	Li_2CO_3	8.1×10^{-4}
BiI_3	7.5×10^{-19}	LiF	1.8×10^{-3}
BiOBr	6.7×10^{-9}	Li_3PO_4	(3.2×10^{-9})
BiOCl	1.6×10^{-8}	$MgCO_3$	6.8×10^{-6}
$BiONO_3$	4.1×10^{-5}	MgF_2	7.4×10^{-11}
$CaCO_3$	4.9×10^{-9}	$Mg(OH)_2$	5.1×10^{-12}
$CaC_2O_4\cdot H_2O$	2.3×10^{-9}	$Mg_3(PO_4)_2$	1.0×10^{-34}
$CaCrO_4$	(7.1×10^{-4})	$MnCO_3$	2.2×10^{-11}
CaF_2	1.5×10^{-10}	$Mn(OH)_2$(am)	2.1×10^{-13}
$Ca(OH)_2$	4.6×10^{-6}	$NiCO_3$	1.4×10^{-7}
$CaHPO_4$	1.8×10^{-7}	$Ni(OH)_2$(新)	5.0×10^{-16}

续表

化学式	$K_{sp}^{\ominus}$	化学式	$K_{sp}^{\ominus}$
$PbCO_3$	1.5×10^{-13}	$Sn(OH)_4$	(1×10^{-56})
$PbBr_2$	6.6×10^{-6}	$SrCO_3$	5.6×10^{-10}
$PbCl_2$	1.7×10^{-5}	$SrCrO_4$	(2.2×10^{-5})
$PbCrO_4$	(2.8×10^{-13})	$SrSO_4$	3.4×10^{-7}
PbI_2	8.4×10^{-9}	TlCl	1.9×10^{-4}
$Pb(N_3)_2$	2.0×10^{-9}	TlI	5.5×10^{-8}
$Pb(OH)_2$	1.43×10^{-20}	$Tl(OH)_3$	1.5×10^{-44}
$PbSO_4$	1.8×10^{-8}	$ZnCO_3$	1.2×10^{-10}
$Sn(OH)_2$	5.0×10^{-27}	$Zn(OH)_2$	6.8×10^{-17}

附录 5 标准电极电势与条件电极电势(298.15 K)

1. 标准电极电势

电极电势 氧化型 $+ne^- \rightleftharpoons$ 还原型	$E^{\ominus}$/V
$Li^+(aq)+e^- \rightleftharpoons Li(s)$	−3.040
$Cs^+(aq)+e^- \rightleftharpoons Cs(s)$	−3.027
$Rb^+(aq)+e^- \rightleftharpoons Rb(s)$	−2.943
$K^+(aq)+e^- \rightleftharpoons K(s)$	−2.936
$Ra^{2+}(aq)+2e^- \rightleftharpoons Ra(s)$	−2.910
$Ba^{2+}(aq)+2e^- \rightleftharpoons Ba(s)$	−2.906
$Sr^{2+}(aq)+2e^- \rightleftharpoons Sr(s)$	−2.899
$Ca^{2+}(aq)+2e^- \rightleftharpoons Ca(s)$	−2.869
$Na^+(aq)+e^- \rightleftharpoons Na(s)$	−2.714
$La^{3+}(aq)+3e^- \rightleftharpoons La(s)$	−2.362
$Mg^{2+}(aq)+2e^- \rightleftharpoons Mg(s)$	−2.357
$Se^{3+}(aq)+3e^- \rightleftharpoons Se(s)$	−2.027
$Be^{2+}(aq)+2e^- \rightleftharpoons Be(s)$	−1.968
$Al^{3+}(aq)+3e^- \rightleftharpoons Al(s)$	−1.68
$[SiF_6]^{2-}(aq)+4e^- \rightleftharpoons Si(s)+6F^-(aq)$	−1.365
$Mn^{2+}(aq)+2e^- \rightleftharpoons Mn(s)$	−1.182
$SiO_2(am)+4H^+(aq)+4e^- \rightleftharpoons Si(s)+2H_2O$	−0.975 4
$SO_4^{2+}+H_2O(l)+2e^- \rightleftharpoons SO_3^{2+}(aq)+2H_2O$	−0.936 2
$Fe(OH)_2(s)+2e^- \rightleftharpoons Fe(s)+2OH^-$	−0.891 2
$H_3BO_3(am)+3H^+(aq)+3e^- \rightleftharpoons B(s)+3H_2O$	−0.889 4
$Zn^{2+}(aq)+2e^- \rightleftharpoons Zn(s)$	−0.762 1
$Cr^{3+}(aq)+3e^- \rightleftharpoons Cr(s)$	(−0.74)
$Fe_2CO_3(am)+2e^- \rightleftharpoons Fe(s)+CO_3$	−0.719 6
$2CO_2+2H^+(aq)+2e^- \rightleftharpoons H_2C_2O_4$	−0.5950

续表

电极电势 氧化型$+ne^- \rightleftharpoons$还原型	$E^\ominus/V$
$SO_3^{2+}+3H_2O(l)+4e^- \rightleftharpoons S_2O_3^{2+}(aq)+6OH^-(aq)$	−0.565 9
$Ga^{3+}(aq)+3e^- \rightleftharpoons Ga(s)$	−0.594 3
$Fe(OH)_3(s)+e^- \rightleftharpoons Fe(OH)_2(s)+OH^-(aq)$	0.546 8
$Sb(s)+3H^+(aq)+3e^- \rightleftharpoons SbH_3$	−0.510 4
$In^{3+}(aq)+3e^- \rightleftharpoons In(s)$	0.445
$S(s)+2e^- \rightleftharpoons S^{2-}(aq)$	0.445
$Cr^{3+}(aq)+e^- \rightleftharpoons Cr^{2+}(aq)$	(0.41)
$Fe^{2+}(aq)+2e^- \rightleftharpoons Fe(s)$	−0.408 9
$Ag(CN)_2^-+e^- \rightleftharpoons Ag(s)+2CN^-(aq)$	−0.407 3
$Cd^{2+}(aq)+2e^- \rightleftharpoons Cd(s)$	−0.402 2
$PbI_2(s)+2e^- \rightleftharpoons Pb(s)+2I^-$	−0.365 3
$Cu_2O(s)+H_2O(l)+2e^- \rightleftharpoons 2Cu(s)+2OH^-(aq)$	−0.355 7
$PbSO_4(s)+2e^- \rightleftharpoons Pb(s)+SO_4^{2-}(aq)$	−0.355 5
$In^{3+}(aq)+3e^- \rightleftharpoons In(aq)$	−0.338
$Tl^+(aq)+e^- \rightleftharpoons Tl(s)$	−0.335 8
$Co^{2+}(aq)+2e^- \rightleftharpoons Co(s)$	−0.282
$PbBr_2(s)+2e^- \rightleftharpoons Pb(s)+2Br^-(aq)$	−0.279 8
$PbCl_2(s)+2e^- \rightleftharpoons Pb(s)+2Cl^-(aq)$	−0.267 6
$As(s)+3H^+(aq)+3e^- \rightleftharpoons AsH_3(aq)$	−0.238 1
$Ni^{2+}(aq)+2e^- \rightleftharpoons Ni(s)$	−0.236 3
$VO_2^+(aq)+4H^+(aq)+5e^- \rightleftharpoons V(s)+2H_2O(l)$	−0.233 7
$N_2(aq)+5H^+(aq)+4e^- \rightleftharpoons N_2H_5(aq)$	−0.213 8
$CuI(s)+e^- \rightleftharpoons Cu(s)+I^-(aq)$	−0.185 8
$AgCN(s)+e^- \rightleftharpoons Ag(s)+CN(aq)$	−0.160 6
$AgI(s)+e^- \rightleftharpoons Ag(s)+I^-(aq)$	−0.151 5
$Sn^+(aq)+e^- \rightleftharpoons Sn(s)$	−0.141 0
$Pb^{2+}(aq)+2e^- \rightleftharpoons Pb(s)$	−0.126 6
$In^+(aq)+e^- \rightleftharpoons In(s)$	−0.125
$CrO_4^{2+}(aq)+2H_2O(l)+3e^- \rightleftharpoons CrO_2^-(aq)+4OH^-(aq)$	(−0.12)
$Se(s)+2H^+(aq)+2e^- \rightleftharpoons H_2Se(aq)$	−0.115 0
$WO_3+6H^+(aq)+6e^- \rightleftharpoons W(s)+3H_2O(l)$	−0.090 9
$2Cu(OH)_2(s)+2e^- \rightleftharpoons CuO(s)+2OH^-(aq)+2H_2O$	(−0.08)
$MnO_2(s)+2H_2O(l)+2e^- \rightleftharpoons Mn(OH)_2(am)+2OH^-(aq)$	−0.514
$[HgI_4]^{2-}(aq)+2e^- \rightleftharpoons Hg(l)+Br^-(aq)$	−0.028 09
$2H^+(aq)+2e^- \rightleftharpoons H_2(g)$	0
$NO_3^-(aq)+H_2O(l)+e^- \rightleftharpoons NO_2^-(aq)+2OH^-(aq)$	0.008 9
$S_4O_6^{2-}(aq)+2e^- \rightleftharpoons 2S_2O_3^{2-}$	0.023 84
$AgBr(s)+e^- \rightleftharpoons Ag(s)+Br^-(aq)$	0.073 17
$S(s)+2H^+(aq)+2e^- \rightleftharpoons H_2S(aq)$	0.144 2
$Sn^{4+}(aq)+2e^- \rightleftharpoons Sn^{2+}(aq)$	0.153 9

电极电势 氧化型+ne^- $\rightleftharpoons$ 还原型	$E^{\ominus}/V$
$SO_4^{2-}+4H^+(aq)+2e^- \rightleftharpoons H_2SO_3(aq)+H_2O(l)$	0.157 6
$Cu^{2+}(aq)+2e^- \rightleftharpoons Cu(s)$	0.341 9
$AgCl(a)+e^- \rightleftharpoons Ag(s)+Cl^-$	0.222 2
$[HgBr]^{2-}(aq)+2e^- \rightleftharpoons Hg(l)+4Br^-(aq)$	0.231 8
$HAsO_2(s)+3H^+(aq)+3e^- \rightleftharpoons As(s)+2H_2O(l)$	0.247 3
$PbO_2(s)+H_2O(l)+2e^- \rightleftharpoons PbO(s,黄色)+2OH^-(aq)$	0.248 3
$Hg_2Cl_2(aq)+2e^- \rightleftharpoons 2Hg(l)+2Cl^-(aq)$	0.268 0
$BiO^+(aq)+2H^+(aq)+3e^- \rightleftharpoons Bi(s)+2H_2O(l)$	0.313 4
$Cu^{2+}(aq)+e^- \rightleftharpoons Cu^+(aq)$	0.153 0
$Ag_2O(aq)+H_2O(l)+2e^- \rightleftharpoons Ag(s)+2OH^-(aq)$	0.342 8
$[Fe(CN)_6]^{3-}(aq)+e^- \rightleftharpoons [Fe(CN)_6]^{4-}(aq)$	0.355 7
$[Ag(NH_3)_2]^+(aq)+e^- \rightleftharpoons Ag(s)+NH_3(g)$	0.037 19
$ClO_4^-(aq)+H_2O(l)+2e^- \rightleftharpoons ClO_3^-(aq)+2OH^-(aq)$	0.397 9
$O_2(g)+2H_2O(l)+4e^- \rightleftharpoons 4OH^-(aq)$	0.400 9
$2H_2SO_3(aq)+2H^+(aq)+4e^- \rightleftharpoons S_2O_3^{2+}(aq)+3H_2O(l)$	0.410 1
$Ag_2Cr_4(s)+2e^- \rightleftharpoons Ag(s)+CrO_4^{2-}$	0.445 6
$2BrO^-(aq)+2H_2O(l)+2e^- \rightleftharpoons Br_2(l)+4OH^-(aq)$	0.455 6
$H_2SO_3(aq)+4H^+(aq)+4e^- \rightleftharpoons S(s)+3H_2O(l)$	0.449 7
$Cu^+(aq)+e^- \rightleftharpoons Cu(s)$	0.518 0
$TeO_2+4H^+(aq)+4e^- \rightleftharpoons Te(s)+2H_2O(l)$	0.528 5
$I_2(s)+2e^- \rightleftharpoons 2I^-(aq)$	0.534 5
$MnO_4^-(aq)+e^- \rightleftharpoons MnO_4^{2-}(aq)$	0.554 5
$H_3AsO_4(aq)+2H^+(aq)+4e^- \rightleftharpoons H_3AsO_4(aq)+H_2O(l)$	0.574 8
$MnO_4^-(aq)+2H_2O(l)+3e^- \rightleftharpoons MnO_2(s)+4OH^-(aq)$	0.596 5
$2BrO_3^-(aq)+3H_2O(l)+6e^- \rightleftharpoons Br^-(aq)+6OH^-(aq)$	0.612 6
$MnO_4^{2-}(aq)+2H_2O(l)+2e^- \rightleftharpoons MnO_2(s)+4OH^-(aq)$	0.617 5
$2HgCl_2(aq)+2e^- \rightleftharpoons HgCl_2(s)+2Cl^-(aq)$	0.657 1
$ClO_2^-(aq)+H_2O(l)+2e^- \rightleftharpoons ClO^-(aq)+2OH^-(aq)$	0.680 7
$O_2(g)+2H^+(aq)+4e^- \rightleftharpoons H_2O_2(aq)$	0.694 5
$Fe^{3+}(aq)+e^- \rightleftharpoons Fe^{2+}(aq)$	0.769
$Hg_2^{2+}(aq)+2e^- \rightleftharpoons 2Hg(l)$	0.795 6
$NO_3^-(aq)+2H^+(aq)+e^- \rightleftharpoons NO_2(g)+H_2O(l)$	0.798 9
$Ag^+(aq)+e^- \rightleftharpoons Ag(s)$	0.799 1
$[PtCl_4]^{2-}(aq)+2e^- \rightleftharpoons Pt(s)+4Cl^-(aq)$	0.847 3
$Hg^{2+}(aq)+2e^- \rightleftharpoons Hg(l)$	0.851 9
$HO_2^-(aq)+H_2O(l)+2e^- \rightleftharpoons 3OH^-(aq)$	0.867 0
$ClO_2^-(aq)+H_2O(l)+2e^- \rightleftharpoons Cl^-(aq)+2OH^-(aq)$	0.890 2
$2Hg^{2+}(aq)+2e^- \rightleftharpoons Hg_2^{2+}(l)$	0.908 3

电极电势 氧化型$+ne^- \rightleftharpoons$还原型	$E^\ominus/V$
$NO_3^-(aq)+3H^+(aq)+2e^- \rightleftharpoons HNO_2(aq)+H_2O(l)$	0.927 5
$NO_3^-(aq)+4H^+(aq)+3e^- \rightleftharpoons NO(g)+H_2O(l)$	0.963 7
$HNO_2(aq)+H^+(aq)+e^- \rightleftharpoons NO(g)+H_2O(l)$	1.04
$NO_2(g)+H^+(aq)+e^- \rightleftharpoons HNO_2(aq)$	1.056
$ClO_2(aq)+e^- \rightleftharpoons ClO_2^-(aq)$	1.066
$Br_2(l)+2e^- \rightleftharpoons 2Br^-(aq)$	1.077 4
$ClO_3^-(aq)+3H^+(aq)+2e^- \rightleftharpoons HClO_2(g)+H_2O(l)$	1.157
$ClO_2(aq)+H^+(aq)+e^- \rightleftharpoons HClO_2(aq)$	1.184
$2IO_3^-(aq)+12H^+(aq)+10e^- \rightleftharpoons I_2(s)+6H_2O(l)$	1.209
$ClO_4^-(aq)+2H^+(aq)+2e^- \rightleftharpoons ClO_3^-(aq)+H_2O(l)$	1.226
$O_2(g)+4H^+(aq)+4e^- \rightleftharpoons 2H_2O(l)$	1.229
$MnO_2(s)+4H^+(aq)+2e^- \rightleftharpoons Mn^{2+}+2H_2O(l)$	1.229 3
$O_3+H_2O(l)+2e^- \rightleftharpoons O_2(g)+2OH^-(aq)$	1.247
$Tl^{3+}+2e^- \rightleftharpoons Tl^+(aq)$	1.280
$2HNO_2(aq)+4H^+(aq)+4e^- \rightleftharpoons N_2O(g)+3H_2O(l)$	1.311
$Cr_2O_7^{2-}(aq)+14H^+(aq)+6e^- \rightleftharpoons 2Cr^{3+}(aq)+7H_2O(l)$	(1.33)
$Cl_2(g)+e^- \rightleftharpoons 2Cl^-(aq)$	1.36
$2HIO(aq)+2H^+(aq)+2e^- \rightleftharpoons I_2(g)+2H_2O(l)$	1.431
$PbO_2(aq)+4H^+(aq)+2e^- \rightleftharpoons Pb^{2+}(aq)+2H_2O(l)$	1.458
$Au^{3+}(aq)+3e^- \rightleftharpoons Au(s)$	(1.50)
$Mn^{3+}(aq)+e^- \rightleftharpoons Mn^{2+}(aq)$	(1.51)
$MnO_4^-(aq)+8H^+(aq)+5e^- \rightleftharpoons Mn^{2+}(g)+4H_2O(l)$	1.512
$2BrO_3^-(aq)+12H^+(aq)+10e^- \rightleftharpoons Br_2(l)+6H_2O(l)$	1.513
$Cu^{2+}(aq)+2CN^-(aq)+e^- \rightleftharpoons Cu(CN)_2^-(aq)$	1.580
$H_5IO_6(aq)+H^+(aq)+2e^- \rightleftharpoons IO^{3-}(aq)+3H_2O(l)$	(1.60)
$2HBrO(aq)+2H^+(aq)+2e^- \rightleftharpoons Br_2(l)+2H_2O(l)$	1.604
$2HClO(aq)+2H^+(aq)+2e^- \rightleftharpoons Cl_2(g)+2H_2O(l)$	1.630
$HClO_2(aq)+2H^+(aq)+2e^- \rightleftharpoons HClO(aq)+H_2O(l)$	1.673
$Au^+(aq)+e^- \rightleftharpoons Au(s)$	(1.68)
$MnO_4^-(aq)+4H^+(aq)+3e^- \rightleftharpoons MnO_2(s)+2H_2O(l)$	1.700
$H_2O_2(aq)+2H^+(aq)+2e^- \rightleftharpoons 2H_2O(l)$	1.763
$S_2O_8^{2-}(aq)+2e^- \rightleftharpoons 2SO_4^{2+}$	1.939
$Co^{3+}(aq)+e^- \rightleftharpoons Co^{2+}(aq)$	1.59
$Ag^{2+}(aq)+e^- \rightleftharpoons Ag^+(aq)$	1.989
$O_3(g)+2H^+(aq)+2e^- \rightleftharpoons O_2(g)+H_2O(l)$	2.075
$F_2(g)+2e^- \rightleftharpoons 2F^-(aq)$	2.889
$F_2(g)+2H^+(aq)+2e^- \rightleftharpoons 2HF(aq)$	3.076

2. 条件电极电势

半反应	$E^{\ominus}$/V	介质
$Ag(II)+e^- \rightleftharpoons Ag^+$	1.927	4 mol · L^{-1} HNO_2
$Ce(IV)+e^- \rightleftharpoons Ce(III)$	1.70	1 mol · L^{-1} $HClO_4$
	1.61	1 mol · L^{-1} HNO_3
	1.44	1 mol · L^{-1} H_2SO_4
	1.28	1 mol · L^{-1} HCl
$CrO_7^{2-}+14H^++6e^- \rightleftharpoons 2Cr^{3+}+7H_2O$	1.00	1 mol · L^{-1} HCl
	1.025	1 mol · L^{-1} $HClO_4$
	1.08	3 mol · L^{-1} HCl
	1.05	2 mol · L^{-1} HCl
	1.15	4 mol · L^{-1} H_2SO_4
$CrO_4^{2-}+2H_2O+3e^- \rightleftharpoons CrO_2^-+4OH^-$	−0.12	1 mol · L^{-1} NaOH
$Fe(III)+e^- \rightleftharpoons Fe(II)$	0.73	1 mol · L^{-1} $HClO_4$
	0.71	0.5 mol · L^{-1} HCl
	0.68	1 mol · L^{-1} H_2SO_4
	0.68	1 mol · L^{-1} HCl
	0.46	2 mol · L^{-1} H_3PO_4
	0.51	1 mol · L^{-1} HCl 0.25 mol · L^{-1} H_3PO_4
$Fe(EDTA)+2e^- \rightleftharpoons Fe(EDTA)^{2-}$	0.12	0.1 mol · L^{-1} EDTA pH=4~6
I_2(水)$+2e^- \rightleftharpoons 2I^-$	0.628	1 mol · L^{-1} H^+
$I_2+2e^- \rightleftharpoons 2I^-$	0.545	1 mol · L^{-1} H^+
$MnO_4^-+8H^++5e^- \rightleftharpoons Mn^{2+}+4H_2O$	1.45	1 mol · L^{-1} $HClO_4$
	1.27	8 mol · L^{-1} H_3PO_4
$Sn^{2+}+2e^- \rightleftharpoons Sn$	−0.16	1 mol · L^{-1} $HClO_4$
$Ti(IV)+e^- \rightleftharpoons Ti(III)$	−0.01	0.2 mol · L^{-1} H_2SO_4
	0.12	2 mol · L^{-1} H_2SO_4
	−0.04	1 mol · L^{-1} HCl
	−0.05	1 mol · L^{-1} H_3PO_4
$Pb(II)+2e^- \rightleftharpoons Pb$	−0.32	1 mol · L^{-1} NaAc
	−0.14	1 mol · L^{-1} $HClO_4$
$UO_2^{2+}+4H^++2e^- \rightleftharpoons U(IV)+2H_2O$	0.41	0.5 mol · L^{-1} H_2SO_4

附录 6 常见配离子及配合物的稳定常数(298.15 K)

1. 常见配离子的标准稳定常数

配离子	$K_f^\ominus$	配离子	$K_f^\ominus$
$[AgCl_2]^-$	1.84×10^{5}	$[CuCl_2]^-$	6.91×10^{4}
$[AgBr_2]^-$	1.93×10^{7}	$[CuCl_3]^{2-}$	4.55×10^{5}
$[AgI_2]^-$	4.80×10^{10}	$[CuI_2]^-$	(7.1×10^{8})
$[Ag(NH_3)]^+$	2.07×10^{3}	$[Cu(SO_3)_2]^{3-}$	4.13×10^{8}
$[Ag(NH_3)_2]^+$	1.67×10^{7}	$[Cu(NH_3)_4]^{2+}$	2.30×10^{12}
$[Ag(CN)_2]^-$	2.48×10^{20}	$[Cu(P_2O_7)_2]^{6-}$	8.24×10^{8}
$[Ag(SCN)_2]^-$	2.04×10^{8}	$[Cu(C_2O_4)_2]^{2-}$	2.35×10^{9}
$[Ag(S_2O_3)_2]^{3-}$	(2.9×10^{13})	$[Cu(CN)_2]^-$	9.98×10^{23}
$[Ag(en)_2]^+$	(5.0×10^{7})	$[Cu(CN)_3]^{2-}$	4.21×10^{28}
$[Ag(EDTA)]^{3-}$	(2.1×10^{7})	$[Cu(CN)_4]^{3-}$	2.03×10^{30}
$[Al(OH)_4]^-$	3.31×10^{33}	$[Cu(CNS)_4]^{3-}$	8.66×10^{9}
$[AlF_6]^{3-}$	(6.9×10^{19})	$[Cu(EDTA)]^{2-}$	(5.0×10^{18})
$[Al(EDTA)]^-$	(1.3×10^{16})	$[Fe(C_2O_4)_3]^{4-}$	1.7×10^{5}
$[Ba(EDTA)]^{2-}$	(6.0×10^{7})	$[Fe(EDTA)]^{2-}$	(2.1×10^{14})
$[Ba(EDTA)]^{2-}$	(2×10^{9})	$[Fe(EDTA)]^-$	(1.7×10^{24})
$[BiCl_4]^-$	7.96×10^{6}	$[FeF]^{2+}$	7.1×10^{6}
$[BiCl_6]^{3-}$	2.45×10^{7}	$[FeF_2]^{2+}$	3.8×10^{11}
$[BiBr_4]^-$	5.92×10^{7}	$[Fe(CN)_6]^{3-}$	4.1×10^{52}
$[BiI_4]^-$	8.88×10^{14}	$[Fe(CN)_6]^{4-}$	4.2×10^{45}
$[Bi(EDTA)]^-$	(6.3×10^{22})	$[Fe(NCS)]^{2+}$	9.1×10^{2}
$[Ca(EDTA)]^{2-}$	(1×10^{11})	$[FeBr]^{2+}$	4.17
$[Cd(NH_3)_4]^{2+}$	2.78×10^{7}	$[FeCl]^{2+}$	24.9
$[Cd(CN)_4]^{2-}$	1.95×10^{18}	$[Fe(C_2O_4)_3]^{3-}$	(1.6×10^{20})
$[Cd(OH)_4]^{2-}$	1.20×10^{9}	$[HgCl]^+$	5.73×10^{6}
$[CdBr_4]^{2-}$	(5.0×10^{3})	$[HgCl_2]$	1.46×10^{13}
$[CdCl_4]^{2-}$	(6.3×10^{2})	$[HgCl_3]^-$	9.6×10^{13}
$[CdI_4]^{2-}$	4.05×10^{5}	$[HgCl_4]^{2-}$	1.31×10^{15}
$[Cd(en)_3]^{2+}$	(1.2×10^{12})	$[HgBr_4]^{2-}$	9.22×10^{20}
$[Cd(EDTA)]^{2-}$	(2.5×10^{16})	$[HgI_4]^{2-}$	5.66×10^{29}
$[Co(NH_3)_4]^{2+}$	1.16×10^{5}	$[HgS_2]^{2-}$	3.36×10^{51}
$[Co(NH_3)_6]^{2+}$	1.3×10^{5}	$[Hg(NH_3)_4]^{2+}$	1.95×10^{19}
$[Co(NH_3)_6]^{3+}$	(1.6×10^{35})	$[Hg(CN)_4]^{2-}$	1.82×10^{41}
$[Co(NCS)_4]^{2-}$	(1.0×10^{3})	$[Hg(CNS)_4]^{2-}$	4.98×10^{21}
$[Co(EDTA)]^{2-}$	(2.0×10^{16})	$[Hg(EDTA)]^{2-}$	(6.3×10^{21})
$[Co(EDTA)]^-$	(1×10^{36})	$[Ni(NH_3)_6]^{2+}$	8.97×10^{8}
$[Cr(OH)_4]^-$	(7.8×10^{29})	$[Ni(CN)_4]^{2-}$	1.31×10^{30}
$[Cr(EDTA)]^-$	(1.0×10^{23})	$[Ni(N_2H_4)_6]^{2+}$	1.04×10^{12}

续表

配离子	$K_f^\ominus$	配离子	$K_f^\ominus$
$[Ni(en)_3]^{2+}$	2.1×10^{18}	$[Pd(CN)_4]^{2-}$	5.2×10^{41}
$[Ni(ETDA)]^{2-}$	(3.6×10^{18})	$[Pd(CNS)_4]^{2-}$	9.43×10^{23}
$[Pb(OH)_3]^-$	8.27×10^{13}	$[Pd(EDTA)]^{2-}$	(3.2×10^{18})
$[PbCl_3]^-$	27.2	$[PtCl_4]^{2-}$	9.86×10^{15}
$[PbBr_3]^-$	15.5	$[PtBr_4]^{2-}$	6.47×10^{17}
$[PbI_3]^-$	2.67×10^{3}	$[Pt(NH_3)_4]^{2+}$	2.18×10^{35}
$[PbI_4]^{2-}$	1.66×10^{4}	$[Se(EDTA)]^-$	1.3×10^{23}
$[Pb(CH_2CO_2)]^+$	152.4	$[Zn(OH)_3]^-$	1.64×10^{13}
$[Pb(CH_3CO_2)]_2$	826.3	$[Zn(OH)_4]^{2-}$	2.83×10^{14}
$[Pb(EDTA)]^{2-}$	(2×10^{18})	$[Zn(NH_3)_4]^{2+}$	3.60×10^{8}
$[PdCl_3]^-$	2.10×10^{10}	$[Zn(CN)_4]^{2-}$	5.71×10^{16}
$[PdBr_4]^{2-}$	6.05×10^{13}	$[Zn(CNS)_4]^{2-}$	19.6
$[PdI_4]^{2-}$	4.36×10^{22}	$[Zn(C_2O_4)_2]^{2-}$	2.96×10^{7}
$[Pd(NH_3)_4]^{2+}$	3.10×10^{25}	$[Zn(EDTA)]^{2-}$	(2.5×10^{16})

2. 常见配合物的累积稳定常数

配合物	$\lg\beta_n$
氨配合物	
Cd^{2+}	2.60； 4.65； 6.04； 6.92； 6.6； 4.9
Co^{2+}	2.05； 3.62； 4.61； 5.31； 5.43； 4.75
Cu^{2+}	4.13； 7.61； 10.46； 12.59
Ni^{2+}	2.75； 4.95； 6.64； 7.79； 8.50； 8.49
Zn^{2+}	2.27； 4.61； 7.01； 9.06
氟配合物	
Al^{3+}	6.1； 11.15； 15.0； 17.7； 19.4； 19.7
Fe^{3+}	5.2； 9.2； 11.9
Sn^{4+}	25
TiO^{2+}	5.4； 9.8； 13.7； 17.4
Th^{4+}	7.7； 13.5； 18.0
Zr^{4+}	8.8； 16.1； 21.9
氯配合物	
Ag^+	2.9； 4.7； 5.0； 5.9
Hg^{2+}	6.7； 13.2； 14.1； 15.1
碘配合物	
Cd^{2+}	2.4； 3.4； 5.0； 6.15
Hg^{2+}	12.9； 23.8； 27.6； 29.8
氰配合物	
Ag^+	21.1； 21.8； 20.7
Cd^{2+}	5.5； 10.6； 15.3； 18.9
Cu^{2+}	24.0； 28.6； 30.3
Fe^{2+}	35.4

续表

配合物	$\lg \beta_n$
Fe^{3+}	43.6
Hg^{2+}	18.0； 34.7； 38.5； 41.5
Ni^{2+}	31.3
Zn^{2+}	16.7
硫氰酸配合物	
Fe^{3+}	2.3； 4.5； 5.6； 6.4； 6.4
Hg^{2+}	16.1； 19.0； 20.9
硫代硫酸配合物	
Ag^{+}	8.82； 13.5
Hg^{2+}	29.86； 32.26
乙酰丙酮配合物	
Al^{2+}	8.1； 15.7； 21.2
Cu^{2+}	7.8； 14.3
Fe^{3+}	9.3； 17.9； 25.1

主要参考书目

[1] 天津大学无机化学教研室．无机化学与化学分析[M]．北京:高等教育出版社,2016.

[2] 华彤文,王颖霞,卞江,等．普通化学原理[M]．4版．北京:北京大学出版社,2013.

[3] 史启祯．无机化学与化学分析[M]．3版．北京:高等教育出版社,2011.

[4] 南京大学《无机及分析化学》编写组．无机及分析化学[M]．5版．北京:高等教育出版社,2015.

[5] 大连理工大学无机化学教研室．无机化学[M]．6版．北京:高等教育出版社,2018.

[6] 武汉大学．分析化学[M]．6版．北京:高等教育出版社,2016.

[7] 浙江大学．无机及分析化学[M]．3版．北京:高等教育出版社,2019.

[8] 薛华,李隆弟,郁鉴源,等．分析化学[M]．2版．北京:清华大学出版社,1994.

[9] 张季爽,申成．基础结构化学[M]．2版．北京:科学出版社,2006.

[10] 申泮文．英汉双语化学入门[M]．北京:清华大学出版社,2005.

[11] 北京师范大学,华中师范大学,南京师范大学．无机化学[M]．5版．北京:高等教育出版社,2021.

[12] 华东理工大学,四川大学．分析化学[M]．7版．北京:高等教育出版社,2018.

[13] Silberberg, Martin S. Principles of General Chemistry[M]. 2nd ed. New York: McGraw-Hill, 2010.

[14] Shriver D F, Atkins P W, Langford C H. Inorganic Chemistry[M]. Oxford: Oxford University Press, 1990.

[15] Houssecroft C E, Sharpe A G. Inorganic Chemistry[M]. 3rd ed. Gosport: Ashford Colour Press, 2001.

[16] Butler I S, Harrod J F. Inorganic Chemistry[M]. California: The Benjamin/cummings Publishing Company, 1989.

[17] Cotton F A, Wilkinson G, Gaus P L. Basic Inorganic Chemistry[M]. New York: Jone Wiley & Sons, 2001.

[18] Gary D C. Analytical Chemistry[M]. 5th ed. New York: Jone Wiley & Sons, 1994.

[19] Fifield F W, Kealey D. Principles and Practice of Analytical Chemistry[M]. 3rd ed. Glasgow: Blackie, 1990.

读者意见反馈

为收集对教材的意见建议，进一步完善教材编写并做好服务工作，读者可将对本教材的意见建议通过如下渠道反馈至我社。

咨询电话 400-810-0598

反馈邮箱 hepsci@pub.hep.cn

通信地址 北京市朝阳区惠新东街4号富盛大厦1座

高等教育出版社理科事业部

邮政编码 100029